# JACOBI, CARL GUSTAV JACOB

# *Gesammelte Werke*

Tome 4

Reiner

*Berlin* 1882 - 1891

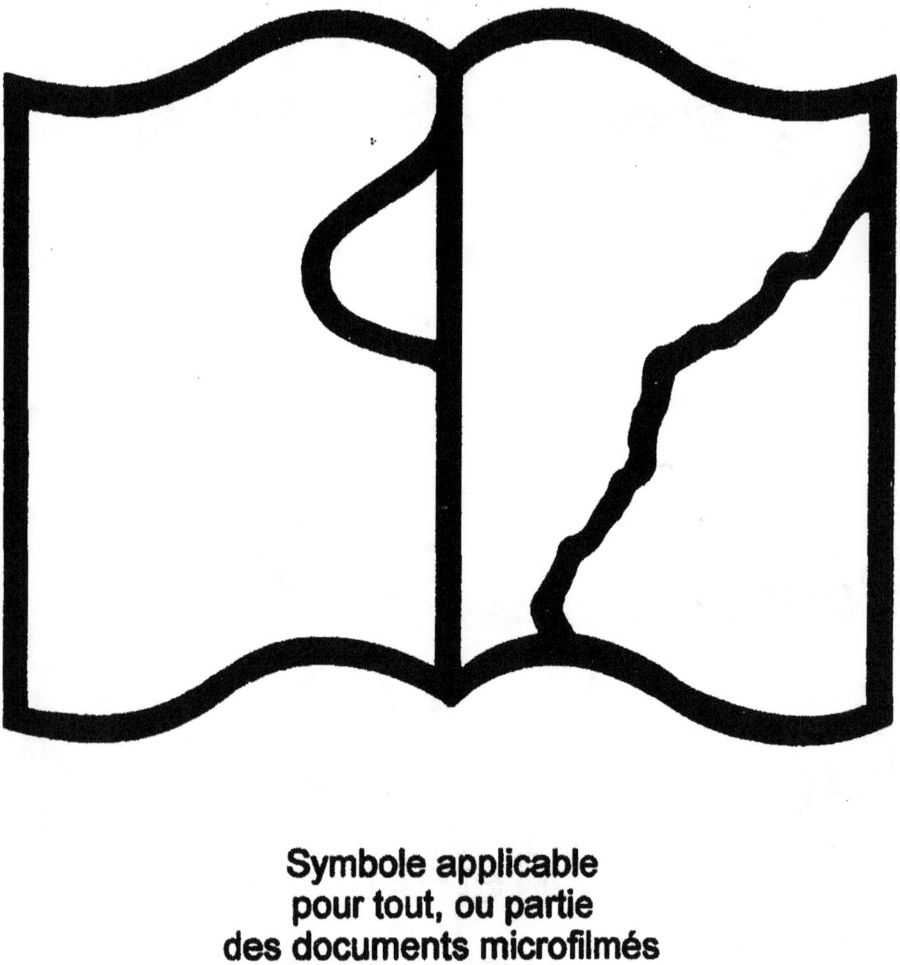

**Symbole applicable**
**pour tout, ou partie**
**des documents microfilmés**

Texte détérioré — reliure défectueuse

**NF Z 43-120-11**

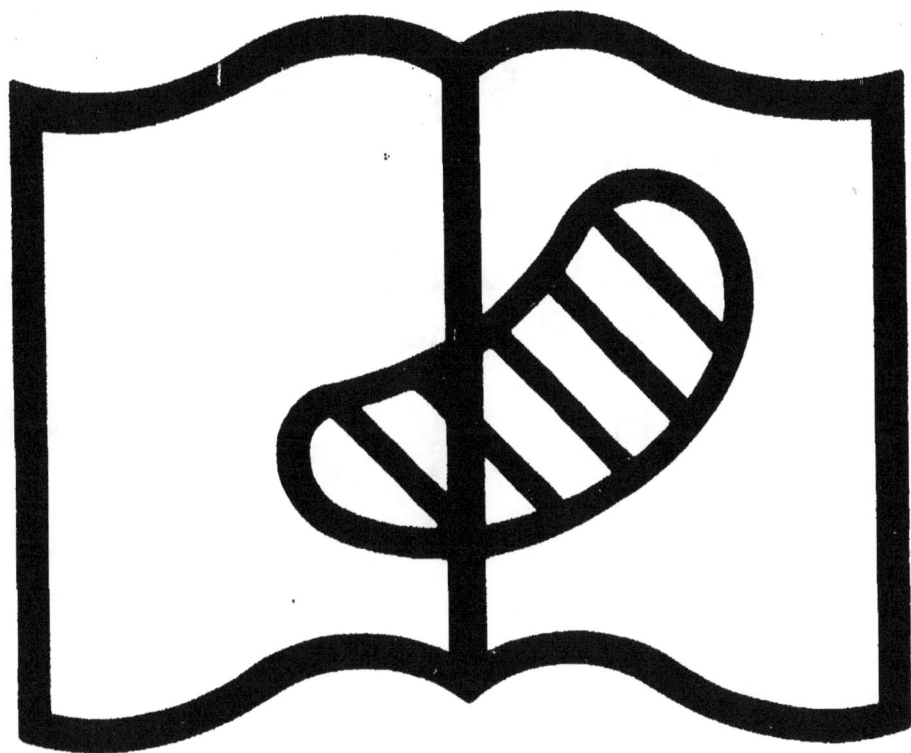

# ÜBER DIE PFAFFSCHE METHODE, EINE GEWÖHNLICHE LINEARE DIFFERENTIAL-GLEICHUNG ZWISCHEN $2n$ VARIABELN DURCH EIN SYSTEM VON $n$ GLEICHUNGEN ZU INTEGRIREN

VON

PROFESSOR C. G. J. JACOBI
ZU KÖNIGSBERG IN PREUSSEN.



Crelle Journal für die reine und angewandte Mathematik, Bd. 2. p. 347—357.

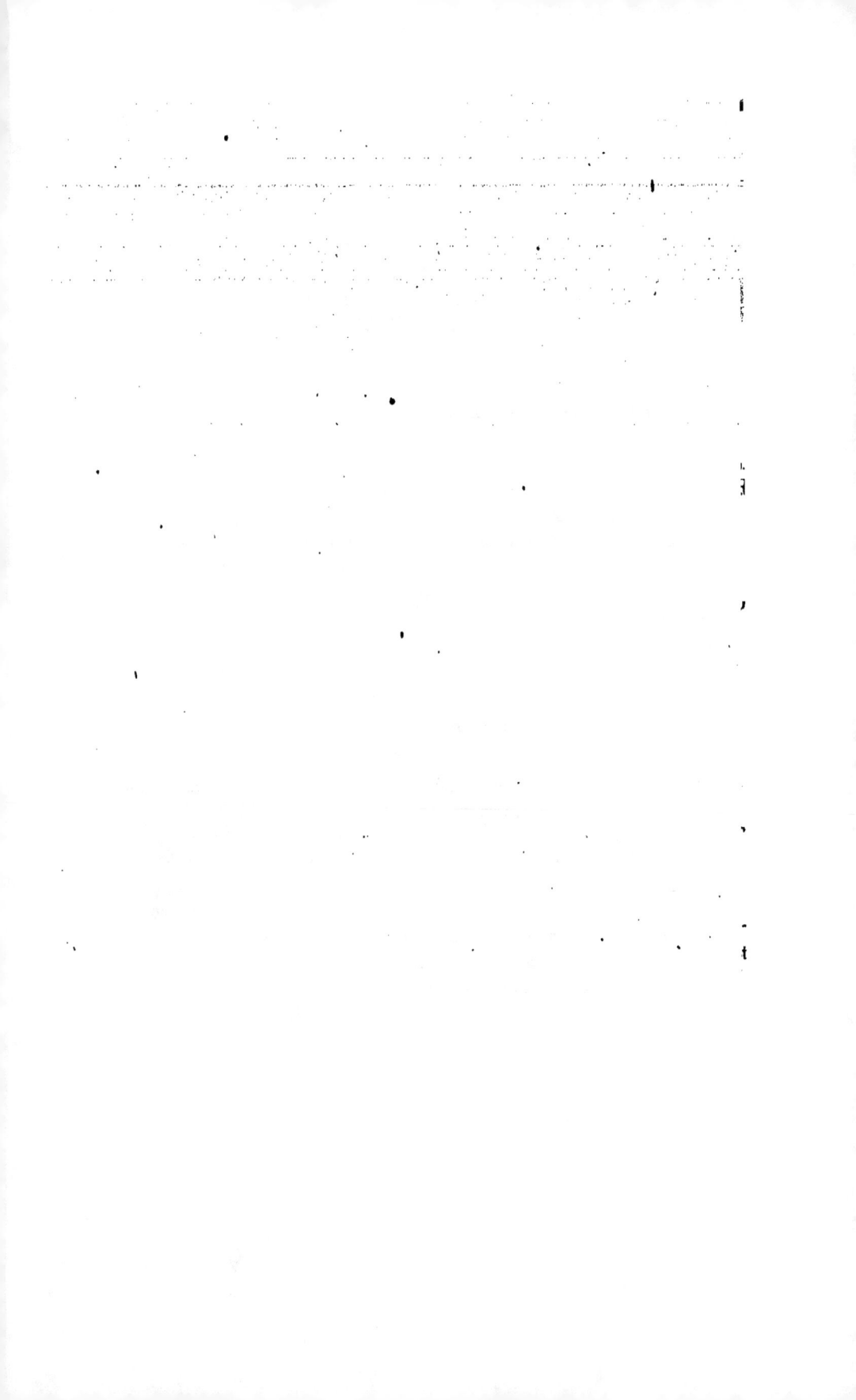

# ÜBER DIE PFAFFSCHE METHODE, EINE GEWÖHNLICHE LINEARE DIFFERENTIALGLEICHUNG ZWISCHEN $2n$ VARIABELN DURCH EIN SYSTEM VON $n$ GLEICHUNGEN ZU INTEGRIREN.

1.

Pfaff hat in einer Abhandlung, welche unter denen der Berliner Akademie vom J. 1814—15 zu lesen ist, gezeigt, wie man jede Gleichung von der Form:

$$X_1 dx_1 + X_2 dx_2 + \cdots + X_{2n} dx_{2n} = 0,$$

wo $X_1, X_2, X_3, \ldots, X_{2n}$ beliebige Functionen von $x_1, x_2, x_3, \ldots, x_{2n}$ sind, durch ein System von $n$ Gleichungen integriren kann, von welcher Aufgabe die Integration der partiellen Differentialgleichungen erster Ordnung zwischen $n$ Variabeln nur ein besonderer Fall ist. Zu diesem Ende drückt er $2n-1$ von den Variabeln $x_1, x_2, \ldots, x_{2n}$ durch die übrige $x_m$ und durch $2n-1$ neue Grössen $a_1, a_2, \ldots, a_{2n-1}$ aus, wo $a_1, a_2, \ldots, a_{2n-1}$ gewisse Functionen von $x_1, x_2, \ldots, x_{2n}$ sind. Nach solcher Substitution verwandelt sich die Gleichung

$$X_1 dx_1 + X_2 dx_2 + \cdots + X_{2n} dx_{2n} = 0$$

immer in eine andere von der Form:

$$U dx_m + A_1 da_1 + A_2 da_2 + \cdots + A_{2n-1} da_{2n-1} = 0,$$

wo $U, A_1, A_2, \ldots, A_{2n-1}$ Functionen von $x_m, a_1, a_2, \ldots, a_{2n-1}$ sind. Die Functionen $a_1, a_2, \ldots, a_{2n-1}$ bestimmt nun Pfaff so, dass $U=0$, und dass $x_m$ in den Grössen $A_1, A_2, \ldots, A_{2n-1}$ nur in einem allen gemeinschaftlichen Factor vorkommt. Dividirt man mit diesem, so hat man die gegebene Gleichung in eine andere ähnliche, aber nur zwischen $2n-1$ Variabeln $a_1, a_2, \ldots, a_{2n-1}$ verwandelt. Da dieses Verfahren nur bei einer geraden Anzahl von Variabeln möglich ist, so kann man diese nicht wieder auf eben die Weise in eine Gleichung zwischen nur $2n-2$ Variabeln verwandeln. Pfaff setzt daher eine dieser Variabeln einer Constante gleich und verwandelt dann wieder die Gleichung zwischen den noch übrigen $2n-2$ Variabeln in eine andere zwischen nur $2n-3$ Variabeln, deren eine er wieder einer Constante gleich setzt, und so fortführt, bis er auf eine Gleichung zwischen nur 2 Variabeln kommt, deren Integration die letzte $n^{te}$ Gleichung mit der $n^{ten}$ willkürlichen Constante giebt. Auf diese Weise hat er die gegebene Gleichung durch ein System von $n$ Gleichungen mit $n$ willkürlichen Constanten integrirt.

Pfaff zeigt dann weiter auf eine ähnliche Art, wie es bei den partiellen Differentialgleichungen zu geschehen pflegt, dass man aus solcher Lösung mit $n$ willkürlichen Constanten andere Lösungen mit willkürlichen Functionen ableiten kann. Man denke sich nämlich die $n$ Integralgleichungen auf die Form gebracht:

$$F_1 = C_1, \quad F_2 = C_2, \quad \ldots, \quad F_n = C_n,$$

wo $C_1, C_2, \ldots, C_n$ die willkürlichen Constanten sind und $F_1, F_2, \ldots, F_n$ diese nicht mehr enthalten. Denkt man sich jetzt die Grössen $C_1, C_2, \ldots, C_n$ als Variabeln, so muss sich vermöge der Gleichungen

$$F_1 = C_1, \quad F_2 = C_2, \quad \ldots, \quad F_n = C_n$$

der Ausdruck

$$X_1 dx_1 + X_2 dx_2 + \cdots + X_{2n} dx_{2n}$$

in einen anderen verwandeln lassen von der Form

$$K_1 dC_1 + K_2 dC_2 + \cdots + K_n dC_n,$$

weil dieser Ausdruck verschwinden muss, wenn $C_1, C_2, \ldots, C_n$ Constanten gleich gesetzt werden. Es muss also auf identische Weise sein:

$$X_1 dx_1 + X_2 dx_2 + \cdots + X_{2n} dx_{2n} = K_1 dF_1 + K_2 dF_2 + \cdots + K_n dF_n.$$

Dieser Ausdruck verschwindet nun aber nicht bloss, wenn $F_1, F_2, \ldots, F_n$ Constanten gleich gesetzt werden, sondern auch, indem man $m$ der Grössen $F_1, F_2, \ldots, F_n$ als beliebige Functionen der übrigen setzt; z. B. $F_1, F_2, \ldots, F_m$ als Functionen von $F_{m+1}, F_{m+2}, \ldots, F_n$: wodurch

$$K_1 dF_1 + K_2 dF_2 + \cdots + K_n dF_n = \Pi_1 dF_{m+1} + \Pi_2 dF_{m+2} + \cdots + \Pi_{n-m} dF_n$$

wird, und alsdann die Gleichungen

$$\Pi_1 = 0, \quad \Pi_2 = 0, \quad \ldots, \quad \Pi_{n-m} = 0$$

hinzufügt. Hat man

$$\begin{aligned} F_1 &= \psi_1(F_{m+1}, F_{m+2}, \ldots, F_n), \\ F_2 &= \psi_2(F_{m+1}, F_{m+2}, \ldots, F_n), \\ &\cdots\cdots\cdots\cdots \\ F_m &= \psi_m(F_{m+1}, F_{m+2}, \ldots, F_n) \end{aligned}$$

gesetzt, so wird

$$\Pi_1 = K_1 \frac{\partial\psi_1}{\partial F_{m+1}} + \cdots + K_m \frac{\partial\psi_m}{\partial F_{m+1}} + K_{m+1},$$

$$\Pi_2 = K_1 \frac{\partial\psi_1}{\partial F_{m+2}} + \cdots + K_m \frac{\partial\psi_m}{\partial F_{m+2}} + K_{m+2},$$

$$\cdots\cdots\cdots\cdots\cdots\cdots$$

$$\Pi_{n-m} = K_1 \frac{\partial\psi_1}{\partial F_n} + \cdots + K_m \frac{\partial\psi_m}{\partial F_n} + K_n,$$

und die gegebene Gleichung

$$X_1 dx_1 + X_2 dx_2 + \cdots + X_{2n} dx_{2n} = 0$$

wird auch integrirt durch das System der $n$ Gleichungen

$$F_1 = \psi_1(F_{m+1}, F_{m+2}, \ldots F_n),$$

$$F_2 = \psi_2(F_{m+1}, F_{m+2}, \ldots, F_n),$$

$$\cdots\cdots\cdots\cdots$$

$$F_m = \psi_m(F_{m+1}, F_{m+2}, \ldots, F_n),$$

$$\Pi_1 = 0, \quad \Pi_2 = 0, \quad \ldots, \quad \Pi_{n-m} = 0.$$

Endlich erhält man noch eine Lösung, wenn man

$$K_1 = 0, \quad K_2 = 0, \quad \ldots, \quad K_n = 0$$

setzt, was mit derjenigen, wo man $F_1, F_2, \ldots, F_n$ willkürlichen Constanten gleich setzt, gewissermassen die beiden extremen Fälle bildet, welche der sogenannten singulären und vollständigen Lösung bei den partiellen Differentialgleichungen, die übrigen aber den sogenannten allgemeinen Lösungen entsprechen. Alle diese Lösungen haben einen bestimmten, unter sich verschiedenen Charakter, und man wird z. B. nie die ursprüngliche Lösung mit $n$ willkürlichen Constanten erhalten können, indem man Functionen mit $n$ Constanten für die willkürlichen Functionen annimmt. Pfaff hat nur diejenige Lösung angegeben, wo man eine der Functionen $F_1, F_2, \ldots, F_n$ als Function der übrigen setzt.

## 2.

Man sieht aus dem Vorhergehenden, dass alles auf eine allgemeine Methode, die Functionen $a_1, a_2, \ldots, a_{2n-1}$ jedesmal zu bestimmen, ankommt, welches wir jetzt nach Pfaffs Anleitung unternehmen wollen.

Es sei also die Gleichung

$$0 = X dx + X_1 dx_1 + X_2 dx_2 + \cdots + X_p dx_p$$

gegeben. Es seien $a_1, a_2, \ldots, a_p$ gewisse Functionen von $x, x_1, x_2, \ldots, x_p$, und man denke sich $x_1, x_2, \ldots, x_p$ durch diese und durch $x$ ausgedrückt. Die gegebene Gleichung

$$0 = X dx + X_1 dx_1 + X_2 dx_2 + \cdots + X_p dx_p$$

verwandelt sich demnach in folgende:

$$0 = U dx + A_1 da_1 + A_2 da_2 + \cdots + A_p da_p,$$

wo

$$U = X + X_1 \frac{\partial x_1}{\partial x} + X_2 \frac{\partial x_2}{\partial x} + \cdots + X_p \frac{\partial x_p}{\partial x},$$

$$A_1 = X_1 \frac{\partial x_1}{\partial a_1} + X_2 \frac{\partial x_2}{\partial a_1} + \cdots + X_p \frac{\partial x_p}{\partial a_1},$$

$$A_2 = X_1 \frac{\partial x_1}{\partial a_2} + X_2 \frac{\partial x_2}{\partial a_2} + \cdots + X_p \frac{\partial x_p}{\partial a_2},$$

$$\cdots\cdots\cdots\cdots\cdots\cdots$$

$$A_p = X_1 \frac{\partial x_1}{\partial a_p} + X_2 \frac{\partial x_2}{\partial a_p} + \cdots + X_p \frac{\partial x_p}{\partial a_p}.$$

Man setze nun zuerst:

$$U = X + X_1 \frac{\partial x_1}{\partial x} + X_2 \frac{\partial x_2}{\partial x} + \cdots + X_p \frac{\partial x_p}{\partial x} = 0.$$

Damit ferner $x$ in $A_1$, $A_2$, ..., $A_p$ nur in einem allen gemeinschaftlichen Factor $M$ vorkomme, muss man haben:

$$\frac{1}{A_1} \cdot \frac{\partial A_1}{\partial x} = \frac{1}{A_2} \cdot \frac{\partial A_2}{\partial x} = \cdots = \frac{1}{A_p} \cdot \frac{\partial A_p}{\partial x} = \frac{1}{M} \cdot \frac{\partial M}{\partial x}$$

oder

$$\frac{\partial \log A_1}{\partial x} = \frac{\partial \log A_2}{\partial x} = \cdots = \frac{\partial \log A_p}{\partial x} = \frac{\partial \log M}{\partial x}.$$

Es sei nun

$$A = X_1 \frac{\partial x_1}{\partial a} + X_2 \frac{\partial x_2}{\partial a} + \cdots + X_p \frac{\partial x_p}{\partial a},$$

aus welchem Ausdruck man die verschiedenen Werthe von $A_1$, $A_2$, ..., $A_p$ erhält, wenn man für $a$ nach einander $a_1$, $a_2$, ..., $a_p$ setzt, so hat man:

$$\frac{\partial A}{\partial x} = \frac{\partial X_1}{\partial x} \cdot \frac{\partial x_1}{\partial a} + \frac{\partial X_2}{\partial x} \cdot \frac{\partial x_2}{\partial a} + \cdots + \frac{\partial X_p}{\partial x} \cdot \frac{\partial x_p}{\partial a}$$
$$+ X_1 \frac{\partial^2 x_1}{\partial a \partial x} + X_2 \frac{\partial^2 x_2}{\partial a \partial x} + \cdots + X_p \frac{\partial^2 x_p}{\partial a \partial x}.$$

Aus der Gleichung

$$0 = X + X_1 \frac{\partial x_1}{\partial x} + X_2 \frac{\partial x_2}{\partial x} + \cdots + X_p \frac{\partial x_p}{\partial x}$$

folgt aber, wenn man sie nach $a$ differentiirt,

$$X_1 \frac{\partial^2 x_1}{\partial a \partial x} + X_2 \frac{\partial^2 x_2}{\partial a \partial x} + \cdots + X_p \frac{\partial^2 x_p}{\partial a \partial x}$$
$$= -\left\{ \frac{\partial X}{\partial a} + \frac{\partial X_1}{\partial a} \cdot \frac{\partial x_1}{\partial x} + \cdots + \frac{\partial X_p}{\partial a} \cdot \frac{\partial x_p}{\partial x} \right\}.$$

Nun hat man:

$$\frac{\partial X_1}{\partial x}\cdot\frac{\partial x_1}{\partial a}+\frac{\partial X_2}{\partial x}\cdot\frac{\partial x_2}{\partial a}+\cdots+\frac{\partial X_p}{\partial x}\cdot\frac{\partial x_p}{\partial a}$$
$$=\frac{\partial x_1}{\partial a}\left\{\left(\frac{\partial X_1}{\partial x}\right)+\left(\frac{\partial X_1}{\partial x_1}\right)\cdot\frac{\partial x_1}{\partial x}+\cdots+\left(\frac{\partial X_1}{\partial x_p}\right)\cdot\frac{\partial x_p}{\partial x}\right\}$$
$$+\frac{\partial x_2}{\partial a}\left\{\left(\frac{\partial X_2}{\partial x}\right)+\left(\frac{\partial X_2}{\partial x_1}\right)\cdot\frac{\partial x_1}{\partial x}+\cdots+\left(\frac{\partial X_2}{\partial x_p}\right)\cdot\frac{\partial x_p}{\partial x}\right\}$$
$$\cdots\cdots\cdots\cdots\cdots\cdots$$
$$+\frac{\partial x_p}{\partial a}\left\{\left(\frac{\partial X_p}{\partial x}\right)+\left(\frac{\partial X_p}{\partial x_1}\right)\cdot\frac{\partial x_1}{\partial x}+\cdots+\left(\frac{\partial X_p}{\partial x_p}\right)\cdot\frac{\partial x_p}{\partial x}\right\},$$

wo die eingeklammerten Differentialquotienten die nach den ursprünglichen Variabeln $x, x_1, \ldots, x_p$ genommenen partiellen Ableitungen von $X, X_1, \ldots, X_p$ bedeuten.

Ferner

$$\frac{\partial X}{\partial a}+\frac{\partial X_1}{\partial a}\cdot\frac{\partial x_1}{\partial x}+\frac{\partial X_2}{\partial a}\cdot\frac{\partial x_2}{\partial x}+\cdots+\frac{\partial X_p}{\partial a}\cdot\frac{\partial x_p}{\partial x}$$
$$=\frac{\partial x_1}{\partial a}\left\{\left(\frac{\partial X}{\partial x_1}\right)+\left(\frac{\partial X_1}{\partial x_1}\right)\cdot\frac{\partial x_1}{\partial x}+\left(\frac{\partial X_2}{\partial x_1}\right)\cdot\frac{\partial x_2}{\partial x}+\cdots+\left(\frac{\partial X_p}{\partial x_1}\right)\cdot\frac{\partial x_p}{\partial x}\right\}$$
$$+\frac{\partial x_2}{\partial a}\left\{\left(\frac{\partial X}{\partial x_2}\right)+\left(\frac{\partial X_1}{\partial x_2}\right)\cdot\frac{\partial x_1}{\partial x}+\left(\frac{\partial X_2}{\partial x_2}\right)\cdot\frac{\partial x_2}{\partial x}+\cdots+\left(\frac{\partial X_p}{\partial x_2}\right)\cdot\frac{\partial x_p}{\partial x}\right\}$$
$$\cdots\cdots\cdots\cdots\cdots\cdots$$
$$+\frac{\partial x_p}{\partial a}\left\{\left(\frac{\partial X}{\partial x_p}\right)+\left(\frac{\partial X_1}{\partial x_p}\right)\cdot\frac{\partial x_1}{\partial x}+\left(\frac{\partial X_2}{\partial x_p}\right)\cdot\frac{\partial x_2}{\partial x}+\cdots+\left(\frac{\partial X_p}{\partial x_p}\right)\cdot\frac{\partial x_p}{\partial x}\right\}.$$

Die Differenz beider Ausdrücke giebt $\frac{\partial A}{\partial x}$. Man setze der Kürze wegen $\left(\frac{\partial X_\alpha}{\partial x_\beta}\right)-\left(\frac{\partial X_\beta}{\partial x_\alpha}\right)=(\alpha,\beta)$, wo also $(\alpha,\beta)+(\beta,\alpha)=0$, und z. B.

$$(0,1)=\left(\frac{\partial X}{\partial x_1}\right)-\left(\frac{\partial X_1}{\partial x}\right);$$

so erhält man

$$\frac{\partial A}{\partial x}=\frac{\partial x_1}{\partial a}\left\{(1,0)+\quad\cdot\quad+(1,2)\frac{\partial x_2}{\partial x}+(1,3)\frac{\partial x_3}{\partial x}+\cdots+(1,p)\frac{\partial x_p}{\partial x}\right\}$$
$$+\frac{\partial x_2}{\partial a}\left\{(2,0)+(2,1)\frac{\partial x_1}{\partial x}+\quad\cdot\quad+(2,3)\frac{\partial x_3}{\partial x}+\cdots+(2,p)\frac{\partial x_p}{\partial x}\right\}$$
$$+\frac{\partial x_3}{\partial a}\left\{(3,0)+(3,1)\frac{\partial x_1}{\partial x}+(3,2)\frac{\partial x_2}{\partial x}+\quad\cdot\quad+\cdots+(3,p)\frac{\partial x_p}{\partial x}\right\}$$
$$\cdots\cdots\cdots\cdots\cdots\cdots$$
$$+\frac{\partial x_p}{\partial a}\left\{(p,0)+(p,1)\frac{\partial x_1}{\partial x}+(p,2)\frac{\partial x_2}{\partial x}+\cdots\cdots\cdots+\quad\cdot\quad\right\}.$$

Setzt man für $a$ nach einander $a_1, a_2, \ldots, a_p$, so erhält man aus dieser

Formel die verschiedenen Ausdrücke für $\frac{\partial A_1}{\partial x}, \frac{\partial A_2}{\partial x}, \ldots, \frac{\partial A_p}{\partial x}$. Nun soll, welche der Grössen $a_1, a_2, \ldots, a_p$ man für $a$ setze, immer sein $\frac{\partial A}{\partial x} = \frac{A}{M} \cdot \frac{\partial M}{\partial x} = NA$, wenn man der Kürze halber $\frac{\partial \log M}{\partial x} = N$ setzt, oder

$$\frac{\partial A}{\partial x} = \frac{\partial x_1}{\partial a} \cdot NX_1 + \frac{\partial x_2}{\partial a} \cdot NX_2 + \cdots + \frac{\partial x_p}{\partial a} \cdot NX_p,$$

welches der Fall sein wird, sobald die Coëfficienten von $\frac{\partial x_1}{\partial a}, \frac{\partial x_2}{\partial a}, \ldots, \frac{\partial x_p}{\partial a}$ in beiden für $\frac{\partial A}{\partial x}$ gefundenen Ausdrücken respective gleich sind. Man erhält hieraus die Gleichungen:

$$\begin{aligned} NX_1 &= (1,0) + \quad \cdot \quad + (1,2)\frac{\partial x_2}{\partial x} + \cdots + (1,p)\frac{\partial x_p}{\partial x}, \\ NX_2 &= (2,0) + (2,1)\frac{\partial x_1}{\partial x} + \quad \cdot \quad + \cdots + (2,p)\frac{\partial x_p}{\partial x}, \\ &\cdot \quad \cdot \quad \cdot \quad \cdot \quad \cdot \quad \cdot \quad \cdot \quad \cdot \quad \cdot \quad \cdot \\ NX_p &= (p,0) + (p,1)\frac{\partial x_1}{\partial x} + (p,2)\frac{\partial x_2}{\partial x} + \cdots + \quad \cdot \quad \cdot \end{aligned}$$

Multiplicirt man diese Gleichungen respective mit $\frac{\partial x_1}{\partial x}, \frac{\partial x_2}{\partial x}, \ldots, \frac{\partial x_p}{\partial x}$ und addirt, so erhält man:

$$\begin{aligned} &N\left\{X_1\frac{\partial x_1}{\partial x} + X_2\frac{\partial x_2}{\partial x} + \cdots + X_p\frac{\partial x_p}{\partial x}\right\} \\ &= (1,0)\frac{\partial x_1}{\partial x} + (2,0)\frac{\partial x_2}{\partial x} + \cdots + (p,0)\frac{\partial x_p}{\partial x}, \end{aligned}$$

indem alle übrigen Glieder sich aufheben, oder da

$$0 = X + X_1\frac{\partial x_1}{\partial x} + X_2\frac{\partial x_2}{\partial x} + \cdots + X_p\frac{\partial x_p}{\partial x},$$

die Gleichung:

$$NX = (0,1)\frac{\partial x_1}{\partial x} + (0,2)\frac{\partial x_2}{\partial x} + \cdots + (0,p)\frac{\partial x_p}{\partial x}.$$

Man erhält auf diese Weise $p+1$ lineare Gleichungen zwischen den $p+1$ unbekannten Grössen $N, \frac{\partial x_1}{\partial x}, \frac{\partial x_2}{\partial x}, \ldots, \frac{\partial x_p}{\partial x}$.

Es hat sich also alles auf blosse Relationen zwischen den nach $x$ genommenen Ableitungen $\frac{\partial x_1}{\partial x}, \frac{\partial x_2}{\partial x}, \ldots, \frac{\partial x_p}{\partial x}$ reducirt. Nun erhellt, dass wenn man aus den aufgestellten Gleichungen für $\frac{\partial x_1}{\partial x}, \frac{\partial x_2}{\partial x}, \ldots, \frac{\partial x_p}{\partial x}$ resp.

die Werthe $\frac{V_1}{V}, \frac{V_2}{V}, \ldots, \frac{V_p}{V}$ findet, die gesuchten Functionen $a_1, a_2, \ldots, a_p$ diejenigen Functionen sind, welche bei Integration der Gleichungen

$$dx : dx_1 : dx_2 : \ldots : dx_p = V : V_1 : V_2 : \ldots : V_p$$

den $p$ willkürlichen Constanten gleich gesetzt werden. Denn indem man nur die partiellen Ableitungen nach $x$ sucht, setzt man eben $a_1, a_2, \ldots, a_p$ constant. In diesem Falle aber erhält man:

$$dx : dx_1 : dx_2 : \ldots : dx_p = V : V_1 : V_2 : \ldots : V_p,$$

oder

$$\frac{\partial x_1}{\partial x} = \frac{V_1}{V}, \quad \frac{\partial x_2}{\partial x} = \frac{V_2}{V}, \quad \ldots, \quad \frac{\partial x_p}{\partial x} = \frac{V_p}{V},$$

wie verlangt wurde. Findet man also aus den gefundenen $p+1$ Gleichungen die Werthe von $V, V_1, V_2, \ldots, V_p$, so giebt die Integration der Gleichungen

$$dx : dx_1 : dx_2 : \ldots : dx_p = V : V_1 : V_2 : \ldots : V_p$$

die gesuchten Functionen $a_1, a_2, \ldots, a_p$.

## 3.

Die Gleichungen, aus denen man $\frac{\partial x_1}{\partial x}, \frac{\partial x_2}{\partial x}, \ldots, \frac{\partial x_p}{\partial x}$ zu suchen hat, sind dem Obigen zufolge:

$$(A) \quad \begin{cases} NX = \quad * \quad +(0,1)\frac{\partial x_1}{\partial x}+(0,2)\frac{\partial x_2}{\partial x}+\cdots+(0,p)\frac{\partial x_p}{\partial x}, \\ NX_1 = (1,0)+ \quad * \quad +(1,2)\frac{\partial x_2}{\partial x}+\cdots+(1,p)\frac{\partial x_p}{\partial x}, \\ NX_2 = (2,0)+(2,1)\frac{\partial x_1}{\partial x}+ \quad * \quad +\cdots+(2,p)\frac{\partial x_p}{\partial x}, \\ \cdots\cdots\cdots\cdots\cdots\cdots\cdots\cdots \\ NX_p = (p,0)+(p,1)\frac{\partial x_1}{\partial x}+(p,2)\frac{\partial x_2}{\partial x}+\cdots+ \quad * \quad . \end{cases}$$

Findet man aus diesen Gleichungen

$$\frac{\partial x_1}{\partial x} = \frac{NV_1}{\Delta}, \quad \ldots, \quad \frac{\partial x_p}{\partial x} = \frac{NV_p}{\Delta}, \quad N = \frac{\Delta}{V},$$

so wird

$$dx : dx_1 : dx_2 : \ldots : dx_p = V : V_1 : V_2 : \ldots : V_p.$$

Die Gleichungen (A) haben sehr merkwürdige Eigenschaften. Das Charakteristische derselben ist, dass die Verticalreihen der Coëfficienten gerade das Negative der Horizontalreihen sind; daher auch diejenigen Glieder, in welchen die $m^{te}$ Horizontalreihe und die $m^{te}$ Verticalreihe zusammentreffen, verschwinden, wie es durch die in der Diagonale sich befindenden Sternchen anschaulich wird. Aus dieser Eigenschaft folgt zunächst, dass $p+1$, oder die Anzahl der Variabeln $x, x_1, x_2, \ldots, x_p$, eine gerade Zahl sein muss. Es ist nämlich bekannt, dass man bei jedem System von $n$ Gleichungen zwischen $n$ unbekannten Grössen darauf zu sehen hat, ob nicht der den Werthen der Unbekannten gemeinsame Nenner, welchen Gauss in den *Disquis. Arithm.* mit dem Namen Determinante bezeichnet, verschwinden könne; welches ein Zeichen ist, dass das System der $n$ Gleichungen nicht bestehen kann, wofern nicht etwa eine Bedingungsgleichung zwischen den Constanten stattfindet, vermöge welcher die $n^{te}$ Gleichung eine Folge der übrigen $n-1$ Gleichungen ist. Nun bleibt nach dem bekannten Algorithmus, nach welchem die Determinante gebildet wird, diese unverändert, wenn man die Horizontalreihen und Verticalreihen der Coëfficienten mit einander vertauscht. Für unsern besondern Fall nun wird, wenn wir die Determinante mit $\triangle$ bezeichnen, hieraus folgen: $\triangle = (-1)^{p+1}\triangle$, da jedes Glied der Determinante ein Product aus $p+1$ Coëfficienten ist, von denen jeder durch Vertauschung der Horizontal- und Verticalreihen sich in sein Negatives verwandelt. Diese Gleichung $\triangle = (-1)^{p+1}\triangle$ aber kann nur bestehen, wenn $p+1$ eine gerade Zahl ist, wofern nicht $\triangle = 0$ sein soll.

Ich will jetzt einige specielle Fälle entwickeln.

Für $p+1=4$ erhält man:

$$\begin{aligned}
V &= \quad * \quad +(2,3)X_1+(3,1)X_2+(1,2)X_3,\\
V_1 &= (3,2)X+ \quad * \quad +(0,3)X_2+(2,0)X_3,\\
V_2 &= (1,3)X+(3,0)X_1+ \quad * \quad +(0,1)X_3,\\
V_3 &= (2,1)X+(0,2)X_1+(1,0)X_2+ \quad *\\
\triangle &= (0,1)(3,2)+(0,3)(2,1)+(0,2)(1,3).
\end{aligned}$$

Für $p+1=6$ erhält man, wenn man, der Kürze wegen, mit $(1,2,3,4)$ den Ausdruck

$$(1,2)(3,4)+(1,3)(4,2)+(1,4)(2,3)$$

bezeichnet und nach diesem Typus die ähnlichen Ausdrücke bildet:

$$\begin{aligned}
V &= \quad * \quad +(2,3,4,5)X_1+(3,4,5,1)X_2+(4,5,1,2)X_3+(5,1,2,3)X_4+(1,2,3,4)X_5,\\
V_1 &= (3,2,4,5)X+ \quad * \quad +(4,3,5,0)X_2+(5,4,0,2)X_3+(0,5,2,3)X_4+(2,0,3,4)X_5,\\
V_2 &= (1,3,4,5)X+(3,4,5,0)X_1+ \quad * \quad +(4,5,0,1)X_3+(5,0,1,3)X_4+(0,1,3,4)X_5,\\
V_3 &= (2,1,4,5)X+(4,2,5,0)X_1+(5,4,0,1)X_2+ \quad * \quad +(0,5,1,2)X_4+(1,0,2,4)X_5,\\
V_4 &= (1,2,3,5)X+(2,3,5,0)X_1+(3,5,0,1)X_2+(5,0,1,2)X_3+ \quad * \quad +(0,1,2,3)X_5,\\
V_5 &= (2,1,3,4)X+(3,2,4,0)X_1+(4,3,0,1)X_2+(0,4,1,2)X_3+(1,0,2,3)X_4+ \quad * \quad .
\end{aligned}$$

Um die allgemeine Bildungsweise dieser Ausdrücke auseinander zu setzen werde ich sagen, dass man einen Typus einen Cyclus durchlaufen lasse, indem man für die Zahlenelemente 0, 1, 2, ..., $p$, aus denen er gebildet ist, nach einander resp. setzt:

$$\begin{array}{cccccccc} 0, & 1, & 2, & 3, & \ldots, & p-1, & p, \\ 1, & 2, & 3, & 4, & \ldots, & p, & 0, \\ 2, & 3, & 4, & 5, & \ldots, & 0, & 1, \\ . & . & . & . & . & . & . \\ p-1, & p, & 0, & 1, & \ldots, & p-3, & p-2, \\ p, & 0, & 1, & 2, & \ldots, & p-2, & p-1. \end{array}$$

Man erhält so, wie man an dem letzten Beispiele sehen kann, den Ausdruck, welcher $V_m$ gleich ist, aus einem seiner Glieder, indem man es den Cyclus durchlaufen lässt, nachdem man aus der Zahlenreihe 0, 1, 2, ..., $p$ die Zahl $m$ fortgelassen hat, wobei zu bemerken ist, dass man das Gleiche auch mit dem Index von $X$ zu thun hat. So erhält man aus dem Gliede $(3, 2, 4, 5)X$ in dem für $V_1$ gefundenen Ausdruck die übrigen, indem man für 0, 2, 3, 4, 5 nacheinander setzt 2, 3, 4, 5, 0; 3, 4, 5, 0, 2; 4, 5, 0, 2, 3; 5, 0, 2, 3, 4. Ferner erhält man aus dem ganzen für $V_m$ gefundenen Ausdruck immer den folgenden für $V_{m+1}$, wenn man für 0, 1, 2, 3, ..., $p$ resp. setzt 1, 2, 3, ..., $p$, 0 und in dem mit einer Klammer bezeichneten Typus die beiden ersten Elemente versetzt. So erhält man aus dem Gliede $(1, 0, 2, 4)X_5$ in $V_3$, indem man für 0, 1, 2, 3, 4, 5 resp. 1, 2, 3, 4, 5, 0 setzt, das Glied $(2, 1, 3, 5)X$, und indem man die beiden ersten Elemente in (2, 1, 3, 5) versetzt, das Glied $(1, 2, 3, 5)X$, welches das erste Glied in dem für $V_4$ gefundenen Ausdruck ist. —

Es bleibt noch übrig, die Bildung eines solchen Typus, wie (1, 2, 3, 4), anzugeben. Setzt man für $p+1$ Elemente den Coëfficienten von $X_1$ in $V$ gleich $(2, 3, 4, 5, \ldots, p-1, p)$, so wird $(2, 3, \ldots, p)$ aus $1.3.5\ldots(p-2)$ Gliedern bestehen. Das erste von diesen wird:

$$(2, 3).(4, 5).(6, 7)\ldots(p-1, p).$$

Aus diesem bilde man $p-2$, indem man die letzten $p-2$ Elemente 3, 4, ..., $p$ einen Cyclus durchlaufen lässt. Aus jedem dieser $p-2$ Glieder bilde man $p-4$, indem man die letzten $p-4$ Elemente 5, 6, ..., $p$ einen Cyclus durchlaufen lässt, u. s. w., bis zuletzt die drei letzten Elemente $p-2$, $p-1$, $p$ den Cyclus zu durchlaufen haben. Auf diese Weise erhält man z. B.

$$\begin{aligned}(2,3,4,5,6,7) = {} & (2,3).(4,5).(6,7)+(2,3).(4,6).(7,5)+(2,3).(4,7).(5,6)\\ & +(2,4).(5,6).(7,3)+(2,4).(5,7).(3,6)+(2,4).(5,3).(6,7)\\ & +(2,5).(6,7).(3,4)+(2,5).(6,3).(4,7)+(2,5).(6,4).(7,3)\\ & +(2,6).(7,3).(4,5)+(2,6).(7,4).(5,3)+(2,6).(7,5).(3,4)\\ & +(2,7).(3,4).(5,6)+(2,7).(3,5).(6,4)+(2,7).(3,6).(4,5).\end{aligned}$$

Ist $p+1$ eine ungerade Zahl, so haben wir gesehen, dass immer eine Bedingungsgleichung stattfinden muss, wenn die Gleichungen (A) möglich sein sollen, oder wenn man die Gleichung

$$0 = Xdx + X_1 dx_1 + X_2 dx_2 + \cdots + X_p dx_p$$

auf eine ähnliche Gleichung zwischen nur $p$ Variabeln soll zurückführen können. Für $p+1 = 3$ wird diese Bedingungsgleichung

$$X(1,2)+X_1(2,0)+X_2(0,1) = 0,$$

welches die bekannte Conditio integrabilitatis ist.

Für $p+1=5$ wird sie

$$X(1,2,3,4)+X_1(2,3,4,0)+X_2(3,4,0,1)+X_3(4,0,1,2)+X_4(0,1,2,3) = 0.$$

Allgemein, wenn $p+1$ eine ungerade Zahl ist, wird sie

$$\Sigma X(1,2,3,\ldots,p) = 0,$$

wo man aus $X(1,2,3,\ldots,p)$ die sämmtlichen Glieder des mit $\Sigma$ bezeichneten Aggregats bildet, indem man $0, 1, 2, \ldots, p$ einen Cyclus durchlaufen lässt. Dies ist also die Bedingungsgleichung, dass die Gleichung

$$0 = Xdx + X_1 dx_1 + X_2 dx_2 + \cdots + X_p dx_p,$$

wo $p$ eine gerade Zahl ist, durch ein System von $\frac{p}{2}$ Gleichungen integrirt werden könne.

Die Aufstellung und Behandlung der Gleichungen (A) in der eleganten und vollkommen symmetrischen Form, wie sie hier gegeben sind, ist das Eigenthümliche und der eigentliche Zweck dieser Abhandlung; doch musste, des Zusammenhanges wegen, auch das Uebrige der Pfaffschen Methode kürzlich dargestellt werden. Es haben diese Gleichungen grosse Aehnlichkeit mit derjenigen bekannten Art, wo die Horizontalreihen und Verticalreihen der Coëfficienten dieselben sind, welchen man in sehr vielen analytischen Untersuchungen, unter andern auch bei der Methode der kleinsten Quadrate, begegnet. In den für $V$, $V_1$ etc. gefundenen Ausdrücken sind die Horizontalreihen und Verticalreihen der Coëfficienten von $X$, $X_1$ etc. wieder das Negative von einander, so wie in den Resultaten, welche dort die Auflösung giebt, beide Reihen wieder dieselben sind. Wendet man den von Gauss in der Abhandlung über die elliptischen Elemente der Pallas gegebenen Algorithmus auf unser System an, so sieht man, wie mit grosser Leichtigkeit immer zwei Grössen auf einmal eliminirt werden können, und wie die neuen Gleichungen, deren Anzahl um zwei kleiner ist, wieder dieselbe Form erhalten. Dieses macht, dass man ein solches System von Gleichungen mit grosser Rapidität auflösen kann.

Zusatz. Nach Beendigung dieser Abhandlung bemerkte ich, dass die Gleichungen, auf welche Lagrange und Poisson in ihren berühmten Arbeiten über die Variation der Constanten in den Problemen der Mechanik gekommen sind, ein eben solches System bilden, wie wir hier näher erörtert haben. Man sehe das 15te Heft des polytechnischen Journals S. 288, 289. Da die Pfaffsche Methode ebenfalls auf Variation der Constanten beruht, so scheint dieses System von Gleichungen vorzugsweise bei der Methode der Variation der Constanten vorzukommen.

Den 14. August 1827.

# BEMERKUNG ZU DER ABHANDLUNG DES HERRN PROF. SCHERK: ÜBER DIE INTEGRATION DER GLEICHUNG

$$\frac{d^n y}{dx^n} = (\alpha + \beta x) y$$

VON

PROFESSOR DR. C. G. J. JACOBI
ZU KÖNIGSBERG IN PREUSSEN.

Crelle Journal für die reine und angewandte Mathematik, Bd. 10 p. 279.

# BEMERKUNG ZU DER ABHANDLUNG DES HERRN PROF. SCHERK: ÜBER DIE INTEGRATION DER GLEICHUNG $\frac{d^n y}{dx^n} = (\alpha + \beta x) y$.

Das schöne, in der genannten Abhandlung (Crelle's Journal Bd. 10, p. 96) entwickelte Resultat lässt sich auf folgende bequemere Form bringen:

$$(1) \qquad y = \int_0^\infty dt e^{-\frac{t^{n+1}}{n+1}} [C e^{tx} + C_1 \varrho e^{\varrho t x} + C_2 \varrho^2 e^{\varrho^2 t x} + \cdots + C_n \varrho^n e^{\varrho^n t x}],$$

wo $\varrho$ eine primitive Wurzel der Gleichung

$$\varrho^{n+1} = 1,$$

und wo $C, C_1, \ldots, C_n$ beliebige Constanten bedeuten, welche die Bedingungsgleichung erfüllen:

$$(2) \qquad C + C_1 + C_2 + \cdots + C_n = 0,$$

so dass $n$ von ihnen willkürlich sind.

Man prüft auf folgende Weise, dass dieser Ausdruck der Differentialgleichung

$$(3) \qquad \frac{d^n y}{dx^n} = xy,$$

auf welche der Verfasser die allgemeinere zurückführt, Genüge leistet. Man hat nämlich, wenn man $n$-mal nach $x$ differentiirt, und dann nach $t$ theilweise integrirt:

$$(4) \qquad \frac{d^n \int dt e^{-\frac{t^{n+1}}{n+1}} e^{\varrho t x}}{dx^n} = \varrho^n \int dt\, t^n e^{-\frac{t^{n+1}}{n+1}} e^{\varrho t x} = -\varrho^n e^{-\frac{t^{n+1}}{n+1}} e^{\varrho t x} + x \int dt e^{-\frac{t^{n+1}}{n+1}} e^{\varrho t x}.$$

Dehnt man das Integral nach $t$ von 0 bis $\infty$ aus, so reducirt sich der Theil ausserhalb des Integralzeichens auf $\varrho^n$. Substituirt man in (4) für $\varrho$ die $n+1$ Werthe $1, \varrho, \varrho^2, \ldots, \varrho^n$, und substituirt die so erhaltenen Ausdrücke in den Ausdruck von $\frac{d^n y}{dx^n}$, wie er sich aus (1) ergiebt, so verschwindet wegen der Bedingungsgleichung (2) der Theil ausserhalb des Integralzeichens, und die Differentialgleichung (3) wird identisch erfüllt.

Setzt man statt (2) zwischen den $n+1$ Constanten die Bedingungsgleichung

$$(5) \qquad C + C_1 + C_2 + \cdots + C_n = m,$$

so sieht man aus dem Vorigen, dass die Gleichung (1) der allgemeineren Gleichung genügt:

$$\frac{d^n y}{dx^n} = xy + m. \tag{6}$$

Auf diese wird aber die folgende

$$\frac{d^n y}{dx^n} = axy + bx + cy + d \tag{7}$$

sogleich zurückgeführt.

Den 27. März 1833.

# SUR LE MOUVEMENT D'UN POINT ET SUR UN CAS PARTICULIER DU PROBLÈME DES TROIS CORPS.

LETTRE DE

M. C. G. J. JACOBI

A L'ACADÉMIE DES SCIENCES DE PARIS.

Comptes Rendus III, p. 59—61.

# SUR LE MOUVEMENT D'UN POINT ET SUR UN CAS PARTICULIER DU PROBLÈME DES TROIS CORPS.

„Parmi les vérités nouvelles dont les mathématiques se sont enrichies de temps en temps, il y en a auxquelles on n'a pu parvenir qu'en surmontant de grandes difficultés, et dont la découverte paraît être réservée aux esprits supérieurs qui président au développement de la science. Il y en a d'autres dont la découverte n'a pas le mérite des difficultés vaincues, mais qui étant à la portée de tout le monde dès qu'elles ont été une fois trouvées, se sont soustraites pendant long-temps aux soins des savants, je ne sais par quel accident, peut-être même à cause de leur facilité. Dans une lettre antérieure j'ai communiqué à l'illustre Académie, en profitant du titre de son correspondant, un exemple de cette seconde espèce, découverte curieuse et qui précisément dans le même temps a été jugée impossible dans les Transactions philosophiques par l'illustre Ivory. Permettez-moi, Monsieur, d'ajouter à cet exemple les suivants.

„Considérons le mouvement libre d'un point dans un plan et dans le cas de la conservation des forces vives. On a dans ce cas les équations différentielles

$$\frac{d^2x}{dt^2} = \frac{\partial U}{\partial x}, \quad \frac{d^2y}{dt^2} = \frac{\partial U}{\partial y},$$

et le principe des forces vives conservées s'exprime par l'équation

$$\frac{1}{2}\left[\left(\frac{dx}{dt}\right)^2 + \left(\frac{dy}{dt}\right)^2\right] = U + h,$$

U étant une fonction quelconque de $x$ et de $y$, et $h$ étant une constante arbitraire. Lagrange a donné cette forme aux équations différentielles du mouvement dans le cas des forces centrales ou parallèles et constantes. Mais la même forme offre généralement des facilités pour l'intégration, qui n'ont pas encore été remarquées.

„Supposons, comme une seconde intégrale des équations différentielles proposées,

$$F\left(x, y, \frac{dx}{dt}, \frac{dy}{dt}\right) = a,$$

$a$ étant une nouvelle constante arbitraire; au moyen de cette équation et de celle des forces vives on pourra exprimer les valeurs des différentielles $\frac{dx}{dt}$ et $\frac{dy}{dt}$ par $x$ et $y$ et par les deux constantes arbitraires $a$ et $h$. Soient

$$\frac{dx}{dt}=x',\quad \frac{dy}{dt}=y'$$

ces valeurs; on prouve aisément les propositions suivantes:

„1. L'expression

$$x'dx+y'dy$$

est une différentielle exacte; donc aussi ses différentielles prises par rapport aux constantes arbitraires $a$ et $h$ seront des différentielles exactes;

„2. Les expressions

$$\frac{\partial x'}{\partial a}dx+\frac{\partial y'}{\partial a}dy,\quad \frac{\partial x'}{\partial h}dx+\frac{\partial y'}{\partial h}dy$$

étant des différentielles exactes, on aura l'équation de l'orbite cherchée et l'expression du temps au moyen des équations

$$b=\int\left(\frac{\partial x'}{\partial a}dx+\frac{\partial y'}{\partial a}dy\right),$$

$$t+\tau=\tfrac{1}{2}\int\left(\frac{\partial x'}{\partial h}dx+\frac{\partial y'}{\partial h}dy\right),$$

dans lesquelles $b$ et $\tau$ sont deux nouvelles constantes arbitraires.

„Une seconde remarque, que j'ajouterai, se rapporte à la théorie analytique du système solaire. Considérons le mouvement d'un point sans masse tournant autour du Soleil et troublé par une planète dont l'orbite est supposée circulaire. Soient $x$, $y$, $z$ les coordonnées rectangulaires du point, en prenant le plan de l'orbite de la planète pour celui des $x$ et $y$, et le Soleil pour centre des coordonnées; soit $a_1$ la distance de la planète troublante au Soleil, $n't$ son anomalie, $m'$ sa masse, M la masse du Soleil, on aura l'équation rigoureuse:

$$\tfrac{1}{2}\left[\left(\frac{dx}{dt}\right)^2+\left(\frac{dy}{dt}\right)^2+\left(\frac{dz}{dt}\right)^2\right]-n'\left(x\frac{dy}{dt}-y\frac{dx}{dt}\right)=$$

$$\frac{M}{(x^2+y^2+z^2)^{\frac{1}{2}}}+m'\left\{\frac{1}{[x^2+y^2+z^2-2a_1(x\cos n't+y\sin n't)+a_1^2]^{\frac{1}{2}}}-\frac{x\cos n't+y\sin n't}{a_1^2}\right\}+\text{const.}$$

„C'est donc une nouvelle équation intégrale, qui dans le problème des trois corps subsistera entre les termes indépendants de l'excentricité de la planète troublante, et qui est rigoureuse pour toutes les puissances de la masse de cette dernière. Dans la théorie de la Lune il faut mettre la Terre au lieu du Soleil et prendre celui-ci pour le corps troublant."

# ZUR THEORIE DER VARIATIONS-RECHNUNG UND DER DIFFERENTIAL-GLEICHUNGEN

VON

PROFESSOR C. G. J. JACOBI
ZU KÖNIGSBERG IN PREUSSEN.

Crelle Journal für die reine und angewandte Mathematik, Bd. XVII p. 68—82.

# ZUR THEORIE DER VARIATIONS-RECHNUNG UND DER DIFFERENTIAL-GLEICHUNGEN.

(Auszug eines Schreibens an Herrn Encke, Secretar der mathematisch-physikalischen Klasse der Akademie der Wissenschaften zu Berlin.)

Es ist mir gelungen, eine grosse und wesentliche Lücke in der Variationsrechnung auszufüllen. Bei den Problemen des Grössten und Kleinsten nämlich, welche von der Variationsrechnung abhängen, kannte man keine allgemeine Regel, woran zu erkennen wäre, ob eine Lösung wirklich ein Grösstes oder Kleinstes giebt, oder keins von beiden. Man hatte zwar erkannt, dass die Kriterien hierfür davon abhängen, ob gewisse Systeme von Differentialgleichungen Integrale haben, die während des ganzen Intervalls, über den das Integral, welches ein Maximum oder Minimum werden soll, erstreckt wird, endlich bleiben. Aber man konnte diese Integrale selbst nicht finden, und auf keine Weise sonst, ohne sie zu kennen, den Umstand, ob sie innerhalb der gegebenen Grenzen endlich bleiben oder nicht, erörtern. Ich habe aber bemerkt, dass diese Integrale immer von selber gegeben sind, wenn man die Differentialgleichungen des Problems integrirt hat, d. h. die Differentialgleichungen, die erfüllt werden müssen, damit die erste Variation verschwindet. Hat man durch Integration dieser Differentialgleichungen die Ausdrücke der gesuchten Functionen erhalten, welche eine Anzahl willkürlicher Constanten enthalten werden, so geben ihre nach diesen willkürlichen Constanten genommenen partiellen Differentialquotienten die Integrale der neuen Differentialgleichungen, welche man zur Bestimmung der Kriterien des Grössten und Kleinsten zu integriren hat.

Es sei, um den einfachsten Fall zu betrachten, das vorgelegte Integral

$$\int f\left(x, y, \frac{dy}{dx}\right) dx;$$

$y$ wird durch die Differentialgleichung

$$\frac{\partial f}{\partial y} - \frac{d\frac{\partial f}{\partial y'}}{dx} = 0$$

bestimmt, wo $y'$ für $\frac{dy}{dx}$ gesetzt ist. Der Ausdruck von $y$, wie er durch die Integration dieser Gleichung gegeben wird, enthält zwei willkürliche Constanten, die ich $a$ und $b$ nennen will. Die zweite Variation wird, wenn $w = \delta y$, $w' = \frac{dw}{dx}$ ist,

$$\int\left(\frac{\partial^2 f}{\partial y^2} ww + 2\frac{\partial^2 f}{\partial y \partial y'} ww' + \frac{\partial^2 f}{\partial y'^2} w'w'\right)dx$$

sein, wo für das Maximum oder Minimum nöthig ist, dass $\frac{\partial^2 f}{\partial y'^2}$ immer dasselbe Zeichen behält. Aber um die vollständigen Kriterien des Maximums oder Minimums zu haben, muss man noch den vollständigen Ausdruck einer Function $v$ kennen, welche der Differentialgleichung

$$\frac{\partial^2 f}{\partial y'^2}\left(\frac{\partial^2 f}{\partial y^2} + \frac{dv}{dx}\right) = \left(\frac{\partial^2 f}{\partial y \partial y'} + v\right)^2$$

Genüge leistet; wie man dies in Lagranges Functionentheorie, oder in Dirksens Variationsrechnung sehen kann. (Die Variationsrechnung von Ohm ist in dieser Theorie nicht genau.) Diesen vollständigen Ausdruck für $v$ finde ich nun, wie folgt. Es sei

$$u = \alpha\frac{\partial y}{\partial a} + \beta\frac{\partial y}{\partial b},$$

wo $\frac{\partial y}{\partial a}$, $\frac{\partial y}{\partial b}$ die partiellen Differentialquotienten von $y$ bedeuten, nach den willkürlichen Constanten $a$, $b$ genommen, die in $y$ vorkommen, und $\alpha$, $\beta$ neue willkürliche Constanten sind, so wird

$$v = -\left(\frac{\partial^2 f}{\partial y \partial y'} + \frac{1}{u}\cdot\frac{\partial^2 f}{\partial y'^2}\frac{du}{dx}\right)$$

der verlangte Ausdruck von $v$, welcher eine willkürliche Constante $\frac{\beta}{\alpha}$ enthält.

Schwieriger ist der Fall, wo unter dem Integralzeichen Differentialquotienten höherer Ordnung als die erste vorkommen. Es sei

$$\int f(x, y, y', y'')dx$$

zu einem Maximum oder Minimum zu machen, wo wieder $y' = \frac{dy}{dx}$, $y'' = \frac{d^2y}{dx^2}$, so wird $y$ das Integral der Differentialgleichung

$$\frac{\partial f}{\partial y} - \frac{d\frac{\partial f}{\partial y'}}{dx} + \frac{d^2\frac{\partial f}{\partial y''}}{dx^2} = 0,$$

welches vier willkürliche Constanten $a$, $a_1$, $a_2$, $a_3$ enthalten wird. Wenn wieder $\delta y = w$, $\delta y' = w'$, $\delta y'' = w''$, so wird die zweite Variation:

$$\int\left(\frac{\partial^2 f}{\partial y^2}ww+2\frac{\partial^2 f}{\partial y\,\partial y'}ww'+2\frac{\partial^2 f}{\partial y\,\partial y''}ww''+\frac{\partial^2 f}{\partial y'^2}w'w'+2\frac{\partial^2 f}{\partial y'\,\partial y''}w'w''+\frac{\partial^2 f}{\partial y''^2}w''w''\right)dx.$$

Für das Maximum oder Minimum muss $\frac{\partial^2 f}{\partial y''^2}$ immer dasselbe Zeichen haben. Um aber die vollständigen Kriterien zu haben, muss man folgendes System von Differentialgleichungen integriren, wie man aus Lagranges Theorie der Functionen ersehen kann:

$$\left(\frac{\partial^2 f}{\partial y^2}+\frac{dv}{dx}\right)\left(\frac{\partial^2 f}{\partial y'^2}+\frac{dv_2}{dx}+2v_1\right)=\left(\frac{\partial^2 f}{\partial y\,\partial y'}+v+\frac{dv_1}{dx}\right)^2,$$

$$\frac{\partial^2 f}{\partial y''^2}\left(\frac{\partial^2 f}{\partial y^2}+\frac{dv}{dx}\right)=\left(\frac{\partial^2 f}{\partial y\,\partial y''}+v_1\right)^2,$$

$$\frac{\partial^2 f}{\partial y''^2}\left(\frac{\partial^2 f}{\partial y'^2}+\frac{dv_2}{dx}+2v_1\right)=\left(\frac{\partial^2 f}{\partial y'\,\partial y''}+v_2\right)^2.$$

Durch diese drei Differentialgleichungen erster Ordnung, welche einen ziemlich abschreckenden Anblick bieten, sind die drei Functionen $v$, $v_1$ und $v_2$ zu bestimmen, deren vollständiger Ausdruck drei willkürliche Constanten enthalten muss. Ich habe ihre allgemeinen Integrale, wie folgt, gefunden. Es sei

$$u=\alpha\frac{\partial y}{\partial a}+\alpha_1\frac{\partial y}{\partial a_1}+\alpha_2\frac{\partial y}{\partial a_2}+\alpha_3\frac{\partial y}{\partial a_3},\quad u_1=\beta\frac{\partial y}{\partial a}+\beta_1\frac{\partial y}{\partial a_1}+\beta_2\frac{\partial y}{\partial a_2}+\beta_3\frac{\partial y}{\partial a_3},$$

oder es seien $u$, $u_1$ lineare Ausdrücke der partiellen Differentialquotienten von $y$, nach den willkürlichen Constanten, die es enthält, genommen. Die acht Constanten $\alpha$, $\alpha_1$, $\alpha_2$, $\alpha_3$, $\beta$, $\beta_1$, $\beta_2$, $\beta_3$ sind nicht ganz willkürlich zu nehmen, sondern es muss zwischen den sechs aus ihnen zusammengesetzten Grössen $\alpha\beta_1-\alpha_1\beta$, $\alpha\beta_2-\alpha_2\beta$, $\alpha\beta_3-\alpha_3\beta$, $\alpha_2\beta_3-\beta_2\alpha_3$, $\alpha_3\beta_1-\alpha_1\beta_3$, $\alpha_1\beta_2-\alpha_2\beta_1$ eine gewisse Bedingung stattfinden, in deren nähere Erörterung ich hier nicht eingehen will. Hiernach werden die allgemeinen Ausdrücke für $v$, $v_1$, $v_2$, die ich gefunden habe, folgende:

$$v_2=-\frac{\partial^2 f}{\partial y'\,\partial y''}-\frac{\partial^2 f}{\partial y''^2}\cdot\frac{u\frac{d^2u_1}{dx^2}-u_1\frac{d^2u}{dx^2}}{u\frac{du_1}{dx}-u_1\frac{du}{dx}},$$

$$v_1=-\frac{\partial^2 f}{\partial y\,\partial y''}+\frac{\partial^2 f}{\partial y''^2}\cdot\frac{\frac{du}{dx}\frac{d^2u_1}{dx^2}-\frac{du_1}{dx}\frac{d^2u}{dx^2}}{u\frac{du_1}{dx}-u_1\frac{du}{dx}},$$

$$v=-\frac{dv_1}{dx}-\frac{\partial^2 f}{\partial y\,\partial y'}-\frac{\partial^2 f}{\partial y''^2}\cdot\frac{\left(u\frac{d^2u_1}{dx^2}-u_1\frac{d^2u}{dx^2}\right)\left(\frac{du}{dx}\frac{d^2u_1}{dx^2}-\frac{du_1}{dx}\frac{d^2u}{dx^2}\right)}{\left(u\frac{du_1}{dx}-u_1\frac{du}{dx}\right)^2}.$$

Da zwischen den sechs Grössen $\alpha\beta_1 - \alpha_1\beta$ u. s. w. eine identische Gleichung stattfindet, ausserdem zwischen denselben noch eine Bedingung gegeben ist, und in den Ausdrücken von $v$, $v_1$, $v_2$ nur ihre Verhältnisse vorkommen, so vertreten sie die Stelle von drei willkürlichen Constanten, wie verlangt wurde.

Die allgemeine Theorie, wenn unter dem Integralzeichen die Differentialquotienten von $y$ bis auf irgend eine Ordnung vorkommen, wird ohne Schwierigkeit aus einer merkwürdigen Eigenschaft einer besonderen Klasse linearer Differentialgleichungen abgeleitet. Diese linearen Differentialgleichungen der $2n^{\text{ten}}$ Ordnung haben die Form

$$0 = Ay + \frac{d(A_1 y')}{dx} + \frac{d^2(A_2 y'')}{dx^2} + \frac{d^3(A_3 y''')}{dx^3} + \cdots + \frac{d^n(A_n y^{(n)})}{dx^n} = Y,$$

wo $y^{(m)} = \frac{d^m y}{dx^m}$ und $A$, $A_1$ etc. gegebene Functionen von $x$ sind. Wenn $y$ irgend ein Integral der Gleichung $Y = 0$ ist, und man setzt $u = ty$, so wird der Ausdruck, in welchem $u^{(m)} = \frac{d^m u}{dx^m}$,

$$y\left[Au + \frac{d(A_1 u')}{dx} + \frac{d^2(A_2 u'')}{dx^2} + \cdots + \frac{d^n(A_n u^{(n)})}{dx^n}\right] = yU$$

integrabel, d. h. man kann sein Integral angeben, ohne $t$ zu kennen, und dieses Integral hat wieder die Form von $Y$, nur dass $n$ um 1 kleiner geworden; man hat nämlich:

$$\int yU dx = Bt' + \frac{d(B_1 t'')}{dx} + \frac{d^2(B_2 t''')}{dx^2} + \cdots + \frac{d^{n-1}(B_{n-1} t^{(n)})}{dx^{n-1}},$$

wo $t^{(m)} = \frac{d^m t}{dx^m}$ und die Functionen $B$ sich aus $u$ und den Functionen $A$ und deren Ableitungen allgemein angeben lassen. Der Beweis dieses Satzes ist nicht ohne Schwierigkeit. Ich habe die allgemeinen Ausdrücke der Functionen $B$ gefunden; doch genügt es für die vorgesetzte Anwendung, nur überhaupt zu beweisen, dass $\int yU dx$ die angegebene Form habe, ohne dass es nöthig ist, die Functionen $B$ selber zu kennen.

Die Metaphysik der gefundenen Resultate, um mich eines französischen Ausdruckes zu bedienen, beruht ungefähr auf folgenden Betrachtungen. Man kann bekanntlich der ersten Variation die Form

$$\int V \delta y dx$$

geben, wo $V = 0$ die zu integrirende Gleichung ist. Die zweite Variation erhält hiernach die Form

$$\int \delta V \delta y dx.$$

Soll die zweite Variation das Zeichen nicht ändern, so muss dieselbe nicht verschwinden können, oder die Gleichung $\delta V = 0$, welche in $\delta y$ linear ist, darf kein Integral $\delta y$ haben, welches die Bedingungen, denen nach der Natur des Problems $\delta y$ unterworfen ist, erfüllt. Man sieht hieraus, dass die Gleichung $\delta V = 0$ bei dieser Untersuchung eine bedeutende Rolle spielt, und gewahrt in der That bald ihren Zusammenhang mit den für die Kriterien des Maximums oder Minimums zu integrirenden Differentialgleichungen. Ausserdem sieht man sogleich, dass ein Werth von $\delta y$, welcher die Differentialgleichung $\delta V = 0$ erfüllt, jeder partielle Differentialquotient von $y$ ist, nach einer der willkürlichen Constanten genommen, die $y$ als Integral der Gleichung $V = 0$ enthält. Man erhält daher den allgemeinen Ausdruck des Integrals $\delta y$ der Differentialgleichung $\delta V = 0$, wenn man aus allen diesen partiellen Differentialquotienten von $y$ einen linearen Ausdruck bildet. Die Gleichung $\delta V = 0$, deren sämmtliche Integrale man auf diese Weise kennt, lässt sich aber, wie man zeigen kann, auf die Form der obigen Gleichung $V = 0$ bringen, wenn man in dieser $\delta y$ für $y$ schreibt, und vermittelst der angegebenen Eigenschaften dieser Art von Gleichungen gelingt es, die zweite Variation

$$\int \delta V \delta y dx$$

durch fortgesetzte partielle Integration in einen andern Ausdruck zu transformiren, der unter dem Integralzeichen ein vollständiges Quadrat enthält, welches eben die Transformation der zweiten Variation ist, die man hierbei zu erreichen strebt. Wenn z. B. das obige Integral

$$\int f(x, y, y', y'') dx$$

vorgelegt ist, und man die für diesen Fall angegebene Bedeutung von $u$ und $u_1$ beibehält, so erhält $\delta V$ die Form

$$\delta V = A \delta y + \frac{d(A_1 \delta y')}{dx} + \frac{d^2(A_2 \delta y'')}{dx^2},$$

und es wird $\delta V = 0$ für $\delta y = u$. Setzt man $\delta y = u \delta' y$, so erhält man nach dem obigen allgemeinen Satze:

$$\int \delta V \delta y dx = \int u \delta V \delta' y dx$$

$$= \left[ B \delta' y' + \frac{d(B_1 \delta' y'')}{dx} \right] \delta' y - \int \left[ B \delta' y' + \frac{d(B_1 \delta' y'')}{dx} \right] \delta' y' dx.$$

Setzt man nun das letzte Integral

$$= \int V_1 \delta' y' dx,$$

so wird die Gleichung $V_1 = 0$ erfüllt, wenn man

$$\delta' y = \frac{u_1}{u}, \quad \text{also} \quad \delta' y' = \frac{u u_1' - u_1 u'}{u^2}$$

setzt. Man kann daher dieselbe Methode fortsetzen, indem man

$$\delta' y' = \frac{u u_1' - u_1 u'}{u^2} \cdot \delta'' y$$

setzt, wodurch nach demselben Satze

$$\int V_1 \delta' y' dx = \int V_1 \left(\frac{u u_1' - u_1 u'}{u^2}\right) \delta'' y dx = C \delta'' y' . \delta'' y - \int C (\delta'' y')^2 dx,$$

welches die letzte Transformation ist, in welcher die willkürliche Variation nur in einem Quadrat unter dem Integralzeichen vorkommt. Man sieht übrigens leicht, dass

$$B_1 = u^2 A_2, \quad C = \left(\frac{u u_1' - u_1 u'}{u^2}\right)^2 B_1, \quad \text{und daher} \quad C = \left(\frac{u u_1' - u_1 u'}{u}\right)^2 A_2.$$

Es ist ferner $A_2 = \frac{\partial^2 f}{\partial y''^2}$, so dass $C$ immer dasselbe Zeichen wie $\frac{\partial^2 f}{\partial y''^2}$ hat, welches für das Minimum immer positiv, für das Maximum immer negativ sein muss. Man muss bekanntlich nun noch untersuchen, ob $\delta'' y'$ zwischen den Grenzen der Integration nicht unendlich werden kann, wozu man durch die Kenntniss der Functionen $u$, $u_1$ in den Stand gesetzt ist, welche man kennt, so wie $y$ gegeben ist oder das vollständige Integral der Gleichung $V = 0$.

Wenn die im Vorstehenden angedeutete Analysis ziemlich tiefe Speculationen der Integralrechnung erfordert, so werden doch die daraus abgeleiteten Kriterien, ob eine Lösung überhaupt ein Maximum oder ein Minimum giebt, sehr einfach. Ich will den Fall betrachten, wo, wenn unter dem Integralzeichen $y$ mit seinen Differentialquotienten bis zum $n^{\text{ten}}$ vorkommt, die Grenzwerthe von $y, y', \ldots, y^{(n-1)}$, so wie die Grenzen selber gegeben sind. Setzt man in die $2n$ Integralgleichungen mit ihren $2n$ willkürlichen Constanten diese Grenzwerthe, so werden die willkürlichen Constanten bestimmt; aber weil hierzu die Auflösung von Gleichungen nöthig ist, giebt es in der Regel mehrere Arten dieser Bestimmung, so dass man mehrere Curven erhält, welche denselben Grenzbedingungen und derselben Differentialgleichung Genüge leisten. Hat man eine von diesen gewählt, so betrachte man den einen Grenzpunkt als fest, und gehe von ihm zu den folgenden Punkten auf der Curve über. Nimmt man einen dieser folgenden Punkte zum andern Grenzpunkte, so wird es, nach dem eben Gesagten, sich ereignen können, dass man durch ihn und den ersten noch andere Curven legen kann, für welche in diesen beiden Grenzen $y'$, $y''$, ..., $y^{(n-1)}$ dieselben Werthe haben, und welche der vorgelegten Differentialgleichung genügen. Sobald man nun, indem man auf der Curve fortschreitet, zu einem Punkt derselben gelangt, für welchen eine jener andern Curven mit ihr zusammenfällt, oder, wie man sich auch ausdrücken kann, ihr unendlich nahe kommt: so ist dieses die Grenze, bis zu welcher, oder über welche hinaus, man die Integration nicht ausdehnen darf, wenn ein Maximum oder Minimum stattfinden soll; wenn man aber das Integral nicht bis zu diesen Grenzen ausdehnt, so wird ein Maximum oder Minimum immer stattfinden, vorausgesetzt, dass $\frac{\partial^2 f}{\partial y^{(n)2}}$ zwischen den Grenzen immer dasselbe Zeichen hat.

Ich will, um dies an einem Beispiele deutlich zu machen, das Princip der kleinsten Wirkung bei der elliptischen Bewegung eines Planeten betrachten.

Das in dem Princip der kleinsten Wirkung betrachtete Integral kann nie ein Maximum werden, wie Lagrange geglaubt hat: es wird aber auch keinesweges immer ein Minimum, sondern es sind dazu bestimmte Einschränkungen für die Grenzen nöthig, welche durch die obige allgemeine Regel gegeben werden, widrigenfalls das Integral weder ein Maximum noch ein Minimum wird. Es fange der Planet (Fig. 1) sich von $a$ zu bewegen an, wo $a$ zwischen dem Peri- und Aphelium liege; der andere Endpunkt sei $b$; wenn $2A$ die grosse Axe, $f$ die Sonne ist, so erhält man bekanntlich den andern Brennpunkt der Ellipse als Durchschnitt zweier aus den Centren $a$ und $b$ mit den Radien $2A-af$, $2A-bf$ beschriebenen Kreise. Die beiden Durchschnittspunkte der Kreise geben zwei verschiedene Lösungen des Problems, welche nur dann in eine zusammenfallen können, wenn die Kreise sich berühren, d. h., wenn $ab$ durch den andern Brennpunkt geht. Wenn man also von $a$ durch den andern Brennpunkt der Ellipse $f'$ die Sehne der Ellipse $aa'$ zieht, so wird, der gegebenen Regel zufolge, der andere Grenzpunkt $b$ zwischen $a$ und $a'$ liegen müssen, wenn die Ellipse das im Princip der kleinsten Wirkung betrachtete Integral wirklich zu einem Kleinsten machen soll. Fällt $b$ in $a'$, so kann die zweite Variation des Integrals zwar

Fig. 1.

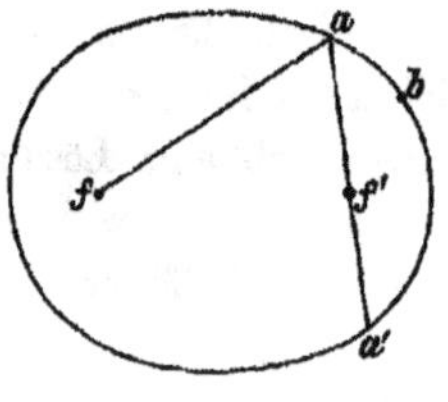

nicht negativ werden, aber 0, so dass die Aenderung des Integrals von der dritten Ordnung und daher sowohl positiv als negativ werden kann. Fällt $b$ über $a'$ hinaus, so kann die zweite Variation auch selbst negativ werden. Wenn der Anfangspunkt $a$ zwischen dem Aphelium und Perihelium liegt, so wird der äusserste Punkt $a'$ durch die Sehne der Ellipse bestimmt, welche man von $a$ durch die Sonne $f$ zieht. Denn wenn $a$ und $a'$ (Fig. 2) die Grenzpunkte sind, so erhält man durch Drehung der Ellipse um $afa'$ unendlich viele Lösungen des Problems. Wenn also der zweite Grenzpunkt im letztern Falle über $a'$ hinaus liegt, wird es eine Raumcurve zwischen den beiden gegebenen Grenzen geben, für welche $\int v\,ds$ kleiner wird als für die Ellipse.

Fig. 2.

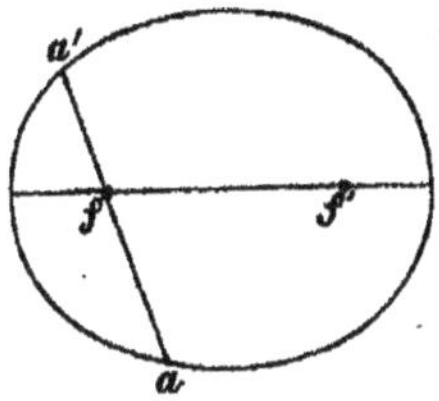


Ich will bei dieser Gelegenheit noch ein Paar Worte über die Variation der Doppel-Integrale sagen, deren Theorie einer grössern Eleganz fähig ist, als sie selbst nach den Arbeiten von **Gauss** und **Poisson** erlangt hat. Um eine Vorstellung von der Art zu geben, wie es mir zweckmässig scheint, die Variation der Doppel-Integrale auszudrücken, will ich den einfachsten Fall annehmen, in welchem

$$\delta\iint f(x, y, z, p, q)\,dx\,dy$$

betrachtet wird, wo

$$p = \frac{\partial z}{\partial x}, \quad q = \frac{\partial z}{\partial y}.$$

Es sei $w$ die Variation von $z$, so wird

$$\delta\iint dx\,dy\,f = \iint dx\,dy\left(\frac{\partial f}{\partial z}w + \frac{\partial f}{\partial p}\cdot\frac{\partial w}{\partial x} + \frac{\partial f}{\partial q}\cdot\frac{\partial w}{\partial y}\right).$$

Die bei einfachen Integralen angewendete Methode besteht darin, den Ausdruck unter dem Integralzeichen in zwei Theile zu theilen, von denen der eine in $w$ multiplicirt ist, der andere das Element eines Integrals ist; der erste muss unter dem Integralzeichen $=0$ gesetzt werden, wenn die Variation verschwinden soll; der zweite kann integrirt werden, und man lässt sein Integral verschwinden. Eben so theile ich den Ausdruck unter dem Doppelzeichen in einen in $w$ multiplicirten Theil und in einen andern, der das Element eines Doppel-Integrals ist, das heisst, wenn $u = aw$, so setze ich:

$$\frac{\partial f}{\partial z}w + \frac{\partial f}{\partial p}\cdot\frac{\partial w}{\partial x} + \frac{\partial f}{\partial q}\cdot\frac{\partial w}{\partial y} = Aw + \frac{\partial u}{\partial x}\cdot\frac{\partial v}{\partial y} - \frac{\partial u}{\partial y}\cdot\frac{\partial v}{\partial x};$$

Vergleicht man die in $w$, $\frac{\partial w}{\partial x}$, $\frac{\partial w}{\partial y}$ multiplicirten Terme, so erhält man:

$$\frac{\partial f}{\partial z}=A+\frac{\partial a}{\partial x}\cdot\frac{\partial v}{\partial y}-\frac{\partial a}{\partial y}\cdot\frac{\partial v}{\partial x},\quad \frac{\partial f}{\partial p}=a\frac{\partial v}{\partial y},\quad \frac{\partial f}{\partial q}=-a\frac{\partial v}{\partial x},$$

woraus

$$A=\frac{\partial f}{\partial z}-\frac{\partial\left(\frac{\partial f}{\partial p}\right)}{\partial x}-\frac{\partial\left(\frac{\partial f}{\partial q}\right)}{\partial y}$$

folgt, welches, $=0$ gesetzt, die bekannte partielle Differentialgleichung giebt, die hier auf eine vollkommen symmetrische Art abgeleitet ist. Die Function $v$ muss die Gleichung erfüllen:

$$\frac{\partial f}{\partial p}\cdot\frac{\partial v}{\partial x}+\frac{\partial f}{\partial q}\cdot\frac{\partial v}{\partial y}=0.$$

Setzt man $A=0$, so hat man:

$$\delta\iint dx dy f=\iint dx dy\left(\frac{\partial u}{\partial x}\cdot\frac{\partial v}{\partial y}-\frac{\partial u}{\partial y}\cdot\frac{\partial v}{\partial x}\right)=\iint dv du,$$

welches, in den gegebenen Grenzen genommen, verschwinden muss. Wenn $z$ in den Grenzen gegeben ist, wird $w$ und mithin auch $u=aw$ in den Grenzen verschwinden und daher

$$\iint du dv=0$$

sein. Wenn die Grenzwerthe von $z$ ganz willkürlich sind, so muss $v$ in den Grenzen verschwinden, oder, wenn $v=0$ die Grenzcurve bedeutet, so müssen die im Integral der Gleichung $A=0$ vorkommenden willkürlichen Functionen so bestimmt werden, dass

$$\frac{\partial f}{\partial p}\cdot\frac{\partial v}{\partial x}+\frac{\partial f}{\partial q}\cdot\frac{\partial v}{\partial y}=0$$

ist, u. s. w.

Um auf das Maximum und Minimum zurückzukommen: so ist es ein Uebelstand, dass im Gebrauch dieser Worte solche Verwirrung herrscht. Man sagt, ein Ausdruck sei ein Maximum oder Minimum, wenn man bloss sagen will, dass seine Variation verschwindet, selbst wenn auch weder ein Maximum noch ein Minimum stattfindet. Man sagt, eine Grösse sei ein Maximum, wenn man nur sagen will, sie sei kein Minimum. So sagt Poisson in seiner Mechanik: bei geschlossenen Flächen könne die kürzeste Linie zwischen zwei gegebenen Punkten ein Maximum sein, obgleich es sich von selbst versteht, dass man durch Ausbiegungen, die unendlich klein sein können, einen noch so grossen

Weg noch grösser machen kann. Freilich giebt die kürzeste Linie nur dann ein relatives Minimum, wenn die nach meiner obigen allgemeinen Regel gestellte Bedingung erfüllt ist, nämlich dass es zwischen den beiden Endpunkten auf der Curve nicht zwei andere giebt, zwischen denen man noch eine zweite unendlich nahe kürzeste Curve ziehen kann. Im andern Falle ist aber die Länge kein Maximum, sondern weder ein Maximum noch ein Minimum. Für die Flächen, die in jedem Punkte zwei entgegengesetzte Krümmungen haben, habe ich bewiesen, dass zwischen je zweien ihrer Punkte die kürzeste Linie wirklich eine kürzeste Linie ist.

Die oben angedeuteten Untersuchungen über die Kriterien des Grössten und Kleinsten in den isoperimetrischen Problemen füllen eine wesentliche Lücke in einem der schönsten Theile der Mathematik aus; ausserdem sind sie durch die Kunstgriffe der Integralrechnung, die dabei angewendet werden, merkwürdig. Tiefer aber in das Ganze der Wissenschaft eingreifend dürften folgende Untersuchungen sein, von denen ich mir Ihnen eine kurze Andeutung zu geben erlaube.

Hamilton hat gezeigt, dass die Probleme der Mechanik, bei denen der Satz von der lebendigen Kraft gilt, sich auf die Integration einer partiellen Differentialgleichung erster Ordnung zurückführen lassen. Er fordert eigentlich die Integration zweier solcher partiellen Differentialgleichungen: man zeigt aber leicht, dass es genügt, irgend ein vollständiges Integral einer von ihnen zu kennen. Auch dehnt man seine Resultate leicht mit auf den Fall aus, wo die Kräftefunction, d. i. die Function, deren partielle Differentialquotienten die Kräfte geben, die Zeit explicite enthält; für welchen Fall der Satz von der lebendigen Kraft nicht gilt: aber immer noch das Princip der kleinsten Wirkung. Durch diese Zurückführung auf eine partielle Differentialgleichung könnte wenig gewonnen scheinen, da nach der Pfaffschen Methode in den Abhandlungen Ihrer Akademie — und für mehr als drei Variabele kannte man bisher weiter nichts über die Integration der partiellen Differentialgleichungen erster Ordnung — die Integration der einen partiellen Differentialgleichung, auf welche das dynamische Problem zurückgeführt wird, viel schwieriger ist als die Integration des Systems der unmittelbar gegebenen, gewöhnlichen Differentialgleichungen der Bewegung. In der That, wenn man, wie es ebenfalls ohne Schwierigkeit geschieht, die Untersuchung Hamiltons auf alle partiellen Differentialgleichungen erster Ordnung ausdehnt, ist es umgekehrt eine bedeutende Entdeckung in der Theorie der partiellen Differentialgleichungen erster Ordnung, dass sie so immer auf die

Integration eines einzigen Systems gewöhnlicher Differentialgleichungen zurückgeführt werden können, welche bisher nach der Pfaffschen Methode nicht ausreichend war. Wichtig für die Integration der Differentialgleichungen der Mechanik selber konnte dies nur werden, wenn man nachwies, dass die Systeme gewöhnlicher Differentialgleichungen, auf welche die partiellen Differentialgleichungen erster Ordnung zurückkommen, einer besondern Behandlungsweise fähig sind, welche sie von andern Differentialgleichungen unterscheidet. Hamilton, obgleich er manche Anwendung seiner *neuen Methode*, wie er seine Untersuchungen nennt, zu machen versucht hat, hat hiervon nichts bemerkt, und daher auch aus seinen merkwürdigen Theoremen keinen wesentlichen Nutzen gezogen. Aber in der That hat schon Lagrange für die partiellen Differentialgleichungen erster Ordnung zwischen drei Variabeln, auf die er sich beschränkt hat, und deren Integration zu seinen schönsten und berühmtesten Entdeckungen gehört, bemerkt, dass, wenn man ein Integral des Systems von drei gewöhnlichen Differentialgleichungen erster Ordnung zwischen vier Variabeln, auf welches er das Problem zurückgeführt hat, kennt, nur noch zwei Differentialgleichungen erster Ordnung, jede zwischen zwei Variabeln, zu integriren sind. Im Allgemeinen aber wäre noch eine Differentialgleichung zweiter Ordnung zwischen zwei Variabeln zu integriren, die man also für jenes besondere System gewöhnlicher Differentialgleichungen immer auf die erste Ordnung zurückführen kann. Wenn die partielle Differentialgleichung erster Ordnung zwischen drei Variabeln die unbekannte Function nicht selber, sondern nur ihre beiden Differentialquotienten enthält; so hat man nur zwei Differentialgleichungen erster Ordnung zwischen drei Variabeln zu integriren; und kennt man ein Integral derselben, so hat man nach der Lagrangeschen Methode nur noch zwei Quadraturen auszuführen, während im Allgemeinen noch eine Differentialgleichung erster Ordnung zu integriren wäre. Der letzte Fall findet in der Mechanik statt, d. h. die partiellen Differentialgleichungen erster Ordnung, auf welche die dynamischen Probleme zurückkommen, enthalten nie die unbekannte Function selber. Hiernach kann man schon aus dem Lagrangeschen Verfahren für drei Variabele neue, höchst merkwürdige Sätze der Mechanik ziehen. Es folgt nämlich daraus ganz allgemein, dass, wenn irgend ein Problem der Mechanik, für welches der Satz von der lebendigen Kraft gilt, von einer Differentialgleichung der zweiten Ordnung abhängt, und man noch ausser diesem Satz ein Integral kennt, so dass das Problem auf die Integration einer gewöhnlichen Differentialgleichung erster

Ordnung zwischen zwei Variabeln zurückkommt, man diese letztere immer integriren kann, d. h. man kann nach einer allgemeinen, ganz bestimmten Regel den Multiplicator derselben finden. Ein solches mechanisches Problem ist z. B. die Bewegung eines Körpers in der Ebene, der nach zwei festen Centren gezogen wird. Euler fand hier mit Leichtigkeit ausser dem Integrale der lebendigen Kraft noch ein zweites; die Differentialgleichung erster Ordnung, worauf er hiernach kam, war aber so complicirt, dass seine ganze Unerschrockenheit dazu gehörte, sich mit der Integration derselben zu beschäftigen, und das Gelingen dieser Bemühung zu seinen berühmtesten Meisterstücken gehört. Diese Integration aber würde ohne alle weiteren Kunstgriffe durch die erwähnte allgemeine Regel geleistet. Ich habe vor etwa einem halben Jahre die auf den Fall der freien Bewegung eines Punktes in einer Ebene bezüglichen Formeln, welche allgemein, wenn man ausser dem Integral der lebendigen Kraft noch ein anderes Integral kennt, das Problem auf Quadraturen zurückführen, der Pariser Akademie mitgetheilt. Diese Formeln lassen sich sogleich auch auf die Bewegung eines Punktes auf einer gegebenen Fläche ausdehnen.

Damit aber eine Anwendung dieser Betrachtungen auf complicirtere mechanische Probleme möglich sei, ist es nöthig, die Lagrangesche Methode für die Integration partieller Differentialgleichungen erster Ordnung zwischen drei Variabeln auf jede Zahl von Variabeln auszudehnen. Pfaff, der dies mit unübersteiglichen Hindernissen verknüpft hielt, sah sich aus diesem Grunde genöthigt, diese Methode ganz zu verlassen. Er betrachtete das Problem als speciellen Fall eines viel allgemeineren, dessen glückliche Lösung zu den wichtigsten Bereicherungen der Integralrechnung gehört. Aber das Problem der Integration der partiellen Differentialgleichungen erster Ordnung hat vor dem allgemeinen Probleme, welches Pfaff betrachtet, Erleichterungen voraus, die ihm entgangen sind, und die er auf seinem Wege nicht finden konnte. Es ist mir gelungen, die Schwierigkeiten, welche der Verallgemeinerung der Lagrangeschen Methode im Wege standen, zu heben und hierdurch eine neue Theorie der partiellen Differentialgleichungen erster Ordnung für jede Zahl von Variabeln zu begründen, welche für die Integration derselben die wesentlichsten Vortheile darbietet und unmittelbar auf die Probleme der Mechanik ihre Anwendung findet. Hier mögen folgende Andeutungen genügen.

Die partiellen Differentialgleichungen erster Ordnung und die isoperimetrischen Probleme, in welchen die Differentialquotienten der unbekannten

Functionen unter dem Integralzeichen nur bis auf die erste Ordnung steigen, hängen von derselben Analysis ab, so dass jedes solche isoperimetrische Problem auch als Integration einer partiellen Differentialgleichung erster Ordnung gefasst werden kann. Man kann unter diesen isoperimetrischen Problemen auch diejenigen begreifen, in welchen der Ausdruck, der ein Maximum oder Minimum werden, oder allgemeiner, dessen Variation verschwinden soll, nicht unmittelbar als Integral, sondern durch eine Differentialgleichung erster Ordnung gegeben ist. Umgekehrt kann man auch die Integration einer partiellen Differentialgleichung erster Ordnung als solches isoperimetrische Problem fassen. Zufolge des Princips der kleinsten Wirkung kann als ein isoperimetrisches Problem der genannten Art die Bewegung eines Systems sich gegenseitig anziehender Körper betrachtet werden, welche ausserdem noch von constanten Parallelkräften und von Kräften sollicitirt werden können, welche nach festen oder beweglichen Centren gerichtet sind, wofern die Körper des Systems auf die letzteren Centra nicht reagiren und die Bewegung derselben als anderweitig bekannt vorausgesetzt wird. Solches mechanische Problem kann daher auch immer als Integration einer partiellen Differentialgleichung erster Ordnung gefasst werden. Diese Integration hängt von der eines Systems gewöhnlicher Differentialgleichungen ab, welche mit den bekannten Differentialgleichungen der Mechanik übereinkommen, aber, als auf eine partielle Differentialgleichung erster Ordnung bezüglich, besonderer Erleichterungen fähig sind. Man kann nämlich bei denselben durch einen besondern Gang des Verfahrens und durch besondere Wahl der Grössen, die man als Variabele einführt, bewirken, dass jedes gefundene Integral die Stelle von zwei Integrationen vertritt. Um dies deutlicher zu machen, will ich sagen, dass ein System Differentialgleichungen von der $n^{\text{ten}}$ Ordnung sei, wenn man dasselbe nach Elimination der übrigen Variabeln auf eine gewöhnliche Differentialgleichung $n^{\text{ter}}$ Ordnung zwischen zwei Variabeln bringen kann. Für die partiellen Differentialgleichungen erster Ordnung, welche nicht die unbekannte Function selber, sondern nur ihre partiellen Differentialquotienten enthalten, so wie für die isoperimetrischen Probleme der genannten Art, in welchen der Ausdruck, dessen erste Variation verschwinden soll, als Integral gegeben ist, und daher auch für die genannten mechanischen Probleme, lässt sich nun der zu befolgende Gang der Operationen und der dadurch gewonnene Vortheil, wie folgt, angeben. Es sei das System der gewöhnlichen Differentialgleichungen, von dem das Problem abhängt, von der $2n^{\text{ten}}$ Ordnung; man kenne ein Integral desselben, so lässt sich das Problem durch eine bestimmte Wahl von Grössen, die man als Variabele einführt, auf ein System von Differentialgleichungen der $(2n-2)^{\text{ten}}$ Ordnung bringen. Kennt man von diesem Systeme wieder ein Integral, so lässt sich dasselbe durch eine neue Wahl von Variabeln auf ein System von der $(2n-4)^{\text{ten}}$ Ordnung bringen, und so fort, bis man keine Differentialgleichungen mehr zu integriren hat. Alle ausserdem noch auszuführenden Operationen bestehen lediglich in Quadraturen Ich bemerke der Deutlichkeit wegen, dass ich ein Integral eines Systems gewöhnlicher Differentialgleichungen eine Gleichung $U=a$ nenne, wo $a$ eine willkürliche Constante ist, welche in $U$ nicht vorkommt, und $U$ ein solcher Ausdruck, dass durch die Differentialgleichungen $dU$ identisch Null wird.

Als Beispiel der allgemeinen Methode nehme ich ein mechanisches Problem, von dem ich bereits in einem früheren Schreiben die Akademie zu unterhalten die Ehre hatte. Es giebt nämlich Fälle bei der Bewegung der Himmelskörper, wie z. B. des Mondes oder eines Cometen, der dem Jupiter nahe vorbeigeht, in welchen die elliptische Bewegung so wenig angenähert ist, dass man zur Integration der Differentialgleichungen der Bewegung darauf kein Annäherungsverfahren gründen kann, welches wissenschaftlichen Werth hat. Es ist daher von grosser Wichtigkeit, andere Bewegungen zu erfinden, welche einer einfachen Behandlung fähig sind und dem Fall der Natur sich mehr annähern können. Hierzu könnte man versuchen, die Bewegung eines masselosen Punktes zu wählen, der von zwei Körpern angezogen wird, die sich gleichförmig und mit gleicher Winkelgeschwindigkeit um ihren gemeinschaftlichen Schwerpunkt drehen. Beim Monde kann man für das Näherungsproblem noch annehmen, dass die drei Körper sich in einer Ebene bewegen. Man hat dann zwei Differentialgleichungen zweiter Ordnung, welche, da die Kräfte die Zeit explicite enthalten, und daher weder der Satz von den Flächen, noch der Satz von der lebendigen Kraft gilt, die Stelle einer Differentialgleichung der vierten Ordnung zwischen zwei Variabeln vertreten. Obgleich die beiden Sätze von den Flächen und der lebendigen Kraft nicht gelten, so habe ich doch gezeigt, dass eine gewisse Combination derselben auch hier stattfindet. Dieses von mir gefundene Integral führt aber das Problem nicht bloss auf die dritte Ordnung zurück, sondern die Anwendung der allgemeinen Methode auf diesen Fall zeigt, dass man durch zweckmässige Wahl der Variabeln das Problem auf eine Differentialgleichung zweiter Ordnung zwischen zwei Variabeln zurückführen kann, von welcher man, wie nach derselben Methode erhellt, wieder nur ein einziges Integral zu kennen braucht. Es ist also vermittelst dieser Methode durch das eine von mir gefundene Integral die Integration der Differentialgleichung vierter Ordnung darauf zurückgeführt, ein einziges Integral einer Differentialgleichung der zweiten Ordnung zu finden, indem alles übrige nur noch Quadraturen erfordert.

Der ganze Gang der angedeuteten Operationen hängt von den jedesmaligen Integralen ab, welche sich entdecken lassen; die Wahl der Variabeln hängt ebenfalls von denselben ab und erfordert auch ihrerseits die Integration von Differentialgleichungen, immer aber so, dass durch ein gefundenes Integral das System von Differentialgleichungen auf ein anderes zurückgeführt wird, dessen Ordnung um zwei niedriger ist; auch werden sich die zur Bestimmung der Wahl der Variabeln aufzustellenden Differentialgleichungen in vielen Fällen leicht integriren lassen. Wofern man nur die einfachen Integrale, die sich finden lassen, nicht übersieht, kann man auf dem genannten Wege sicher sein, das Problem, wenn nicht gänzlich auf Quadraturen, doch so weit zurückzuführen, als es seiner Natur nach möglich ist. Auch wenn die Differentialgleichungen, auf welche man kommt, sich nicht integriren lassen, wird man doch merkwürdige Eigenschaften derselben erkennen, welche sich vortheilhaft benutzen lassen. So weiss man in dem angeführten Problem, wenn man auch die Differentialgleichungen der zweiten Ordnung, auf welche dasselbe zurückkommt, nicht integriren kann, dass von ihren beiden Integralen eins aus dem andern durch blosse Quadraturen gefunden werden kann.

Sie sehen, hochgeehrtester Herr Professor, dass die in vorstehenden kurzen Umrissen angedeuteten Resultate ein neues wichtiges Capitel der analytischen Mechanik begründen, die Vortheile betreffend, welche man aus der besonderen Form der Differentialgleichungen der Mechanik für ihre Integration ziehen kann. Wir verdanken Lagrange diese Form, aber sie hat bis jetzt in seinen und in den Händen der ihm nachfolgenden Analysten nur dazu gedient, die analytischen Transformationen rascher und übersichtlicher zu leisten, und den bekannten allgemeinen mechanischen Gesetzen die Ausdehnung zu geben, deren sie fähig sind. Aber diese Form erhält jetzt eine viel wichtigere Bedeutung, indem sich zeigt, dass gerade die Differentialgleichungen von dieser bestimmten Form einer eigenthümlichen Behandlung fähig sind, welche die Schwierigkeiten ihrer Integration bedeutend vermindert.

Den 29. November 1836.

# ÜBER DIE REDUCTION DER INTEGRATION DER PARTIELLEN DIFFERENTIALGLEICHUNGEN ERSTER ORDNUNG ZWISCHEN IRGEND EINER ZAHL VARIABELN AUF DIE INTEGRATION EINES EINZIGEN SYSTEMES GEWÖHNLICHER DIFFERENTIALGLEICHUNGEN

VON

PROFESSOR C. G. J. JACOBI
ZU KÖNIGSBERG IN PREUSSEN.

Crelle Journal für die reine und angewandte Mathematik, Bd. 17 p. 97—162.

# ÜBER DIE REDUCTION DER INTEGRATION DER PARTIELLEN DIFFERENTIALGLEICHUNGEN ERSTER ORDNUNG ZWISCHEN IRGEND EINER ZAHL VARIABELN AUF DIE INTEGRATION EINES EINZIGEN SYSTEMES GEWÖHNLICHER DIFFERENTIALGLEICHUNGEN.

## 1.

Professor Hamilton hat in zwei Abhandlungen in den *Philos. Transact.* vom J. 1834. P. II. und vom J. 1835. P. I. das merkwürdige Resultat gefunden, dass in den Fällen der Mechanik, in welchen der Satz von der lebendigen Kraft gilt, sich die Integralgleichungen der Bewegung, eben so wie die Differentialgleichungen in der ihnen von Lagrange gegebenen Form, sämmtlich durch die partiellen Differentialquotienten einer einzigen Function darstellen lassen. Der Gang seiner Betrachtung ist ungefähr der folgende.

Es seien die Differentialgleichungen der Bewegung eines Systems von $n$ materiellen Punkten, welche den Bedingungen $F=0$, $F_1=0$, ... unterworfen sind,

$$m_i\frac{d^2x_i}{dt^2} = \frac{\partial U}{\partial x_i}+\lambda\frac{\partial F}{\partial x_i}+\lambda_1\frac{\partial F_1}{\partial x_i}+\cdots,$$

$$m_i\frac{d^2y_i}{dt^2} = \frac{\partial U}{\partial y_i}+\lambda\frac{\partial F}{\partial y_i}+\lambda_1\frac{\partial F_1}{\partial y_i}+\cdots,$$

$$m_i\frac{d^2z_i}{dt^2} = \frac{\partial U}{\partial z_i}+\lambda\frac{\partial F}{\partial z_i}+\lambda_1\frac{\partial F_1}{\partial z_i}+\cdots,$$

in welchen Gleichungen dem Index $i$ die Werthe 1, 2, ..., $n$ zu geben sind, und $m_i$ die Masse eines Punktes bedeutet, dessen rechtwinklige Coordinaten $x_i$, $y_i$, $z_i$ sind. Dies ist die Lagrangesche Form der Differentialgleichungen, welche ihnen in allen Fällen gegeben werden kann, in welchen *der Satz von der lebendigen Kraft* gilt:

$$\tfrac{1}{2}\Sigma m_i\left[\left(\frac{dx_i}{dt}\right)^2+\left(\frac{dy_i}{dt}\right)^2+\left(\frac{dz_i}{dt}\right)^2\right] = U+h,$$

wo $h$ eine Constante. Die Grössen $\lambda$, $\lambda_1$ etc. sind der Symmetrie wegen eingeführte Factoren, welche vermittelst der Bedingungsgleichungen eliminirt werden müssen. Die Function $U$, deren partielle Differentiation die angebrachten Kräfte giebt, will ich die *Kräftefunction* nennen.

Hat man die aufgestellten Differentialgleichungen vollständig integrirt, so kennt man die $3n$ Coordinaten als Functionen der Zeit und der willkürlichen Constanten. Es werden diese Werthe in die Kräftefunction $U$ substituirt, und ihre partielle Ableitung nach einer der willkürlichen Constanten, die ich $\alpha$ nennen will, genommen: so hat man

$$\begin{aligned}\frac{\partial U}{\partial \alpha} &= \Sigma\left[\frac{\partial U}{\partial x_i}\cdot\frac{\partial x_i}{\partial \alpha}+\frac{\partial U}{\partial y_i}\cdot\frac{\partial y_i}{\partial \alpha}+\frac{\partial U}{\partial z_i}\cdot\frac{\partial z_i}{\partial \alpha}\right]\\ &= \Sigma m_i\left[\frac{d^2x_i}{dt^2}\cdot\frac{\partial x_i}{\partial \alpha}+\frac{d^2y_i}{dt^2}\cdot\frac{\partial y_i}{\partial \alpha}+\frac{d^2z_i}{dt^2}\cdot\frac{\partial z_i}{\partial \alpha}\right],\end{aligned}$$

da die in $\lambda$, $\lambda_1$, ... multiplicirten Ausdrücke wegen der Bedingungsgleichungen verschwinden.

Den letzteren Ausdruck kann man auch so darstellen:

$$\begin{aligned}\frac{\partial U}{\partial \alpha} &= \frac{d\Sigma m_i\left[\frac{dx_i}{dt}\cdot\frac{\partial x_i}{\partial \alpha}+\frac{dy_i}{dt}\cdot\frac{\partial y_i}{\partial \alpha}+\frac{dz_i}{dt}\cdot\frac{\partial z_i}{\partial \alpha}\right]}{dt}\\ &\quad-\Sigma m_i\left[\frac{dx_i}{dt}\cdot\frac{\partial^2 x_i}{\partial \alpha\partial t}+\frac{dy_i}{dt}\cdot\frac{\partial^2 y_i}{\partial \alpha\partial t}+\frac{dz_i}{dt}\cdot\frac{\partial^2 z_i}{\partial \alpha\partial t}\right].\end{aligned}$$

Der zweite Theil des Ausdrucks rechter Hand vom Gleichheitszeichen lässt sich ebenfalls als eine partielle, nach $\alpha$ genommene Ableitung darstellen:

$$-\frac{1}{2}\,\frac{\partial\Sigma m_i\left[\left(\frac{dx_i}{dt}\right)^2+\left(\frac{dy_i}{dt}\right)^2+\left(\frac{dz_i}{dt}\right)^2\right]}{\partial \alpha},$$

wodurch die vorstehende Gleichung sich in folgende verwandelt:

$$\begin{aligned}&\frac{\partial\left[U+\frac{1}{2}\Sigma m_i\left(\left(\frac{dx_i}{dt}\right)^2+\left(\frac{dy_i}{dt}\right)^2+\left(\frac{dz_i}{dt}\right)^2\right)\right]}{\partial \alpha}\\ &= \frac{d\Sigma m_i\left[\frac{dx_i}{dt}\cdot\frac{\partial x_i}{\partial \alpha}+\frac{dy_i}{dt}\cdot\frac{\partial y_i}{\partial \alpha}+\frac{dz_i}{dt}\cdot\frac{\partial z_i}{\partial \alpha}\right]}{dt}.\end{aligned}$$

Diese merkwürdige Gleichung ist den Analysten, welche sich mit der Variation der Constanten in den Problemen der Mechanik beschäftigt haben, nicht entgangen. Es folgt daraus mit Leichtigkeit eines der Haupttheoreme dieser

Theorie. Setzt man nämlich

$$\frac{dx}{dt} = x', \quad \frac{dy}{dt} = y', \quad \frac{dz}{dt} = z',$$

so dass die vorstehende Gleichung wird:

$$\frac{\partial [U + \frac{1}{2}\Sigma m_i (x_i'^2 + y_i'^2 + z_i'^2)]}{\partial \alpha} = \frac{d\Sigma m_i \left[x_i' \frac{\partial x_i}{\partial \alpha} + y_i' \frac{\partial y_i}{\partial \alpha} + z_i' \frac{\partial z_i}{\partial \alpha}\right]}{dt},$$

und bedeutet $\beta$ irgend eine zweite willkürliche Constante, so sehen wir, dass die beiden Ausdrücke

$$\frac{d\Sigma m_i \left[x_i' \frac{\partial x_i}{\partial \alpha} + y_i' \frac{\partial y_i}{\partial \alpha} + z_i' \frac{\partial z_i}{\partial \alpha}\right]}{dt}, \quad \frac{d\Sigma m_i \left[x_i' \frac{\partial x_i}{\partial \beta} + y_i' \frac{\partial y_i}{\partial \beta} + z_i' \frac{\partial z_i}{\partial \beta}\right]}{dt}$$

die partiellen Differentialquotienten eines und desselben Ausdrucks

$$U + \tfrac{1}{2}\Sigma m_i (x_i'^2 + y_i'^2 + z_i'^2)$$

sind, das eine Mal nach $\alpha$, das andere Mal nach $\beta$ genommen. Es wird also die Ableitung des ersten Ausdrucks, nach $\beta$ genommen, gleich der Ableitung des zweiten Ausdrucks, nach $\alpha$ genommen, sein, welches nach Weglassung der sich aufhebenden Terme die Gleichung giebt:

$$\frac{d\Sigma m_i \left[\frac{\partial x_i'}{\partial \beta} \cdot \frac{\partial x_i}{\partial \alpha} + \frac{\partial y_i'}{\partial \beta} \cdot \frac{\partial y_i}{\partial \alpha} + \frac{\partial z_i'}{\partial \beta} \cdot \frac{\partial z_i}{\partial \alpha}\right]}{dt}$$
$$- \frac{d\Sigma m_i \left[\frac{\partial x_i'}{\partial \alpha} \cdot \frac{\partial x_i}{\partial \beta} + \frac{\partial y_i'}{\partial \alpha} \cdot \frac{\partial y_i}{\partial \beta} + \frac{\partial z_i'}{\partial \alpha} \cdot \frac{\partial z_i}{\partial \beta}\right]}{dt} = 0.$$

Diese Gleichung lehrt, dass der Ausdruck

$$\Sigma m_i \left[\frac{\partial x_i'}{\partial \beta} \cdot \frac{\partial x_i}{\partial \alpha} + \frac{\partial y_i'}{\partial \beta} \cdot \frac{\partial y_i}{\partial \alpha} + \frac{\partial z_i'}{\partial \beta} \cdot \frac{\partial z_i}{\partial \alpha}\right] - \Sigma m_i \left[\frac{\partial x_i'}{\partial \alpha} \cdot \frac{\partial x_i}{\partial \beta} + \frac{\partial y_i'}{\partial \alpha} \cdot \frac{\partial y_i}{\partial \beta} + \frac{\partial z_i'}{\partial \alpha} \cdot \frac{\partial z_i}{\partial \beta}\right]$$

von $t$ unabhängig oder eine blosse Constante ist, welches der berühmte Lagrangesche Satz ist. Man beweist auch noch leicht, dass, wenn $\gamma$ irgend eine dritte willkürliche Constante ist, und man jenen Ausdruck mit $(\alpha, \beta)$ bezeichnet, die Gleichungen stattfinden:

$$(\alpha, \alpha) = 0, \quad (\alpha, \beta) + (\beta, \alpha) = 0,$$
$$\frac{\partial(\beta, \gamma)}{\partial \alpha} + \frac{\partial(\gamma, \alpha)}{\partial \beta} + \frac{\partial(\alpha, \beta)}{\partial \gamma} = 0.$$

Aber Hamilton zieht aus der Gleichung, welche wir fanden:

$$\frac{\partial[U+\frac{1}{2}\Sigma m_i(x_i'^2+y_i'^2+z_i'^2)]}{\partial a} = \frac{d\Sigma m_i\left(x_i'\frac{\partial x_i}{\partial a}+y_i'\frac{\partial y_i}{\partial a}+z_i'\frac{\partial z_i}{\partial a}\right)}{dt},$$

neue Vortheile durch folgendes Verfahren, welches eben sowohl durch die Methode als durch die Resultate, zu welchen es führt, höchst bemerkenswerth ist. Setzt man nämlich:

$$S = \int_0^t [U+\tfrac{1}{2}\Sigma m_i(x_i'^2+y_i'^2+z_i'^2)]dt,$$

so ist nach der bekannten Regel der Differentiation unter dem Integralzeichen:

$$\frac{\partial S}{\partial a} = \int_0^t \frac{\partial[U+\frac{1}{2}\Sigma m_i(x_i'^2+y_i'^2+z_i'^2)]}{\partial a}dt,$$

oder der obigen Gleichung zu Folge:

$$\frac{\partial S}{\partial a} = \int_0^t \frac{d\Sigma m_i\left(x_i'\frac{\partial x_i}{\partial a}+y_i'\frac{\partial y_i}{\partial a}+z_i'\frac{\partial z_i}{\partial a}\right)}{dt}dt.$$

Sind $a$, $b$, $c$ die Anfangswerthe von $x$, $y$, $z$ und $a'$; $b'$, $c'$ die Anfangswerthe von $x'$, $y'$, $z'$, oder diejenigen Werthe, welche dem Werthe $t=0$ entsprechen, so giebt diese Gleichung:

$$\frac{\partial S}{\partial a} = \Sigma m_i\left(x_i'\frac{\partial x_i}{\partial a}+y_i'\frac{\partial y_i}{\partial a}+z_i'\frac{\partial z_i}{\partial a}\right)-\Sigma m_i\left(a_i'\frac{\partial a_i}{\partial a}+b_i'\frac{\partial b_i}{\partial a}+c_i'\frac{\partial c_i}{\partial a}\right).$$

Die Function S ist eine Function von $t$ und den willkürlichen Constanten; sie wurde dadurch definirt, dass ihre nach $t$ genommene Ableitung gleich ist der Summe der Kräftefunction und der halben lebendigen Kraft. Die vorstehende Gleichung lehrt auch ihre Ableitung finden, wenn man bloss die willkürlichen Constanten als veränderlich betrachtet. Bezeichnet man nämlich durch die Characteristik $\partial'$ das Differential, welches man erhält, wenn man gleichzeitig alle willkürlichen Constanten ändert, $t$ aber ungeändert lässt, so giebt die vorstehende Gleichung, wenn man sie mit $da$ multiplicirt, und die Summe aus allen ähnlichen bildet, die man für jede der willkürlichen Constanten erhält,

$$\partial' S = \Sigma m_i(x_i'\partial' x_i+y_i'\partial' y_i+z_i'\partial' z_i)-\Sigma m_i(a_i'\partial' a_i+b_i'\partial' b_i+c_i'\partial' c_i).$$

Dies ist das vollständige Differential von S, wenn man $t$ constant setzt und es als Function der willkürlichen Constanten betrachtet.

Ist das System ganz frei, so hat man $6n$ willkürliche Constanten, als deren Functionen S und die $6n$ Grössen $x$, $y$, $z$, $a$, $b$, $c$ betrachtet werden.

Vermittelst der Integralgleichungen kann man die $3n$ Grössen $a, b, c$ durch diese $6n$ Constanten ausdrücken, und die $3n$ Grössen $x, y, z$ durch diese Constanten und die Zeit $t$. Man kann daher auch die $6n$ willkürlichen Constanten als Functionen der Zeit und der $6n$ Grössen $x, y, z, a, b, c$ betrachten, wodurch auch $S$ eine Function der Zeit $t$ und der $6n$ Grössen $x, y, z, a, b, c$ wird. Nimmt man in diesem Sinne die partiellen Differentialquotienten von $S$, so giebt der vorstehende Ausdruck des vollständigen Differentials von $S$ sogleich seine nach den Grössen $x, y, z, a, b, c$ genommenen partiellen Ableitungen, nämlich:

$$\frac{\partial S}{\partial x_i} = m_i x_i', \qquad \frac{\partial S}{\partial a_i} = -m_i a_i',$$
$$\frac{\partial S}{\partial y_i} = m_i y_i', \qquad \frac{\partial S}{\partial b_i} = -m_i b_i',$$
$$\frac{\partial S}{\partial z_i} = m_i z_i', \qquad \frac{\partial S}{\partial c_i} = -m_i c_i'.$$

Die vorstehenden $6n$ Gleichungen kann man als die vollständigen Integralgleichungen der vorgelegten Aufgabe betrachten, und zwar sind die Gleichungen links die $3n$ Integrale erster Ordnung (welche Hamilton auch *Zwischenintegrale* nennt), die Gleichungen rechter Hand die $3n$ endlichen Integrale selber.

Ist das System nicht frei, sondern sind die $k$ Bedingungen gegeben

$$F=0,\quad F_1=0,\quad \ldots,\quad F_{k-1}=0,$$

welchen die Punkte desselben Genüge leisten müssen; so kann man die $3n$ Functionen $x, y, z$, welche man sucht, auf $3n-k$ reduciren, und braucht von den $3n$ Differentialgleichungen 2ter Ordnung nur $3n-k$ anzuwenden. Man hat daher nur $6n-2k$ willkürliche Constanten, für welche man in den Ausdruck von $S$ wieder die $3n-k$ Grössen, auf welche man die $3n$ Grössen $x, y, z$ zurückgeführt hat, und ihre Anfangswerthe, auf welche sich durch dieselben Bedingungsgleichungen die $3n$ Grössen $a, b, c$ zurückführen lassen, einführen kann. Zu der Gleichung, durch welche wir, wenn man $t$ constant setzt, das vollständige Differential von $S$, im obigen Sinne genommen, ausgedrückt haben, und welche sich auch so darstellen lässt:

$$\begin{aligned}0 = \Sigma\left(\frac{\partial S}{\partial x_i} - m_i x_i'\right)dx_i + \Sigma\left(\frac{\partial S}{\partial a_i} + m_i a_i'\right)da_i \\ + \Sigma\left(\frac{\partial S}{\partial y_i} - m_i y_i'\right)dy_i + \Sigma\left(\frac{\partial S}{\partial b_i} + m_i b_i'\right)db_i \\ + \Sigma\left(\frac{\partial S}{\partial z_i} - m_i z_i'\right)dz_i + \Sigma\left(\frac{\partial S}{dc_i} + m_i c_i'\right)dc_i,\end{aligned}$$

sind dann eben so $k$ von den $3n$ Differentialen $dx$, $dy$, $dz$ und $k$ von den Differentialen $da$, $db$, $dc$ vermittelst der Bedingungsgleichungen zu eliminiren und die in die übrigen unabhängigen Differentiale multiplicirten Ausdrücke einzeln $= 0$ zu setzen. Bedeutet $F^0$ den Ausdruck von $F$, wenn man darin für die $3n$ Grössen $x$, $y$, $z$ ihre Anfangswerthe $a$, $b$, $c$ setzt, so bewerkstelligt man diese Elimination, indem man die $k$ Gleichungen

$$\Sigma\left(\frac{\partial F}{\partial x_i}dx_i+\frac{\partial F}{\partial y_i}dy_i+\frac{\partial F}{\partial z_i}dz_i\right)=dF=0$$

$$\cdots\cdots\cdots\cdots\cdots\cdots$$

und die $k$ Gleichungen

$$\Sigma\left(\frac{\partial F^0}{\partial a_i}da_i+\frac{\partial F^0}{\partial b_i}db_i+\frac{\partial F^0}{\partial c_i}dc_i\right)=dF^0=0,$$

$$\cdots\cdots\cdots\cdots\cdots\cdots$$

jede mit einem Factor multiplicirt, zu der obigen Gleichung hinzufügt und diese Factoren so bestimmt, dass die $k$ von den Differentialen $dx$, $dy$, $dz$, und die $k$ von den Differentialen $da$, $db$, $dc$, welche man eliminiren will, verschwinden. Da nun auch die in die übrigen unabhängigen Differentiale multiplicirten Ausdrücke verschwinden müssen, so erhält man, wenn man die Factoren mit $\lambda$, $\lambda_1$, ..., $-\lambda^0$, $-\lambda^0_1$, ... bezeichnet, das System von $6n$ Gleichungen:

$$\begin{aligned}
m_i x_i' &= \frac{\partial S}{\partial x_i}+\lambda\frac{\partial F}{\partial x_i}+\lambda_1\frac{\partial F_1}{\partial x_i}+\cdots,\\
m_i y_i' &= \frac{\partial S}{\partial y_i}+\lambda\frac{\partial F}{\partial y_i}+\lambda_1\frac{\partial F_1}{\partial y_i}+\cdots,\\
m_i z_i' &= \frac{\partial S}{\partial z_i}+\lambda\frac{\partial F}{\partial z_i}+\lambda_1\frac{\partial F_1}{\partial z_i}+\cdots,\\
m_i a_i' &= -\frac{\partial S}{\partial a_i}+\lambda^0\frac{\partial F^0}{\partial a_i}+\lambda^0_1\frac{\partial F^0_1}{\partial a_i}+\cdots,\\
m_i b_i' &= -\frac{\partial S}{\partial b_i}+\lambda^0\frac{\partial F^0}{\partial b_i}+\lambda^0_1\frac{\partial F^0_1}{\partial b_i}+\cdots,\\
m_i c_i' &= -\frac{\partial S}{\partial c_i}+\lambda^0\frac{\partial F^0}{\partial c_i}+\lambda^0_1\frac{\partial F^0_1}{\partial c_i}+\cdots,
\end{aligned}$$

welche jetzt als die vollständigen Integralgleichungen mit Hinzuziehung der Bedingungsgleichungen

$$\begin{aligned}
F&=0, & F_1&=0, & \ldots\\
F_0&=0, & F^0_1&=0, & \ldots
\end{aligned}$$

zu betrachten sind. Die Multiplicatoren werden durch Auflösung einer gleichen Zahl linearer Gleichungen gefunden, welche man dadurch erhält, dass man die vorstehenden Gleichungen in die folgenden, durch Differentiation aus den Bedingungsgleichungen sich ergebenden, substituirt:

$$\frac{dF}{dt} = \Sigma\left(\frac{\partial F}{\partial x_i}x_i' + \frac{\partial F}{\partial y_i}y_i' + \frac{\partial F}{\partial z_i}z_i'\right) = 0,$$

$$\frac{dF_1}{dt} = \Sigma\left(\frac{\partial F_1}{\partial x_i}x_i' + \frac{\partial F_1}{\partial y_i}y_i' + \frac{\partial F_1}{\partial z_i}z_i'\right) = 0,$$

$$\cdots\cdots\cdots\cdots\cdots\cdots,$$

so wie die Gleichungen, die man für $t = 0$ aus diesen erhält:

$$\Sigma\left(\frac{\partial F^0}{\partial a_i}a_i' + \frac{\partial F^0}{\partial b_i}b_i' + \frac{\partial F^0}{\partial c_i}c_i'\right) = 0,$$

$$\Sigma\left(\frac{\partial F_1^0}{\partial a_i}a_i' + \frac{\partial F_1^0}{\partial b_i}b_i' + \frac{\partial F_1^0}{\partial c_i}c_i'\right) = 0,$$

$$\cdots\cdots\cdots\cdots\cdots\cdots$$

Wir sehen, wie auch in dem Falle eines nicht freien Systems die *Integralgleichungen* eine ganz analoge Form mit derjenigen erhalten haben, in welche Lagrange die *Differentialgleichungen* der Mechanik gebracht hat.

Wenn der Satz von der lebendigen Kraft gilt, so kann man die Function $S$ auch so ausdrücken:

$$S = \int_0^t [U + \tfrac{1}{2}\Sigma m_i(x_i'^2 + y_i'^2 + z_i'^2)]dt$$

$$= \int_0^t \Sigma m_i(x_i'^2 + y_i'^2 + z_i'^2)dt - ht$$

$$= 2\int_0^t U dt + ht,$$

wo $h$ eine willkürliche Constante ist. Ich habe aber im Vorhergehenden den Satz von der lebendigen Kraft nicht benutzt, weil diese Resultate, was Professor Hamilton nicht angemerkt hat, auf einen Fall ausgedehnt werden können, für welchen dieser Satz nicht gilt, auf den Fall nämlich, wo die Kräftefunction ausser den Coordinaten noch die Zeit $t$ explicite enthält, wie z. B., wenn ein Punkt ohne Masse von beweglichen Centren angezogen wird, deren Bewegung bekannt und gegeben ist. Ich werde diese Ausdehnung der Formeln, wo sie statthaft ist, allezeit angeben, da der angegebene Fall der Mechanik in der That seine Anwendung findet.

## 2.

Die Definition, welche wir von der Function $S$ gegeben haben, setzt die vollständige Integration der Differentialgleichungen des mechanischen Problems bereits voraus. Die vorstehenden Resultate hätten dann nur das Interesse, das System der Integralgleichungen in eine merkwürdige Form gebracht zu haben. Man kann aber noch die Function $S$ auf eine ganz verschiedene und *viel allgemeinere* Art definiren. Ich werde mich im Folgenden auf den Fall eines ganz freien Systems beschränken; den Fall, wo irgend welche Verbindungen und Bedingungen zwischen den Punkten stattfinden, werde ich in einer späteren Abhandlung wieder aufnehmen, deren hauptsächlichste Resultate ich bereits an einem andern Orte mitgetheilt habe.

Wir betrachten $S$ wieder als Function der Zeit, der Coordinaten der Punkte und ihrer Anfangswerthe. Differentiiren wir $S$ vollständig nach der Zeit, indem wir auch die Coordinaten als Functionen der Zeit betrachten, so erhalten wir, der Definition von $S$ zufolge:

$$\frac{dS}{dt} = \frac{\partial S}{\partial t} + \Sigma\left(\frac{\partial S}{\partial x_i} x_i' + \frac{\partial S}{\partial y_i} y_i' + \frac{\partial S}{\partial z_i} z_i'\right) = U + \tfrac{1}{2}\Sigma m_i(x_i'^2 + y_i'^2 + z_i'^2).$$

Hieraus folgt, da

$$x_i' = \frac{1}{m_i}\cdot\frac{\partial S}{\partial x_i}, \quad y_i' = \frac{1}{m_i}\cdot\frac{\partial S}{\partial y_i}, \quad z_i' = \frac{1}{m_i}\cdot\frac{\partial S}{\partial z_i},$$

der Ausdruck der partiellen Ableitung von $S$, nach $t$ genommen,

$$\frac{\partial S}{\partial t} = U - \tfrac{1}{2}\Sigma m_i(x_i'^2 + y_i'^2 + z_i'^2),$$

welcher Ausdruck sich, wenn $U$ nicht $t$ explicite enthält, also der Satz von der lebendigen Kraft gilt, in folgenden vereinfacht:

$$\frac{dS}{\partial t} = -h,$$

wo $h$ eine willkürliche Constante ist.

Man erhält aus dem Ausdrucke von $\frac{\partial S}{\partial t}$ auch folgende Gleichung:

$$\frac{\partial S}{\partial t} + \tfrac{1}{2}\Sigma\frac{1}{m_i}\left[\left(\frac{\partial S}{\partial x_i}\right)^2 + \left(\frac{\partial S}{\partial y_i}\right)^2 + \left(\frac{\partial S}{\partial z_i}\right)^2\right] = U,$$

und dieses ist eine partielle Differentialgleichung erster Ordnung, welcher die Function $S$ Genüge leisten muss. Die Function $S$, wie sie oben definirt worden, ist eine *vollständige* Lösung der partiellen Differentialgleichung erster Ordnung, indem sie ausser einer Constante, die man offenbar zu ihr noch hinzufügen kann (da nicht die Function selber, sondern nur ihre Differentialquotienten in der Gleichung vorkommen), $3n$ willkürliche Constanten, nämlich die Anfangswerthe der Coordinaten enthält, und die Zahl der unabhängigen Variabeln ebenfalls $3n+1$ beträgt. Ich will einen Augenblick bei der Natur der verschiedenen Lösungen einer partiellen Differentialgleichung erster Ordnung verweilen.

Man nennt nach Lagrange *vollständige* Lösung einer partiellen nicht linearen Differentialgleichung erster Ordnung eine solche, welche eine gleiche Zahl willkürlicher Constanten enthält, wie die Zahl der unabhängigen Variabeln beträgt, weil man vermittelst der nach diesen genommenen partiellen Differentialquotienten der gesuchten Function eine solche Zahl willkürlicher Constanten eliminiren kann, und im Allgemeinen keine grössere. Kennt man *eine* vollständige Lösung, so kann man daraus *alle* übrigen Lösungen ableiten, deren die partielle Differentialgleichung fähig ist, und welche einen sehr verschiedenen Charakter haben. Man nimmt zu diesem Ende eine Anzahl *willkürlicher* Relationen zwischen den willkürlichen Constanten an oder, was dasselbe ist, bestimmt einige derselben als willkürliche Functionen der übrigen, differentiirt nach diesen, als unabhängig betrachteten willkürlichen Constanten die vollständige Lösung, und setzt die genommenen partiellen Differentialquotienten einzeln $=0$; wenn man dann vermittelst dieser Gleichungen die willkürlichen Constanten aus der vollständigen Lösung eliminirt, so erhält man die neue Lösung, welche man, da sie willkürliche *Functionen* enthält, nach Lagrange eine *allgemeine* Lösung nennen kann. Diese allgemeinen Lösungen haben aber einen ganz verschiedenen Charakter nach der Zahl der willkürlichen Relationen, welche man zwischen den willkürlichen Constanten annimmt. Wenn $m$ die Zahl der unabhängigen Variabeln und also auch die Zahl der willkürlichen Constanten ist, so hat man $m-1$ Classen allgemeiner Lösungen, je nachdem man $1, 2, \ldots$ oder $m-1$ Relationen zwischen den $m$ Constanten annimmt, und dann wie oben verfährt. Die *allgemeinste* Lösung ist diejenige, bei welcher nur eine Relation zwischen den Constanten angenommen, oder eine als Function der übrigen angesehen wird. Der Grad der Allgemeinheit verringert sich mit der Zahl derjenigen willkürlichen Constanten, für die man willkürliche Functionen der übrigen setzt. So ist es allgemeiner oder lässt mehr willkürliches zu, eine willkürliche

Constante als willkürliche Function der $m-1$ andern anzunehmen, wie in der allgemeinsten Lösung, als zwei willkürliche Constanten als willkürliche Functionen der $m-2$ andern anzunehmen, wie in der nächst folgenden Classe allgemeiner Lösungen. Denn denkt man sich eine willkürliche Function von $m-1$ Grössen nach den Potenzen von einer derselben geordnet, so sind die Coëfficienten willkürliche Functionen von $m-2$ Grössen, so dass *eine* willkürliche Function von $m-1$ Grössen *unendlich viele* Functionen von $m-2$ Grössen umfasst. Als Grenze dieser Classen allgemeiner Lösungen ist der Fall anzusehen, wo man $m$ Relationen zwischen den $m$ Grössen annimmt, oder diese als Constanten betrachtet, was aber die vollständige Lösung selber ist.

Da die verschiedenen Arten von Lösungen, welche ich allgemeine Lösungen genannt habe, willkürliche *Functionen* enthalten, so kann man sie so particularisiren, dass sie *jede beliebige Zahl willkürlicher Constanten* enthalten, denn in jeder willkürlichen Function kann man so viel willkürliche Constanten anbringen, wie man will. Giebt man den willkürlichen Functionen zusammen $m$ willkürliche Constanten, wenn $m$ die Zahl der unabhängigen Variabeln in der partiellen Differentialgleichung ist, *so kann man jede particularisirte allgemeine Lösung mit m willkürlichen Constanten ebenfalls als eine vollständige Lösung ansehen, aus welcher man eben so wie aus der vollständigen Lösung, von welcher man ausgegangen ist, alle Arten von Lösungen, deren die gegebene partielle Differentialgleichung fähig ist, ableiten kann.* Man kann auf ähnliche Art jede allgemeine Lösung so particularisiren, dass daraus eine Lösung wird, die zu einer minder allgemeinen Classe gehört. Hat man z. B. eine Lösung, in welcher $k$ Grössen als willkürliche Functionen der $m-k$ andern vorkommen, und ist $l > k$, aber zugleich $l < m$, so kann man diese $k$ willkürlichen Functionen von $m-k$ Grössen so particularisiren, dass darin so viel willkürliche Functionen von $m-l$ Grössen vorkommen, wie man will; und nimmt man für diese $k$ willkürlichen Functionen particuläre Formen, in denen $l$ willkürliche Functionen von $m-l$ Grössen vorkommen, so kann man diese Lösung als eine solche betrachten, die zu einer minder allgemeinen Classe gehört, und die man aus der vollständigen Lösung erhalten kann, wenn man darin $l$ willkürliche Constanten als willkürliche Functionen der übrigen betrachtet und für diese solche Functionen setzt, dass die nach ihnen genommenen partiellen Differentialquotienten der vollständigen Lösung verschwinden.

3.

Nachdem ich diese bekannten Betrachtungen vorausgeschickt habe, kehre ich zu der hier vorliegenden partiellen Differentialgleichung zurück:

$$\frac{\partial S}{\partial t}+\tfrac{1}{2}\Sigma\frac{1}{m_i}\left[\left(\frac{\partial S}{\partial x_i}\right)^2+\left(\frac{\partial S}{\partial y_i}\right)^2+\left(\frac{\partial S}{\partial z_i}\right)^2\right]=U,$$

von welcher die Function $S$, wie sie oben definirt worden ist, wenn man noch eine willkürliche Constante zu ihr addirt, ein vollständiges Integral ist. Da es aber unendlich viele vollständige Integrale derselben partiellen Differentialgleichung von der verschiedensten Form giebt, so ist die Function $S$ durch die partielle Differentialgleichung, der sie Genüge leistet, noch nicht bestimmt. Gleichwohl ist das System der $3n$ gewöhnlichen Differentialgleichungen der Bewegung durch die eine partielle Differentialgleichung vollständig ersetzt. Denn es lässt sich leicht zeigen, dass *jede* vollständige Lösung derselben hinreicht, um sämmtliche Integralgleichungen der Bewegung daraus abzuleiten.

In der That sei $S$ irgend eine vollständige Lösung der partiellen Differentialgleichung

$$\frac{\partial S}{\partial t}+\tfrac{1}{2}\Sigma\frac{1}{m_i}\left[\left(\frac{\partial S}{\partial x_i}\right)^2+\left(\frac{\partial S}{\partial y_i}\right)^2+\left(\frac{\partial S}{\partial z_i}\right)^2\right]=U.$$

Da die Zahl der unabhängigen Variabeln hier $3n+1$ ist, nämlich die Zeit $t$ und die $3n$ Coordinaten, so muss die vollständige Lösung $3n+1$ willkürliche Constanten enthalten, von denen man sich immer eine mit $S$ durch blosse Addition verbunden denken kann. Es seien $\alpha_1, \alpha_2, \ldots, \alpha_{3n}$ die $3n$ übrigen, und $\beta_1, \beta_2, \ldots, \beta_{3n}$ andere willkürliche Constanten, so will ich zeigen, dass folgende $3n$ endliche Gleichungen zwischen den $3n$ Coordinaten $x_i, y_i, z_i$ und der Zeit $t$:

$$\frac{\partial S}{\partial \alpha_1}=\beta_1,\quad \frac{\partial S}{\partial \alpha_2}=\beta_2,\quad \ldots,\quad \frac{\partial S}{\partial \alpha_{3n}}=\beta_{3n}$$

immer dem vorgelegten System gewöhnlicher Differentialgleichungen:

$$m_i\frac{d^2x_i}{dt^2}=\frac{\partial U}{\partial x_i},\quad m_i\frac{d^2y_i}{dt^2}=\frac{\partial U}{\partial y_i},\quad m_i\frac{d^2z_i}{dt^2}=\frac{\partial U}{\partial z_i}$$

Genüge leisten.

Differentiirt man nämlich die gegebenen endlichen Gleichungen, wodurch die willkürlichen Constanten $\beta_1, \beta_2, \ldots, \beta_{3n}$ von selber verschwinden, so erhält man die $3n$ Gleichungen:

$$0=\frac{d\frac{\partial S}{\partial\alpha_1}}{dt}=\frac{\partial^2 S}{\partial\alpha_1\partial t}+\Sigma\left(\frac{\partial^2 S}{\partial\alpha_1\partial x_i}x_i'+\frac{\partial^2 S}{\partial\alpha_1\partial y_i}y_i'+\frac{\partial^2 S}{\partial\alpha_1\partial z_i}z_i'\right),$$

$$0=\frac{d\frac{\partial S}{\partial\alpha_2}}{dt}=\frac{\partial^2 S}{\partial\alpha_2\partial t}+\Sigma\left(\frac{\partial^2 S}{\partial\alpha_2\partial x_i}x_i'+\frac{\partial^2 S}{\partial\alpha_2\partial y_i}y_i'+\frac{\partial^2 S}{\partial\alpha_2\partial z_i}z_i'\right),$$

. . . . . . . . . . . . . . . . . . . . . . . . .

$$0=\frac{d\frac{\partial S}{\partial\alpha_{3n}}}{dt}=\frac{\partial^2 S}{\partial\alpha_{3n}\partial t}+\Sigma\left(\frac{\partial^2 S}{\partial\alpha_{3n}\partial x_i}x_i'+\frac{\partial^2 S}{\partial\alpha_{3n}\partial y_i}y_i'+\frac{\partial^2 S}{\partial\alpha_{3n}\partial z_i}z_i'\right),$$

aus welchen man die Werthe von $x_i'$, $y_i'$, $z_i'$ durch Auflösung bestimmen kann. Vergleicht man aber diese $3n$ Gleichungen mit folgenden $3n$ identischen Gleichungen, welche aus der gegebenen Gleichung:

$$U=\frac{\partial S}{\partial t}+\tfrac{1}{2}\Sigma\frac{1}{m_i}\left[\left(\frac{\partial S}{\partial x_i}\right)^2+\left(\frac{\partial S}{\partial y_i}\right)^2+\left(\frac{\partial S}{\partial z_i}\right)^2\right]$$

durch partielle Differentiation nach $\alpha_1, \alpha_2, \ldots, \alpha_{3n}$ hervorgehen:

$$0=\frac{\partial^2 S}{\partial\alpha_1\partial t}+\Sigma\frac{1}{m_i}\left[\frac{\partial^2 S}{\partial\alpha_1\partial x_i}\cdot\frac{\partial S}{\partial x_i}+\frac{\partial^2 S}{\partial\alpha_1\partial y_i}\cdot\frac{\partial S}{\partial y_i}+\frac{\partial^2 S}{\partial\alpha_1\partial z_i}\cdot\frac{\partial S}{\partial z_i}\right],$$

$$0=\frac{\partial^2 S}{\partial\alpha_2\partial t}+\Sigma\frac{1}{m_i}\left[\frac{\partial^2 S}{\partial\alpha_2\partial x_i}\cdot\frac{\partial S}{\partial x_i}+\frac{\partial^2 S}{\partial\alpha_2\partial y_i}\cdot\frac{\partial S}{\partial y_i}+\frac{\partial^2 S}{\partial\alpha_2\partial z_i}\cdot\frac{\partial S}{\partial z_i}\right],$$

. . . . . . . . . . . . . . . . . . . . . . . . .

$$0=\frac{\partial^2 S}{\partial\alpha_{3n}\partial t}+\Sigma\frac{1}{m_i}\left[\frac{\partial^2 S}{\partial\alpha_{3n}\partial x_i}\cdot\frac{\partial S}{\partial x_i}+\frac{\partial^2 S}{\partial\alpha_{3n}\partial y_i}\cdot\frac{\partial S}{\partial y_i}+\frac{\partial^2 S}{\partial\alpha_{3n}\partial z_i}\cdot\frac{\partial S}{\partial z_i}\right]:$$

so sieht man ohne weiteres, dass die gesuchten Werthe von $x_i'$, $y_i'$, $z_i'$, welche die obigen Gleichungen erfüllen sollen, folgende sind:

$$x_i'=\frac{dx_i}{dt}=\frac{1}{m_i}\cdot\frac{\partial S}{\partial x_i},\quad y_i'=\frac{dy_i}{dt}=\frac{1}{m_i}\cdot\frac{\partial S}{\partial y_i},\quad z_i'=\frac{dz_i}{dt}=\frac{1}{m_i}\cdot\frac{\partial S}{\partial z_i}.$$

Differentiirt man die vorstehenden Gleichungen aufs neue, so erhält man die Gleichungen:

$$m_i\frac{d^2x_i}{dt^2}=\Sigma\left[\frac{\partial^2 S}{\partial x_i\partial x_k}x_k'+\frac{\partial^2 S}{\partial x_i\partial y_k}y_k'+\frac{\partial^2 S}{\partial x_i\partial z_k}z_k'\right]+\frac{\partial^2 S}{\partial x_i\partial t},$$

$$m_i\frac{d^2y_i}{dt^2}=\Sigma\left[\frac{\partial^2 S}{\partial y_i\partial x_k}x_k'+\frac{\partial^2 S}{\partial y_i\partial y_k}y_k'+\frac{\partial^2 S}{\partial y_i\partial z_k}z_k'\right]+\frac{\partial^2 S}{\partial y_i\partial t},$$

$$m_i\frac{d^2z_i}{dt^2}=\Sigma\left[\frac{\partial^2 S}{\partial z_i\partial x_k}x_k'+\frac{\partial^2 S}{\partial z_i\partial y_k}y_k'+\frac{\partial^2 S}{\partial z_i\partial z_k}z_k'\right]+\frac{\partial^2 S}{\partial z_i\partial t},$$

wo man in den Summen rechts für $k$ die Werthe $1, 2, \ldots, n$ zu setzen hat, während $i$ unverändert bleibt. Wenn man in diese Gleichungen für $x'_k$, $y'_k$, $z'_k$ die gefundenen Werthe substituirt, so verwandeln sie sich in folgende:

$$m_i\frac{d^2x_i}{dt^2} = \Sigma\frac{1}{m_k}\left[\frac{\partial^2 S}{\partial x_i\partial x_k}\cdot\frac{\partial S}{\partial x_k}+\frac{\partial^2 S}{\partial x_i\partial y_k}\cdot\frac{\partial S}{\partial y_k}+\frac{\partial^2 S}{\partial x_i\partial z_k}\cdot\frac{\partial S}{\partial z_k}\right]+\frac{\partial^2 S}{\partial x_i\partial t},$$

$$m_i\frac{d^2y_i}{dt^2} = \Sigma\frac{1}{m_k}\left[\frac{\partial^2 S}{\partial y_i\partial x_k}\cdot\frac{\partial S}{\partial x_k}+\frac{\partial^2 S}{\partial y_i\partial y_k}\cdot\frac{\partial S}{\partial y_k}+\frac{\partial^2 S}{\partial y_i\partial z_k}\cdot\frac{\partial S}{\partial z_k}\right]+\frac{\partial^2 S}{\partial y_i\partial t},$$

$$m_i\frac{d^2z_i}{dt^2} = \Sigma\frac{1}{m_k}\left[\frac{\partial^2 S}{\partial z_i\partial x_k}\cdot\frac{\partial S}{\partial x_k}+\frac{\partial^2 S}{\partial z_i\partial y_k}\cdot\frac{\partial S}{\partial y_k}+\frac{\partial^2 S}{\partial z_i\partial z_k}\cdot\frac{\partial S}{\partial z_k}\right]+\frac{\partial^2 S}{\partial z_i\partial t}.$$

Es sind aber die Ausdrücke rechts die partiellen Differentialquotienten des Ausdrucks

$$U = \tfrac{1}{2}\Sigma\frac{1}{m_k}\left[\left(\frac{\partial S}{\partial x_k}\right)^2+\left(\frac{\partial S}{\partial y_k}\right)^2+\left(\frac{\partial S}{\partial z_k}\right)^2\right]+\frac{\partial S}{\partial t},$$

nach $x_i$, $y_i$, $z_i$ genommen, wodurch wir die Differentialgleichungen bekommen:

$$m_i\frac{d^2x_i}{dt^2} = \frac{\partial U}{\partial x_i},\quad m_i\frac{d^2y_i}{dt^2} = \frac{\partial U}{\partial y_i},\quad m_i\frac{d^2z_i}{dt^2} = \frac{\partial U}{\partial z_i},$$

welches die vorgelegten Differentialgleichungen sind. Wir haben also folgendes Theorem.

## Theorem.

*Es seien die Differentialgleichungen der Bewegung eines freien Systemes von $n$ materiellen Punkten folgende $3n$ Differentialgleichungen zweiter Ordnung:*

$$m_i\frac{d^2x_i}{dt^2} = \frac{\partial U}{\partial x_i},\quad m_i\frac{d^2y_i}{dt^2} = \frac{\partial U}{\partial y_i},\quad m_i\frac{d^2z_i}{dt^2} = \frac{\partial U}{\partial z_i},$$

*wo $U$ eine gegebene Function der $3n$ Coordinaten $x_1$, $y_1$, $z_1$; $x_2$, $y_2$, $z_2$; ... ... $x_n$, $y_n$, $z_n$ und der Zeit $t$ bedeutet, und für $i$ alle Werthe $1, 2, \ldots, n$ zu setzen sind: es sei ferner $S$ irgend ein vollständiges Integral der partiellen Differentialgleichung:*

$$U = \frac{\partial S}{\partial t}+\tfrac{1}{2}\Sigma\frac{1}{m_i}\left[\left(\frac{\partial S}{\partial x_i}\right)^2+\left(\frac{\partial S}{\partial y_i}\right)^2+\left(\frac{\partial S}{\partial z_i}\right)^2\right],$$

*welches ausser einer mit $S$ bloss durch Addition verbundenen willkürlichen Constanten noch $3n$ andre willkürliche Constanten*

$$\alpha_1,\ \alpha_2,\ \ldots,\ \alpha_{3n}$$

*enthalte: so sind die vollständigen endlichen Integrale der vorgelegten $3n$ gewöhnlichen Differentialgleichungen zweiter Ordnung mit $6n$ willkürlichen Constanten:*

$$\frac{\partial S}{\partial a_1} = \beta_1, \quad \frac{\partial S}{\partial a_2} = \beta_2, \quad \ldots, \quad \frac{\partial S}{\partial a_{3n}} = \beta_{3n},$$

*wo die Grössen*

$$\beta_1, \ \beta_2, \ \ldots, \ \beta_{3n}$$

*neue* $3n$ *willkürliche Constanten sind; es sind ferner die nach den Coordinaten-Axen zerlegten Geschwindigkeiten:*

$$x_i' = \frac{1}{m_i} \cdot \frac{\partial S}{\partial x_i}, \quad y_i' = \frac{1}{m_i} \cdot \frac{\partial S}{\partial y_i}, \quad z_i' = \frac{1}{m_i} \cdot \frac{\partial S}{\partial z_i}.$$

4.

Eine der vollständigen Lösungen der im Vorigen betrachteten partiellen Differentialgleichungen erster Ordnung ist die zu Anfang definirte Function $S$, und zwar eine solche, in welcher die $3n$ willkürlichen Constanten, die $S$ enthält, gerade die Anfangswerthe der $3n$ Grössen $x_i$, $y_i$, $z_i$ sind, welche wir mit $a_i$, $b_i$, $c_i$ bezeichnet haben. Für den hauptsächlich vorkommenden Fall, welchen Hamilton allein betrachtet, wo die Kräftefunction die Zeit $t$ nicht explicite enthält, giebt derselbe noch eine zweite partielle Differentialgleichung erster Ordnung, welcher diese Function $S$ Genüge leistet. Für diesen Fall gilt der Satz von der lebendigen Kraft, welchen man so darstellen kann:

$$U - \tfrac{1}{2}\Sigma m_i(x_i'^2 + y_i'^2 + z_i'^2) = U_0 - \tfrac{1}{2}\Sigma m_i(a_i'^2 + b_i'^2 + c_i'^2),$$

wo wieder $a_i'$, $b_i'$, $c_i'$ die Anfangswerthe von $x_i'$, $y_i'$, $z_i'$ bedeuten, und $U_0$ der Werth von $U$ ist, wenn man darin für $x_i$, $y_i$, $z_i$ ihre Anfangswerthe $a_i$, $b_i$, $c_i$ setzt. Es ist aber:

$$\frac{\partial S}{\partial t} = U - \tfrac{1}{2}\Sigma m_i(x_i'^2 + y_i'^2 + z_i'^2),$$

und daher, wenn der Satz von der lebendigen Kraft gilt, auch

$$\frac{\partial S}{\partial t} = U_0 - \tfrac{1}{2}\Sigma m_i(a_i'^2 + b_i'^2 + c_i'^2).$$

Für die Hamiltonsche Function $S$ wurde aber

$$m_i a_i' = -\frac{\partial S}{\partial a_i}, \quad m_i b_i' = -\frac{\partial S}{\partial b_i}, \quad m_i c_i' = -\frac{\partial S}{\partial c_i},$$

wodurch sich die vorstehende Gleichung in folgende verwandelt:

$$\frac{\partial S}{\partial t} = U_0 - \tfrac{1}{2}\Sigma \frac{1}{m_i}\left[\left(\frac{\partial S}{\partial a_i}\right)^2 + \left(\frac{\partial S}{\partial b_i}\right)^2 + \left(\frac{\partial S}{\partial c_i}\right)^2\right].$$

Dieses ist die zweite partielle Differentialgleichung, welcher die Hamiltonsche

Function $S$ Genüge leistet, und wodurch sie von allen andern vollständigen Lösungen der ersten unterschieden wird. Aber wir haben gesehen, dass *jede* vollständige Lösung dieser ersten durchaus hinreichend ist, um die sämmtlichen vollständigen Integrale der vorgelegten Differentialgleichungen der Bewegung zu finden.

Ich weiss daher nicht, warum Hamilton, um die vollständigen Integrale der vorgelegten Differentialgleichungen angeben zu können, die Erfindung einer Function $S$ von $6n+1$ Variabeln, nämlich den $3n$ Grössen $x_i$, $y_i$, $z_i$, den $3n$ Grössen $a_i$, $b_i$, $c_i$ und der Grösse $t$ fordert, welche zu gleicher Zeit den *beiden* partiellen Differentialgleichungen erster Ordnung

$$\frac{\partial S}{\partial t}+\tfrac{1}{2}\Sigma\frac{1}{m_i}\left[\left(\frac{\partial S}{\partial x_i}\right)^2+\left(\frac{\partial S}{\partial y_i}\right)^2+\left(\frac{\partial S}{\partial z_i}\right)^2\right]=U,$$
$$\frac{\partial S}{\partial t}+\tfrac{1}{2}\Sigma\frac{1}{m_i}\left[\left(\frac{\partial S}{\partial a_i}\right)^2+\left(\frac{\partial S}{\partial b_i}\right)^2+\left(\frac{\partial S}{\partial c_i}\right)^2\right]=U_0$$

Genüge leistet, während es, wie wir gesehen haben, vollkommen hinreicht, irgend eine Function der $3n+1$ Grössen $t$, $x_i$, $y_i$, $z_i$ zu kennen, welche der einen Gleichung

$$\frac{\partial S}{\partial t}+\tfrac{1}{2}\Sigma\frac{1}{m_i}\left[\left(\frac{\partial S}{\partial x_i}\right)^2+\left(\frac{\partial S}{\partial y_i}\right)^2+\left(\frac{\partial S}{\partial z_i}\right)^2\right]=U$$

Genüge leistet, und ausser einer mit ihr durch Addition verbundenen noch $3n$ andere willkürliche Constanten enthält. Hamilton scheint mir dadurch seine schöne Entdeckung in ein falsches Licht gesetzt zu haben, ausserdem dass sie dadurch zu gleicher Zeit unnöthig complicirt und beschränkt wird. Auch ist hier der Uebelstand, dass, da man eine Function nicht durch zwei partielle Differentialgleichungen definiren kann, denen sie gleichzeitig genügen soll, ohne zu beweisen, dass eine solche Function auch wirklich möglich ist, sein Theorem, wie er es ausgesprochen hat, nicht an sich, sondern nur mit dem Beweise, den er liefert, verständlich sein kann. Wenn dadurch, dass er gerade diese besondere Function $S$ nimmt, die willkürlichen Constanten die Anfangswerthe der Coordinaten und der nach den Coordinaten-Axen zerlegten Geschwindigkeiten werden, so hat dies kein wesentliches Interesse, da die Einführung dieser Constanten die Form der Integralgleichungen in der Regel complicirter macht, man auch die vollständigen Integralgleichungen aus jeder andern Form in diese bringen kann. Vielleicht ist auch Hamilton dadurch, dass er immer gleichzeitig zwei partielle Differentialgleichungen vor Augen hat, verhindert worden, die allgemeinen Vorschriften, welche Lagrange in den Vorlesungen über die Functionenrechnung für die Integration einer nicht linearen partiellen Differentialgleichung erster Ordnung zwischen drei Variabeln giebt, auf sein Theorem anzuwenden, wodurch ihm, wie ich in einer andern Abhandlung zeigen werde, Resultate von grösster Wichtigkeit für die Mechanik entgangen sind. Ich bemerke noch, dass die Forderung, dass die Function $S$, nachdem sie der ersten partiellen Differentialgleichung genügt, noch der zweiten genügen solle, auch noch dadurch eine Beschränkung herbeiführt, dass sie den Fall ausschliesst, wo die Kräftefunction $U$ die Zeit $t$ auch explicite enthält, weil für diesen die zweite partielle Differentialgleichung nicht mehr gültig ist.

5.

Man kann der partiellen Differentialgleichung erster Ordnung, durch welche man das System der Differentialgleichungen der Bewegung ersetzt hat, verschiedene Formen geben, indem man theils für die zu suchende Function eine andere nimmt, theils die Variabeln ändert. Hamilton hat mehrere Beispiele hiervon gegeben, von denen ich hier nur eines auseinandersetzen werde, weil die übrigen von geringerem Interesse zu sein scheinen.

Es sei:

$$\tfrac{1}{2}\Sigma m_i[x_i'^2+y_i'^2+z_i'^2]-U = H.$$

Wenn $U$ nicht $t$ explicite enthält, also der Satz von der lebendigen Kraft gilt, so hat man

$$H = h,$$

wo $h$ eine Constante. Es sei die Function $S$ nach der von Hamilton gegebenen Definition bestimmt, und zu dem oben gegebenen Ausdruck von $\partial' S$ noch $\frac{\partial S}{\partial t}dt$ hinzugefügt, so hat man das vollständige Differential von $S$, wenn man allen $6n+1$ Grössen $t$, $x_i$, $y_i$, $z_i$, $a_i$, $b_i$, $c_i$, die es enthält, unendlich kleine von einander unabhängige Incremente giebt. Da wir

$$\frac{\partial S}{\partial t} = -H$$

fanden, so wird, wenn man sich der Charakteristik der Variationsrechnung bedient, diese vollständige Variation von $S$:

$$\begin{aligned}\delta S = -H\delta t+\Sigma m_i[x_i'\delta x_i+y_i'\delta y_i+z_i'\delta z_i]\\ -\Sigma m_i[a_i'\delta a_i+b_i'\delta b_i+c_i'\delta c_i].\end{aligned}$$

Man setze

$$V = S + H.t,$$

so folgt aus der vorstehenden Variation von $S$ der Ausdruck der Variation von $V$:

$$\delta V = t\delta H + \Sigma m_i(x_i'\delta x_i + y_i'\delta y_i + z_i'\delta z_i)$$
$$-\Sigma m_i(a_i'\delta a_i + b_i'\delta b_i + c_i'\delta c_i).$$

Denkt man sich vermittelst der Gleichung

$$\tfrac{1}{2}\Sigma\frac{1}{m_i}\left[\left(\frac{\partial S}{\partial x_i}\right)^2 + \left(\frac{\partial S}{\partial y_i}\right)^2 + \left(\frac{\partial S}{\partial z_i}\right)^2\right] - U = H$$

die Grösse $t$ aus $S$ eliminirt, so wird $S$ und mithin auch $V$ eine Function von $H$, den $3n$ Grössen $x_i$, $y_i$, $z_i$ und den $3n$ Grössen $a_i$, $b_i$, $c_i$, und die vorstehende Gleichung giebt den Ausdruck von $\delta V$ durch die Variation dieser $6n+1$ Grössen. Betrachtet man daher $V$ als Function von $H$, den Coordinaten $x_i$, $y_i$, $z_i$ und ihren Anfangswerthen $a_i$, $b_i$, $c_i$, so werden die partiellen Differentialquotienten von $V$, nach diesen Grössen genommen:

$$\frac{\partial V}{\partial H} = t,$$

$$\frac{\partial V}{\partial x_i} = m_i x_i', \quad \frac{\partial V}{\partial a_i} = -m_i a_i',$$

$$\frac{\partial V}{\partial y_i} = m_i y_i', \quad \frac{\partial V}{\partial b_i} = -m_i b_i',$$

$$\frac{\partial V}{\partial z_i} = m_i z_i', \quad \frac{\partial V}{\partial c_i} = -m_i c_i'.$$

Diese Werthe geben die partielle Differentialgleichung:

$$\tfrac{1}{2}\Sigma\frac{1}{m_i}\left[\left(\frac{\partial V}{\partial x_i}\right)^2 + \left(\frac{\partial V}{\partial y_i}\right)^2 + \left(\frac{\partial V}{\partial z_i}\right)^2\right] = U + H,$$

wo man, wenn $U$ auch $t$ explicite enthält, in $U$ für $t$ die partielle Ableitung $\frac{\partial V}{\partial H}$ zu setzen hat. Wenn aber, wie es insgemein der Fall ist, $U$ nicht $t$ explicite enthält, sondern eine blosse Function der Coordinaten ist, so enthält die partielle Differentialgleichung die partielle Ableitung von $U$, nach $H$ genommen, gar nicht, weshalb $H$ bei ihrer Integration als Constante betrachtet wird.

Wenn $U$ nicht $t$ explicite enthält, also $H$ eine Constante ist, so hat man, wenn man für $S$ die Hamiltonsche Function nimmt,

$$V = S + Ht = \int_0^t [H + \tfrac{1}{2}\Sigma m_i(x_i'^2 + y_i'^2 + z_i'^2) + U]dt,$$

oder da

$$H = \tfrac{1}{2}\Sigma m_i(x_i'^2+y_i'^2+z_i'^2)-U,$$

wird

$$V=\int_0^t \Sigma m_i(x_i'^2+y_i'^2+z_i'^2)dt = 2Ht+2\int_0^t Udt.$$

In demselben Falle, wo $H$ eine Constante ist, erhält man für $t=0$ auch

$$\tfrac{1}{2}\Sigma m_i(a_i'^2+b_i'^2+c_i'^2) = U_0+H$$

oder

$$\tfrac{1}{2}\Sigma\frac{1}{m_i}\left[\left(\frac{\partial V}{\partial a_i}\right)^2+\left(\frac{\partial V}{\partial b_i}\right)^2+\left(\frac{\partial V}{\partial c_i}\right)^2\right] = U_0+H,$$

welches eine zweite partielle Differentialgleichung ist, welcher die Function $V$ Genüge leistet. Hamilton definirt die Function $V$ durch diese *beiden* partiellen Differentialgleichungen: aber um die vollständigen Integrale der Differentialgleichungen der Bewegung zu finden, reicht es wieder vollkommen hin, wenn man nur irgend ein vollständiges Integral $V$ der ersteren kennt.

Wenn nämlich $U$ die Grösse $t$ explicite enthält, so betrachte man irgend eine vollständige Lösung der partiellen Differentialgleichung

$$\tfrac{1}{2}\Sigma\frac{1}{m_i}\left[\left(\frac{\partial V}{\partial x_i}\right)^2+\left(\frac{\partial V}{\partial y_i}\right)^2+\left(\frac{\partial V}{\partial z_i}\right)^2\right] = U+H,$$

wo, wie erwähnt, in $U$ für $t$ zu setzen ist $\frac{\partial V}{\partial H}$. Solche Lösung wird, da hier $3n+1$ unabhängige Variabeln sind, ausser einer mit $V$ durch Addition verbundenen Constante noch $3n$ andere $\alpha_1, \alpha_2, \ldots, \alpha_{3n}$ enthalten. Die $3n$ endlichen vollständigen Integrale des Systems von $3n$ gewöhnlichen Differentialgleichungen zweiter Ordnung

$$m_i\frac{d^2x_i}{dt^2} = \frac{\partial U}{\partial x_i}, \quad m_i\frac{d^2y_i}{dt^2} = \frac{\partial U}{\partial y_i}, \quad m_i\frac{d^2z_i}{dt^2} = \frac{\partial U}{\partial z_i},$$

mit $6n$ willkürlichen Constanten, werden dann:

$$\frac{\partial V}{\partial \alpha_1} = \beta_1, \quad \frac{\partial V}{\partial \alpha_2} = \beta_2, \quad \ldots, \quad \frac{\partial V}{\partial \alpha_{3n}} = \beta_{3n},$$

wo $\beta_1, \beta_2, \ldots, \beta_{3n}$ die neuen $3n$ willkürlichen Constanten sind; die $3n$ Zwischenintegrale mit nur $3n$ willkürlichen Constanten werden ferner:

$$\frac{\partial V}{\partial x_i} = m_i x_i', \quad \frac{\partial V}{\partial y_i} = m_i y_i', \quad \frac{\partial V}{\partial z_i} = m_i z_i'.$$

Die Grösse $H$ kann man in diesen Gleichungen vermittelst der Gleichung

$$\frac{\partial V}{\partial H} = t$$

durch $t$ ersetzen. Der Beweis hiervon ist ganz so, wie der für die Function $S$ geführte.

Wenn aber die Function $U$ nicht $t$ explicite enthält, so enthält die partielle Differentialgleichung eine unabhängige Variable weniger, weil $H$ in diesem Falle eine Constante $h$ wird; die Zahl der willkürlichen Constanten einer vollständigen Lösung ist daher, ausser der mit $V$ durch Addition verbundenen, nur $3n-1$, die wir $\alpha_1, \alpha_2, \ldots, \alpha_{3n-1}$ nennen wollen. *Die $3n$ endlichen vollständigen Integralgleichungen der Bewegung werden dann:*

$$\frac{\partial V}{\partial \alpha_1} = \beta_1, \quad \frac{\partial V}{\partial \alpha_2} = \beta_2, \quad \ldots, \quad \frac{\partial V}{\partial \alpha_{3n-1}} = \beta_{3n-1},$$

*zu denen man noch die Gleichung*

$$\frac{\partial V}{\partial h} = t+\tau$$

*zu fügen hat, wo $\beta_1$; $\beta_2, \ldots, \beta_{3n-1}$, $\tau$ neue $3n$ willkürliche Constanten sind, so dass hier wieder $6n$ willkürliche Constanten $\alpha_1, \alpha_2, \ldots, \alpha_{3n-1}, \beta_1, \beta_2, \ldots, \beta_{3n-1}$, $h$, $\tau$ gefunden werden; die $3n$ Zwischenintegrale endlich werden wieder:*

$$\frac{\partial V}{\partial x_i} = m_i x_i', \quad \frac{\partial V}{\partial y_i} = m_i y_i', \quad \frac{\partial V}{\partial z_i} = m_i z_i'.$$

Der Beweis, der hier etwas modificirt werden muss, ist, wie folgt.

Die Differentiation der Gleichungen:

$$\frac{\partial V}{\partial \alpha_1} = \beta_1, \quad \frac{\partial V}{\partial \alpha_2} = \beta_2, \quad \ldots, \quad \frac{\partial V}{\partial \alpha_{3n-1}} = \beta_{3n-1}$$

giebt folgende $3n-1$ Gleichungen:

$$\Sigma\left(\frac{\partial^2 V}{\partial \alpha_1 \partial x_i} x_i' + \frac{\partial^2 V}{\partial \alpha_1 \partial y_i} y_i' + \frac{\partial^2 V}{\partial \alpha_1 \partial z_i} z_i'\right) = 0,$$

$$\Sigma\left(\frac{\partial^2 V}{\partial \alpha_2 \partial x_i} x_i' + \frac{\partial^2 V}{\partial \alpha_2 \partial y_i} y_i' + \frac{\partial^2 V}{\partial \alpha_2 \partial z_i} z_i'\right) = 0,$$

$$\cdots\cdots\cdots\cdots\cdots\cdots$$

$$\Sigma\left(\frac{\partial^2 V}{\partial \alpha_{3n-1} \partial x_i} x_i' + \frac{\partial^2 V}{\partial \alpha_{3n-1} \partial y_i} y_i' + \frac{\partial^2 V}{\partial \alpha_{3n-1} \partial z_i} z_i'\right) = 0,$$

durch welche, da in ihnen kein Term vorkommt, welcher nicht in eine der $3n$ Grössen $x_i', y_i', z_i'$ multiplicirt ist, die Verhältnisse dieser $3n$ Grössen bestimmt werden. Differentiirt man die gegebene partielle Differentialgleichung

$$\Sigma \frac{1}{m_i}\left[\left(\frac{\partial V}{\partial x_i}\right)^2 + \left(\frac{\partial V}{\partial y_i}\right)^2 + \left(\frac{\partial V}{\partial z_i}\right)^2\right] = U+h$$

nach $\alpha_1, \alpha_2, \ldots, \alpha_{3n-1}$, so erhält man die $3n-1$ Gleichungen:

$$\Sigma\frac{1}{m_i}\left[\frac{\partial^2 V}{\partial\alpha_1\partial x_i}\cdot\frac{\partial V}{\partial x_i}+\frac{\partial^2 V}{\partial\alpha_1\partial y_i}\cdot\frac{\partial V}{\partial y_i}+\frac{\partial^2 V}{\partial\alpha_1\partial z_i}\cdot\frac{\partial V}{\partial z_i}\right]=0,$$

$$\Sigma\frac{1}{m_i}\left[\frac{\partial^2 V}{\partial\alpha_2\partial x_i}\cdot\frac{\partial V}{\partial x_i}+\frac{\partial^2 V}{\partial\alpha_2\partial y_i}\cdot\frac{\partial V}{\partial y_i}+\frac{\partial^2 V}{\partial\alpha_2\partial z_i}\cdot\frac{\partial V}{\partial z_i}\right]=0,$$

. . . . . . . . . . . . . . . . . . . . . . .

$$\Sigma\frac{1}{m_i}\left[\frac{\partial^2 V}{\partial\alpha_{3n-1}\partial x_i}\cdot\frac{\partial V}{\partial x_i}+\frac{\partial^2 V}{\partial\alpha_{3n-1}\partial y_i}\cdot\frac{\partial V}{\partial y_i}+\frac{\partial^2 V}{\partial\alpha_{3n-1}\partial z_i}\cdot\frac{\partial V}{\partial z_i}\right]=0.$$

Vergleicht man diese $3n-1$ Gleichungen mit den vorigen $3n-1$ Gleichungen, so sieht man zunächst, dass die $3n$ Grössen $x_i'$, $y_i'$, $z_i'$ sich respective wie die $3n$ Grössen $\frac{1}{m_i}\cdot\frac{\partial V}{\partial x_i}$, $\frac{1}{m_i}\cdot\frac{\partial V}{\partial y_i}$, $\frac{1}{m_i}\cdot\frac{\partial V}{\partial z_i}$ verhalten. Differentiirt man nun ferner die Gleichung

$$\frac{\partial V}{\partial h}=t+\tau,$$

so erhält man:

$$\Sigma\left[\frac{\partial^2 V}{\partial h\partial x_i}x_i'+\frac{\partial^2 V}{\partial h\partial y_i}y_i'+\frac{\partial^2 V}{\partial h\partial z_i}z_i'\right]=1,$$

und wenn man die gegebene partielle Differentialgleichung partiell nach $h$ differentiirt:

$$\Sigma\left[\frac{\partial^2 V}{\partial h\partial x_i}\cdot\frac{\partial V}{\partial x_i}+\frac{\partial^2 V}{\partial h\partial y_i}\cdot\frac{\partial V}{\partial y_i}+\frac{\partial^2 V}{\partial h\partial z_i}\cdot\frac{\partial V}{\partial z_i}\right]=1.$$

Vergleicht man diese beiden Gleichungen mit einander, so sieht man, dass, wenn sich, wie bewiesen worden, die $3n$ Grössen $x_i'$, $y_i'$, $z_i'$ respective wie die $3n$ Grössen $\frac{1}{m_i}\cdot\frac{\partial V}{\partial x_i}$, $\frac{1}{m_i}\cdot\frac{\partial V}{\partial y_i}$, $\frac{1}{m_i}\cdot\frac{\partial V}{\partial z_i}$ verhalten, die $3n$ Grössen $x_i'$, $y_i'$, $z_i'$ den $3n$ Grössen $\frac{1}{m_i}\cdot\frac{\partial V}{\partial x_i}$, $\frac{1}{m_i}\cdot\frac{\partial V}{\partial y_i}$, $\frac{1}{m_i}\cdot\frac{\partial V}{\partial z_i}$ auch respective gleich sein müssen, welches die $3n$ Gleichungen giebt:

$$x_i'=\frac{1}{m_i}\cdot\frac{\partial V}{\partial x_i},\quad y_i'=\frac{1}{m_i}\cdot\frac{\partial V}{\partial y_i},\quad z_i'=\frac{1}{m_i}\cdot\frac{\partial V}{\partial z_i}.$$

Differentiirt man diese Gleichungen aufs neue, und setzt in den Ableitungen für $x_i'$, $y_i'$, $z_i'$ die vorstehenden Werthe, so erhält man:

$$m_i\frac{d^2x_i}{dt^2}=\Sigma\frac{1}{m_k}\left[\frac{\partial^2 V}{\partial x_i\partial x_k}\cdot\frac{\partial V}{\partial x_k}+\frac{\partial^2 V}{\partial x_i\partial y_k}\cdot\frac{\partial V}{\partial y_k}+\frac{\partial^2 V}{\partial x_i\partial z_k}\cdot\frac{\partial V}{\partial z_k}\right],$$

$$m_i\frac{d^2y_i}{dt^2}=\Sigma\frac{1}{m_k}\left[\frac{\partial^2 V}{\partial y_i\partial x_k}\cdot\frac{\partial V}{\partial x_k}+\frac{\partial^2 V}{\partial y_i\partial y_k}\cdot\frac{\partial V}{\partial y_k}+\frac{\partial^2 V}{\partial y_i\partial z_k}\cdot\frac{\partial V}{\partial z_k}\right],$$

$$m_i\frac{d^2z_i}{dt^2}=\Sigma\frac{1}{m_k}\left[\frac{\partial^2 V}{\partial z_i\partial x_k}\cdot\frac{\partial V}{\partial x_k}+\frac{\partial^2 V}{\partial z_i\partial y_k}\cdot\frac{\partial V}{\partial y_k}+\frac{\partial^2 V}{\partial z_i\partial z_k}\cdot\frac{\partial V}{\partial z_k}\right],$$

in welchen Summen $i$ unverändert bleibt, während $k$ die Werthe 1, 2, ..., $n$ erhält. Die Ausdrücke rechter Hand sind hier die partiellen Differentialquotienten des Ausdrucks

$$\Sigma \frac{1}{m_k}\left[\left(\frac{\partial V}{\partial x_k}\right)^2+\left(\frac{\partial V}{\partial y_k}\right)^2+\left(\frac{\partial V}{\partial z_k}\right)^2\right] = U+h,$$

nach $x_i$, $y_i$, $z_i$ genommen. Man kann daher dafür die einfacheren Ausdrücke setzen:

$$m_i\frac{d^2x_i}{dt^2} = \frac{\partial U}{\partial x_i}, \quad m_i\frac{d^2y_i}{dt^2} = \frac{\partial U}{\partial y_i}, \quad m_i\frac{d^2z_i}{dt^2} = \frac{\partial U}{\partial z_i},$$

welches die zu beweisenden Gleichungen sind.

In den Anwendungen scheint die Function $S$ dann vorzugsweise brauchbar, wenn die Kräftefunction $U$ die Zeit $t$ auch explicite involvirt. Dagegen bietet die Function $V$ und die gleichzeitige Einführung der Grösse $H$ statt der Zeit $t$ grosse Vortheile in dem häufiger vorkommenden Fall, wo $U$ eine blosse Function der Coordinaten ist. Denn da in diesem letzteren Falle vermittelst des Satzes von der Erhaltung der lebendigen Kraft $H$ eine Constante wird, so enthält die partielle Differentialgleichung eine Variable, und die zu suchende vollständige Lösung eine willkürliche Constante weniger. Die Function $V$, welche Hamilton zur Erfindung der vollständigen Integralgleichungen der Bewegung fordert, und welche gleichzeitig zweien partiellen Differentialgleichungen erster Ordnung genügen muss, hat daher hier noch den wesentlichen Nachtheil, dass sie eine Grösse mehr als nöthig ist enthält, nämlich ausser $h$ und den $3n$ Coordinaten *noch ihre* $3n$ *Anfangswerthe*, während man nur irgend eine Lösung der einen partiellen Differentialgleichung braucht, welche ausser $h$ und den $3n$ Coordinaten $3n-1$ willkürliche Constanten enthält.

## 6.

Wenn die Kräftefunction die Zeit $t$ nicht explicite enthält, so kann man aus den Differentialgleichungen der Bewegung die Grösse $t$ leicht herausschaffen, indem man sie als ein System von $6n-1$ Differentialgleichungen erster Ordnung zwischen den $6n$ Variabeln $x_i$, $y_i$, $z_i$, $x'_i$, $y'_i$, $z'_i$ darstellt. Nennt man nämlich $q_1, q_2, \ldots, q_{3n}$ die Coordinaten der $n$ Punkte, $q'_1, q'_2, \ldots, q'_{3n}$ ihre nach den Coordinaten-Axen zerlegten und respective mit ihrer Masse multiplicirten Geschwindigkeiten, so kann man die Differentialgleichungen der Bewegung:

$$m_i \frac{d^2 x_i}{dt^2} = \frac{\partial U}{\partial x_i}, \quad m_i \frac{d^2 y_i}{dt^2} = \frac{\partial U}{\partial y_i}, \quad m_i \frac{d^2 z_i}{dt^2} = \frac{\partial U}{\partial z_i}$$

durch die Proportion darstellen:

$$dq_1 : dq_2 : \ldots : dq_{3n} : dq_1' : dq_2' : \ldots : dq_{3n}' =$$
$$\frac{1}{\mu_1} q_1' : \frac{1}{\mu_2} q_2' : \ldots : \frac{1}{\mu_{3n}} q_{3n}' : \frac{\partial U}{\partial q_1} : \frac{\partial U}{\partial q_2} : \ldots : \frac{\partial U}{\partial q_{3n}},$$

wo von den Grössen $\mu_1, \mu_2, \ldots, \mu_{3n}$ je drei, die sich auf Coordinaten *eines* Punktes beziehen, der Masse dieses Punktes gleich zu setzen sind. Diese Proportion vertritt die Stelle von $6n-1$ Gleichungen; die Zahl dieser Gleichungen, so wie die der Variabeln, kann aber noch um eine verringert werden, wenn man durch den im gedachten Falle geltenden Satz der lebendigen Kraft:

$$\tfrac{1}{2}\left(\frac{1}{\mu_1} q_1'^2 + \frac{1}{\mu_2} q_2'^2 + \cdots + \frac{1}{\mu_{3n}} q_{3n}'^2\right) = U + h$$

eine der Variabeln eliminirt. Hat man diese Gleichungen vollständig integrirt, und dadurch alle $6n$ Variabeln $q_1, q_2, \ldots, q_{3n}, q_1', q_2', \ldots, q_{3n}'$ durch eine von ihnen, z. B. $q_1$, ausgedrückt, so erhält man schliesslich die Zeit durch eine Quadratur vermittelst der Gleichungen:

$$dt = \mu_1 \frac{dq_1}{q_1'}, \quad t = \mu_1 \int \frac{dq_1}{q_1'}.$$

Um die von Hamilton angegebene Function $V$ zu finden, braucht man diese Quadratur nicht auszuführen, sondern erhält sie, ohne $t$ zu kennen, unmittelbar durch eine Quadratur, wenn man die $6n$ Variabeln $q_1, q_2, \ldots, q_{3n}, q_1', q_2', \ldots, q_{3n}'$ durch eine von ihnen ausgedrückt hat. Man kann nämlich die Function

$$V = \int_0^t \Sigma m_i [x_i'^2 + y_i'^2 + z_i'^2] dt = \int_0^t \left(\frac{1}{\mu_1} q_1'^2 + \frac{1}{\mu_2} q_2'^2 + \cdots + \frac{1}{\mu_{3n}} q_{3n}'^2\right) dt$$

auch so darstellen:

$$V = \int (q_1' dq_1 + q_2' dq_2 + \cdots + q_{3n}' dq_{3n}),$$

aus welchem Ausdruck $t$ ganz herausgegangen ist. Wenn $q_1^0$ den Werth von $q_1$ für $t = 0$ bedeutet, so dass

$$t = \int_{q_1^0}^{q_1} \frac{\mu_1 dq_1}{q_1'},$$

so hat man das Integral für $V$ ebenfalls so zu nehmen, dass es für $q_1 = q_1^0$ verschwindet.

Das für $t$ angegebene Integral ist die partielle Ableitung des für $V$ gefundenen, nach $h$ genommen, wie sich aus der Gleichung:

$$\frac{\partial V}{\partial h} = t$$

ergiebt. Durch solche partielle Differentiation eines Integrals nach einer Constanten kommt man in der Regel wieder auf ein neues Integral. Es giebt aber einen sehr bemerkenswerthen Fall, welcher auch unter andern der Fall des Weltsystems ist, in welchem beide Integrale $t$ und $V$ unmittelbar auf einander zurückgeführt werden können. Dies ist der Fall, wenn die Kräftefunction eine *homogene* Function der Coordinaten ist.

Es sei die Kräftefunction $U$ eine Function der $3n$ Coordinaten $x_i, y_i, z_i$ von der Dimension $\varepsilon$, so hat man bekanntlich:

$$\Sigma\left[x_i\frac{\partial U}{\partial x_i}+y_i\frac{\partial U}{\partial y_i}+z_i\frac{\partial U}{\partial z_i}\right] = \varepsilon U,$$

und daher vermittelst der Differentialgleichungen der Bewegung:

$$\Sigma m_i\left[x_i\frac{d^2x_i}{dt^2}+y_i\frac{d^2y_i}{dt^2}+z_i\frac{d^2z_i}{dt^2}\right] = \varepsilon U.$$

Der Ausdruck linker Hand wird ein vollständiges Differential, wenn man dazu die lebendige Kraft

$$\Sigma m_i\left[\frac{dx_i}{dt}\cdot\frac{dx_i}{dt}+\frac{dy_i}{dt}\cdot\frac{dy_i}{dt}+\frac{dz_i}{dt}\cdot\frac{dz_i}{dt}\right] = 2U+2h$$

addirt. Man erhält dann durch Integration von $t=0$ bis $t=t$:

$$\Sigma m_i[x_ix_i'+y_iy_i'+z_iz_i']-\Sigma m_i[a_ia_i'+b_ib_i'+c_ic_i'] = (2+\varepsilon)\int_0^t U dt+2ht.$$

Es ist aber andrerseits:

$$V=\int_0^t \Sigma m_i[x_i'^2+y_i'^2+z_i'^2]dt = 2\int_0^t U dt+2ht,$$

und daher

$$\Sigma m_i[x_ix_i'+y_iy_i'+z_iz_i']-\Sigma m_i[a_ia_i'+b_ib_i'+c_ic_i'] = \frac{2+\varepsilon}{2}\cdot V-\varepsilon ht,$$

welches die Gleichung ist, vermittelst welcher die Functionen $V$ und $t$ auf einander zurückgeführt werden. Man kann aus dieser Formel, da der Theil linker Hand ein vollständiges Differential ist, auch noch das abermalige Integral

$$\int V dt$$

finden. Setzt man

$$R = \Sigma m_i(x_i^2+y_i^2+z_i^2), \quad R' = \frac{dR}{dt},$$

und nennt $R_0$, $R_0'$ die Anfangswerthe von $R$, $R'$, so kann man die vorstehende Gleichung auch so schreiben:

$$R'-R_0' = (2+\varepsilon)\,V-2\varepsilon ht,$$

woraus durch Integration:

$$R-R_0-R_0't = (2+\varepsilon)\int_0^t Vdt-\varepsilon ht^2.$$

Für den Fall des Weltsystems ist die Kräftefunction $U$ von der Dimension $-1$, und daher $\varepsilon = -1$. Man hat daher für diesen Fall:

$$R'-R_0' = V+2ht.$$

Wenn die Kräftefunction von der Dimension $-2$ ist, so kann man vermittelst der vorstehenden Formeln nicht mehr die Function $V$ auf die Function $t$ zurückführen, weil dann $\varepsilon = -2$, und daher der in $V$ multiplicirte Term verschwindet. In diesem besonderen Falle hat man aber zwei neue Integrale der Differentialgleichungen der Bewegung:

$$R'-R_0' = 4ht, \quad R-R_0-R_0't = 2ht^2,$$

welche zwei willkürliche Constanten $R_0$, $R_0'$ enthalten. Es ist dies der Fall, wenn das System materieller Punkte gegenseitigen Anziehungen unterworfen ist, die sich wie die Kuben der Distanzen verhalten.

Setzt man für $t$ den Ausdruck

$$t = \frac{\partial V}{\partial h},$$

so hat man nach den obigen Formeln:

$$R'-R_0' = (2+\varepsilon)\,V-2\varepsilon h\frac{\partial V}{\partial h},$$

woraus durch Integration nach $h$:

$$\int h^{-\frac{2+3\varepsilon}{2\varepsilon}}(R'-R_0')dh = -2\varepsilon h^{-\frac{2+\varepsilon}{2\varepsilon}}\,V+K,$$

wo $K$ eine von $h$ unabhängige Grösse ist. Kennt man daher $V$ für einen speciellen Werth von $h$, z. B. für $h = 0$, so kann man $V$ auch durch Integration nach $h$ finden. Ist $\varepsilon = -1$, so wird die obige Formel:

$$\int(R'-R_0')\frac{dh}{\sqrt{h}} = 2\sqrt{h}.\,V+K.$$

Es muss hier $R'-R'_0$ durch die Anfangs- und Endwerthe der Coordinaten und durch $h$ ausgedrückt, und bei der Integration bloss $h$ als variabel gesetzt werden.

Ich will bei dieser Gelegenheit noch folgende Bemerkungen hinzufügen. Man erhält aus den obigen Formeln die zweite Ableitung von $R$, nach der Zeit genommen, durch die Kräftefunction ausgedrückt vermittelst der Gleichung:

$$\tfrac{1}{2}\frac{d^2R}{dt^2} = (2+\varepsilon)U+2h,$$

oder wenn $\varepsilon = -1$,

$$\tfrac{1}{2}\frac{d^2R}{dt^2} = U+2h.$$

Nach einer bekannten, von **Lagrange** öfters angewandten algebraischen Umformung kann, wenn $M$ die Summe der Massen, $X$, $Y$, $Z$ die Coordinaten des Schwerpunktes bedeuten, oder

$$MX = \Sigma m_i x_i,\quad MY = \Sigma m_i y_i,\quad MZ = \Sigma m_i z_i,$$

die Grösse $MR$ folgendermassen ausgedrückt werden:

$$\begin{aligned} MR &= \Sigma m_i . \Sigma m_i(x_i^2+y_i^2+z_i^2) \\ &= \Sigma m_i m_k[(x_i-x_k)^2+(y_i-y_k)^2+(z_i-z_k)^2]+M^2(X^2+Y^2+Z^2), \end{aligned}$$

oder, wenn $r_{i,k}$ die Distanz der Massen $m_i$ und $m_k$ bedeutet,

$$MR = \Sigma m_i m_k r_{i,k}^2+M^2(X^2+Y^2+Z^2),$$

wo man die Summe auf je zwei Punkte des Systems auszudehnen hat. Der Schwerpunkt eines Systems von Körpern, welche nur ihren gegenseitigen Anziehungen unterworfen sind, bewegt sich gleichförmig in einer geraden Linie, so dass

$$X = \alpha t+\beta,\quad Y = \alpha' t+\beta',\quad Z = \alpha'' t+\beta''.$$

Man erhält daher für diesen Fall, wenn

$$\gamma^2 = \alpha^2+\alpha'^2+\alpha''^2,$$

vermittelst der angegebenen Umformung von $MR$ die Gleichung

$$\tfrac{1}{2}\frac{d^2\Sigma m_i m_k r_{i,k}^2}{dt^2} = MU+2Mh-M^2\gamma^2,$$

wo $\gamma$ die Geschwindigkeit des Schwerpunktes bedeutet. Substituirt man den für das **Newton**sche Attractionsgesetz stattfindenden Ausdruck der Kräftefunction $U$, wie wir ihn oben gegeben haben, so hat man:

$$\tfrac{1}{2}\frac{d^2\Sigma m_i m_k r_{i,k}^2}{Mdt^2} = \Sigma\frac{m_i m_k}{r_{i,k}}+2h-M\gamma^2$$

oder, da nach dem Satze von der lebendigen Kraft

$$\Sigma m_i(x_i'^2+y_i'^2+z_i'^2)-2\Sigma\frac{m_i m_k}{r_{i,k}} = 2h,$$

idie Gleichung

$$\tfrac{1}{2}\frac{d^2\Sigma m_i m_k r_{i,k}^2}{Mdt^2} = \Sigma m_i(x_i'^2+y_i'^2+z_i'^2)-M\gamma^2-\Sigma\frac{m_i m_k}{r_{i,k}}.$$

Der Ausdruck

$$\frac{1}{M}\Sigma m_i m_k r_{i,k}^2 = \Sigma m_i(x_i^2+y_i^2+z_i^2)-M(X^2+Y^2+Z^2)$$

st gleich der Summe der Massen des Systems, respective multiplicirt in das Quadrat ihrer Distanz von seinem Schwerpunkt. Man beweist dies aus der vorstehenden Gleichung, indem man den Anfangspunkt der Coordinaten im Schwerpunkt annimmt, wodurch $X = Y = Z = 0$. Eben so beweist man, dass

$$\Sigma m_i(x_i'^2+y_i'^2+z_i'^2)-M\gamma^2$$

*die relative lebendige Kraft um den Schwerpunkt ist,* d. i. die Summe der Massen des Systems, respective multiplicirt in das Quadrat ihrer Geschwindigkeit um seinen Schwerpunkt. Wenn das System stabil ist, so darf der Ausdruck:

$$\Sigma m_i m_k r_{i,k}^2,$$

während $t$ ins Unendliche wächst, weder unendlich noch 0 werden; woraus leicht folgt, dass seine zweite Ableitung von keiner Zeit an immer dasselbe Zeichen behalten darf. Die beiden Gleichungen:

$$\tfrac{1}{2}\frac{d^2\Sigma m_i m_k r_{i,k}^2}{Mdt^2} = \Sigma\frac{m_i m_k}{r_{i,k}}+2h-M\gamma^2 = \Sigma m_i(x_i'^2+y_i'^2+z_i'^2)-M\gamma^2-\Sigma\frac{m_i m_k}{r_{i,k}}$$

lehren also, dass, wenn die Bewegung um den Schwerpunkt des Systems stabil sein soll, 1) *die Constante $2h-M\gamma^2$ negativ sein muss,* d. h. weil

$$2h-M\gamma^2 = \Sigma m_i(x_i'^2+y_i'^2+z_i'^2)-M\gamma^2-2\Sigma\frac{m_i m_k}{r_{i,k}},$$

*dass die relative lebendige Kraft um den Schwerpunkt immer kleiner bleiben muss, als die doppelte Kräftefunction;* 2) *dass die relative lebendige Kraft um den Schwerpunkt abwechselnd immer grösser und kleiner werden muss, als die Kräftefunction; dass die Kräftefunction sowohl als die relative lebendige Kraft abwechselnd grösser und kleiner werden muss als die Constante $M\gamma^2-2h$.*

Wenn man die lebendige Kraft und die Kräftefunction in Reihen nach den Cosinus und Sinus von der Zeit proportionalen Winkeln entwickelt, so muss, wenn das System stabil sein soll, die Constante $M\gamma^2 - 2h$ der wahre constante Term in beiden Reihen sein. Denn ein von diesem verschiedener Werth des constanten Termes würde in dem Ausdruck von

$$\Sigma m_i m_k r_{i,k}^2$$

Terme erzeugen, die in das Quadrat der Zeit multiplicirt sind, und daher mit der Zeit in's Unendliche wachsen.

## 7.

Um das Vorhergehende an einem Beispiel zu erläutern, will ich die Function $V$ für einen einfachen und vielbehandelten Fall, die elliptische Bewegung eines Planeten angeben. Da man nach dem sogenannten Lambertschen Theorem den Ausdruck der Zwischenzeit $t$ durch die Anfangs- und Endwerthe der Coordinaten kennt, so kann man dem vorigen §. zufolge auch den Ausdruck für $V$ sogleich ohne eine neue Integration daraus finden. Es sei $r$ der *radius vector*, $r' = \frac{dr}{dt}$, $E$ die excentrische Anomalie, $r_0$, $r_0'$, $E_0$ die Anfangswerthe von $r$, $r'$, $E$; es sei ferner $k^2$ die anziehende Kraft für den Abstand $r = 1$, $e$ die Excentricität, $a$ die halbe grosse Axe. Setzt man mit Gauss (*Theoria motus art.* 106)

$$\frac{E - E_0}{2} = g, \quad \frac{E + E_0}{2} = G,$$

und führt einen neuen Hülfswinkel $h$ vermittelst der Gleichung

$$e \cos G = \cos h$$

ein; setzt man ferner:

$$h + g = \varepsilon, \quad h - g = \varepsilon',$$

so wird der Ausdruck der Zwischenzeit:

$$\frac{k}{a^{\frac{3}{2}}} t = \varepsilon - \sin \varepsilon - (\varepsilon' - \sin \varepsilon').$$

Der Satz von der lebendigen Kraft giebt:

$$\tfrac{1}{2}(x'^2 + y'^2 + z'^2) = k^2 \left(\frac{1}{r} - \frac{1}{2a}\right),$$

so dass die obige Constante $h$ hier $\frac{-k^2}{2a}$ und $\frac{k^2}{r}$ die Kräftefunction $U$ ist. Setzt man daher in der im vorigen §. gefundenen Formel

$$R' - R_0' = V + 2ht$$

für $R$, $h$ ihre Werthe

$$R = r^2, \quad h = \frac{-k^2}{2a},$$

so erhält man

$$V = 2(rr'-r_0r'_0)+\frac{k^2}{a}t.$$

Ich habe hier in den Ausdrücken von $V$, $R$, $h$ die Masse des bewegten Planeten, die eigentlich als Factor diese Grössen afficirt, da sie aus der Rechnung herausgeht, fortgelassen.

Die bekannten Formeln der elliptischen Bewegung geben

$$rr' = k\sqrt{a}.e\sin E,$$

und daher

$$rr'-r_0r'_0 = k\sqrt{a}.e(\sin E-\sin E_0)$$
$$= 2k\sqrt{a}.e\sin g\cos G = 2k\sqrt{a}.\sin g\cos h = k\sqrt{a}(\sin\varepsilon-\sin\varepsilon').$$

Benutzt man diesen Ausdruck und den Lambertschen Ausdruck der Zeit $t$, so erhält man für $V$ einen ganz ähnlichen Ausdruck, wie für $t$,

$$V = k\sqrt{a}[\varepsilon+\sin\varepsilon-(\varepsilon'+\sin\varepsilon')],$$

welcher sich von dem Ausdrucke von $\frac{k^2}{a}t$ nur in dem Zeichen der Sinus unterscheidet. Nennt man $\varrho$ die Sehne der Bahn, welche den Anfangs- und Endpunkt verbindet, so hat man nach den von Gauss am angeführten Orte gegebenen Formeln:

$$\sin^2\tfrac{1}{2}\varepsilon = \frac{r+r_0+\varrho}{4a}, \quad \sin^2\tfrac{1}{2}\varepsilon' = \frac{r+r_0-\varrho}{4a},$$

wo

$$r^2 = x^2+y^2+z^2, \quad r_0^2 = x_0^2+y_0^2+z_0^2,$$
$$\varrho^2 = (x-x_0)^2+(y-y_0)^2+(z-z_0)^2.$$

Vermittelst dieser Formeln wird $V$, so wie $t$, durch die Coordinaten des Anfangspunktes und Endpunktes und die grosse Axe ausgedrückt. Der hier gegebene Ausdruck von $V$ kommt mit demjenigen überein, welchen Hamilton auf anderm Wege gefunden hat.

Wenn man in dem angegebenen Ausdruck von $V$ alle Grössen ausser $k$ und $a$ variirt, so erhält man

$$\delta V = 2k\sqrt{a}[\cos^2\tfrac{1}{2}\varepsilon.\delta\varepsilon-\cos^2\tfrac{1}{2}\varepsilon'.\delta\varepsilon'].$$

Es ist aber

$$\sin\tfrac{1}{2}\varepsilon\cos\tfrac{1}{2}\varepsilon.\delta\varepsilon = \frac{\delta r+\delta r_0+\delta\varrho}{4a}, \quad \sin\tfrac{1}{2}\varepsilon'\cos\tfrac{1}{2}\varepsilon'.\delta\varepsilon' = \frac{\delta r+\delta r_0-\delta\varrho}{4a}.$$

Bemerkt man daher die Gleichung:

$$\text{cotang}\tfrac{1}{2}\varepsilon-\text{cotang}\tfrac{1}{2}\varepsilon' = -\frac{\sin\frac{1}{2}(\varepsilon-\varepsilon')}{\sin\frac{1}{2}\varepsilon\sin\frac{1}{2}\varepsilon'} = \frac{-\sin g}{\sin\frac{1}{2}\varepsilon\sin\frac{1}{2}\varepsilon'},$$

$$\text{cotang}\tfrac{1}{2}\varepsilon+\text{cotang}\tfrac{1}{2}\varepsilon' = \frac{\sin\frac{1}{2}(\varepsilon+\varepsilon')}{\sin\frac{1}{2}\varepsilon\sin\frac{1}{2}\varepsilon'} = \frac{\sin h}{\sin\frac{1}{2}\varepsilon\sin\frac{1}{2}\varepsilon'},$$

so erhält man

$$\delta V = \frac{k[\sin h.\delta\varrho-\sin g.(\delta r+\delta r_0)]}{2\sqrt{a}\sin\frac{1}{2}\varepsilon\sin\frac{1}{2}\varepsilon'}.$$

Für den Nenner kann man in diesem Ausdruck zufolge der obigen Formeln auch setzen:

$$2\sqrt{a}\sin\tfrac{1}{2}\varepsilon\sin\tfrac{1}{2}\varepsilon' = \frac{\sqrt{(r+r_0)^2-\varrho^2}}{2\sqrt{a}}.$$

Führt man in diese Formel den von beiden *radii vectores* $r$ und $r_0$ gebildeten Winkel ein, den wir mit Gauss $2f$ nennen wollen, so hat man:

$$r^2+r_0^2-\varrho^2 = 2rr_0\cos 2f,$$

und daher

$$2\sqrt{a}\sin\tfrac{1}{2}\varepsilon\sin\tfrac{1}{2}\varepsilon' = \frac{\cos f}{\sqrt{a}}\sqrt{rr_0}.$$

Hiernach erhalten wir für die Variation von $V$ den Ausdruck:

$$\delta V = \frac{k\sqrt{a}[\sin h.\delta\varrho-\sin g.(\delta r+\delta r_0)]}{\cos f\sqrt{rr_0}},$$

in welcher Formel man auch einen der Winkel $g$, $h$ durch den andern vermittelst der Gleichung

$$\varrho = 2a\sin g\sin h,$$

welche sich aus den obigen Formeln leicht ableitet, ersetzen kann.

Der vorstehende Ausdruck der Variation von $V$ ergiebt sogleich die Werthe der nach den Coordinaten-Axen zerlegten Geschwindigkeiten des Anfangs- und Endpunktes. Man erhält nämlich, wenn man $\varrho$, $r$, $r_0$ durch die Coordinaten ausdrückt:

$$x' = \frac{\partial V}{\partial x} = \frac{k\sqrt{a}}{\cos f\sqrt{rr_0}}\left[\frac{x-x_0}{\varrho}\sin h-\frac{x}{r}\sin g\right],$$

$$y' = \frac{\partial V}{\partial y} = \frac{k\sqrt{a}}{\cos f\sqrt{rr_0}}\left[\frac{y-y_0}{\varrho}\sin h-\frac{y}{r}\sin g\right],$$

$$z' = \frac{\partial V}{\partial z} = \frac{k\sqrt{a}}{\cos f\sqrt{rr_0}}\left[\frac{z-z_0}{\varrho}\sin h-\frac{z}{r}\sin g\right],$$

$$x'_0 = -\frac{\partial V}{\partial x_0} = \frac{k\sqrt{a}}{\cos f\sqrt{rr_0}}\left[\frac{x-x_0}{\varrho}\sin h + \frac{x_0}{r_0}\sin g\right],$$

$$y'_0 = -\frac{\partial V}{\partial y_0} = \frac{k\sqrt{a}}{\cos f\sqrt{rr_0}}\left[\frac{y-y_0}{\varrho}\sin h + \frac{y_0}{r_0}\sin g\right],$$

$$z'_0 = -\frac{\partial V}{\partial z_0} = \frac{k\sqrt{a}}{\cos f\sqrt{rr_0}}\left[\frac{z-z_0}{\varrho}\sin h + \frac{z_0}{r_0}\sin g\right].$$

Nennt man $b$ die halbe kleine Axe, und bemerkt die von Gauss ebenfalls gegebene Gleichung:

$$b\sin g = \sin f\sqrt{rr_0},$$

und setzt den halben Parameter $\frac{b^2}{a} = p$, so leitet man aus diesen Formeln auch noch leicht die folgenden ab:

$$x' - x'_0 = -\frac{k\tang f}{\sqrt{p}}\left(\frac{x}{r} + \frac{x_0}{r_0}\right),$$

$$y' - y'_0 = -\frac{k\tang f}{\sqrt{p}}\left(\frac{y}{r} + \frac{y_0}{r_0}\right),$$

$$z' - z'_0 = -\frac{k\tang f}{\sqrt{p}}\left(\frac{z}{r} + \frac{z_0}{r_0}\right),$$

und hieraus nach einigen Reductionen

$$\sqrt{[(x'-x'_0)^2+(y'-y'_0)^2+(z'-z'_0)^2]} = \frac{2k\sin f}{\sqrt{p}},$$

welche Formeln ich ihrer Einfachheit wegen hinzugefügt habe. Ich bemerke noch, dass die Grössen $\frac{x}{r}+\frac{x_0}{r_0}$, $\frac{y}{r}+\frac{y_0}{r_0}$, $\frac{z}{r}+\frac{z_0}{r_0}$ gleich sind der Grösse $2\cos f$, multiplicirt in die Cosinus der Winkel, welche die den Winkel der *radii vectores* halbirende Linie mit den Coordinaten-Axen bildet.

Den für $V$ gefundenen Ausdruck kann man vermittelst der Gleichung

$$t = \frac{\partial V}{\partial h} = -\frac{\partial V}{\partial \frac{k^2}{2a}} = \frac{2a^2}{k^2}\cdot\frac{\partial V}{\partial a}$$

prüfen. Nimmt man die partiellen Ableitungen nach $a$, so erhält man aus dem Ausdrucke

$$V = k\sqrt{a}[\varepsilon+\sin\varepsilon-(\varepsilon'+\sin\varepsilon')]$$

die Gleichung:

$$\frac{\partial V}{\partial a} = 2k\sqrt{a}\left[\cos^2\tfrac{1}{2}\varepsilon\cdot\frac{\partial\varepsilon}{\partial a} - \cos^2\tfrac{1}{2}\varepsilon'\cdot\frac{\partial\varepsilon'}{\partial a}\right] + \frac{1}{2a}V.$$

Aus den Gleichungen

$$\sin^2\tfrac{1}{2}\varepsilon = \frac{r+r_0+\varrho}{4a}, \quad \sin^2\tfrac{1}{2}\varepsilon' = \frac{r+r_0-\varrho}{4a}$$

folgt aber:

$$\cos\tfrac{1}{2}\varepsilon \cdot \frac{\partial\varepsilon}{\partial a} = \frac{-\sin\frac{1}{2}\varepsilon}{a}, \quad \cos\tfrac{1}{2}\varepsilon' \cdot \frac{\partial\varepsilon'}{\partial a} = \frac{-\sin\frac{1}{2}\varepsilon'}{a},$$

wodurch die vorige Gleichung sich in folgende verwandelt:

$$\frac{\partial V}{\partial a} = \frac{-k}{\sqrt{a}}(\sin\varepsilon-\sin\varepsilon')+\frac{V}{2a} = \frac{k}{2\sqrt{a}}[\varepsilon-\varepsilon'-(\sin\varepsilon-\sin\varepsilon')] = \frac{k^2}{2a^2}t,$$

was zu beweisen war.

Die partielle Differentialgleichung, auf deren vollständige Integration die Bewegung eines sich gegenseitig anziehenden und von festen Punkten angezogenen Systems von Punkten zurückgeführt werden kann, war

$$\tfrac{1}{2}\Sigma\frac{1}{m_i}\left[\left(\frac{\partial V}{\partial x_i}\right)^2+\left(\frac{\partial V}{\partial y_i}\right)^2+\left(\frac{\partial V}{\partial z_i}\right)^2\right] = U+h.$$

Für unsern Fall folgt hieraus die partielle Differentialgleichung, auf deren vollständige Integration die Bewegung eines Planeten um die Sonne zurückkommt:

$$\tfrac{1}{2}\left[\left(\frac{\partial V}{\partial x}\right)^2+\left(\frac{\partial V}{\partial y}\right)^2+\left(\frac{\partial V}{\partial z}\right)^2\right] = k^2\left[\frac{1}{\sqrt{x^2+y^2+z^2}}-\frac{1}{2a}\right] = k^2\left(\frac{1}{r}-\frac{1}{2a}\right).$$

Ich will jetzt zeigen, dass der für $V$ angegebene Ausdruck in der That dieser partiellen Differentialgleichung Genüge leistet.

Benutzt man nämlich die oben für $\frac{\partial V}{\partial x}$, $\frac{\partial V}{\partial y}$, $\frac{\partial V}{\partial z}$ gefundenen Werthe, und bemerkt die Gleichungen:

$$x(x-x_0)+y(y-y_0)+z(z-z_0) = r^2-rr_0\cos 2f, \quad \sin g\sin h = \frac{\varrho}{2a},$$

so erhält man

$$\left[\left(\frac{\partial V}{\partial x}\right)^2+\left(\frac{\partial V}{\partial y}\right)^2+\left(\frac{\partial V}{\partial z}\right)^2\right] = \frac{k^2a}{\cos^2 f . rr_0}\left[\sin^2 h+\sin^2 g-\frac{r-r_0\cos 2f}{a}\right].$$

Es ist aber

$$\sin^2 h+\sin^2 g = 2\left[\sin^2\frac{\varepsilon}{2}\cos^2\frac{\varepsilon'}{2}+\sin^2\frac{\varepsilon'}{2}\cos^2\frac{\varepsilon}{2}\right]$$
$$= 2\left[\sin^2\frac{\varepsilon}{2}+\sin^2\frac{\varepsilon'}{2}\right]-4\sin^2\frac{\varepsilon}{2}\sin^2\frac{\varepsilon'}{2},$$

oder nach den oben angegebenen Formeln:

$$\sin^2 h+\sin^2 g = \frac{r+r_0}{a}-\frac{\cos^2 f . rr_0}{a^2},$$

und daher

$$a(\sin^2 h+\sin^2 g)-(r-r_0\cos 2f) = r_0\cos^2 f\left[2-\frac{r}{a}\right],$$

wodurch man erhält:

$$\tfrac{1}{2}\left[\left(\frac{\partial V}{\partial x}\right)^2+\left(\frac{\partial V}{\partial y}\right)^2+\left(\frac{\partial V}{\partial z}\right)^2\right] = k^2\left[\frac{1}{r}-\frac{1}{2a}\right],$$

wie verlangt wurde. Gleichzeitig sehen wir auf diese Weise, dass die für $x'$, $y'$, $z'$ gegebenen Werthe der Gleichung für die lebendige Kraft genügen.

Für die parabolische Bewegung verschwindet die Constante, die im Satze von der Erhaltung der lebendigen Kraft zur Kräftefunction hinzukommt, oder es wird $a=\infty$. Die Winkel $\varepsilon$, $\varepsilon'$, $h$, $g$ werden unendlich klein von der Ordnung $\frac{1}{\sqrt{a}}$. Man erhält daher für diesen Fall aus den obigen Formeln:

$$\sqrt{a}.\varepsilon = \sqrt{r+r_0+\varrho}, \qquad \sqrt{a}.\varepsilon' = \sqrt{r+r_0-\varrho},$$

ferner

$$\sqrt{a^3}.[\varepsilon-\sin\varepsilon] = \tfrac{1}{6}.\sqrt{a^3}.\varepsilon^3 = \tfrac{1}{6}[r+r_0+\varrho]^{\frac{3}{2}},$$
$$\sqrt{a^3}.[\varepsilon'-\sin\varepsilon'] = \tfrac{1}{6}.\sqrt{a^3}.\varepsilon'^3 = \tfrac{1}{6}[r+r_0-\varrho]^{\frac{3}{2}},$$

wodurch die für $V$ und $t$ angegebenen Ausdrücke folgende Form annehmen:

$$V = 2k[\sqrt{r+r_0+\varrho}-\sqrt{r+r_0-\varrho}],$$
$$t = \frac{1}{6k}\left[(r+r_0+\varrho)^{\frac{3}{2}}-(r+r_0-\varrho)^{\frac{3}{2}}\right],$$

welches letztere der bekannte Ausdruck der Zeit in der parabolischen Bewegung eines Kometen ist. Setzt man der Kürze halber:

$$\frac{1}{\sqrt{r+r_0-\varrho}}+\frac{1}{\sqrt{r+r_0+\varrho}} = A, \qquad \frac{1}{\sqrt{r+r_0-\varrho}}-\frac{1}{\sqrt{r+r_0+\varrho}} = B,$$

so erhält man hieraus:

$$x' = \frac{\partial V}{\partial x} = k\left[\frac{x-x_0}{\varrho}A-\frac{x}{r}B\right], \quad x_0' = -\frac{\partial V}{\partial x_0} = k\left[\frac{x-x_0}{\varrho}A+\frac{x_0}{r_0}B\right],$$
$$y' = \frac{\partial V}{\partial y} = k\left[\frac{y-y_0}{\varrho}.A-\frac{y}{r}B\right], \quad y_0' = -\frac{\partial V}{\partial y_0} = k\left[\frac{y-y_0}{\varrho}A+\frac{y_0}{r_0}B\right],$$
$$z' = \frac{\partial V}{\partial z} = k\left[\frac{z-z_0}{\varrho}A-\frac{z}{r}B\right], \quad z_0' = -\frac{\partial V}{\partial z_0} = k\left[\frac{z-z_0}{\varrho}A+\frac{z_0}{r_0}B\right].$$

Hamilton giebt den Ausdrücken von $t$ und $V$ noch eine besondere Form, welche ich ebenfalls hersetzen will. Da nämlich $\varepsilon'$ aus $\varepsilon$ erhalten wird, wenn ich $-\varrho$ statt $\varrho$ schreibe, so kann ich den Werth von $V$ so ausdrücken:

$$V = k\sqrt{a}\int_{-\varrho}^{+\varrho}(1+\cos\varepsilon)\frac{\partial\varepsilon}{\partial\varrho}\cdot d\varrho,$$

indem ich $a$, $r$, $r_0$ als constant und nur $\varrho$ während der Integration als veränderlich annehme. Da aber

$$\sin^2 \tfrac{1}{2}\varepsilon = \frac{r+r_0+\varrho}{4a},$$

so wird

$$\sin \tfrac{1}{2}\varepsilon \cos \tfrac{1}{2}\varepsilon \cdot \frac{\partial \varepsilon}{\partial \varrho} = \frac{1}{4a},$$

und daher

$$(1+\cos\varepsilon)\frac{\partial \varepsilon}{\partial \varrho} = 2\cos^2 \tfrac{1}{2}\varepsilon \frac{\partial \varepsilon}{\partial \varrho} = \frac{\cos \frac{1}{2}\varepsilon}{2a \sin \frac{1}{2}\varepsilon} = \frac{1}{2a}\sqrt{\frac{4a}{r+r_0+\varrho}-1}.$$

Hieraus folgt:

$$V = k\int_{-\varrho}^{+\varrho}\left[\frac{1}{r+r_0+\varrho}-\frac{1}{4a}\right]^{\frac{1}{2}} d\varrho,$$

$$t = \frac{2a^2}{k^2}\cdot\frac{\partial V}{\partial a} = \frac{1}{4k}\int_{-\varrho}^{+\varrho}\left[\frac{1}{r+r_0+\varrho}-\frac{1}{4a}\right]^{-\frac{1}{2}} d\varrho,$$

welches die von **Hamilton** gegebenen Ausdrücke sind. Setzt man in ihnen $a = \infty$ oder negativ, so erhält man die Formeln für die parabolische oder hyperbolische Bewegung.

8.

Nachdem wir im Vorigen gesehen haben, dass für den Fall der Bewegung eines freien Systems von $n$ materiellen Punkten, auf welche nur innere Anziehungs- oder Abstossungskräfte wirken, das System von $3n$ gewöhnlichen Differentialgleichungen zweiter Ordnung durch eine einzige partielle Differentialgleichung vollkommen ersetzt wird, von welcher man nur irgend eine vollständige Lösung zu kennen braucht, so fragt sich, welche Mittel die heutige Analysis zur Auffindung einer solchen Lösung besitzt, und ob durch solche Zurückführung nach den bisherigen Kenntnissen etwas gewonnen ist.

So viel mir bekannt ist, ist alles wesentliche, was man über die Integration der partiellen Differentialgleichungen erster Ordnung weiss, in demjenigen enthalten, was **Lagrange** darüber in seinen Vorlesungen über die Functionenrechnung sagt, und in einer Abhandlung von **Pfaff** in den Abhandlungen der Berliner Akademie der Wissenschaften vom J. 1814. **Lagrange** beschränkt seine Untersuchungen auf die partiellen Differentialgleichungen erster Ordnung zwischen *drei* Variabeln, von denen eine als Function der beiden andern, welche als unabhängig betrachtet werden, zu bestimmen ist. Die **Pfaff**sche Methode, welche sich auf die partiellen Differentialgleichungen erster Ordnung zwischen jeder beliebigen Anzahl von Variabeln erstreckt, habe ich im zweiten Bande des Crelleschen Journals auf eine etwas mehr symmetrische und übersichtliche Art darzustellen gesucht, ohne jedoch zu derselben etwas wesentlich neues hinzuzufügen. (Cf. S. 19 dieses Bandes). Pfaff verlässt in der angeführten Abhandlung den von Lagrange eingeschlagenen Weg, dessen Verfolgung für mehr als drei Variabeln seiner Meinung nach unübersteiglichen Hindernissen unterliegt. Er betrachtet die Aufgabe unter einem ganz neuen Gesichtspunkt als einen besonderen Fall einer viel allgemeineren, deren vollständige Lösung ihm gelingt. Es sei nämlich $x$ eine Function der $n$ Variabeln $x_1, x_2, \ldots, x_n$, und $p_1, p_2, \ldots, p_n$ ihre nach diesen Variabeln genommenen partiellen Differentialquotienten, so ist eine Gleichung von der Form

$$0 = \varphi(x, x_1, x_2, \ldots, x_n, p_1, p_2, \ldots, p_n)$$

der allgemeinste Ausdruck einer partiellen Differentialgleichung erster Ordnung zwischen $n+1$ Variabeln. Denkt man sich vermittelst dieser Gleichung $p_n$ als Function der übrigen $2n$ Grössen $x, x_1, x_2, \ldots, x_n, p_1, p_2, \ldots, p_{n-1}$ bestimmt, so kommt es darauf an, die zwischen diesen $2n$ Grössen statthabende Gleichung

$$dx = p_1 dx_1 + p_2 dx_2 + \cdots + p_{n-1} dx_{n-1} + p_n dx_n$$

durch ein System von $n$ Gleichungen zu integriren. Ist nämlich $x$ eine Function von $x_1, x_2, \ldots, x_n$, so sind auch seine nach diesen Grössen genommenen partiellen Differentialquotienten $p_1, p_2, \ldots, p_n$ Functionen derselben, oder es giebt zwischen den $2n+1$ Grössen $x, x_1, x_2, \ldots, x_n, p_1, p_2, \ldots, p_n$ eine Anzahl von $n+1$ Gleichungen, von denen eine $\varphi = 0$ gegeben ist, so dass also, wenn vermittelst dieser letzteren Gleichung $p_n$ durch die übrigen Grössen ausgedrückt wird, noch $n$ Gleichungen zwischen den $2n$ Grössen $x, x_1, x_2, \ldots, x_n, p_1, p_2, \ldots, p_{n-1}$ zu finden sind, welche der vorstehenden Differentialgleichung Genüge leisten müssen. Pfaff betrachtet die allgemeinste Form einer gewöhnlichen linearen Differentialgleichung erster Ordnung zwischen $2n$ Variabeln $x, x_1, x_2, \ldots, x_{2n-1}$:

$$0 = X dx + X_1 dx_1 + \cdots + X_{2n-1} dx_{2n-1},$$

in welcher $X, X_1, \ldots, X_{2n-1}$ beliebige Functionen dieser $2n$ Variabeln sind. Diese reducirt sich auf die vorige für den speciellen Fall, wo

$$X_{n+1} = X_{n+2} = \cdots = X_{2n-1} = 0,$$

wenn man überdies statt $-\frac{X_1}{X}, -\frac{X_2}{X}, \ldots, -\frac{X_n}{X}$ die Grössen $p_1, p_2, \ldots, p_n$

schreibt, von denen man $p_1, p_2, \ldots, p_{n-1}$ nebst $x, x_1, \ldots, x_n$ als die unabhängigen Variabeln betrachtet, und $p_n$ als eine gegebene Function derselben, so dass also die Coëfficienten $p_1, p_2, \ldots, p_{n-1}$ zu gleicher Zeit die Stelle der $n-1$ unabhängigen Variabeln $x_{n+1}, x_{n+2}, \ldots, x_{2n-1}$ vertreten. **Pfaff** stellt sich zunächst die Aufgabe, die $2n$ Variabeln durch eine derselben, z. B. $x_{2n-1}$, und durch $2n-1$ andere $a_1, a_2, \ldots, a_{2n-1}$ auszudrücken, so dass, wenn man die gegebene Differentialgleichung

$$0 = Xdx + X_1dx_1 + \cdots + X_{2n-1}dx_{2n-1}$$

durch diese neuen Variabeln darstellt, der in $dx_{2n-1}$ multiplicirte Ausdruck verschwindet, und in den in die übrigen Differentiale $da_1, da_2, \ldots, da_{2n-1}$ multiplicirten Ausdrücken die Grösse $x_{2n-1}$ selber nur in einem allen gemeinschaftlichen Factor vorkommt, wodurch sich nach geschehener Division mit diesem gemeinschaftlichen Factor die Differentialgleichung auf eine andere bloss zwischen $2n-1$ Grössen $a_1, a_2, \ldots, a_{2n-1}$ reducirt. Er zeigt, dass dieses immer möglich ist, und dass man die zu machenden Substitutionen findet, wenn man ein System von $2n-1$ gewöhnlichen Differentialgleichungen erster Ordnung zwischen den $2n$ Variabeln $x, x_1, \ldots, x_{2n-1}$, welches er aufstellt, vollständig integrirt, und die Ausdrücke der willkürlichen Constanten durch $x, x_1, \ldots, x_{2n-1}$, wie sie sich durch die $2n-1$ Integralgleichungen ergeben, für die neu einzuführenden Grössen $a_1, a_2, \ldots, a_{2n-1}$ annimmt. Es ist so der merkwürdige Satz gefunden, dass sich jede lineare gewöhnliche Differentialgleichung zwischen einer geraden Zahl von Variabeln in eine andere transformiren lässt, welche nur die nächst niedrige ungerade Zahl von Variabeln enthält. Aber es lässt sich nicht eben so eine lineare gewöhnliche Differentialgleichung zwischen einer ungeraden Zahl von Variabeln in eine andere transformiren, welche nur die nächst niedrige gerade Zahl von Variabeln enthält, sondern es ist hierzu, wenn es möglich sein soll, eine bestimmte Bedingungsgleichung zwischen den Coëfficienten der Differentialgleichung erforderlich. Um daher das gefundene Theorem zu einer weiteren Reduction anwenden zu können, setzt **Pfaff** eine der neu eingeführten Grössen, z. B. $a_{2n-1}$, einer Constante gleich, wodurch die Differentialgleichung eine zwischen nur $2n-2$ Variabeln wird, die er nach derselben Methode auf eine zwischen nur $2n-3$ Variabeln $b_1, b_2, \ldots, b_{2n-3}$ reducirt, von welchen er wieder eine, z. B. $b_{2n-3}$, einer Constante gleich setzt und die Differentialgleichung, die dann eine zwischen $2n-4$ Variabeln ist, auf eine zwischen nur $2n-5$ Variabeln $c_1, c_2, \ldots, c_{2n-5}$ reducirt, von denen er wieder eine, z. B. $c_{2n-5}$, einer willkürlichen Constante gleich setzt, und so fort, bis die Aufgabe schliesslich auf die Integration einer gewöhnlichen Differentialgleichung erster Ordnung zwischen zwei Variabeln zurückkommt, deren Integration wieder eine willkürliche Constante einführt. Auf diese Weise integrirt **Pfaff** die vorgelegte Differentialgleichung dadurch, dass er nach und nach $n$ Ausdrücke $a_{2n-1}$, $b_{2n-3}$, $c_{2n-5}$, u. s. w. willkürlichen Constanten gleich setzt, oder er zeigt, dass sich jede lineare gewöhnliche Differentialgleichung erster Ordnung zwischen $2n$ Variabeln durch ein System von $n$ endlichen Integralen mit $n$ willkürlichen Constanten integriren lässt. Kennt man ein solches System, so leitet **Pfaff** daraus die allgemeinste Lösung ab mit einer willkürlichen Function von $n-1$ Grössen, indem er eine der willkürlichen Constanten, die wir $\alpha_1$, $\alpha_2$, ..., $\alpha_n$ nennen wollen, z. B. $\alpha_n$, als willkürliche Function der übrigen setzt, und diese selbst als veränderliche Grössen betrachtet; man erhält dann eine Differentialgleichung von der Form:

$$Xdx+X_1dx_1+\cdots+X_{2n-1}dx_{2n-1} = \Pi_1 d\alpha_1+\Pi_2 d\alpha_2+\cdots+\Pi_{n-1}d\alpha_{n-1},$$

welche sich auf die gegebene reducirt, wenn man $\alpha_1$, $\alpha_2$, ..., $\alpha_{n-1}$ als Functionen von $x$, $x_1$, $x_2$, ..., $x_{2n-1}$ durch die $n-1$ Gleichungen:

$$\Pi_1 = 0,\quad \Pi_2 = 0,\quad \ldots,\quad \Pi_{n-1} = 0$$

bestimmt. Behandelt man nach dieser allgemeinen Methode die Gleichung:

$$dx = p_1dx_1+p_2dx_2+\cdots+p_{n-1}dx_{n-1}+p_ndx_n,$$

in welcher $p_n$ durch die gegebene partielle Differentialgleichung als Function der übrigen Grössen bestimmt ist, so erhält man $n$ Gleichungen, die, wenn man daraus die $n-1$ Grössen $p_1$, $p_2$, ..., $p_{n-1}$ eliminirt, die gesuchte endliche Integralgleichung geben. Dieses ist alles, was meines Wissens über die Integration der partiellen Differentialgleichungen erster Ordnung bekannt war, wenn die Zahl der Variabeln drei übersteigt.

Von den $n$ verschiedenen Systemen gewöhnlicher Differentialgleichungen, welche man nach dieser Methode nach einander aufzustellen, und *jedes vollständig* zu integriren hat, einem von $2n-1$ Differentialgleichungen zwischen $2n$ Variabeln, einem von $2n-3$ Differentialgleichungen zwischen $2n-2$ Variabeln, und so fort bis zu einer Differentialgleichung zwischen 2 Variabeln, kann nur das erste System allgemein angegeben werden, weil in dieser Methode die Aufstellung jedes folgenden die bereits ausgeführte vollständige Integration des zunächst vorhergehenden Systems postulirt. Setzt man der Kürze halber

$$(\alpha, \beta) = \frac{\partial X_\alpha}{\partial x_\beta} - \frac{\partial X_\beta}{\partial x_\alpha},$$

so wird dieses erste System gewöhnlicher Differentialgleichungen in der Form, auf welche ich sie am angeführten Orte (Crelle Journal B. II. S. 353, cf. S. 25 dieses Bandes) gebracht habe, wenn man noch ein neues Differential $dN$ einführt:

$$\begin{array}{llll} X\,dN = & \cdot & (0,1)dx_1 & +\cdots+(0,2n-1)dx_{2n-1}, \\ X_1 dN = & (1,0)dx & \cdot & +\cdots+(1,2n-1)dx_{2n-1}, \\ X_2 dN = & (2,0)dx+(2,1)dx_1 & \cdot & +\cdots+(2,2n-1)dx_{2n-1}, \\ \cdot\;\cdot\;\cdot & \cdot\;\cdot\;\cdot & \cdot\;\cdot\;\cdot & \cdot\;\cdot\;\cdot \\ X_{2n-1} dN = & (2n-1,0)dx+(2n-1,1)dx_1+\cdots+ & \cdot & . \end{array}$$

Aus diesen Gleichungen findet man die Verhältnisse von $dx$, $dx_1$, ..., $dx_{2n-1}$. Es sind in ihnen die Verticalreihen und Horizontalreihen der Coëfficienten respective einander gleich, aber entgegengesetzt, da

$$(\beta,\alpha) = -(\alpha,\beta),$$

nach welcher Regel auch die Terme in der Diagonale alle verschwinden, da

$$(\alpha,\alpha) = 0;$$

ganz wie es der Fall auch in den linearen Gleichungen ist, auf welche Lagrange und Poisson in ihren Arbeiten über die Variation der Constanten in den Problemen der Mechanik gekommen sind. Ich habe im Crelleschen Journal am angeführten Orte einige Betrachtungen über diese Art linearer Gleichungen angestellt, welche sich immer mit grosser Leichtigkeit auflösen lassen.

Wenn man für $x_{n+1}, x_{n+2}, \ldots, x_{2n-1}$ respective $p_1, p_2, \ldots, p_{n-1}$ schreibt und

$$X_1 = p_1,\quad X_2 = p_2,\quad \ldots,\quad X_{n-1} = p_{n-1},\quad X_n = p_n,$$
$$X = -1,\quad X_{n+1} = X_{n+2} = \cdots = X_{2n-1} = 0$$

setzt, so verwandelt sich das aufgestellte System von Differentialgleichungen in folgendes:

$$\begin{aligned} -dN &= -\frac{\partial p_n}{\partial x}dx_n, \\ p_1 dN &= dp_1 \;-\frac{\partial p_n}{\partial x_1}dx_n, \\ p_2 dN &= dp_2 \;-\frac{\partial p_n}{\partial x_2}dx_n, \\ &\cdot\;\cdot\;\cdot\;\cdot\;\cdot\;\cdot \\ p_{n-1} dN &= dp_{n-1}-\frac{\partial p_n}{\partial x_{n-1}}dx_n, \\ p_n dN &= \frac{\partial p_n}{\partial x}dx+\frac{\partial p_n}{\partial x_1}dx_1+\cdots+\frac{\partial p_n}{\partial x_{n-1}}dx_{n-1} \\ &\quad+\frac{\partial p_n}{\partial p_1}dp_1+\frac{\partial p_n}{\partial p_2}dp_2+\cdots+\frac{\partial p_n}{\partial p_{n-1}}dp_{n-1}, \end{aligned}$$

$$0 = -dx_1 - \frac{\partial p_n}{\partial p_1} dx_n,$$

$$0 = -dx_2 - \frac{\partial p_n}{\partial p_2} dx_n,$$

$$\cdots\cdots\cdots$$

$$0 = -dx_{n-1} - \frac{\partial p_n}{\partial p_{n-1}} dx_n.$$

Aus diesen Gleichungen erhält man, wenn man für $dN$ vermittelst der ersten überall $dx_n$ einführt, und in der $(n+1)^{\text{ten}}$ $dx_1, \ldots, dx_{n-1}, dp_1, \ldots, dp_{n-1}$ vermittelst der übrigen Gleichungen eliminirt:

$$dx_1 = -\frac{\partial p_n}{\partial p_1} dx_n,$$

$$dx_2 = -\frac{\partial p_n}{\partial p_2} dx_n,$$

$$\cdots\cdots\cdots$$

$$dx_{n-1} = -\frac{\partial p_n}{\partial p_{n-1}} dx_n,$$

$$dp_1 = \left[\frac{\partial p_n}{\partial x_1} + \frac{\partial p_n}{\partial x} p_1\right] dx_n,$$

$$dp_2 = \left[\frac{\partial p_n}{\partial x_2} + \frac{\partial p_n}{\partial x} p_2\right] dx_n,$$

$$\cdots\cdots\cdots$$

$$dp_{n-1} = \left[\frac{\partial p_n}{\partial x_{n-1}} + \frac{\partial p_n}{\partial x} p_{n-1}\right] dx_n,$$

$$dx = \left[p_n - p_1 \frac{\partial p_n}{\partial p_1} - p_2 \frac{\partial p_n}{\partial p_2} - \cdots - p_{n-1} \frac{\partial p_n}{\partial p_{n-1}}\right] dx_n.$$

Wenn die gegebene partielle Differentialgleichung

$$\varphi(x, x_1, \ldots, x_n, p_1, \ldots, p_n) = 0$$

ist, so werden

$$\frac{\partial p_n}{\partial x_i} = -\frac{\frac{\partial \varphi}{\partial x_i}}{\frac{\partial \varphi}{\partial p_n}}, \qquad \frac{\partial p_n}{\partial p_i} = -\frac{\frac{\partial \varphi}{\partial p_i}}{\frac{\partial \varphi}{\partial p_n}}.$$

Die vorstehenden Gleichungen verwandeln sich daher, wenn man der Symmetrie wegen ein neues Differential $dt$ einführt, in folgende:

$$\frac{dx_1}{dt} = \frac{\partial\varphi}{\partial p_1}, \quad -\frac{dp_1}{dt} = \frac{\partial\varphi}{\partial x_1} + p_1\frac{\partial\varphi}{\partial x},$$
$$\frac{dx_2}{dt} = \frac{\partial\varphi}{\partial p_2}, \quad -\frac{dp_2}{dt} = \frac{\partial\varphi}{\partial x_2} + p_2\frac{\partial\varphi}{\partial x},$$
$$\cdots\cdots\cdots\cdots$$
$$\frac{dx_n}{dt} = \frac{\partial\varphi}{\partial p_n}, \quad -\frac{dp_n}{dt} = \frac{\partial\varphi}{\partial x_n} + p_n\frac{\partial\varphi}{\partial x},$$
$$\frac{dx}{dt} = p_1\frac{\partial\varphi}{\partial p_1} + p_2\frac{\partial\varphi}{\partial p_2} + \cdots + p_n\frac{\partial\varphi}{\partial p_n}.$$

Wenn die partielle Differentialgleichung die gesuchte Function nicht selber enthält, so wird $\frac{\partial\varphi}{\partial x} = 0$, wodurch in den Gleichungen rechter Hand die in diese Grösse multiplicirten Terme verschwinden. Wir wollen diese allgemeinen Formeln auf die partielle Differentialgleichung

$$\tfrac{1}{2}\Sigma\frac{1}{m_i}\left[\left(\frac{\partial V}{\partial x_i}\right)^2 + \left(\frac{\partial V}{\partial y_i}\right)^2 + \left(\frac{\partial V}{\partial z_i}\right)^2\right] = U + h$$

anwenden, in welcher die $3n$ Grössen $x_i$, $y_i$, $z_i$ die unabhängigen Variabeln sind, $V$ die gesuchte Function, die in der partiellen Differentialgleichung nicht selber vorkommt, $U$ eine blosse Function der Grössen $x_i$, $y_i$, $z_i$ und $h$ eine Constante ist. Setzt man

$$\frac{\partial V}{\partial x_i} = p_i, \quad \frac{\partial V}{\partial y_i} = q_i, \quad \frac{\partial V}{\partial z_i} = r_i,$$

so wird die partielle Differentialgleichung:

$$0 = \varphi = \tfrac{1}{2}\Sigma\frac{1}{m_i}[p_i^2 + q_i^2 + r_i^2] - U - h,$$

und das behufs ihrer Integration vollständig zu integrirende System von $6n$ gewöhnlichen Differentialgleichungen erster Ordnung:

$$\frac{dx_i}{dt} = \frac{\partial\varphi}{\partial p_i} = \frac{1}{m_i}p_i, \quad \frac{dp_i}{dt} = -\frac{\partial\varphi}{\partial x_i} = \frac{\partial U}{\partial x},$$
$$\frac{dy_i}{dt} = \frac{\partial\varphi}{\partial q_i} = \frac{1}{m_i}q_i, \quad \frac{dq_i}{dt} = -\frac{\partial\varphi}{\partial y_i} = \frac{\partial U}{\partial y_i},$$
$$\frac{dz_i}{dt} = \frac{\partial\varphi}{\partial r_i} = \frac{1}{m_i}r_i, \quad \frac{dr_i}{dt} = -\frac{\partial\varphi}{\partial z_i} = \frac{\partial U}{\partial z_i};$$

welches, wie man leicht sieht, die Differentialgleichungen der Bewegung sind. Man kann nämlich jedes System gewöhnlicher Differentialgleichungen der zweiten

Ordnung als ein System von noch einmal so vielen Differentialgleichungen der ersten Ordnung darstellen, wenn man die Differentialquotienten der ersten Ordnung als neue Variabeln betrachtet. So lassen sich für den hier betrachteten Fall, wenn man

$$m_i\frac{dx_i}{dt}=p_i,\quad m_i\frac{dy_i}{dt}=q_i,\quad m_i\frac{dz_i}{dt}=r_i$$

setzt, die $3n$ Differentialgleichungen der Bewegung

$$m_i\frac{d^2x_i}{dt^2}=\frac{\partial U}{\partial x_i},\quad m_i\frac{d^2y_i}{dt^2}=\frac{\partial U}{\partial y_i},\quad m_i\frac{d^2z_i}{dt^2}=\frac{\partial U}{\partial z_i},$$

welche von der zweiten Ordnung sind, als ein System von $6n$ Differentialgleichungen erster Ordnung:

$$m_i\frac{dx_i}{dt}=p_i,\qquad m_i\frac{dy_i}{dt}=q_i,\qquad m_i\frac{dz_i}{dt}=r_i,$$
$$\frac{dp_i}{dt}=\frac{\partial U}{\partial x_i},\qquad \frac{dq_i}{dt}=\frac{\partial U}{\partial y_i},\qquad \frac{dr_i}{dt}=\frac{\partial U}{\partial z_i}$$

darstellen, welches die obigen Gleichungen sind.

Will man die allgemeinen Formeln auf die andere Gleichung Hamiltons

$$\frac{\partial S}{\partial t}+\tfrac{1}{2}\Sigma\frac{1}{m_i}\left[\left(\frac{\partial S}{\partial x_i}\right)^2+\left(\frac{\partial S}{\partial y_i}\right)^2+\left(\frac{\partial S}{\partial z_i}\right)^2\right]=U$$

anwenden, so hat man hier eine neue unabhängige Variable $t$; setzt man wieder

$$\frac{\partial S}{\partial x_i}=p_i,\qquad \frac{\partial S}{\partial y_i}=q_i,\qquad \frac{\partial S}{\partial z_i}=r_i$$

und die nach $t$ genommene partielle Ableitung

$$\frac{\partial S}{\partial t}=-H,$$

so wird die partielle Differentialgleichung:

$$0=\tfrac{1}{2}\Sigma\frac{1}{m_i}[p_i^2+q_i^2+r_i^2]-H-U=\varphi.$$

Schreibt man in den allgemeinen Formeln $dT$ für das dort eingeführte Differential $dt$, da der Buchstabe $t$ hier bereits in einer andern Bedeutung vorkommt, so erhält man nach den allgemeinen Formeln die vorigen Gleichungen, in welchen nur $dT$ statt $dt$ zu setzen ist, und ausserdem noch die Gleichung:

$$\frac{dt}{dT}=-\frac{\partial\varphi}{\partial H}=1,\quad\text{oder}\quad dT=dt,$$

welche zeigt, dass man genau wieder die vorigen Gleichungen, oder die Differentialgleichungen der Bewegung erhält.

Wenn daher die Differentialgleichungen der Bewegung durch die *neue Methode* Hamiltons auf die Integration einer partiellen Differentialgleichung erster Ordnung zurückgeführt werden, so besteht, wie ich im Vorigen gezeigt habe, die ganze Kenntniss, die wir bis jetzt über die Integration der partiellen Differentialgleichungen erster Ordnung wenigstens für den Fall von mehr als drei Variabeln besitzen, darin, die Integration dieser partiellen Differentialgleichung wieder auf die Integration der Differentialgleichungen der Bewegung zurückzuführen. Ja es ist die vollständige Integration der Differentialgleichungen der Bewegung nach der von mir auseinandergesetzten Pfaffschen Theorie nur ein erster Schritt zur Integration der partiellen Differentialgleichung, indem zufolge dieser Theorie nachher noch eine Reihenfolge von Systemen gewöhnlicher Differentialgleichungen zu bilden und jedes vollständig zu integriren ist. Man muss daher im umgekehrten Sinne sagen, dass es eine wichtige Bemerkung Hamiltons ist, dass die Integration der von ihm aufgestellten partiellen Differentialgleichungen *nur* auf die vollständige Integration der Differentialgleichungen der Bewegung zurückkommt, und es keiner weitern Integration von Systemen gewöhnlicher Differentialgleichungen dazu bedarf.

Diese Bemerkung Hamiltons gewinnt noch dadurch an Wichtigkeit, dass sie sich mit Leichtigkeit *auf alle partiellen Differentialgleichungen erster Ordnung* ausdehnen lässt. In der That wird man, wenn man die Hamiltonsche Methode befolgt, wie ich im Folgenden zeigen will, zu dem allgemeinen Resultate gelangen, dass zur Integration irgend einer partiellen Differentialgleichung zwischen irgend einer Zahl von Variabeln die vollständige Integration des von Pfaff aufgestellten *ersten* Systems gewöhnlicher Differentialgleichungen vollkommen hinreicht; und man nicht, wie die Methode dieses Analysten fordert, nachher noch eine Reihenfolge anderer Systeme von gewöhnlichen Differentialgleichungen nach einander vollständig zu integriren hat. Diese Verallgemeinerung findet sich bereits für den Fall, wo die gesuchte Function selber in der partiellen Differentialgleichung nicht vorkommt, in einigen merkwürdigen Formeln Hamiltons, wenn man nur die in diesen Formeln vorkommenden Zeichen nicht, wie Hamilton thut, auf die Bedeutung, welche sie in der Mechanik haben, beschränkt.

9.

Es seien wieder $x_1, x_2, \ldots, x_n$ die unabhängigen Variabeln, $x$ eine Function derselben, ihre nach diesen Variabeln genommenen partiellen Differentialquotienten

$$\frac{\partial x}{\partial x_1} = p_1, \quad \frac{\partial x}{\partial x_2} = p_2, \quad \ldots, \quad \frac{\partial x}{\partial x_n} = p_n,$$

und

$$\varphi(x, x_1, x_2, \ldots, x_n, p_1, p_2, \ldots, p_n) = h,$$

wo $h$ eine Constante ist, die gegebene partielle Differentialgleichung erster Ordnung. Um die Integration dieser Gleichung zu bewerkstelligen, stellt Pfaff zuerst zwischen den $2n+1$ Variabeln $x, x_1, x_2, \ldots, x_n, p_1, p_2, \ldots, p_n$ folgendes System von $2n$ gewöhnlichen Differentialgleichungen erster Ordnung auf:

$$\begin{array}{ll}
P\dfrac{dx_1}{dx} = \dfrac{\partial \varphi}{\partial p_1}, & -P\dfrac{dp_1}{dx} = \dfrac{\partial \varphi}{\partial x_1} + p_1\dfrac{\partial \varphi}{\partial x}, \\
P\dfrac{dx_2}{dx} = \dfrac{\partial \varphi}{\partial p_2}, & -P\dfrac{dp_2}{dx} = \dfrac{\partial \varphi}{\partial x_2} + p_2\dfrac{\partial \varphi}{\partial x}, \\
\cdots & \cdots \\
P\dfrac{dx_n}{dx} = \dfrac{\partial \varphi}{\partial p_n}, & -P\dfrac{dp_n}{dx} = \dfrac{\partial \varphi}{\partial x_n} + p_n\dfrac{\partial \varphi}{\partial x},
\end{array}$$

wo der Kürze halber

$$p_1\frac{\partial \varphi}{\partial p_1} + p_2\frac{\partial \varphi}{\partial p_2} + \cdots + p_n\frac{\partial \varphi}{\partial p_n} = P$$

gesetzt ist. Aus diesen Gleichungen folgt identisch:

$$\begin{aligned}
&\frac{\partial \varphi}{\partial x}dx + \frac{\partial \varphi}{\partial x_1}dx_1 + \frac{\partial \varphi}{\partial x_2}dx_2 + \cdots + \frac{\partial \varphi}{\partial x_n}dx_n \\
&\qquad + \frac{\partial \varphi}{\partial p_1}dp_1 + \frac{\partial \varphi}{\partial p_2}dp_2 + \cdots + \frac{\partial \varphi}{\partial p_n}dp_n = 0,
\end{aligned}$$

und hieraus durch Integration $\varphi = h$, so dass *ein* Integral dieser Gleichungen die gegebene Gleichung selber ist. Sind die $2n-1$ anderen Integrale

$$A_1 = \alpha_1, \quad A_2 = \alpha_2, \quad \ldots, \quad A_{2n-1} = \alpha_{2n-1},$$

wo $\alpha_1, \alpha_2, \ldots, \alpha_{2n-1}$ willkürliche Constanten sind, welche in den Functionen $A_1, A_2, \ldots, A_{2n-1}$ selber nicht mehr vorkommen, so zeigt Pfaff, dass das vollständige Integral der vorgelegten partiellen Differentialgleichung dargestellt wird durch ein System von $n$ Gleichungen zwischen den Functionen $A_1, A_2, \ldots, A_{2n-1}$

mit $n$ willkürlichen Constanten, vermittelst welcher man, mit Hinzuziehung der gegebenen Gleichung $\varphi = h$, die gesuchte Function nebst ihren partiellen Differentialquotienten $p_1, p_2, \dots, p_n$ durch $x_1, x_2, \dots, x_n$ ausdrücken kann. Diese $n$ Gleichungen sind so zu bestimmen, dass sie mit Hülfe der gegebenen Gleichung $\varphi = h$ der einen Differentialgleichung

$$dx = p_1 dx_1 + p_2 dx_2 + \dots + p_n dx_n$$

Genüge leisten, welche in dem aufgestellten Systeme gewöhnlicher Differentialgleichungen mit enthalten ist. Zu diesem Ende drückt Pfaff vermittelst der Gleichungen

$$\varphi = h, \quad A_1 = a_1, \quad A_2 = a_2, \quad \dots, \quad A_{2n-1} = a_{2n-1}$$

die Grössen $x_1, x_2, \dots, x_n, p_1, p_2, \dots, p_n$ durch $x, A_1, A_2, \dots, A_{2n-1}$ aus, und zeigt, dass, wenn man diese Ausdrücke in die Differentialgleichung

$$dx = p_1 dx_1 + p_2 dx_2 + \dots + p_n dx_n$$

substituirt, diese sich in eine andere

$$0 = B_1 dA_1 + B_2 dA_2 + \dots + B_{2n-1} dA_{2n-1}$$

verwandelt, in welcher $B_1, B_2, \dots, B_{2n-1}$ bloss Functionen von $A_1, A_2, \dots, A_{2n-1}$ sind. Um diese durch ein System von $n$ Gleichungen mit $n$ willkürlichen Constanten zu integriren, muss er nach einander $n-1$ verschiedene Systeme gewöhnlicher Differentialgleichungen respective zwischen $2n-2$, $2n-4$, ... und 2 Variabeln vollständig integriren. Die Hamiltonsche Methode, in der Allgemeinheit, deren sie fähig ist, aufgefasst, lehrt nun, dass diese Gleichung

$$0 = B_1 dA_1 + B_2 dA_2 + \dots + B_{2n-1} dA_{2n-1}$$

gar keine weitere Aufstellung von Differentialgleichungen und Integration derselben erfordert, sondern giebt unmittelbar die gesuchten $n$ Gleichungen mit $n$ willkürlichen Constanten, welche ihr Genüge thun. *Man setze nämlich in den Gleichungen*

$$A_1 = a_1, \quad A_2 = a_2, \quad \dots, \quad A_{2n-1} = a_{2n-1}, \quad \varphi = h$$

*für* $x, x_1, x_2, \dots, x_n, p_1, p_2, \dots, p_n$ *die Werthe*

$$x = 0, \quad x_1 = x_1^0, \quad x_2 = x_2^0, \quad \dots, \quad x_n = x_n^0,$$
$$p_1 = p_1^0, \quad p_2 = p_2^0, \quad \dots, \quad p_n = p_n^0,$$

*so kann man vermittelst dieser* $2n$ *Gleichungen die Grössen* $x_1^0, x_2^0, \dots, x_n^0, p_1^0, p_2^0, \dots, p_n^0$ *durch* $a_1, a_2, \dots, a_{2n-1}$ *ausdrücken. Es seien die für* $x_1^0, x_2^0, \dots, x_n^0$ *gefundenen Werthe:*

$$x_1^0 = \Pi_1(\alpha_1, \alpha_2, \dots, \alpha_{2n-1}),$$
$$x_2^0 = \Pi_2(\alpha_1, \alpha_2, \dots, \alpha_{2n-1}),$$
$$\dots\dots\dots\dots$$
$$x_n^0 = \Pi_n(\alpha_1, \alpha_2, \dots, \alpha_{2n-1}),$$

*so sind die Gleichungen*

$$x_1^0 = \Pi_1(A_1, A_2, \dots, A_{2n-1}),$$
$$x_2^0 = \Pi_2(A_1, A_2, \dots, A_{2n-1}),$$
$$\dots\dots\dots\dots$$
$$x_n^0 = \Pi_n(A_1, A_2, \dots, A_{2n-1}),$$

*welche man aus den vorstehenden erhält, indem man statt* $\alpha_1, \alpha_2, \dots, \alpha_{2n-1}$ *respective* $A_1, A_2, \dots, A_{2n-1}$ *setzt, die gesuchten n Gleichungen zwischen den Grössen* $A_1, A_2, \dots, A_{2n-1}$ *mit n willkürlichen Constanten* $x_1^0, x_2^0, \dots, x_n^0$, *welche, mit der gegebenen Gleichung* $\varphi = h$ *verbunden, der Differentialgleichung*

$$dx = p_1 dx_1 + p_2 dx_2 + \dots + p_n dx_n$$

*oder ihrer transformirten*

$$0 = B_1 dA_1 + B_2 dA_2 + \dots + B_{2n-1} dA_{2n-1}$$

*Genüge leisten, oder es enthält das System dieser Gleichungen die vollständige Lösung der vorgelegten partiellen Differentialgleichung.* Der Beweis hiervon ist folgender.

Vermittelst der Gleichungen

$$\varphi = h, \quad A_1 = \alpha_1, \quad A_2 = \alpha_2, \quad \dots, \quad A_{2n-1} = \alpha_{2n-1}$$

drücke man $x_1, x_2, \dots, x_n, p_1, p_2, \dots, p_n$ durch $x$ und $\alpha_1, \alpha_2, \dots, \alpha_{2n-1}$ aus, und substituire diese Werthe in die Gleichungen:

$$P\frac{\partial x_1}{\partial x} = \frac{\partial \varphi}{\partial p_1}, \quad -P\frac{\partial p_1}{\partial x} = \frac{\partial \varphi}{\partial x_1} + \frac{\partial \varphi}{\partial x} p_1,$$
$$P\frac{\partial x_2}{\partial x} = \frac{\partial \varphi}{\partial p_2}, \quad -P\frac{\partial p_2}{\partial x} = \frac{\partial \varphi}{\partial x_2} + \frac{\partial \varphi}{\partial x} p_2,$$
$$\dots\dots\dots\dots\dots\dots$$
$$P\frac{\partial x_n}{\partial x} = \frac{\partial \varphi}{\partial p_n}, \quad -P\frac{\partial p_n}{\partial x} = \frac{\partial \varphi}{\partial x_n} + \frac{\partial \varphi}{\partial x} p_n,$$

welche dadurch identisch werden müssen, eben so wie die aus ihnen folgende Gleichung:

$$1 = p_1 \frac{\partial x_1}{\partial x} + p_2 \frac{\partial x_2}{\partial x} + \dots + p_n \frac{\partial x_n}{\partial x}.$$

Nimmt man von dieser letzten die partielle Ableitung nach einer der willkürlichen Constanten $\alpha$, so erhält man, wenn man mit $P$ multiplicirt und zugleich die übrigen Gleichungen benutzt:

$$0 = \frac{\partial\varphi}{\partial p_1}\cdot\frac{\partial p_1}{\partial\alpha} + \frac{\partial\varphi}{\partial p_2}\cdot\frac{\partial p_2}{\partial\alpha} + \cdots + \frac{\partial\varphi}{\partial p_n}\cdot\frac{\partial p_n}{\partial\alpha}$$
$$+ P\left[p_1\frac{\partial^2 x_1}{\partial\alpha\partial x} + p_2\frac{\partial^2 x_2}{\partial\alpha\partial x} + \cdots + p_n\frac{\partial^2 x_n}{\partial\alpha\partial x}\right].$$

Nimmt man auch die partielle Ableitung nach $\alpha$ von der Gleichung

$$\varphi = h,$$

so erhält man

$$0 = \frac{\partial\varphi}{\partial p_1}\cdot\frac{\partial p_1}{\partial\alpha} + \frac{\partial\varphi}{\partial p_2}\cdot\frac{\partial p_2}{\partial\alpha} + \cdots + \frac{\partial\varphi}{\partial p_n}\cdot\frac{\partial p_n}{\partial\alpha}$$
$$+ \frac{\partial\varphi}{\partial x_1}\cdot\frac{\partial x_1}{\partial\alpha} + \frac{\partial\varphi}{\partial x_2}\cdot\frac{\partial x_2}{\partial\alpha} + \cdots + \frac{\partial\varphi}{\partial x_n}\cdot\frac{\partial x_n}{\partial\alpha},$$

oder, wenn man die gegebenen Differentialgleichungen zu Hülfe ruft,

$$\frac{\partial\varphi}{\partial p_1}\cdot\frac{\partial p_1}{\partial\alpha} + \frac{\partial\varphi}{\partial p_2}\cdot\frac{\partial p_2}{\partial\alpha} + \cdots + \frac{\partial\varphi}{\partial p_n}\cdot\frac{\partial p_n}{\partial\alpha}$$
$$= P\left[\frac{\partial p_1}{\partial x}\cdot\frac{\partial x_1}{\partial\alpha} + \frac{\partial p_2}{\partial x}\cdot\frac{\partial x_2}{\partial\alpha} + \cdots + \frac{\partial p_n}{\partial x}\cdot\frac{\partial x_n}{\partial\alpha}\right]$$
$$+ \frac{\partial\varphi}{\partial x}\left[p_1\frac{\partial x_1}{\partial\alpha} + p_2\frac{\partial x_2}{\partial\alpha} + \cdots + p_n\frac{\partial x_n}{\partial\alpha}\right].$$

Dieses in die obige Gleichung substituirt, giebt

$$0 = P\frac{\partial\left[p_1\frac{\partial x_1}{\partial\alpha} + p_2\frac{\partial x_2}{\partial\alpha} + \cdots + p_n\frac{\partial x_n}{\partial\alpha}\right]}{\partial x} + \frac{\partial\varphi}{\partial x}\left[p_1\frac{\partial x_1}{\partial\alpha} + p_2\frac{\partial x_2}{\partial\alpha} + \cdots + p_n\frac{\partial x_n}{\partial\alpha}\right],$$

woraus durch Integration nach $x$, von $x = 0$ an genommen,

$$p_1\frac{\partial x_1}{\partial\alpha} + p_2\frac{\partial x_2}{\partial\alpha} + \cdots + p_n\frac{\partial x_n}{\partial\alpha} = M\left[p_1^0\frac{\partial x_1^0}{\partial\alpha} + p_2^0\frac{\partial x_2^0}{\partial\alpha} + \cdots + p_n^0\frac{\partial x_n^0}{\partial\alpha}\right],$$

wenn der Kürze halber

$$M = e^{-\int_0^x \frac{\partial\varphi}{\partial x}\cdot\frac{dx}{P}}$$

gesetzt wird, wo $e$ die Basis der natürlichen Logarithmen bedeutet.

Betrachtet man die Grössen $\alpha_1, \alpha_2, \ldots, \alpha_{2n-1}$ ebenfalls als veränderlich, wie sie durch die Gleichungen

$$A_1 = \alpha_1, \quad A_2 = \alpha_2, \quad \ldots, \quad A_{2n-1} = \alpha_{2n-1}$$

bestimmt werden, so hat man

$$dx-[p_1dx_1+p_2dx_2+\cdots+p_ndx_n]$$
$$= dx\left[1-p_1\frac{\partial x_1}{\partial x}-p_2\frac{\partial x_2}{\partial x}-\cdots-p_n\frac{\partial x_n}{\partial x}\right]$$
$$-\Sigma\left[p_1\frac{\partial x_1}{\partial \alpha_i}+p_2\frac{\partial x_2}{\partial \alpha_i}+\cdots+p_n\frac{\partial x_n}{\partial \alpha_i}\right]d\alpha_i,$$

wenn man dem $i$ unter dem Summenzeichen die Werthe 1, 2, ..., $2n-1$ giebt. Diese Gleichung verwandelt sich, da

$$1-p_1\frac{\partial x_1}{\partial x}-p_2\frac{\partial x_2}{\partial x}-\cdots-p_n\frac{\partial x_n}{\partial x}=0$$

und für jedes $i$

$$p_1\frac{\partial x_1}{\partial \alpha_i}+p_2\frac{\partial x_2}{\partial \alpha_i}+\cdots+p_n\frac{\partial x_n}{\partial \alpha_i}=M\left[p_1^0\frac{\partial x_1^0}{\partial \alpha_i}+p_2^0\frac{\partial x_2^0}{\partial \alpha_i}+\cdots+p_n^0\frac{\partial x_n^0}{\partial \alpha_i}\right],$$

in folgende:

$$dx-[p_1dx_1+p_2dx_2+\cdots+p_ndx_n]$$
$$=-M\Sigma\left[p_1^0\frac{\partial x_1^0}{\partial \alpha_i}+p_2^0\frac{\partial x_2^0}{\partial \alpha_i}+\cdots+p_n^0\frac{\partial x_n^0}{\partial \alpha_i}\right]d\alpha_i,$$

oder da

$$dx_k^0=\Sigma\frac{\partial x_k^0}{\partial \alpha_i}d\alpha_i,$$

in die Gleichung

$$dx-[p_1dx_1+p_2dx_2+\cdots+p_ndx_n]$$
$$=-M[p_1^0dx_1^0+p_2^0dx_2^0+\cdots+p_n^0dx_n^0].$$

Aus dieser identischen Gleichung folgt, dass die Gleichung

$$dx-[p_1dx_1+p_2dx_2+\cdots+p_ndx_n]=0$$

in folgende transformirt werden kann:

$$p_1^0dx_1^0+p_2^0dx_2^0+\cdots+p_n^0dx_n^0=0,$$

welche erfüllt wird, wenn man die Grössen $x_1^0$, $x_2^0$, ..., $x_n^0$ willkürlichen Constanten gleich setzt, was der zu beweisende Satz war.

Die hier angewandte Analysis ist genau dieselbe wie diejenige, wodurch Pfaff in der angeführten Abhandlung beweist, dass die Verhältnisse der $2n-1$ Grössen

$$p_1\frac{\partial x_1}{\partial \alpha_i}+p_2\frac{\partial x_2}{\partial \alpha_i}+\cdots+p_n\frac{\partial x_n}{\partial \alpha_i}$$

von $x$ unabhängig sind. Aber er hat nicht die Bemerkung hinzugefügt, dass aus diesem Grunde diese Grössen den Grössen

$$p_1^0\frac{\partial x_1^0}{\partial \alpha_i}+p_2^0\frac{\partial x_2^0}{\partial \alpha_i}+\cdots+p_n^0\frac{\partial x_n^0}{\partial \alpha_i}$$

proportional gesetzt werden können, wodurch man die transformirte Differentialgleichung selber findet und unmittelbar die $n$ Gleichungen erhält, durch welche sie erfüllt wird. Ich bemerke noch, dass, wenn der im Vorigen dem $x$ gegebene besondere Werth $x=0$ Unbequemlichkeiten verursacht, man dafür jeden andern Zahlenwerth setzen kann.

Wenn man vermittelst der Gleichungen

$$\varphi=h,\quad A_1=\alpha_1,\quad A_2=\alpha_2,\quad \ldots,\quad A_{2n-1}=\alpha_{2n-1}$$

die Grössen $x_1, x_2, \ldots, x_n, p_1, p_2, \ldots, p_n$ durch $x$ und $\alpha_1, \alpha_2, \ldots, \alpha_{2n-1}$ ausdrückt, so enthalten diese Ausdrücke auch $h$. Differentiirt man die Gleichungen

$$1=p_1\frac{\partial x_1}{\partial x}+p_2\frac{\partial x_2}{\partial x}+\cdots+p_n\frac{\partial x_n}{\partial x},$$

$$\varphi=h$$

nach $h$, so erhält man, da gemäss den aufgestellten Differentialgleichungen

$$P\frac{\partial x_i}{\partial x}=\frac{\partial \varphi}{\partial p_i},\quad \frac{\partial \varphi}{\partial x_i}=-P\frac{\partial p_i}{\partial x}-\frac{\partial \varphi}{\partial x}p_i,$$

folgende Gleichungen:

$$\begin{aligned}0 &= \frac{\partial \varphi}{\partial p_1}\cdot\frac{\partial p_1}{\partial h}+\frac{\partial \varphi}{\partial p_2}\cdot\frac{\partial p_2}{\partial h}+\cdots+\frac{\partial \varphi}{\partial p_n}\cdot\frac{\partial p_n}{\partial h}\\ &\quad+P\left[p_1\frac{\partial^2 x_1}{\partial x\partial h}+p_2\frac{\partial^2 x_2}{\partial x\partial h}+\cdots+p_n\frac{\partial^2 x_n}{\partial x\partial h}\right],\\ 1 &= \frac{\partial \varphi}{\partial p_1}\cdot\frac{\partial p_1}{\partial h}+\frac{\partial \varphi}{\partial p_2}\cdot\frac{\partial p_2}{\partial h}+\cdots+\frac{\partial \varphi}{\partial p_n}\cdot\frac{\partial p_n}{\partial h}\\ &\quad-P\left[\frac{\partial p_1}{\partial x}\cdot\frac{\partial x_1}{\partial h}+\frac{\partial p_2}{\partial x}\cdot\frac{\partial x_2}{\partial h}+\cdots+\frac{\partial p_n}{\partial x}\cdot\frac{\partial x_n}{\partial h}\right]\\ &\quad-\frac{\partial \varphi}{\partial x}\left[p_1\frac{\partial x_1}{\partial h}+p_2\frac{\partial x_2}{\partial h}+\cdots+p_n\frac{\partial x_n}{\partial h}\right].\end{aligned}$$

Aus diesen Gleichungen folgt:

$$\begin{aligned}0 &= 1+P\cdot\frac{\partial\left[p_1\frac{\partial x_1}{\partial h}+p_2\frac{\partial x_2}{\partial h}+\cdots+p_n\frac{\partial x_n}{\partial h}\right]}{\partial x}\\ &\quad+\frac{\partial \varphi}{\partial x}\left[p_1\frac{\partial x_1}{\partial h}+p_2\frac{\partial x_2}{\partial h}+\cdots+p_n\frac{\partial x_n}{\partial h}\right].\end{aligned}$$

Multiplicirt man diese Gleichung mit $\frac{1}{MP}$, und integrirt von $x=0$ bis $x=x$, so erhält man:

$$0=\int_0^x \frac{dx}{MP}+\frac{1}{M}\left[p_1\frac{\partial x_1}{\partial h}+p_2\frac{\partial x_2}{\partial h}+\cdots+p_n\frac{\partial x_n}{\partial h}\right]$$
$$-\left[p_1^0\frac{\partial x_1^0}{\partial h}+p_2^0\frac{\partial x_2^0}{\partial h}+\cdots+p_n^0\frac{\partial x_n^0}{\partial h}\right].$$

Betrachtet man $h$ auch als veränderlich, so muss zu dem oben gefundenen Ausdruck von $dx$

$$dx=p_1dx_1+p_2dx_2+\cdots+p_ndx_n-M[p_1^0dx_1^0+p_2^0dx_2^0+\cdots+p_n^0dx_n^0]$$

noch der Ausdruck

$$\left[p_1\frac{\partial x_1}{\partial h}+p_2\frac{\partial x_2}{\partial h}+\cdots+p_n\frac{\partial x_n}{\partial h}\right]dh-M\left[p_1^0\frac{\partial x_1}{\partial h}+p_2^0\frac{\partial x_2}{\partial h}+\cdots+p_n^0\frac{\partial x_n}{\partial h}\right]dh$$
$$=-M\int_0^x\frac{dx}{MP}\cdot dh$$

hinzukommen, wodurch man erhält:

$$dx=p_1dx_1+p_2dx_2+\cdots+p_ndx_n-M[p_1^0dx_1^0+p_2^0dx_2^0+\cdots+p_n^0dx_n^0]$$
$$+M\int_0^x\frac{dx}{MP}\cdot dh.$$

Bezeichnet man durch $A_i^0$ den Ausdruck von $A_i$ und durch $\varphi^0$ den Ausdruck von $\varphi$, wenn man gleichzeitig $x=0$, $x_i=x_i^0$, $p_i=p_i^0$ setzt, und eliminirt aus den $2n+1$ Gleichungen

$$\varphi=h,\quad \varphi^0=h,\quad A_1=A_1^0,\quad A_2=A_2^0,\quad \ldots,\quad A_{2n-1}=A_{2n-1}^0$$

die $2n$ Grössen $p_1, p_2, \ldots, p_n, p_1^0, p_2^0, \ldots, p_n^0$, so erhält man $x$ ausgedrückt durch $x_1, x_2, \ldots, x_n, x_1^0, x_2^0, \ldots, x_n^0, h$, und die nach diesen Grössen genommenen partiellen Differentialquotienten dieses Ausdrucks von $x$ sind:

$$\frac{\partial x}{\partial x_1}=p_1,\qquad \frac{\partial x}{\partial x_2}=p_2,\qquad \ldots,\qquad \frac{\partial x}{\partial x_n}=p_n,$$
$$\frac{\partial x}{\partial x_1^0}=-Mp_1^0,\qquad \frac{\partial x}{\partial x_2^0}=-Mp_2^0,\qquad \ldots,\qquad \frac{\partial x}{\partial x_n^0}=-Mp_n^0,$$
$$\frac{\partial x}{\partial h}=M\int_0^x\frac{dx}{MP}.$$

In den beiden in diesen Formeln vorkommenden Integralen

$$\int\frac{\partial\varphi}{\partial x}\cdot\frac{dx}{P},\quad \int\frac{dx}{MP}$$

sind die Grössen $x_i^0$, $p_i^0$ als Constanten zu betrachten, und vermittelst der vollständigen Integrale der gegebenen gewöhnlichen Differentialgleichungen alle Variabeln durch eine auszudrücken.

Ich habe im Vorigen als willkürliche Constanten die Werthe der Variabeln für $x = 0$ angenommen. Man beweist aber ebenso, dass, wenn man vermittelst der vollständigen Integrale der angegebenen gewöhnlichen Differentialgleichungen sämmtliche Variabeln durch irgend eine von ihnen oder eine beliebige andere Grösse $t$ ausdrückt, und mit $x^0, x_1^0, \ldots, x_n^0, p_1^0, p_2^0, \ldots, p_n^0$ die Werthe von $x$, $x_1, \ldots, x_n, p_1, p_2, \ldots, p_n$ für $t = 0$ bezeichnet und diese Werthe ebenfalls als variabel setzt: die Gleichung stattfinden wird:

$$dx - p_1 dx_1 - p_2 dx_2 - \cdots - p_n dx_n$$
$$= M[dx^0 - p_1^0 dx_1^0 - p_2^0 dx_2^0 - \cdots - p_n^0 dx_n^0] + M\int_{x_0}^{x} \frac{dx}{MP} dh,$$

in welcher wiederum

$$M = e^{-\int_{x_0}^{x} \frac{\partial\varphi}{\partial x} \cdot \frac{dx}{P}}.$$

Wenn die gegebene partielle Differentialgleichung, wie es in den Anwendungen auf die Mechanik der Fall ist, die unbekannte Function $x$ nicht enthält, ist

$$\frac{\partial\varphi}{\partial x} = 0,$$

und daher

$$M = 1.$$

Das System gewöhnlicher Differentialgleichungen reducirt sich dann auf folgendes System:

$$dx_1 : dx_2 : \ldots : dx_n : dp_1 : dp_2 : \ldots : dp_n$$
$$= \frac{\partial\varphi}{\partial p_1} : \frac{\partial\varphi}{\partial p_2} : \ldots : \frac{\partial\varphi}{\partial p_n} : -\frac{\partial\varphi}{\partial x_1} : -\frac{\partial\varphi}{\partial x_2} : \ldots : -\frac{\partial\varphi}{\partial x_n},$$

welches eine Gleichung und eine Variable $x$ weniger enthält. Hat man dieses System vollständig integrirt, und alle Variabeln $x_i$, $p_i$ durch eine von ihnen, z. B. $x_1$, und $2n-1$ willkürliche Constanten ausgedrückt, so erhält man $x$ durch eine blosse Quadratur vermittelst der Gleichung

$$x - a = \int_0^{x_1} \frac{P dx_1}{\frac{\partial\varphi}{\partial p_1}},$$

wo $a$ eine neue willkürliche Constante ist, welche in den Ausdrücken von $x_2$, $x_3$, ..., $x_n$, $p_1$, $p_2$, ..., $p_n$ durch $x_1$ nicht vorkommt. Bedeuten jetzt $x_2^0$, $x_3^0$, ..., $x_n^0$, $p_1^0$, $p_2^0$, ..., $p_n^0$ die Werthe, welche diese Ausdrücke für $x = 0$ annehmen, und in welchen ebenfalls $a$ nicht vorkommt, so erhält man, da $x_1^0 = 0$ und $M = 1$, aus der obigen allgemeinen Formel:

$$dx = p_1 dx_1 + p_2 dx_2 + \cdots + p_n dx_n - [p_2^0 dx_2^0 + p_3^0 dx_3^0 + \cdots + p_n^0 dx_n^0] + \int_0^{x_1} \frac{dx_1}{\frac{\partial \varphi}{\partial p_1}} dh + da,$$

wo

$$\frac{dx}{p} = \frac{dx_1}{\frac{\partial \varphi}{\partial p_1}}$$

gesetzt ist. Diese eine Gleichung giebt:

$$\frac{\partial x}{\partial x_1} = p_1, \quad \frac{\partial x}{\partial x_2} = p_2, \quad \ldots, \quad \frac{\partial x}{\partial x_n} = p_n,$$

$$\frac{\partial x}{\partial x_2^0} = -p_2^0, \quad \frac{\partial x}{\partial x_3^0} = -p_3^0, \quad \ldots, \quad \frac{\partial x}{\partial x_n^0} = -p_n^0,$$

$$\frac{\partial x}{\partial h} = \int_0^{x_1} \frac{dx_1}{\frac{\partial \varphi}{\partial p_1}}.$$

Wenn man durch Einführung eines Elementes $dt$ den gewöhnlichen Differentialgleichungen die Form giebt, die sie in den Problemen der Mechanik haben:

$$\frac{dx_1}{dt} = \frac{\partial \varphi}{\partial p_1}, \quad \frac{dp_1}{dt} = -\frac{\partial \varphi}{\partial x_1},$$

$$\frac{dx_2}{dt} = \frac{\partial \varphi}{\partial p_2}, \quad \frac{dp_2}{dt} = -\frac{\partial \varphi}{\partial x_2},$$

$$\cdots\cdots\cdots\cdots$$

$$\frac{dx_n}{dt} = \frac{\partial \varphi}{\partial p_n}, \quad \frac{dp_n}{dt} = -\frac{\partial \varphi}{\partial x_n},$$

$$dt = \frac{dx}{p},$$

so erhält man, nachdem man die Gleichungen

$$dx_1 : dx_2 : \ldots : dx_n : dp_1 : dp_2 : \ldots : dp_n$$
$$= \frac{\partial \varphi}{\partial p_1} : \frac{\partial \varphi}{\partial p_2} : \ldots : \frac{\partial \varphi}{\partial p_n} : -\frac{\partial \varphi}{\partial x_1} : -\frac{\partial \varphi}{\partial x_2} : \ldots : -\frac{\partial \varphi}{\partial x_n}$$

vollständig integrirt, und $x_2, x_3, \ldots, x_n, p_1, p_2, \ldots, p_n$ durch $x_1$ ausgedrückt hat, die Functionen $x$, $t$ durch blosse Quadraturen:

$$x-a = \int_0^{x_1} \frac{P dx_1}{\frac{\partial \varphi}{\partial p_1}}, \quad t+\tau = \int_0^{x_1} \frac{dx_1}{\frac{\partial \varphi}{\partial p_1}},$$

wo $a$, $\tau$ neue willkürliche Constanten sind. Von diesen beiden Integralen ist aber eines die partielle Ableitung des andern, nach $h$ genommen. Hat man nämlich durch Integration $x$ gefunden, so hat man den obigen Formeln zufolge:

$$\frac{\partial x}{\partial h} = \int_0^{x_1} \frac{dx_1}{\frac{\partial \varphi}{\partial p_1}} = t+\tau.$$

Wenn in $\varphi$ ausser $x$ noch eine der unabhängigen Variabeln, z. B. $x_n$, fehlt, so erhält man noch $\frac{\partial \varphi}{\partial x_n} = 0$; es geben daher die gewöhnlichen Differentialgleichungen

$$dp_n = 0 \quad \text{oder} \quad p_n = \text{Const.},$$

wodurch sich die Zahl derselben wieder um 2 reducirt. Sie werden nämlich in diesem Falle

$$dx_1 : dx_2 : \ldots : dx_{n-1} : dp_1 : dp_2 : \ldots : dp_{n-1}$$
$$= \frac{\partial \varphi}{\partial p_1} : \frac{\partial \varphi}{\partial p_2} : \ldots : \frac{\partial \varphi}{\partial p_{n-1}} : -\frac{\partial \varphi}{\partial x_1} : -\frac{\partial \varphi}{\partial x_2} : \ldots : -\frac{\partial \varphi}{\partial x_{n-1}},$$

in welchen Ausdrücken man $p_n$ als Constante zu betrachten hat. Hat man durch Integration dieser Gleichungen die Grössen $x_1, x_2, \ldots, x_{n-1}, p_1, p_2, \ldots, p_{n-1}$ durch eine von ihnen ausgedrückt, so giebt eine der Gleichungen

$$dx_n = \frac{\partial \varphi}{\partial p_n} \cdot \frac{dx_i}{\frac{\partial \varphi}{\partial p_i}} = -\frac{\partial \varphi}{\partial p_n} \cdot \frac{dp_i}{\frac{\partial \varphi}{\partial x_i}}$$

durch blosse Quadratur den Werth von $x_n$. Man kann aber auch in diesem Falle auf ähnliche Art, wie Hamilton die Function $S$ durch $V$ ersetzt, allgemein die Gleichung $\varphi = h$ selber in eine andere transformiren, in welcher die Zahl der unabhängigen Variabeln um eine geringer ist. Wenn nämlich $\varphi$ weder $x$ noch $x_n$ enthält, so setze man

$$x = y + p_n x_n,$$

wodurch

$$dy = p_1 dx_1 + p_2 dx_2 + \cdots + p_{n-1} dx_{n-1} - x_n dp_n.$$

In dieser Gleichung betrachte man $p_n$ als Constante, wodurch sie sich in die Gleichung

$$dy = p_1 dx_1 + p_2 dx_2 + \cdots + p_{n-1} dx_{n-1}$$

verwandelt, so dass $p_1, p_2, \ldots, p_{n-1}$ die partiellen Differentialquotienten von $y$, nach $x_1, x_2, \ldots, x_{n-1}$ genommen, werden, und die gegebene partielle Differentialgleichung, in welcher ebenfalls $p_n$ als Constante betrachtet wird, eine partielle Differentialgleichung für $y$ wird mit nur $n-1$ unabhängigen Variabeln $x_1$, $x_2, \ldots, x_{n-1}$. Hat man durch Integration dieser partiellen Differentialgleichung $y$ als Function von $x_1, x_2, \ldots, x_{n-1}$, von $n-1$ willkürlichen Constanten und der Constante $p_n$ gefunden, so findet man die gesuchte Function $x$ dadurch, dass man in der Gleichung

$$x = y + p_n x_n$$

die Grösse $p_n$ vermittelst der Gleichung

$$\frac{\partial y}{\partial p_n} = -x_n$$

eliminirt. Man kann $x_n$ um eine willkürliche Constante vermehren, wodurch $x$, wie es für eine vollständige Lösung nöthig ist, $n$ willkürliche Constanten erhält.

10.

Wir haben im Vorhergehenden gesehen, wie man durch die Integration *eines* Systems gewöhnlicher Differentialgleichungen eine vollständige Lösung einer vorgelegten partiellen Differentialgleichung erster Ordnung finden kann. Ich will jetzt zeigen, wie man umgekehrt aus irgend einer vollständigen Lösung die vollständigen Integrale des Systems gewöhnlicher Differentialgleichungen ableiten kann.

Kennt man einen Ausdruck von $x$ durch $x_1, x_2, \ldots, x_n$, mit $n$ willkürlichen Constanten $\alpha_1, \alpha_2, \ldots, \alpha_n$, welcher der gegebenen partiellen Differentialgleichung $\varphi = h$ Genüge leistet, so bilde man die $n-1$ Gleichungen, welche sich durch die Proportion darstellen lassen:

$$\frac{\partial x}{\partial \alpha_1} : \frac{\partial x}{\partial \alpha_2} : \ldots : \frac{\partial x}{\partial \alpha_n} = \beta_1 : \beta_2 : \ldots : \beta_n,$$

wo $\beta_1, \beta_2, \ldots, \beta_n$ neue willkürliche Constanten seien, die aber, da nur ihre Verhältnisse in Rechnung kommen, nur die Stelle von $n-1$ willkürlichen Constanten vertreten. Führt man eine neue Grösse $M$ ein, so kann man diese

Proportion durch das System von Gleichungen ersetzen:

$$\frac{\partial x}{\partial \alpha_1}+\beta_1 M=0, \quad \frac{\partial x}{\partial \alpha_2}+\beta_2 M=0, \quad \ldots, \quad \frac{\partial x}{\partial \alpha_n}+\beta_n M=0.$$

Durch diese Gleichungen sind die $n+2$ Grössen $x, x_1, x_2, \ldots, x_n, M$ als Functionen von einer unter ihnen gegeben. Differentiirt man eine dieser Gleichungen

$$\frac{\partial x}{\partial \alpha_i}+\beta_i M=0,$$

und setzt für $\beta_i$ den aus dieser Gleichung gezogenen Werth, so erhält man:

$$0=-\frac{\partial x}{\partial \alpha_i}\cdot\frac{dM}{M}+\frac{\partial^2 x}{\partial \alpha_i \partial x_1}dx_1+\frac{\partial^2 x}{\partial \alpha_i \partial x_2}dx_2+\cdots+\frac{\partial^2 x}{\partial \alpha_i \partial x_n}dx_n,$$

oder wenn man

$$\frac{\partial x}{\partial x_1}=p_1, \quad \frac{\partial x}{\partial x_2}=p_2, \quad \ldots, \quad \frac{\partial x}{\partial x_n}=p_n$$

setzt, die Gleichung:

$$0=-\frac{\partial x}{\partial \alpha_i}\cdot\frac{dM}{M}+\frac{\partial p_1}{\partial \alpha_i}dx_1+\frac{\partial p_2}{\partial \alpha_i}dx_2+\cdots+\frac{\partial p_n}{\partial \alpha_i}dx_n.$$

Die gegebene Differentialgleichung $\varphi=h$ muss, wenn man darin für $x$ seinen gegebenen Werth und die daraus durch partielle Differentiation nach $x_1, x_2, \ldots, x_n$ sich ergebenden Werthe von $p_1, p_2, \ldots, p_n$ setzt, eine zwischen den Grössen $x_1, x_2, \ldots, x_n, \alpha_1, \alpha_2, \ldots, \alpha_n, h$ identisch stattfindende Gleichung werden. Nimmt man ihre partielle Ableitung nach $\alpha_i$, so erhält man:

$$0=\frac{\partial \varphi}{\partial x}\cdot\frac{\partial x}{\partial \alpha_i}+\frac{\partial \varphi}{\partial p_1}\cdot\frac{\partial p_1}{\partial \alpha_i}+\frac{\partial \varphi}{\partial p_2}\cdot\frac{\partial p_2}{\partial \alpha_i}+\cdots+\frac{\partial \varphi}{\partial p_n}\cdot\frac{\partial p_n}{\partial \alpha_i}.$$

Vergleicht man die zwei Systeme von $n$ Gleichungen, welche sich aus dieser und der vorhergehenden Gleichung ergeben, wenn man darin für $i$ seine Werthe $1, 2, \ldots, n$ setzt, so erhält man die Proportion:

$$\frac{dM}{M}:dx_1:dx_2:\ldots:dx_n=-\frac{\partial \varphi}{\partial x}:\frac{\partial \varphi}{\partial p_1}:\frac{\partial \varphi}{\partial p_2}:\ldots:\frac{\partial \varphi}{\partial p_n},$$

welche man auch, da

$$dx=p_1dx_1+p_2dx_2+\cdots+p_ndx_n,$$

durch die Gleichungen darstellen kann:

$$P\frac{dM}{Mdx}=-\frac{\partial \varphi}{\partial x},$$

$$P\frac{dx_1}{dx}=\frac{\partial \varphi}{\partial p_1}, \quad P\frac{dx_2}{dx}=\frac{\partial \varphi}{\partial p_2}, \quad \ldots, \quad P\frac{dx_n}{dx}=\frac{\partial \varphi}{\partial p_n},$$

wo wieder

$$P = p_1 \frac{\partial \varphi}{\partial p_1} + p_2 \frac{\partial \varphi}{\partial p_2} + \cdots + p_n \frac{\partial \varphi}{\partial p_n}$$

gesetzt ist. Differentiirt man ferner die Gleichung $\varphi = h$ nach $x_i$, und setzt in der Ableitung

$$\frac{\partial p_k}{\partial x_i} = \frac{\partial p_i}{\partial x_k},$$

so erhält man

$$0 = \frac{\partial \varphi}{\partial x_i} + p_i \frac{\partial \varphi}{\partial x} + \frac{\partial \varphi}{\partial p_1} \cdot \frac{\partial p_i}{\partial x_1} + \frac{\partial \varphi}{\partial p_2} \cdot \frac{\partial p_i}{\partial x_2} + \cdots + \frac{\partial \varphi}{\partial p_n} \cdot \frac{\partial p_i}{\partial x_n},$$

oder, wenn man in diese Gleichung die vorhin erhaltenen Werthe

$$\frac{\partial \varphi}{\partial p_1} = P \frac{dx_1}{dx}, \quad \frac{\partial \varphi}{\partial p_2} = P \frac{dx_2}{dx}, \quad \ldots, \quad \frac{\partial \varphi}{\partial p_n} = P \frac{dx_n}{dx}$$

substituirt, die Gleichung:

$$0 = \frac{\partial \varphi}{\partial x_i} + p_i \frac{\partial \varphi}{\partial x} + P \frac{dp_i}{dx}.$$

Wir haben so umgekehrt aus den $2n$ Gleichungen:

$$\varphi = h, \quad \frac{\partial x}{\partial \alpha_1} : \frac{\partial x}{\partial \alpha_2} : \ldots : \frac{\partial x}{\partial \alpha_n} = \beta_1 : \beta_2 : \ldots : \beta_n,$$

$$\frac{\partial x}{\partial x_1} = p_1, \quad \frac{\partial x}{\partial x_2} = p_2, \quad \ldots, \quad \frac{\partial x}{\partial x_n} = p_n$$

die $2n$ Differentialgleichungen

$$P \frac{dx_i}{dx} = \frac{\partial \varphi}{\partial p_i}, \quad P \frac{dp_i}{dx} = -\frac{\partial \varphi}{\partial x_i} - \frac{\partial \varphi}{\partial x} p_i$$

abgeleitet, und da jene Gleichungen $2n$ willkürliche Constanten, nämlich $h$, $\alpha_1$, $\alpha_2$, ..., $\alpha_n$ und die Verhältnisse von $\beta_1$, $\beta_2$, ..., $\beta_n$ enthalten, so sind sie zugleich die vollständigen Integrale dieser Differentialgleichungen.

## 11.

Man kann die letztere Analysis auch auf die allgemeinere Untersuchung ausdehnen, unter welche Pfaff die Integration der partiellen Differentialgleichungen erster Ordnung mit einbegreift, und zeigen, dass, wenn irgend ein System von $n$ Gleichungen mit $n$ willkürlichen Constanten gegeben ist, welches der Differentialgleichung

$$0 = X_1 dx_1 + X_2 dx_2 + \cdots + X_{2n} dx_{2n}$$

Genüge leistet, man daraus die vollständigen Integrale des von Pfaff aufgestellten und oben mitgetheilten Systems von $2n-1$ gewöhnlichen Differentialgleichungen ableiten kann*). *Durch das gegebene System von n Gleichungen drücke man nämlich* $x_1, x_2, \ldots, x_n$ *durch* $x_{n+1}, x_{n+2}, \ldots, x_{2n}$ *und durch die n willkürlichen Constanten, die wir* $\alpha_1, \alpha_2, \ldots, \alpha_n$ *nennen wollen, aus, und bilde die Gleichungen:*

$$X_1\frac{\partial x_1}{\partial \alpha_1}+X_2\frac{\partial x_2}{\partial \alpha_1}+\cdots+X_n\frac{\partial x_n}{\partial \alpha_1}+M\beta_1=0,$$
$$X_1\frac{\partial x_1}{\partial \alpha_2}+X_2\frac{\partial x_2}{\partial \alpha_2}+\cdots+X_n\frac{\partial x_n}{\partial \alpha_2}+M\beta_2=0,$$
$$\cdots\cdots\cdots\cdots$$
$$X_1\frac{\partial x_1}{\partial \alpha_n}+X_2\frac{\partial x_2}{\partial \alpha_n}+\cdots+X_n\frac{\partial x_n}{\partial \alpha_n}+M\beta_n=0,$$

*in welchen* $\beta_1, \beta_2, \ldots, \beta_n$ *neue willkürliche Constanten sind, welche aber nur die Stelle von* $n-1$ *vertreten, da hier allein ihre Verhältnisse in Rechnung kommen, so werden diese Gleichungen, welche nach Elimination der neu eingeführten Grösse M die Stelle von* $n-1$ *Gleichungen vertreten, in Verbindung mit den gegebenen n Gleichungen die vollständigen Integrale des von Pfaff aufgestellten Systems gewöhnlicher Differentialgleichungen sein, mit* $2n-1$ *willkürlichen Constanten, nämlich den n willkürlichen Constanten* $\alpha_1, \alpha_2, \ldots, \alpha_n$ *und den* $n-1$ *Verhältnissen der willkürlichen Constanten* $\beta_1, \beta_2, \ldots, \beta_n$. Man beweist dieses Theorem wie folgt:

Da die durch die gegebenen $n$ Gleichungen bestimmten Ausdrücke von $x_1, x_2, \ldots, x_n$ durch $x_{n+1}, x_{n+2}, \ldots, x_{2n}$ und die $n$ willkürlichen Constanten der Gleichung

$$X_1dx_1+X_2dx_2+\cdots+X_{2n}dx_{2n}=0$$

genügen sollen, so muss man die Gleichungen haben:

$$X_1\frac{\partial x_1}{\partial x_{n+1}}+X_2\frac{\partial x_2}{\partial x_{n+1}}+\cdots+X_n\frac{\partial x_n}{\partial x_{n+1}}+X_{n+1}=0,$$
$$X_1\frac{\partial x_1}{\partial x_{n+2}}+X_2\frac{\partial x_2}{\partial x_{n+2}}+\cdots+X_n\frac{\partial x_n}{\partial x_{n+2}}+X_{n+2}=0,$$
$$\cdots\cdots\cdots\cdots$$
$$X_1\frac{\partial x_1}{\partial x_{2n}}+X_2\frac{\partial x_2}{\partial x_{2n}}+\cdots+X_n\frac{\partial x_n}{\partial x_{2n}}+X_{2n}=0.$$

*) Statt $x$ in den oben mitgetheilten Formeln ist hier $x_{2n}$ geschrieben.

Man denke sich jetzt vermittelst der $n$ Gleichungen

$$X_1\frac{\partial x_1}{\partial \alpha_i}+X_2\frac{\partial x_2}{\partial \alpha_i}+\cdots+X_n\frac{\partial x_n}{\partial \alpha_i}+M\beta_i=0$$

die $n+1$ Grössen $x_{n+1}, x_{n+2}, \ldots, x_{2n}, M$ durch eine von ihnen, z. B. durch $M$, ausgedrückt, wodurch diese Grössen und daher auch $x_1, x_2, \ldots, x_n$ Functionen von $M$, von $\alpha_1, \alpha_2, \ldots, \alpha_n$ und von $\beta_1, \beta_2, \ldots, \beta_n$ werden. Die auf diese Annahme sich beziehenden partiellen Differentialquotienten werde ich der Unterscheidung wegen in Klammern einschliessen, während die partiellen Differentialquotienten ohne Klammern sich auf die Annahme beziehen, dass $x_1, x_2, \ldots, x_n$ als Functionen von $x_{n+1}, x_{n+2}, \ldots, x_{2n}, \alpha_1, \alpha_2, \ldots, \alpha_n$ betrachtet werden. Man hat demnach:

$$\begin{aligned}
&X_1\left(\frac{\partial x_1}{\partial \alpha_i}\right)+X_2\left(\frac{\partial x_2}{\partial \alpha_i}\right)+\cdots+X_n\left(\frac{\partial x_n}{\partial \alpha_i}\right)\\
&=X_1\frac{\partial x_1}{\partial \alpha_i}+X_2\frac{\partial x_2}{\partial \alpha_i}+\cdots+X_n\frac{\partial x_n}{\partial \alpha_i}\\
&+\left[X_1\frac{\partial x_1}{\partial x_{n+1}}+X_2\frac{\partial x_2}{\partial x_{n+1}}+\cdots+X_n\frac{\partial x_n}{\partial x_{n+1}}\right]\left(\frac{\partial x_{n+1}}{\partial \alpha_i}\right)\\
&+\left[X_1\frac{\partial x_1}{\partial x_{n+2}}+X_2\frac{\partial x_2}{\partial x_{n+2}}+\cdots+X_n\frac{\partial x_n}{\partial x_{n+2}}\right]\left(\frac{\partial x_{n+2}}{\partial \alpha_i}\right)\\
&\cdots\cdots\cdots\cdots\cdots\cdots\cdots\cdots\\
&+\left[X_1\frac{\partial x_1}{\partial x_{2n}}+X_2\frac{\partial x_2}{\partial x_{2n}}+\cdots+X_n\frac{\partial x_n}{\partial x_{2n}}\right]\left(\frac{\partial x_{2n}}{\partial \alpha_i}\right)\\
&=-M\beta_i-X_{n+1}\left(\frac{\partial x_{n+1}}{\partial \alpha_i}\right)-X_{n+2}\left(\frac{\partial x_{n+2}}{\partial \alpha_i}\right)-\cdots-X_{2n}\left(\frac{\partial x_{2n}}{\partial \alpha_i}\right),
\end{aligned}$$

oder

$$X_1\left(\frac{\partial x_1}{\partial \alpha_i}\right)+X_2\left(\frac{\partial x_2}{\partial \alpha_i}\right)+\cdots+X_{2n}\left(\frac{\partial x_{2n}}{\partial \alpha_i}\right)+M\beta_i=0.$$

Differentiirt man diese Gleichung nach $M$, so erhält man:

$$\begin{aligned}
&\left(\frac{\partial X_1}{\partial M}\right)\left(\frac{\partial x_1}{\partial \alpha_i}\right)+\left(\frac{\partial X_2}{\partial M}\right)\left(\frac{\partial x_2}{\partial \alpha_i}\right)+\cdots+\left(\frac{\partial X_{2n}}{\partial M}\right)\left(\frac{\partial x_{2n}}{\partial \alpha_i}\right)\\
&+X_1\left(\frac{\partial^2 x_1}{\partial M\partial \alpha_i}\right)+X_2\left(\frac{\partial^2 x_2}{\partial M\partial \alpha_i}\right)+\cdots+X_{2n}\left(\frac{\partial^2 x_{2n}}{\partial M\partial \alpha_i}\right)+\beta_i=0.
\end{aligned}$$

Es folgt ferner aus der Gleichung

$$X_1dx_1+X_2dx_2+\cdots+X_{2n}dx_{2n}=0,$$

wenn man alle Grössen als Functionen von $M$ betrachtet:

$$X_1\left(\frac{\partial x_1}{\partial M}\right)+X_2\left(\frac{\partial x_2}{\partial M}\right)+\cdots+X_{2n}\left(\frac{\partial x_{2n}}{\partial M}\right)=0.$$

Differentiirt man diese Gleichung nach $\alpha_i$, so erhält man:

$$X_1\left(\frac{\partial^2 x_1}{\partial M\partial\alpha_i}\right)+X_2\left(\frac{\partial^2 x_2}{\partial M\partial\alpha_i}\right)+\cdots+X_{2n}\left(\frac{\partial^2 x_{2n}}{\partial M\partial\alpha_i}\right)$$
$$+\left(\frac{\partial X_1}{\partial\alpha_i}\right)\cdot\left(\frac{\partial x_1}{\partial M}\right)+\left(\frac{\partial X_2}{\partial\alpha_i}\right)\cdot\left(\frac{\partial x_2}{\partial M}\right)+\cdots+\left(\frac{\partial X_{2n}}{\partial\alpha_i}\right)\cdot\left(\frac{\partial x_{2n}}{\partial M}\right)=0,$$

wodurch sich die obige Gleichung, wenn man sie mit $dM$ multiplicirt, in folgende verwandelt:

$$dX_1\left(\frac{\partial x_1}{\partial\alpha_i}\right)+dX_2\left(\frac{\partial x_2}{\partial\alpha_i}\right)+\cdots+dX_{2n}\left(\frac{\partial x_{2n}}{\partial\alpha_i}\right)$$
$$-dx_1\left(\frac{\partial X_1}{\partial\alpha_i}\right)-dx_2\left(\frac{\partial X_2}{\partial\alpha_i}\right)-\cdots-dx_{2n}\left(\frac{\partial X_{2n}}{\partial\alpha_i}\right)+\beta_i\,dM=0.$$

Eliminirt man aus dieser Gleichung $\beta_i$ vermittelst der Gleichung

$$X_1\left(\frac{\partial x_1}{\partial\alpha_i}\right)+X_2\left(\frac{\partial x_2}{\partial\alpha_i}\right)+\cdots+X_{2n}\left(\frac{\partial x_{2n}}{\partial\alpha_i}\right)+M\beta_i=0,$$

so erhält man:

$$dX_1\left(\frac{\partial x_1}{\partial\alpha_i}\right)+dX_2\left(\frac{\partial x_2}{\partial\alpha_i}\right)+\cdots+dX_{2n}\left(\frac{\partial x_{2n}}{\partial\alpha_i}\right)$$
$$-dx_1\left(\frac{\partial X_1}{\partial\alpha_i}\right)-dx_2\left(\frac{\partial X_2}{\partial\alpha_i}\right)-\cdots-dx_{2n}\left(\frac{\partial X_{2n}}{\partial\alpha_i}\right)$$
$$-\frac{dM}{M}\left[X_1\left(\frac{\partial x_1}{\partial\alpha_i}\right)+X_2\left(\frac{\partial x_2}{\partial\alpha_i}\right)+\cdots+X_{2n}\left(\frac{\partial x_{2n}}{\partial\alpha_i}\right)\right]=0.$$

Setzt man, wie erlaubt ist, $\beta_n=1$, so erhält man durch die nämliche Analysis ähnliche Formeln, wie für $\alpha_i$, auch für die $n-1$ anderen willkürlichen Constanten $\beta_1, \beta_2, \ldots, \beta_{n-1}$. Zuvörderst hat man:

$$X_1\left(\frac{\partial x_1}{\partial\beta_i}\right)+X_2\left(\frac{\partial x_2}{\partial\beta_i}\right)+\cdots+X_n\left(\frac{\partial x_n}{\partial\beta_i}\right)$$
$$=\left[X_1\frac{\partial x_1}{\partial x_{n+1}}+X_2\frac{\partial x_2}{\partial x_{n+1}}+\cdots+X_n\frac{\partial x_n}{\partial x_{n+1}}\right]\left(\frac{\partial x_{n+1}}{\partial\beta_i}\right)$$
$$+\left[X_1\frac{\partial x_1}{\partial x_{n+2}}+X_2\frac{\partial x_2}{\partial x_{n+2}}+\cdots+X_n\frac{\partial x_n}{\partial x_{n+2}}\right]\left(\frac{\partial x_{n+2}}{\partial\beta_i}\right)$$
$$\cdots\cdots\cdots\cdots\cdots$$
$$+\left[X_1\frac{\partial x_1}{\partial x_{2n}}+X_2\frac{\partial x_2}{\partial x_{2n}}+\cdots+X_n\frac{\partial x_n}{\partial x_{2n}}\right]\left(\frac{\partial x_{2n}}{\partial\beta_i}\right)$$
$$=-\left[X_{n+1}\left(\frac{\partial x_{n+1}}{\partial\beta_i}\right)+X_{n+2}\left(\frac{\partial x_{n+2}}{\partial\beta_i}\right)+\cdots+X_{2n}\left(\frac{\partial x_{2n}}{\partial\beta_i}\right)\right],$$

oder

$$0 = X_1\left(\frac{\partial x_1}{\partial \beta_i}\right) + X_2\left(\frac{\partial x_2}{\partial \beta_i}\right) + \cdots + X_{2n}\left(\frac{\partial x_{2n}}{\partial \beta_i}\right).$$

Differentiirt man diese Gleichung nach $M$ und die Gleichung

$$0 = X_1\left(\frac{\partial x_1}{\partial M}\right) + X_2\left(\frac{\partial x_2}{\partial M}\right) + \cdots + X_{2n}\left(\frac{\partial x_{2n}}{\partial M}\right)$$

nach $\beta_i$, und zieht beide Resultate von einander ab, so erhält man nach Multiplication mit $dM$:

$$\begin{aligned} 0 = {} & dX_1\left(\frac{\partial x_1}{\partial \beta_i}\right) + dX_2\left(\frac{\partial x_2}{\partial \beta_i}\right) + \cdots + dX_{2n}\left(\frac{\partial x_{2n}}{\partial \beta_i}\right) \\ & - dx_1\left(\frac{\partial X_1}{\partial \beta_i}\right) - dx_2\left(\frac{\partial X_2}{\partial \beta_i}\right) - \cdots - dx_{2n}\left(\frac{\partial X_{2n}}{\partial \beta_i}\right), \end{aligned}$$

von welcher Gleichung wir, um ihr dieselbe Form mit der Gleichung zu geben, die wir in Bezug auf $\alpha_i$ gefunden hatten, die Gleichung:

$$0 = X_1\left(\frac{\partial x_1}{\partial \beta_i}\right) + X_2\left(\frac{\partial x_2}{\partial \beta_i}\right) + \cdots + X_{2n}\left(\frac{\partial x_{2n}}{\partial \beta_i}\right),$$

mit $\frac{dM}{M}$ multiplicirt, abziehen wollen, wodurch man erhält:

$$\begin{aligned} 0 = {} & dX_1\left(\frac{\partial x_1}{\partial \beta_i}\right) + dX_2\left(\frac{\partial x_2}{\partial \beta_i}\right) + \cdots + dX_{2n}\left(\frac{\partial x_{2n}}{\partial \beta_i}\right) \\ & - dx_1\left(\frac{\partial X_1}{\partial \beta_i}\right) - dx_2\left(\frac{\partial X_2}{\partial \beta_i}\right) - \cdots - dx_{2n}\left(\frac{\partial X_{2n}}{\partial \beta_i}\right) \\ & - \frac{dM}{M}\left[X_1\left(\frac{\partial x_1}{\partial \beta_i}\right) + X_2\left(\frac{\partial x_2}{\partial \beta_i}\right) + \cdots + X_{2n}\left(\frac{\partial x_{2n}}{\partial \beta_i}\right)\right]. \end{aligned}$$

Wir wollen in dieser Gleichung, so wie in der oben gefundenen ähnlichen, auf $\alpha_i$ bezüglichen, für die partiellen Ableitungen

$$\left(\frac{\partial X_k}{\partial \alpha_i}\right), \quad \left(\frac{\partial X_k}{\partial \beta_i}\right)$$

ihre entwickelten Werthe

$$\begin{aligned} \left(\frac{\partial X_k}{\partial \alpha}\right) &= \frac{\partial X_k}{\partial x_1}\left(\frac{\partial x_1}{\partial \alpha_i}\right) + \frac{\partial X_k}{\partial x_2}\left(\frac{\partial x_2}{\partial \alpha_i}\right) + \cdots + \frac{\partial X_k}{\partial x_{2n}}\left(\frac{\partial x_{2n}}{\partial \alpha_i}\right), \\ \left(\frac{\partial X_k}{\partial \beta_i}\right) &= \frac{\partial X_k}{\partial x_1}\left(\frac{\partial x_1}{\partial \beta_i}\right) + \frac{\partial X_k}{\partial x_2}\left(\frac{\partial x_2}{\partial \beta_i}\right) + \cdots + \frac{\partial X_k}{\partial x_{2n}}\left(\frac{\partial x_{2n}}{\partial \beta_i}\right) \end{aligned}$$

setzen, und die Gleichungen nach den Grössen

$$\left(\frac{\partial x_k}{\partial \alpha_i}\right), \quad \left(\frac{\partial x_k}{\partial \beta_i}\right)$$

ordnen, so verwandeln sie sich in folgende:

$$0 = T_1\left(\frac{\partial x_1}{\partial \alpha_i}\right) + T_2\left(\frac{\partial x_2}{\partial \alpha_i}\right) + \cdots + T_{2n}\left(\frac{\partial x_{2n}}{\partial \alpha_i}\right),$$

$$0 = T_1\left(\frac{\partial x_1}{\partial \beta_i}\right) + T_2\left(\frac{\partial x_2}{\partial \beta_i}\right) + \cdots + T_{2n}\left(\frac{\partial x_{2n}}{\partial \beta_i}\right),$$

wo

$$T_1 = dX_1 - \left[\frac{\partial X_1}{\partial x_1} dx_1 + \frac{\partial X_2}{\partial x_1} dx_2 + \cdots + \frac{\partial X_{2n}}{\partial x_1} dx_{2n}\right] - \frac{X_1 dM}{M},$$

$$T_2 = dX_2 - \left[\frac{\partial X_1}{\partial x_2} dx_1 + \frac{\partial X_2}{\partial x_2} dx_2 + \cdots + \frac{\partial X_{2n}}{\partial x_2} dx_{2n}\right] - \frac{X_2 dM}{M},$$

. . . . . . . . . . . . . . . . . . . . . . . .

$$T_{2n} = dX_{2n} - \left[\frac{dX_1}{\partial x_{2n}} dx_1 + \frac{\partial X_2}{\partial x_{2n}} dx_2 + \cdots + \frac{\partial X_{2n}}{\partial x_{2n}} dx_{2n}\right] - \frac{X_{2n} dM}{M}.$$

Multiplicirt man diese Gleichungen mit $dx_1$, $dx_2$, ..., $dx_{2n}$, und addirt sie, so heben sich, da

$$X_1 dx_1 + X_2 dx_2 + \cdots + X_{2n} dx_{2n} = 0,$$

$$\frac{\partial X_k}{\partial x_1} dx_1 + \frac{\partial X_k}{\partial x_2} dx_2 + \cdots + \frac{\partial X_k}{\partial x_{2n}} dx_{2n} = dX_k,$$

alle Terme rechter Hand fort, wodurch man die Gleichung erhält:

$$T_1 dx_1 + T_2 dx_2 + \cdots + T_{2n} dx_{2n} = 0,$$

welche man auch so schreiben kann:

$$T_1\left(\frac{\partial x_1}{\partial M}\right) + T_2\left(\frac{\partial x_2}{\partial M}\right) + \cdots + T_{2n}\left(\frac{\partial x_{2n}}{\partial M}\right) = 0,$$

da wir in den vorstehenden Formeln alle Grössen $x_1$, $x_2$, ..., $x_{2n}$ als Functionen bloss von *einer* Grösse $M$, und $\alpha_1$, $\alpha_2$, ..., $\alpha_n$, $\beta_1$, $\beta_2$, ..., $\beta_{n-1}$ als Constanten betrachten, was ich durch den Gebrauch der Charakteristik $d$ andeute. Aus den $2n$ Gleichungen, nämlich den $n$ Gleichungen

$$T_1\left(\frac{\partial x_1}{\partial \alpha_i}\right)+T_2\left(\frac{\partial x_2}{\partial \alpha_i}\right)+\cdots+T_{2n}\left(\frac{\partial x_{2n}}{\partial \alpha_i}\right)=0,$$

den $n-1$ Gleichungen

$$T_1\left(\frac{\partial x_1}{\partial \beta_i}\right)+T_2\left(\frac{\partial x_2}{\partial \beta_i}\right)+\cdots+T_{2n}\left(\frac{\partial x_{2n}}{\partial \beta_i}\right)=0$$

und der Gleichung

$$T_1\left(\frac{\partial x_1}{\partial M}\right)+T_2\left(\frac{\partial x_2}{\partial M}\right)+\cdots+T_{2n}\left(\frac{\partial x_{2n}}{\partial M}\right)=0$$

folgen die $2n$ Gleichungen

$$T_1=0,\quad T_2=0,\quad \ldots,\quad T_{2n}=0,$$

welche mit den Pfaffschen Differentialgleichungen übereinkommen, wie ich sie oben aufgestellt habe, wenn man in ihnen $\frac{dM}{M}$ statt $dN$ und $X_{2n}$, $x_{2n}$ für $X$, $x$ setzt.

Dass man aus den $2n$ angegebenen Gleichungen die Gleichungen

$$T_1=0,\quad T_2=0,\quad \ldots,\quad T_{2n}=0$$

folgern kann, lässt sich, wie folgt, beweisen. Man betrachte gleichzeitig $\alpha_1$, $\alpha_2$, ..., $\alpha_n$, $\beta_1$, $\beta_2$, ..., $\beta_{n-1}$, $M$ als Variabeln, so wird durch die zwischen diesen Grössen und den $2n$ Grössen $x_1$, $x_2$, ..., $x_{2n}$ aufgestellten Gleichungen keine Relation zwischen diesen letzteren allein gegeben, sondern sie zeigen nur, wie das eine System von $2n$ Variabeln sich durch das andere System von $2n$ Variabeln ausdrücken lässt. Man bezeichne beliebige Variationen der Grössen $x_1$, $x_2$, ..., $x_{2n}$ mit $\delta x_1$, $\delta x_2$, ..., $\delta x_{2n}$, die von einander unabhängig sind, da zwischen den Grössen $x_1$, $x_2$, ..., $x_{2n}$ selber keine Relation stattfinden soll. Sind $\delta\alpha_1$, $\delta\alpha_2$, ..., $\delta\alpha_n$, $\delta\beta_1$, $\delta\beta_2$, ..., $\delta\beta_{n-1}$, $\delta M$ die entsprechenden Variationen der Variabeln $\alpha_1$, $\alpha_2$, ..., $\alpha_n$, $\beta_1$, $\beta_2$, ..., $\beta_{n-1}$, $M$, so hat man:

$$\begin{aligned}\delta x_k = &\left(\frac{\partial x_k}{\partial \alpha_1}\right)\delta\alpha_1+\left(\frac{\partial x_k}{\partial \alpha_2}\right)\delta\alpha_2+\cdots+\left(\frac{\partial x_k}{\partial \alpha_n}\right)\delta\alpha_n\\ &+\left(\frac{\partial x_k}{\partial \beta_1}\right)\delta\beta_1+\left(\frac{\partial x_k}{\partial \beta_2}\right)\delta\beta_2+\cdots+\left(\frac{\partial x_k}{\partial \beta_{n-1}}\right)\delta\beta_{n-1}\\ &+\left(\frac{\partial x_k}{\partial M}\right)\delta M.\end{aligned}$$

Multiplicirt man daher die $2n$ Gleichungen, die wir gefunden haben:

$$T_1\left(\frac{\partial x_1}{\partial \alpha_1}\right)+T_2\left(\frac{\partial x_2}{\partial \alpha_1}\right)+\cdots+T_{2n}\left(\frac{\partial x_{2n}}{\partial \alpha_1}\right)=0,$$
$$T_1\left(\frac{\partial x_1}{\partial \alpha_2}\right)+T_2\left(\frac{\partial x_2}{\partial \alpha_2}\right)+\cdots+T_{2n}\left(\frac{\partial x_{2n}}{\partial \alpha_2}\right)=0,$$
$$\cdots\cdots\cdots\cdots\cdots\cdots\cdots$$
$$T_1\left(\frac{\partial x_1}{\partial \alpha_n}\right)+T_2\left(\frac{\partial x_2}{\partial \alpha_n}\right)+\cdots+T_{2n}\left(\frac{\partial x_{2n}}{\partial \alpha_n}\right)=0,$$
$$T_1\left(\frac{\partial x_1}{\partial \beta_1}\right)+T_2\left(\frac{\partial x_2}{\partial \beta_1}\right)+\cdots+T_{2n}\left(\frac{\partial x_{2n}}{\partial \beta_1}\right)=0,$$
$$T_1\left(\frac{\partial x_1}{\partial \beta_2}\right)+T_2\left(\frac{\partial x_2}{\partial \beta_2}\right)+\cdots+T_{2n}\left(\frac{\partial x_{2n}}{\partial \beta_2}\right)=0,$$
$$\cdots\cdots\cdots\cdots\cdots\cdots\cdots$$
$$T_1\left(\frac{\partial x_1}{\partial \beta_{n-1}}\right)+T_2\left(\frac{\partial x_2}{\partial \beta_{n-1}}\right)+\cdots+T_{2n}\left(\frac{\partial x_{2n}}{\partial \beta_{n-1}}\right)=0,$$
$$T_1\left(\frac{\partial x_1}{\partial M}\right)+T_2\left(\frac{\partial x_2}{\partial M}\right)+\cdots+T_{2n}\left(\frac{\partial x_{2n}}{\partial M}\right)=0$$

respective mit $\delta\alpha_1, \delta\alpha_2, \ldots, \delta\alpha_n, \delta\beta_1, \delta\beta_2, \ldots, \delta\beta_{n-1}, \delta M$, und addirt sie, so erhält man:

$$T_1\delta x_1+T_2\delta x_2+\cdots+T_{2n}\delta x_{2n}=0,$$

welche Gleichung, da $\delta x_1, \delta x_2, \ldots, \delta x_{2n}$ beliebige, von einander unabhängige Variationen sind, nicht anders bestehen kann, als wenn

$$T_1=0,\quad T_2=0,\quad \ldots,\quad T_{2n}=0,$$

was zu beweisen war.

Dass man auf die angegebene Art, wenn man der Gleichung

$$X_1dx_1+X_2dx_2+\cdots+X_{2n}dx_{2n}=0$$

durch irgend ein System von $n$ Gleichungen mit $n$ willkürlichen Constanten genügen kann, immer auch die vollständigen Integrale der von **Pfaff** aufgestellten gewöhnlichen Differentialgleichungen erhält, lässt sich auch durch folgende Betrachtungen einsehen. Man löse die $n$ Gleichungen nach den $n$ willkürlichen Constanten auf, so dass sie die Form erhalten

$$A_1=\alpha_1,\quad A_2=\alpha_2,\quad \ldots,\quad A_n=\alpha_n,$$

wo $\alpha_1, \alpha_2, \ldots, \alpha_n$ die willkürlichen Constanten sind, und in $A_1, A_2, \ldots, A_n$ nicht mehr vorkommen. Sollen diese Gleichungen der Differentialgleichung

$$X_1dx_1+X_2dx_2+\cdots+X_{2n}dx_{2n}=0$$

genügen, so muss es $n$ Multiplicatoren $U_1$, $U_2$, ..., $U_n$ geben, vermittelst welcher *identisch*

$$X_1dx_1+X_2dx_2+\cdots+X_{2n}dx_{2n} = U_1dA_1+U_2dA_2+\cdots+U_ndA_n$$

wird, da der Ausdruck linker Hand vom Gleichheitszeichen verschwinden soll, wenn $A_1$, $A_2$, ..., $A_n$ willkürliche Constanten werden. Denkt man sich $x_1$, $x_2$, ..., $x_n$ durch $A_1$, $A_2$, ..., $A_n$, $x_{n+1}$, $x_{n+2}$, ..., $x_{2n}$ ausgedrückt, so erhält man hieraus:

$$U_i = X_1\frac{\partial x_1}{\partial A_i}+X_2\frac{\partial x_2}{\partial A_i}+\cdots+X_{2n}\frac{\partial x_{2n}}{\partial A_i}.$$

Aus der von Pfaff selber gegebenen Analysis folgt, dass, wenn man auf irgend eine Art die Gleichung

$$0 = X_1dx_1+X_2dx_2+\cdots+X_{2n}dx_{2n}$$

in eine andere zwischen nur $2n-1$ Variabeln transformiren kann, diese, willkürlichen Constanten gleich gesetzt, die vollständigen Integrale seiner gewöhnlichen Differentialgleichungen geben. Nun haben wir aber

$$0 = X_1dx_1+X_2dx_2+\cdots+X_{2n}dx_{2n} = U_1dA_1+U_2dA_2+\cdots+U_ndA_n,$$

oder

$$0 = \frac{U_1}{U_n}dA_1+\frac{U_2}{U_n}dA_2+\cdots+\frac{U_{n-1}}{U_n}dA_{n-1}+dA_n,$$

welches eine Differentialgleichung zwischen nur $2n-1$ Variabeln

$$A_1,\quad A_2,\quad \ldots,\quad A_n,\quad \frac{U_1}{U_n},\quad \frac{U_2}{U_n},\quad \ldots,\quad \frac{U_{n-1}}{U_n}$$

ist. Diese, willkürlichen Constanten gleich gesetzt, müssen daher die vollständigen Integrale des Pfaffschen Systems gewöhnlicher Differentialgleichungen sein; sie kommen aber genau mit den $2n-1$ Gleichungen überein, wie ich sie oben aufgestellt habe.

## 12.

Ich habe oben bemerkt, dass es in der von Pfaff zur Integration der Gleichung

$$X_1dx_1+X_2dx_2+\cdots+X_{2n}dx_{2n} = 0$$

vorgeschlagenen Methode ein Uebelstand sei, dass man von den nach einander zu integrirenden Systemen gewöhnlicher Differentialgleichungen nur das erste wirklich aufstellen, und für die anderen Systeme nur die Art angeben kann, wie man sie, wenn man die vorhergehenden vollständig integrirt hat, zu bilden hat. In der That ist klar, dass es hierdurch unmöglich fällt, das Ganze der Aufgabe zu übersehen. Für den besonderen Fall, welcher die Integration der partiellen Differentialgleichungen erster Ordnung giebt, haben wir gesehen, dass die Integration des ersten dieser Systeme gewöhnlicher Differentialgleichungen vollkommen ausreicht, und es der Aufstellung und Integration anderer Systeme nicht weiter bedarf. Dieser besondere Fall kann als derjenige bezeichnet werden, in welchem von den $2n$ Grössen $X_1, X_2, \ldots, X_{2n}$ eine Anzahl von $n-1$ gleich 0 ist. Es sei z. B.

$$X_{n+2} = X_{n+3} = \cdots = X_{2n} = 0,$$

so dass die zu integrirende Gleichung wird:

$$dx_{n+1} = \frac{-1}{X_{n+1}}[X_1 dx_1 + X_2 dx_2 + \cdots + X_n dx_n].$$

Man setze:

$$-\frac{X_1}{X_{n+1}} = p_1, \quad -\frac{X_2}{X_{n+1}} = p_2, \quad \ldots, \quad -\frac{X_n}{X_{n+1}} = p_n,$$

so sind $p_1, p_2, \ldots, p_n$ die partiellen Differentialquotienten von $x_{n+1}$, als Function von $x_1, x_2, \ldots, x_n$ betrachtet, und die Elimination der $n-1$ Grössen $x_{n+2}, x_{n+3}, \ldots, x_{2n}$ aus diesen $n$ Gleichungen giebt die zu integrirende partielle Differentialgleichung. Ich will jetzt im Folgenden zeigen, dass, wenn man die Methode, welcher wir uns für diesen besonderen Fall bedienten, auf die allgemeine Pfaffsche Differentialgleichung anwendet, man des oben bezeichneten Uebelstandes ledig werden kann, indem es dadurch gelingt, mit Leichtigkeit alle zu integrirenden Systeme gewöhnlicher Differentialgleichungen aufzustellen, ohne eines derselben wirklich integrirt zu haben.

Um hierzu zu gelangen, nehme man in den Integralen des von Pfaff aufgestellten ersten Systems gewöhnlicher Differentialgleichungen als willkürliche Constanten die Werthe, welche $x_1, x_2, \ldots, x_{2n-1}$ für $x_{2n} = 0$ annehmen, und die wir mit $x_1^0, x_2^0, \ldots, x_{2n-1}^0$ bezeichnen wollen. Bezeichnet man auch die entsprechenden Werthe von $X_1, X_2, \ldots, X_{2n}$ mit $X_1^0, X_2^0, \ldots, X_{2n}^0$, so erhält man Gleichungen von der Form:

$$\begin{array}{ll} x_1 = x_1^0 + x_{2n}\xi_1, & X_1 = X_1^0 + x_{2n}\Xi_1, \\ x_2 = x_2^0 + x_{2n}\xi_2, & X_2 = X_2^0 + x_{2n}\Xi_2, \\ \cdots\cdots & \cdots\cdots \\ x_{2n-1} = x_{2n-1}^0 + x_{2n}\xi_{2n-1}, & X_{2n} = X_{2n}^0 + x_{2n}\Xi_{2n}, \end{array}$$

wo $\xi_1, \xi_2, \ldots, \xi_{2n-1}, \Xi_1, \Xi_2, \ldots, \Xi_{2n}$ Functionen von $x_{2n}, x_1^0, x_2^0, \ldots, x_{2n-1}^0$ sind, welche für $x_{2n} = 0$ nicht unendlich werden. Substituirt man diese Werthe von $x_1, x_2, \ldots, x_{2n-1}$, wie sie durch vollständige Integration der von Pfaff aufgestellten gewöhnlichen Differentialgleichungen gefunden werden, in die Gleichung:

$$0 = X_1 dx_1 + X_2 dx_2 + \cdots + X_{2n} dx_{2n},$$

indem man auch die Grössen $x_1^0, x_2^0, \ldots, x_{2n-1}^0$ als veränderlich betrachtet, so erhält man

$$\begin{aligned} 0 = {} & [X_1^0 + x_{2n}\Xi_1]\, d[x_1^0 + x_{2n}\xi_1] \\ & + [X_2^0 + x_{2n}\Xi_2]\, d[x_2^0 + x_{2n}\xi_2] \\ & \cdots\cdots\cdots\cdots \\ & + [X_{2n-1}^0 + x_{2n}\Xi_{2n-1}]\, d[x_{2n-1}^0 + x_{2n}\xi_{2n-1}] \\ & + [X_{2n}^0 + x_{2n}\Xi_{2n}]\, dx_{2n} \\ = {} & B\,dx_{2n} + B_1 dx_1^0 + B_2 dx_2^0 + \cdots + B_{2n-1} dx_{2n-1}^0, \end{aligned}$$

wo, wenn $i$ eine der Zahlen $1, 2, \ldots, 2n-1$ bedeutet,

$$\begin{aligned} B_i = {} & X_i^0 + x_{2n}\Xi_i \\ & + x_{2n}\left[X_1^0 \frac{\partial \xi_1}{\partial x_i^0} + X_2^0 \frac{\partial \xi_2}{\partial x_i^0} + \cdots + X_{2n-1}^0 \frac{\partial \xi_{2n-1}}{\partial x_i^0}\right] \\ & + x_{2n}^2\left[\Xi_1 \frac{\partial \xi_1}{\partial x_i^0} + \Xi_2 \frac{\partial \xi_2}{\partial x_i^0} + \cdots + \Xi_{2n-1} \frac{\partial \xi_{2n-1}}{\partial x_i^0}\right]. \end{aligned}$$

Aber Pfaff hat bewiesen, dass, wenn man vermittelst vollständiger Integration der von ihm aufgestellten gewöhnlichen Differentialgleichungen die Grössen $x_1, x_2, \ldots, x_{2n}$ durch eine von ihnen, z. B. $x_{2n}$, und durch die $2n-1$ willkürlichen Constanten ausdrückt, und diese Werthe in den Ausdruck

$$X_1 dx_1 + X_2 dx_2 + \cdots + X_{2n} dx_{2n}$$

substituirt, indem man die willkürlichen Constanten ebenfalls als veränderlich betrachtet, der Coëfficient von $dx_{2n}$ verschwindet, und die Verhältnisse der Coëfficienten der Differentiale der willkürlichen Constanten von $x_{2n}$ unabhängig werden. Da hiernach

$$B = 0,$$

und die Verhältnisse von $B_1, B_2, \ldots, B_{2n-1}$ von $x_{2n}$ unabhängig sein werden, so bleiben diese Verhältnisse ungeändert, wenn in $B_1, B_2, \ldots, B_{2n-1}$ man $x_{2n} = 0$ setzt, wodurch man erhält:

$$B_1 : B_2 : \ldots : B_{2n-1} = X_1^0 : X_2^0 : \ldots : X_{2n-1}^0,$$

oder, wenn man einen Multiplicator $M$ einführt

$$B_1 = MX_1^0, \quad B_2 = MX_2^0, \quad \ldots, \quad B_{2n-1} = MX_{2n-1}^0.$$

Wir sehen also, dass, *wenn man statt der Variabeln* $x_1, x_2, \ldots, x_{2n-1}, x_{2n}$ *die Variabeln* $x_1^0, x_2^0, \ldots, x_{2n-1}^0, x_{2n}$ *einführt, vermittelst der Gleichungen*

$$x_1 = x_1^0 + x_{2n}\xi_1, \quad x_2 = x_2^0 + x_{2n}\xi_2, \quad \ldots, \quad x_{2n-1} = x_{2n-1}^0 + x_{2n}\xi_{2n-1},$$

*welche sich durch die vollständige Integration der von Pfaff aufgestellten gewöhnlichen Differentialgleichungen ergeben, die vorgelegte Differentialgleichung*

$$0 = X_1 dx_1 + X_2 dx_2 + \cdots + X_{2n} dx_{2n}$$

*sich in die Gleichung*

$$0 = X_1^0 dx_1^0 + X_2^0 dx_2^0 + \cdots + X_{2n-1}^0 dx_{2n-1}^0$$

*verwandelt, oder in eine andere Differentialgleichung mit einer Variablen weniger, welche aus der gegebenen Differentialgleichung erhalten wird, wenn man in ihr* $x_{2n} = 0$ *setzt, und* $x_1^0, x_2^0, \ldots, x_{2n-1}^0$ *für* $x_1, x_2, \ldots, x_{2n-1}$ *schreibt. Die Integration dieser letzteren Gleichung giebt also die Integration der vorgelegten, wenn man in ihren Integralgleichungen wieder* $x_1^0, x_2^0, \ldots, x_{2n-1}^0$ *durch* $x_1, x_2, \ldots, x_{2n-1}, x_{2n}$ *vermittelst der angegebenen Gleichungen ausdrückt.*

Nach der Pfaffschen Methode hat man nun in der Gleichung

$$0 = X_1^0 dx_1^0 + X_2^0 dx_2^0 + \cdots + X_{2n-1}^0 dx_{2n-1}^0$$

eine der Grössen $x_1^0, x_2^0, \ldots, x_{2n-1}^0$ einer willkürlichen Constanten gleich zu setzen; es sei also

$$x_{2n-1}^0 = \alpha_1,$$

wo $\alpha_1$ eine willkürliche Constante. Die Differentialgleichung wird demnach

$$0 = X_1^0 dx_1^0 + X_2^0 dx_2^0 + \cdots + X_{2n-2}^0 dx_{2n-2}^0,$$

wo in den Grössen $X_i^0$ für $x_{2n-1}^0$ die Constante $\alpha_1$ zu setzen ist. Hat man diese neue Differentialgleichung durch $n-1$ Gleichungen mit $n-1$ willkürlichen Constanten integrirt, so füge man die Gleichung

$$x_{2n-1}^0 = \alpha_1$$

hinzu, und drücke vermittelst der Integralgleichungen des ersten Systems $x_1^0, x_2^0, \ldots, x_{2n-1}^0$ durch $x_1, x_2, \ldots, x_{2n}$ aus, so hat man die $n$ Gleichungen mit $n$ willkürlichen Constanten, welche der vorgelegten Differentialgleichung

$$0 = X_1 dx_1 + X_2 dx_2 + \cdots + X_{2n} dx_{2n}$$

Genüge thun.

Man kann auf dieselbe Weise nun wieder die Differentialgleichung, auf welche die vorgelegte reducirt worden ist, auf eine andere mit zwei Variabeln weniger reduciren. Das zu diesem Ende zu integrirende zweite System von Differentialgleichungen erhält man aus dem ersten, wenn man die beiden letzten Gleichungen desselben fortlässt, $x_{2n} = 0$, $x_{2n-1} = \alpha_1$ setzt, und für $x_i$, $X_i$ schreibt $x_i^0$, $X_i^0$. Man erhält dann $2n-3$ gewöhnliche Differentialgleichungen zwischen den $2n-2$ Variabeln $x_1^0, x_2^0, \ldots, x_{2n-2}^0$. Als willkürliche Constanten nehme man wieder die Werthe von $x_1^0, x_2^0, \ldots, x_{2n-3}^0$ für $x_{2n-2}^0 = 0$, welche wir mit $x_1^{00}, x_2^{00}, \ldots, x_{2n-3}^{00}$ bezeichnen wollen, und nenne $X_i^{00}$ den entsprechenden Werth von $X_i^0$, so ist die Aufgabe darauf zurückgeführt, die Gleichung

$$X_1^{00}\,dx_1^{00} + X_2^{00}\,dx_2^{00} + \cdots + X_{2n-4}^{00}\,dx_{2n-4}^{00} = 0,$$

welche aus der vorgelegten erhalten wird, wenn man $x_{2n} = x_{2n-2} = 0$, $x_{2n-1} = \alpha_1$, $x_{2n-3} = \alpha_2$ setzt, wo $\alpha_1$, $\alpha_2$ willkürliche Constanten bedeuten, und $X^{00}$, $x^{00}$ für $X$, $x$ schreibt, durch $n-2$ Gleichungen mit $n-2$ willkürlichen Constanten zu integriren. Zu diesen füge man die Gleichung

$$x_{2n-3}^{00} = \alpha_2,$$

und drücke $x_1^{00}, x_2^{00}, \ldots, x_{2n-3}^{00}$ vermittelst der Integralgleichungen des zweiten Systems durch $x_1^0, x_2^0, \ldots, x_{2n-2}^0$ aus, füge wieder die Gleichung

$$x_{2n-1}^0 = \alpha_1$$

hinzu, und drücke $x_1^0, x_2^0, \ldots, x_{2n-1}^0$ vermittelst der Integralgleichungen des ersten Systems durch $x_1, x_2, \ldots, x_{2n}$ aus, so hat man die $n$ Integrale der vorgelegten Gleichung mit $n$ willkürlichen Constanten. Indem man auf diese Weise fortführt jede Differentialgleichung, auf welche man die vorgelegte reducirt hat, dadurch noch um zwei Variabeln zu verringern, dass man eine Variable $= 0$, eine andere einer willkürlichen Constante gleich setzt, kommt man zuletzt auf eine Differentialgleichung zwischen nur zwei Variabeln:

$$X_1\,dx_1 + X_2\,dx_2 = 0,$$

wo in $X_1$, $X_2$ zu setzen ist $x_{2n} = x_{2n-2} = \cdots = x_4 = 0$, $x_{2n-1} = \alpha_1$, $x_{2n-3} = \alpha_2, \ldots$ $x_3 = \alpha_{n-1}$.

Bezeichnet man daher mit $\alpha_1, \alpha_2, \ldots, \alpha_n$ willkürliche Constanten, so besteht das ganze Verfahren zur Aufstellung der verschiedenen zu integrirenden Systeme gewöhnlicher Differentialgleichungen im Folgenden. In dem oben aufgestellten ersten Systeme gewöhnlicher Differentialgleichungen setzt man $x_{2n} = 0$, $x_{2n-1} = \alpha_1$, lässt die beiden letzten Gleichungen fort, und schreibt $x_i^0$, $X_i^0$ für

$x_i$, $X_i$, wodurch man das zweite System erhält; in diesem setzt man $\overset{0}{x}_{2n-2}=0$, $\overset{0}{x}_{2n-3}=a_2$, lässt wieder die beiden letzten Gleichungen fort, und schreibt $x_i^{00}$, $X_i^{00}$ für $x_i^0$, $X_i^0$, wodurch man das dritte System erhält; in diesem setzt man $\overset{00}{x}_{2n-4}=0$, $\overset{00}{x}_{2n-5}=a_3$, lässt wieder die beiden letzten Gleichungen fort, und schreibt $x_i^{000}$, $X_i^{000}$ für $x_i^{00}$, $X_i^{00}$, wodurch man das vierte System von Differentialgleichungen erhält, und so fort; zuletzt kommt man auf die Gleichung, welche das $n^{\text{te}}$ System vorstellt,

$$X_1^{0^{n-1}}dx_1^{0^{n-1}}+X_2^{0^{n-1}}dx_2^{0^{n-1}}=0.$$

Lässt man $x_1^{0^{n-m}}$, $x_2^{0^{n-m}}$, ..., $x_{2m+1}^{0^{n-m}}$ die Werthe bedeuten, welche in den $2m+1$ Integralen des $(n-m)^{\text{ten}}$ Systems von Differentialgleichungen $x_1^{0^{n-m-1}}$, $x_2^{0^{n-m-1}}$, ..., $x_{2m+1}^{0^{n-m-1}}$ für $x_{2m+2}^{0^{n-m-1}}=0$ annehmen, so geben die sämmtlichen Integralgleichungen der verschiedenen Systeme, verbunden mit den Gleichungen

$$\overset{0}{x}_{2n-1}=a_1,\quad \overset{00}{x}_{2n-3}=a_2,\quad \overset{000}{x}_{2n-5}=a_3,\quad \ldots,\quad x_1^{0^n}=a_n,$$

die verlangte Lösung. Man kann nämlich in der letzten der $n$ Gleichungen

$$\overset{0}{x}_{2n-1}=a_1,\quad \overset{00}{x}_{2n-3}=a_2,\quad \overset{000}{x}_{2n-5}=a_3,\quad \ldots,\quad x_1^{0^n}=a_n$$

vermittelst des Integrals der letzten Differentialgleichung (des $n^{\text{ten}}$ Systems) $x_1^{0^n}$ durch $x_1^{0^{n-1}}$, $x_2^{0^{n-1}}$, dann in den beiden letzten vermittelst der drei Integrale des $(n-1)^{\text{ten}}$ Systems $x_1^{0^{n-1}}$, $x_2^{0^{n-1}}$, $x_3^{0^{n-1}}$ durch $x_1^{0^{n-2}}$, $x_2^{0^{n-2}}$, $x_3^{0^{n-2}}$, $x_4^{0^{n-2}}$, dann in den drei letzten vermittelst der 5 Integrale des $(n-2)^{\text{ten}}$ Systems von Differentialgleichungen $x_1^{0^{n-2}}$, $x_2^{0^{n-2}}$, $x_3^{0^{n-2}}$, $x_4^{0^{n-2}}$, $x_5^{0^{n-2}}$ durch $x_1^{0^{n-3}}$, $x_2^{0^{n-3}}$, ..., $x_6^{0^{n-3}}$ ausdrücken, und so fortfahren, bis man vermittelst der Integration des ersten Systems alles in den $n$ Gleichungen durch die ursprünglichen Variabeln $x_1, x_2, \ldots, x_{2n}$ ausgedrückt hat.

Wir haben gesehen, dass, wenn von den $2n$ Grössen $X_1, X_2, \ldots, X_{2n}$ eine Zahl $n-1$ verschwindet, was den Fall der partiellen Differentialgleichungen erster Ordnung giebt, die Integration des ersten Systems von Differentialgleichungen hinreicht. Wenn eine geringere Zahl $n-m$ fehlt, so dass

$$X_1=X_2=\cdots=X_{n-m}=0,$$

so braucht man das obige Verfahren nur so weit fortzusetzen, bis man die vorgelegte Differentialgleichung auf eine mit $2n-2m+2$ Variabeln reducirt hat, welche die Form haben wird:

$$0 = \overset{0}{X}{}^{m-1}_{n-m+1}\, d\overset{0}{x}{}^{m-1}_{n-m+1} + \overset{0}{X}{}^{m-1}_{n-m+2}\, d\overset{0}{x}{}^{m-1}_{n-m+2} + \cdots + \overset{0}{X}{}^{m-1}_{2n-2m+2}\, d\overset{0}{x}{}^{m-1}_{2n-2m+2},$$

indem die Coëfficienten von $d\overset{0}{x}{}^{m-1}_{1}$, $d\overset{0}{x}{}^{m-1}_{2}$, ..., $d\overset{0}{x}{}^{m-1}_{n-m}$ fehlen. Die Integration des $m^{\text{ten}}$ Systems von Differentialgleichungen reicht hin, die $n-m+1$ Gleichungen zu finden, durch welche dieser Differentialgleichung Genüge geschieht, und man braucht keine Differentialgleichungen weiter zu integriren.

Man kann sich auch zur Integration der Gleichung

$$X_1 dx_1 + X_2 dx_2 + \cdots + X_{2n} dx_{2n} = 0$$

folgender Methode bedienen, welche von der Pfaffschen verschieden ist. Indem man nur $x_1$ und $x_2$ als Variabeln betrachtet, kann man durch Integration einer gewöhnlichen Differentialgleichung erster Ordnung zwischen zwei Variabeln

$$X_1 dx_1 + X_2 dx_2 = U du$$

setzen. Betrachtet man auch $x_3$ und $x_4$ als Variabeln, so erhält man hierdurch

$$X_1 dx_1 + X_2 dx_2 + X_3 dx_3 + X_4 dx_4 = U du + U' dx_3 + U'' dx_4,$$

wo, wenn man $u$ statt $x_1$ einführt, $U$, $U'$, $U''$ Functionen von $u$, $x_2$, $x_3$, $x_4$ werden. Durch Integration einer partiellen Differentialgleichung erster Ordnung zwischen drei Variabeln kann man, wie sich leicht zeigen lässt, diesem Ausdruck die Form geben

$$U du + U' dx_3 + U'' dx_4 = V_1 dv_1 + V_2 dv_2,$$

wodurch auch

$$X_1 dx_1 + X_2 dx_2 + X_3 dx_3 + X_4 dx_4 = V_1 dv_1 + V_2 dv_2.$$

Betrachtet man noch $x_5$, $x_6$ als Variabeln, so erhält man hierdurch:

$$X_1 dx_1 + X_2 dx_2 + \cdots + X_6 dx_6 = V_1 dv_1 + V_2 dv_2 + V' dx_5 + V'' dx_6,$$

wo, wenn man $v_1$, $v_2$ statt $x_1$, $x_2$ einführt, $V_1$, $V_2$, $V'$, $V''$ Functionen von $v_1$, $v_2$, $x_3$, $x_4$, $x_5$, $x_6$ werden. Dem vorstehenden Ausdruck kann man durch Integration einer partiellen Differentialgleichung erster Ordnung zwischen vier Variabeln die Form geben

$$V_1 dv_1 + V_2 dv_2 + V' dx_5 + V'' dx_6 = W_1 dw_1 + W_2 dw_2 + W_3 dw_3,$$

wodurch auch

$$X_1 dx_1 + X_2 dx_2 + \cdots + X_6 dx_6 = W_1 dw_1 + W_2 dw_2 + W_3 dw_3,$$

u. s. w. Fährt man so fort, so erhält man, nachdem man zuerst eine gewöhnliche Differentialgleichung erster Ordnung zwischen zwei Variabeln, und dann hinter einander partielle Differentialgleichungen erster Ordnung zwischen 3, 4, ..., $n$ Variabeln integrirt hat, zuletzt durch Integration einer partiellen Differentialgleichung erster Ordnung zwischen $n+1$ Variabeln die verlangten $n$ Gleichungen. Da nach dem oben auseinandergesetzten Verfahren eine partielle Differentialgleichung erster Ordnung zwischen $k+1$ Variabeln die Integration von $2k-1$ gewöhnlichen Differentialgleichungen erster Ordnung zwischen $2k$ Variabeln gefordert, so sieht man, dass man nach dieser Methode eben so viel Systeme gewöhnlicher Differentialgleichungen zwischen gleich viel Variabeln zu integriren hat, wie nach der früheren Methode. Wenn $m$ von den Grössen $X_1, X_2, \ldots, X_{2n}$ gleich 0 sind, so kann man sogleich bei diesem Gange der Operationen mit der Integration einer partiellen Differentialgleichung erster Ordnung zwischen $n+2$ Variabeln anfangen.

Den 9. December 1836.

# NOTE SUR L'INTÉGRATION DES ÉQUATIONS DIFFÉRENTIELLES DE LA DYNAMIQUE

PAR

M. C. G. J. JACOBI.

Comptes rendus de l'Académie des sciences de Paris, t. V p. 61—67.

# NOTE SUR L'INTÉGRATION DES ÉQUATIONS DIFFÉRENTIELLES DE LA DYNAMIQUE.

La forme que Lagrange a donnée aux équations différentielles de la dynamique n'a servi jusqu'ici qu'à opérer avec élégance les différentes transformations dont ces équations sont susceptibles, et à établir avec facilité et dans toute leur étendue les lois générales de la mécanique. Mais on peut aussi tirer de la même forme un profit important pour l'intégration elle-même de ces équations, ce qui me paraît ajouter une nouvelle branche à la mécanique analytique. J'en ai marqué les traits fondamentaux dans une communication faite à l'Académie dé Berlin, le 29. novembre passé, après avoir eu l'honneur de présenter à votre illustre Académie, il y a environ une année, un exemple propre à faire sentir l'esprit et l'utilité de la nouvelle méthode. Toutes les fois que le principe de la moindre action a lieu, j'ai trouvé que l'on peut suivre une telle marche dans l'intégration des équations du mouvement que *chacune* des intégrales trouvées successivement, rabaisse leur ordre de *deux* unités, en égalant toujours l'ordre d'un système d'équations différentielles ordinaires, au nombre des constantes arbitraires que comporte leur intégration complète. La proposition énoncée a lieu aussi dans les cas où la fonction dont les dérivées donnent les composantes des forces agissantes sur les différents points matériels, renferme explicitement le temps. On trouve, par exemple, dans le cas d'un point obligé à rester sur une surface donnée et soumis à la seule action de forces centrales, que l'équation différentielle du second ordre de laquelle dépend ce mouvement, se ramène aux quadratures dès qu'on en a trouvé une seule intégrale. Les lignes les plus courtes d'une surface rentrent dans ce cas.

Tout en composant un mémoire étendu relatif à ces recherches, j'ai été entraîné par des questions sur la théorie des nombres, laquelle a toujours été un objet de prédilection pour un grand nombre de géomètres, et ce ne sera qu'après avoir publié les résultats obtenus dans cette matière que je reviendrai à mon travail sur la dynamique. En attendant, j'ose présenter à l'Académie la note dont j'ai parlé ci-dessus et qui vient d'être imprimée dans le journal de M. Crelle.

On y trouvera aussi de grands détails sur une découverte que j'ai antérieurement annoncée à l'Académie: l'intégration complète de ces équations différentielles établies par Legendre, desquelles dépend l'existence d'un maximum ou minimum dans un problème isopérimètre. La méthode dont je me sers est une nouvelle et remarquable application de la fameuse méthode de la variation des constantes arbitraires, et qui repose principalement sur les propriétés importantes des équations différentielles linéaires susceptibles de prendre la forme

$$Ay+\frac{d(By')}{dx}+\frac{d^2(Cy'')}{dx^2}+\cdots+\frac{d^m(Py^{(m)})}{dx^m}=0,$$

$y^{(m)}$ étant mis pour $\frac{d^my}{dx^m}$. On parvient par-là à une proposition simple et générale, et qui se prête aisément aux applications. Par exemple, si on l'applique aux lignes les plus courtes d'une surface fermée, partant d'un même point, lesquelles envelopperont, en général, une courbe formée par leurs intersections successives, l'on aura le théorème „qu'un arc d'une telle ligne, pris depuis le point de départ commun et terminé avant d'avoir atteint le point de son contact avec l'enveloppe commune, est toujours, sur la surface, le plus court chemin entre ses deux termes, mais que cet arc étant prolongé au-delà ou jusqu'au point de contact, il ne sera entre ses deux termes ni le plus grand, ni le plus court chemin."

Je crois que l'on doit regarder le principe de la moindre action comme l'un des plus importants de la mécanique. En effet, on voit dans un mémoire des *Miscellanea Taurinensia*, ouvrage immortel et supérieur à tout éloge, Lagrange jeune faire ressortir d'un seul jet de ce principe la mécanique analytique toute faite. Celui des vitesses virtuelles n'a été appelé qu'après coup pour les démonstrations méthodiques dans des travaux postérieurs. Pourquoi donc la mécanique analytique, fille ingrate, a-t-elle voulu accuser le principe de la moindre action comme inutile? Si les travaux de M. Hamilton, et les recherches dont j'ai parlé ci-dessus, ajoutent essentiellement à la mécanique analytique, c'est encore à ce principe qu'on en sera redevable.

Il me paraît que le principe mentionné n'est pas présenté ordinairement d'une manière assez claire et qu'il est même impossible d'en saisir le vrai sens d'après la seule définition donnée et sans avoir recours à sa démonstration.

Cela vient de ce qu'on oublie d'ajouter, dans la définition même du principe, que sous le signe de l'intégrale qui doit être un minimum, l'on suppose que l'élément du temps soit éliminé au moyen de l'équation des forces vives. Cette dernière étant

$$\tfrac{1}{2}\Sigma m ds^2 = (U+h)dt^2,$$

où $h$ est la constante arbitraire, ce n'est donc pas l'intégrale

$$\int dt \Sigma m \left(\frac{ds}{dt}\right)^2,$$

mais l'intégrale

$$\int \sqrt{U+h}\sqrt{\Sigma m ds^2},$$

qui d'après le principe de la moindre action est un minimum. M. Hamilton a eu soin d'en donner un énoncé rigoureux, de même qu'Euler dans sa *Nova Methodus*, etc. Mais il y a une objection un peu essentielle à faire contre la définition de ce principe telle qu'elle a été donnée par Lagrange et qui se rapporte aux mots *maximum* et *minimum*. En effet, l'on prouve aisément que jamais le maximum ne peut avoir lieu; qu'il y a toujours minimum pour un mouvement resserré entre certaines limites et que, passé ces limites, il n'y a ni maximum ni minimum. En appliquant le principe au mouvement uniforme d'un point sur une surface, Lagrange dit que *dans ce cas* il y a minimum, *puisque le maximum ne peut pas avoir lieu;* Lagrange a donc cru qu'il y avait des cas où le minimum devient maximum. Il me paraît qu'en changeant en maximum et minimum, dans les *Miscellanea Taurinensia* et dans ses travaux suivants, le mot minimum dont seul se sont toujours servi Euler et Laplace, Lagrange a voulu, d'une manière succincte et ingénieuse, censurer l'opinion d'Euler qui, par son principe, a cru pouvoir formuler la providence divine. En effet, en admettant comme également possible le maximum et le minimum, si l'on continue à attribuer à l'intégrale en question sa notion métaphysique, ce serait dire que la nature ferait agir ses forces avec la plus grande ou avec la moindre sagesse. Plus tard, ni Lagrange ni d'autres qui l'ont suivi, n'ont eu soin de vérifier le maximum additionnel. A présent la représentation d'une loi comme théorème de maximum ou minimum, perd de plus en plus son caractère physique ou métaphysique, puisqu'on prouve que de grandes classes de problèmes analytiques, par exemple ceux qui dépendent de l'intégration d'une équation à différences partielles du premier ordre entre un nombre quelconque de variables, sont susceptibles d'être traduites en problèmes isopérimètres.

Réciproquement, je prouve dans mon mémoire que tous les problèmes des isopérimètres dans lesquels il y a sous le signe intégral un nombre quelconque de fonctions d'une seule variable avec leurs différentielles *d'un ordre quelconque*, peuvent être ramenés à l'intégration d'une équation à différences partielles du premier ordre.

Il me semble que les remarques précédentes peuvent contribuer à reconnaître qu'il n'y a aucun rapprochement, ni aucune sorte *d'harmonie* entre le principe de la moindre action et la loi de repos, comme l'a cru Euler et même Lagrange. Euler, dans les mémoires de Berlin, a été même de l'avis qu'en considérant un mouvement infiniment petit, il était possible de déduire la loi de repos du principe de la moindre action, et qu'il n'y avait là de difficulté que pour démêler tous les infiniment petits qui entrent dans la question. L'apparence d'une pareille harmonie disparaît déjà en grande partie, si l'on met l'intégrale sous sa juste forme

$$\int \sqrt{U+h}\sqrt{\Sigma m ds^2}.$$

Mais ce qui paraît prouver *à priori* que le rapprochement suggéré par Euler est impossible, c'est que, d'après les remarques faites ci-dessus, l'intégrale dans les mouvements infiniment petits est toujours un véritable minimum, pendant que dans la loi dite de repos, on peut avoir maximum, minimum, ou ni maximum ni minimum.

En finissant, je prends la liberté d'extraire du travail, dont j'ai parlé ci-dessus, les théorèmes suivants que je crois importants.

## I.

Soient

$$m\frac{d^2x}{dt^2} = \frac{\partial U}{\partial x}, \quad m\frac{d^2y}{dt^2} = \frac{\partial U}{\partial y}, \quad m\frac{d^2z}{dt^2} = \frac{\partial U}{\partial z}, \quad \text{etc.}$$

les $3n$ équations différentielles du mouvement d'un système libre; soit

$$\tfrac{1}{2}\Sigma m(dx^2+dy^2+dz^2) = (U+h)dt^2$$

l'équation des forces vives, $h$ étant la constante arbitraire; soit $V$ une solution complète de l'équation à différences partielles

$$\tfrac{1}{2}\Sigma\frac{1}{m}\left[\left(\frac{\partial V}{\partial x}\right)^2+\left(\frac{\partial V}{\partial y}\right)^2+\left(\frac{\partial V}{\partial z}\right)^2\right] = U+h,$$

solution qui, outre une constante ajoutée par la simple addition, doit contenir $3n-1$ constantes arbitraires $\alpha_1, \alpha_2, \ldots, \alpha_{3n-1}$; je dis, en premier lieu, que les $3n$ équations

$$\frac{\partial V}{\partial \alpha_1} = \beta_1, \quad \frac{\partial V}{\partial \alpha_2} = \beta_2, \quad \ldots, \quad \frac{\partial V}{\partial \alpha_{3n-1}} = \beta_{3n-1}, \quad \frac{\partial V}{\partial h} = t + \tau,$$

dans lesquelles $\beta_1, \beta_2, \ldots, \beta_{3n-1}$, sont $3n$ nouvelles constantes arbitraires, seront les intégrales complètes des équations différentielles proposées avec $6n$ constantes arbitraires $\alpha_1, \alpha_2, \ldots, \alpha_{3n-1}, \beta_1, \beta_2, \ldots, \beta_{3n-1}, h, \tau$. Cela étant, supposons que le mouvement éprouve des perturbations et que les équations différentielles du mouvement troublé deviennent

$$m\frac{d^2x}{dt^2} = \frac{\partial U}{\partial x} + \frac{\partial \Omega}{\partial x}, \quad m\frac{d^2y}{dt^2} = \frac{\partial U}{\partial y} + \frac{\partial \Omega}{\partial y}, \quad \text{etc.};$$

si, par les formules du mouvement primitif, on exprime la fonction $\Omega$ par $t$ et les $6n$ constantes arbitraires, les différentielles de celles-ci, dans le mouvement troublé, seront

$$\frac{d\alpha_1}{dt} = \frac{\partial \Omega}{\partial \beta_1}, \quad \frac{d\alpha_2}{dt} = \frac{\partial \Omega}{\partial \beta_2}, \quad \ldots, \quad \frac{d\alpha_{3n-1}}{dt} = \frac{\partial \Omega}{\partial \beta_{3n-1}}, \quad \frac{dh}{dt} = \frac{\partial \Omega}{\partial \tau},$$

$$\frac{d\beta_1}{dt} = -\frac{\partial \Omega}{\partial \alpha_1}, \quad \frac{d\beta_2}{dt} = -\frac{\partial \Omega}{\partial \alpha_2}, \quad \ldots, \quad \frac{d\beta_{3n-1}}{dt} = -\frac{\partial \Omega}{\partial \alpha_{3n-1}}, \quad \frac{d\tau}{dt} = -\frac{\partial \Omega}{\partial h}.$$

La première partie du théorème n'est qu'une généralisation facile d'un théorème de M. Hamilton, ce dernier exigeant que les constantes arbitraires soient précisément les valeurs initiales et finales des coordonnées, et que la fonction $V$ satisfasse encore à une seconde équation à différences partielles. La seconde partie du théorème relative à la variation des constantes arbitraires est entièrement nouvelle. Je n'ai proposé ici, pour cause de simplicité, que le cas du mouvement libre, mais j'ai étendu le théorème avec facilité au mouvement d'un système soumis à des conditions quelconques. On trouve au moyen de ce théorème, par le calcul même, des éléments dont les valeurs différentielles, dans le mouvement troublé, prennent la forme simple qu'elles ont dans le théorème, forme que je désigne dans mon mémoire sous le nom de *canonique*. C'est ce qu'on vérifie aisément dans le mouvement elliptique, où l'intégration de l'équation à différences partielles

$$\left(\frac{\partial V}{\partial x}\right)^2 + \left(\frac{\partial V}{\partial y}\right)^2 + \left(\frac{\partial V}{\partial z}\right)^2 = k^2\left(\frac{2}{r} - \frac{1}{a}\right)$$

conduit aux formules connues du mouvement elliptique et en même temps aux six éléments propres à remplir le but proposé, savoir, le grand axe inverse, la racine carrée du semi-paramètre, le produit de cette dernière par le cosinus de l'inclinaison, la distance au noeud ascendant, la longitude du périhélie et le temps du passage par le périhélie.

Comme on déduit, d'une solution complète quelconque d'une équation à différences partielles du premier ordre, toutes les autres solutions complètes, le théorème que je viens d'énoncer donne aussi la solution d'un autre problème intéressant, savoir:

Étant donné un système quelconque d'éléments entre lesquels et le temps on a, dans le mouvement troublé, un système d'équations différentielles de la forme canonique, trouver tous les autres systèmes d'éléments qui jouissent de la même propriété.

La solution de ce problème est contenue dans le théorème analytique suivant.

## II.

Soit donné le système d'équations différentielles:

$$\frac{da_1}{dt} = -\frac{\partial H}{\partial b_1}, \quad \frac{da_2}{dt} = -\frac{\partial H}{\partial b_2}, \quad \ldots, \quad \frac{da_m}{dt} = -\frac{\partial H}{\partial b_m},$$
$$\frac{db_1}{dt} = +\frac{\partial H}{\partial a_1}, \quad \frac{db_2}{dt} = +\frac{\partial H}{\partial a_2}, \quad \ldots, \quad \frac{db_m}{dt} = +\frac{\partial H}{\partial a_m},$$

$H$ étant une fonction quelconque de $t$ et des variables $a_1, a_2, \ldots, a_m, b_1, b_2, \ldots, b_m$; soient $\alpha_1, \alpha_2, \ldots, \alpha_m, \beta_1, \beta_2, \ldots, \beta_m$ de nouvelles variables entre lesquelles et les précédentes on a les équations suivantes:

$$\frac{\partial\psi}{\partial\alpha_1} = \beta_1, \quad \frac{\partial\psi}{\partial\alpha_2} = \beta_2, \quad \ldots, \quad \frac{\partial\psi}{\partial\alpha_m} = \beta_m,$$
$$\frac{\partial\psi}{\partial a_1} = -b_1, \quad \frac{\partial\psi}{\partial a_2} = -b_2, \quad \ldots, \quad \frac{\partial\psi}{\partial a_m} = -b_m,$$

$\psi$ étant une fonction quelconque des variables $\alpha_1, \alpha_2, \ldots, \alpha_m, a_1, a_2, \ldots, a_m$, sans contenir ni $t$, ni les autres variables: je dis que si l'on exprime, au moyen des équations précédentes, la fonction $H$ par $t$ et les nouvelles variables $\alpha_1, \alpha_2, \ldots, \alpha_m, \beta_1, \beta_2, \ldots, \beta_m$, on aura entre ces dernières des équations différentielles, précisément de la même forme que les proposées, savoir:

$$\frac{d\alpha_1}{dt} = -\frac{\partial H}{\partial\beta_1}, \quad \frac{d\alpha_2}{dt} = -\frac{\partial H}{\partial\beta_2}, \quad \ldots, \quad \frac{d\alpha_m}{dt} = -\frac{\partial H}{\partial\beta_m},$$
$$\frac{d\beta_1}{dt} = +\frac{\partial H}{\partial\alpha_1}, \quad \frac{d\beta_2}{dt} = +\frac{\partial H}{\partial\alpha_2}, \quad \ldots, \quad \frac{d\beta_m}{dt} = +\frac{\partial H}{\partial\alpha_m}.$$

On peut déduire de ce théorème d'autres théorèmes moins généraux, en mettant $\psi + \lambda\psi_1 + \mu\psi_2 +$ etc. au lieu de $\psi$, et en éliminant les multiplicateurs $\lambda$, $\mu$, etc. au moyen des équations $\psi_1 = 0$, $\psi_2 = 0$, etc. Les démonstrations de ces théorèmes n'offrent pas de difficulté.

# NEUES THEOREM DER ANALYTISCHEN MECHANIK

VON

C. G. J. JACOBI,
PROF. UND AKADEMIKER ZU BERLIN.

Monatsberichte der Königl. Akademie der Wissenschaften zu Berlin vom Jahre 1838 p. 178—182.
Crelle Journal für die reine und angewandte Mathematik, Bd. 30 p. 117—120.

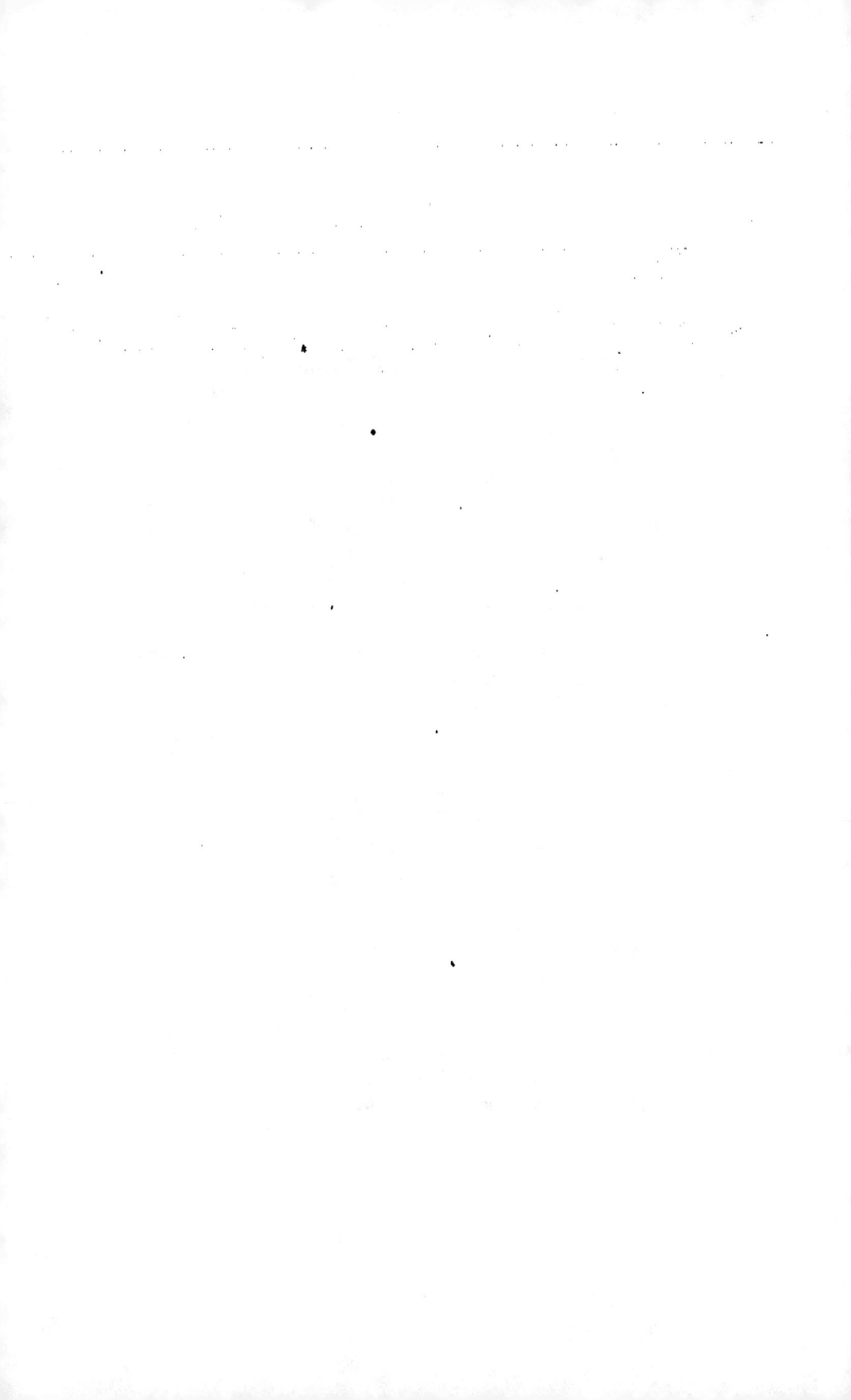

# NEUES THEOREM DER ANALYTISCHEN MECHANIK.

In einer Abhandlung von **Encke** im Berliner Jahrbuch für 1837 „über die speciellen Störungen" findet man die partiellen Differentialquotienten der Werthe, welche in der Theorie der elliptischen Bewegung eines Himmelskörpers für seine Coordinaten $x$, $y$, $z$ und die Componenten seiner Geschwindigkeit $x'$, $y'$, $z'$ erhalten werden. Die Elemente, in Bezug auf welche an dem angeführten Orte die partiellen Differentialquotienten genommen werden, sind die halbe grosse Axe $a$, der Werth $\varepsilon$ der mittleren Anomalie für $t = 0$, die Excentricität $e$ der Ellipse, der Winkel $\omega$ zwischen dem Perihel und dem aufsteigenden Knoten, der aufsteigende Knoten $\Omega$ der Ebene der Bahn mit der Ebene der $x$, $y$, die Neigung $i$ der Ebene der Bahn gegen dieselbe Coordinatenebene. Da die Anzahl der partiell zu differentiirenden Ausdrücke, so wie die Anzahl der Grössen, nach welchen jeder differentiirt wird, *sechs* beträgt, so wird man im Ganzen 36 solcher partiellen Differentialquotienten $\frac{\partial x}{\partial a}$, $\frac{\partial x}{\partial \varepsilon}$, etc. haben, welche S. 305 und S. 309 der erwähnten Abhandlung übersichtlich zusammengestellt sind. Diese 36 Ausdrücke werden gebraucht, um die Coëfficienten der **Lagrange**schen Störungsformeln zu bilden, in welchen die partiellen Differentialquotienten der Störungsfunction $\Omega$, in Bezug auf die Elemente $a$, $\varepsilon$, etc. genommen, durch die Differentialquotienten der gestörten Elemente $\frac{da}{dt}$, $\frac{d\varepsilon}{dt}$, etc. ausgedrückt werden. Man kann hieraus umgekehrt die Ausdrücke der Grössen $\frac{da}{dt}$, $\frac{d\varepsilon}{dt}$, etc. durch die partiellen Differentialquotienten $\frac{\partial \Omega}{\partial a}$, $\frac{\partial \Omega}{\partial \varepsilon}$, etc. ableiten. Aber **Poisson** hat Störungsformeln gegeben, durch welche man direct diese Ausdrücke findet. Um in diesen letzteren Störungsformeln die Coëfficienten zu bestimmen, hat man die *sechs* Integralgleichungen der elliptischen Bewegung nach den Grössen $a$, $\varepsilon$, etc. aufzulösen, so dass diese Grössen Functionen von $x$, $y$, $z$, $x'$, $y'$, $z'$ und von $t$ werden, und dann diese Functionen nach $x$, $y$, $z$, $x'$, $y'$, $z'$ partiell zu differentiiren. Man wird auf diese Weise wieder 36 Ausdrücke $\frac{\partial a}{\partial x}$, $\frac{\partial a}{\partial y}$, etc. erhalten, aus welchen die Coëfficienten der Poissonschen Formeln zusammengesetzt sind.

Statt der Grössen $a$, $\varepsilon$, etc. kann man beliebige, aber von einander unabhängige, sechs Combinationen derselben als Elemente einführen. Hat die Zahl $k$ dieselbe Bedeutung wie in der angeführten Abhandlung, d. h. ist $k^2$ die Grösse der anziehenden Kraft für die Einheit der Distanz, so will ich statt $a$ die Grösse $\frac{k^2}{2a}$, statt $\varepsilon$ die Zeit des Periheliums $= -\frac{a^{\frac{3}{2}}}{k}\cdot\varepsilon$, statt $e$ die Quadratwurzel des halben Parameters, mit $k$ multiplicirt, oder die Grösse $k\sqrt{a(1-e^2)}$, statt $i$ die Grösse $k\sqrt{p}.\cos i$ als Elemente einführen. Setzt man

$$\frac{k^2}{2a} = \alpha, \quad k\sqrt{p} = \beta, \quad k\sqrt{p}.\cos i = \gamma,$$

$$-\frac{a^{\frac{3}{2}}}{k}\cdot\varepsilon = \alpha', \quad \omega = \beta', \quad \Omega = \gamma',$$

so wird man leicht aus den Ausdrücken $\frac{\partial x}{\partial a}$, $\frac{\partial x}{\partial \varepsilon}$, etc. die partiellen Differentialquotienten von $x$, $y$, $z$, $x' = \frac{dx}{dt}$, $y' = \frac{dy}{dt}$, $z' = \frac{dz}{dt}$, in Bezug auf $\alpha$, $\beta$, $\gamma$, $\alpha'$, $\beta'$, $\gamma'$ genommen, oder die 36 Ausdrücke $\frac{\partial x}{\partial \alpha}$, $\frac{\partial x}{\partial \beta}$, etc. ableiten können. Ebenso wird man, wenn die Ausdrücke $\frac{\partial a}{\partial x}$, $\frac{\partial \varepsilon}{\partial x}$, etc. bekannt sind, daraus leicht die 36 Ausdrücke $\frac{\partial \alpha}{\partial x}$, $\frac{\partial \beta}{\partial x}$, etc. finden. Aber wenn man diese neuen, nur wenig modificirten, Elemente wählt, und die partiellen Differentialquotienten der letzteren Art mit den partiellen Differentialquotienten der ersteren Art vergleicht, so wird man den merkwürdigen Satz finden, *dass die 36 partiellen Differentialquotienten* $\frac{\partial \alpha}{\partial x}$, $\frac{\partial \beta}{\partial x}$, *etc. den 36 partiellen Differentialquotienten* $\frac{\partial x}{\partial \alpha}$, $\frac{\partial x}{\partial \beta}$, *etc. gleich oder von ihnen nur durch das Zeichen verschieden sind. In der That hat man:*

$$\frac{\partial x}{\partial \alpha} = -\frac{\partial \alpha'}{\partial x'}, \quad \frac{\partial x}{\partial \beta} = -\frac{\partial \beta'}{\partial x'}, \quad \frac{\partial x}{\partial \gamma} = -\frac{\partial \gamma'}{\partial x'},$$

$$\frac{\partial x}{\partial \alpha'} = \frac{\partial \alpha}{\partial x'}, \quad \frac{\partial x}{\partial \beta'} = \frac{\partial \beta}{\partial x'}, \quad \frac{\partial x}{\partial \gamma'} = \frac{\partial \gamma}{\partial x'},$$

$$\frac{\partial x'}{\partial \alpha} = \frac{\partial \alpha'}{\partial x}, \quad \frac{\partial x'}{\partial \beta} = \frac{\partial \beta'}{\partial x}, \quad \frac{\partial x'}{\partial \gamma} = \frac{\partial \gamma'}{\partial x},$$

$$\frac{\partial x'}{\partial \alpha'} = -\frac{\partial \alpha}{\partial x}, \quad \frac{\partial x'}{\partial \beta'} = -\frac{\partial \beta}{\partial x}, \quad \frac{\partial x'}{\partial \gamma'} = -\frac{\partial \gamma}{\partial x},$$

*und ganz ähnliche Formeln, wenn man $y$ und $z$ für $x$ setzt.* Da $\alpha'$ die Zeit des Periheliums ist, so kommen in den Integralgleichungen der elliptischen Bewegung die Grössen $t$ und $\alpha'$ nur in der Verbindung $t-\alpha'$ vor; man hat ferner zufolge des Satzes von der lebendigen Kraft:

$$\alpha = \frac{k^2}{2a} = \frac{k^2}{\sqrt{xx+yy+zz}} - \tfrac{1}{2}(x'x'+y'y'+z'z').$$

Hieraus folgt:

$$\frac{\partial x'}{\partial \alpha'} = -\frac{dx'}{dt} = -\frac{d^2x}{dt^2},$$

$$\frac{\partial \alpha}{\partial x} = \frac{-k^2x}{(xx+yy+zz)^{\frac{3}{2}}},$$

woraus man sieht, dass die Gleichung

$$\frac{\partial x'}{\partial \alpha'} = -\frac{\partial \alpha}{\partial x}$$

und die ähnlichen in Bezug auf $y$ und $z$ die *Differentialgleichungen des Problems* selber sind, die also nur besondere Formeln aus einem Systeme *ganz ähnlicher* sind, die aus den Integralgleichungen abgeleitet werden können. Es giebt eine unendliche Menge Systeme von Elementen, die man für $\alpha$, $\beta$, etc. wählen kann, für welche die obigen Formeln ebenfalls gelten; alle diese Systeme können aus einer allgemeinen Formel gefunden werden.

Ich habe das Beispiel der elliptischen Bewegung eines Himmelskörpers gewählt, weil in diesem das Theorem durch die bekannten Formeln ohne Schwierigkeit verificirt werden kann. Aber es ist das für dieses Beispiel aufgestellte Theorem nur ein besonderer Fall eines allgemeinen, welches für alle Probleme der Mechanik gilt, in welchen das Princip der Erhaltung der Summe der lebendigen Kräfte stattfindet, und auch ausserdem für den Fall, in welchem die Kräftefunction ausser den Coordinaten noch die Zeit $t$ *explicite* enthält, wenn man nämlich in den Lagrangeschen Formeln der Dynamik *Kräftefunction* diejenige Function nennt, deren partielle Differentialquotienten, in Bezug auf die rechtwinkligen Coordinaten der Punkte des Systems genommen, die auf diese Punkte in der Richtung der Coordinatenaxen wirkenden Kräfte geben. Nach einer allgemeinen Formel, welche eine willkürliche Function involvirt, kann man immer solche Systeme von Elementen finden, für die mit den obigen ganz analoge Formeln gelten. Auch führt eine besondere Methode der Integration, welche ich an einem anderen Orte mittheilen werde, schon von selber auf ein solches System von Elementen. Wenn das System materieller Punkte ganz frei ist, so werden in allen mechanischen Problemen von der bezeichneten Gattung die dem

Werthe $t=0$ entsprechenden Werthe der Coordinaten und der nach den Coordinatenaxen zerlegten Geschwindigkeiten der materiellen Punkte ein derartiges System von Elementen. Wenn zwischen den $n$ Punkten irgend welche Verbindungen stattfinden, welche durch $3n-m$ Bedingungsgleichungen gegeben seien, so kann man die Position der Punkte immer durch $m$ von einander unabhängige Grössen $q_1, q_2, \ldots, q_m$ bestimmen. Setzt man $q_i' = \frac{dq_i}{dt}$ und drückt die halbe Summe der lebendigen Kräfte $T$ durch $q_1, q_2, \ldots, q_m, q_1', q_2', \ldots, q_m'$ aus, so werden ein System von Elementen der genannten Art die dem $t=0$ entsprechenden Werthe der Grössen $q_1, q_2, \ldots, q_m$ und der Grössen

$$p_1 = \frac{\partial T}{\partial q_1'}, \quad p_2 = \frac{\partial T}{\partial q_2'}, \quad \ldots, \quad p_m = \frac{\partial T}{\partial q_m'}.$$

Nennt man diese Anfangswerthe $q_1^0, q_2^0, \ldots, q_m^0, p_1^0, p_2^0, \ldots, p_m^0$, so hat man immer:

$$\frac{\partial q_\iota}{\partial q_\varkappa^0} = -\frac{\partial p_\varkappa^0}{\partial p_\iota}, \quad \frac{\partial q_\iota}{\partial p_\varkappa^0} = \frac{\partial q_\varkappa^0}{\partial p_\iota},$$
$$\frac{\partial p_\iota}{\partial q_\varkappa^0} = \frac{\partial p_\varkappa^0}{\partial q_\iota}, \quad \frac{\partial p_\iota}{\partial p_\varkappa^0} = -\frac{\partial q_\varkappa^0}{\partial q_\iota},$$

in welchen Formeln jeder der beiden Indices $\iota$ und $\varkappa$ alle Werthe $1, 2, \ldots, m$ annehmen kann. Die partiellen Differentialquotienten links vom Gleichheitszeichen setzen voraus, dass man in die Integralgleichungen des Problems die Grössen $q_\iota^0$ und $p_\iota^0$ als die willkürlichen Constanten eingeführt und diese Gleichungen dann nach den Grössen $q_\iota$ und $p_\iota$ aufgelöst hat, so dass jede derselben eine Function von $t$ und von den $2m$ Grössen $q_\iota^0, p_\iota^0$ wird. Umgekehrt setzen die partiellen Differentialquotienten rechts vom Gleichheitszeichen voraus, dass man die Integralgleichungen nach den Grössen $q_\iota^0, p_\iota^0$ aufgelöst hat, so dass jede dieser Grössen eine Function der Zeit $t$ und der $2m$ Grössen $q_\iota$ und $p_\iota$ wird. Man sieht leicht, dass man die letzteren Ausdrücke aus den ersteren bloss dadurch erhalten kann, dass man $q_\iota$ und $q_\iota^0$, $p_\iota$ und $p_\iota^0$ mit einander vertauscht und $-t$ statt $t$ setzt.

Für jedes System von Elementen, welches die im Vorigen erwähnte Eigenschaft besitzt, erhalten die Störungsformeln eine möglichst einfache Gestalt, indem der Differentialquotient jedes gestörten Elementes, genommen nach der Zeit, einem einzigen partiellen Differentialquotienten der Störungsfunction gleich wird, dessen Coëfficient nur $+1$ oder $-1$ ist, wie dies für die Elemente $q_\iota^0, p_\iota^0$ bekannt ist.

Königsberg, den 21. November 1838.

# SUR UN THÉORÈME DE POISSON

PAR

M. C. G. J. JACOBI.

Comptes rendus de l'Académie des sciences de Paris, t. XI p. 529.

# SUR UN THEORÈME DE POISSON.

Lettre de C. G. J. Jacobi à M. le Président de l'Académie des sciences de Paris.)

M. de Humboldt vient de me communiquer un fragment d'une Notice biographique sur M. Poisson, dont la lecture m'a donné envie d'adresser à vous, Monsieur, et à votre illustre Académie, quelques remarques sur la plus profonde découverte de M. Poisson, mais qui, je crois, n'a été bien comprise ni par Lagrange, ni par les nombreux géomètres qui l'ont citée, ni par son auteur lui-même. Le théorème dont je parle me semble être le plus important de la mécanique et de cette partie du calcul intégral qui s'attache à l'intégration d'un système d'équations différentielles ordinaires; toute fois, on ne le trouve ni dans les Traités de calcul intégral, ni dans la *Mécanique analytique*. Comme ce théorème ne servait qu'à établir une autre proposition dont Lagrange avait donné une démonstration plus simple, celui-ci n'en parlait dans sa *Mécanique analytique* que comme d'une preuve d'une grande force analytique, sans trouver nécessaire de le faire entrer dans cet ouvrage. Et depuis, tout le monde ne le regardant que comme un théorème auxiliaire remarquable par la difficulté de le prouver et personne ne l'examinant en lui-même, ce théorème vraiment prodigieux, et jusqu'ici sans exemple, est resté en même temps découvert et caché.

Le théorème en question, énoncé convenablement, est le suivant:

„Un nombre quelconque de points matériels étant tirés par des forces et soumis à des conditions telles, que le principe de la conservation des forces vives ait lieu, si l'on connaît, outre l'intégrale*) fournie par ce principe, deux autres intégrales, on en peut déduire une troisième d'une manière directe et sans même employer des quadratures."

*) Je nomme intégrale une équation $u = \text{const.}$ telle que sa différentielle $du = 0$ soit vérifiée identiquement par le système des équations différentielles proposées, sans avoir recours en aucune façon aux équations intégrales.

En poursuivant le même procédé on pourra trouver une quatrième, une cinquième intégrale, et, en général, on parviendra de cette manière à déduire des deux intégrales données toutes les intégrales, ou, ce qui revient au même, l'intégration complète du problème. Dans des cas particuliers, on retombera sur une combinaison des intégrales déjà trouvées, avant qu'on soit parvenu à toutes les intégrales du problème, mais alors les deux intégrales données jouissent de propriétés particulières desquelles on peut tirer un autre profit pour l'intégration des équations dynamiques proposées. C'est ce qu'on verra dans un ouvrage auquel je travaille depuis plusieurs années, et dont peut-être je pourrai bientôt faire commencer l'impression.

# DILUCIDATIONES DE AEQUATIONUM DIFFERENTIALIUM VULGARIUM SYSTEMATIS EARUMQUE CONNEXIONE CUM AEQUATIONIBUS DIFFERENTIALIBUS PARTIALIBUS LINEARIBUS PRIMI ORDINIS

AUCTORE

C. G. J. JACOBI,
PROF. ORD. MATH. REGIOM.

Crelle Journal für die reine und angewandte Mathematik, Bd. 23 p. 1—104.

# DILUCIDATIONES DE AEQUATIONUM DIFFERENTIALIUM VULGARIUM SYSTEMATIS EARUMQUE CONNEXIONE CUM AEQUATIONIBUS DIFFERENTIALIBUS PARTIALIBUS LINEARIBUS PRIMI ORDINIS.

## Introductio et Argumentum.

1.

Calculum aequationum differentialium partialium d'Alembertus et Eulerus invenere. Cuius primum problemata particularia quaestionum physicarum oblata occasione tractavere. Mox vero Eulerus universum illum Calculum ad examen rigorosum vocat, quid in singulis eius partibus praestari possit, quid desideretur exponit eaque ratione novam format disciplinam. Cui ille fere totum *Tomum tertium institutionum Calculi Integralis* dicavit. In tam nova re haud minimum impedimenti quaestioni inerat de classificatione idonea, quid pro primo quid pro secundo statuendum esset, quid simplex quid complicatius; nam ubi tot obstabant difficultates inextricabiles, magnum habebatur alias reducere ad alias, quae licet et ipsae invictae leviores tamen viderentur. Eulerus putabat non ordinem differentialium partialium, quae aequationes propositas ingrediuntur, genuinum classificationis constituere criterium, nam ordinis secundi aequatio physico problemate oblata omnium prima soluta erat; non gradum aequationis, nam erat ei amplas aequationum non linearium classes solvendi copia, dum aequationum *linearium* vel primi ordinis et inter tres variabiles solutionem non in potestate habebat. Praetulit ille eam divisionem tractationis aequationum differentialium partialium, quae e numero variabilium petitur. Qua de re aequationes secundi et tertii ordinis inter tres variabiles tractavit, antequam aequationes primi ordinis inter quatuor variabiles aggressus est, quas etsi lineares sint difficiliores aestimavit. Sane fieri potest ut aliquando aequationum differentialium partialium altiorum ordinum natura melius perspecta Eulerum inveniamus in hac re non tam a vero aberravisse, siquidem problematum solutionem ad finem ducere proponitur neque acquiescimus earum reductione ad alia et ipsa inextricabilia. Illo autem tempore sicuti fere nostro aequationes differentiales partiales pro solutis habebantur, simulac earum reductio ad aequationes differentiales vulgares contigerit, et hoc quidem respectu Eulerianam classificationem novimus valde erroneam esse. Nam pro aequationibus differentialibus partialibus secundi et tertii ordinis vel inter tres variabiles eam reductionem ad aequationes differentiales vulgares difficillimam ac plerumque impossibilem etiam nunc reputamus, reductio autem aequationum differentialium partialium primi ordinis inter quemlibet variabilium numerum constat. Quin etiam, si aequatio differentialis partialis primi ordinis est linearis, eius reductio ad aequationes differentiales vulgares hodie ad prima elementa refertur, dum ea reductio pro aequationibus differentialibus partialibus primi ordinis non linearibus, quamvis praestari possit, materies tamen difficilis et profunda censeri debet. Quocirca etiam hoc pro progressu in hac theoria habere debemus, quod distinguere solemus inter aequationes differentiales partiales lineares et non lineares, quam distinctionem in Euleriano Opere non invenimus. Quippe qui aequationes inter quantitates

$$x,\ y,\ z,\ \frac{\partial z}{\partial x},\ \frac{\partial z}{\partial y}$$

distinguebat numero harum quantitatum, quem aequatio proposita involvit, primum de aequationibus quaerens solum alterum differentiale implicantibus, deinde de iis quaerens aequationibus, quae praeter utrumque differentiale nullam vel unam vel duas vel omnes tres variabiles $x$, $y$, $z$ implicant. Quarum quaestionum primam, secundam, tertiam generaliter absolvit; quartam nonnisi pro aequationibus linearibus et quae ad eas revocari possunt; quintam nonnisi plurimis luculentis exemplis illustravit. Generaliter Eulerus reductionem praestitit, quoties ad aequationem differentialem primi ordinis inter duas variabiles fieri potuit neque consideratione systematis plurium aequationum differentialium vulgarium simultanearum indigebat. Illa autem exempla ab eo ita exhausta esse videmus, ut postea Ill. Lagrange nonnisi unum vere novum addendum invenerit.*)

Ill. Lagrange (*Acad. Ber. a.* 1779 *p.* 152—160) aequationum differentialium partialium primi ordinis linearium solutionem, hoc est reductionem ad aequationes differentiales vulgares, primum obiter et adumbrata tantum demonstratione dedit. De illa demonstratione pretiosa alio loco mihi agendum erit. Aliam postea dedit demonstrationem in Commentatione

*) *Acad. Berol. a.* 1772 *pag.* 360.

*„Méthode Générale pour intégrer les équations aux différences partielles et du premier ordre, lorsque ces différences ne sont que linéaires“*, *Acad. Ber. a.* 1785 *p.* 174—190*). Sed quaeri possit quidnam ea reductione alterius problematis ad alterum lucremur. Dici solet, aequationes differentiales vulgares per series infinitas integrari posse, sed idem valet de aequationibus illis differentialibus partialibus. Quae etiam melius per series infinitas directe solvuntur, cum intervenientibus aequationibus differentialibus vulgaribus post earum integrationem per series infinitas effectam insuper adhuc resolutiones aequationum molestissimae vel eliminationes inextricabiles poscantur. Quid? quod methodus generalis aequationes differentiales vulgares per series infinitas integrandi serie Tayloriana nititur, series autem Tayloriana ipsa nil est nisi aequationis differentialis partialis solutio per seriem infinitam. Tentando autem per Multiplicatores investigandos integrationem finito terminorum numero constantem, e contrario aequationes differentiales vulgares ad aequationem differentialem partialem linearem primi ordinis revocantur. Methodi porro particulari problemati solvendo idoneae perinde ex ipsius aequationis differentialis partialis propositae indole atque ex aequationibus differentialibus vulgaribus peti possunt. Nec minus omnia, quae spectant solutionis generalis naturam, eius inventionem e solutionibus particularibus, simplificationem per solutiones particulares iam inventas, eadem facilitate ex ipsis aequationibus differentialibus partialibus concluduntur, nullis aequationibus differentialibus vulgaribus intercurrentibus. Quod non dico, ut insigni invento aliquid detrahatur, quod suo tempore celeberrimum

*) Observat Cl. Lacroix (*Traité du calcul différentiel et du calcul intégral, 2me édition, T. II. p.* 548), quamvis Ill. Lagrange revocaverit et aequationes differentiales partiales primi ordinis non lineares inter tres variabiles ad alias lineares inter quatuor et has ad aequationes differentiales vulgares, reductionem tamen aequationum differentialium partialium primi ordinis non linearium inter tres variabiles ad aequationes differentiales vulgares non ei, sed Geometrae Charpit tribuendam esse. Quod, qui lentum ingenii humani progressum ignorat, facile mirari possit; nam qui utrumque invenit et $A=B$ et $B=C$, ei vindicari posse videtur inventio esse $A=C$. Sed Ill. Lagrange ipse illam affirmare videtur sententiam; postquam enim alteram inventionem iam a. 1772, alteram a. 1779 fecerat, tamen a. 1785 in Commentatione citata pro re impossibili habuit, quod de ipsius inventionibus tanta facilitate demanat. Etenim l. c. p. 188 aequationem

$$1+X\frac{\partial z}{\partial x}+Y\frac{\partial z}{\partial y}=\cos\omega\sqrt{1+X^2+Y^2}\sqrt{1+\left(\frac{\partial z}{\partial x}\right)^2+\left(\frac{\partial z}{\partial y}\right)^2},$$

in qua $X$ et $Y$ datas quaslibet ipsarum $x$, $y$, $z$ functiones designant, generaliter ait non integrabilem esse *per ullam methodum cognitam*, supponendum esse $\cos\omega=0$, ut linearis evadat ideoque per methodos ab eo traditas ad aequationes differentiales vulgares revocari possit. Si Commentatio iuvenis praematura morte abrepti a. 1782 Academiae Parisiensi communicata per tot discrimina rerum adhuc conservata est, optandum est, ut Cl. Liouville eam in insigni, cuius publicationi praeest, Diario Mathematico collocare atque e scriniis academicis resuscitare velit.

erat ut quod rem in aprico posuit, de qua ipse **Eulerus** desperavit. Quod hic ab Ill. **Lagrange** praestitum esse videmus, id semper in rebus mathematicis summum erit, vinculum atque connexionem invenire problematum. Quamquam quod alterius ad alterum reductionem attinet, modo illud ad hoc modo hoc ad illud revocare conveniet. Qua de re mirari non debes, quod in hac Commentatione, cum mihi disserendum esset de habitu atque natura aequationum, quibus integrantur aequationum differentialium vulgarium simultanearum systemata, ratius esse duxi ab aequationibus differentialibus partialibus linearibus primi ordinis proficisci harumque solutioni contra Analyticorum usum illarum integrationem superstruere. Qua in re Ill. **Cauchy** mecum consentire videtur.

In aequationibus differentialibus vulgaribus simultaneis plures variabiles pro earum unius functionibus habentur, in aequationibus differentialibus partialibus una variabilis est functio aliarum plurium a se independentium. Functiones unius pluriumve variabilium independentium etiam *variabiles dependentes* vocamus. Aequationes ab omnibus differentialibus vacuas, quibus aliae variabiles ab aliis pendent, voco aequationes finitas. Quo facilius ipso sermone intelligatur, utrae innuantur aequationes differentiales, *integrari* dixi aequationes differentiales ubi sunt vulgares, *solvi* ubi sunt partiales. Ex aequationibus integralibus autem eas pro ceteris distinxi iisque *Integralium* nomen imposui, quae differentiatae per aequationes differentiales vulgares propositas identicae fiunt, nullis in auxilium vocatis aequationibus finitis. Integrationem functionis unius variabilis, sicuti saepius quamvis improprie fit, appellavi *Quadraturam*. Differentiale functionis plurium variabilium, quae inter differentiandum omnes pro earum unius functionibus habentur, differentiale *completum* dixi, quo distinguatur a differentiali partiali sive unius respectu variabilis ita sumto, ut reliquae inter differentiandum pro Constantibus habeantur. Differentiationem vulgarem symbolo indicavi

$$d,$$

dum differentiationi partiali symbolum

$$\partial$$

adhibui. Si certae variabilium independentium functiones ipsae pro variabilibus independentibus sumuntur earumque respectu differentiationes partiales instituuntur, haec nova differentialia partialia uncis inclusi, ut a differentialibus partialibus variabilium independentium propositarum respectu sumtis distinguerentur.

In hac Commentatione saepius de functionibus atque aequationibus a se independentibus sermo est. De quibus haec adnoto: Functiones plurium variabilium a se independentes sunt, si nulla inter eas locum habet aequatio identica ab ipsis variabilibus vacua. Si functiones plura implicant quantitatum systemata $a$, $a_1$, etc., $b$, $b_1$, etc., eas *ipsarum* $a$, $a_1$, *etc. respectu* a se independentes dico, si nulla inter functiones eas aequatio extat identica ab omnibus $a$, $a_1$, etc. vacua, quamvis quantitatibus $b$, $b_1$, etc. affecta. Si habentur $m$ functiones $n$ quantitatum $a$, $a_1$, etc. respectu a se independentes, fieri debet $n \geqq m$, ac semper e numero quantitatum $a$, $a_1$, etc. dabuntur $m$, quae per reliquas ipsasque $m$ functiones exprimi possint, unde semper etiam loco $m$ quantitatum $a$, $a_1$, etc. ipsae $m$ functiones pro variabilibus sumi possunt independentibus, quas tamen $m$ quantitates ex ipsarum $a$, $a_1$, etc. numero non semper ex arbitrio eligere licet. *Aequationes* $m$ inter $n$ quantitates $a$, $a_1$, etc. propositas a se independentes dico eas, quarum ope possunt $m$ e quantitatum $a$, $a_1$, etc. numero per reliquas quantitates, quas aequationes implicant, determinari. Ex illis igitur aequationibus non fieri potest, ut omnes simul quantitates $a$, $a_1$, etc. eliminentur atque aequatio proveniat inter alias, quas aequationes implicare possunt, quantitates $b$, $b_1$, etc. ab omnibus $a$, $a_1$, etc. vacua. Vide de his rebus Comm. *„De Determinantibus functionalibus"* Diario Crelliano Vol. XXII. Fasc. IV. insertam. (Cf. T. III p. 395 hujus editionis.)

Est Propositio gravissima Calculi Differentialis, functiones aequationibus differentialibus determinatas semper plures involvere posse variabiles quam aequationes differentiales, quibus determinantur. Quae variabiles illis, quas aequationes differentiales implicant, accedentes vocantur ab Analyticis *Constantes arbitrariae,* Constantes scilicet, quia earum variabilitatis in aequationibus differentialibus propositis respectus non habetur, atque arbitrariae, quippe quae ad eas non pertinent quantitates constantes, quae ipsas aequationes differentiales afficiunt propositas. Quamlibet autem quantitatem aequationes differentiales ingredientem pro Constante habemus quamvis alias variabilem, cuius respectu in iis quidem aequationibus nulla differentiatio instituitur. Eiusmodi Constans ipsas quoque functiones per integrationem determinandas afficit, sed quamvis sit indefinita, non vocabitur arbitraria, quia in functionibus quaesitis ei non valor arbitrarius sed idem ei valor suppetit atque in aequationibus differentialibus propositis.

Si $x$ variabilium independentium $x_1$, $x_2$, ..., $x_n$ functio est, generalius dici potest, quantitatum $x$, $x_1$, ..., $x_n$ unam quamlibet reliquarum functionem esse seu inter omnes extare aequationem $f = 0$. Qua de re functionis $x$ loco quaeri potest illa functio $f$, atque differentialium ipsius $x$ partialium loco introduci possunt functionis $f$ differentialia partialia. Hac ratione ex aequatione inter variabiles $x, x_1, \ldots, x_n$ ipsiusque $x$ differentialia partialia proposita prodit alia inter $x, x_1, \ldots, x_n$ atque functionis quaesitae $f$ differentialia partialia. Sed non necessarium erit ut ea aequatio per se spectata locum habeat, sed tantum opus est ut valeat, quoties inter $x, x_1, \ldots, x_n$ habetur aequatio $f=0$. Cui incommodo obvenitur atque obtinetur aequatio differentialis, quae nulla alia advocata aequatione finita locum habere debet, si ponimus, functionem quaesitam $x$ involvere aliquam Constantem arbitrariam $\alpha$, atque, aequatione

$$x = \varphi(x_1, x_2, \ldots, x_n, \alpha)$$

ipsius $\alpha$ respectu resoluta, aequationem inter $x, x_1, \ldots, x_n$ quaesitam exhibemus per $f=\alpha$, ipsa $f$ Constante arbitraria $\alpha$ prorsus vacante. Ex aequatione $f=\alpha$ sequitur

$$\frac{\partial x}{\partial x_i} = -\frac{\frac{\partial f}{\partial x_i}}{\frac{\partial f}{\partial x}},$$

quibus formulis substitutis obtinetur aequatio transformata. Quae cum ipsam $\alpha$ non implicet, etiam non advocata aequatione $f=\alpha$ valere debet. Nam hoc ut principium tenendum est, si $m$ aequationibus inter variabiles $a, a_1$, etc. aliasque $b, b_1$, etc. propositis possint $m$ quantitatum $a, a_1$, etc. per reliquas determinari, aequationem aliquam ob omnibus $a, a_1$, etc. vacuam necessario *identicam* esse. Nisi enim identica esset, aequationi inter solas variabiles $b, b_1, \ldots$ eo satisfieret, quod aliae quantitates $a, a_1$, etc. eam aequationem non afficientes certis ipsarum $b, b_1$, etc. functionibus aequantur, quod absurdum est. Ita ubi inter $x, x_1, \ldots, x_n$ atque functionis $f$ differentialia partialia locum habet aequatio ex aequatione quidem $f=\alpha$ differentiatione deducta, ab ipsa autem $\alpha$ vacua, ea identica esse debet; neque enim alicui inter solas $x, x_1, \ldots, x_n$ relationi eo satisfieri potest, quod earum variabilium functio novae quantitati $\alpha$ aequatur.

Aequatio differentialis partialis linearis primi ordinis inter $n+1$ variabiles $x, x_1, \ldots, x_n$ forma gaudet sequente:

$$(1) \quad X = X_1 \frac{\partial x}{\partial x_1} + X_2 \frac{\partial x}{\partial x_2} + \cdots + X_n \frac{\partial x}{\partial x_n},$$

designantibus $X, X_1$, etc. ipsarum $x, x_1, \ldots, x_n$ functiones. Cuius solutio si ponitur dari aequatione $f=\alpha$, transformatur aequatio praecedens in hanc:

$$(2)\quad 0 = X\frac{\partial f}{\partial x}+X_1\frac{\partial f}{\partial x_1}+\cdots+X_n\frac{\partial f}{\partial x_n},$$

cuius indolem facilius perspicere licet quam aequationis (1). Semper ei aequationi satisfit ponendo $f = Constans$, sed eam inter solutiones non refero. Exceptionis tantum locus erit, si unica adest variabilis $x$, quo casu aequatio

$$\frac{\partial f}{\partial x} = 0$$

solam habet solutionem $f = Constans$, hoc est $f$ vacuam esse a variabili $x$, quamvis alias implicare possit variabiles, quae in ea aequatione differentiali Constantium vicem gerunt. Ut indagetur natura solutionis maxime generalis, qua aequatio (2) gaudere potest, proficisci debemus a propositione, quam, nisi ut Postulatum ponere placet, per series infinitas demonstrare licet, *aequationem* (2), *si* $n > 0$, *omnino aliquam habere solutionem praeter Constantem.* Hoc uno probato sive concesso demonstrari potest, aequationem (2) gaudere $n$ solutionibus a se independentibus iisque inventis solutionem generalem earum esse functionem arbitrariam.

Docet aequatio (2), per aequationes quascunque finitas, quae satisfaciant aequationibus differentialibus vulgaribus simultaneis

$$(3)\quad dx : dx_1 : \ldots : dx_n = X : X_1 : \ldots : X_n,$$

et per quas quantitates

$$\frac{\partial f}{\partial x},\quad \frac{\partial f}{\partial x_1},\quad \ldots,\quad \frac{\partial f}{\partial x_n}$$

non infinite magnae evadant, evadere $f$ Constanti aequalem. Qua Propositione integratio systematis aequationum differentialium vulgarium simultanearum intime connectitur cum solutione aequationis differentialis partialis linearis primi ordinis. Aequando enim aequationis (2) solutiones $n$ a se independentes $f_1, f_2, \ldots, f_n$ Constantibus arbitrariis $\alpha_1, \alpha_2, \ldots, \alpha_n$, obtinentur aequationes

$$(4)\quad f_1 = \alpha_1,\quad f_2 = \alpha_2,\quad \ldots,\quad f_n = \alpha_n,$$

quae sunt maxime generales, quibus aequationes differentiales vulgares (3) integrare licet.

Quamvis aequationes (3) tantum differentialia prima implicent, ad earum tamen formam revocari possunt aequationes differentiales vulgares differentialia cuiuscunque ordinis implicantes, ipsa differentialia praeter altissima quaeque pro novis variabilibus dependentibus introducendo. Quod immediate fit, si ita comparatae sunt aequationes differentiales propositae, ut differentialia altissima singula per ipsas variabiles atque inferiorum ordinum differentialia exprimi possint, sive ut ex iis nullam deducere liceat aequationem ab omnibus simul differentialibus altissimis vacuam. Scilicet quoties aequationes differentiales vulgares revocari possunt ad formam sequentium:

$$(5)\qquad \frac{d^p x}{dt^p} = A, \qquad \frac{d^q y}{dt^q} = B, \quad \text{etc.},$$

in quibus expressiones $A$, $B$, etc. non altioribus afficiuntur ipsarum $x$, $y$, etc. differentialibus quam respective $(p-1)^{\text{to}}$, $(q-1)^{\text{to}}$, etc., earum locum tenent aequationes differentiales primi ordinis forma aequationum (3) gaudentes inter variabiles $1+p+q+$ etc.

$$t,\ x,\ \frac{dx}{dt},\ \frac{d^2x}{dt^2},\ \ldots,\ \frac{d^{p-1}x}{dt^{p-1}},\ y,\ \frac{dy}{dt},\ \frac{d^2y}{dt^2},\ \ldots,\ \frac{d^{q-1}y}{dt^{q-1}},\ \text{etc.}$$

Quarum aequationes integrales maxime generales implicabunt Constantes arbitrarias $p+q+$ etc. Per differentiationes et eliminationes aequationes (5) in alias transformare licet, quibus eadem forma est sed aliis altissimorum differentialium ordo, ita tamen ut altissimorum ordinum summa $p+q+$ etc. immutata maneat. Poterunt exempli gratia aequationes (5) in alias transformari, quarum una est aequatio differentialis $(p+q+\cdots)^{\text{ti}}$ ordinis inter $x$ et $t$, reliquis autem ipsae variabiles $y$ etc. per

$$t,\ x,\ \frac{dx}{dt},\ \ldots,\ \frac{d^{p+q-1}x}{dt^{p+q-1}}$$

exprimuntur. Dicere conveniet eiusmodi systema aequationum differentialium (5) $(p+q+\cdots)^{\text{ti}}$ ordinis esse, qui systematis ordo idem erit atque numerus Constantium arbitrariarum, quibus aequationes integrales maxime generales afficiuntur. Si aequationes differentiales propositae non per solas eliminationes ad formam aequationum (5) revocari possunt, id semper per differentiationes advocatas praestari potest. Quae quales fieri debeant differentiationes, sine magno negotio singulis casibus cognoscitur. Sed ea res per praecepta generalia non ita facile absolvi posse videtur; qua de re solutio generalis problematis, *systematis aequationum differentialium vulgarium simultanearum ordinem determinare*, adhuc in desiderio est.

Aequationes (4), quibus systema aequationum differentialium vulgarium (3) integratur, earum dicuntur aequationes integrales *completae*, quas videmus affici

$n$ Constantibus arbitrariis. At si dicitur, aequationes integrales completas esse eas, quae $n$ Constantes arbitrarias involvunt, tacite subintelligendum est, non posse Constantes arbitrarias ad minorem numerum revocari, aequationes idonee inter se combinando atque certas quasdam Constantium arbitrariarum functiones pro ipsis Constantibus arbitrariis in aequationibus transformatis introducendo. Aequationibus integralibus completis sic definitis, semper Constantes arbitrariae per variabiles $x, x_1, \ldots, x_n$ exprimi possunt, sive iis conciliari potest forma aequationum (4); simul functiones $f_1, f_2, \ldots, f_n$, resolutione aequationum integralium provenientes, solutiones erunt a se independentes aequationis differentialis partialis (2). Neque ex aequationibus integralibus completis deduci potest aequatio finita ab omnibus Constantibus arbitrariis *vacua*. Quae est magni momenti propositio; quoties enim ab aequationibus integralibus completis profecti ad talem pervenimus aequationem, tuto concludere licet eam identicam esse.

Est gravissima propositio, quae ex antecedentibus sequitur, *unicum extare* aequationum integralium completarum systema, ex eoque provenire alia omnia aequationum integralium systemata, Constantes arbitrarias, quas involvit, idonee determinando seu per alias Constantes arbitrarias exprimendo. Cuius rei singularibus tantum casibus exceptiones quaedam obvenire possunt, de quibus in hac quidem Commentatione non agam. Propositis igitur inter $n+1$ variabiles $n$ aequationibus finitis, ex his quidem varia systemata $n$ aequationum differentialium vulgarium primi ordinis derivari possunt pro variis mutationibus, quas per ipsas $n$ aequationes finitas expressiones differentiationibus prodeuntes subire possunt, atque varia illa aequationum differentialium systemata complete integrabuntur aequationum finitarum systematis maxime inter se diversis. Fieri tamen debet, ut illa aequationum finitarum systemata quamvis inter se diversa in ipsas aequationes propositas simul omnia redire possint, Constantes arbitrarias, quas involvunt, idonee determinando.

Cum $n$ Constantium arbitrariarum, quas aequationes integrales completae involvunt, functiones $n$ quaecunque a se independentes pro ipsis Constantibus arbitrariis sumi possint, prae caeteris memorabilis est electio Constantium arbitrariarum, quae variabilium $x_1, x_2, \ldots, x_n$ aequales sunt valoribus initialibus $x_1^0, x_2^0, \ldots, x_n^0$, ipsi $x = x^0$ respondentibus. Proveniunt ea ratione $n$ aequationes inter duo quaecunque systemata valorum simultaneorum variabilium $x^0, x_1^0, \ldots, x_n^0$ atque $x, x_1, \ldots, x_n$, quorum alterum si valores *initiales* appellavimus, alterum valores *finales* vocare licet. Aequationibus integralibus completis ita expressis, in unaquaque aequatione quantitates $x, x_1, \ldots, x_n$ respective cum $x^0, x_1^0, \ldots, x_n^0$ commutare licet, quippe qua commutatione aut aequatio immutata manebit aut in aliam abibit, quae et ipsa ad aequationem integralium completarum systema pertinet. Sunt duae maxime formae, quibus aequationes integrales completae proponi solent, sive functiones solarum variabilium exhibentur, quae Constantibus arbitrariis aequales fiunt, sive variabiles omnes per earum unam atque Constantes arbitrarias exprimuntur. Molestae in genere requiruntur eliminationes, ut altera forma ex altera eruatur. Quoties autem Constantes arbitrariae sunt ipsi variabilium valores initiales, omnino nulla eliminatione opus est, sed sola illa variabilium cum valoribus earum initialibus commutatione altera forma in alteram abit.

Antecedentibus supponitur indefinitum manere ipsius $x$ valorem $x^0$, cui variabilium $x_1, x_2, \ldots, x_n$ valores initiales respondent. Quod si ponimus, implicant aequationes integrales Constantes arbitrarias $n+1$ ideoque numerum unitate maiorem quam completa integratio poscit. Nihil autem impedit, quin aequationes integrales quemcunque Constantium arbitrariarum numerum involvant, quas in singulis quidem aequationibus nullo modo ad minorem numerum revocare liceat. Quamquam constat, si *cunctae simul* considerentur aequationes integrales, semper iis eam conciliari posse formam, in qua Constantes arbitrariae ad numerum revocari possint ipsum $n$ non excedentem. Memoratu autem dignum est, eam aequationum integralium formam, qua variabiles omnes per earum unam exprimuntur, ita comparatam esse, ut singulae aequationes non plures quam $n$ Constantes arbitrarias involvant, vel si plures involvere videantur, semper eae ad numerum ipso $n$ non maiorem revocari possint. Expressa enim $x_1$ per $x$ et Constantes arbitrarias, sane patet Constantium arbitrariarum non fieri posse reductionem eo, quod aliae quantitates $x_2, x_3$, etc. certis ipsius $x$ et Constantium arbitrariarum functionibus aequentur. Unde reductio illa Constantium arbitrariarum ad numerum ipso $n$ non maiorem, cum semper fieri possit, in singulis aequationibus illis fieri debet.

Haec Commentatio plurima est in tractandis quaestionibus, quae sese offerunt, si ex aequationum integralium numero una aliqua proponitur, videlicet quodnam sit aequationum integralium systema maxime generale, ad quod ea aequatio pertinere possit, quaenam inter Constantes arbitrarias, quas systema completum involvit, intercedere debeant relationes, ut aequatio illa si particularis est obtineatur, an Constantes arbitrarias involvat supervacaneas et quinam earum numerus sit. Qua in re primum observari debet, ex una aequatione integrali proposita plures alias derivari posse et interdum totum aequationum integralium systema, ipsam propositam differentiando atque differentialia aequationum differentialium propositarum ope eliminando. Nam datis aequationibus differentialibus

$$dx : dx_1 : \dots : dx_n = X : X_1 : \dots : X_n,$$

ex aequatione integrali $u = 0$ sequitur

$$X\frac{\partial u}{\partial x} + X_1\frac{\partial u}{\partial x_1} + \dots + X_n\frac{\partial u}{\partial x_n} = 0.$$

Ex hac aequatione eadem methodo tertia derivari potest et ita porro. Numerus aequationum, quae ea ratione obtinentur, ipsum $n$ non excedere debet; alioquin enim proposita $u = 0$ non foret aequatio integralis. Sit numerus ille, ad quem ipsa quoque proposita referatur, $m \leqq n$, ita ut e proposita non $m+1$ derivari possint aequationes a se independentes ideoque aequationes finitae, quae obtinentur differentiando illas $m$ aequationes et aequationes differentiales substituendo, in ipsas $m$ aequationes redeant. Quibus positis habetur propositio in hac re fundamentalis, *eiusmodi $m$ aequationes in alias $m$ transformari posse inter solas $f_1$, $f_2$, ..., $f_n$*, i. e. *inter solas solutiones aequationis differentialis partialis*

$$X\frac{\partial f}{\partial x} + X_1\frac{\partial f}{\partial x_1} + \dots + X_n\frac{\partial f}{\partial x_n} = 0.$$

Si aequatio proposita non involvit Constantes arbitrarias, obtinentur ea ratione $m$ aequationes particulares inter Constantes arbitrarias $\alpha_1$, $\alpha_2$, ..., $\alpha_n$, quas implicant aequationes integrales completae

$$f_1 = \alpha_1, \quad f_2 = \alpha_2, \quad \dots, \quad f_n = \alpha_n.$$

Si proposita et ipsa Constantes arbitrarias $\beta_1$, $\beta_2$, etc. involvit, quaeritur an ex illis $m$ aequationibus Constantes arbitrariae $\beta_1$, $\beta_2$, etc. omnes eliminari possint, an numerus earum $m$ per reliquas ipsasque $f_1$, $f_2$, ..., $f_n$ determinetur. Illud usu venit, quoties ipsarum $\beta_1$ etc. numerus ipso $m$ minor est, sed etiam evenire potest, si ille numerus ipsum $m$ aut aequat aut adeo superat. Ponamus $m$ aequationibus illis ipsarum $\beta_2$ etc. numerum $i \leqq m$ determinari per aequationes

$$(6) \quad \beta_1 = \varphi_1, \quad \beta_2 = \varphi_2, \quad \dots, \quad \beta_i = \varphi_i,$$

ac praeterea obtineri $m-i$ aequationes inter solas $f_1$, $f_2$, ..., $f_n$. Si $i < m$, erit proposita aequatio integralis particularis atque ponendae erunt inter $n$ Constantes arbitrarias $\alpha_1$ etc. $m-i$ relationes particulares, ut proposita ex aequationibus integralibus completis obtineatur. Si proposita praeter ipsas $\beta_1, \beta_2, \ldots, \beta_i$ aliis afficitur Constantibus arbitrariis $\beta_{i+1}, \beta_{i+2}$, etc., eae pro *supervacaneis* haberi possunt iisque salva generalitate valores tribui possunt determinati. Ope $m$ aequationum integralium inventarum expressis

$$X,\ X_1,\ \ldots,\ X_{n-m}$$

per solas $x, x_1, \ldots, x_{n-m}$, integrentur aequationes differentiales

$$dx : dx_1 : \ldots : dx_{n-m} = X : X_1 : \ldots : X_{n-m};$$

earum aequationes integrales completae, implicantes $n-m$ Constantes arbitrarias novas ab ipsis $\beta_1, \beta_2$, etc. independentes, una cum $m$ aequationibus illis differentiatione ex ipsa proposita inventis constituunt systema aequationum integralium maxime generale, ad quod proposita pertinere potest. Si $i = m$, proposita pertinere potest ad aequationum integralium completarum systema, et vice versa, si proposita ad aequationum integralium completarum systema pertinet, necessario erit $i = m$. Eo casu functiones $\varphi_1, \varphi_2, \ldots, \varphi_m$, per formulas (6) inventae, solutiones sunt aequationis differentialis partialis (2)

$$X\frac{\partial f}{\partial x} + X_1\frac{\partial f}{\partial x_1} + \cdots + X_n\frac{\partial f}{\partial x_n} = 0.$$

Unde *si ex aequationum integralium completarum systemate vel una tantum aequatio quaecunque datur, ex ea nisi aequationis differentialis partialis solutio generalis, semper tamen una pluresve solutiones particulares peti possunt.* Si aequatio proposita ea est, qua variabilium functio aliqua a Constantibus arbitrariis vacua per unam variabilium exprimitur, nullis ea afficitur Constantibus arbitrariis *supervacaneis*. Si eiusmodi aequatio e numero aequationum integralium *completarum* petita est, ex ea tot derivari possunt aequationes integrales, quot eam Constantes arbitrariae afficiunt, totidemque habentur aequationis differentialis partialis (2) solutiones. Neque ullus est Constantium arbitrariarum supervacanearum usus, quippe quae si adsunt inservire possunt novis aequationibus integralibus inveniendis, ad quas methodo tradita per solam differentiationem propositae iteratam non pervenitur. Ponamus propositam $u = 0$ ad aequationes integrales completas pertinere atque involvere Constantes arbitrarias $\beta_1, \beta_2, \ldots, \beta_{n+1}$, quarum una supervacanea, ex ea deduci potest haec altera aequatio integralis:

$$(7)\quad \gamma_1\frac{\partial u}{\partial \beta_1} + \gamma_2\frac{\partial u}{\partial \beta_2} + \cdots + \gamma_{n+1}\frac{\partial u}{\partial \beta_{n+1}} = 0,$$

in qua $\gamma_1$, $\gamma_2$, etc. sunt quantitates constantes. Si plures quam $n+1$ Constantes arbitrariae aequationem propositam afficiunt, eiusmodi dabuntur aequationes pro quibuslibet $n+1$ ex earum numero; e quibus deinde eodem modo aliae complures deduci possunt. Si Constantes arbitrariae, quibus proposita $u=0$ afficitur, sunt variabilium valores initiales $x^0, x_1^0, \ldots, x_n^0$, quarum una supervacanea, habetur nova aequatio integralis

$$(8)\quad X^0\frac{\partial u}{\partial x^0}+X_1^0\frac{\partial u}{\partial x_1^0}+\cdots+X_n^0\frac{\partial u}{\partial x_n^0}=0,$$

designantibus $X^0$, $X_1^0$, etc. quantitatum $X$, $X_1$, etc. valores initiales.

Proposito systemate $m$ aequationum finitarum ita comparato, ut, aequationibus differentiatis eliminatisque differentialibus ope aequationum

$$dx:dx_1:\ldots:dx_n=X:X_1:\ldots:X_n,$$

aliae non proveniant aequationes finitae, nisi quae in propositas redeunt seu earum combinatione obtinentur: extat proprium aequationum differentialium partialium systema, cuius solutio aequationibus illis continetur. Habeatur una aequatio, e qua ratione indicata non alia nova derivari possit, eius ope expressa $x$ per $x_1, x_2, \ldots, x_n$, valebit aequatio differentialis partialis

$$X=X_1\frac{\partial x}{\partial x_1}+X_2\frac{\partial x}{\partial x_2}+\cdots+X_n\frac{\partial x}{\partial x_n};$$

proponantur $m$ aequationes, e quibus dicta ratione aliae novae non derivari possint, earum ope expressis $x, x_1, \ldots, x_{m-1}$ per reliquas variabiles $x_m$, $x_{m+1}, \ldots, x_n$, valebunt $m$ aequationes differentiales partiales simultaneae

$$(9)\quad \begin{cases} X = X_m\dfrac{\partial x}{\partial x_m}+X_{m+1}\dfrac{\partial x}{\partial x_{m+1}}+\cdots+X_n\dfrac{\partial x}{\partial x_n} \\ X_1 = X_m\dfrac{\partial x_1}{\partial x_m}+X_{m+1}\dfrac{\partial x_1}{\partial x_{m+1}}+\cdots+X_n\dfrac{\partial x_1}{\partial x_n} \\ \cdots\cdots\cdots\cdots\cdots\cdots \\ X_{m-1} = X_m\dfrac{\partial x_{m-1}}{\partial x_m}+X_{m+1}\dfrac{\partial x_{m-1}}{\partial x_{m+1}}+\cdots+X_n\dfrac{\partial x_{m-1}}{\partial x_n}; \end{cases}$$

si habentur $n$ aequationes finitae, e quibus dicta methodo non $(n+1)^{ta}$ obtineri possit aequatio, ex iis sequuntur ipsae aequationes differentiales vulgares propositae

$$X_1=X\frac{dx_1}{dx},\quad X_2=X\frac{dx_2}{dx},\quad\ldots,\quad X_n=X\frac{dx_n}{dx}.$$

Vice versa solutio maxime generalis aequationum differentialium partialium simultanearum (9) continetur eiusmodi $m$ aequationibus quibuscunque. Quae obtinentur, inter functiones $f_1, f_2, \ldots, f_n$ ponendo $m$ aequationes arbitrarias.

Problema inveniendi functionem $f$, quae satisfaciat aequationi differentiali partiali

$$X\frac{\partial f}{\partial x}+X_1\frac{\partial f}{\partial x_1}+\cdots+X_n\frac{\partial f}{\partial x_n}=0,$$

etiam sic proponi potest, ut indagentur $n$ Multiplicatores

$$M_1,\quad M_2,\quad \ldots,\quad M_n,$$

qui expressionem

$$M_1\left\{dx_1-\frac{X_1 dx}{X}\right\}+M_2\left\{dx_2-\frac{X_2 dx}{X}\right\}+\cdots+M_n\left\{dx_n-\frac{X_n dx}{X}\right\}$$

integrabilem reddant. Quod pro tribus quidem variabilibus iam Eulerus observavit. Ut expressio eiusmodi

$$M dx+M_1 dx_1+M_2 dx_2+\cdots+M_n dx_n$$

sit integrabilis, fieri debet pro indicum $i$ et $k$ valoribus 0, 1, 2, ..., $n$:

$$(10)\qquad \frac{\partial M_k}{\partial x_i}=\frac{\partial M_i}{\partial x_k}.$$

Quae aequationes conditionales numero $\frac{n(n+1)}{2}$ si locum habent, ipsum expressionis integrale $f$ invenitur per $n$ Quadraturas, idque variis methodis fieri potest. Sive enim Quadraturae illae seorsim institui possunt, sive aliae post alias, ita ut quaelibet antecedentes iam transactas supponat. Posterior methodus minus commoda pro tribus quidem variabilibus in libris elementaribus circumferri solet.

Determinata $M$ per aequationem

$$M=-\frac{1}{X}\{X_1 M_1+X_2 M_2+\cdots+X_n M_n\},$$

cum satisfaciendum sit omnibus aequationibus (10), problema videtur superdeterminatum, quia functiones $n$ satisfacere debent $\frac{n(n+1)}{2}$ conditionibus. Sed in auxilium venit aequatio identica

$$(11)\qquad \frac{\partial\left\{\frac{\partial M_k}{\partial x_l}-\frac{\partial M_l}{\partial x_k}\right\}}{\partial x_i}+\frac{\partial\left\{\frac{\partial M_l}{\partial x_i}-\frac{\partial M_i}{\partial x_l}\right\}}{\partial x_k}+\frac{\partial\left\{\frac{\partial M_i}{\partial x_k}-\frac{\partial M_k}{\partial x_i}\right\}}{\partial x_l}=0,$$

quae docet, ubi identice fiat

$$\frac{\partial M_i}{\partial x_k} - \frac{\partial M_k}{\partial x_i} = 0, \quad \frac{\partial M_i}{\partial x_l} - \frac{\partial M_l}{\partial x_i} = 0,$$

expressionem

$$\frac{\partial M_k}{\partial x_l} - \frac{\partial M_l}{\partial x_k},$$

variabili $x_i$ vacare ideoque generaliter evanescere, si demonstratum sit, eam evanescere tributo ipsi $x_i$ valore particulari. Qua re fieri posse, ut omnibus conditionibus (10) per $n$ functiones $M_1, M_2, \ldots, M_n$ idonee determinatas satisfiat, per series infinitas demonstravi, in quas Multiplicatores propositos evolvi.

Pauca sub finem adieci de transformatione systematis aequationum differentialium vulgarium

$$dx : dx_1 : \ldots : dx_n = X : X_1 : \ldots : X_n$$

in unicam aequationem differentialem $n^{ti}$ ordinis inter duas variabiles. Ex arbitrio sumtis duabus functionibus $u$ et $v$, positoque pro qualibet functione $U$

$$[U] = X\frac{\partial U}{\partial x} + X_1\frac{\partial U}{\partial x_1} + \cdots + X_n\frac{\partial U}{\partial x_n},$$

formetur series expressionum

$$u' = \frac{[u]}{[v]}, \quad u'' = \frac{[u']}{[v]}, \quad \ldots, \quad u^{(n)} = \frac{[u^{(n-1)}]}{[v]}.$$

Exprimatur $u^{(n)}$ per $n+1$ quantitates

$$v, \quad u, \quad u', \quad u'', \quad \ldots, \quad u^{(n-1)}$$

ope aequationis

$$u^{(n)} = \Omega(v, u, u', \ldots, u^{(n-1)});$$

valebit pro quacunque functione $f$ formula

$$(12) \quad \begin{cases} X\frac{\partial f}{\partial x} + X_1\frac{\partial f}{\partial x_1} + X_2\frac{\partial f}{\partial x_2} + \cdots + X_n\frac{\partial f}{\partial x_n} \\ = [v]\left\{\left(\frac{\partial f}{\partial v}\right) + u'\left(\frac{\partial f}{\partial u}\right) + u''\left(\frac{\partial f}{\partial u'}\right) + \cdots + u^{(n-1)}\left(\frac{\partial f}{\partial u^{(n-2)}}\right) + \Omega\left(\frac{\partial f}{\partial u^{(n)}}\right)\right\}. \end{cases}$$

Unde aequatio differentialis partialis

$$X\frac{\partial f}{\partial x} + X_1\frac{\partial f}{\partial x_1} + \cdots + X_n\frac{\partial f}{\partial x_n} = 0$$

transformari poterit in hanc:

$$\frac{\partial f}{\partial v} + u'\frac{\partial f}{\partial u} + u''\frac{\partial f}{\partial u'} + \cdots + u^{(n-1)}\frac{\partial f}{\partial u^{(n-2)}} + \Omega\frac{\partial f}{\partial u^{(n-1)}} = 0,$$

in qua expressiones in differentialia functionis quaesitae ductae sunt ipsae variabiles praeter Coëfficentem primum et ultimum, quorum ille unitas, hic data omnium variabilium functio est. Per easdem formulas, si aequationis differentialis partialis loco proponis systema aequationum differentialium vulgarium intime cum ea connexum, aequationes differentiales vulgares simultaneae

$$dx : dx_1 : dx_2 : \ldots : dx_n = X : X_1 : X_2 : \ldots : X_n$$

redeunt in has:

$$dv : du : du' : \ldots : du^{(n-2)} : du^{(n-1)} = 1 : u' : u'' : \ldots : u^{(n-1)} : \Omega,$$

quibus substitui unica potest aequatio differentialis $n^{ti}$ ordinis inter duas variabiles $u$ et $v$:

$$\frac{d^n u}{dv^n} = \Omega\left(v,\ u,\ \frac{du}{dv},\ \frac{d^2u}{dv^2},\ \ldots,\ \frac{d^{n-1}u}{dv^{n-1}}\right).$$

Quarum rarior usus est transformationum propter eliminationes, quae requiruntur inextricabiles, qua de re in hac Commentatione formam *systematis* aequationum differentialium vulgarium primi ordinis conservare praetuli, qua nuper etiam Ill. Cauchy usus est in variis ea de re scriptis partim lapide partim typis expressis.

## De aequationibus differentialibus partialibus linearibus primi ordinis.

### 2.

Vocatur aequatio differentialis partialis, quae est inter functionem plurium variabilium independentium quaesitam, ipsas illas variabiles et differentialia partialia functionis illarum respectu variabilium sumta. Quae differentialia partialia, si non altioris quam primi ordinis sunt, aequatio differentialis partialis primi ordinis esse dicitur. Ac vocatur *linearis*, quoties in ea differentialia partialia dimensionem primam non transcendunt. Si igitur $x$ functio quaesita $n$ variabilium independentium

$$x_1,\ x_2,\ \ldots,\ x_n,$$

aequatio differentialis partialis primi ordinis maxima generalis hac forma gaudet:

$$(1)\quad 0 = F\left(x,\ x_1,\ x_2,\ \ldots,\ x_n,\ \frac{\partial x}{\partial x_1},\ \frac{\partial x}{\partial x_2},\ \ldots,\ \frac{\partial x}{\partial x_n}\right).$$

Quae aequatio, si linearis est, gaudebit forma sequente:

$$(2)\quad X = X_1\frac{\partial x}{\partial x_1} + X_2\frac{\partial x}{\partial x_2} + \cdots + X_n\frac{\partial x}{\partial x_n},$$

in qua aequatione sunt $X$, $X_1$, etc. datae ipsarum $x$, $x_1, \ldots, x_n$ functiones quaecunque.

Variabilium independentium unamquamque pro dependente sumere licet, dum dependens sive functio quaesita independentium numero accedit. Nam si $x$ ipsarum $x_1, x_2, \ldots, x_n$ functio est, generalius dici potest, ipsarum $x, x_1, \ldots, x_n$ quamlibet reliquarum esse functionem. Quoties enim $x$ ipsarum $x_1$, $x_2$, etc. functio est, certa aequatio locum habebit inter quantitates $x$, $x_1$, $x_2$, etc., quarum una quaelibet si pro incognita sumitur eiusque respectu aequatio resolvitur, ea variabilis per reliquas expressa prodibit. Ut eruantur mutationes, quas formulae differentiales subire debent introducendo ipsius $x$ loco aliam variabilem $x_i$ pro dependente, aequationem

$$dx = \frac{\partial x}{\partial x_1} dx_1 + \frac{\partial x}{\partial x_2} dx_2 + \cdots + \frac{\partial x}{\partial x_n} dx_n$$

sic exhibeo:

$$\frac{\partial x}{\partial x_i} dx_i = dx - \frac{\partial x}{\partial x_1} dx_1 - \frac{\partial x}{\partial x_2} dx_2 - \cdots - \frac{\partial x}{\partial x_n} dx_n,$$

omisso in dextra aequationis parte termino per $dx_i$ multiplicato. Hac formula cum sequente comparata

$$dx_i = \frac{\partial x_i}{\partial x} dx + \frac{\partial x_i}{\partial x_1} dx_1 + \frac{\partial x_i}{\partial x_2} dx_2 + \cdots + \frac{\partial x_i}{\partial x_n} dx_n,$$

in qua $x_i$ pro variabili dependente habetur, obtinetur

$$(3) \qquad \frac{\partial x_i}{\partial x} = \frac{1}{\dfrac{\partial x}{\partial x_i}}, \quad \text{sive} \quad \frac{\partial x}{\partial x_i} = \frac{1}{\dfrac{\partial x_i}{\partial x}};$$

porro si $x_k$ variabilium quamcunque praeter $x$ et $x_i$ designat,

$$(4) \qquad \frac{\partial x_i}{\partial x_k} = -\frac{\dfrac{\partial x}{\partial x_k}}{\dfrac{\partial x}{\partial x_i}},$$

unde e (3)

$$(5) \qquad \frac{\partial x}{\partial x_k} = -\frac{\dfrac{\partial x_i}{\partial x_k}}{\dfrac{\partial x_i}{\partial x}}.$$

Formulae (3) et (5) in aequationibus (1) vel (2) substituendae sunt, ut transformentur in alias, in quibus $x_i$ variabilis dependens fit, dum $x$ variabilibus independentibus accedit.

Aequationem (2) sic exhibeamus:

$$X_i \frac{\partial x}{\partial x_i} = X - X_1 \frac{\partial x}{\partial x_1} - X_2 \frac{\partial x}{\partial x_2} - \cdots - X_n \frac{\partial x}{\partial x_n},$$

omisso in dextra aequationis parte termino in $X_i$ ducto. Si in aequatione praecedente substituuntur formulae (3), (5), atque per $\frac{\partial x_i}{\partial x}$ multiplicatio instituitur, prodit

$$X_i = X \frac{\partial x_i}{\partial x} + X_1 \frac{\partial x_i}{\partial x_1} + \cdots + X_n \frac{\partial x_i}{\partial x_n},$$

omisso rursus in dextra aequationis parte termino in $X_i$ ducto. Hinc in aequatione lineari proposita (2) quamlibet variabilium $x, x_1, \ldots, x_n$ Permutationem facere licet, dummodo quantitates $X, X_1, \ldots, X_n$ simili ratione inter se permutantur.

3.

Variabilium numerum independentium unitate augendo aequatio differentialis partialis primi ordinis quaecunque commutari potest in aliam, quam functio quaesita non ipsa ingreditur, sed tantum praeter variabiles independentes differentialia functionis quaesitae partialia, quae porro aequatio horum respectu differentialium partialium homogenea est. Supponamus enim aequationis (1) §. pr. solutionem $x$ *unam* saltem involvere *Constantem arbitrariam* $\alpha$, hoc est, si placet, novam variabilem independentem, quae in differentiationibus ipsius $x$ singularum $x_1, x_2, \ldots, x_n$ respectu instituendis pro Constante habetur et quae in ipsa aequatione proposita non invenitur. Statuendo $x$ ipsarum $x_1, x_2, \ldots, x_n, \alpha$ functionem esse, etiam $\alpha$ pro ipsarum $x, x_1, x_2, \ldots, x_n$ functione habere licet

$$(1) \quad \alpha = f(x, x_1, x_2, \ldots, x_n),$$

et vice versa, hac functione $f$ cognita, per resolutionem aequationis (1) obtines functionem quaesitam $x$. Quaeramus igitur illam functionem $f$, eamque ut functionem incognitam in aequatione differentiali proposita (1) §. pr. introducamus. Cum in formandis differentialibus $\frac{\partial x}{\partial x_1}$, $\frac{\partial x}{\partial x_2}$, etc. habeatur $\alpha$ pro Constante, fit, differentiando aequationem (1) ipsius $x_i$ respectu,

$$0 = \frac{\partial f}{\partial x} \cdot \frac{\partial x}{\partial x_i} + \frac{\partial f}{\partial x_i},$$

unde

$$(2)\quad \frac{\partial x}{\partial x_i} = -\frac{\frac{\partial f}{\partial x_i}}{\frac{\partial f}{\partial x}},$$

vel adhibendo *Lagrangianam* notationem

$$\frac{\partial x}{\partial x_i} = -\frac{f'(x_i)}{f'(x)}.$$

Substituendo ipsarum $\frac{\partial x}{\partial x_1}$, $\frac{\partial x}{\partial x_2}$, etc. expressiones, quas formula praecedens suppeditat, abit aequatio (1) §. pr. in hanc:

$$(3)\quad 0 = F\left(x, x_1, \ldots, x_n, -\frac{f'(x_1)}{f'(x)}, -\frac{f'(x_2)}{f'(x)}, \ldots, -\frac{f'(x_n)}{f'(x)}\right).$$

In hac aequatione est $f$ functio quaesita, dum $x$ variabilibus accedit independentibus, quarum igitur numerus unitate maior fit quam in aequatione proposita; porro aequatio (3) ipsam quaesitam functionem $f$ non continet, sed praeter variabiles independentes $x, x_1, \ldots, x_n$ sola ipsius $f$ differentialia partialia $f'(x)$, $f'(x_1)$, etc.; denique aequatio (3) horum differentialium partialium respectu est homogenea, ut quam solae rationes ingrediuntur, quas differentialia illa partialia inter se tenent.

Si ipsa aequatio proposita (1) differentialium $\frac{\partial x}{\partial x_1}$, $\frac{\partial x}{\partial x_2}$, etc. respectu homogenea est, non aucto variabilium numero aequatio proposita in aliam mutari potest ab ipsa functione quaesita vacuam. Videlicet eiusmodi aequationem homogeneam ita exhibere licet, ut praeter variabiles dependentem et independentes solummodo illorum differentialium partialium per eorum unum divisorum Quotientes contineat. Obtinemus autem e (2) binorum differentialium $\frac{\partial x}{\partial x_i}$, $\frac{\partial x}{\partial x_k}$ Quotientem

$$\frac{\frac{\partial x}{\partial x_i}}{\frac{\partial x}{\partial x_k}} = \frac{\frac{\partial f}{\partial x_i}}{\frac{\partial f}{\partial x_k}},$$

unde aequatio proposita per transformationem adhibitam non subit mutationem aliam, nisi quod cuique differentiali partiali $\frac{\partial x}{\partial x_i}$ substituatur functionis $f$ differentiale eiusdem variabilis respectu sumtum $\frac{\partial f}{\partial x_i}$. Hinc aequatio transformata et ipsa differentialium $\frac{\partial f}{\partial x_1}, \frac{\partial f}{\partial x_2}, \ldots, \frac{\partial f}{\partial x_n}$ respectu fit homogenea, a differentiali $\frac{\partial f}{\partial x}$ autem prorsus immunis. Sed est principium generale bene tenendum, in solvendis aequationibus differentialibus partialibus propositis, quas differentialia certae respectu variabilis independentis sumta non ingrediantur, eam variabilem vices Constantis indeterminatae agere. Etenim in differentiationibus aliarum respectu variabilium instituendis ea quantitas pro Constante habenda est; unde si ipsius respectu non differentiatur, ea omnino Constans est. Secundum hoc principium antecedentibus in solvenda aequatione transformata differentiale $\frac{\partial f}{\partial x}$ non implicante ipsa $x$, quae variabilibus independentibus accedebat, Constantis vicem gerit, neque igitur variabilium independentium numerus augetur.

Unde aequatio differentialis partialis primi ordinis, differentialium functionis quaesitae partialium respectu homogenea et quam ipsa quoque functio quaesita ingreditur, ad aliam revocari potest, in qua ipsius quaesitae functionis loco quantitas constans posita est. Nam secundum antecedentia ipsa $x$ pro Constante habita et ipsorum $\frac{\partial x}{\partial x_i}$ loco substitutis alius functionis $f$ differentialibus $\frac{\partial f}{\partial x_i}$, si solvitur aequatio et solutio proveniens $f$ Constanti arbitrariae aequatur, ea aequatione functio quaesita $x$ determinatur.

In aequatione

$$(4)\quad X = X_1 \frac{\partial x}{\partial x_1} + X_2 \frac{\partial x}{\partial x_2} + \cdots + X_n \frac{\partial x}{\partial x_n}$$

substituamus formulas (2); multiplicatione per $\frac{\partial f}{\partial x}$ facta prodit

$$(5)\quad 0 = X \frac{\partial f}{\partial x} + X_1 \frac{\partial f}{\partial x_1} + X_2 \frac{\partial f}{\partial x_2} + \cdots + X_n \frac{\partial f}{\partial x_n}.$$

Sub hac forma aequationes differentiales partiales lineares primi ordinis tractabo, quas ad eam vidimus revocari posse omnes. Quae forma earum indoli perscrutandae atque nexui, qui eas inter aequationes differentiales vulgares intercedit, perspiciendo optime se accommodat. Quamquam autem aequatio (4) numero variabilium constat unitate minore, observandum est, plerumque in quaestionibus generalibus, quae ad variabilium numerum quemcunque pertinent, prae numeri variabilium reductione commodam esse simplicitatem formae.

Facilis transitus ab aequatione (4) ad (5), qui fit per formulas (2), minus in promptu fuisse videtur Ill°. Lagrange in praeclaris et celeberrimis Commentationibus de aequationibus differentialibus partialibus primi ordinis Actis Academiae Berolinensis a. 1779 et 1785 insertis. Eulerum nexus inter aequationes (4) et (5) *omnino* fugisse videtur; quippe qui in Tomo III. Institutionum Calc. Int. aequationibus differentialibus partialibus dicato de aequationibus (4) et (5) agit pro $n = 2$, sed locis prorsus diversis.

Extat interdum aequationis (4) solutio, quae neque ipsa Constantes arbitrarias implicat neque e solutione Constantes arbitrarias implicante provenire potest valores iis tribuendo particulares. Quae solutiones per methodum antecedentibus traditam ex aequationis (5) solutionibus elici nequeunt, sed, si extant, absque omni integratione inveniuntur. De quibus solutionibus singularibus hoc loco non agam.

4.

Proposita aequatione

$$(1)\quad 0 = X\frac{\partial f}{\partial x}+X_1\frac{\partial f}{\partial x_1}+\cdots+X_n\frac{\partial f}{\partial x_n},$$

in qua $X$, $X_1$, etc. variabilium $x$, $x_1$, etc. functiones quascunque designant, eius solutio generalis e solutionibus particularibus obtineri potest. Quae pro gravissima earum aequationum proprietate haberi debet. Neque eadem proprietate gaudet aequatio, quam ad (1) revocavi,

$$(2)\quad X = X_1\frac{\partial x}{\partial x_1}+X_2\frac{\partial x}{\partial x_2}+\cdots+X_n\frac{\partial x}{\partial x_n};$$

quid? quod casu eius simplicissimo, quo una tantum adest variabilis independens, si proponitur aequatio differentialis vulgaris inter duas variabiles $x$ et $x_1$

$$X = X_1\frac{dx}{dx_1},$$

innumerae datae esse possunt ipsius $x_1$ functiones $x$, quae aequationem praecedentem identicam reddant, neque tamen ex iis erui potest solutio generalis vel integrale completum. Propter hoc maxime commodum aequationes (1) prae aequationibus (2) considerare convenit.

Ac primum observo,

I. „Datis aequationis (1) solutionibus $m$ particularibus

$$f_1,\ f_2,\ \ldots,\ f_m,$$

solutionem etiam esse quamlibet earum functionem

$$\Pi(f_1, f_2, \ldots, f_m).\text{"}$$

Fit enim

$$\frac{\partial \Pi}{\partial x_i} = \frac{\partial \Pi}{\partial f_1}\cdot\frac{\partial f_1}{\partial x_i} + \frac{\partial \Pi}{\partial f_2}\cdot\frac{\partial f_2}{\partial x_i} + \cdots + \frac{\partial \Pi}{\partial f_m}\cdot\frac{\partial f_m}{\partial x_i},$$

ideoque

$$\begin{aligned} & X\frac{\partial \Pi}{\partial x} + X_1\frac{\partial \Pi}{\partial x_1} + \cdots + X_n\frac{\partial \Pi}{\partial x_n} \\ = & \frac{\partial \Pi}{\partial f_1}\left\{X\frac{\partial f_1}{\partial x} + X_1\frac{\partial f_1}{\partial x_1} + \cdots + X_n\frac{\partial f_1}{\partial x_n}\right\} \\ + & \frac{\partial \Pi}{\partial f_2}\left\{X\frac{\partial f_2}{\partial x} + X_1\frac{\partial f_2}{\partial x_1} + \cdots + X_n\frac{\partial f_2}{\partial x_n}\right\} \\ & \cdot\quad\cdot\quad\cdot\quad\cdot\quad\cdot\quad\cdot\quad\cdot\quad\cdot\quad\cdot\quad\cdot\quad\cdot\quad\cdot \\ + & \frac{\partial \Pi}{\partial f_m}\left\{X\frac{\partial f_m}{\partial x} + X_1\frac{\partial f_m}{\partial x_1} + \cdots + X_n\frac{\partial f_m}{\partial x_n}\right\}. \end{aligned}$$

Erant autem $f_1, f_2, \ldots, f_m$ aequationis (1) solutiones, unde Aggregata respective per factores

$$\frac{\partial \Pi}{\partial f_1},\quad \frac{\partial \Pi}{\partial f_2},\quad \ldots,\quad \frac{\partial \Pi}{\partial f_m}$$

multiplicata identice evanescunt, sive identice fit

$$X\frac{\partial \Pi}{\partial x} + X_1\frac{\partial \Pi}{\partial x_1} + \cdots + X_n\frac{\partial \Pi}{\partial x_n} = 0,$$

q. d. e.

Per propositionem praecedentem cum e duabus pluribusve solutionibus innumerae aliae deducantur, eas tantum pro solutionibus inter se diversis habebo, quae a se invicem sunt independentes, sive quarum nulla est reliquarum functio. Facile autem patet eiusmodi solutiones inter se diversas sive a se invicem independentes non plures quam $n$ extare posse. Propositis enim $n+1$ variabilium totidem functionibus a se independentibus, ipsae $n+1$ functiones pro variabilibus independentibus sumi illaeque variabiles vel earum functiones quaecunque per eas $n+1$ functiones exprimi possunt. Unde si haberentur $n+1$ solutiones a se independentes, vice versa singulae variabiles $x, x_1, \ldots, x_n$ earum functiones essent, ideoque secundum Propositionem I. ipsae $x, x_1, \ldots, x_n$ forent aequationis (1) solutiones. Quod fieri nequit, nisi quantitates $X, X_1, \ldots, X_n$ simul omnes evanescunt. Quoties enim variabilium una $x_i$ ipsa aequationis (1) solutio est, ipsius $x_i$ differentialia partialia variabilium omnium $x$, $x_1$, etc. respectu sumta evanescunt praeter differentiale ipsius $x_i$ respectu sumtum, quod unitati aequale est, unde in aequatione (1) ipsam $x_i$ functioni $f$ substituendo sequitur $X_i = 0$. Quoties igitur singulae $x, x_1, \ldots, x_n$ aequationis (1) solutiones sunt, fieri debet

$$X = 0, \quad X_1 = 0, \quad \ldots, \quad X_n = 0.$$

Vix autem monitu opus est, in tractanda aequatione (1) a nobis supponi quantitates $X$, $X_1$, etc. non omnes simul evanescere. Dicere etiam licet, si extarent $n+1$ solutiones a se independentes, quamlibet ipsarum $x, x_1, \ldots, x_n$ functionem etiam pro earum solutionum functione haberi posse, ideoque secundum Prop. I. quamlibet functionem esse aequationis (1) solutionem, quod absurdum est.

Quo facilius cognoscatur, quem fructum percipere liceat ex inventis $m$ solutionibus a se independentibus $f_1, f_2, \ldots, f_n$, eas ut variabiles independentes in aequatione proposita introducamus. Sint $x_n, x_{n-1}, \ldots, x_{n-m+1}$ variabiles, quarum loco introducantur $f_1, f_2, \ldots, f_m$, ita ut $f$ evadat functio variabilium

$$x, \; x_1, \; \ldots, \; x_{n-m}, \quad f_1, \; f_2, \; \ldots, \; f_m.$$

Functionis $f$ differentialia partialia harum respectu variabilium sumta si uncis includo, fit, ubi $x_i$ est una variabilium $x, x_1, \ldots, x_{n-m}$,

$$\frac{\partial f}{\partial x_i} = \left(\frac{\partial f}{\partial x_i}\right) + \left(\frac{\partial f}{\partial f_1}\right)\frac{\partial f_1}{\partial x_i} + \left(\frac{\partial f}{\partial f_2}\right)\frac{\partial f_2}{\partial x_i} + \cdots + \left(\frac{\partial f}{\partial f_m}\right)\frac{\partial f_m}{\partial x_i};$$

si vero $x_i$ est una variabilium $x_{n-m+1}, x_{n-m+2}, \ldots, x_n$,

$$\frac{\partial f}{\partial x_i} = \left(\frac{\partial f}{\partial f_1}\right)\frac{\partial f_1}{\partial x_i} + \left(\frac{\partial f}{\partial f_2}\right)\frac{\partial f_2}{\partial x_i} + \cdots + \left(\frac{\partial f}{\partial f_m}\right)\frac{\partial f_m}{\partial x_i}.$$

Quibus expressionibus substitutis eruitur:

$$\begin{aligned}
&X\frac{\partial f}{\partial x} + X_1\frac{\partial f}{\partial x_1} + \cdots + X_n\frac{\partial f}{\partial x_n} \\
&= X\left(\frac{\partial f}{\partial x}\right) + X_1\left(\frac{\partial f}{\partial x_1}\right) + \cdots + X_{n-m}\left(\frac{\partial f}{\partial x_{n-m}}\right) \\
&+ \left(\frac{\partial f}{\partial f_1}\right)\left\{X\frac{\partial f_1}{\partial x} + X_1\frac{\partial f_1}{\partial x_1} + \cdots + X_n\frac{\partial f_1}{\partial x_n}\right\} \\
&+ \left(\frac{\partial f}{\partial f_2}\right)\left\{X\frac{\partial f_2}{\partial x} + X_1\frac{\partial f_2}{\partial x_1} + \cdots + X_1\frac{\partial f_2}{\partial x_n}\right\} \\
&\quad \cdots\cdots\cdots\cdots\cdots\cdots \\
&+ \left(\frac{\partial f}{\partial f_m}\right)\left\{X\frac{\partial f_m}{\partial x} + X_1\frac{\partial f_m}{\partial x_1} + \cdots + X_n\frac{\partial f_m}{\partial x_n}\right\}.
\end{aligned}$$

Hic rursus Aggregata respective multiplicata per

$$\left(\frac{\partial f}{\partial f_1}\right),\ \left(\frac{\partial f}{\partial f_2}\right),\ \ldots,\ \left(\frac{\partial f}{\partial f_m}\right)$$

singula identice evanescunt, unde prodit aequatio:

$$(3)\quad \begin{cases} X\frac{\partial f}{\partial x}+X_1\frac{\partial f}{\partial x_1}+\cdots+X_n\frac{\partial f}{\partial x_n} \\ = X\left(\frac{\partial f}{\partial x}\right)+X_1\left(\frac{\partial f}{\partial x_1}\right)+\cdots+X_{n-m}\left(\frac{\partial f}{\partial x_{n-m}}\right). \end{cases}$$

Si $m = n$, e formula antecedente haec prodit Propositio:

„II. Inventis aequationis

$$X\frac{\partial f}{\partial x}+X_1\frac{\partial f}{\partial x_1}+\cdots+X_n\frac{\partial f}{\partial x_n} = 0$$

$n$ solutionibus a se independentibus $f_1, f_2, \ldots, f_n$, si introducuntur

$$x,\ f_1,\ f_2,\ \ldots,\ f_n$$

ut variabiles independentes, pro quacunque functione $f$ erit:

$$(4)\quad X\frac{\partial f}{\partial x}+X_1\frac{\partial f}{\partial x_1}+\cdots+X_n\frac{\partial f}{\partial x_n} = X\left(\frac{\partial f}{\partial x}\right)."$$

Docet formula (4), si detur aequatio (1), fieri

$$\left(\frac{\partial f}{\partial x}\right) = 0,$$

sive functionem propositam $f$ per solas $f_1, f_2, \ldots, f_n$ exprimi posse. Unde solutio generalis $f$ erit $n$ solutionum particularium a se independentium functio arbitraria, nulla praeterea variabili affecta. Haec enim solutio ex aequatione differentiali proposita (1) necessario sequitur ideoque alias omnes amplecti debet solutiones.

5.

Quaeri possit, an semper extent propositae aequationis differentialis partialis

$$(1)\quad 0 = X\frac{\partial f}{\partial x}+X_1\frac{\partial f}{\partial x_1}+\cdots+X_n\frac{\partial f}{\partial x_n}$$

solutiones $n$ a se independentes. Quod revera locum habere e Propositionibus antecedentibus facile probatur, dummodo concedatur, aequationes differentiales partiales ad instar aequationis (1) formatas *omnino aliquam habere solutionem praeter Constantem.* Scilicet Constantem pro $f$ positam aequationi propositae satisfacere patet, sed eam, si $n > 0$, inter solutiones non referam. Quamquam pro $n = 0$, sive data aequatione $X\frac{df}{dx} = 0$ vel $\frac{df}{dx} = 0$, eius unica habetur solutio $f =$ Constans.

Ad propositum demonstrandum fingamus aequationis propositae haberi $m$ solutiones a se independentes $f_1, f_2, \ldots, f_m$, sitque $m < n$. Nam si foret $m = n$, propositum assecuti essemus; fieri autem non posse $m > n$ sive non plures quam $n$ solutiones independentes aequationis (1) extare posse §. pr. monui. Sumendo $f_1, f_2, \ldots, f_m$ ipsarum $x_n, x_{n-1}, \ldots, x_{n-m+1}$ loco pro variabilibus independentibus, aequatio proposita secundum formulam (3) §. pr. haec evadit:

$$(2)\quad 0 = X\left(\frac{\partial f}{\partial x}\right) + X_1\left(\frac{\partial f}{\partial x_1}\right) + \cdots + X_{n-m}\left(\frac{\partial f}{\partial x_{n-m}}\right).$$

In qua aequatione cum desint differentialia partialia variabilium independentium, $f_1, f_2, \ldots, f_m$ respectu sumta, ipsae $f_1, f_2, \ldots, f_m$ pro Constantibus habendae sunt. Unde quamdiu $n-m > 0$, aequationis praecedentis extabit solutio $f_{m+1}$, quae non sit solarum $f_1, f_2, \ldots, f_m$ functio, quippe quae pro Constante habenda esset, aequationes autem ad instar praecedentis formatas, siquidem variabilium independentium numerus unitatem superet, semper solutionem praeter Constantem habere suppositum est. Hinc numerum solutionum a se independentium continuo augere licet, donec fiat $m = n$, quo casu aequatio (2) in hanc abit:

$$(3)\quad 0 = X\left(\frac{\partial f}{\partial x}\right) \quad \text{sive} \quad 0 = \left(\frac{\partial f}{\partial x}\right),$$

quae non habet solutionem praeter Constantem sive, quod pro hac aequatione idem est, praeter solutionum iam inventarum functionem.

Ex antecedentibus patet, si aequationis propositae (1) solutiones a se independentes aliae post alias investigantur, post quamque solutionem inventam numerum variabilium independentium unitate minui posse. Ut nova habeatur solutio a iam inventis independens, aequationis ita reductae solutionem indagare sufficit quamcunque praeter Constantem. Quo in negotio eo usque pergere licet, donec aequationis propositae habeantur $n$ solutiones a se independentes.

Inventis aequationis propositae $n$ solutionibus a se independentibus $f_1, f_2, \ldots, f_n$, quamcunque aequationis (1) solutionem ipsarum $f_1, f_2, \ldots, f_n$ functionem esse etiam inde patet, quod, si haberetur solutio a $f_1, f_2, \ldots, f_n$ independens, aequationis propositae plures quam $n$ solutiones a se independentes extarent, quod fieri non posse §. 4 vidimus. Secundum antecedentia ipsarum $f_1, f_2, \ldots, f_n$ functiones totidem a se independentes quaecunque et ipsae sunt aequationis propositae (1) solutiones a se independentes; et vice versa, aequationis (1) solutiones quaecunque $n$, quarum nulla reliquarum functio est, functiones a se independentes esse debent ipsarum $f_1, f_2, \ldots, f_n$.

Quia aequatio

$$(4)\quad f = \Pi(f_1, f_2, \ldots, f_n),$$

in qua $\Pi$ functionem arbitrariam designat, est aquationis propositae (1) solutio generalis, secundum §. 3 solutio generalis aequationis

$$(5)\quad X = X_1\frac{\partial x}{\partial x_1} + X_2\frac{\partial x}{\partial x_2} + \cdots + X_n\frac{\partial x}{\partial x_n}$$

dabitur aequatione:

$$(6)\quad \Pi(f_1, f_2, \ldots, f_n) = a.$$

Generalitati nihil addit Constans arbitraria $a$, quippe quam ponere licet functioni arbitrariae $\Pi$ subesse. Itaque aequatione differentiali (5) indicatur, aequationem inter $n+1$ variabiles $x, x_1, \ldots, x_n$, e qua valor functionis $x$ petendus sit, repraesentari posse ut aequationem inter numerum unitate minorem quantitatum, quae ut solutiones dantur aequationis

$$0 = X\frac{\partial f}{\partial x} + X_1\frac{\partial f}{\partial x_1} + \cdots + X_n\frac{\partial f}{\partial x_n}.$$

Quae vero sit aequatio inter illas $n$ quantitates locum habens, ipsa aequatione (5) nullo modo definitur, sed prorsus in arbitrio relinquitur.

Ut aequationis (1) solutio determinetur, addi potest conditio, ut $f$ in datam ipsarum $x_1, x_2, \ldots, x_n$ functionem abeat, ubi $x$ sive evanescit, sive datum constantem valorem induit; vel etiam generalius, ut, inter $x, x_1, \ldots, x_n$ aequatione data quacunque $F(x, x_1, \ldots, x_n) = 0$, abeat $f$ in functionem datam quamcunque $\Gamma(x, x_1, \ldots, x_n)$. Exprimantur enim $F$ et $\Gamma$ per $f_1, f_2, \ldots, f_n$ unamque variabilium $x, x_1$, etc., veluti $x$; deinde ex aequatione

$$F(x, f_1, f_2, \ldots, f_n) = 0$$

eruatur

$$x = \varphi(f_1, f_2, \ldots, f_n);$$

aequabitur $f$ ipsarum $f_1, f_2, \ldots, f_n$ functioni, in quam abit $\Gamma(x, f_1, f_2, \ldots, f_n)$ ponendo $x = \varphi(f_1, f_2, \ldots, f_n)$, hoc est, fit solutio quaesita

$$f = \Gamma(\varphi, f_1, f_2, \ldots, f_n).$$

Haec enim ipsius $f$ expressio et solarum $f_1, f_2, \ldots, f_n$ functio ideoque aequationis (1) solutio est et, ubi $F = 0$ sive $\varphi = x$, in datam functionem $\Gamma$ abit.

Per antecedentia probatur quoque, quod bene tenendum est, aequationis (1) solutionem $f$, si pro $x = 0$ aut pro alia quacunque aequatione $F = 0$, quae non in aequationem inter solas $f_1, f_2, \ldots, f_n$ redeat, Constanti aequetur, ipsam esse Constantem. Videlicet si ipsarum $f_1, f_2, \ldots, f_n$ functio $f$ ponendo $x = \varphi(f_1, f_2, \ldots, f_n)$ Constanti aequatur, ipsa illa functio $f$ esse debet Constans, cum ea positione mutationem nullam subire possit. Scilicet suppono, ipsam $x$ non esse quantitatum $f_1, f_2, \ldots, f_n$ functionem, quod ad unam certe variabilium $x, x_1, \ldots, x_n$ valet.

Simili ratione aequationis (5) solutio hac conditione determinari potest, ut, data quacunque aequatione $F = 0$, alia quoque data aequatio quaecunque $\Gamma = 0$ inter ipsas $x, x_1, \ldots, x_n$ locum habeat. Rursus enim et $F$ et $\Gamma$ per $x, f_1, f_2, \ldots, f_n$ expressis, eliminando $x$ ex aequationibus $F = 0$, $\Gamma = 0$, obtinemus aequationem

$$\Pi(f_1, f_2, \ldots, f_n) = 0,$$

qua si $x$ per $x_1, x_2, \ldots, x_n$ determinatur, solutio aequationis (5) quaesita prodit.

Postulavi antecedentibus, variabiles $x, x_1, \ldots, x_n$ exprimi per unam earum $x$ ipsasque $f_1, f_2, \ldots, f_n$, sive ipsas

$$f_1, f_2, \ldots, f_n, x$$

pro variabilibus independentibus sumi. Quod semper licet, nisi $x$ ipsarum $f_1, f_2, \ldots, f_n$ functio sit ideoque aequationis (1) solutio. Si vero $x$ aequationis (1) solutio est, fieri debet

$$X = 0,$$

et vice versa patet, si $X = 0$, esse $x$ aequationis (1) solutionem. Hinc sequitur Propositio:

„Ipsas $f_1, f_2, \ldots, f_n, x$ pro variabilibus independentibus sumi posse, quoties $X$ non evanescat, non posse, si evanescat."

Aequationis (1) Coëfficientes $X, X_1$, etc. si non omnes evanescunt, quo casu nulla omnino aequatio haberetur, supponam in sequentibus, etiamsi non expresse adnotetur, esse $X$ eam, quae certo non evanescat. Cum nulla supponatur inter quantitates $f_1, f_2, \ldots, f_n, x$ extare aequatio, ipsae $f_1, f_2, \ldots, f_n$ etiam pro solarum $x_1, x_2, \ldots, x_n$ functionibus habitae a se independentes erunt, ideoque, si $X$ non indentice evanescit, etiam functionum $f_1, f_2, \ldots, f_n$ Determinans

$$\Sigma \pm \frac{\partial f_1}{\partial x_1} \cdot \frac{\partial f_2}{\partial x_2} \cdots \frac{\partial f_n}{\partial x_n}$$

identice evanescere nequit. V. Comment. *de Determinantibus functionalibus.*

Solutiones $f_1, f_2, \ldots, f_n$ a duabus simul variabilibus vacuae esse non possunt, quia non dantur $n-1$ variabilium $n$ functiones a se independentes. Si solutiones illae omnes unam variabilium, ex gr. variabilem $x$, non involvunt, singulae $x_1, x_2, \ldots, x_n$ per $f_1, f_2, \ldots, f_n$ exprimi poterunt sive aequationis (1) solutiones erunt. Quod fieri nequit, nisi $X_1, X_2, \ldots, X_n$ omnes simul evanescunt. Unde vice versa, si non omnes $X_1, X_2, \ldots, X_n$ simul evanescunt, solutiones aequationis (1) non omnes ab ipsa $x$ vacuae esse possunt.

Si dico, designante $f$ aequationis (1) solutionem quamcunque, aequatione $f=0$ determinari ipsarum $x_1, x_2, \ldots, x_n$ functionem $x$ satisfacientem aequationi

$$X = X_1\frac{\partial x}{\partial x_1}+X_2\frac{\partial x}{\partial x_2}+\cdots+X_n\frac{\partial x}{\partial x_n}:$$

tacite suppono, eam solutionem $f$ ipsam $x$ omnino involvere. Cuiusmodi solutionem semper extare antecedentibus vidimus, nisi ipsae $X_1, X_2, \ldots, X_n$ simul omnes evanescant.

6.

Adnotabo iam casus quosdam speciales, quibus aequationes differentiales partiales lineares primi ordinis aut solvere aut ad alias simpliciores reducere liceat.

Statuamus aequationi (1) §. pr. accedere terminum cum a functione quaesita $f$ tum a differentialibus eius partialibus vacuum, ita ut aequatio proposita sit:

$$(1)\quad X\frac{\partial f}{\partial x}+X_1\frac{\partial f}{\partial x_1}+\cdots+X_n\frac{\partial f}{\partial x_n} = U,$$

designante $U$ ipsarum $x, x_1, \ldots, x_n$ functionem. Constabit aequationis (1) solutio, si aequatio

$$(2)\quad X\frac{\partial f}{\partial x}+X_1\frac{\partial f}{\partial x_1}+\cdots+X_n\frac{\partial f}{\partial x_n} = 0$$

complete soluta est; hoc est, si eius novimus $n$ solutiones a se independentes $f_1, f_2, \ldots, f_n$. Ipsis enim $f_1, f_2, \ldots, f_n$ variabilium $x_1, x_2, \ldots, x_n$ loco introductis, aequatio (1) secundum formulam (4) §. 4 abit in hanc:

$$(3)\quad X\left(\frac{\partial f}{\partial x}\right) = U,$$

in qua datae ipsarum $x, x_1, \ldots, x_n$ functiones $X$ et $U$ per ipsas $x, f_1, f_2, \ldots, f_n$ exprimendae sunt. Ex hac aequatione sequitur

$$(4)\quad f = \int \frac{U}{X} dx + \Gamma(f_1, f_2, \ldots, f_n),$$

siquidem in integratione ipsius $x$ respectu transigenda ipsae $f_1, f_2, \ldots, f_n$ pro Constantibus habentur atque $\Gamma$ ipsarum $f_1, f_2, \ldots, f_n$ functionem designat arbitrariam. Ut exhibeatur solutio inventa per variabiles $x, x_1, \ldots, x_n$, post integrationem factam restituendae erunt ipsarum $f_1, f_2, \ldots, f_n$ expressiones per variabiles $x, x_1, \ldots, x_n$ exhibitae; sed per idoneam integralium *definitorum* applicationem fieri potest, ut expressiones illae iam sub signo integrali substituantur. Qua ratione, quod semper pro commodo haberi debet, obtinetur formula per se ipsa clara neque interpretatione verbali egens. Sit enim

$$\frac{U}{X} = F(x, f_1, f_2, \ldots, f_n),$$

in functione illa, quae sub signo integrali invenitur, scribo $\xi$ ipsius $x$ loco; designante $\alpha$ Constantem seu ipsarum $f_1, f_2, \ldots, f_n$ functionem, integratio extendenda erit inde a $\xi = \alpha$ usque ad $\xi = x$, sive erit

$$(5)\quad f = \int_\alpha^x F(\xi, f_1, f_2, \ldots, f_n) d\xi,$$

qua in formula sub integrationis signo ipsarum $f_1, f_2, \ldots, f_n$ expressiones per variabiles propositas $x, x_1, \ldots, x_n$ substituere licet. Proponatur ex. gr. residuum seriei Taylorianae

$$f = \varphi(x+h) - \varphi(x) - \frac{d\varphi(x)}{dx} h - \frac{d^2\varphi(x)}{dx^2} \cdot \frac{h^2}{1.2} - \cdots - \frac{d^{n-1}\varphi(x)}{dx^{n-1}} \cdot \frac{h^{n-1}}{\Pi(n-1)},$$

ubi $\Pi(n) = 1.2.3 \ldots n$. Expressionem ad dextram facile patet satisfacere aequationi differentiali partiali

$$(6)\quad \frac{\partial f}{\partial x} - \frac{\partial f}{\partial h} = -\frac{d^n\varphi(x)}{dx^n} \cdot \frac{h^{n-1}}{\Pi(n-1)}.$$

Aequationis

$$\frac{\partial f}{\partial x} - \frac{\partial f}{\partial h} = 0$$

est solutio

$$f_1 = x+h;$$

qua loco $h$ introducta ut variabili independente, fit aequatio (6)

$$\left(\frac{\partial f}{\partial x}\right) = -\frac{d^n\varphi(x)}{dx^n} \cdot \frac{(f_1 - x)^{n-1}}{\Pi(n-1)}.$$

Hac integrata aequatione prodit

$$f = \frac{-1}{\Pi(n-1)}\int_{\alpha}^{x}\frac{d^n\varphi(x)}{dx^n}(f_1-x)^{n-1}dx,$$

designante $\alpha$ functionem quantitatis $f_1$, quae inter integrationem pro Constante habetur. In dextra aequationis praecedentis parte sub integrationis signo scribatur $\xi$ loco $x$ atque restituatur $x+h$ loco $f_1$, prodit:

$$f = \frac{-1}{\Pi(n-1)}\int_{\alpha}^{x}\frac{d^n\varphi(\xi)}{d\xi^n}(x+h-\xi)^{n-1}d\xi.$$

Valor ipsius $\alpha$ eo determinatur, quod evanescat $f$ pro $h = 0$ sive pro $x = f_1$, unde limes inferior fieri debet

$$\alpha = f_1 = x+h.$$

His collectis limitibusque inversis prodit

$$f = \frac{1}{\Pi(n-1)}\int_{x}^{x+h}\frac{d^n\varphi(\xi)}{d\xi^n}(x+h-\xi)^{n-1}d\xi.$$

Quod notum est integrale definitum seriei Taylorianae residuum exprimens.

Statuamus, proposita aequatione (1)

$$0 = X\frac{\partial f}{\partial x}+X_1\frac{\partial f}{\partial x_1}+\cdots+X_n\frac{\partial f}{\partial x_n},$$

Coëfficientes $X$, $X_1$, etc. unius variabilis $x$ esse functiones. Pro singulis indicis $i$ valoribus 1, 2, ..., $n$ vocemus $\varphi_i$ functionem, quae satisfaciat aequationi

$$(7)\quad X\frac{\partial\varphi_i}{\partial x}+X_i\frac{\partial\varphi_i}{\partial x_i} = 0,$$

unde fit

$$\varphi_i = x_i-\int\frac{X_i}{X}dx.$$

Cum sint $X$ atque $X_i$ solius $x$ functiones, etiam integrale, quod aequatio praecedens implicat, solius $x$ functio erit; integrali enim non adiici suppono aliarum variabilium functionem quasi Constantem arbitrariam. Unde erit $\varphi_i$ etiam aequationis (1) solutio, cum ipsius $\varphi_i$ differentialia partialia praeter $\frac{\partial\varphi}{\partial x}$ et $\frac{\partial\varphi}{\partial x_i}$ omnia evanescant, ideoque pro ea solutione aequatio (1) redeat in (7). Nanciscimur hac ratione solutiones $n$ aequationis (1) $\varphi_1$, $\varphi_2$, ..., $\varphi_n$, quae a se independentes erunt, cum singulae implicent singulas variabiles a se independentes $x_1$, $x_2$, ..., $x_n$. Unde fit aequationis propositae (1) solutio generalis

$$f = \Pi(\varphi_1, \varphi_2, \ldots, \varphi_n).$$

Prorsus idem valet, si ipsae $X_i$ praeter $x$ respective variabilem $x_i$ continent, nisi quod eo casu determinatio functionis $\varphi_i$ per aequationem (7) non Quadraturam sed integrationem aequationis differentialis vulgaris primi ordinis inter duas variabiles requirit. Exemplum propositum complectitur casum, quo ipsae $X$, $X_1$, etc. merae Constantes sunt. Designantibus enim $a$, $a_1$, etc. Constantes, si proponitur aequatio

$$0 = a\frac{\partial f}{\partial x} + a_1\frac{\partial f}{\partial x_1} + a_2\frac{\partial f}{\partial x_2} + \cdots + a_n\frac{\partial f}{\partial x_n},$$

e praecedentibus eius solutio habetur generalis

$$f = \Pi\left(x_1 - \frac{a_1 x}{a},\ x_2 - \frac{a_2 x}{a},\ \ldots,\ x_n - \frac{a_n x}{a}\right).$$

Ad hunc revocatur casus, quo $X$, $X_1$, etc. *respective* solarum $x$, $x_1$, etc. functiones sunt. Introducendo enim ut variabilem independentem loco $x_i$ ipsius $x_i$ functionem $t_i$ datam per aequationem

$$t_i = \int \frac{dx_i}{X_i},$$

fit

$$X_i\frac{\partial f}{\partial x_i} = \frac{\partial f}{\partial t_i};$$

unde aequatio proposita abit in hanc:

$$0 = \frac{\partial f}{\partial t} + \frac{\partial f}{\partial t_1} + \frac{\partial f}{\partial t_2} + \cdots + \frac{\partial f}{\partial t_n},$$

cuius est solutio generalis

$$f = \Pi(t_1 - t,\ t_2 - t,\ \ldots,\ t_n - t),$$

sive erit $f$ differentiarum integralium

$$\int \frac{dx_i}{X_i}$$

functio arbitraria. Quo frequenter et aliis casibus uti licet artificio, cuius ope Eulerus nonnullorum quae tractavit exemplorum solutiones facilius detexit.

Consideremus casum generaliorem, quo omnes $X$, $X_1$, etc. solarum $x$, $x_1$, ..., $x_{n-m}$ functiones sunt neque igitur variabiles $x_n$, $x_{n-1}$, ..., $x_{n-m+1}$ continent. Eo casu indagentur solarum $x$, $x_1$, ..., $x_{n-m}$ functiones a se independentes

$$f_1,\ f_2,\ \ldots,\ f_{n-m},$$

quae sint solutiones aequationis

$$0 = X\frac{\partial f}{\partial x} + X_1\frac{\partial f}{\partial x_1} + \cdots + X_{n-m}\frac{\partial f}{\partial x_{n-m}}.$$

Erunt illae etiam aequationis (1) solutiones, cum ipsas $x_{n-m+1}, x_{n-m+2}, \ldots, x_n$ non contineant ideoque earum differentialia harum respectu variabilium sumta evanescant. Introductis $f_1, f_2, \ldots, f_{n-m}$ variabilium $x_1, x_2, \ldots, x_{n-m}$ loco, e §. 4 fit:

$$X\frac{\partial f}{\partial x} + X_1\frac{\partial f}{\partial x_1} + \cdots + X_{n-m}\frac{\partial f}{\partial x_{n-m}} = X\left(\frac{\partial f}{\partial x}\right);$$

differentialia autem ipsarum $x_{n-m+1}$, etc. respectu sumta ea novarum variabilium independentium introductione non mutanda sunt, quia $f_1, f_2$, etc. illas non implicant variabiles $x_{n-m+1}$, etc. Induit igitur aequatio (2) hanc formam:

$$0 = X\left(\frac{\partial f}{\partial x}\right) + X_{n-m+1}\left(\frac{\partial f}{\partial x_{n-m+1}}\right) + X_{n-m+2}\left(\frac{\partial f}{\partial x_{n-m+2}}\right) + \cdots + X_n\left(\frac{\partial f}{\partial x_n}\right),$$

in qua Coëfficientes $X, X_{n-m+1}$, etc. per quantitates $x, f_1, f_2, \ldots, f_{n-m}$ exprimendae sunt neque secundum suppositionem factam variabiles $x_{n-m+1}, x_{n-m+2}, \ldots \ldots, x_n$ implicant. In aequatione praecedente quantitates $f_1, f_2, \ldots, f_{n-m}$, quarum respectu non differentiatur, pro Constantibus habendae sunt; unde illa in casum antecedentibus tractatum redit, quo Coëfficientes unius variabilis functiones sunt; qui casus per solas Quadraturas absolvebatur.

Antecedentibus aequatio proposita quoties variabilium independentium nonnullas non ipsas, sed tantum differentialia earum respectu sumta continet, ad aliam revocatur, in qua totidem variabiles omnino desunt sive variabilium independentium numerus totidem unitatibus minor est. Quod fieri posse in aequationibus differentialibus partialibus primi ordinis etiam non linearibus iam olim Eulerus docuit.

Si ipsae quidem $X, X_1, \ldots, X_{n-m}$ solarum $x, x_1, \ldots, x_{n-m}$ functiones sunt, sed reliquae $X_{n-m+1}, X_{n-m+2}$, etc. variabiles independentes omnes implicant, valebit adhuc aequatio reducta

$$0 = X\left(\frac{\partial f}{\partial x}\right) + X_{n-m+1}\left(\frac{\partial f}{\partial x_{n-m+1}}\right) + X_{n-m+2}\left(\frac{\partial f}{\partial x_{n-m+2}}\right) + \cdots + X_n\left(\frac{\partial f}{\partial x_n}\right),$$

sed in ea Coëfficientes praeter ipsas $f_1, f_2, \ldots, f_{n-m}$, quae pro Constantibus habentur, adhuc variabiles $x, x_n, x_{n-1}, \ldots, x_{n-m+1}$ continent. Eo igitur casu aequatio proposita, in qua variabiles independentes sunt numero $n+1$, in duas dividitur, alteram post alteram solvendas, in quarum priore numerus variabilium est $n-m+1$, in posteriore $m+1$.

Sub finem addam exemplum quo Ill. Lagrange in Commentatione, qua primum aequationes differentiales partiales primi ordinis ad aequationes differentiales vulgares revocavit, eius reductionis usum illustratum ivit. Quod videbimus exemplum eadem elegantia et fortasse magis directe sine aequationum differentialium vulgarium interventione absolvi.

Proponatur aequatio:

$$(y+t+z)\frac{\partial z}{\partial x}+(x+t+z)\frac{\partial z}{\partial y}+(x+y+z)\frac{\partial z}{\partial t} = x+y+t.^{*)}$$

Functio quaesita $z$ si per aequationem $f = \alpha$ determinatur, satisfacere debet $f$ aequationi sequenti:

$$0 = (x+y+z)\frac{\partial f}{\partial t}+(y+z+t)\frac{\partial f}{\partial x}+(z+t+x)\frac{\partial f}{\partial y}+(t+x+y)\frac{\partial f}{\partial z},$$

quam sic exhibeo:

$$0 = (t+x+y+z)\left(\frac{\partial f}{\partial t}+\frac{\partial f}{\partial x}+\frac{\partial f}{\partial y}+\frac{\partial f}{\partial z}\right)-\left(t\frac{\partial f}{\partial t}+x\frac{\partial f}{\partial x}+y\frac{\partial f}{\partial y}+z\frac{\partial f}{\partial z}\right).$$

Secundum supra tradita evanescit expressio

$$\frac{\partial f}{\partial t}+\frac{\partial f}{\partial x}+\frac{\partial f}{\partial y}+\frac{\partial f}{\partial z},$$

si $f$ est quaecunque differentiarum

$$z-t,\quad z-x,\quad z-y$$

functio, quas ea de causa trium variabilium independentium loco introducamus; pro quarta sumo omnium variabilium summam $t+x+y+z$. Sit

$$z-t = p,\quad z-x = q,\quad z-y = r,\quad t+x+y+z = s,$$

atque differentialia partialia ipsarum $p$, $q$, $r$, $s$ respectu sumta uncis includantur, fit

$$\frac{\partial f}{\partial t}+\frac{\partial f}{\partial x}+\frac{\partial f}{\partial y}+\frac{\partial f}{\partial z} = 4\left(\frac{\partial f}{\partial s}\right),$$

$$t\frac{\partial f}{\partial t}+x\frac{\partial f}{\partial x}+y\frac{\partial f}{\partial y}+z\frac{\partial f}{\partial z} = p\left(\frac{\partial f}{\partial p}\right)+q\left(\frac{\partial f}{\partial q}\right)+r\left(\frac{\partial f}{\partial r}\right)+s\left(\frac{\partial f}{\partial s}\right).$$

Unde aequatio proposita in hanc abit:

$$0 = 3s\left(\frac{\partial f}{\partial s}\right)-p\left(\frac{\partial f}{\partial p}\right)-q\left(\frac{\partial f}{\partial q}\right)-r\left(\frac{\partial f}{\partial r}\right),$$

sive per 3 divisa in hanc:

$$0 = \left(\frac{\partial f}{\partial \lg s}\right)+\left(\frac{\partial f}{\partial \lg p^{-3}}\right)+\left(\frac{\partial f}{\partial \lg q^{-3}}\right)+\left(\frac{\partial f}{\partial \lg r^{-3}}\right).$$

---

*) *Acad. Ber. a.* 1779 *pg.* 155.

Quae secundum antecedentia docet aequatio, functionem quaesitam $f$ esse functionem arbitrariam differentiarum

$$\lg s - \lg p^{-3}, \quad \lg s - \lg q^{-3}, \quad \lg s - \lg r^{-3},$$

vel si logarithmis numeros substituis, functionem arbitrariam quantitatum

$$sp^3, \quad sq^3, \quad sr^3,$$

quod cum solutione Lagrangiana convenit.

7.

Aequationis differentialis partialis linearis primi ordinis

$$(1)\quad 0 = X\frac{\partial f}{\partial x} + X_1\frac{\partial f}{\partial x_1} + X_2\frac{\partial f}{\partial x_2} + \cdots + X_n\frac{\partial f}{\partial x_n},$$

ad quam reliquas omnes revocavi, proponatur solutionem $f$ in seriem infinitam evolvere, addita simul conditione maxime generali, cui satisfieri posse §. 5 vidimus, ut functio $f$ pro data inter variabiles independentes aequatione

$$U = 0$$

in datam functionem $\Gamma$ abeat. Pono

$$(2)\quad f = \Gamma - \Gamma' U + \Gamma''\frac{U^2}{1.2} - \Gamma'''\frac{U^3}{1.2.3} + \text{etc.},$$

quae expressio conditioni propositae aperte satisfacit. Substituta (2) in aequatione proposita (1) et expressionibus singulis in singulas ipsius $U$ potestates ductis nihilo aequatis, eruuntur aequationes, quibus quantitates $\Gamma'$, $\Gamma''$, etc. aliae post alias e data functione $\Gamma$ determinari possunt. Ponamus enim, designante $V$ ipsarum $x$, $x_1$, ..., $x_n$ functionem, per ipsum $V$ uncis inclusum denotari expressionem

$$(3)\quad [V] = X\frac{\partial V}{\partial x} + X_1\frac{\partial V}{\partial x_1} + \cdots + X_n\frac{\partial V}{\partial x_n},$$

unde, si $V = U^m$, fit

$$(4)\quad [U^m] = mU^{m-1}[U].$$

Qua adhibita notatione, substituendo (2) aequatio proposita (1) in hanc abibit:

$$(5)\quad \begin{cases} 0 = [\Gamma] - [\Gamma']U + [\Gamma'']\frac{U^2}{1.2} - \text{etc.} \\ \quad - \{\Gamma' - \Gamma'' U + \Gamma'''\frac{U^2}{1.2} + \text{etc.}\}[U]. \end{cases}$$

Cui aequationi satisfit ponendo

$$(6)\quad \Gamma' = \frac{[\Gamma]}{[U]}, \quad \Gamma'' = \frac{[\Gamma']}{[U]}, \quad \Gamma''' = \frac{[\Gamma'']}{[U]}, \quad \text{etc.,}$$

quibus formulis seriei infinitae propositae Coëfficientes alii post alios determinantur.

Si $U$ ipsam $x$ involvit, e formula (2) obtineri possunt aequationis (1) solutiones $n$ a se independentes ponendo ipsius $\Gamma$ loco successive ipsas $x_1, x_2, \ldots, x_n$. Inter solutiones enim sic provenientes extare non potest aequatio, quippe quae etiam locum haberet, si statuitur $U = 0$ sive $x$ ipsarum $x_1, x_2, \ldots, x_n$ functioni aequalis; posito autem $U = 0$, solutiones in quantitates $x_1, x_2, \ldots, x_n$ abire statuimus, quae a se independentes sunt neque a se dependentes fieri possunt eo, quod alia quantitas $x$ earum functioni aequetur.

Sint variabiles $x, x_1, x_2, \ldots, x_n$ omnes unius earum functiones, quae satisfaciant systemati aequationum differentialium vulgarium

$$(7)\quad dx_1 = \frac{X_1}{X}dx,\quad dx_2 = \frac{X_2}{X}dx,\quad \ldots,\quad dx_n = \frac{X_n}{X}dx;$$

designantibus $V$ et $W$ binas ipsarum $x, x_1, \ldots, x_n$ functiones, erit e (3) et (7):

$$\frac{[V]}{[W]} = \frac{X\frac{\partial V}{\partial x} + X_1\frac{\partial V}{\partial x_1} + \cdots + X_n\frac{\partial V}{\partial x_n}}{X\frac{\partial W}{\partial x} + X_1\frac{\partial W}{\partial x_1} + \cdots + X_n\frac{\partial W}{\partial x_n}}$$

$$= \frac{\frac{\partial V}{\partial x}dx + \frac{\partial V}{\partial x_1}dx_1 + \cdots + \frac{\partial V}{\partial x_n}dx_n}{\frac{\partial W}{\partial x}dx + \frac{\partial W}{\partial x_1}dx_1 + \cdots + \frac{\partial W}{\partial x_n}dx_n},$$

ideoque e notatione adhibita

$$(8)\quad \frac{[V]}{[W]} = \frac{dV}{dW}.$$

Unde e formulis (6) obtinemus:

$$(9)\quad \Gamma' = \frac{d\Gamma}{dU},\quad \Gamma'' = \frac{d\Gamma'}{dU},\quad \Gamma''' = \frac{d\Gamma''}{dU},\quad \text{etc.}$$

Variabiles $x, x_1, \ldots, x_n$ si unius earum functiones sunt, functiones etiam erunt cuiuslibet earum functionis $U$, unde $\Gamma$ pro ipsius $U$ functione haberi potest. Cuius functionis differentialia successiva erunt e (9) ipsae $\Gamma', \Gamma''$, etc. sive erit

$$(10)\quad \Gamma' = \frac{d\Gamma}{dU},\quad \Gamma'' = \frac{d^2\Gamma}{dU^2},\quad \Gamma''' = \frac{d^3\Gamma}{dU^3},\quad \text{etc.};$$

scilicet Algorithmi (6), quibus quantitates $\Gamma', \Gamma''$, etc. formantur, iidem sunt, quibus inveniuntur differentialia

$$\frac{d^m\Gamma}{dU^m},$$

si et $\Gamma$ et $U$ dantur ut functiones variabilium $x, x_1, \ldots, x_n$, inter quas locum habent aequationes differentiales vulgares (7). Nec nisi aequationes (7) integratae habeantur ullo alio modo illa differentialia $\frac{d^m\Gamma}{dU^m}$ determinari possunt nisi per Algorithmos (6).

Substitutis (10) abit series infinita (2) in hanc:

$$f = \Gamma - \frac{d\Gamma}{dU}U + \frac{d^2\Gamma}{dU^2}\cdot\frac{U^2}{1.2} - \frac{d^3\Gamma}{dU^3}\cdot\frac{U^3}{1.2.3} + \text{ etc.},$$

quam e theoremate *Tayloriano* constat aequari quantitati constanti

$$\Gamma(U-U) = \Gamma(0).$$

Videmus igitur aequationis (1) solutionem quamcunque in quantitatem constantem abire, si inter ipsas $x, x_1, \ldots, x_n$ tales constituantur relationes, quae aequationibus differentialibus vulgaribus (7) satisfaciant. Quod absque ullo serierum infinitarum adiumento patet, si reputamus propter aequationem identicam

$$X\frac{\partial f}{\partial x} + X_1\frac{\partial f}{\partial x_1} + \cdots + X_n\frac{\partial f}{\partial x_n} = 0$$

evanescere ipsius $f$ differentiale

$$df = \frac{\partial f}{\partial x}dx + \frac{\partial f}{\partial x_1}dx_1 + \cdots + \frac{\partial f}{\partial x_n}dx_n,$$

quoties aequationes differentiales (7) locum habeant. Unde si inter ipsas $x, x_1, \ldots, x_n$ locum habent aequationes quaecunque, e quibus aequationes differentiales vulgares (7) deduci possunt, ex iisdem aequationibus sequi debet

$$df = 0 \quad \text{sive} \quad f = \text{Constans}.$$

Sed de systemate aequationum differentialium vulgarium (7) eiusque intima connexione cum aequatione differentiali partiali (1) fusius in sequentibus agam.

## De aequationum differentialium vulgarium simultanearum systematis.

8.

Systema aequationum differentialium vulgarium simultanearum proponamus forma proportionis

$$(1) \quad dx : dx_1 : \ldots : dx_n = X : X_1 : \ldots : X_n,$$

designantibus $X$, $X_1$, etc. datas quascunque variabilium $x$, $x_1$, ..., $x_n$ functiones. Quam proportionem locum tenere censeo $n$ aequationum

$$(2)\quad X_1 dx - X dx_1 = 0,\quad X_2 dx - X dx_2 = 0,\quad \ldots,\quad X_n dx - X dx_n = 0.$$

Quamquam in forma proposita differentialia ordinem primum non egrediuntur, ea pro generali haberi potest, ut ad quam quodvis systema aequationum differentialia vulgaria ciuslibet ordinis implicantium revocari potest. Sit primum proposita una aequatio differentialis $n^{\text{ti}}$ ordinis inter duas variabiles $x$ et $y$

$$(3)\quad \frac{d^n y}{dx^n} = Y,$$

designante $Y$ functionem quamcunque ipsarum $x$, $y$ et quotientium differentialium ipsius $y$ usque ad $(n-1)^{\text{tum}}$: statuendo

$$\frac{d^i y}{dx^i} = y^{(i)},$$

aequationis propositae locum tenebit proportio

$$(4)\quad dx : dy : dy' : \ldots : dy^{(n-2)} : dy^{(n-1)} = 1 : y' : y'' : \ldots : y^{(n-1)} : Y,$$

ubi in functione $Y$ pro differentialibus $\frac{d^i y}{dx^i}$ ponendae sunt quantitates $y^{(i)}$. Unde introducendo ipsas $y'$, $y''$, ..., $y^{(n-1)}$ ut novas variabiles revocatur una aequatio $n^{\text{ti}}$ ordinis inter duas variabiles ad $n$ aequationes primi ordinis inter $n+1$ variabiles. Si aequationes (4) comparamus cum (1), videmus eas constituere casum, quo pro ipsius $i$ valoribus 1, 2, ..., $n-1$ habeatur

$$(5)\quad X_i = x_{i+1},$$

ipsa $X$ autem unitati aequalis et ultima $X_n$ omnium variabilium functio sit. Vice versa quoties proponitur huiusmodi systema aequationum differentialium vulgarium

$$(6)\quad dx : dx_1 : dx_2 : \ldots : dx_{n-1} : dx_n = 1 : x_2 : x_3 : \ldots x_n : X_n,$$

id cum unica aequatione

$$(7)\quad \frac{d^n x_1}{dx^n} = X_n$$

convenit, in cuius dextra parte $X_n$ ipsis $x_2$, $x_3$, ..., $x_n$ respective substituenda sunt differentialia

$$\frac{dx_1}{dx},\quad \frac{d^2 x_1}{dx^2},\quad \ldots,\quad \frac{d^{n-1} x_1}{dx^{n-1}}.$$

Prorsus simili ratione formam aequationum (1) induere potest systema aequationum differentialium vulgarium

$$(8) \quad \frac{d^p x}{dt^p} = A, \quad \frac{d^q y}{dt^q} = B, \quad \text{etc.},$$

ubi in functionibus $A$, $B$, etc. differentialia ipsius $x$ ordinem $(p-1)^{\text{tum}}$, differentialia ipsius $y$ ordinem $(q-1)^{\text{tum}}$, etc. non excedunt. Rursus enim ponendo

$$\frac{d^i x}{dt^i} = x^{(i)}, \quad \frac{d^i y}{dt^i} = y^{(i)}, \quad \text{etc.},$$

introducantur $x'$, $x''$, ..., $x^{(p-1)}$, $y'$, $y''$, ..., $y^{(q-1)}$, etc. ut novae variabiles: aequationum propositarum (8) locum tenebit proportio

$$(9) \quad \begin{cases} dt : dx : dx' : \ldots : dx^{(p-2)} : dx^{(p-1)} : dy : dy' : \ldots : dy^{(q-2)} : dy^{(q-1)} : \ldots \\ = 1 : x' : x'' : \ldots : \quad x^{(p-1)} : A \quad\quad : y' : y'' : \ldots : y^{(q-1)} \quad : B : \ldots, \end{cases}$$

ubi in functionibus $A$, $B$, etc. differentialibus $\frac{d^i x}{dt^i}$, $\frac{d^i y}{dt^i}$, etc. substituendae sunt quantitates $x^{(i)}$, $y^{(i)}$, etc. Unde introducendo $x'$, $x''$, etc. ut novas variabiles, aequationes (8) ad $p+q+\cdots$ aequationes differentiales vulgares primi ordinis revocantur. Aequationes (9) forma propositarum (1) gaudent earumque casum constituunt eum, quo $X=1$ atque pro insequentibus indicis $i$ valoribus

$$X_i = x_{i+1},$$

exceptis valoribus ipsius $i$ aliquot intermediis eiusque valore finali $i=n$, pro quibus $X_i$ non uni variabilium aequalis est, sed omnium variabilium functioni aequari potest.

Si aequationes differentiales vulgares propositas non immediate ad formam aequationum (8) revocare licet, id semper per idoneas differentiationes et eliminationes fieri poterit. Ut exemplum simplex tradam, proponantur duae aequationes

$$(10) \quad u = 0, \quad v = 0,$$

sintque ipsarum $x$ et $y$ differentialia altissima, quae in iis obveniunt,

$$\frac{d^p x}{dt^p}, \quad \frac{d^q y}{dt^q},$$

quorum utrumque alteram afficiat aequationem $u=0$, altera autem $v=0$ eorum neutrum involvat, sed altissima ipsarum $x$ et $y$ differentialia, quae in ea obveniunt, sint

$$\frac{d^{p-i} x}{dt^{p-i}}, \quad \frac{d^{q-k} y}{dt^{q-k}}.$$

Sit $i \leq k$, aequatione $v = 0$ differentiata $i$ vicibus successivis, ope $i$ aequationum

$$(11)\quad \frac{dv}{dt} = 0,\quad \frac{d^2v}{dt^2} = 0,\quad \ldots,\quad \frac{d^iv}{dt^i} = 0$$

ex aequatione $u = 0$ eliminari poterunt differentialia

$$\frac{d^{p-i+1}x}{dt^{p-i+1}},\quad \frac{d^{p-i+2}x}{dt^{p-i+2}},\quad \ldots,\quad \frac{d^px}{dt^p},$$

ita ut altissima, quae aequationem $u = 0$ afficiunt, differentialia fiant

$$\frac{d^{p-i}x}{dt^{p-i}},\quad \frac{d^qy}{dt^q}.$$

Unde ex hac aequatione et aequatione $v = 0$ resolutis erui possunt sequentes:

$$(12)\quad \frac{d^{p-i}x}{dt^{p-i}} = A,\quad \frac{d^qy}{dt^q} = B,$$

in quibus et $A$ et $B$ nonnisi differentialia iis, quae ad laevam posita sunt, inferiora involvunt. Quae igitur gaudent aequationes forma proposita aequationum (8) ideoque ex antecedentibus etiam ad formam aequationum (1) revocari possunt. Eritque aequationum propositarum $u = 0$, $v = 0$ systema $(p+q-i)^{\text{ti}}$ ordinis.

## 9.

Demonstravi §. 7,

I. „per aequationes finitas*), quae aequationibus differentialibus vulgaribus

$$(1)\quad dx : dx_1 : \ldots : dx_n = X : X_1 : \ldots : X_n$$

satisfaciant, unamquamque solutionem $f$ aequationis differentialis partialis

$$(2)\quad X\frac{\partial f}{\partial x} + X_1\frac{\partial f}{\partial x_1} + \cdots + X_n\frac{\partial f}{\partial x_n} = 0$$

aequalem evadere Constanti."

Scilicet fit

$$df = \frac{\partial f}{\partial x}dx + \frac{\partial f}{\partial x_1}dx_1 + \cdots + \frac{\partial f}{\partial x_n}dx_n,$$

quae expressio evanescit, si $dx$, $dx_1$, etc. eandem rationem inter se tenent atque

*) Aequationes *finitae* dicuntur, quae sunt inter solas variabiles dependentes et independentes neque earum differentialia involvunt. Si quotientes differentiales pro novis variabilibus sumuntur, fieri potest, ut eadem aequatio modo pro aequatione finita, modo pro aequatione differentiali habeatur.

quantitates $X$, $X_1$, etc., simulque functio $f$ aequationi (2) identice satisfacit; ubi autem $df = 0$, fit

$$(3) \quad f = \text{Constans.}$$

Propositionis praecedentis exceptiones haberi possunt, si fieri potest, ut per $n$ aequationes simul omnes $n+1$ quantitates $X$, $X_1$, ..., $X_n$ evanescentes reddantur, vel si evenit, ut per aequationes illas finitas differentialia functionis $f$ partialia in infinitum abeant, quippe quo casu $df$ indueret formam expressionis indeterminatae $\frac{0}{0}$. Quibus de exceptionibus singularibus hic non agam.

Aequationis (2) cum extent $n$ solutiones a se independentes, sequitur ex antecedentibus, per aequationes inter variabiles $x$, $x_1$, etc., e quibus aequationes differentiales vulgares

$$dx : dx_1 : \ldots : dx_n = X : X_1 : \ldots : X_n$$

deducere liceat, evadere $n$ solutiones aequationis (2) a se invicem independentes aequales Constantibus. Vice versa habetur Propositio:

II. „Si $n$ solutiones a se independentes aequationis differentialis partialis

$$X\frac{\partial f}{\partial x} + X_1\frac{\partial f}{\partial x_1} + \cdots + X_n\frac{\partial f}{\partial x_n} = 0$$

aequales ponuntur Constantibus arbitrariis, habentur inter $n+1$ variabiles $x$, $x_1$, ..., $x_n$ aequationes $n$, e quibus deducere liceat $n$ aequationes differentiales vulgares

$$dx : dx_1 : \ldots : dx_n = X : X_1 : \ldots : X_n.\text{“}$$

Ad Propositionem antecedentem demonstrandam supponamus, ipsam $X$ non identice evanescere. Sint aequationis differentialis partialis propositae solutiones a se independentes $f_1$, $f_2$, ..., $f_n$, quae respective Constantibus arbitrariis $\alpha_1$, $\alpha_2$, ..., $\alpha_n$ aequales ponantur; sequitur ex aequationibus

$$(4) \quad f_1 = \alpha_1, \quad f_2 = \alpha_2, \quad \ldots, \quad f_n = \alpha_n$$

differentiando:

$$(5) \quad \begin{cases} 0 = \frac{\partial f_1}{\partial x} dx + \frac{\partial f_1}{\partial x_1} dx_1 + \frac{\partial f_1}{\partial x_2} dx_2 + \cdots + \frac{\partial f_1}{\partial x_n} dx_n \\ 0 = \frac{\partial f_2}{\partial x} dx + \frac{\partial f_2}{\partial x_1} dx_1 + \frac{\partial f_2}{\partial x_2} dx_2 + \cdots + \frac{\partial f_2}{\partial x_n} dx_n \\ \cdots\cdots\cdots\cdots\cdots\cdots \\ 0 = \frac{\partial f_n}{\partial x} dx + \frac{\partial f_n}{\partial x_1} dx_1 + \frac{\partial f_n}{\partial x_2} dx_2 + \cdots + \frac{\partial f_n}{\partial x_n} dx_n. \end{cases}$$

Aequationes praecedentes habeamus pro $n$ aequationibus linearibus, quarum incognitae sunt $n$ quantitates $dx_1$, $dx_2$, ..., $dx_n$; secundum (2) satisfit aequationibus illis ponendo

$$(6)\quad dx_1 = \frac{X_1}{X}\,dx,\quad dx_2 = \frac{X_2}{X}\,dx,\quad \ldots,\quad dx_n = \frac{X_n}{X}\,dx,$$

quae cum aequationibus differentialibus vulgaribus propositis conveniunt. Unde vice versa ex aequationibus (5) necessario sequuntur aequationes (6). Aequationum enim linearium, quarum idem atque incognitarum numerus, semper unica tantum habetur resolutio, si earum non evanescit Determinans; aequationum (5) autem Determinans

$$\Sigma \pm \frac{\partial f_1}{\partial x_1} \cdot \frac{\partial f_2}{\partial x_2} \cdots \frac{\partial f_n}{\partial x_n}$$

vidimus §. 5 non evanescere ipso $X$ non identice evanescente.

Quantitates $\alpha_1$, $\alpha_2$, ..., $\alpha_n$ cum ut Constantes *arbitrariae* valores quoscunque induere possint, et ipsae pro *variabilibus* independentibus haberi possunt, ita ut aequationes finitae, quae aequationibus differentialibus propositis (1) satisfaciunt, praeter ipsas $x$, $x_1$, $x_2$, ..., $x_n$ adhuc $n$ alias independentes variabiles involvere possint, quae neque ipsae neque differentialia earum respectu sumta aequationes differentiales propositas afficiunt. Variabilium illarum novarum independentium $\alpha_1$, $\alpha_2$, ..., $\alpha_n$ loco functiones earum quaecunque $n$ a se independentes $\beta_1$, $\beta_2$, ..., $\beta_n$ in aequationibus integralibus introduci sive pro Constantibus arbitrariis sumi possunt. Quo idem assequimur ac si in aequationibus (4) ipsarum $f_1$, $f_2$, ..., $f_n$ loco functiones earum $n$ a se independentes pro aequationis differentialis partialis sumimus solutionibus, quae Constantibus arbitrariis aequentur.

## 10.

Propositis aequationibus differentialibus vulgaribus

$$(1)\quad dx : dx_1 : \ldots : dx_n = X : X_1 : \ldots : X_n,$$

earum *aequationes integrales* dicuntur $n$ aequationes finitae, e quibus propositas deducere licet, et dicuntur illae aequationes integrales *completae*, si $n$ Constantes arbitrarias involvunt, quae ad minorem numerum revocari non possunt. Sint $\beta_1$, $\beta_2$, ..., $\beta_n$ Constantes arbitrariae, quas aequationes integrales completae involvunt, atque sint rursus

$$f_1,\ f_2,\ \ldots,\ f_n$$

solutiones a se independentes aequationis differentialis partialis

$$(2)\quad 0 = X\frac{\partial f}{\partial x} + X_1\frac{\partial f}{\partial x_1} + \cdots + X_n\frac{\partial f}{\partial x_n},$$

quas ab omnibus Constantibus arbitrariis vacuas suppono. Secundum Prop. I. §. pr. per aequationes integrales propositas fieri debent $f_1, f_2, \ldots, f_n$ Constantibus aequales

$$\alpha_1, \alpha_2, \ldots, \alpha_n,$$

quae erunt ipsarum $\beta_1, \beta_2, \ldots, \beta_n$ functiones. Aequationes, quae hac ratione obtinentur,

$$(3)\quad f_1 = \alpha_1,\ f_2 = \alpha_2,\ \ldots,\ f_n = \alpha_n$$

cum a se invicem independentes eodemque numero sint, locum tenere possunt aequationum integralium propositarum. Quae cum completae esse supponantur, fieri debent $\alpha_1, \alpha_2, \ldots, \alpha_n$ ipsarum $\beta_1, \beta_2, \ldots, \beta_n$ functiones a se independentes. Nam si foret earum una $\alpha_n$ reliquarum $\alpha_1, \alpha_2, \ldots, \alpha_{n-1}$ functio, ipsas praeterea $\beta_1, \beta_2$, etc. non implicans, sequeretur, aequationes integrales propositas revocari posse ad alias, Constantium arbitrariarum $\beta_1, \beta_2, \ldots, \beta_n$ functionibus $\alpha_1, \alpha_2, \ldots, \alpha_{n-1}$ affectas neque praeterea ipsas $\beta_1$ etc. implicantes. Unde illis ipsarum $\beta_1$ etc. functionibus pro Constantibus arbitrariis sumtis, revocarentur aequationes integrales propositae ad alias minore Constantium arbitrariarum numero affectas, ideoque secundum definitionem positam non essent completae.

Si $\alpha_1, \alpha_2, \ldots, \alpha_n$ sunt ipsarum $\beta_1, \beta_2, \ldots, \beta_n$ functiones a se independentes, etiam $\beta_1, \beta_2, \ldots, \beta_n$ ipsarum $\alpha_1, \alpha_2, \ldots, \alpha_n$ functiones a se independentes sunt. Unde e (3) sequitur

$$(4)\quad \beta_1 = F_1,\ \beta_2 = F_2,\ \ldots,\ \beta_n = F_n,$$

designantibus $F_1, F_2, \ldots, F_n$ ipsarum $f_1, f_2, \ldots, f_n$ functiones a se independentes. Itaque ipsae quoque $F_1, F_2$, etc. erunt aequationis (2) solutiones a se independentes (§. 5), sive habetur Propositio:

I. „Aequationibus differentialibus vulgaribus

$$dx : dx_1 : \ldots : dx_n = X : X_1 : \ldots : X_n$$

quocunque modo complete integratis, aequationes integrales completae Constantium arbitrariarum respectu resolvi possunt et variabilium functiones $n$, quibus ea resolutione Constantes arbitrariae aequales evadunt, solutiones sunt a se independentes aequationis differentialis partialis

$$X\frac{\partial f}{\partial x}+X_1\frac{\partial f}{\partial x_1}+\cdots+X_n\frac{\partial f}{\partial x_n}=0.\text{“}$$

Generaliter quoties $n$ quantitates ope $n$ aequationum determinantur seu per alias quantitates easdem aequationes afficientes exprimi possunt, non fieri potest, ut ex aequationibus illis deducatur aequatio ab omnibus illis $n$ quantitatibus vacua, sive e qua quantitates illae omnes eliminatae sint. Quippe quae aequatio nihil contribueret ad quantitates determinandas, unde $n$ quantitates $n-1$ aequationibus determinarentur, quod fieri nequit. Hinc e Propositione I. haec sequitur:

II. „Ex aequationibus integralibus completis nulla deduci potest aequatio inter solas variabiles $x, x_1, \ldots, x_n$, e qua omnes Constantes arbitrariae eliminatae sint, vel si habetur aequatio ab omnibus Constantibus arbitrariis vacua, necessario identica erit.“

Ex $n$ aequationibus integralibus non deduci posse aequationem ab omnibus *variabilibus* vacuam vix monitu opus est. Etenim ad aequationes integrales pertinere non potest inter solas quantitates constantes aequatio, qua reiecta tantum $n-1$ adessent inter variabiles $x, x_1$, etc. aequationes, e quibus $n$ aequationes differentiales propositae vel $n$ aequationes finitae (3) deduci non possunt. Qua de re si proponuntur quaecunque $m$ ex aequationum integralium numero, earum ope $m$ variabiles per reliquas determinare licet, quippe quae tum demum non succederet determinatio, si ex aequationibus propositis flueret aequatio ab omnibus variabilibus vacua. Eadem de causa patet, si proponantur quaecunque $m$ ex aequationum integralium *completarum* numero, earum ope $k$ Constantes arbitrarias et $m-k$ variabiles per reliquas variabiles et Constantes arbitrarias exprimi posse. Nam secundum antecedentia quaecunque ex aequationibus integralibus completis deducatur aequatio, neque variabilibus neque Constantibus arbitrariis simul omnibus vacare potest. Unde ex unaquaque aequatione de aequationibus integralibus completis deducta sive variabilis sive Constans arbitraria determinari potest, et huius vel illius valore in reliquis aequationibus propositis substituto eiusmodi determinationes continuari possunt, usque dum tot Constantes arbitrariae et variabiles per reliquas Constantes arbitrarias et variabiles determinatae sint, quot sunt aequationes propositae.

Propositis aequationibus ad aequationum integralium completarum systema pertinentibus, totidem quidem Constantes arbitrariae vel variabiles iis determinantur sive per reliquas exprimi possunt, sed non semper Constantes arbitrariae vel variabiles, quae aequationibus illis integralibus determinentur, ex arbitrio sumi possunt. Fieri enim potest, ut aequationes illae variabilium vel Constantium arbitrariarum quasdam omnino non involvant. Qua de re operae pretium est hanc addere Propositionem:

III. „Aequationibus differentialibus

$$dx : dx_1 : \ldots : dx_n = X : X_1 : \ldots : X_n$$

complete integratis, nisi $X$ *identice* evanescat, semper variabiles $x_1, x_2, \ldots, x_n$ per $x$ et Constantes arbitrarias exprimere licet, quae variabilium $x_1, x_2, \ldots, x_n$ expressiones Constantium arbitrariarum respectu a se independentes erunt."

Vidimus enim § 5, nisi $X$ identice evanescat, ipsas $x_1, x_2, \ldots, x_n$ per $f_1, f_2, \ldots, f_n$, $x$ exprimi posse; aequationibus integralibus completis autem ipsae $f_1, f_2, \ldots, f_n$ Constantibus arbitrariis aequantur, unde Propositionis pars prior liquet. Inventae pro ipsis $x_1$ etc. expressiones si Constantium arbitrariarum respectu a se non independentes essent, inveniri posset inter $x, x_1, x_2, \ldots, x_n$ aequatio a Constantibus arbitrariis vacua, quod secundum I. fieri non potest.

Functionum a se independentium cum non evanescat Determinans (v. Comm. *de Determinantibus functionalibus*), sequitur ex antecedentibus, non evanescente $X$, Determinans

$$\Sigma \pm \frac{\partial x_1}{\partial \alpha_1} \cdot \frac{\partial x_2}{\partial \alpha_2} \cdots \frac{\partial x_n}{\partial \alpha_n}$$

non evanescere, siquidem $\alpha_1, \alpha_2$, etc. sunt Constantes arbitrariae, per quas ipsamque $x$ exprimuntur variabiles $x_1, x_2, \ldots, x_n$.

Mentionem hic iniiciam Paradoxi, quod errori locum dare possit. Ipsa enim $X$ non *identice* evanescente quaeritur, an per aequationes integrales evanescere possit, sive an unquam fieri possit, ut aequatio

$$X = 0$$

ex aequationibus integralibus completis deduci queat Constantibus arbitrariis valores tribuendo particulares. Quod non fieri posse videtur. Nam si inter aequationes integrales habetur $X = 0$ et, quod suppono, non simul omnes etiam reliquae quantitates $X_1, X_2, \ldots, X_n$ evanescunt, sequitur ex aequationibus differentialibus propositis

$$dx : dx_1 : \ldots : dx_n = X : X_1 : \ldots : X_n,$$

fieri

$$x = \text{Const.}$$

Quoties autem $X$ non identice evanescit, secundum III. variabiles omnes per ipsam $x$ exprimere licet, unde, si $x$ Constans esset, reliquae etiam omnes quantitates $x_1, x_2, \ldots, x_n$ Constantes evaderent, ideoque ex $n$ aequationibus integralibus sequeretur, $n+1$ quantitates $x, x_1, \ldots, x_n$ valores constantes habere, quod absurdum est. Nihilo tamen minus innumera in promptu sunt exempla, quae docent, sane fieri posse, ut ipsa $X$ non identice evanescens per aequationes tamen integrales particulares evanescat. Sit ex. gr. $X = x$, $X_1 = x_1$, sive sit:

$$dx : dx_1 = x : x_1.$$

Haec aequatio differentialis complete integratur aequatione

$$x = \alpha x_1,$$

in qua pro Constantis arbitrariae $\alpha$ valore particulari $\alpha = 0$ sequitur

$$X = x = 0.$$

Solvitur Paradoxon observando fieri posse, ut in aequatione aliqua

$$x_i = \varphi(x, \alpha_1, \alpha_2, \ldots, \alpha_n),$$

ipsis $x, \alpha_1, \alpha_2, \ldots, \alpha_n$ valores constantes particulares tribuendo functio $\varphi$ formam $\frac{0}{0}$ induat, quo casu ex aequatione praecedente non sequeretur ipsam $x_i$ quoque fore Constantem, quod supra conclusi, sed ea aequatione in hanc $0 = 0$ redeunte omnino nihil de quantitate $x_i$ pronunciaretur. Plerumque autem si sequentibus de valoribus particularibus sermo erit Constantibus arbitrariis tribuendis, tacite excludam valores, quibus eiusmodi indeterminationes subnascantur, quae exceptionibus a regulis generalibus tradendis locum dare possunt.

11.

Quaecunque $n$ aequationes finitae satisfaciant aequationibus differentialibus vulgaribus (1) §. pr., earum ope aequationis (2) §. pr. solutiones a se independentes $f_1, f_2, \ldots, f_n$ aequantur Constantibus (§. 9). Quae Constantes, quas rursus $\alpha_1, \alpha_2, \ldots, \alpha_n$ vocemus, per Constantes arbitrarias exprimuntur, quibus aequationes integrales propositae afficiuntur. Quae si Constantes arbitrariae sunt numero $n$

$$\beta_1, \beta_2, \ldots, \beta_n,$$

atque quantitates $\alpha_1, \alpha_2, \ldots, \alpha_n$ earum functiones independentes fiunt, ipsae $\alpha_1$ etc. evadunt Constantes omnino arbitrariae. Et cum magis generale non detur, quam ut functiones $f_1, f_2, \ldots, f_n$, quae per aequationes integrales Constantibus aequales fieri debent, Constantibus arbitrariis aequentur, eo casu aequationes integrales iure dicuntur *completae*. Contra si aequationes integrales propositae nullas involvunt Constantes arbitrarias vel minore quam $n$ numero, vel si involvunt Constantes arbitrarias numero $n$ vel etiam maiore numero, ipsae autem $\alpha_1, \alpha_2, \ldots, \alpha_n$ earum functiones non a se independentes fiunt, aequationes integrales propositae fiunt *particulares*. Revocari enim possunt ad aequationes (3), in quibus quantitates $\alpha_1, \alpha_2, \ldots, \alpha_n$, quae per aequationes integrales completas Constantes arbitrariae fiunt, valores determinatos induunt vel conditionibus subiiciuntur, quibus aliae aliis determinantur.

Proponantur duo aequationum integralium systemata, alterum completum Constantes arbitrarias $\beta_1, \beta_2, \ldots, \beta_n$ implicans, alterum sive completum sive particulare Constantibus arbitrariis $\gamma_1, \gamma_2$, etc. affectum. Utrumque cum in aequationes (3) redeat, inter se convenire debet, si valores, quos $\alpha_1, \alpha_2, \ldots, \alpha_n$ pro altero systemate induunt, valoribus, quos pro altero induunt, aequantur. Pro altero systemate fiunt $\alpha_1, \alpha_2, \ldots, \alpha_n$ ipsarum $\beta_1, \beta_2, \ldots, \beta_n$ functiones independentes ideoque etiam vice versa $\beta_1, \beta_2, \ldots, \beta_n$ datae ipsarum $\alpha_1, \alpha_2, \ldots, \alpha_n$ functiones; in quibus substituendo ipsarum $\alpha_1, \alpha_2$, etc. valores, quos pro altero aequationum integralium systemate induunt, prodeunt valores ipsis $\beta_1, \beta_2, \ldots, \beta_n$ tribuendi, ut utrique ipsarum $\alpha_1, \alpha_2$, etc. valores inter se aequales existant, sive ut ex aequationum integralium completarum systemate proposito alterum obtineatur. Habemus igitur Propositionem:

> I. „E dato aequationum integralium completarum systemate alterum aequationum integralium systema quodcunque sive completum sive particulare provenit Constantes arbitrarias idonee determinando."

Ex eadem Propositione haec fluit:

> II. „Ex $n$ aequationibus inter variabiles $x, x_1, \ldots, x_n$ propositis proveniant aequationes differentiales
>
> $$\frac{dx_1}{dx} = A_1, \quad \frac{dx_2}{dx} = A_2, \quad \ldots, \quad \frac{dx_n}{dx} = A_n,$$
>
> in quibus singulae $A_1, A_2, \ldots, A_n$ variabilium $x, x_1, \ldots, x_n$ functiones esse possunt maxime inter se diversae, quae per $n$ aequationes finitas propositas inter se aequales existunt: complete integratis aequationibus differentialibus praecedentibus semper fieri potest, ut aequationes integrales inventae Constantes arbitrarias idonee determinando in ipsas aequationes redeant propositas."

Varia, quae ex iisdem aequationibus finitis propositis secundum antecedentia fluere possunt, aequationum differentialium systemata *complete* integrabuntur variis aequationum finitarum systematis, inter quae in genere ne minima quidem similitudo intercedet. Sed omnia haec aequationum integralium systemata quam maxime inter se diversa pro certis Constantium arbitrariarum valoribus in easdem aequationes propositas redire debent.

Vidimus §. 8, aequationes differentiales altiorum ordinum, quibus altissimum cuiusque variabilis dependentis differentiale per ipsas variabiles earumque inferiora differentialia exprimitur,

$$(1)\quad \frac{d^p x}{dt^p} = A, \quad \frac{d^q y}{dt^q} = B, \quad \text{etc.}$$

revocari posse ad $p+q+\cdots$ aequationes differentiales primi ordinis inter variabiles

$$t,\ x,\ x',\ \ldots,\ x^{(p-1)},\quad y,\ y',\ \ldots,\ y^{(q-1)},\quad \text{etc.},$$

ubi

$$x^{(i)} = \frac{d^i x}{dt^i}, \quad y^{(i)} = \frac{d^i y}{dt^i}, \quad \text{etc.}$$

Unde etiam Constantium arbitrariarum, quibus ipsarum (1) aequationes integrales completae efficiuntur, numerus erit $p+q+\cdots$ sive aequabit summam ordinum, ad quos in aequationibus differentialibus propositis altissima variabilium $x$, $y$, etc. differentialia ascendunt.

In formam aequationum (1) quaecunque redeunt aequationes differentiales vulgares, nisi ex iis altissima quaeque differentialia eliminare sive aequationem deducere licet, quae tantum differentialia implicat inferiora altissimis, quae reliquas aequationes afficiunt. Unde hanc habemus Propositionem:

III. „Quibuscunque propositis aequationibus differentialibus vulgaribus, e quibus altissima variabilium dependentium differentialia simul omnia eliminare non licet, numerus Constantium arbitrariarum, quas integratio completa requirit, aequabit summam ordinum, ad quos singularum variabilium differentialia in aequationibus propositis ascendunt."

Aequationes differentiales vulgares si non gaudent forma in Prop. pr. supposita, semper per idoneas differentiationes et eliminationes ad eam formam revocari possunt ideoque etiam ad aequationes differentiales primi ordinis, sicuti §. 8 monui. Hinc Theorema II. generalius sic proponi potest:

IV. „E $n$ aequationibus inter $n+1$ variabiles propositis per iteratas differentiationes, ipsis quoque aequationibus finitis propositis in usum vocatis, quaecunque $n$ deducantur aequationes differentiales vulgares cuiuslibet ordinis differentialia implicantes, his complete integratis semper Constantes arbitrarias sic determinare licet, ut aequationes integrales inventae in ipsas redeant aequationes propositas."

Singularibus casibus, quorum §. 9 mentionem inieci, praecedentis gravissimi theorematis exceptiones locum habere possunt, sed haec est ampla neque adhuc perfecta materies, quam hoc loco non tangam.

12.

Determinatis variabilibus $x_1, x_2, \ldots, x_n$ ut unius $x$ functionibus, valores, quos variabiles vel earum functiones induunt, si statuitur $x = 0$ vel ipsi $x$ alius quilibet valor particularis $x^0$ tribuitur, earum appellamus valores *initiales.* Illam ipsarum $x_1, x_2, \ldots, x_n$ determinationem aequationum semper integralium ope fieri posse, nisi $X$ identice evanescat, §. 10 III. vidimus. Sint aequationes integrales completae, Constantes arbitrarias $\alpha_1, \alpha_2, \ldots, \alpha_n$ involventes, e quarum resolutione proveniant aequationes

$$x_i = \varphi_i(x, \alpha_1, \alpha_2, \ldots, \alpha_n);$$

secundum eandem Propositionem III. §. 10 erunt

$$\varphi_1, \varphi_2, \ldots, \varphi_n$$

ipsarum $\alpha_1, \alpha_2, \ldots, \alpha_n$ respectu a se independentes. Quod cum pro ipsius $x$ valore indeterminato valeat, etiam pro

$$x = x^0$$

valere debet. Unde si vocamus

$$x_1^0, x_2^0, \ldots, x_n^0$$

ipsarum $x_1, x_2, \ldots, x_n$ valores initiales, ita ut sit

$$x_i^0 = \varphi_i(x^0, \alpha_1, \alpha_2, \ldots, \alpha_n),$$

erunt $x_1^0, x_2^0, \ldots, x_n^0$ ipsarum $\alpha_1, \alpha_2, \ldots, \alpha_n$ functiones a se invicem independentes, ideoque pro systemate Constantium arbitrariarum sumi possunt.

Sunt quantitates

$$x^0, x_1^0, x_2^0, \ldots, x_n^0,$$
$$x, x_1, x_2, \ldots, x_n$$

bina valorum variabilium *simultaneorum* systemata, quorum alterum si valorum *initialium* systema vocamus, alterum si placet valorum *finalium* systema vocari potest. Introducendo alterum ut systema Constantium arbitrariarum videmus,

„per integrationem completam $n$ aequationum differentialium vulgarium primi ordinis inter $n+1$ variabiles obtineri $n$ aequationes inter bina quaecunque valorum variabilium simultaneorum systemata."

Quae forma aequationum integralium completarum, quae inter valores variabilium finales et initiales proponuntur, prae ceteris memorabilis est. Nam cum bina illa systemata valorum variabilium simultaneorum binis quibuscunque ipsius $x$ valoribus $x^0$ et $x$ respondeant, alterum systema cum altero commutare licet. Unde hanc habemus Propositionem:

„In unaquaque aequationum integralium inter variabiles $x, x_1, \ldots, x_n$ earumque valores initiales $x_1^0, x_2^0, \ldots, x_n^0$ propositarum ipsas $x, x_1, \ldots, x_n$ respective cum ipsis $x_1^0, x_2^0, \ldots, x_n^0$ commutando aut aequatio immutata manet aut alia obtinetur ex aequationum integralium numero."

Proposuimus antecedentibus duas formas praecipuas, quibus aequationes integrales completae exhiberi solent, quarum altera exprimuntur variabiles omnes ut earum unius atque Constantium arbitrariarum functiones, altera assignantur functiones solarum variabilium singulae singulis Constantibus arbitrariis aequales. In genere molestae requiruntur aequationum resolutiones, ut aequationum integralium completarum forma altera ad alteram revocetur. Quoties autem aequationes integrales completae inter variabilium valores finales atque initiales exhibentur, istarum resolutionum locum tenere potest facillima valorum initialium cum finalibus commutatio. Inventis enim ipsarum $x_1, x_2, \ldots, x_n$ per $x, x^0, x_1^0, \ldots, x_n^0$ expressionibus

$$x_i = \varphi_i(x, x^0, x_1^0, x_2^0, \ldots, x_n^0),$$

secundum antecedentia valorum finalium et initialium commutatione statim habetur aequationum integralium forma altera per formulas

$$x_i^0 = \varphi_i(x^0, x, x_1, x_2, \ldots, x_n).$$

Adnotandum autem est, illam commutationem requirere, ut ipsi $x^0$ non valor particularis veluti $x^0 = 0$ tributus sit, sed ipsa $x^0$ quoque, perinde atque reliquae Constantes $x_1^0, x_2^0$, etc., indeterminata maneat. Est tamen casus, quo etsi ipsi $x^0$ valor particularis veluti $x^0 = 0$ tributus sit, nihilominus altera aequationum integralium forma ex altera, sola elementorum commutatione, obtineatur. Ponamus enim in aequationibus differentialibus propositis

$$dx : dx_1 : \ldots : dx_n = X : X_1 : \ldots : X_n$$

omnes $X, X_1, \ldots, X_n$ variabili $x$ vacare: aequationes differentiales propositae nullo modo mutantur ipsam $x$ quantitate constante augendo vel diminuendo; unde in aequationibus quoque integralibus ipsam $x$ quantitate constante augere vel diminuere licet. Exhibitis igitur aequationibus integralibus inter $x$, ipsas $x_1, x_2, \ldots, x_n$ earumque valores ipsi $x=0$ respondentes, ipsi $x$ substituendo $x-x^0$ erunt $x_1^0, x_2^0, \ldots, x_n^0$ variabilium $x_1, x_2, \ldots, x_n$ valores ipsi $x-x^0=0$ sive ipsi $x=x^0$ respondentes. Hac ratione ex unaquaque aequatione integrali

$$(1)\quad \Phi(x, x_1, x_2, \ldots, x_n, x_1^0, x_2^0, \ldots, x_n^0) = 0$$

obtinetur aequatio

$$(2)\quad \Phi(x-x^0, x_1, x_2, \ldots, x_n, x_1^0, x_2^0, \ldots, x_n^0) = 0.$$

Ipsas $x, x_1, \ldots, x_n$ respective cum $x^0, x_1^0, \ldots, x_n^0$ commutando ex aequatione praecedente (2) eruitur altera

$$(3)\quad \Phi(x^0-x, x_1^0, x_2^0, \ldots, x_n^0, x_1, x_2, \ldots, x_n) = 0.$$

Si in hac ponimus $x^0=0$, ut rursus sint $x_1^0$ etc. variabilium $x_1$ etc. valores ipsi $x=0$ respondentes, fit

$$(4)\quad \Phi(-x, x_1^0, x_2^0, \ldots, x_n^0, x_1, x_2, \ldots, x_n) = 0.$$

Unde casu proposito si Constantes $x_1^0$ etc. ipsarum $x_1$ etc. valores ipsi $x=0$ respondentes designant, ex unaquaque aequatione integrali (1) fluit aequatio integralis (4), sive habemus Propositionem:

III. „Propositis aequationibus differentialibus

$$dx : dx_1 : dx_2 : \ldots : dx_n = X : X_1 : X_2 : \ldots : X_n,$$

in quibus omnes $X$, $X_1$, etc. variabilem $x$ non involvant, ex unaquaque aequatione integrali inter ipsam $x$, variabiles $x_1, x_2, \ldots, x_n$ earumque valores $x_1^0, x_2^0, \ldots, x_n^0$ ipsi $x=0$ respondentes fluit altera, variabiles $x_1$ etc. cum valoribus earum initialibus $x_1^0$ etc. commutando simulque mutando $x$ in $-x$."

Casus propositus, quo omnes $X$, $X_1$, etc. variabilem $x$ non continent, etiam eo distinguitur, quod aequationum differentialium integrandarum numerus unitate minor fiat, et sola insuper requiratur Quadratura. Etenim complete integratis $n-1$ aequationibus differentialibus

$$dx_1 : dx_2 : \ldots : dx_n = X_1 : X_2 : \ldots : X_n,$$

quae sunt inter solas variabiles $x_1, x_2, \ldots, x_n$, per earum unam $x_i$ et $n-1$ Constantes arbitrarias exprimantur $X$ et $X_i$, invenitur $n^{ta}$ aequatio integralis solius

Quadraturae ope per formulam

$$x - x^0 = \int \frac{X}{X_i} dx_i,$$

ubi $x^0$ est $n^{\text{ta}}$ Constans arbitraria.

Aequationes differentiales vulgares de aequationibus finitis propositis deductae si complete integrantur, vidimus §. 11 Constantes arbitrarias sic determinari posse, ut aequationes integrales inventae in ipsas redeant aequationes propositas. Illa determinatio commode fit, si ex aequationibus propositis valores variabilium eruuntur ipsi $x = 0$ seu alii ipsius $x$ valori particulari respondentes iique valores in aequationibus integralibus inventis substituuntur. Quo facto ipsae habentur aequationes, quibus Constantes arbitrariae determinandae sunt, ut ex aequationibus integratione inventis propositae proveniant. Est ista differentiatio et redintegratio potens artis Analyticae instrumentum, quo variae transformationes, determinationes, evolutiones in series infinitas obtineantur.

## De Constantibus arbitrariis supervacaneis.

### 13.

Si in aequationibus integralibus, inter variabiles $x, x_1, \ldots, x_n$ earumque valores initiales $x^0, x_1^0, \ldots, x_n^0$ exhibitis, ipsa $x^0$ quoque indeterminata manet, aequationes illae $n+1$ Constantes arbitrarias involvunt ideoque maiorem numerum quam completa integratio poscit. Quin adeo nihil impedit quin numerus Constantium arbitrariarum in singulis aequationibus adhuc maior vel etiam infinitus sit nec nisi reliquarum aequationum integralium adiumento ad minorem numerum revocari possit. Veluti si duae habentur aequationes

$$(1) \quad u = \alpha, \quad v = \beta,$$

designantibus $\alpha$ et $\beta$ Constantes arbitrarias, iis substituere licet has:

$$(2) \quad \varphi(u, v) = 0, \quad \psi(u, v) = 0,$$

designantibus $\varphi$ et $\psi$ ipsarum $u, v$ functiones arbitrarias, quae Constantium arbitrariarum numerum infinitum involvere possunt. Quamquam inde nullo modo generalitatem augebimus, quia e binis aequationibus simultaneis (2) sequitur $u$ et $v$ Constantes esse, ideoque, quemcunque Constantium arbitrariarum numerum involvant, magis generale ex iis sequi non potest quam $u$ et $v$ Constantes arbitrarias esse. Aequationes autem integrales, quemcunque Constantium arbitrariarum numerum involvant, semper ad alias revocari posse, quae non plures quam $n$ Constantes arbitrarias contineant, facile patet. Aequationum enim integralium systema quodcunque vidimus convenire cum aequationibus sequentibus

$$(3)\quad f_1 = \alpha_1,\quad f_2 = \alpha_2,\quad \ldots,\quad f_n = \alpha_n,$$

ubi $f_1, f_2, \ldots, f_n$ sunt functiones a se independentes, ab omnibus omnino Constantibus arbitrariis vacuae, ipsae autem $\alpha_1, \alpha_2, \ldots, \alpha_n$ Constantes, quas si arbitrarias ponimus, maximam generalitatem assecuti sumus.

Propositis variabilium $x$, $x_1$, etc. expressionibus Constantes arbitrarias involventibus quaerendum erit, an Constantium arbitrariarum loco minor numerus functionum earum in expressiones propositas introduci possit: quod enim si fieri potest, has functiones novis Constantibus arbitrariis aequando, Constantes arbitrariae in expressionibus propositis ad *genuinum* numerum revocatae erunt. Veluti designantibus $\alpha$ et $\beta$ Constantes arbitrarias si expressiones variabilium $x$, $x_1$, etc. quantitate

$$\alpha+\beta$$

afficiuntur, dicemus eas unicam tantum involvere Constantem arbitrariam $\gamma = \alpha+\beta$. Si *aequationes* Constantibus arbitrariis affectae inter variabiles $x$, $x_1$, etc. proponuntur atque Constantes arbitrariae in singulis aequationibus propositis per se consideratis ad minorem revocari non possunt numerum, id tamen in aequationibus idonee inter se combinatis locum habere posse vidimus. Ut iustus Constantium arbitrariarum numerus, quo systema aequationum natura sua affici debeat, eruatur, redigatur systema in eam formam, qua totidem variabiles quot sunt aequationes per reliquas variabiles et Constantes arbitrarias exprimuntur: quibus in expressionibus si Constantes arbitrariae ad minimum numerum revocantur, is quoque genuinus numerus Constantium arbitrariarum erit, quo systema aequationum propositarum afficitur. Unde vice versa semper in aequationibus in formam illam redactis Constantes arbitrariae ad eum numerum revocari possunt, qui systemati aequationum propositarum genuinus est. Quoties in sequentibus de numero Constantium arbitrariarum sermo erit, quem expressiones aut aequationes propositae continent, semper genuinum numerum intelligam seu minimum, ad quem eas revocare liceat. Sequitur ex antecedentibus, aequationibus integralibus completis ea forma exhibitis, qua variabiles omnes per unam earum atque Constantes arbitrarias exprimuntur, Constantes arbitrarias in expressionibus illis semper ad numerum $n$ revocari posse, neque igitur ad eam rem alia aequationum combinatione opus esse. Quod etiam patet, si reputamus illas variabilium expressiones ex aequationibus (3) deduci posse, ad quas aequationes integrales quascunque revocare licet. Habemus igitur hanc Propositionem:

I. „Integratis aequationibus differentialibus

$$dx : dx_1 : \ldots : dx_n = X : X_1 : \ldots : X_n,$$

exprimantur $x_1, x_2, \ldots, x_n$ per $x$ atque Constantes arbitrarias: expressiones inventae

$$\varphi_i(x) = x_i$$

plures quam $n$ Constantes arbitrarias involvere nequeunt."

Expressis ex. gr. $x_1, x_2, \ldots, x_n$ per $x$ atque valores initiales $x^0, x_1^0, x_2^0, \ldots, x_n^0$, sit

$$(4) \quad x_i = \varphi_i(x, x^0, x_1^0, \ldots, x_n^0);$$

ut $n+1$ Constantes arbitrariae in illis expressionibus ad iustum numerum $n$ revocentur, ponatur in (4) $x = 0$ ac vocentur ipsarum $x^0, x_1^0, \ldots, x_n^0$ functiones pro indicis $i$ valoribus $1, 2, \ldots, n$ provenientes

$$\varphi_1^0, \ \varphi_2^0, \ \ldots, \ \varphi_n^0.$$

Fieri debet ut expressiones (4) per $x$ solasque $\varphi_1^0, \varphi_2^0, \ldots, \varphi_n^0$ exhiberi possint nec Constantes arbitrarias $x^0, x_1^0, \ldots, x_n^0$ contineant, nisi quatenus in illis earum $n$ functionibus $\varphi_1^0, \varphi_2^0, \ldots, \varphi_n^0$ insint. Unde ubi $x$ pro Constante, solae $x^0$, $x_1^0, \ldots, x_n^0$ pro variabilibus habentur, erunt expressiones $\varphi_i$ ipsarum $\varphi_1^0, \varphi_2^0, \ldots, \varphi_n^0$ functiones. Quod secundum Propositionem notam (v. Comm. *de Determ. funct.*) exprimitur per aequationem, quae pro ipsius $x$ valore indefinito identice locum habere debet:

$$(5) \quad 0 = \Sigma \pm \frac{\partial \varphi_i}{\partial x^0} \cdot \frac{\partial \varphi_1^0}{\partial x_1^0} \cdot \frac{\partial \varphi_2^0}{\partial x_2^0} \cdots \frac{\partial \varphi_n^0}{\partial x_n^0}.$$

Haec aequatio etiam sequente ratione demonstrari potest.

Ponamus commutando variabilium valores finales et initiales abire $\varphi_i$, $\varphi_i^0$ in $\Phi_i$, $\Phi_i^0$; secundum §. pr. illa commutatione prodit e (4) Integrale

$$x_i^0 = \Phi_i(x^0, x, x_1, \ldots, x_n),$$

sive ponendo $x^0 = 0$

$$x_i^0 = \Phi_i^0(x, x_1, \ldots, x_n).$$

Aequationes praecedentes differentiatae per aequationes differentiales propositas identicae fieri debent, unde prodeunt aequationes *identicae:*

$$(6) \quad \begin{cases} 0 = X \dfrac{\partial \Phi_i}{\partial x} + X_1 \dfrac{\partial \Phi_i}{\partial x_1} + \cdots + X_n \dfrac{\partial \Phi_i}{\partial x_n}, \\ 0 = X \dfrac{\partial \Phi_i^0}{\partial x} + X_1 \dfrac{\partial \Phi_i^0}{\partial x_1} + \cdots + X_n \dfrac{\partial \Phi_i^0}{\partial x_n}. \end{cases}$$

In aequatione posteriore si $x_i$ mutamus in $x_i^0$, prodit aequatio

$$0 = X^0 \frac{\partial \varphi_i^0}{\partial x^0} + X_1^0 \frac{\partial \varphi_1^0}{\partial x_1^0} + \cdots + X_n^0 \frac{\partial \varphi_n^0}{\partial x_n^0},$$

siquidem ea commutatione quantitates $X_i$ in $X_i^0$ abeunt. E formula praecedente tribuendo indici $i$ valores 1, 2, ..., $n$ proveniunt $n$ aequationes, ipsarum $X^0$, $X_1^0$, etc. respectu lineares, quarum ope rationes, quas hae quantitates inter se tenent, exprimi possunt per Coëfficientes $\frac{\partial \varphi_i^0}{\partial x_k^0}$. Atque per notas theoriae aequationum linearium formulas invenitur, esse $X^0, X_1^0, \ldots, X_n^0$ inter se ut quantitates constantes, quae in Determinante evanescente (5) multiplicantur respective per $\frac{\partial \varphi_i}{\partial x_0}, \frac{\partial \varphi_i}{\partial x_1}, \ldots, \frac{\partial \varphi_i}{\partial x_n}$. Unde aequatio (5) demonstranda hanc induit simpliciorem formam:

$$(7)\quad 0 = X^0 \frac{\partial \varphi_i}{\partial x^0} + X_1^0 \frac{\partial \varphi_i}{\partial x_1^0} + \cdots + X_n^0 \frac{\partial \varphi_i}{\partial x_n^0}.$$

Haec autem formula e priore formularum (6) obtinetur rursus commutando $x$, $x_1, \ldots, x_n$ cum $x^0, x_1^0, \ldots, x_n^0$. E formula praecedente tribuendo indici $i$ valores 1, 2, ..., $n$ prodeunt $n$ aequationes identicae, quibus differentiatis ipsius $x$ respectu aliae similes prodeunt.

Aequatio differentialis $n^{ti}$ ordinis inter duas variabiles $x$ et $y$ semper ad $n$ aequationes differentiales primi ordinis inter variabiles

$$x,\ y,\ y',\ \ldots,\ y^{(n-1)}$$

revocari potest, siquidem

$$y^{(i)} = \frac{d^i y}{dx^i}.$$

Unde e Propositione I. haec sequitur notissima:

„Integrata aequatione differentiali $n^{ti}$ ordinis inter $x$ et $y$, expressio ipsius $y$ per $x$ plures quam $n$ Constantes arbitrarias non involvere potest."

Haec propositio saepius non recte eo concluditur, quod ex $n+1$ aequationibus

$$y = F(x),\quad y' = \frac{dF(x)}{dx},\quad y'' = \frac{d^2F(x)}{dx^2},\quad \ldots,\quad y^{(n)} = \frac{d^nF(x)}{dx^n},$$

e quibus aequatio differentialis $n^{ti}$ ordinis proposita resultare debet, non plures quam $n$ quantitates eliminari possint. Sane fieri potest ut e numero $n+1$ aequationum plures quam $n$ Constantes arbitrariae eliminari possint, quamvis nullo modo ad minorem eas numerum revocare liceat. Cuius rei exempla per totum Calculum Integralem frequentissime obveniunt. Proposita ex. gr. inter $x$ et $y$ aequatione differentiali secundi ordinis huiusmodi

$$(8)\quad y'' = \psi(x, y),$$

cui satisfaciat aequatio integralis

$$y = \varphi(x),$$

resultare debet (8) e duabus aequationibus inter se combinatis

$$y = \varphi(x),\quad y'' = \frac{d^2\varphi(x)}{dx^2}.$$

Neque recte concluderetur ipsam $\varphi(x)$ unicam tantum Constantem arbitrariam involvere posse, quia unam tantum quantitatem e duabus aequationibus praecedentibus eliminare liceat. Bene enim constat ipsius $\varphi(x)$ expressionem completam duas involvere Constantes arbitrarias, quae nullo modo ad unam revocari possint. Et ex aequatione $\varphi(x, y, z) = 0$ ope aequationum

$$\frac{\partial\varphi}{\partial x} + \frac{\partial\varphi}{\partial z}\cdot\frac{\partial z}{\partial x} = 0,\quad \frac{\partial\varphi}{\partial y} + \frac{\partial\varphi}{\partial z}\cdot\frac{\partial z}{\partial y} = 0$$

functionem arbitrariam eliminari posse constat, quae Constantes arbitrarias numero infinito involvere potest nullo modo ad finitum numerum reducendas.

Cum ad eam formam, qua aequationes differentiales vulgares proposuimus, quodcunque aequationum differentialium systema revocare liceat e Propositione I. generalior sequitur:

II. „Aequationum differentialium vulgarium systemate quocunque integrato, dependentium variabilium per independentem expressiones non maiorem numerum involvere possunt Constantium arbitrariarum, quam qui ad completam integrationem requiritur.“

Ut aequationum integralium completarum definitio supra proposita (§. 9) ad eum extendatur casum, quo in iis Constantes arbitrariae insunt supervacaneae, hoc est maiore numero quam ad completam integrationem necessario requiritur, aequationes integrales completas definire licet ut tales, e quibus Constantes arbitrarias eliminare non liceat, sive e quibus nulla deduci possit a Constantibus arbitrariis omnibus vacua. Qua sequitur definitione Constantium arbitrariarum, quibus aequationes integrales completae afficiuntur, numerum ipsum $n$ aut aequare aut superare ac semper aequationum integralium completarum beneficio earum $n$ per *ipsas variabiles exprimi posse.*

Sint illae expressiones

$$(9)\quad \beta_1 = F_1,\quad \beta_2 = F_2,\quad \dots,\quad \beta_n = F_n,$$

functiones $F_1$ etc. Constantibus arbitrariis $\beta_1, \beta_2, \dots, \beta_n$ prorsus vacant, sed alias involvere possunt Constantes arbitrarias

$$\beta_{n+1},\quad \beta_{n+2},\quad \dots$$

Quae erunt supervacaneae neque generalitatem augebunt sive arbitrariae ponantur sive valores particulares induant. Nam ex his, quae §. 8 demonstravi, sequitur fieri $F_1, F_2, \dots, F_n$ functiones *a se independentes* ipsarum $f_1, f_2, \dots, f_n$ Constantibus arbitrariis non affectarum. Eruntque $F_1, F_2, \dots, F_n$ a se independentes, si Constantibus $\beta_{n+1}, \beta_{n+2}$, etc., quibus afficiuntur valores, tribuantur particulares quicunque; nam dicendo eas Constantes esse arbitrarias hoc ipsum innuitur, valores iis tribui posse particulares quoscunque. Quoties autem sunt $F_1, F_2, \dots, F_n$ functiones a se independentes, aequationibus (9) integratio completa continetur seu maxima generalitate gaudens, quam igitur assequimur etiamsi ipsis $\beta_{n+1}$ etc. valores particulares tribuantur. Modo certi excipiantur valores particulares, pro quibus evenire potest ut functiones $F_1$ etc. formam $\frac{0}{0}$ induant vel ipsae $F_1$ etc. non amplius a se independentes sint. Veluti si habentur duae functiones

$$F_1 = \frac{\alpha+\beta f_1+\gamma f_2}{\delta+\varepsilon f_1+\zeta f_2},\quad F_2 = \frac{\alpha'+\beta' f_1+\gamma' f_2}{\delta'+\varepsilon' f_1+\zeta' f_2},$$

designantibus $\alpha, \beta$, etc. Constantes arbitrarias, sane dicemus $F_1$ et $F_2$ functiones ipsarum $f_1$ et $f_2$ a se independentes, quamvis pro $\alpha = \delta = \alpha' = \delta' = 0$ vel pro aliis ipsarum $\alpha, \beta$, etc. certis quibusdam valoribus secus eveniet.

Sequitur ex antecedentibus haec quoque Propositio:

„Sit $y$ functio ipsius $x$ atque aliarum $n$ quantitatum $\alpha_1, \alpha_2, \dots, \alpha_n$, quae non ad minorem numerum revocari possunt; posito $y^{(i)} = \frac{d^i y}{dx^i}$, erunt $y, y', \dots, y^{(n-1)}$ ipsarum $\alpha_1, \alpha_2, \dots, \alpha_n$ respectu a se independentes, sive inter $x, y, y', \dots, y^{(n-1)}$ non dabitur aequatio ab omnibus $\alpha_1, \alpha_2, \dots, \alpha_n$ vacua; unde etiam non fieri potest ut identice evanescat Determinans

$$\Sigma \pm \frac{\partial y}{\partial \alpha_1} \cdot \frac{\partial y'}{\partial \alpha_2} \cdots \frac{\partial y^{(n-1)}}{\partial \alpha_n}.$$

Unde vice versa eo Determinante evanescente ipsas $\alpha_1, \alpha_2, \dots, \alpha_n$ ad minorem numerum revocare licebit sive exprimi poterit $y$ per $x$ ipsarumque $\alpha_1, \alpha_2, \ldots, \alpha_n$ functiones minore quam $n$ numero."

Nimirum si daretur inter ipsas $x, y, y', \ldots, y^{(n-1)}$ aequatio ab omnibus $\alpha_1, \alpha_2, \ldots, \alpha_n$ vacua, haberetur ipsius $x$ functio $y$, aequationi differentiali $(n-1)^{\text{ti}}$ ordinis satisfaciens atque $n$ Constantes arbitrarias involvens, quod fieri non potest. Propositio similis de pluribus ipsius $x$ functionibus $y$, $z$, etc. quantitates $\alpha_1, \alpha_2$, etc. implicantibus facile constat. Involventibus ex. gr. $y$ et $z$ Constantes arbitrarias $i+k$, ad minorem numerum non reducendas, functiones $y, y', y'', \ldots, y^{(i-1)}, z, z', z'', \ldots, z^{(k-1)}$ earum respectu a se independentes erunt. Neque vero similis valet Propositio, si alia sumuntur differentialia, quam se ordine insequentia. Vidimus enim antecedentibus, sane dari ipsarum $x$, $\alpha_1$, $\alpha_2$ functiones $y$, pro quibus identice fiat

$$\frac{\partial y}{\partial \alpha_1} \cdot \frac{\partial y''}{\partial \alpha_2} - \frac{\partial y}{\partial \alpha_2} \cdot \frac{\partial y''}{\partial \alpha_1} = 0,$$

in quibus tamen ipsae $\alpha_1$ et $\alpha_2$ ad unam quantitatem revocari non possint, scilicet functiones integratione completa aequationis

$$\frac{d^2 y}{dx^2} = \varphi(x, y)$$

provenientes.

## 14.

De Constantibus supervacaneis addere placet sequentia. Sint rursus $f_1, f_2, \ldots, f_n$ aequationis differentialis partialis

$$(1)\quad 0 = X\frac{\partial f}{\partial x} + X_1\frac{\partial f}{\partial x_1} + \cdots + X_n\frac{\partial f}{\partial x_n}$$

solutiones a se invicem independentes, ab omnibus Constantibus arbitrariis vacuae. Proponatur eiusdem aequationis solutio $F$, Constantibus arbitrariis $a$, $b$, etc. affecta. Cum quaelibet aequationis (1) solutio sit ipsarum $f_1$, $f_2$, etc. functio, etiam $F$ ipsarum $f_1, f_2, \ldots, f_n$ functio erit, quantitates praeterea constantes $a$, $b$, etc. involvens. Qua iteratis vicibus ipsarum $a$, $b$, etc. respectu differentiata rursus quantitatum $f_1, f_2, \ldots, f_n$ functiones prodeunt ideoque novae aequationis (1) solutiones. Unde *propositam aequationis* (1) *solutionem* $F$ *Constantes arbitrarias* $a$, $b$, *etc. involventem Constantium arbitrariarum* $a$, $b$, *etc. respectu iteratis vicibus differentiando novae eiusdem aequationis* (1) *obtinentur solutiones.* Idem sequitur ex ipsa aequatione

$$(2)\quad 0 = X\frac{\partial F}{\partial x}+X_1\frac{\partial F}{\partial x_1}+\cdots+X_n\frac{\partial F}{\partial x_n}.$$

Quippe cuius Coëfficientes $X, X_1$, etc. cum quantitates $a, b$, etc. nullo modo involvant, aequationem (2) ipsius $a$ respectu $\varkappa$ vicibus, ipsius $b$ respectu $\lambda$ vicibus etc. differentiando eruimus, si $\varkappa+\lambda+\cdots=\nu$,

$$0 = X\frac{\partial^{\nu+1}F}{\partial x\partial a^{\varkappa}\partial b^{\lambda}\ldots}+X_1\frac{\partial^{\nu+1}F}{\partial x_1\partial a^{\varkappa}\partial b^{\lambda}\ldots}+\cdots+X_n\frac{\partial^{\nu+1}F}{\partial x_n\partial a^{\varkappa}\partial b^{\lambda}\ldots}.$$

Unde aequationis (1) solutiones etiam expressiones erunt omnes huiusmodi:

$$\frac{\partial^{\nu}F}{\partial a^{\varkappa}\partial b^{\lambda}\ldots},$$

quippe quae secundum aequationem praecedentem pro functione $f$ positae aequationi (1) satisfaciunt.

Cum aequationis (1) tantum $n$ solutiones a se independentes extent, inter $F$ eiusque $n$ differentialia $\frac{\partial^{\nu}F}{\partial a^{\varkappa}\partial b^{\lambda}\ldots}$ minoremve eorum numerum dabitur aequatio solas praeterea $a$ et $b$ involvens. Quae haberi potest pro aequatione differentiali, in cuius solutione $F$, quae ipsarum $a, b$, etc., $f_1, f_2, \ldots, f_n$ functio est, ipsae $f_1, f_2, \ldots, f_n$ vicem gerunt Constantium arbitrariarum.

Quaeramus iam, quomodo, una proposita aequationis (1) solutione $F$ Constantes arbitrarias $a, b$, etc. involvente, eruantur eiusdem aequationis solutiones a Constantibus arbitrariis vacuae, quarum proposita $F$ functio est. Quod ita fere solvere licet problema. Huius $a$ vel $b$ etc. respectu differentiationes instituantur iteratae, dum ad differentialia perveniatur, quae per antecedentia ipsasque $a$ et $b$ exprimere licet,

$$(3)\quad \begin{cases} \dfrac{\partial^{i}F}{\partial a^{i}} = \Pi\left(F, \dfrac{\partial F}{\partial a}, \ldots, \dfrac{\partial^{i-1}F}{\partial a^{i-1}}, a, b, \ldots\right) \\ \dfrac{\partial^{k}F}{\partial b^{k}} = \Pi_1\left(F, \dfrac{\partial F}{\partial b}, \ldots, \dfrac{\partial^{k-1}F}{\partial b^{k-1}}, a, b, \ldots\right) \\ \text{etc.}\quad \text{etc.}\quad \text{etc.} \end{cases}$$

Indices $i$, $k$, etc. numerum $n$ non superabunt, quia ad aequationes praecedentes inter ipsam $F$ eiusque differentialia obtinendas non plures ex iis functionibus quam $n$ quantitates eliminandae sunt, videlicet aequationis (1) solutiones a Constantibus $a, b$, etc. vacuae, quarum proposita $F$ functio est. Patet aequationum ope praecedentium (3) cuncta ipsius $F$ differentialia ipsarum $a, b$, etc. respectu sumta exprimi posse per ipsas $a$, $b$, etc. atque huiusmodi differentialia

$$\frac{\partial^{\lambda+\mu+\cdots} F}{\partial a^{\lambda}\partial b^{\mu}\ldots},$$

in quibus $\lambda < i$, $\mu < k$, etc. Horum differentialium sit $m$ numerus minimus, per quae ipsasque $a$, $b$, etc. reliqua omnia exprimantur. Quae si vocamus

$$\varphi_1, \ \varphi_2, \ \ldots, \ \varphi_m,$$

omnes per ea exprimi poterunt aequationis (1) solutiones, quas ipsarum $a$, $b$, etc. respectu differentiando e proposita $F$ derivare licet. Quibus e solutionibus si ipsis $a$, $b$, etc. valores tribuendo particulares

$$a^0, \ b^0, \ \text{etc.}$$

functiones prodeunt

$$\varphi_1^0, \ \varphi_2^0, \ \ldots, \ \varphi_m^0;$$

hae ipsae erunt aequationis (1) solutiones quaesitae a Constantibus $a$, $b$, etc. vacuae et a se independentes, quarum proposita $F$ functio est. Etenim cum $F$ eiusque differentialia ipsarum $a$, $b$, etc. respectu sumta per functiones $\varphi_1$, $\varphi_2$, ..., $\varphi_m$ ipsasque $a$, $b$, etc. exprimi possint, substituendo in illis expressionibus $a = a^0$, $b = b^0$, etc. exhibebimus per $\varphi_1^0$, $\varphi_2^0$, ..., $\varphi_m^0$ valores, quos $F$ eiusque differentialia omnia ipsarum $a$, $b$, etc. respectu sumta pro $a = a^0$, $b = b^0$, etc. induunt. Unde functionis $F$ evolutione facta in seriem infinitam secundum ipsarum $a - a^0$, $b - b^0$, etc. potestates potestatumque producta progredientem, singuli evolutionis Coëfficientes per ipsas $\varphi_1^0$, $\varphi_2^0$, ..., $\varphi_m^0$ exhiberi possunt, eaque ratione functio $F$ per aequationis (1) solutiones $\varphi_1^0$, $\varphi_2^0$, ..., $\varphi_m^0$ a Constantibus arbitrariis $a$, $b$, etc. vacuas ipsasque $a$, $b$, etc. exhibetur. Eruntque solutiones $\varphi_1^0$, $\varphi_2^0$, ..., $\varphi_m^0$ a se independentes; si enim per minorem functionum numerum exprimi possent, per easdem ipsasque $a$, $b$, etc. etiam exprimerentur differentialia omnia

$$\frac{\partial^{\lambda+\mu+\cdots} F}{\partial a^{\lambda}\partial b^{\mu}\ldots};$$

quae igitur etiam per ipsorum minorem numerum quam $m$ atque Constantes $a$, $b$, etc. exprimi possent, quod est contra suppositionem factam.

Si ipsas $a$, $b$, etc. pro variabilibus, solutiones $f_1$, $f_2$, ..., $f_n$, quarum $F$ functio esse debet, pro Constantibus arbitrariis habemus, problema antecedentibus solutum prorsus cum hoc convenit, Constantes arbitrarias in data expressione obvenientes ad iustum numerum revocandi.

Si functio $F$ unicam implicat Constantem arbitrariam $a$, eruitur minimus numerus functionum ab ipsa $a$ vacuarum, per quas ipsamque $a$ functio $F$ exprimatur, formando differentialia $\frac{\partial F}{\partial a}$, $\frac{\partial^2 F}{\partial a^2}$, etc., usque dum perveniatur ad differentiale, quod per antecedentia ipsamque $a$ exprimi possit,

$$(4) \quad \frac{\partial^m F}{\partial a^m} = \Pi\left(F, \frac{\partial F}{\partial a}, \ldots, \frac{\partial^{m-1} F}{\partial a^{m-1}}, a\right).$$

Quibus positis, proveniunt secundum antecedentia functiones quaesitae ex ipsis

$$F, \quad \frac{\partial F}{\partial a}, \quad \frac{\partial^2 F}{\partial a^2}, \quad \ldots, \quad \frac{\partial^{m-1} F}{\partial a^{m-1}},$$

Constanti $a$ tribuendo valorem particularem quemcunque $a^0$. Idem considerationibus sequentibus patet. E supra traditis §. 7 aequationi differentiali $n^{ti}$ ordinis (4) substitui potest systema $m$ aequationum differentialium primi ordinis inter variabiles

$$F, \quad \frac{\partial F}{\partial a}, \quad \frac{\partial^2 F}{\partial a^2}, \quad \ldots, \quad \frac{\partial^{m-1} F}{\partial a^{m-1}}, \quad a.$$

Cuius integratione completa exprimi potest $F$ per $a$ atque $m$ Constantes arbitrarias; pro quibus ubi sumuntur ipsarum

$$F, \quad \frac{\partial F}{\partial a}, \quad \frac{\partial^2 F}{\partial a^2}, \quad \ldots, \quad \frac{\partial^{m-1} F}{\partial a^{m-1}}$$

valores initiales seu ipsi $a = a^0$ respondentes, proposito satisfit.

Sequitur ex antecedentibus etiam, propositis aequationibus differentialibus vulgaribus

$$dx : dx_1 : \ldots : dx_n = X : X_1 : \ldots : X_n,$$

ex uno Integrali

$$F = \beta,$$

si functio $F$ plures involvat Constantes arbitrarias, plura alia derivari posse. Ubi enim per methodum praecedentibus explicatam ex una aequationis (1) solutione $F$ deducuntur $m$ solutiones $\varphi_1^0, \varphi_2^0, \ldots, \varphi_m^0$ a se independentes, erunt etiam

$$\varphi_1^0 = \beta_1, \quad \varphi_2^0 = \beta_2, \quad \ldots, \quad \varphi_m^0 = \beta_m$$

aequationum differentialium vulgarium propositarum Integralia, designantibus $\beta_1$, $\beta_2$, etc. Constantes arbitrarias.

15.

Proposita aequatione integrali

$$u = 0,$$

differentiando et in aequatione proveniente

$$\frac{\partial u}{\partial x}dx+\frac{\partial u}{\partial x_1}dx_1+\cdots+\frac{\partial u}{\partial x_n}dx_n=0$$

substituendo aequationes differentiales propositas

$$(1)\quad dx:dx_1:\ldots:dx_n=X:X_1:\ldots:X_n,$$

eruitur

$$(2)\quad 0=X\frac{\partial u}{\partial x}+X_1\frac{\partial u}{\partial x_1}+\cdots+X_n\frac{\partial u}{\partial x_n}.$$

Quae, si $u=0$ est aequationum (1) Integrale, identica esse debet aequatio. Si (2) identica non est, quaeri potest an ei satisfiat ipsa advocata proposita $u=0$. Si vero utrumque locum non hábet, erit (2) nova aequatio integralis. E qua deinde per eandem methodum tertia derivari poterit et sic pergere licet, usque dum perveniatur ad aequationem, quae per aequationes eam antecedentes identica fit ideoque iis nihil novi addit. Qua ratione fieri potest ut ex una aequatione integrali totum aequationum integralium derivetur systema.

Brevitatis gratia *aequationem integralem completam* dicam, quae ad aequationum integralium completarum systema pertinere potest seu cui per aequationum integralium completarum systema satisfieri potest, Constantibus arbitrariis nulli conditioni aut determinationi particulari subiectis. Contra dicam aequationem integralem *particularem*, quae ad completarum systema pertinere non potest sive cui satisfieri non potest per aequationes integrales completas, nisi certas inter Constantes arbitrarias ponendo relationes. Ex aequationum integralium completarum systemate cum ipsae aequationes differentiales propositae fluant, unaquaeque aequatio per differentiationem et aequationum differentialium propositarum substitutionem iteratas ex aequatione integrali completa derivata et ipsa aequatio integralis completa est. Nam et propositae et derivatis per aequationum integralium completarum systema satisfieri potest.

Quaeramus iam, propositis aequationibus differentialibus (1), an data aequatio quaecunque $u=0$ sit aequatio integralis, et si aequatio integralis est, quomodo inveniatur aequationum integralium systema maxime generale completum vel particulare, ad quod pertinere possit. Aequatione proposita unius respectu variabilium $x_n$ resoluta, prodeat

$$x_n=A_n \quad \text{sive} \quad A_n-x_n=0,$$

e qua aequatione per methodum propositam eruitur haec:

$$X\frac{\partial A_n}{\partial x}+X_1\frac{\partial A_n}{\partial x_1}+\cdots+X_{n-1}\frac{\partial A_n}{\partial x_{n-1}}-X_n=u_1=0;$$

quae substituendo ipsi $x_n$ expressionem $A_n$ in aequationem inter solas $x, x_1, \ldots, x_{n-1}$ abit. Qua ipsius $x_{n-1}$ respectu resoluta, prodeat

$$x_{n-1} = A_{n-1} \quad \text{sive} \quad A_{n-1} - x_{n-1} = 0,$$

e qua aequatione obtinetur haec:

$$X \frac{\partial A_{n-1}}{\partial x} + X_1 \frac{\partial A_{n-1}}{\partial x_1} + \cdots + X_{n-2} \frac{\partial A_{n-1}}{\partial x_{n-2}} - X_{n-1} = u_2 = 0;$$

quae substituendo ipsi $x_n$ expressionem $A_n$ ac deinde ipsi $x_{n-1}$ expressionem $A_{n-1}$ in aequationem inter solas $x, x_1, \ldots, x_{n-2}$ abit. Hac ratione pergendo, generaliter obtinetur

$$x_{n-m} = A_{n-m},$$

designante $A_{n-m}$ solarum $x, x_1, \ldots, x_{n-m-1}$ expressionem; eaque formula eruitur ex aequatione

$$(3) \quad X \frac{\partial A_{n-m+1}}{\partial x} + X_1 \frac{\partial A_{n-m+1}}{\partial x_1} + \cdots + X_{n-m} \frac{\partial A_{n-m+1}}{\partial x_{n-m}} - X_{n-m+1} = u_m = 0,$$

in qua supponimus beneficio aequationum

$$x_n = A_n, \quad x_{n-1} = A_{n-1}, \quad \ldots, \quad x_{n-m+1} = A_{n-m+1}$$

ipsas $X, X_1, \ldots, X_{n-m+1}$ expressas esse per solas $x, x_1, \ldots, x_{n-m}$. Quoties hac ratione $n+1$ aequationes a se independentes erui possunt

$$u = 0, \quad u_1 = 0, \quad \ldots, \quad u_n = 0,$$

proposita non est aequatio integralis. Neque enim fieri potest ut aequatio proposita pertinere possit ad $n$ aequationes finitas, e quibus aequationes differentiales propositae fluant; namque ex $n$ aequationibus finitis sequerentur $n+1$ aequationes finitae, quod absurdum est. Contra si evenit ut pro numero $m$ minore aut non maiore quam $n$ aequatio $u_m = 0$ identica fiat neque igitur ex ea valor ipsius $x_{n-m}$ peti vel nova aequatio obineri possit, aequatio proposita erit aequatio integralis simulque aequationes erunt integrales omnes, quae ex ea deductae sunt,

$$(4) \quad u = 0, \quad u_1 = 0, \quad \ldots, \quad u_{m-1} = 0,$$

vel

$$(5) \quad x_n = A_n, \quad x_{n-1} = A_{n-1}, \quad \ldots, \quad x_{n-m+1} = A_{n-m+1}.$$

Quod patet demonstrando aequationibus $m$ praecedentibus alias addi posse $n-m$ tales, ut ex omnibus $n$ aequationibus fluant aequationes differentiales propositae (1). Sint illae $n-m$ aequationes

$$(6) \quad v_1 = 0, \quad v_2 = 0, \quad \ldots, \quad v_{n-m} = 0,$$

quas aequationum (5) ope inter solas $x, x_1, \ldots, x_{n-m}$ exhibere licet. Earundem aequationum (5) ope ipsis quoque $X, X_1, \ldots, X_{n-m}$ per solas variabiles $x, x_1, \ldots, x_{n-m}$ exhibitis, ex aequationibus differentialibus, quibus satisfieri debet, eligantur sequentes:

$$(7) \quad dx : dx_1 : \ldots : dx_{n-m} = X : X_1 : \ldots : X_{n-m}.$$

Quae ut locum habeant nihil facere possunt aequationes (5), cum inter solas sint variabiles $x, x_1, \ldots, x_{n-m}$; qua de re aequationibus differentialibus (7) per solas aequationes (6) satisfieri debet. Quod ubi fit, ex aequationibus (4) vel (5) et aequationibus (6) fluunt aequationes differentiales propositae (1). Nam primum ex aequatione identica (3), ipsis (7) substitutis, fit secundum (5)

$$X\frac{dA_{n-m+1}}{dx} = X\frac{dx_{n-m+1}}{dx} = X_{n-m+1},$$

unde erit

$$(8) \quad dx : dx_1 : \ldots : dx_{n-m+1} = X : X_1 : \ldots : X_{n-m+1}.$$

Simili ratione ex aequatione $u_{m-1} = 0$ fluit e (8), ponendo in (3) $m-1$ loco $m$,

$$X\frac{dA_{n-m+2}}{dx} = X\frac{dx_{n-m+2}}{dx} = X_{n-m+2},$$

unde fit:

$$dx : dx_1 : \ldots : dx_{n-m+2} = X : X_1 : \ldots : X_{n-m+2}.$$

Et sic pergere licet, usque dum omnes erutae sint aequationes propositae (1). Itaque si $m$ aequationibus (4) de una $u = 0$ deductis accedunt ipsarum (7) aequationes integrales $n-m$, habetur quod propositum est $n$ aequationum finitarum systema, quod et aequationem $u = 0$ amplectitur et aequationibus differentialibus (1) satisfacit. Eritque systema illud aequationum integralium maxime generale, ad quod proposita $u = 0$ pertinere potest, si pro aequationibus (6) sumuntur ipsarum (7) aequationes integrales *completae*.

Ponamus Constantes arbitrarias, quae systema aequationum (4) afficiunt, revocari posse ad numerum $\mu$, qui aut aequabitur aut inferior erit numero Constantium arbitrariarum, quae aequationem propositam $u = 0$ afficiunt. Etenim evenire potest ut Constantes arbitrariae omnibus aequationibus (4) idonee combinatis ad minorem revocentur numerum, quamvis in una proposita $u = 0$ ad minorem numerum revocari nequeant. Cum illis $\mu$ aliae $n-m$ Constantes arbitrariae per integrationem completam aequationum differentialium (7) accedant, systema aequationum integralium maxime generale, ad quod aequatio proposita pertinet, non plures quam

$$\mu+n-m$$

Constantes arbitrarias implicare potest. Qua de re, si $\mu < m$, aequatio proposita non esse potest completa; si $\mu = m$, completa esse potest; si $\mu > m$, fieri debet ut illae $\mu+n-m$ Constantes, quae aequationes (4). afficiunt et aequationum (7) integratione completa accedunt, in numerum $n$ vel etiam minorem numerum coalescant, quia aequationum integralium vel completarum systema non plures quam $n$ Constantes arbitrarias involvere potest. Casu igitur postremo, quo $\mu > m$, fieri potest ut generalitati non detrahatur, si inter $\mu$ Constantes arbitrarias, quas aequationes (4) involvunt, relationes particulares ponuntur, vel si aequationes differentiales (7) non complete integrantur.

Antecedentia exemplo simplici illustrabo. Proponatur aequatio differentialis secundi ordinis $\frac{d^2y}{dx^2} = 0$, sive sint inter tres variabiles $x$, $y$, $y'$ datae aequationes differentiales

$$dx : dy : dy' = 1 : y' : 0;$$

erit aliqua aequatio integralis

$$y-b = (x-a)y'+cy'y',$$

sive

$$(9) \quad y-b = (x-a)\frac{dy}{dx}+c\left(\frac{dy}{dx}\right)^2.$$

In qua aequatione insunt tres Constantes arbitrariae $a$, $b$, $c$, quae in illa quidem aequatione ipsa ad minorem revocari numerum non possunt. Resolutione aequationis quadraticae facta, aequationem antecedentem sic exhibere licet:

$$\frac{2c\,dy+(x-a)dx}{\sqrt{4c(y-b)+(x-a)^2}} = dx,$$

qua complete integrata eruitur

$$\sqrt{4c(y-b)+(x-a)^2} = x+e,$$

designante $e$ Constantam arbitrariam integratione completa accedentem. Quadremus aequationem ut radicale abeat, prodit tollendo terminos se mutuo destruentes:

$$y = \frac{a+e}{2c}x+\frac{ee+4bc-aa}{4c}.$$

Quae aequatio generalior non est atque haec:

$$y = \alpha x+\beta,$$

in qua $\alpha$ et $\beta$ Constantes arbitrariae sunt; unde aequatio maxime generalis, qua aequatio (9) tres Constantes arbitrarias involvens integratur, non plures quam duas admittit Constantes arbitrarias. Et salva generalitate ponere licet in aequatione (9) $a = 0$, $b = 0$ vel etiam $b = 0$ et Constantem arbitrariam integratione completa accedentem $e = 0$.

16.

Antecedentibus aequatio proposita $u = 0$, e qua aliae complures derivabantur, quaecunque erat aequatio integralis; sequentibus examinabo casum, quo illa aequatio integralis est completa.

Demonstravi §. pr. aequationes ex aequatione integrali completa derivatas omnes et ipsas esse completas, hoc est ex aequationum integralium completarum systemate deduci posse. Unde si $u = 0$ est aequatio integralis completa, fieri non potest ut ex aequationibus (4) §. pr. per Constantium arbitrariarum eliminationem deducatur aequatio ab omnibus Constantibus arbitrariis vacua. Qua de re si aequatio proposita ideoque etiam $m$ aequationes (4) vel (5) §. pr. ex ea deductae $k$ Constantes arbitrarias $\beta_1$, $\beta_2$, ..., $\beta_k$ implicant, earum $m$ aequationum resolutione poterunt $m$ Constantium arbitrariarum $\beta_1$, $\beta_2$, ..., $\beta_m$ exprimi per formulas:

$$(1) \quad \beta_1 = \varphi_1, \quad \beta_2 = \varphi_2, \quad \ldots, \quad \beta_m = \varphi_m,$$

in quibus ipsarum $x$, $x_1$, ..., $x_n$ functiones $\varphi_1$ etc. ab ipsis $\beta_1$, $\beta_2$, ..., $\beta_m$ vacuae sunt, reliquas autem $k-m$ continent Constantes arbitrarias $\beta_{m+1}$, $\beta_{m+2}$, ..., $\beta_k$. Ex aequationibus (1) differentiando et aequationes differentiales propositas (1) §. pr. substituendo fluunt sequentes:

$$(2) \quad 0 = X\frac{\partial \varphi_i}{\partial x} + X_1\frac{\partial \varphi_i}{\partial x_1} + \cdots + X_n\frac{\partial \varphi_i}{\partial x_n}.$$

Quae neque novae sunt aequationes, quia non plures quam $m$ e proposita derivari supposui, neque in ipsas (1) redeunt, quia a Constantibus arbitrariis $\beta_1$, $\beta_2$, ..., $\beta_m$ omnino vacuae sunt. Unde aequationes (2) identicae esse debent, ideoque fiunt $\varphi_1$, $\varphi_2$, ..., $\varphi_m$ solutiones aequationis differentialis partialis

$$(3) \quad 0 = X\frac{\partial f}{\partial x} + X_1\frac{\partial f}{\partial x_1} + \cdots + X_n\frac{\partial f}{\partial x_n}.$$

Quae solutiones a se independentes erunt. Sunt enim aequationes (1) ex aequationibus (5) §. pr. deductae earumque locum tenent, aequationibus (5) §. pr.

autem $m$ variabiles per reliquas determinantur, quod ex aequationibus (1) fieri non potest, nisi $\varphi_1, \varphi_2, \ldots, \varphi_m$ a se invicem sint independentes.

Patet antecedentibus, *ut aequationis differentialis partialis*

$$0 = X\frac{\partial f}{\partial x} + X_1\frac{\partial f}{\partial x_1} + \cdots + X_n\frac{\partial f}{\partial x_n}$$

*solutio aliqua innotescat, necessarium non esse ut advocetur totum aequationum systema, quo aequationes differentiales vulgares*

$$(4) \quad dx : dx_1 : \ldots : dx_n = X : X_1 : \ldots : X_n$$

*complete integrantur, sed sufficere ut vel una data sit aequatio quaecunque ad aequationum integralium completarum systema pertinens.*

Ex antecedentibus criterium quoque certum habetur, quo cognoscatur, an aequatio integralis proposita $u = 0$ sit completa; videlicet non fieri debet ut ex aequationibus de proposita deductis Constantes arbitrariae eliminari possint sive alia ex aequationibus illis obtineri possit aequatio ab omnibus Constantibus arbitrariis vacua. Hoc enim si fieri non potest, secundum antecedentia aequationibus e proposita deductis semper conciliare licet formam aequationum (1), in quibus sunt $\varphi_1, \varphi_2, \ldots, \varphi_m$ solutiones aequationis (3) a se independentes. Sint

$$\varphi_{m+1}, \quad \varphi_{m+2}, \quad \ldots, \quad \varphi_n$$

reliquae aequationis (3) solutiones a se ipsis et a praecedentibus $\varphi_1, \varphi_2, \ldots, \varphi_m$ independentes; obtinentur aequationes integrales completae, omnes $n$ aequationis (3) solutiones a se independentes $\varphi_1, \varphi_2, \ldots, \varphi_n$ aequando Constantibus arbitrariis. Designantibus igitur

$$\gamma_1, \quad \gamma_2, \quad \ldots, \quad \gamma_{n-m}$$

novas Constantes arbitrarias, formabunt aequationes

$$(5) \quad \begin{cases} \varphi_1 = \beta_1, & \varphi_2 = \beta_2, & \ldots, & \varphi_m = \beta_m, \\ \varphi_{m+1} = \gamma_1, & \varphi_{m+2} = \gamma_2, & \ldots, & \varphi_n = \gamma_{n-m} \end{cases}$$

aequationum integralium completarum systema, e quo ipsa quoque proposita $u = 0$ fluit. Quippe aequationes (1) satisfacere debent aequationibus (4) §. pr., quarum resolutione obtinebantur.

Si numerus $k$ Constantium arbitrariarum, quas aequatio proposita involvit, non aequatur numero $m$ aequationum e proposita derivatarum, aequationis (3) solutiones a se independentes $\varphi_1, \varphi_2, \ldots, \varphi_m$ implicabunt Constantes arbitrarias

$$\beta_{m+1}, \quad \beta_{m+2}, \quad \ldots, \quad \beta_k.$$

Eruntque illae aequationis (1) solutiones $\varphi_1, \varphi_2, \ldots, \varphi_m$ a se independentes, etiamsi ipsis $\beta_{m+1}$ etc. valores tribuantur particulares, quia, quae ad valores indefinitos valent, ad omnes valores particulares valere debent (§. 13). Unde semper statuendo $\varphi_{m+1}, \varphi_{m+2}, \ldots, \varphi_n$ esse aequationis (2) solutiones a se invicem et ab ipsis $\varphi_1, \varphi_2, \ldots, \varphi_m$ independentes, patet, etiamsi tribuantur $k-m$ Constantibus arbitrariis $\beta_{m+1}$ etc. valores particulares, esse $\varphi_1, \varphi_2, \ldots, \varphi_n$ aequationis (2) solutiones a se independentes, ideoque (5) aequationes integrales completas.

Antecedentibus sequens demonstrata est Propositio:

„Si ex aequationibus de una aequatione integrali proposita derivatis omnes Constantes arbitrariae eliminari nequeunt, aequatio integralis proposita necessario erit completa; et quoties aequatio illa proposita Constantes arbitrarias plures involvit quam ex ea derivantur aequationes, non minus ea aequatio integralis erit completa, etiamsi Constantibus arbitrariis quibusdam, quarum numerus illum aequat excessum, valores tribuantur particulares."

Dicimus aequationem integralem propositam involvere Constantes arbitrarias *supervacaneas*, si quibusdam e Constantium arbitrariarum numero valores tribuere licet particulares ac nihilominus systema aequationum integralium maxime generale, ad quod aequatio sic proveniens pertinere potest, idem fit sive eadem generalitate gaudet atque systema aequationum integralium maxime generale, ad quod ipsa proposita pertinere potest. Quemadmodum antecedentibus vidimus, utramque aequationem pertinere posse ad systema aequationum integralium completarum. Qua in definitione supponi potest, in ipsa aequatione proposita Constantes arbitrarias jam ad minimum revocatas esse numerum. Si definitionem propositam tenemus, ex antecedentibus hoc sequitur Corollarium:

„Ex aequatione integrali completa Constantes arbitrarias non involvente supervacaneas tot fluunt aequationes integrales, quot ipsam Constantes arbitrariae afficiunt; quoties igitur proposita involvit $n$ Constantes arbitrarias, quarum nulla supervacanea est, ex una illa aequatione totum aequationum integralium completarum derivari potest systema."

Videlicet si maior esset numerus aequationum, quae e proposita derivantur, Constantium arbitrariarum numero, quas involvit, eliminari possent ex aequationibus illis Constantes arbitrariae neque igitur pertinere posset proposita ad systema aequationum integralium completarum (§. 10 II.); si minor esset, vidimus Constantium arbitrariarum aliquot salva generalitate valores induere posse particulares sive propositam Constantes arbitrarias involvere supervacaneas.

Sequitur ex antecedentibus etiam hoc theorema:

„Propositis aequationibus differentialibus vulgaribus

$$dx : dx_1 : \ldots : dx_n = X : X_1 : \ldots : X_n,$$

si datur una quaecunque aequatio integralis completa Constantes arbitrarias non involvens supervacaneas, ex ea tot derivantur solutiones a se independentes aequationis differentialis partialis

$$0 = X\frac{\partial f}{\partial x} + X_1\frac{\partial f}{\partial x_1} + \cdots + X_n\frac{\partial f}{\partial x_n},$$

quot afficiunt propositam Constantes arbitrariae; quoties igitur aequatio integralis proposita involvit $n$ Constantes arbitrarias, quarum nulla supervacanea, ex una illa aequatione derivari potest aequationis differentialis partialis propositae solutio generalis.“

Videlicet si nulla adest Constans arbitraria supervacanea, fit antecedentibus $k = m$, ideoque aequationis differentialis partialis solutiones $\varphi_1, \varphi_2, \ldots, \varphi_m$, antecedentibus ex una aequatione proposita eiusque derivatis inventae, eodem sunt numero atque Constantes arbitrariae propositam afficientes. Si $k = m = n$, habentur ea ratione aequationis differentialis partialis propositae $n$ solutiones a se independentes, quarum functio arbitraria erit solutio generalis.

Bene tenendum est, ad solutionem aequationis differentialis partialis obtinendam fieri debere, ut aequatio integralis, quae proponitur, sit completa. Nam etsi totum detur systema aequationum integralium particularium eaeque Constantium arbitrariarum numerum involvant tantum unitate minorem quam completae, ex iis ne una quidem solutio aequationis differentialis partialis propositae erui potest.

## 17.

Quaeramus iam, quem fructum percipere liceat e Constantibus arbitrariis supervacaneis aequationem integralem completam afficientibus. Iisdem positis atque in §. pr., si aequatio integralis completa $u = 0$ praeter Constantes arbitrarias $\beta_1, \beta_2, \ldots, \beta_m$ involvit supervacaneas $\beta_{m+1}, \beta_{m+2}, \ldots, \beta_k$, has ipsae quoque involvunt functiones $\varphi_1, \varphi_2, \ldots, \varphi_m$, unde per methodum §. 14 traditam novae erui possunt aequationis (3) §. pr. solutiones. Sunt enim solutionum illarum differentialia partialia prima vel altiora ipsarum $\beta_{m+1}, \beta_{m+2}$, etc.

respectu sumta et ipsa aequationis (3) §. pr. solutiones. Ex aequatione proposita eiusque derivatis obtinebatur

$$(1)\quad \beta_1 = \varphi_1,\ \beta_2 = \varphi_2,\ \ldots,\ \beta_m = \varphi_m,$$

unde vice versa substituendo aequationes (1) aequatio proposita $u = 0$ identica evadere debet. Quam aequationem identicam Constantium arbitrariarum supervacanearum $\beta_{m+1}$, $\beta_{m+2}$, etc. respectu differentiemus, et post differentiationem in differentialibus ipsius $u$ partialibus functionum $\varphi_1, \varphi_2, \ldots, \varphi_m$ valores restituamus constantes $\beta_1, \beta_2, \ldots, \beta_m$: prodibunt $k-m$ aequationes huiusmodi:

$$(2)\quad \frac{\partial u}{\partial \beta_1}\cdot\frac{\partial \varphi_1}{\partial \beta_{m+i}} + \frac{\partial u}{\partial \beta_2}\cdot\frac{\partial \varphi_2}{\partial \beta_{m+i}} + \cdots + \frac{\partial u}{\partial \beta_m}\cdot\frac{\partial \varphi_m}{\partial \beta_{m+i}} + \frac{\partial u}{\partial \beta_{m+i}} = 0.$$

Quoniam autem sunt

$$\frac{\partial \varphi_1}{\partial \beta_{m+i}},\quad \frac{\partial \varphi_2}{\partial \beta_{m+i}},\quad \ldots,\quad \frac{\partial \varphi_m}{\partial \beta_{m+i}}$$

et ipsae aequationis (3) §. pr. solutiones ideoque aequationum differentialium vulgarium propositarum integratione Constantibus aequantur, hanc habemus Propositionem:

„Aequatio integralis completa $u = 0$ Constantes arbitrarias involvat $\beta_1, \beta_2, \ldots, \beta_k$, quarum $k-m$ sint supervacaneae, dabuntur $k-m$ aequationes huiusmodi:

$$(3)\quad \gamma_1 \frac{\partial u}{\partial \beta_1} + \gamma_2 \frac{\partial u}{\partial \beta_2} + \cdots + \gamma_m \frac{\partial u}{\partial \beta_m} + \frac{\partial u}{\partial \beta_{m+i}} = 0,$$

vel generalius $k-m$ aequationes huiusmodi:

$$(4)\quad \gamma_1 \frac{\partial u}{\partial \beta_1} + \gamma_2 \frac{\partial u}{\partial \beta_2} + \cdots + \gamma_k \frac{\partial u}{\partial \beta_k} = 0,$$

designantibus $\gamma_1$, $\gamma_2$, etc. quantitates constantes.“

Aequationes (4) obtinentur addendo $k-m$ aequationes (3) respective per Constantes $\gamma_{m+1}, \gamma_{m+2}, \ldots, \gamma_k$ multiplicatas; vice versa proveniunt (3) resolvendo $k-m$ aequationes (4) inter ipsas $\frac{\partial u}{\partial \beta_{m+1}}, \frac{\partial u}{\partial \beta_{m+2}}, \ldots, \frac{\partial u}{\partial \beta_k}$ lineares. *Aliae erui* possunt aequationes propositam $u = 0$ Constantium arbitrariarum supervacanearum respectu *iteratis vicibus* differentiando.

Aequationes (3) in aequationes (1) redeunt aut novae sunt aequationes integrales. Illo casu ad aequationes e proposita $u = 0$ per differentiationem variabilium ipsarumque aequationum differentialium propositarum substitutionem deductas etiam perveniri videmus differentiatione Constantium arbitrariarum respectu facta. Altero casu hoc methodo ad eas quoque aequationes integrales pervenitur, quae nullo modo per variabilium differentiationem obtineri possunt. De quibus diversis casibus sequentia observo.

Sint $\varphi_1, \varphi_2, \ldots, \varphi_m$ aequationis differentialis partialis

$$(5)\quad 0 = X\frac{\partial f}{\partial x} + X_1\frac{\partial f}{\partial x_1} + \cdots + X_n\frac{\partial f}{\partial x_n}$$

solutiones a se independentes, Constantibus arbitrariis

$$\beta_{m+1},\ \beta_{m+2},\ \ldots,\ \beta_k$$

affectae. Sit $m' \geqq m$ ac ponamus, functiones $\varphi_1, \varphi_2, \ldots, \varphi_m$ exprimi posse per eiusdem aequationis (5) solutiones ab omnibus Constantibus arbitrariis vacuas

$$f_1,\ f_2,\ \ldots,\ f_{m'},$$

neque per minorem eiusmodi solutionum numerum; quae expressiones adhuc Constantibus arbitrariis affectae erunt $\beta_{m+1}, \beta_{m+2}, \ldots, \beta_k$. Per aequationes finitas, quibus integrantur aequationes

$$(6)\quad dx : dx_1 : \ldots : dx_n = X_1 : X_2 : \ldots : X_n,$$

aequantur $f_1, f_2, \ldots, f_{m'}$, Constantibus, quas vocemus

$$\alpha_1,\ \alpha_2,\ \ldots,\ \alpha_{m'}.$$

Ut ad easdem aequationes integrales pertineant proposita $u = 0$ eiusque derivatae, Constantes $\alpha_1, \alpha_2, \ldots, \alpha_{m'}$ satisfacere debent $m$ aequationibus, quae ex aequationibus (1) proveniunt in functionibus $\varphi_1$ etc. substituendo ipsarum $f_1, f_2, \ldots, f_{m'}$ valores constantes $\alpha_1, \alpha_2, \ldots, \alpha_{m'}$. Dabuntur igitur inter $m'$ Constantes $\alpha_1, \alpha_2, \ldots, \alpha_{m'}$ ipsasque $\beta_1, \beta_2, \ldots, \beta_k$ aequationes $m$, unde illarum Constantium $m'-m$ veluti

$$\alpha_{m+1},\ \alpha_{m+2},\ \ldots,\ \alpha_{m'}$$

pro arbitrariis atque ab ipsis $\beta_1, \beta_2, \ldots, \beta_k$ prorsus independentibus habere licet, reliquae deinde $\alpha_1, \alpha_2, \ldots, \alpha_m$ erunt datae functiones ipsarum

$$\beta_1,\ \beta_2,\ \ldots,\ \beta_k,\qquad \alpha_{m+1},\ \alpha_{m+2},\ \ldots,\ \alpha_{m'}.$$

Quoties $m' = m$, Constantes $\alpha_1, \alpha_2, \ldots, \alpha_m$ per ipsas $\beta_1, \beta_2, \ldots, \beta_k$ determinabuntur atque aequationum (1) locum tenebunt sequentes:

$$\alpha_1 = f_1,\quad \alpha_2 = f_2,\quad \ldots,\quad \alpha_m = f_m,$$

quarum dextrae partes Constantibus arbitrariis vacant. Quo igitur casu $k$ Constantes arbitrariae aequationes (1) afficientes ad minorem numerum $m$ revocari possunt.

Obtinebantur aequationes (3) ex aequationibus (1) simul pro functionum $\varphi_1, \varphi_2, \ldots, \varphi_m$ differentialibus Constantium arbitrariarum $\beta_{m+1}, \beta_{m+2}, \ldots, \beta_k$ respectu sumtis valores constantes substituendo, quos per ipsarum (6) aequationes integrales induunt. Sunt illa differentialia partialia datae functiones quantitatum

$$f_1, \; f_2, \; \ldots, \; f_{m'}, \qquad \beta_{m+1}, \; \beta_{m+2}, \; \ldots, \; \beta_k;$$

per ipsarum (6) aequationes integrales autem fieri supposui

$$(7) \quad f_1 = \alpha_1, \;\; f_2 = \alpha_2, \;\; \ldots, \;\; f_{m'} = \alpha_{m'},$$

unde valores illi constantes $\gamma_1$, $\gamma_2$, etc. sunt datae functiones ipsarum

$$\alpha_1, \; \alpha_2, \; \ldots, \; \alpha_{m'}, \qquad \beta_{m+1}, \; \beta_{m+2}, \; \ldots, \; \beta_k.$$

Quoties igitur $m' = m$ sive quoties $m$ aequationes (1) ad alias revocari possunt, in quibus tantum $m$ Constantes arbitrariae insunt, erunt $\gamma_1$, $\gamma_2$, etc. datae ipsarum $\beta_1, \beta_2, \ldots, \beta_k$ functiones. Quoties autem $m' > m$, implicabunt $\gamma_1$, $\gamma_2$, etc. praeter $\beta_1, \beta_2, \ldots, \beta_k$ novas $m' - m$ Constantes arbitrarias ab ipsis $\beta_1, \beta_2, \ldots, \beta_k$ prorsus independentes. Porro si $m' = m$, aequationes (3) et si quae aliae ex iis eadem methodo deducuntur, qua ipsae e proposita $u = 0$ obtinebantur, alias non suppeditabunt aequationes nisi propositam eiusque derivatas (1). Si vero $m' > m$, praeter has suppeditabunt $m' - m$ aequationes novas, videlicet Integralia

$$f_{m+1} = \alpha_{m+1}, \;\; f_{m+2} = \alpha_{m+2}, \;\; \ldots, \;\; f_{m'} = \alpha_{m'},$$

in quibus ipsae $\alpha_{m+1}$ etc. sunt Constantes arbitrariae ab ipsis $\beta_1, \beta_2, \ldots, \beta_k$ independentes.

Sint

$$u = 0, \quad u_1 = 0, \quad \ldots, \quad u_m = 0$$

aequationes omnes e proposita $u = 0$ differentiatione variabilium deductae, poterit in formula (2) ipsius $u$ loco poni $u_1$ vel $u_2$ etc. Unde si aequatio proposita $u = 0$ Constantibus arbitrariis $\beta_1, \beta_2, \ldots, \beta_{m+1}$ afficitur sive unam implicat Constantem arbitrariam supervacaneam, prodeunt e (2) aequationes sequentes:

$$(8) \quad \begin{cases} \gamma_1 \dfrac{\partial u}{\partial \beta_1} + \gamma_2 \dfrac{\partial u}{\partial \beta_2} + \cdots + \gamma_{m+1} \dfrac{\partial u}{\partial \beta_{m+1}} = 0, \\[2mm] \gamma_1 \dfrac{\partial u_1}{\partial \beta_1} + \gamma_2 \dfrac{\partial u_1}{\partial \beta_2} + \cdots + \gamma_{m+1} \dfrac{\partial u_1}{\partial \beta_{m+1}} = 0, \\ \cdot \quad \cdot \quad \cdot \quad \cdot \quad \cdot \quad \cdot \quad \cdot \quad \cdot \quad \cdot \quad \cdot \quad \cdot \\ \gamma_1 \dfrac{\partial u_m}{\partial \beta_1} + \gamma_2 \dfrac{\partial u_m}{\partial \beta_2} + \cdots + \gamma_{m+1} \dfrac{\partial u_m}{\partial \beta_{m+1}} = 0. \end{cases}$$

Per notas formulas aequationum algebraicarum linearium resolutionem spectantes prodeunt e (8) aequationes:

$$(9)\quad \gamma_1:\gamma_2:\ldots:\gamma_{m+1} = U:U_1:\ldots:U_{m+1},$$

designantibus $U$, $U_1$, etc. Determinantia differentialium partialium $\frac{\partial u_i}{\partial \beta_1}$, $\frac{\partial u_i}{\partial \beta_2}$, etc. Si aequatio proposita pluribus quam $m+1$ Constantibus arbitrariis afficitur, pro earum $m+1$ quibuslibet formulae habentur antecedentium (8) similes.

Sint Constantes arbitrariae, quas aequatio integralis $u=0$ continet, variabilium valores initiales $x^0$, $x_1^0$, ..., $x_n^0$, quarum numerus iustum Constantium arbitrariarum numerum $n$ unitate excedit. Unde una erit supervacanea ideoque extare debet aequatio integralis huiusmodi:

$$(10)\quad 0 = \gamma\frac{\partial u}{\partial x^0}+\gamma_1\frac{\partial u}{\partial x_1^0}+\cdots+\gamma_n\frac{\partial u}{\partial x_n^0},$$

in qua $\gamma$, $\gamma_1$, etc. Constantes sunt. Cuiusmodi aequationem revera locum habere sic patet. Ipsas $x$, $x_1$, ..., $x_n$ cum $x^0$, $x_1^0$, ..., $x_n^0$ commutando abeat aequatio $u=0$ in hanc:

$$v = 0,$$

quae secundum §. 12 et ipsa aequatio integralis est. Eadem commutatione abeunt

$$\frac{\partial v}{\partial x},\quad \frac{\partial v}{\partial x_1},\quad \ldots,\quad \frac{\partial v}{\partial x_n}$$

respective in

$$\frac{\partial u}{\partial x^0},\quad \frac{\partial u}{\partial x_1^0},\quad \ldots,\quad \frac{\partial u}{\partial x_n^0}.$$

Differentiando iam aequationem $v=0$ ac substituendo aequationes differentiales propositas

$$dx:dx_1:\ldots:dx_n = X:X_1:\ldots:X_n,$$

obtinemus aequationem

$$X\frac{\partial v}{\partial x}+X_1\frac{\partial v}{\partial x_1}+\cdots+X_n\frac{\partial v}{\partial x_n} = 0.$$

In qua secundum §. citatum rursus $x$, $x_1$, ..., $x_n$ cum $x^0$, $x_1^0$, ..., $x_n^0$ commutare licet, quo facto eruimus

$$X^0\frac{\partial u}{\partial x^0}+X_1^0\frac{\partial u}{\partial x_1^0}+\cdots+X_n^0\frac{\partial u}{\partial x_n^0} = 0,$$

siquidem ipsae $X^0$ etc. sunt Coëfficientium $X$ etc. valores initiales. Unde eruta est aequatio forma aequationis (10) gaudens, quae quaerebatur.

## 18.

Examinabo iam casum, quo aequatio integralis proposita non est completa. Secundum §. 16 eo casu fieri debet ut e $m$ aequationibus integralibus de proposita fluentibus omnes $k$ Constantes arbitrariae $\beta_1, \beta_2, \ldots, \beta_k$ eliminari possint. Quod semper evenit, si $k < m$, sed evenire etiam potest, si $k \geqq m$. Ponamus ex $i$ illarum aequationum provenire

$$(1) \quad \beta_1 = \varphi_1, \quad \beta_2 = \varphi_2, \quad \ldots, \quad \beta_i = \varphi_i,$$

(ubi $\varphi_1, \varphi_2, \ldots, \varphi_i$ ab ipsis $\beta_1, \beta_2, \ldots, \beta_i$ vacuae sint); ipsis autem $\beta_1$ etc. respective functiones $\varphi_1$ etc. substituendo e reliquis $m-i$ aequationibus reliquas omnino abire Constantes arbitrarias $\beta_{i+1}, \beta_{i+2}, \ldots, \beta_k$. Haec est suppositio maxime generalis, quae, si $i = m$, in praecedentem abit, qua $u = 0$ aequatio integralis completa erat, si $i = 0$, ad eum pertinet casum, quo aequatio integralis proposita omnino nullam involvit Constantem arbitrariam. Ope $m-i$ aequationum, quae eliminatis omnibus Constantibus arbitrariis obtinentur, determinentur

$$x_{n-m+i+1}, \quad x_{n-m+i+2}, \quad \ldots, \quad x_n$$

per reliquas variabiles, earumque substituantur expressiones cum in $\varphi_1, \varphi_2, \ldots, \varphi_i$ tum in quantitatibus

$$X, \; X_1, \; \ldots, \; X_{n-m+i};$$

similibus ratiociniis, atque §. 16 usus sum, probatur fieri $\varphi_1, \varphi_2, \ldots, \varphi_i$ solutiones a se independentes aequationis differentialis partialis

$$(2) \quad X\frac{\partial f}{\partial x} + X_1\frac{\partial f}{\partial x_1} + \cdots + X_{n-m+i}\frac{\partial f}{\partial x_{n-m+i}} = 0.$$

Unde designantibus

$$\varphi_{i+1}, \quad \varphi_{i+2}, \quad \ldots, \quad \varphi_{n-m+i}$$

reliquas aequationis (2) solutiones atque

$$\delta_1, \quad \delta_2, \quad \ldots, \quad \delta_{n-m}$$

novas Constantes arbitrarias, obtinentur $n-m$ novae aequationes integrales

$$(3) \quad \varphi_{i+1} = \delta_1, \quad \varphi_{i+2} = \delta_2, \quad \ldots, \quad \varphi_{n-m+i} = \delta_{n-m},$$

quae iunctae et $i$ aequationibus (1) et $m-i$ aequationibus ab omnibus Constantibus arbitrariis vacuis constituunt aequationum integralium, ad quas proposita pertinere potest, systema maxime generale. In quo Constantibus arbitrariis

$$\beta_{i+1}, \quad \beta_{i+2}, \quad \ldots, \quad \beta_k,$$

quae functiones $\varphi_1, \varphi_2, \ldots, \varphi_i$ afficiunt, salva generalitate tribuere licet valores particulares. Quippe qua re functiones $\varphi_1, \varphi_2, \ldots, \varphi_i$ non desinunt esse aequationis (2) solutiones a se independentes. Unde etiam si ipsis $\beta_{i+1}, \beta_{i+2}, \ldots, \beta_k$ tribuuntur valores particulares, aequationibus (1) et (3) *complete* integrantur aequationes differentiales

$$dx : dx_1 : \ldots : dx_{n-m+i} = X : X_1 : \ldots : X_{n-m+i},$$

ad quas per $m-i$ aequationes a Constantibus arbitrariis vacuas aequationes differentiales propositae

$$dx : dx_1 : \ldots : dx_n = X : X_1 : \ldots : X_n$$

revocantur.

Agamus iam de relationibus inter Constantes arbitrarias ponendis, ut ex aequationum integralium completarum systemate data obtineatur aequatio integralis particularis $u = 0$. Qua de re haec observo. Deriventur rursus e proposita sicuti antecedentibus aequationes $m-i$ a Constantibus arbitrariis vacuae. Quae constituunt aequationum integralium systema, cui variabilium differentiatione et aequationum differentialium propositarum substitutione aliae novae aequationes integrales accedere non possunt. Alioquin enim ea ratione e proposita plures quam $m-i$ aequationes obtinerentur integrales a Constantibus arbitrariis vacuae, quod est contra *suppositionem factam*.

*Quoties autem ex aequationibus integralibus variabilium differentiatione et aequationum differentialium propositarum substitutione nulla nova aequatio integralis obtinetur, semper iis totidem substitui possunt aequationes inter functiones* $f_1, f_2, \ldots, f_n$.

Introducantur enim variabilium $x, x_1, x_2, \ldots, x_n$ loco quantitates

$$x, \; f_1, \; f_2, \; \ldots, \; f_n,$$

quo facto resolutione aequationum illarum $m-i$ eruatur

$$(4) \quad f_1 = F_1, \; f_2 = F_2, \; \ldots, \; f_{m-i} = F_{m-i},$$

designantibus $F_1$ etc. quantitatum,

$$x, \; f_{m-i+1}, \; f_{m-i+2}, \; \ldots, \; f_n$$

functiones. Differentiando (4), cum per aequationes differentiales propositas sit

$$df_1 = df_2 = \cdots = df_n = 0,$$

prodit

$$(5) \quad \left(\frac{\partial F_1}{\partial x}\right) = 0, \; \left(\frac{\partial F_2}{\partial x}\right) = 0, \; \ldots, \; \left(\frac{\partial F_{m-i}}{\partial x}\right) = 0.$$

Quae neque novae sunt aequationes integrales, quia e $m-i$ aequationibus illis novae derivari non possunt, neque ex aequationibus (4) fluere possunt ut a quantitatibus $f_1, f_2, \ldots, f_{m-i}$ prorsus vacuae. Unde aequationes (5) identicae sunt, ideoque ipsae $F_1, F_2, \ldots, F_{n-m}$ variabili $x$ omnino carent, sive aequationes $m-i$, e quibus nova derivari non poterat, ad alias revocari possunt inter solas $f_1, f_2, \ldots, f_n$, q. d. e.

Sint iam datae aequationes integrales completae

$$(6)\quad f_1 = \alpha_1,\quad f_2 = \alpha_2,\quad \ldots,\quad f_n = \alpha_n,$$

designantibus $\alpha_1$ etc. Constantes arbitrarias, quam formam aequationibus integralibus completis semper conciliare licet. Ex aequatione integrali particulari proposita deducantur quotquot possunt aequationes ab omnibus Constantibus arbitrariis vacuae eaeque ad alias, quod fieri posse vidimus, inter solas $f_1$, $f_2, \ldots, f_n$ revocentur; hae aequationes substituendo (6) suppeditant $m-i$ relationes inter solas Constantes arbitrarias $\alpha_1$, $\alpha_2$, etc. Quibus accedere debent $i$ relationes inter ipsas $\alpha_1$ etc. atque Constantes arbitrarias $\beta_1, \beta_2, \ldots, \beta_k$, quibus aequatio proposita afficitur. Etenim cum e $m$ aequationibus de proposita derivatis plures aliae non derivari possint, secundum Propositionem modo traditam eas ad alias revocare licet inter quantitates $f_1, f_2, \ldots, f_n$, quae per (6) evadunt $m$ aequationes inter ipsas $\alpha_1, \alpha_2, \ldots, \alpha_n$, quae Constantes $\beta_1$, $\beta_2, \ldots, \beta_k$ implicabunt. E quibus aequationibus fluere debent $m-i$, quas inter solas $\alpha_1$ etc. locum habere vidimus. Vice versa si inter Constantes arbitrarias $\alpha_1, \alpha_2, \ldots, \alpha_n$ illae $m$ relationes habentur, ex iis per (6) sequuntur $m$ aequationes inter functiones $f_1, f_2, \ldots, f_n$, quae locum tenent $m$ aequationum a proposita fluentium, inter quas ipsa proposita numeratur. Unde aequationes illae $m$ inter Constantes arbitrarias $\alpha_1$ etc. et necessariae et sufficientes sunt ad propositam aequationem integralem particularem e datis completis deducendam.

Si pro Constantibus arbitrariis aequationes integrales completas afficientibus sumuntur variabilium valores initiales, statim habentur $m-i$ relationes inter solos valores initiales vel omnes $m$ relationes inter valores initiales ipsasque, quas proposita involvit, Constantes arbitrarias intercedentes, si in $m-i$ aequationibus a Constantibus arbitrariis vacuis vel in omnibus $m$ aequationibus, quae e proposita deducuntur, ipsis variabilibus substituuntur valores earum initiales.

Relationes particulares inter Constantes arbitrarias $\alpha_1$ etc. antecedentibus quaesitae etiam sic indagari possunt. Integratione completa habeantur $x_1$, $x_2, \ldots, x_n$ per $x$ et Constantes arbitrarias expressae. Quae expressiones si in proposita aequatione integrali particulari substituuntur, fieri debet ut certis inter Constantes arbitrarias positis relationibus variabilis $x$ ex ea aequatione omnino exulet. Quae relationes plerumque facile se offerunt. Quibus si iungitur ipsa aequatio, quae abeunte variabili $x$ inter solas Constantes arbitrarias fit, habentur relationes particulares inter Constantes arbitrarias investigandae.

19.

Ponamus eam datam esse aequationem integralem

$$(1) \quad u = \psi(x),$$

qua variabilium functio $u$ a Constantibus arbitrariis vacua unius variabilium $x$ atque Constantium arbitrariarum functioni aequatur, dico *in aequatione* (1), *sive completa sive particularis sit, Constantes arbitrarias non inesse supervacaneas.* Qua in re suppono non haberi aequationem integralem $x =$ Const., certe eam aequationem non pertinere posse ad aequationum integralium systema, ad quod aequatio proposita pertineat. Porro in functione $\psi(x)$ suppono Constantes arbitrarias ad minimum revocatas esse numerum. Pro variabilium functione $u$ a Constantibus arbitrariis vacua ipsas quoque variabiles $x_1$, $x_2$, etc. sumere licet.

Si dicimus in aequatione integrali Constantes arbitrarias inesse supervacaneas sive quibus salva generalitate valores tribui possint particulares, id hunc in modum intelligi potest, sicuti ex iis, quae §. 16 tradidi, facile colligitur. Sit aequatio integralis proposita

$$(2) \quad \Pi(x, x_1, \ldots, x_n, a, a_1, \ldots, b, b_1, \ldots) = 0,$$

in qua insunt Constantes arbitrariae ad minorem numerum non revocandae $a$, $a_1$, etc., $b$, $b_1$, etc., quarum $b$, $b_1$, etc. sint supervacaneae. Tribuendo Constantibus arbitrariis supervacaneis $b$, $b_1$, etc. valores particulares, ex. gr. evanescentes, ipsarum autem $a$, $a_1$, etc. loco ponendo $\alpha$, $\alpha_1$, ..., prodit aequatio huiusmodi:

$$(3) \quad \Phi(x, x_1, \ldots, x_n, \alpha, \alpha_1, \ldots) = 0.$$

Iam si in aequatione proposita Constantes arbitrariae $b$, $b_1$, etc. sunt supervacaneae, fieri debet ut per systema aequationum integralium maxime generale, ad quod aequatio (3) pertinet, ipsisque $\alpha$, $\alpha_1$, etc. per $a$, $a_1$, ..., $b$, $b_1$, ... rite determinatis etiam aequationi propositae (2) satisfiat. Id quod evenire non potest, quoties aequatio integralis proposita forma gaudet aequationis (1). Quippe in qua aequatione si Constantibus arbitrariis quibusdam valores particulares tribuuntur, ipsa $u$ ut a Constantibus arbitrariis vacua immutata manet, ipsa $\psi(x)$ autem abeat in functionem $\psi_1(x)$, Constantium arbitrariarum minorem numerum involventem. Iam cum ex eodem aequationum integralium systemate utraque aequatio obtineri debeat

$$u = \psi(x), \quad u = \psi_1(x),$$

etiam haberetur

$$\psi(x) = \psi_1(x).$$

Quod fieri non potest, quia supponitur neque in functione $\psi(x)$ Constantes arbitrarias ad minorem numerum revocari posse neque $x$ aequalem fieri Constanti.

Secundum ea, quae §. 16 demonstrata sunt, ex aequatione integrali completa Constantes arbitrarias non involvente supervacaneas tot derivari possunt aequationes integrales, quot propositam Constantes arbitrariae afficiunt, totidemque habentur solutiones a se independentes aequationis differentialis partialis

$$X\frac{\partial f}{\partial x} + X_1\frac{\partial f}{\partial x_1} + \cdots + X_n\frac{\partial f}{\partial x_n} = 0.$$

Hinc ex antecedentibus haec sequitur Propositio:

„Propositis aequationibus differentialibus vulgaribus

$$dx : dx_1 : \ldots : dx_n = X : X_1 : \ldots : X_n,$$

si ex aequationum integralium completarum systemate una datur aequatio, qua variabilium $x_1, x_2, \ldots, x_n$ aliqua vel earum functio quaecunque a Constantibus arbitrariis vacua functioni ipsius $x$ atque $m$ Constantium arbitrariarum aequatur: ex una illa aequatione $m$ aequationes integrales completae derivari possunt nec non $m$ solutiones a se independentes aequationis differentialis partialis

$$X\frac{\partial f}{\partial x} + X_1\frac{\partial f}{\partial x_1} + \cdots + X_n\frac{\partial f}{\partial x_n} = 0;$$

unde si aequatio proposita involvit $n$ Constantes arbitrarias, ex ea totum aequationum integralium completarum systema atque aequationis differentialis partialis solutio generalis obtineri potest."

Observo porro ex aequatione integrali

$$u = \psi(x)$$

eundem numerum derivari aequationum integralium, sive completa sit sive ex eiusmodi aequatione integrali completa nascatur, Constantibus arbitrariis, quas functio $\psi(x)$ involvit, valores tribuendo particulares. Sit enim $\psi(x)$ ipsius $x$

functio, cui aequatur $u$ per aequationum integralium completarum systema, ideoque $u=\psi(x)$ aequatio integralis completa, sint porro aequationes omnes inter se diversae e praecedente iteratis differentiationibus aequationumque differentialium propositarum substitutionibus derivatae

$$(4) \quad u=\psi(x),\quad u'=\frac{d\psi(x)}{dx},\quad \ldots,\quad u^{(m-1)}=\frac{d^{m-1}\psi(x)}{dx^{m-1}},$$

ubi ipsae $u$, $u'$, etc. sunt variabilium $x, x_1, \ldots, x_n$ functiones a Constantibus arbitrariis vacuae. Nulla extare potest inter ipsam $x$ functionesque $u, u', \ldots, u^{(m-1)}$ aequatio identica; alioquin enim sive aequationes (4) non a se independentes essent, sive aequatio sequeretur, qua $x$ valorem constantem induit, quod utrumque suppositionibus factis oppugnat. Constantibus arbitrariis functionem $\psi(x)$ afficientibus valores tribuendo particulares vel relationes particulares inter eas ponendo abeat $\psi(x)$ in $\chi(x)$, prodit aequatio integralis particularis

$$u=\chi(x),$$

ex eaque derivantur sequentes:

$$(5) \quad u=\chi(x),\quad u'=\frac{d\chi(x)}{dx},\quad \ldots,\quad u^{(m-1)}=\frac{d^{m-1}\chi(x)}{dx^{m-1}}.$$

Cum inter functiones $u, u', \ldots, u^{(m-1)}$ ipsamque $x$ aequatio identica non habeatur, — quod implicat conditionem, earum nullam solius $x$ functionem evadere — non fieri potest ut eo, quod earum aliae datis ipsius $x$ functionibus aequantur, concludatur, quibus ipsius $x$ functionibus reliquae aequales sint. Unde etiam aequationes (5) a se independentes sunt sive ex utraque aequatione $u=\psi(x)$ et $u=\chi(x)$ idem aequationum integralium numerus derivatur, q. d. e.

Aequatio $u=\psi(x)$ completa cum sit Constantibus arbitrariis supervacaneis non affecta, functio $\psi(x)$ involvere debet $m$ Constantes arbitrarias, videlicet tot, quot ex proposita derivantur aequationes (§. 16). Data igitur aequatione integrali particulari

$$u=\chi(x),$$

qua functio $u$ a Constantibus arbitrariis vacua aequatur functioni solius variabilis $x$ (quam variabilem per aequationes integrales non aequari Constanti suppono), secundum propositionem praecedentem cognosci potest Constantium arbitrariarum numerus, quem involvit aequatio integralis completa, qua $u$ per $x$ exprimitur. Quippe qui aequatur numero aequationum, quae e proposita aequatione integrali particulari derivari possunt.

## Aequationum differentialium partialium simultanearum systemata intime cum aequationibus differentialibus vulgaribus connexa.

### 20.

Tota haec materies, quam antecedentibus tractavi, non perfecte absolvi potest, nisi praeter aequationem differentialem partialem

$$(1)\quad X\frac{\partial f}{\partial x}+X_1\frac{\partial f}{\partial x_1}+X_2\frac{\partial f}{\partial x_2}+\cdots+X_n\frac{\partial f}{\partial x_n} = 0$$

sive hanc

$$(2)\quad X = X_1\frac{\partial x}{\partial x_1}+X_2\frac{\partial x}{\partial x_2}+\cdots+X_n\frac{\partial x}{\partial x_n}$$

simul etiam considerentur systemata quaedam aequationum differentialium partialium linearium primi ordinis et ipsa cum aequationibus differentialibus vulgaribus

$$(3)\quad dx:dx_1:\ldots:dx_n = X:X_1:\ldots:X_n$$

arctissime connexa. Quae olim proposui in *Diario Crell. T. II. pag.* 321. (Cf. h. vol. p. 7.)

Sint rursus $f_1, f_2, \ldots, f_n$ solutiones aequationis (1) a se independentes. Posita inter ipsas $f_1, f_2, \ldots, f_n$ una aequatione arbitraria, ea determinatur functio satisfaciens aequationi differentiali partiali (2). Positis vero inter $n$ functiones $f_1, f_2, \ldots, f_n$ aequationibus $n$ arbitrariis, habetur systema aequationum, quibus complete integrantur aequationes differentiales (3). Etenim positis inter $n$ quantitates $n$ aequationibus a se independentibus, quantitates illae Constantibus aequantur neque igitur eo, quod aequationes illae sint arbitrariae, aliud vel magis arbitrarium effici potest, quam ut Constantibus aequentur arbitrariis. Aequando autem $f_1, f_2, \ldots, f_n$ Constantibus arbitrariis nanciscimur aequationum (3) integrationem completam. Iam inter functiones $f_1, f_2, \ldots, f_n$ ponendo aequationum arbitrariarum numerum aliquem intermedium $m$ inter 1 et $n$ collocatum investigemus, quodnam integretur aequationum differentialium systema.

Sit $x_k$ una quaecunque $n-i$ variabilium

$$x_{i+1},\ x_{i+2},\ \ldots,\ x_n,$$

omniumque praeter $x_k$ loco introducamus ipsas

$$f_1,\ f_2,\ \ldots,\ f_{n-i-1}$$

ut variabiles independentes. Quod ubi fit, secundum §. 4 abit (1) in hanc aequationem:

$$(4)\quad 0 = X\left(\frac{\partial f}{\partial x}\right)+X_1\left(\frac{\partial f}{\partial x_1}\right)+\cdots+X_i\left(\frac{\partial f}{\partial x_i}\right)+X_k\left(\frac{\partial f}{\partial x_k}\right).$$

Differentialia functionis $f$ ipsarum $f_1, f_2, \ldots, f_{n-i-1}$ respectu sumta in aequatione (4) non obveniunt, qua de re eadem aequatio locum habet, si in functione $f$ atque Coëfficientibus

$$X, \; X_1, \; \ldots, \; X_i, \; X_k, \; \ldots,$$

per novum systema variabilium independentium expressis, pro ipsis $f_1, f_2, \ldots, f_{n-i-1}$ ponimus Constantes arbitrarias

$$(5)\quad f_1 = \alpha_1, \quad f_2 = \alpha_2, \quad \ldots, \quad f_{n-i-1} = \alpha_{n-i-1}.$$

Sunt aequationis (4) solutiones

$$f_{n-i}, \; f_{n-i+1}, \; \ldots, \; f_n,$$

cum ipsas $f_1, f_2, \ldots, f_{n-i-1}$ Constantium vice fungentes inter solutiones non referamus. Quarum solutionum unam aliquam $f_{n-i}$ et ipsam Constanti arbitrariae $\alpha_{n-i}$ aequalem statuamus. Ipsa $f_{n-i}$ aequationum (4) ope per $x$, $x_1, \ldots, x_i, x_k$ exhibita, erit aequatio

$$(6)\quad f_{n-i} = \alpha_{n-i}$$

inter quantitates $x, x_1, \ldots, x_i, x_k$, qua igitur aequatione determinare licet $x_k$ ut ipsarum $x, x_1, \ldots, x_i$ functionem. Cuius functionis differentialia partialia habentur per aequationes

$$\left(\frac{\partial f_{n-i}}{\partial x}\right)+\left(\frac{\partial f_{n-i}}{\partial x_k}\right)\frac{\partial x_k}{\partial x}=0, \quad \left(\frac{\partial f_{n-i}}{\partial x_1}\right)+\left(\frac{\partial f_{n-i}}{\partial x_k}\right)\frac{\partial x_k}{\partial x_1}=0, \quad \text{etc.};$$

unde ex aequatione

$$0 = X\left(\frac{\partial f_{n-i}}{\partial x}\right)+X_1\left(\frac{\partial f_{n-i}}{\partial x_1}\right)+\cdots+X_i\left(\frac{\partial f_{n-i}}{\partial x_i}\right)+X_k\left(\frac{\partial f_{n-i}}{\partial x_k}\right)$$

sequitur:

$$(7)\quad X_k = X\frac{\partial x_k}{\partial x}+X_1\frac{\partial x_k}{\partial x_1}+\cdots+X_i\frac{\partial x_k}{\partial x_i}.$$

Huic igitur aequationi satisfit, si beneficio $n-i$ aequationum (5) et (6) ipsae $X, X_1, \ldots, X_i, X_k, x_k$ per variabiles $x, x_1, \ldots, x_i$ atque Constantes arbitrarias $\alpha_1, \alpha_2, \ldots, \alpha_{n-i}$ exhibentur. Si ipsarum $\alpha_1, \alpha_2, \ldots, \alpha_{n-i}$ loco restituuntur functiones $f_1, f_2, \ldots, f_{n-i}$, redeunt $X, X_1, \ldots, X_i, X_k$ in ipsas variabilium $x, x_1, \ldots, x_n$ expressiones propositas. Unde designantibus $X, X_1, \ldots, X_i, X_k$

variabilium $x, x_1, \ldots, x_n$ expressiones propositas, aequatio (7) identica fit, si ope aequationum (5) et (6) exprimitur $x_k$ per

$$x, x_2, \ldots, x_i, \quad a_1, a_2, \ldots, a_{n-i}$$

ac deinde in differentialibus eius partialibus $\frac{\partial x_k}{\partial x}, \frac{\partial x_k}{\partial x_1}, \ldots, \frac{\partial x_k}{\partial x_i}$ restituuntur pro ipsis $a_1, a_2, \ldots, a_{n-i}$ functiones secundum easdem formulas (5) et (6) iis aequivalentes $f_1, f_2, \ldots, f_{n-i}$.

Pro functionibus $f_1, f_2, \ldots, f_{n-i}$ in antecedentibus sumi possunt $n-i$ solutiones quaecunque aequationis (1) sive $n-i$ quaecunque ipsarum $f_1, f_2, \ldots, f_n$ functiones a se independentes. Unde aequationum (5) loco alias quascunque ponere licet aequationes a se independentes inter $n$ quantitates $f_1, f_2, \ldots, f_n$:

$$(8) \quad \Pi_1 = 0, \quad \Pi_2 = 0, \quad \ldots, \quad \Pi_{n-i} = 0.$$

Qua in re censere possumus Constantes arbitrarias $a_1$ etc. ipsarum $f_1, f_2, \ldots, f_n$ involvi functionibus arbitrariis $\Pi_1$ etc.

In formula antecedentibus inventa (7) designabat $x_k$ quamcunque e quantitatibus $x_{i+1}, x_{i+2}, \ldots, x_n$ aequationum (5) ope per ipsas $x, x_1, \ldots, x_i$ expressam. Hinc si ipsius $x_k$ loco successive ponuntur variabiles $x_{i+1}, x_{i+2}, \ldots, x_n$, sequentem eruimus Propositionem:

I. „Propositis inter variabiles independentes $x, x_1, \ldots, x_i$ atque dependentes $x_{i+1}, x_{i+2}, \ldots, x_n$ aequationibus differentialibus partialibus simultaneis

$$(9) \quad \begin{cases} X\frac{\partial x_{i+1}}{\partial x}+X_1\frac{\partial x_{i+1}}{\partial x_1}+\cdots+X_i\frac{\partial x_{i+1}}{\partial x_i} = X_{i+1}, \\ X\frac{\partial x_{i+2}}{\partial x}+X_1\frac{\partial x_{i+2}}{\partial x_1}+\cdots+X_i\frac{\partial x_{i+2}}{\partial x_i} = X_{i+2}, \\ \cdots\cdots\cdots\cdots\cdots\cdots \\ X\frac{\partial x_n}{\partial x}+X_1\frac{\partial x_n}{\partial x_1}+\cdots+X_i\frac{\partial x_n}{\partial x_i} = X_n, \end{cases}$$

functiones $x_{i+1}, x_{i+2}, \ldots, x_n$ dabuntur $n-1$ aequationibus quibuscunque a se independentibus inter solutiones aequationis

$$X\frac{\partial f}{\partial x}+X_1\frac{\partial f}{\partial x_1}+\cdots+X_n\frac{\partial f}{\partial x_n} = 0."$$

Eandem Propositionem sic quoque exhibere licet:

II. „Proposito systemate aequationum differentialium partialium (9), complete integrentur aequationes differentiales vulgares

$$dx : dx_1 : \ldots : dx_n = X : X_1 : \ldots : X_n,$$

atque inter Constantes arbitrarias, quae aequationes integrales completas afficiunt, positis $n-i$ aequationibus arbitrariis, ex his $n-i$ aequationibus atque $n$ aequationibus integralibus omnes $n$ eliminentur Constantes arbitrariae, prodeunt $n-i$ aequationes, quibus functiones propositae $x_{i+1}$, $x_{i+2}$, ..., $x_n$ determinantur."

Scilicet aequationes, quae integratione aequationum differentialium vulgarium completa obtinentur, semper in formam redigi possunt aequationum

$$f_1 = a_1,\quad f_2 = a_2,\quad \ldots,\quad f_n = a_n;$$

quarum ope si e $n-i$ aequationibus arbitrariis inter Constantes arbitrarias $a_1$, $a_2$, ..., $a_n$ hae omnes eliminantur, obtinentur $n-i$ aequationes arbitrariae inter ipsas $f_1$, $f_2$, ..., $f_n$. Unde Propositio II. in antecedentem I. redit.

Aequationes, quibus secundum Prop. II. functiones quaesitae $x_{i+1}$, $x_{i+2}$, etc. determinantur, videri possint nullis affici Constantibus arbitrariis, quia omnes ex aequationibus inter eas positis arbitrariis et aequationibus integralibus eliminandae sunt. Sed aequationes arbitrariae ipsae affici possunt Constantibus arbitrariis compluribus vel etiam innumeris, unde aequationes investigandas ideoque etiam ipsarum $x_{i+1}$, $x_{i+2}$, etc. expressiones quaesitas vel numerus infinitus afficere potest Constantium arbitrariarum.

## 21.

Aequationum differentialium partialium simultanearum (9) §. pr. solutio alia quoque ratione invenitur sequente. Propositis aequationibus differentialibus vulgaribus

$$(1)\quad dx : dx_1 : \ldots : dx_n = X : X_1 : \ldots : X_n,$$

earum sumantur $n-i$ aequationes integrales quaelibet, e quibus differentiatione variabilium aequationumque (1) substitutione aequationes novae non obtineantur. Cujusmodi aequationes patet esse ipsas (8) §. pr. Resolutis $n-i$ aequationibus exhibeantur

$$x_{i+1},\quad x_{i+2},\quad \ldots,\quad x_n \quad \text{per} \quad x,\ x_1,\ \ldots,\ x_i;$$

quibus expressionibus differentiatis, in formulis provenientibus

$$(2)\quad dx_k = \frac{\partial x_k}{\partial x}dx + \frac{\partial x_k}{\partial x_1}dx_1 + \cdots + \frac{\partial x_k}{\partial x_i}dx_i$$

ipsae (1) substituantur, podeunt aequationes

$$(3)\quad X_k = \frac{\partial x_k}{\partial x}X + \frac{\partial x_k}{\partial x_1}X_1 + \cdots + \frac{\partial x_k}{\partial x_i}X_i.$$

Quae secundum suppositionem factam non sunt novae aequationes, sed contineri debent $n-i$ aequationibus integralibus, quibus functiones $x_k$ determinabantur. Unde haec sequitur Propositio:

I. „Propositis aequationibus (3) vel (9) §. pr. satisfit per aequationes ipsarum (1) integrales $n-i$ quaslibet, e quibus differentiatione aequationumque (1) substitutione aequationes novae non prodeunt.“

E qua propositione facile sequitur Prop. I. §. pr.

Demonstremus iam Propositionem inversam:

II. „Aequationes $n-i$ ipsis (3) satisfacientes sunt aequationes ipsarum (1) integrales, e quibus differentiando ipsasque (1) substituendo novae non prodeunt aequationes.“

Aequationes enim propositas quascunque dicimus ipsarum (1) esse aequationes integrales, si ad systema $n$ aequationum finitarum pertinere possunt, quarum differentiatione aequationes (1) obtinentur. Iam aequationum $n-i$ finitarum ope ipsis (3) satisfacientium exprimantur $X, X_1, \dots, X_i$ per variabiles $x, x_1, \dots x_i$, reliquis variabilibus eliminatis, atque integrentur aequationes differentiales vulgares

$$(4) \quad dx : dx_1 : \dots : dx_i = X : X_1 : \dots : X_i.$$

E quibus aequationibus sequitur per (2) et (3):

$$dx : dx_1 : \dots : dx_i : dx_k = X : X_1 : \dots : X_i : X_k.$$

Unde substituendo ipsius $x_k$ loco $x_{i+1}, x_{i+2}, \dots, x_n$, videmus ex $n-i$ aequationibus propositis atque $i$ aequationibus ipsarum (4) integralibus erui aequationes differentiales (1), ideoque aequationes $n-i$ propositas ad ipsarum (1) pertinere aequationes integrales. Quibus aequationibus si $x_{i+1}, x_{i+2}, \dots, x_n$ per $x, x_1, \dots, x_i$ exprimuntur atque in expressionibus illis differentiatis (2) aequationes (1) substituuntur, proveniunt aequationes (3), quibus per ipsas $n-i$ aequationes propositas satisfit. Unde e $n-i$ aequationibus propositis differentiatione aequationumque (1) substitutione novae non prodeunt aequationes, ideoque probata est Propositio II.

Docet Propositio II. aequationum (9) §. pr. solutionem, quam Propositio I. suppeditat, esse generalem seu amplecti modus omnes, quibus illae solvi possint aequationes. Monitu tamen opus est eas eligendas esse $n-i$ aequationes integrales, quae ipsas $x_{i+1}, x_{i+2}, \dots, x_n$ omnino involvant earumque per reliquas variabiles suggerant determinationem. Alioquin enim in aequationibus differentialibus partialibus formandis variabilium aliae atque antecedentibus pro dependentibus et independentibus sumendae sunt.

Ponamus $n-i$ aequationes differentiales partiales (8) sive (9) §. pr. solutas esse $n-i$ aequationibus finitis implicantibus $n-i$ Constantes arbitrarias, quae ex iis omnes simul nequeant eliminari, eaedem suppeditabunt $n-i$ solutiones aequationis differentialis partialis

$$(5)\quad 0 = X\frac{\partial f}{\partial x}+X_1\frac{\partial f}{\partial x_1}+\cdots+X_n\frac{\partial f}{\partial x_n}.$$

Sint enim illae Constantes arbitrariae $\beta_1, \beta_2, \ldots, \beta_{n-i}$ earumque ex $n-i$ aequationibus finitis petantur valores per variabiles $x, x_1, \ldots, x_n$ exhibiti

$$(6)\quad \beta_1 = F_1,\quad \beta_2 = F_2,\quad \ldots,\quad \beta_{n-i} = F_{n-i}.$$

His aequationibus differentiatis et substitutis aequationibus (1), pro singulis $F_1$, $F_2, \ldots, F_{n-i}$ eruimus aequationes huiusmodi:

$$(7)\quad 0 = X\frac{\partial F}{\partial x}+X_1\frac{\partial F}{\partial x_1}+\cdots+X_n\frac{\partial F}{\partial x_n}.$$

Quae secundum Propositionem II. novae esse non possunt aequationes, neque iis per ipsas (6) satisfieri potest, quippe Constantes arbitrarias $\beta_1, \beta_2, \ldots, \beta_{n-i}$ non involvunt. Unde aequationes antecedentes (7) identicae esse debent ideoque erunt $F_1, F_2, \ldots, F_{n-i}$ aequationis (5) solutiones, q. d. e.

Idem magis directe sic patet. Sit

$$(8)\quad F = \beta$$

una quaelibet ex aequationum (6) numero; quae identica evadere debet variabilium $x_{i+1}, x_{i+2}, \ldots, x_n$ substituendo valores per $x, x_1, \ldots, x_i$ exhibitos ipsarum aequationum (6) resolutione provenientes. Differentietur aequatio (8) variabilium independentium $x, x_1, \ldots, x_i$ respectu, obtinemus $i+1$ aequationes sequentes:

$$(9)\quad \begin{cases} 0 = \dfrac{\partial F}{\partial x}+\dfrac{\partial F}{\partial x_{i+1}}\cdot\dfrac{\partial x_{i+1}}{\partial x}+\dfrac{\partial F}{\partial x_{i+2}}\cdot\dfrac{\partial x_{i+2}}{\partial x}+\cdots+\dfrac{\partial F}{\partial x_n}\cdot\dfrac{\partial x_n}{\partial x},\\ 0 = \dfrac{\partial F}{\partial x_1}+\dfrac{\partial F}{\partial x_{i+1}}\cdot\dfrac{\partial x_{i+1}}{\partial x_1}+\dfrac{\partial F}{\partial x_{i+2}}\cdot\dfrac{\partial x_{i+2}}{\partial x_1}+\cdots+\dfrac{\partial F}{\partial x_n}\cdot\dfrac{\partial x_n}{\partial x_1},\\ \cdot\quad\cdot\quad\cdot\quad\cdot\quad\cdot\quad\cdot\quad\cdot\quad\cdot\quad\cdot\quad\cdot\quad\cdot\quad\cdot\\ 0 = \dfrac{\partial F}{\partial x_i}+\dfrac{\partial F}{\partial x_{i+1}}\cdot\dfrac{\partial x_{i+1}}{\partial x_i}+\dfrac{\partial F}{\partial x_{i+2}}\cdot\dfrac{\partial x_{i+2}}{\partial x_i}+\cdots+\dfrac{\partial F}{\partial x_n}\cdot\dfrac{\partial x_n}{\partial x_i}. \end{cases}$$

Quae aequationes respective per

$$X,\quad X_1,\quad \ldots,\quad X_i$$

multiplicatae addantur, obtinemus, si aequationes (6) ipsis satisfaciunt aequationibus (9) §. pr.,

$$0 = X\frac{\partial F}{\partial x} + X_1\frac{\partial F}{\partial x_1} + \cdots + X_i\frac{\partial F}{\partial x_i} + X_{i+1}\frac{\partial F}{\partial x_{i+1}} + \cdots + X_n\frac{\partial F}{\partial x_n}.$$

Cui aequationi ut satisfiat nihil facere possunt aequationes propositae (6), cum illa a Constantibus arbitrariis $\beta_1, \beta_2, \ldots, \beta_{n-i}$ vacua sit. Unde aequatio praecedens identica esse debet sive singulae functiones $F$ erunt aequationis (5) solutiones.

In aequationibus antecedentibus (6) cum sint $F_1, F_2, \ldots, F_{n-i}$ aequationis (5) solutiones atque $\beta_1, \beta_2, \ldots, \beta_{n-i}$ Constantes arbitrariae, erunt aequationes (6) ipsarum (1) aequationes integrales completae. Qua de re ex antecedentibus hoc fluit Corollarium:

III. „Proponantur aequationes finitae $n-i$ ipsis (9) §. pr. satisfacientes simulque implicantes $n-i$ Constantes arbitrarias, quae ex iis omnes simul eliminari non possunt, eaedem ad aequationum differentialium vulgarium (1) pertinebunt aequationes integrales completas."

Aequationes ipsarum (1) integrales aliae ab aliis distingui possunt numero aequationum integralium, quae ex una data per iteratas differentiationes et substitutiones aequationum differentialium deriventur. Si ille numerus ipsum $n$ aequat, systema aequationum ex una proposita derivatarum totum constituit aequationum integralium systema, sive ipsis satisfacit aequationibus differentialibus

$$X\frac{dx_1}{dx} = X_1, \quad X\frac{dx_2}{dx} = X_2, \quad \ldots, \quad X\frac{dx_n}{dx} = X_n;$$

si iste numerus ipso $n$ minor est $= n-i$, systema aequationum e proposita fluentium satisfit aequationibus differentialibus partialibus (9) §. pr.; si nullam aliam e proposita deducere licet aequationem, ea satisfacit aequationi differentiali partiali

$$(10) \quad X = X_1\frac{\partial x}{\partial x_1} + X_2\frac{\partial x}{\partial x_2} + \cdots + X_n\frac{\partial x}{\partial x_n}.$$

Quod docet totam hanc quaestionem mancam et imperfectam esse, nisi simul cum aequationibus differentialibus vulgaribus (1) atque aequatione differentiali partiali (10) in considerationem veniant $n$ systemata quodammodo intermedia aequationum differentialium partialium (9) §. pr.

Addam, quae facile ex antecedentibus fluit, hanc Propositionem:

IV. „Proponantur inter variabiles $x, x_1, \ldots, x_n$ aequationes $n-i$, quibus solvitur systema aequationum differentialium partialium

$$(11)\quad \begin{cases} X\dfrac{\partial x_{i+1}}{\partial x}+X_1\dfrac{\partial x_{i+1}}{\partial x_1}+\cdots+X_i\dfrac{\partial x_{i+1}}{\partial x_i} = X_{i+1}, \\ X\dfrac{\partial x_{i+2}}{\partial x}+X_1\dfrac{\partial x_{i+2}}{\partial x_1}+\cdots+X_i\dfrac{\partial x_{i+2}}{\partial x_i} = X_{i+2}, \\ \dots\dots\dots\dots\dots\dots \\ X\dfrac{\partial x_n}{\partial x}+X_1\dfrac{\partial x_n}{\partial x_1}+\cdots+X_i\dfrac{\partial x_n}{\partial x_i} = X_n; \end{cases}$$

afficiantur illae $n-i$ aequationes finitae totidem Constantibus arbitrariis, quae ex iis omnes nequeant eliminari; inter quas si ponuntur aequationes arbitrariae $n-k$ (ubi $k > i$), eas omnes $n-i$ Constantes arbitrarias ex $n-i$ aequationibus propositis atque $n-k$ aequationibus arbitrariis eliminando proveniunt aequationes $n-k$ inter variabiles $x, x_1, \ldots, x_n$, quibus continebitur solutio systematis aequationum differentialium partialium sequentis:

$$(12)\quad \begin{cases} X\dfrac{\partial x_{k+1}}{\partial x}+X_1\dfrac{\partial x_{k+1}}{\partial x_1}+\cdots+X_k\dfrac{\partial x_{k+1}}{\partial x_k} = X_{k+1}, \\ X\dfrac{\partial x_{k+2}}{\partial x}+X_1\dfrac{\partial x_{k+2}}{\partial x_1}+\cdots+X_k\dfrac{\partial x_{k+2}}{\partial x_k} = X_{k+2}, \\ \dots\dots\dots\dots\dots\dots \\ X\dfrac{\partial x_n}{\partial x}+X_1\dfrac{\partial x_n}{\partial x_1}+\cdots+X_k\dfrac{\partial x_n}{\partial x_k} = X_n.\text{“} \end{cases}$$

Rursus enim sint $\beta_1, \beta_2, \ldots, \beta_{n-i}$ Constantes arbitrariae, quibus aequationes propositae afficiuntur, resolutione aequationum prodeunt aequationes (6), unde $n-k$ aequationes arbitrariae, ipsis $\beta_1, \beta_2, \ldots, \beta_{n-i}$ aequationum (6) ope eliminatis, abeunt in aequationes arbitrarias inter functiones $F_1, F_2, \ldots, F_{n-i}$. Unde ista eliminatione proveniunt $n-k$ aequationes inter aequationis (5) solutiones, quae secundum Prop. I. §. pr. aequationibus differentialibus partialibus (12) satisfaciunt.

## 22.

Aequationes differentiales partiales (9) §. 20 facillime in alias mutantur, in quibus variabilium $x, x_1, \ldots, x_n$ quaecunque $n-i$ pro independentibus, reliquae pro dependentibus habentur. Quippe tantum permutatione variabilium opus est, ipsis $X, X_1, \ldots, X_n$ permutationes similes subeuntibus. Solutio enim generalis tradita eiusmodi permutatione non mutatur, quippe quae non afficit aequationes differentiales vulgares (1) §. pr., a quibus ea solutio pendet. Idem probare licet per formulas differentiales, quae pro mutatione variabilium independentium in dependentes, dependentium in independentes habentur. Quod quo melius perspiciatur, generaliter quaeramus, quaenam evadant aequationes differentiales partiales (9) §. 20, si ipsarum $x, x_1, \dots, x_n$ functiones $i+1$

$$\xi, \xi_1, \dots, \xi_i$$

pro variabilibus independentibus, aliae $n-i$ functiones

$$\xi_{i+1}, \xi_{i+2}, \dots, \xi_n$$

pro dependentibus sumuntur.

Sit $k$ unus indicum $i+1, i+2, \dots, n$, atque $a$ unus indicum $0, 1, 2, \dots, i$, fit:

$$\begin{aligned}
&\frac{\partial \xi_k}{\partial x_a}+\frac{\partial \xi_k}{\partial x_{i+1}}\cdot\frac{\partial x_{i+1}}{\partial x_a}+\frac{\partial \xi_k}{\partial x_{i+2}}\cdot\frac{\partial x_{i+2}}{\partial x_a}+\dots+\frac{\partial \xi_k}{\partial x_n}\cdot\frac{\partial x_n}{\partial x_a}\\
=&\frac{\partial \xi_k}{\partial \xi}\left\{\frac{\partial \xi}{\partial x_a}+\frac{\partial \xi}{\partial x_{i+1}}\cdot\frac{\partial x_{i+1}}{\partial x_a}+\frac{\partial \xi}{\partial x_{i+2}}\cdot\frac{\partial x_{i+2}}{\partial x_a}+\dots+\frac{\partial \xi}{\partial x_n}\cdot\frac{\partial x_n}{\partial x_a}\right\}\\
+&\frac{\partial \xi_k}{\partial \xi_1}\left\{\frac{\partial \xi_1}{\partial x_a}+\frac{\partial \xi_1}{\partial x_{i+1}}\cdot\frac{\partial x_{i+1}}{\partial x_a}+\frac{\partial \xi_1}{\partial x_{i+2}}\cdot\frac{\partial x_{i+2}}{\partial x_a}+\dots+\frac{\partial \xi_1}{\partial x_n}\cdot\frac{\partial x_n}{\partial x_a}\right\}\\
&\cdots\cdots\cdots\cdots\cdots\cdots\cdots\cdots\cdots\\
+&\frac{\partial \xi_k}{\partial \xi_i}\left\{\frac{\partial \xi_i}{\partial x_a}+\frac{\partial \xi_i}{\partial x_{i+1}}\cdot\frac{\partial x_{i+1}}{\partial x_a}+\frac{\partial \xi_i}{\partial x_{i+2}}\cdot\frac{\partial x_{i+2}}{\partial x_a}+\dots+\frac{\partial \xi_i}{\partial x_n}\cdot\frac{\partial x_n}{\partial x_a}\right\}.
\end{aligned}$$

In altera aequationis parte ponitur, $\xi_k$ per $x, x_1, \dots, x_n$, ipsas vero $x_{i+1}, x_{i+2}, \dots, x_n$ per $x, x_1, \dots, x_i$ expressas dari; in altera ponitur, $\xi_k$ per $\xi, \xi_1, \dots, \xi_i$, singulas vero $\xi, \xi_1, \dots, \xi_i$ per $x, x_1, \dots, x_n$, denique rursus $x_{i+1}, x_{i+2}, \dots, x_n$ per $x, x_1, \dots, x_i$ expressas esse. Tribuendo in formula praecedente indici $a$ valores omnes $0, 1, 2, \dots, i$, singulas formulas provenientes multiplicemus respective per $X, X_1, X_2, \dots, X_i$ atque productarum additionem instituamus. Quo facto si advocantur formulae (9) §. 20 atque ponitur pro singulis indicis $m$ valoribus $0, 1, 2, \dots, n$

$$(1)\quad \Xi_m = X\frac{\partial \xi_m}{\partial x}+X_1\frac{\partial \xi_m}{\partial x_1}+\dots+X_n\frac{\partial \xi_m}{\partial x_n},$$

obtinetur

$$(2)\quad \Xi_k = \Xi\frac{\partial \xi_k}{\partial \xi}+\Xi_1\frac{\partial \xi_k}{\partial \xi_1}+\dots+\Xi_i\frac{\partial \xi_k}{\partial \xi_i}.$$

Si in hac formula ipsi $k$ tribuimus valores $i+1, i+2, \dots, n$, omnesque $\Xi, \Xi_1, \dots, \Xi_n$ per $\xi, \xi_1, \dots, \xi_n$ exprimuntur, prodit systema aequationum differentialium partialium, quod simile est formularum (9) §. 20 atque ex his oritur, ipsas $x, x_1, \ldots, x_n$ cum $\xi, \xi_1, \ldots, \xi_n$ simulque functiones $X, X_1, \ldots, X_n$ cum $\Xi, \Xi_1, \ldots, \Xi_n$ commutando. Si $\xi, \xi_1, \ldots, \xi_n$ variabilibus ipsis $x, x_1, \ldots, x_n$, sed alio quocunque ordine sumtis aequantur, sequitur e (1), quoties sit

$$\xi_\mu = x_\nu,$$

fieri

$$\Xi_\mu = X_\nu.$$

Unde etiam hac ratione patet in formulis (9) §. 20 quocunque modo permutari posse variabiles $x, x_1, \ldots, x_n$, si functiones $X, X_1, \ldots, X_n$ permutationes similes subeant.

Cum adhuc valde iaceant quaestiones de *systematis* aequationum differentialium partialium linearium primi ordinis, eo maiorem attentionem merentur ea, quorum indolem atque naturam bene perspicere licet, sicuti systematis, quod praecedentibus tractavi. Cui ea forma est, ut in quaque eius aequatione unius tantum variabilis dependentis differentialia partialia inveniantur atque in diversis aequationibus differentialia partialia diversarum variabilium dependentium eiusdem respectu variabilis independentis sumta eodem Coëfficiente afficiuntur, variantibus terminis a differentialibus partialibus vacuis. Extat aliud systema aequationum differentialium partialium primi ordinis linearium propositi quasi reciprocum, in quo quamque aequationem ingrediantur differentialia partialia diversarum variabilium dependentium eiusdem respectu variabilis independentis sumta, in diversis autem aequationibus differentialia partialia eiusdem variabilis dependentis diversarum respectu variabilium sumta eodem Coëfficiente afficiuntur. Quod et ipsum ad aequationes differentiales vulgares reduci potest, sed ea multo difficilior est reductio et ad Calculi Integralis problemata maxime sublimia pertinet.

## De Multiplicatoribus, qui aequationibus differentialibus vulgaribus simultaneis applicati expressionem integrabilem producunt.

### 23.

Putabatur olim multum nos proficere in solvendis aequationibus differentialibus partialibus linearibus primi ordinis revocando eas ad integrationem systematis aequationum differentialium vulgarium. Quae integratio semper per series infinitas perfici potest, sed evolutione in series infinitas etiam directe solvi possunt aequationes illae differentiales partiales, aequationibus differentialibus vulgaribus non intervenientibus. Integratio systematis aequationum differentialium vulgarium etiam fieri potest ope *Multiplicatorum*, hoc est factores investigando idoneos, quibus multiplicatae aequationes differentiales et additae differentiale producant completum. Sed ea methodus nil est nisi reductio aequationum differentialium vulgarium ad aequationem differentialem partialem. De illis Multiplicatoribus sequentia afferam e casu simplicissimo auspicaturus.

Egregium olim fuit Euleri inventum, quacunque proposita inter duas variabiles $x$ et $y$ aequatione differentiali primi ordinis

$$(1)\quad 0 = dy - \varphi(x,y)dx,$$

dari Multiplicatorem, qui dextram eius partem reddat differentiale completum. Etenim proposita aequatione differentiali (1), si aequatio integralis Constantem arbitrariam $\alpha$ involvens huius respectu Constantis resoluta suppeditat aequationem

$$\alpha = f,$$

unde differentiando prodit

$$(2)\quad 0 = \frac{\partial f}{\partial x}dx + \frac{\partial f}{\partial y}dy,$$

habetur Multiplicator $M$ per alterutram aequationem

$$M = \frac{\partial f}{\partial y}, \quad M\varphi = -\frac{\partial f}{\partial x}.$$

Aequationes enim (1) et (2) prorsus inter se convenire debent ita ut altera per factorem multiplicata in alteram abeat; nam cum ex aequatione integrali completa aequatio (1) sequi debeat, ex eadem sequi non potest aequatio differentialis ab (1) diversa et a Constante arbitraria vacua; alioquin enim eliminando $\frac{dy}{dx}$ haberetur aequatio inter duas solas quantitates $x$ et $y$, de aequatione inter tres quantitates $x$, $y$, $\alpha$ deducta, quod absurdum est. Quam rem Eulerus primum exemplis animadverterat; generaliter eam locum habere adhuc fugit summum Virum, postquam ad adyta maxime recondita Calculi Integralis penetraverat. Ita ubi aequationem celeberrimam

$$\frac{dx}{\sqrt{A+Bx+Cx^2+Dx^3+Ex^4}} + \frac{dy}{\sqrt{A+By+Cy^2+Dy^3+Ey^4}} = 0$$

complete integraverit, sibi non visum esse ipse fatetur ad eandem integrationem etiam per Multiplicatorem pervenire posse; *nondum enim se animadvertisse, quotiescunque aequationis differentialis integrale completum constaret, ex eo multi-*

*plicatorem, quo illa integrabilis reddatur, concludi posse*).* Scilicet inventa aequatione integrali completa, alteram quidem variabilem per alteram et Constantem arbitrariam exhibere consueverant Analytici, et hoc poscebatur; Constantem arbitrariam pro incognita habere eiusque expressionem per utramque variabilem ex aequatione integrali elicere erat conceptio nova ab usu recepto remotior, et quae non ita sponte se offerebat. Ea tamen aequationis integralis forma, qua utriusque variabilis functio, quae Constanti arbitrariae aequalis fiat, exhibetur, maxime genuina videtur; quippe qua forma si aequatio integralis proponitur, nullo interveniente eliminationis negotio per solam differentiationem ad datam aequationem differentialem pervenitur. Unde Eulerum illo Multiplicatoris invento, sive quod primus aequationem integralem sub forma illa genuina exhibuit, de theoria aequationum differentialium primi ordinis inter duas variabiles insigniter meruisse censemus.

At de extensione theoriae Multiplicatoris ad systema duarum aequationum differentialium primi ordinis inter tres variabiles Eulero non constabat. Etenim pro re tantum *probabili* habebat semper fieri posse, ut additione harum aequationum per idoneos factores multiplicatarum aequatio per solas Quadraturas integrabilis prodeat. Nam in Instit. Calc. Integr.**) solutionem aequationis

$$(3)\quad L\frac{\partial v}{\partial x}+M\frac{\partial v}{\partial y}+N\frac{\partial v}{\partial z}=0,$$

in qua $L$, $M$, $N$ sunt ipsarum $x$, $y$, $z$ functiones quaecunque, revocat ad investigationem duorum systematum binorum factorum $E$, $F$ et $G$, $H$, qui expressiones

$$E\left(dx-\frac{Ldz}{N}\right)+F\left(dy-\frac{Mdz}{N}\right),$$
$$G\left(dx-\frac{Ldz}{N}\right)+H\left(dy-\frac{Mdz}{N}\right)$$

integrabiles reddant seu differentialibus $dt$, $du$ aequales; quippe quibus inventis docet, quantitatem $v$ aequari functioni cuicunque duarum variabilium $t$ et $u$

$$v=\Gamma(t,u).$$

Illorum autem factorum $E$, $F$, $G$, $H$ inventionem semper praestari posse *sibi videri* ait, non affirmatius loquens, quia, si rem probatam habuisset, ei consti-

*) V. Instit. Calc. Integr. T. III. Supplem. pagg. 606. 636. (§. 9.)

**) T. III. pag. 434. (§. 482, 484.)

tisset de reductione solutionis aequationis (3) ad integrationem completam aequationum simultanearum

$$dx - \frac{L\,dz}{N} = 0,\quad dy - \frac{M\,dz}{N} = 0,$$

de qua tamen reductione desperabat. Systematis plurium aequationum differentialium vulgarium inter plures variabiles consideratio Eulero minus familiaris fuisse videtur, quamvis passim in quaestionibus Mechanicis atque Isoperimetricis ad eiusmodi systemata duceretur. Qua de re etiam iis tantum casibus nexum aequationum differentialium partialium primi ordinis cum aequationibus differentialibus vulgaribus perspexit, quibus aequationes differentiales vulgares primi ordinis inter duas variabiles considerare sufficiebat.

Est Illustrissimi Lagrange meritum, quod, proposito systemate aequationum differentialium vulgarium

$$(4)\quad dx_1 - \frac{X_1}{X}dx = 0,\quad dx_2 - \frac{X_2}{X}dx = 0,\quad \ldots,\quad dx_n - \frac{X_n}{X}dx = 0,$$

aequationes integrales completas primus exhibuerit sub forma aequationum

$$(5)\quad f_1 = \alpha_1,\quad f_2 = \alpha_2,\quad \ldots,\quad f_n = \alpha_n,$$

quibus assignantur variabilium $x$, $x_1$, etc. functiones a se independentes $f_1, f_2, \ldots$, quae Constantibus arbitrariis aequandae sunt. Haec forma sicuti in casu simplicissimo unius aequationis ab Eulero tractato praeclara gaudet proprietate, quod sola differentiatione nullo interveniente eliminationis negotio Constantes arbitrariae abeant. Unde fieri debet, ut singulae aequationes sola differentiatione e (5) provenientes

$$df_1 = 0,\quad df_2 = 0,\quad \ldots,\quad df_n = 0$$

identice obtineantur ex aequationibus propositis (4) per factores idoneos multiplicatis et additis. Generaliter enim asserere licet, si ex aequationibus integralibus completis quaecunque deducta sit aequatio

$$(6)\quad A\,dx + A_1 dx_1 + \cdots + A_n dx_n = 0,$$

in qua $A$, $A_1$, etc. sunt ipsarum $x$, $x_1$, etc. functiones a Constantibus arbitrariis omnino vacuae, eam necessario prodire ex ipsis aequationibus differentialibus propositis (4) per factores idoneos multiplicatis et additis. Nam cum supponatur ex aequationibus integralibus completis sequi et aequationes differentiales propositas (4) et aequationem (6), ex iisdem provenire debet aequatio, quae obtinetur substituendo aequationes (4) in aequatione (6),

$$(7)\quad AX+A_1X_1+\cdots+A_nX_n=0;$$

quae cum sit a Constantibus arbitrariis vacua, identica esse debet, quia ex aequationibus integralibus completis nulla aequatio a Constantibus arbitrariis vacua nisi identica deduci potest. Ubi autem identica habetur aequatio (7), aequationem (6) sic repraesentare licet

$$A_1\left\{dx_1-\frac{X_1dx}{X}\right\}+A_2\left\{dx_2-\frac{X_2dx}{X}\right\}+\cdots+A_n\left\{dx_n-\frac{X_ndx}{X}\right\}=0,$$

quae prodit addendo propositas (4) per $A_1, A_2, \ldots, A_n$ multiplicatas.

Proposito systemate aequationum differentialium vulgarium (4), interdum ipsa aequationum inspectione succedit eiusmodi Multiplicatores detegere, qui aequationem producant, e qua per solas Quadraturas obtineatur Integrale aequationum propositarum $f=\alpha$, ubi $f$ solutio erit aequationis differentialis partialis

$$(8)\quad X\frac{\partial f}{\partial x}+X_1\frac{\partial f}{\partial x_1}+\cdots+X_n\frac{\partial f}{\partial x_n}=0.$$

Qua re videri possit hoc respectu artem solvendi aequationes differentiales partiales (8) per Lagrangianam reductionem ad aequationes differentiales vulgares (4) promotam esse. Sed observo consensum utriusque problematis, solvendi aequationem (8) et indagandi Multiplicatores $M_1, M_2, \ldots, M_n$, qui expressionem

$$(9)\quad M_1\left\{dx_1-\frac{X_1dx}{X}\right\}+M_2\left\{dx_2-\frac{X_2dx}{X}\right\}+\cdots+M_n\left\{dx_n-\frac{X_ndx}{X}\right\}$$

integrabilem reddant, absque consideratione patere systematis aequationum differentialium vulgarium simultanearum (4). Unde ante illam Lagrangianam reductionem detectam ad solvendam aequationem (8) istorum Multiplicatorum usus esse potuit atque fuit, uti e loco Euleriano citato intelligitur aliisque fere omnibus exemplis, quibus Eulerus solutionem assecutus est. Utrumque autem problema plane idem esse sic patet. Proposita aequatione (8), sit

$$df=Mdx+M_1dx_1+\cdots+M_ndx_n,$$

unde erit

$$\frac{\partial f}{\partial x}=M,\quad \frac{\partial f}{\partial x_1}=M_1,\quad \ldots,\quad \frac{\partial f}{\partial x_n}=M_n.$$

Qua de re poscitur functio $f$, pro qua simul habeatur:

$$(10)\quad \begin{cases} df=Mdx+M_1dx_1+M_2dx_2+\cdots+M_ndx_n, \\ 0=MX+M_1X_1+M_2X_2+\cdots+M_nX_n. \end{cases}$$

Quarum aequationum alteri substitui potest haec:

$$(11)\quad df = M_1\left\{dx_1 - \frac{X_1 dx}{dx}\right\} + M_2\left\{dx_2 - \frac{X_2 dx}{X}\right\} + \cdots + M_n\left\{dx_n - \frac{X_n dx}{X}\right\},$$

e qua patet inventa functione $f$ simul haberi Multiplicatores $M_1$, $M_2$, etc., qui expressionem (9) differentiale completum seu integrabilem reddant. Vice versa datis illis Multiplicatoribus $M_1$ etc., qui expressionem (9) differentiale completum efficiunt $df$, determinetur quantitas $M$ per formulam

$$(12)\quad M = -\frac{M_1X_1 + M_2X_2 + \cdots + M_nX_n}{X}:$$

habetur functio proposita $f$, pro qua aequationes (10) simul valent ideoque solutio aequationis differentialis partialis propositae (8).

Ipsius $f$ loco si ponuntur aequationis (8) solutiones $n$ a se independentes $f_1, f_2, \ldots, f_n$, videmus extare $n$ diversa Multiplicatorum systemata

$$M_1^{(i)},\ M_2^{(i)},\ \ldots,\ M_n^{(i)},$$

ita comparata ut expressiones

$$M_1^{(i)}\left\{dx_1 - \frac{X_1 dx}{X}\right\} + M_2^{(i)}\left\{dx_2 - \frac{X_2 dx}{X}\right\} + \cdots + M_n^{(i)}\left\{dx_n - \frac{X_n dx}{X}\right\}$$

differentialia fiant completa earumque integratione prodeant $n$ functiones $f_i$ a se invicem independentes. Quibus inventis functionibus assumtaque earum functione arbitraria:

$$\Pi(f_1,\ f_2,\ \ldots,\ f_n),$$

habetur expressio generalis systematis Multiplicatorum per formulas:

$$(13)\quad \begin{cases} M_1 = \dfrac{\partial \Pi}{\partial f_1} M_1' + \dfrac{\partial \Pi}{\partial f_2} M_1'' + \cdots + \dfrac{\partial \Pi}{\partial f_n} M_1^{(n)} \\ M_2 = \dfrac{\partial \Pi}{\partial f_1} M_2' + \dfrac{\partial \Pi}{\partial f_2} M_2'' + \cdots + \dfrac{\partial \Pi}{\partial f_n} M_2^{(n)} \\ \cdot\ \cdot\ \cdot\ \cdot\ \cdot\ \cdot\ \cdot\ \cdot\ \cdot\ \cdot\ \cdot\ \cdot \\ M_n = \dfrac{\partial \Pi}{\partial f_1} M_n' + \dfrac{\partial \Pi}{\partial f_2} M_n'' + \cdots + \dfrac{\partial \Pi}{\partial f_n} M_n^{(n)}. \end{cases}$$

Quippe quibus valoribus substitutis prodit:

$$M_1\left\{dx_1 - \frac{X_1 dx_1}{X}\right\} + M_2\left\{dx_2 - \frac{X_2 dx_2}{X}\right\} + \cdots + M_n\left\{dx_n - \frac{X_n dx_n}{X}\right\}$$

$$= \frac{\partial \Pi}{\partial f_1} df_1 + \frac{\partial \Pi}{\partial f_2} df_2 + \cdots + \frac{\partial \Pi}{\partial f_n} df_n = d\Pi.$$

Quod analogum est iis, quae de suo Multiplicatore Eulerus tradidit.

24.

Inventis Multiplicatoribus $M_1$, $M_2$, etc., e quibus $M$ per formulam (12) §. pr. obtinetur, restat ut functio $f$ ex aequatione

$$(1) \quad df = Mdx + M_1 dx_1 + \cdots + M_n dx_n,$$

in qua dextra pars est differentiale completum, per Quadraturas determinetur. Quod modo maxime generali per hanc regulam fit.

Sit $x_i^0$ functio quaecunque variabilium $x_{i+1}, x_{i+2}, \ldots, x_n$, ita ut $x^0$ sit functio variabilium $x_1, x_2, \ldots, x_n$, porro $x_1^0$ variabilium $x_2, x_3, \ldots, x_n$, etc., qualibet harum functionum, quas prorsus ex arbitrio sumere licet,

$$x^0, \; x_1^0, \; \ldots, \; x_n^0$$

involvente numerum variabilium unitate minorem quam proxime antecedente, postrema $x_n^0$ designante Constantem. Ubi simul ponuntur aequationes

$$(2) \quad x = x^0, \quad x_1 = x_1^0, \quad \ldots, \quad x_{i-1} = x_{i-1}^0,$$

abeunt $x, x_1, \ldots, x_{i-1}$ in ipsarum $x_i, x_{i+1}, \ldots, x_n$ functiones, quas designemus per

$$(3) \quad x = x^{(i)}, \quad x_1 = x_1^{(i)}, \quad \ldots, \quad x_{i-1} = x_{i-1}^{(i)}.$$

Substituendo in ipsis $M$, $M_1$, etc. valores (3) formentur ipsarum $x_i, x_{i+1}, \ldots, x_n$ functiones

$$(4) \quad N_i = M\frac{\partial x^{(i)}}{\partial x_i} + M_1\frac{\partial x_1^{(i)}}{\partial x_i} + \cdots + M_{i-1}\frac{\partial x_{i-1}^{(i)}}{\partial x_i} + M_i,$$

erit functio quaesita

$$(5) \quad f - \text{Constans} = \int_{x^0}^{x} M\partial x + \int_{x_1^0}^{x_1} N_1 \partial x_1 + \int_{x_2^0}^{x_2} N_2 \partial x_2 + \cdots + \int_{x_n^0}^{x_n} N_n \partial x_n.$$

Demonstratio huius regulae haec est. Abeat $f$ per (3) in ipsarum $x_i, x_{i+1}, \ldots, \ldots, x_n$ functionem

$$(6) \quad f = f^{(i)},$$

erit e (1), (4):

$$(7) \quad N_i = \frac{\partial f^{(i)}}{\partial x_i}.$$

E notatione adhibita patet ponendo

$$x_i = x_i^0$$

abire $f^{(i)}$ in $f^{(i+1)}$. Unde erit e (7)

$$\int_{x_i^0}^{x_i} N_i \partial x_i = f^{(i)} - f^{(i+1)},$$

ideoque

$$\int_{x^0}^{x} M\partial x + \int_{x_1^0}^{x_1} N_1\partial x_1 + \int_{x_2^0}^{x_2} N_2\partial x_2 + \cdots + \int_{x_n^0}^{x_n} N_n\partial x_n =$$

$$f - f' + f' - f'' + f'' - f''' + \cdots + f^{(n)} - f^{(n+1)} = f - f^{(n+1)},$$

q. d. e. Ipsa $f^{(n+1)}$ est Constans arbitraria addenda functioni quaesitae $f$. Quam functionem per $n+1$ Quadraturas determinari videmus, *quarum quamque seorsim exequi licet.* Si, quod est simplicissimum, pro limitibus inferioribus $x^0$, $x_1^0$, etc. Constantes sumuntur, fit e (4):

$$N_i = M_i,$$

siquidem in $M_i$ ipsis $x$, $x_1$, ..., $x_{i-1}$ valores constantes

$$x = x^0, \quad x = x_1^0, \quad \ldots, \quad x_{i-1} = x_{i-1}^0$$

substituuntur.

Repetam etiam regulam, quam eadem de re Celeb. Lacroix in maiore Opere de Calculo Integrali tradidit. Faciamus, functiones $M$, $M_1$, etc. exhiberi ut aggregata productorum, quorum singuli factores unicam variabilem involvunt, sive haec sit ipsarum $M$, $M_1$, etc. genuina forma sive per evolutionem in series iis concilietur. Statuamus porro, si de illa ipsius $M$ expressione omnes reiiciantur termini ipsam $x$ involventes, remanere expressionem $N_1$, si de expressione ipsius $M_1$ omnes reiiciantur termini ipsas $x$, $x_1$ involventes, remanere expressionem $N_2$, et ita porro: erit

$$\int\{Mdx + M_1dx_1 + M_2dx_2 + \cdots + M_ndx_n\} =$$

$$\int M\partial x + \int N_1\partial x_1 + \int N_2\partial x_2 + \cdots + \int N_n\partial x_n,$$

integralibus ad dextram ita sumtis ut, siquidem simili exhibentur forma, qua ipsas supposuimus $M$, $M_1$, etc. exhiberi, ipsum $\int M\partial x$ nullum terminum ab ipsa $x$ vacuum ac generaliter ipsum $\int N_i\partial x_i$ nullum terminum a variabili $x_i$ vacuum implicet. Demonstrationem haud difficilem praetermitto.

Si ipsas $M$, $M_1$, etc. secundum positivas ipsarum $x - x^0$, $x_1 - x_1^0$, etc. potestates evolvere licet, designantibus $x^0$, $x_1^0$, etc. Constantes, convenit illa regula cum nostra, siquidem in hac limites inferiores omnes statuuntur constantes.

Si formula (1) locum habet, pro binis $i$ et $k$ fit

$$(8) \qquad \frac{\partial M_i}{\partial x_k} = \frac{\partial M_k}{\partial x_i}.$$

Vice versa si aequationes (8) valeant, formulam (1) haberi sic patet. Ponatur

$$(9)\quad P = \int M\partial x,$$

erit

$$\frac{\partial\left(M_1 - \frac{\partial P}{\partial x_1}\right)}{\partial x} = \frac{\partial M_1}{\partial x} - \frac{\partial M}{\partial x_1} = 0,$$

unde expressionem $M_1 - \frac{\partial P}{\partial x_1}$ variabilis $x$ non afficit. Hinc posito

$$(10)\quad P_1 = \int\left(M_1 - \frac{\partial P}{\partial x_1}\right)\partial x_1,$$

integrale $P_1$ et ipsum a variabili $x$ vacuum fit, unde fit

$$\frac{\partial\left(M_2 - \frac{\partial(P+P_1)}{\partial x_2}\right)}{\partial x} = \frac{\partial\left(M_2 - \frac{\partial P}{\partial x_2}\right)}{\partial x} = \frac{\partial M_2}{\partial x} - \frac{\partial M}{\partial x_2} = 0;$$

porro habetur e (10):

$$\frac{\partial\left(M_2 - \frac{\partial(P+P_1)}{\partial x_2}\right)}{\partial x_1} - \frac{\partial\left(M_1 - \frac{\partial(P+P_1)}{\partial x_1}\right)}{\partial x_2} = 0,$$

unde expressionem

$$M_2 - \frac{\partial(P+P_1)}{\partial x_2}$$

non afficiunt variabiles $x$ et $x_1$. Hinc posito

$$(11)\quad P_2 = \int\left(M_2 - \frac{\partial(P+P_1)}{\partial x_2}\right)\partial x_2,$$

integrale $P_2$ et ipsum a variabilibus $x$ et $x_1$ vacuum fit. Hac ratione pergendo, probatur, posito

$$(12)\quad \begin{cases} \int M\partial x = P, \quad \int\left(M_1 - \frac{\partial P}{\partial x_1}\right)\partial x_1 = P_1, \quad \int\left(M_2 - \frac{\partial(P+P_1)}{\partial x_2}\right)\partial x_2 = P_2, \quad \dots, \\ \qquad \dots, \int\left(M_n - \frac{\partial(P+P_1+\dots+P_{n-1})}{\partial x_n}\right)\partial x_n = P_n, \end{cases}$$

functiones $P_k$ a variabilibus $x, x_1, \dots, x_{k-1}$ vacuas esse. Invenitur $P_k$, functionem variabilium $x_k, x_{k+1}, \dots, x_n$ ipsius $x_k$ respectu integrando, qua in re cavere debemus, ne integrali adiiciatur quasi Constans arbitraria expressio ipsas $x, x_1, \dots, x_{k-1}$ implicans. Ipsarum autem $x_{k+1}, x_{k+2}, \dots, x_n$ expressionem quamcunque integrali adiicere licet, sive pro limite inferiore integralis, cui ipsum $P_k$ aequatur, sumere licet variabilium $x_{k+1}, x_{k+2}, \ldots, x_n$ functionem arbitrariam ipsas $x, x_1, \ldots, x_k$ non implicantem.

Erutis $P, P_1, \ldots, P_n$, fit

$$(13) \quad f = P+P_1+P_2+\cdots+P_n.$$

Ex hac enim formula sequitur, quia functiones $P_{k+1}$, $P_{k+2}$, etc. ab ipsa $x_k$ vacuae sunt,

$$\frac{\partial f}{\partial x_k} = \frac{\partial(P+P_1+\cdots+P_{k-1})}{\partial x_k}+\frac{\partial P_k}{\partial x_k},$$

ideoque, cum sit e (12)

$$(14) \quad P_k = \int\left(M_k-\frac{\partial(P+P_1+\cdots+P_{k-1})}{\partial x_k}\right)\partial x_k,$$

fit

$$(15) \quad \frac{\partial f}{\partial x_k} = M_k.$$

Unde fit

$$\begin{aligned} df &= \frac{\partial f}{\partial x}dx+\frac{\partial f}{\partial x_1}dx_1+\cdots+\frac{\partial f}{\partial x_n}dx_n \\ &= Mdx+M_1dx_1+\cdots+M_ndx_n, \end{aligned}$$

q. d. e. Antecedentibus quoque continetur methodus inveniendi functionem $f$ e dato differentiali eius completo

$$df = Mdx+M_1dx_1+\cdots+M_ndx_n.$$

Quae tamen methodus ita comparata est, ut $n+1$ functiones $P, P_1, \ldots, P_n$ per Quadraturas inveniendae aliae *post* alias indagari debeant, vel, nisi Quadraturas exequamur, per integralia *multiplicia* exhibendae sint.

## 25.

Quaeramus Multiplicatorum $M_1$, $M_2$, etc. expressiones per series infinitas. Quae obtineri possunt e seriebus infinitis, quibus §. 7 evolvi solutionem $f$ aequationis

$$0 = X\frac{\partial f}{\partial x}+X_1\frac{\partial f}{\partial x_1}+\cdots+X_n\frac{\partial f}{\partial x_n}.$$

Expressionem enim ipsius $f$ loco citato inventam differentiando ipsarum $x_1$, $x_2, \ldots, x_n$ respectu, habentur Multiplicatores

$$M_1 = \frac{\partial f}{\partial x_1}, \quad M_2 = \frac{\partial f}{\partial x_2}, \quad \ldots, \quad M_n = \frac{\partial f}{\partial x_n}.$$

Sed magis directe haec res absolvitur per aequationes differentiales partiales, quibus Multiplicatorum systema satisfacere debet. Inchoabo a Multiplicatore Euleriano.

Proposita aequatione

$$0 = dy - \varphi(x, y)dx,$$

Multiplicator $M$, qui dextram partem differentiale completum $df$ efficiat, satisfacere debet duabus aequationibus

$$\frac{\partial f}{\partial y} = M, \quad \frac{\partial f}{\partial x} = -\varphi . M,$$

unde fieri debet

$$(1) \quad 0 = \frac{\partial M}{\partial x} + \frac{\partial(\varphi M)}{\partial y} = \frac{\partial M}{\partial x} + \varphi\frac{\partial M}{\partial y} + \frac{\partial \varphi}{\partial y}M.$$

Ut evolutio maxima fiat generalitate, eligatur ex arbitrio functio $u$, secundum cuius potestates positivas integras evolutio procedat, ita ut sit

$$(2) \quad M = A - A'u + A''\frac{u^2}{2} - A'''\frac{u^3}{2.3} + \text{etc.}$$

Ad Coëfficientes $A$, $A'$, etc. alios ex aliis inveniendos statuo

$$[A^{(i)}] = \frac{\partial A^{(i)}}{\partial x} + \varphi\frac{\partial A^{(i)}}{\partial y} + \frac{\partial \varphi}{\partial y}A^{(i)},$$

porro

$$U = \frac{\partial u}{\partial x} + \varphi\frac{\partial u}{\partial y}.$$

Substituta serie (2) pro Multiplicatore $M$ posita in aequatione differentiali partiali (1), qua $M$ definitur, sequitur, Coëfficientes singularum potestatum ipsius $u$ nihilo aequando:

$$(3) \quad U.A' = [A], \quad U.A'' = [A'], \quad U.A''' = [A''], \quad \text{etc.}$$

Quibus formulis e termino primo $A$, ex arbitrio sumto, seriei propositae Coëfficientes $A'$, $A''$, etc. reliqui omnes determinantur. Si $u = x$ sive $u = x - a$, designante $a$ quantitatem aliquam constantem, fit $U = 1$.

Proposito systemate aequationum differentialium

$$dx_1 - X_1 dx = 0, \quad dx_2 - X_2 dx = 0, \quad \ldots, \quad dx_n - X_n dx = 0,$$

in quo brevitatis causa posui $X = 1$, Multiplicatores $M_1, M_2, \ldots, M_n$ functionis alicuius $f$ fieri debent differentialia partialia ipsarum $x_1, x_2, \ldots, x_n$ respectu sumta; porro posito

$$(4) \quad M = -\{X_1 M_1 + X_2 M_2 + \cdots + X_n M_n\},$$

fieri debet $M$ eiusdem functionis differentiale respectu ipsius $x$ sumtum. Unde designantibus $x_i$, $x_k$ binas quascunque variabilium $x$, $x_1$, ..., $x_n$, fieri debet

$$(5)\quad \frac{\partial M_i}{\partial x_k} = \frac{\partial M_k}{\partial x_i}.$$

His igitur conditionibus satisfacere debent series infinitae, in quas Multiplicatores evolvere proposui, et vice versa illae, ubi conditionibus (5) satisfaciunt, sumi possunt pro Multiplicatoribus propositis $M_1$, $M_2$, etc.; vidimus enim §. pr., si aequationes (5) locum habeant, dari integrale expressionis differentialis

$$Mdx + M_1 dx_1 + M_2 dx_2 + \cdots + M_n dx_n,$$

sive esse hanc expressionem differentiale completum.

Statuamus

$$(6)\quad M_i = A_i - A_i'(x-a) + A_i'' \frac{(x-a)^2}{1.2} - A_i''' \frac{(x-a)^3}{1.2.3} + \text{etc.},$$

designante $a$ Constantem. Indici $i$ valores 1, 2, ..., $n$ tribuendo e formula (6) proveniant $n$ Multiplicatores propositi $M_1$, $M_2$, ..., $M_n$. Per ipsum $A^{(m)}$ indice inferiore non affectum designemus expressionem

$$(7)\quad A^{(m)} = -\{X_1 A_1^{(m)} + X_2 A_2^{(m)} + \cdots + X_n A_n^{(m)}\},$$

erit e (4):

$$(8)\quad M = A - A'(x-a) + A'' \frac{(x-a)^2}{1.2} - A''' \frac{(x-a)^3}{1.2.3} + \text{etc.}$$

Ut satisfaciamus conditionibus

$$(9)\quad \frac{\partial M}{\partial x_1} = \frac{\partial M_1}{\partial x}, \quad \frac{\partial M}{\partial x_2} = \frac{\partial M_2}{\partial x}, \quad \ldots, \quad \frac{\partial M}{\partial x_n} = \frac{\partial M_n}{\partial x}$$

sive

$$(10)\quad \frac{\partial M}{\partial x_i} = \frac{\partial M_i}{\partial x},$$

substituamus in (10) formulas (6) et (8) atque singularum ipsius $(x-a)$ potestatum Coëfficientes nihilo aequemus. Hac ratione nanciscimur aequationes inter Coëfficientes serierum propositarum sequentes:

$$(11)\quad A_i^{(m+1)} = \frac{\partial A_i^{(m)}}{\partial x} - \frac{\partial A^{(m)}}{\partial x_i}.$$

Haec formula docet, quomodo, inventis

$$A_1^{(m)}, \quad A_2^{(m)}, \quad \ldots, \quad A_n^{(m)}$$

atque per eos determinato $A^{(m)}$ ope formulae (7), determinandi sint Coëfficientes proxime insequentes

$$A_1^{(m+1)},\ A_2^{(m+1)},\ \ldots,\ A_n^{(m+1)}.$$

Unde omnes evolutionum propositarum Coëfficientes determinantur e primis terminis

$$A_1,\ A_2,\ \ldots,\ A_n.$$

Quicunque sint illi termini, si reliqui Coëfficientes per formulas (11) ex iis determinantur, series pro ipsis $M_1$, $M_2$, ..., $M_n$ provenientes conditionibus (9) satisfaciunt.

Reliquum est ut series infinitae propositae satisfaciant conditionibus

$$(12)\quad \frac{\partial M_i}{\partial x_k}-\frac{\partial M_k}{\partial x_i}=0,$$

in quibus $i$ et $k$ binos quoscunque indicum 1, 2, ..., $n$ designant; nam conditionibus, pro quibus alter index est 0 sive deficit, iam satisfactum est. In formula (11) ponamus $k$ indicis $i$ loco, habemus duas aequationes:

$$A_i^{(m+1)}=\frac{\partial A_i^{(m)}}{\partial x}-\frac{\partial A^{(m)}}{\partial x_i},\quad A_k^{(m+1)}=\frac{\partial A_k^{(m)}}{\partial x}-\frac{\partial A^{(m)}}{\partial x_k}.$$

E quibus sequitur

$$\frac{\partial A_i^{(m+1)}}{\partial x_k}-\frac{\partial A_k^{(m+1)}}{\partial x_i}=\frac{\partial\left(\frac{\partial A_i^{(m)}}{\partial x_k}-\frac{\partial A_k^{(m)}}{\partial x_i}\right)}{\partial x}.$$

Unde facile patet, posito

$$(13)\quad \frac{\partial A_i}{\partial x_k}-\frac{\partial A_k}{\partial x_i}=N,$$

fieri

$$(14)\quad \frac{\partial A_i^{(m)}}{\partial x_k}-\frac{\partial A_k^{(m)}}{\partial x_i}=\frac{\partial^m N}{\partial x^m}.$$

Huius formulae beneficio e duabus aequationibus

$$M_i=A_i-A_i'(x-a)+A_i''\frac{(x-a)^2}{1.2}-A_i'''\frac{(x-a)^3}{1.2.3}+\text{etc.},$$
$$M_k=A_k-A_k'(x-a)+A_k''\frac{(x-a)^2}{1.2}-A_k'''\frac{(x-a)^3}{1.2.3}+\text{etc.}$$

haec sequitur:

$$(15)\quad \frac{\partial M_i}{\partial x_k}-\frac{\partial M_k}{\partial x_i}=N-\frac{\partial N}{\partial x}(x-a)+\frac{\partial^2 N}{\partial x^2}\cdot\frac{(x-a)^2}{1.2}-\text{etc.}$$

Series ad dextram secundum theorema Taylorianum aequatur valori ipsius $N$ pro $x = a$, unde, si formulae (10) locum habent, *expressionem*

$$\frac{\partial M_i}{\partial x_k} - \frac{\partial M_k}{\partial x_i}$$

*variabilis $x$ non afficit.*

Docent formulae (15) conditionibus (12) satisfieri, si pro binis quibuslibet $i$ et $k$ evanescat $N$ sive secundum (13) primi evolutionum propositarum termini

$$A_1, \; A_2, \; \ldots, \; A_n$$

functionis arbitrariae fiant differentialia partialia ipsarum $x_1, x_2, \ldots, x_n$ respectu sumta. Quae functio ipsam quoque $x$ si placet involvere potest. Quoties igitur termini evolutionum propositarum primi $A_1, A_2, \ldots, A_n$ functionis arbitrariae differentialia partialia sunt ipsarum $x_1, x_2, \ldots, x_n$ respectu sumta, atque ex iis Coëfficientes insequentes

$$A_1^{(m)}, \; A_2^{(m)}, \; \ldots, \; A_n^{(m)}$$

per formulas (11) et (7) alii post alios determinantur, omnibus conditionibus satisfactum erit, ut series infinitae (6) existant Multiplicatores propositi.

Antecedentibus evolutionum propositarum auxilio probatum est, *quoties locum habeant aequationes* (9)

$$\frac{\partial M}{\partial x_1} = \frac{\partial M_1}{\partial x}, \quad \frac{\partial M}{\partial x_2} = \frac{\partial M_2}{\partial x}, \quad \ldots, \quad \frac{\partial M}{\partial x_n} = \frac{\partial M_n}{\partial x},$$

*expressiones omnes huiusmodi*

$$\frac{\partial M_i}{\partial x_k} - \frac{\partial M_k}{\partial x_i}$$

*variabili $x$ vacare.* Idem sine ullo serierum infinitarum adiumento patet ex aequatione identica

$$(16) \qquad \frac{\partial\left(\frac{\partial M_i}{\partial x_k} - \frac{\partial M_k}{\partial x_i}\right)}{\partial x} + \frac{\partial\left(\frac{\partial M_k}{\partial x} - \frac{\partial M}{\partial x_k}\right)}{\partial x_i} + \frac{\partial\left(\frac{\partial M}{\partial x_i} - \frac{\partial M_i}{\partial x}\right)}{\partial x_k} = 0.$$

Ut conditionibus (15) satisfiat non necesse est ut, quod antecedentibus supposui, quantitates $N$ identice evanescant; nam cum expressio, quae evanescere debet,

$$\frac{\partial M_i}{\partial x_k} - \frac{\partial M_k}{\partial x_i}$$

aequatur valori, quem $N$ pro $x = a$ induit, sufficit terminos $A_1, A_2, \ldots, A_n$

ita determinare, ut quantitates $N$ omnes pro $x=a$ evanescant neque differentialia ipsarum $N$, variabilis $x$ respectu sumta, pro eodem valore $x=a$ in infinitum abeant. Qua de re designante $\Omega$ variabilium $x_1, x_2, \ldots, x_n$ functionem arbitrariam, termini initialis $A_i$ valor maxime generalis forma gaudebit

$$(16)\quad A_i = \frac{\partial\Omega}{\partial x_i} + P_i'(x-a) + P_i''(x-a)^2 + \text{etc.},$$

ubi pro omnibus Coëfficientibus $P_i'$, $P_i''$, etc. functiones variabilium $x_1, x_2, \ldots, x_n$ sumi possunt prorsus arbitrariae. Illis enim ipsorum $A_i$ valoribus positis, ac designantibus $i$ et $k$ binos quoslibet indicum $1, 2 \ldots, n$, patet fieri pro $x=a$

$$N = \frac{\partial A_i}{\partial x_k} - \frac{\partial A_k}{\partial x_i} = 0,$$

quod poscebatur.

## 26.

Designantibus $i$ et $k$ binos quoslibet indicum $0, 1, 2, \ldots, n$, habentur $\frac{n(n+1)}{2}$ expressiones huiusmodi

$$\frac{\partial M_i}{\partial x_k} - \frac{\partial M_k}{\partial x_i},$$

quas brevitatis causa ponamus

$$(1)\quad (ik) = \frac{\partial M_i}{\partial x_k} - \frac{\partial M_k}{\partial x_i}.$$

Plurimum interest omnimodis perscrutari varias expressionum $(ik)$ proprietates nexumque, qui inter eas intercedit. Qua de re hic quamvis alieno loco agam paucis de numero aequationum finitarum, quas inter quantitates $(ik)$ proponere sufficiat, ut concludi possit omnes evanescere. Quem numerum inveni ipsum $2n-1$ non egredi.

Habetur aequatio identica

$$(2)\quad \frac{\partial(kl)}{\partial x_i} + \frac{\partial(li)}{\partial x_k} + \frac{\partial(ik)}{\partial x_l} = 0.$$

E qua sequitur Lemma, *quoties simul sit*

$$(ik) = 0,\quad (il) = 0,$$

*ipsum* $(kl)$ *variabili* $x_i$ *vacare;* quo Lemmate iam §. pr. usus sum. Huius Lemmatis ope facile sequens probatur Propositio:

„Sint

$$\lambda_i',\ \lambda_i'',\ \ldots,\ \lambda_i^{(i)}$$

variabilium $x$, $x_1$, ..., $x_n$ functiones quaecunque ea sola conditione circumscriptae, ut neque omnes a variabili $x_{i+1}$ vacuae sint nec nisi omnibus $\alpha$, $\alpha'$, ..., $\alpha^{(i)}$ evanescentibus inter eas existat aequatio linearis

$$\alpha+\alpha'\lambda'_i+\alpha''\lambda''_i+\cdots+\alpha^{(i)}\lambda^{(i)}_i = 0,$$

in qua Coëfficientes $\alpha$, $\alpha'$, ..., $\alpha^{(i)}$ variabili $x_{i+1}$ vacant: si habentur inter quantitates $(ik)$ aequationes $2n-1$

$$(01)=0,\quad (12)=0,\quad \ldots,\quad (n-1, n)=0,$$
$$(02)=0,\quad (03)+\lambda'_1(13)=0,\quad (04)+\lambda'_2(14)+\lambda''_2(24)=0,\quad \ldots$$
$$\ldots\quad (0n)+\lambda'_{n-2}(1n)+\lambda''_{n-2}(2n)+\cdots+\lambda^{(n-2)}_{n-2}(n-2, n)=0,$$

cunctae $\frac{n(n+1)}{2}$ quantitates $(ik)$ evanescere debent.“

Etenim secundum Lemma propositum sequitur ex aequationibus

$$(02)=(23)=0,\quad (12)=(23)=0,$$

et $(03)$ et $(13)$ variabili $x_2$ vacare; nullam autem supposui dari aequationem

$$\alpha+\alpha'\lambda'_1 = 0,$$

in qua $\alpha$ et $\alpha'$ variabili $x_2$ vacant, nisi et $\alpha$ et $\alpha'$ evanescant, unde ex aequatione

$$(03)+\lambda'_1(13) = 0$$

sequitur

$$(03) = (13) = 0.$$

Simili modo ex aequationibus

$$(03)=(34)=0,\quad (13)=(34)=0,\quad (23)=(34)=0$$

sequitur secundum Lemma appositum, expressiones

$$(04),\quad (14),\quad (24)$$

variabili $x_3$ vacare. Unde ex una aequatione

$$(04)+\lambda'_2(14)+\lambda''_2(24) = 0$$

sequuntur tres

$$(04)=(14)=(24)=0.$$

Supposuimus enim inter quantitates $\lambda'_2$ et $\lambda''_2$ nullam locum habere aequationem

$$\alpha+\alpha'\lambda'_2+\alpha''\lambda''_2 = 0,$$

in qua omnes $\alpha$, $\alpha'$, $\alpha''$ variabili $x_3$ vacant, nisi $\alpha$, $\alpha'$, $\alpha''$ omnes evanescant. Ac prorsus simili via aliae post alias omnes demonstrantur aequationes propositae $(ik)=0$. Si placet exemplum, addam Corollarii instar Propositionem, *quoties habeantur* $2n-1$ *aequationes*

$$\begin{array}{ll} (01) = 0, & \\ (12) = 0, & (02) = 0, \\ (23) = 0, & (03)+x_3(13) = 0, \\ (34) = 0, & (04)+x_3(14)+x_3^2(24) = 0, \\ \ldots & \ldots \\ (n-1, n) = 0, & (0, n)+x_{n-1}(1, n)+x_{n-1}^2(2, n)+\cdots+x_{n-1}^{n-2}(n-2, n) = 0, \end{array}$$

*cunctas* $(ik)$ *identice evanescere.*

## De transformatione systematis aequationum differentialium vulgarium inter plures variabiles in unam aequationem differentialem inter duas variabiles.

### 27.

Sub finem systema aequationum differentialium vulgarium primi ordinis inter plures variabiles propositarum ad unam aequationem differentialem inter duas variabiles revocemus. Eaedem formulae etiam aequationis differentialis partialis linearis transformationem memorabilem suppeditant, a qua inchoabo.

Designetur rursus ut supra per symbolum $[F]$ expressio

$$[F] = X\frac{\partial F}{\partial x}+X_1\frac{\partial F}{\partial x_1}+\cdots+X_n\frac{\partial F}{\partial x_n}$$

atque ex arbitrio binae eligantur functiones $u$ et $v$, pro quarum altera $v$ non sit identice

$$[v] = X\frac{\partial v}{\partial x}+X_1\frac{\partial v}{\partial x_1}+\cdots+X_n\frac{\partial v}{\partial x_n} = 0.$$

Quibus positis, aliae post alias determinentur expressiones $u'$, $u''$, $u'''$, etc. etc. per formulas

$$(1) \quad [u] = [v].u', \quad [u'] = [v].u'', \quad [u''] = [v].u''', \quad \ldots, \quad \text{etc.}$$

In functionibus $u'$, $u''$, etc. successive formandis pergamus, usque dum perveniatur ad functionem $u^{(m)}$, quam per antecedentes

$$u, \quad u', \quad u'', \quad \ldots, \quad u^{(m-1)}$$

ipsamque $v$ exprimere licet, ita ut identice habeatur

$$(2) \quad u^{(m)} = \Omega(v, u, u', \ldots, u^{(m-1)});$$

inter quantitates autem

$$v, \quad u, \quad u', \quad \ldots, \quad u^{(m-1)}$$

nulla extet aequatio identica.

Sit $f$ quaecunque ipsarum $v$, $u$, $u'$, $\ldots$, $u^{(m-1)}$ functio, erit

$$\frac{\partial f}{\partial x_i} = \left(\frac{\partial f}{\partial v}\right)\frac{\partial v}{\partial x_i} + \left(\frac{\partial f}{\partial u}\right)\frac{\partial u}{\partial x_i} + \left(\frac{\partial f}{\partial u'}\right)\frac{\partial u'}{\partial x_i} + \cdots + \left(\frac{\partial f}{\partial u^{(m-1)}}\right)\frac{\partial u^{(m-1)}}{\partial x_i}.$$

Differentialia partialia functionis $f$ ipsarum $v, u, u', \ldots, u^{(m-1)}$ respectu sumta uncis inclusi, quo distinguantur a differentialibus partialibus ejusdem functionis per variabiles $x, x_1, \ldots, x_n$ exhibitae. Multiplicemus formulam antecedentem per $X_i$ atque indici $i$ tributis valoribus $0, 1, 2, \ldots, n$ additionem instituamus, prodit secundum notationem usurpatam:

$$[f] = [v]\left(\frac{\partial f}{\partial v}\right) + [u]\left(\frac{\partial f}{\partial u}\right) + [u']\left(\frac{\partial f}{\partial u'}\right) + \cdots + [u^{(m-1)}]\left(\frac{\partial f}{\partial u^{(m-1)}}\right).$$

Quae formula propter (1) in hanc abit:

$$(3)\quad \begin{cases} X\dfrac{\partial f}{\partial x} + X_1\dfrac{\partial f}{\partial x_1} + \cdots + X_n\dfrac{\partial f}{\partial x_n} \\ = [v]\left\{\left(\dfrac{\partial f}{\partial v}\right) + u'\left(\dfrac{\partial f}{\partial u}\right) + u''\left(\dfrac{\partial f}{\partial u'}\right) + \cdots + u^{(m)}\left(\dfrac{\partial f}{\partial u^{(m-1)}}\right)\right\}, \end{cases}$$

qua in formula est $u^{(m)}$ secundum (2) data ipsarum $v, u, u', \ldots, u^{(m-1)}$ functio.

Pro ipsa $f$ si sumimus quantitatum $v, u, u', \ldots, u^{(m-1)}$ functionem, quae satisfaciat aequationi differentiali partiali

$$(4)\quad 0 = \left(\frac{\partial f}{\partial v}\right) + u'\left(\frac{\partial f}{\partial u}\right) + u''\left(\frac{\partial f}{\partial u'}\right) + \cdots + u^{(m)}\left(\frac{\partial f}{\partial u^{(m-1)}}\right),$$

eadem functio per variabiles $x, x_1, \ldots, x_n$ exhibita secundum (3) erit solutio aequationis

$$(5)\quad 0 = X\frac{\partial f}{\partial x} + X_1\frac{\partial f}{\partial x_1} + \cdots + X_n\frac{\partial f}{\partial x_n}.$$

Cum $v, u, u', \ldots, u^{(m-1)}$ sint $m+1$ functiones a se independentes $n+1$ variabilium $x, x_1, \ldots, x_n$, eveniet tantum pro functionibus $u$ particularibus, ut inter ipsam $v$ atque functionum $u, u'$, etc. numerum minorem quam $n$ extet aequatio ab omnibus $x, x_1, \ldots, x_n$ vacua. In genere atque pro innumeris functionibus $u$ erit $m = n$, quo casu erunt quantitates a se independentes $v, u, u', \ldots, u^{(n-1)}$ eodem numero atque variabiles $x, x_1, \ldots, x_n$ ideoque quaelibet ipsarum $x, x_1, \ldots, x_n$ functio $f$ pro ipsarum $v, u, u', \ldots, u^{(n-1)}$ functione haberi potest. Eo igitur casu aequatio (3) pro quacunque functione $f$ valet. Unde etiam patet innumeris modis aequationem differentialem propositam (5) transformari in aequationem (4). Quae si placet pro simpliciore haberi potest, quippe in qua Coëfficientes, quibus differentialia partialia multiplicantur, praeter unam omnes sunt unitas ipsaeque variabiles independentes.

Si $m < n$, non quaelibet aequationis (5) solutio erit etiam solutio aequationis (4); neque enim omnes variabilium $x, x_1, \ldots, x_n$ functiones exprimi poterunt per $x, u, u', \ldots, u^{(m-1)}$. Sed docent antecedentia omnes $m$ aequationis (4) solutiones etiam esse solutiones aequationis (5). Illis $m$ solutionibus una cum variabilibus $x, x_1, \ldots, x_{n-m}$ sumtis pro variabilibus independentibus, secundum §. 4 abit (5) in hanc aequationem:

$$0 = X\left(\frac{\partial f}{\partial x}\right) + X_1\left(\frac{\partial f}{\partial x_1}\right) + \cdots + X_{n-m}\left(\frac{\partial f}{\partial x_{n-m}}\right),$$

in qua illae $m$ quantitates pro Constantibus habendae sunt. Cuius aequationis solutiones $n-m$ junctae $m$ solutionibus aequationis (4) suppeditant solutionem aequationis (5) generalem. Quoties igitur habetur functio $u$, pro qua fit $m < n$, aequatio differentialis partialis proposita ad alias similes revocari potest minorem variabilium numerum implicantes.

Si proponitur systema aequationum differentialium vulgarium

$$(6) \quad dx : dx_1 : dx_2 : \ldots : dx_n = X : X_1 : X_2 : \ldots : X_n,$$

fit

$$(7) \quad u' = \frac{du}{dv}, \quad u'' = \frac{d^2u}{dv^2}, \quad u''' = \frac{d^3u}{dv^3}, \quad \ldots, \quad \text{etc.}$$

Unde aequatio identica (2) in hanc abit aequationem differentialem vulgarem $m^{\text{ti}}$ ordinis inter duas variabiles $u$ et $v$:

$$(8) \quad \frac{d^m u}{dv^m} = \Omega\left(v, u, \frac{du}{dv}, \frac{d^2u}{dv^2}, \ldots, \frac{d^{m-1}u}{dv^{m-1}}\right),$$

quam etiam sic exhibere licet:

$$(9) \quad dv : du : du' : \ldots : du^{(m-2)} : du^{(m-1)} = 1 : u' : u'' : \ldots : u^{(m-1)} : \Omega.$$

Aequationum (9) sint Integralia

$$(10) \quad \varphi_1 = \beta_1, \quad \varphi_2 = \beta_2, \quad \ldots, \quad \varphi_m = \beta_m,$$

designantibus $\varphi_1$ etc. ipsarum $v, u, u', \ldots, u^{(m-1)}$ functiones a Constantibus arbitrariis $\beta_1, \beta_2, \ldots, \beta_m$ vacuas. Quae functiones $\varphi_1, \varphi_2, \ldots, \varphi_m$ erunt solutiones a se independentes aequationis differentialis partialis (4) ideoque ex antecedentibus etiam aequationis (5); unde aequationes (10) ipsarum quoque aequationum differentialium vulgarium (6) Integralia sunt. Si $m = n$, quod in genere atque innumeris modis fit, ea ratione habentur cuncta aequationum (6) Integralia sive earum integratio completa; unde innumeris modis, pro variis variabilium $x, x_1, \ldots, x_n$ functionibus $u$ electis, revocatur systema aequationum differentialium (6) ad unicam aequationem differentialem $n^{ti}$ ordinis inter duas variabiles $u$ et $v$. Si vero eiusmodi functio $u$ inventa est, pro qua fit $m < n$, aequatio differentialis inter duas variabiles $u$ et $v$ tantum ad $m^{tum}$ ordinem ascendit, sed eo casu insuper integrandae sunt aequationes differentiales

$$(11) \quad dx : dx_1 : \ldots : dx_{n-m} = X : X_1 : \ldots : X_{n-m},$$

ubi in dextra parte, aequationum (10) beneficio, exprimendae sunt $X$, $X_1$, etc. per

$$x, \quad x_1, \quad \ldots, \quad x_{n-m}, \quad \beta_1, \quad \beta_2, \quad \ldots, \quad \beta_m.$$

Aequationes (11) cum et ipsae per methodum modo traditam ad unam aequationem differentialem $(n-m)^{ti}$ ordinis inter duas variabiles revocari possint, videmus, si $m < n$, redire aequationes propositas (6) in duas aequationes differentiales vulgares inter duas variabiles resp. $m^{ti}$ et $(n-m)^{ti}$ ordinis, alteram post alteram integrandam.

Regiomonti d. 12. Jul. 1841.

# DE INTEGRATIONE AEQUATIONIS DIFFERENTIALIS

$$(A+A'x+A''y)(xdy-ydx)-(B+B'x+B''y)dy+(C+C'x+C''y)dx = 0$$

AUCTORE

C. G. J. JACOBI,
PROF. ORD. MATH. REGIOM.

Crelle Journal für die reine und angewandte Mathematik, Bd. 24. p. 1—4.

# DE INTEGRATIONE AEQUATIONIS DIFFERENTIALIS
## $(A+A'x+A''y)(xdy-ydx)-(B+B'x+B''y)dy+(C+C'x+C''y)dx=0.$

Si Euleri scripta perfectissimis inventis redundant, non minore in pretio habenda sunt quae ipse imperfecta aliorumque curis expolienda reliquit. Quae nobis largam suppeditant materiam, in qua vires exercere possimus. Ita nuper sumsi mihi aequationem differentialem

$$ydx(c+nx)-dy(y+a+bx+nxx)=0,$$

quam ille in Inst. Calc. Int. Vol. I. Sect. II. Cap. I. §. 433 tractavit. Sane etiam exercitatus Analyticus non ita facile huius aequationis integrationem deteget. Demonstravit autem Eulerus, eam per hanc substitutionem

$$u=\frac{y(c+nx)}{y+a+bx+nxx}$$

ad separationem variabilium perduci; quippe eam evadere:

$$\frac{du}{u[na+cc-bc+(b-2c)u+uu]}=\frac{dx}{(c+nx)(a+bx+nxx)}.$$

Quae adhuc postulantur quadraturae, methodis quae in promtu sunt absolvuntur, ipsaque inter $x$ et $u$ ideoque etiam inter $x$ et $y$ aequatio finita prodibit.

Aequatio differentialis Euleriana cum sic etiam repraesentari possit:

$$nx[xdy-ydx]+(y+a+bx)dy-cydx=0,$$

proposui mihi generaliorem, in qua tres expressiones $xdy-ydx$, $dy$, $dx$ multiplicantur per ipsarum $x$ et $y$ functiones lineares quascunque,

$$(A+A'x+A''y)(xdy-ydx)-(B+B'x+B''y)dy+(C+C'x+C''y)dx=0.$$

Cuius integrationem, methodo ab Euleriana toto coelo diversa erutam, sequentibus exponam cum propter formam memorabilem aequationis finitae inter $x$ et $y$ inventae, quae maxime ab aequationis cubicae resolutione pendet, tum propter usum methodi, quem forte in aliis occasionibus facere licet.

Ponamus

$$p=\frac{\alpha'+\beta'x+\gamma'y}{\alpha+\beta x+\gamma y},\quad q=\frac{\alpha''+\beta''x+\gamma''y}{\alpha+\beta x+\gamma y},$$

sitque br. c.

$$a = \beta'\gamma''-\beta''\gamma', \quad a' = \beta''\gamma-\beta\gamma'', \quad a'' = \beta\gamma'-\beta'\gamma,$$
$$b = \gamma'\alpha''-\gamma''\alpha', \quad b' = \gamma''\alpha-\gamma\alpha'', \quad b'' = \gamma\alpha'-\gamma'\alpha,$$
$$c = \alpha'\beta''-\alpha''\beta', \quad c' = \alpha''\beta-\alpha\beta'', \quad c'' = \alpha\beta'-\alpha'\beta.$$

His statutis invenitur differentiando:

$$nndp = +(c''-a''y)dx-(b''-a''x)dy,$$
$$nndq = -(c'-a'y)dx+(b'-a'x)dy,$$

ubi positum est

$$n = \alpha+\beta x+\gamma y.$$

Aequationes antecedentes si hac forma exhibemus:

$$nndp = +a''(xdy-ydx)-b''dy+c''dx,$$
$$nndq = -a'(xdy-ydx)+b'dy-c'dx,$$

patet aequationem aliquam differentialem inter $p$ et $q$,

$$Pdp+Qdq = 0,$$

in hanc transformari:

$$(a''P-a'Q)(xdy-ydx)-(b''P-b'Q)dy+(c''P-c'Q)dx = 0.$$

Si aequationem antecedentem, multiplicatam per $n$, cum aequatione differentiali proposita comparamus, accita quantitate $\lambda$ eruimus

$$n(a''P-a'Q)+\lambda = A+A'x+A''y,$$
$$n(b''P-b'Q)+\lambda x = B+B'x+B''y,$$
$$n(c''P-c'Q)+\lambda y = C+C'x+C''y.$$

Jam observo, posito

$$\varepsilon = \alpha(\beta'\gamma''-\beta''\gamma')+\beta(\gamma'\alpha''-\gamma''\alpha')+\gamma(\alpha'\beta''-\alpha''\beta'),$$

fieri

$$\alpha a'+\beta b'+\gamma c' = 0,$$
$$\alpha a''+\beta b''+\gamma c'' = 0,$$
$$\alpha'a'+\beta'b'+\gamma'c' = \varepsilon,$$
$$\alpha'a''+\beta'b''+\gamma'c'' = 0,$$
$$\alpha''a'+\beta''b'+\gamma''c' = 0,$$
$$\alpha''a''+\beta''b''+\gamma''c'' = \varepsilon.$$

Unde ex aequationibus antecedentibus tres aequationes sequentes eruuntur:

$$(1)\quad \begin{cases} \lambda(\alpha+\beta x+\gamma y) \\ = A\alpha+B\beta+C\gamma+(A'\alpha+B'\beta+C'\gamma)x+(A''\alpha+B''\beta+C''\gamma)y, \end{cases}$$

$$(2)\quad \begin{cases} -\varepsilon nQ+\lambda(\alpha'+\beta'x+\gamma'y) \\ = A\alpha'+B\beta'+C\gamma'+(A'\alpha'+B'\beta'+C'\gamma')x+(A''\alpha'+B''\beta'+C''\gamma')y, \end{cases}$$

$$(3)\quad \begin{cases} \varepsilon nP+\lambda(\alpha''+\beta''x+\gamma''y) \\ = A\alpha''+B\beta''+C\gamma''+(A'\alpha''+B'\beta''+C'\gamma'')x+(A''\alpha''+B''\beta''+C''\gamma'')y. \end{cases}$$

Quae aequationes ut locum habeant, statuamus

$$-\varepsilon Q = (\lambda'-\lambda)p, \quad \varepsilon P = (\lambda''-\lambda)q.$$

Unde aequatio differentialis inter $p$ et $q$ evadit

$$(\lambda''-\lambda)q\,dp-(\lambda'-\lambda)p\,dq = 0;$$

in aequationibus (1), (2), (3) autem expressiones ad laevam fiunt respective

$$\lambda(\alpha+\beta x+\gamma y), \quad \lambda'(\alpha'+\beta' x+\gamma' y), \quad \lambda''(\alpha''+\beta'' x+\gamma'' y).$$

Hinc, singulis terminis inter se comparatis, sequuntur ex aequationibus (1), (2), (3) haec tria aequationum systemata:

$$(1) \quad \begin{cases} 0 = (A-\lambda)\alpha+B\beta+C\gamma, \\ 0 = A'\alpha+(B'-\lambda)\beta+C'\gamma, \\ 0 = A''\alpha+B''\beta+(C''-\lambda)\gamma; \end{cases}$$

$$(2) \quad \begin{cases} 0 = (A-\lambda')\alpha'+B\beta'+C\gamma', \\ 0 = A'\alpha'+(B'-\lambda')\beta'+C'\gamma', \\ 0 = A''\alpha'+B''\beta'+(C''-\lambda')\gamma'; \end{cases}$$

$$(3) \quad \begin{cases} 0 = (A-\lambda'')\alpha''+B\beta''+C\gamma'', \\ 0 = A'\alpha''+(B'-\lambda'')\beta''+C'\gamma'', \\ 0 = A''\alpha''+B''\beta''+(C''-\lambda'')\gamma''. \end{cases}$$

Ex his aequationibus patet, fieri $\lambda$, $\lambda'$, $\lambda''$ tres radices diversas aequationis cubicae

$$\begin{aligned}(A-z)(B'-z)(C''-z)-B''C'(A-z)-CA''(B'-z)-A'B(C''-z)\\ +A'B''C+A''BC' = 0.\end{aligned}$$

Huius aequationis resolutione determinatis tribus quantitatibus $\lambda$, $\lambda'$, $\lambda''$, binae e tribus aequationibus cuiuslibet systematis suppeditant rationes, quae esse debent inter quantitates $\alpha$, $\beta$, $\gamma$, inter quantitates $\alpha'$, $\beta'$, $\gamma'$, inter quantitates $\alpha''$, $\beta''$, $\gamma''$. E ternis autem quantitatibus una erit arbitraria, quia earum tantum rationes determinantur; unde ex. gr. $\alpha$, $\alpha'$, $\alpha''$ ex arbitrio sumere licet. Constantibus $\alpha$, $\beta$, etc. dicta ratione definitis, aequatio differentialis proposita in hanc transformata est:

$$(\lambda''-\lambda)q\,dp-(\lambda'-\lambda)p\,dq = 0,$$

quae integrata suppeditat

$$p^{\lambda''-\lambda}.q^{\lambda-\lambda'} = \text{Constans},$$

sive etiam

$$(\alpha+\beta x+\gamma y)^{\lambda'-\lambda''}(\alpha'+\beta' x+\gamma' y)^{\lambda''-\lambda}(\alpha''+\beta'' x+\gamma'' y)^{\lambda-\lambda'} = \text{Constans}.$$

Unde haec eruta est

### Propositio.

„Proposita aequatione differentiali

$$(A+A'x+A''y)(xdy-ydx)-(B+B'x+B''y)dy+(C+C'x+C''y)dx = 0,$$

resolvatur aequatio cubica

$$\begin{gathered}(A-z)(B'-z)(C''-z)-B''C'(A-z)-CA''(B'-z)-A'B(C''-z)\\ +A'B''C+A''BC' = 0;\end{gathered}$$

cuius radices tres inter se diversae si appellantur $\lambda$, $\lambda'$, $\lambda''$, atque brevitatis causa ponitur

$$\begin{gathered}B'C''-B''C' = D,\quad C'A''-C''A' = D',\quad A'B''-A''B' = D'',\\ B'+C'' = E,\end{gathered}$$

erit aequationis differentialis propositae Integrale completum:

$$\begin{gathered}[D-E\lambda\ +\ \lambda\lambda\ +(D'+A'\lambda\ )x+(D''+A''\lambda\ )y]^{\lambda''-\lambda'}\\ \times[D-E\lambda'+\lambda'\lambda'+(D'+A'\lambda')x+(D''+A''\lambda')\lambda]^{\lambda''-\lambda}\\ \times[D-E\lambda''+\lambda''\lambda''+(D'+A'\lambda'')x+(D''+A''\lambda'')y]^{\lambda-\lambda'}\\ = \text{Const.“}\end{gathered}$$

Regiom. d. 26. Martis 1842.

# DE MOTU PUNCTI SINGULARIS

AUCTORE

C. G. J. JACOBI,
PROF. ORD. MATH. REGIOM.

Crelle Journal für die reine und angewandte Mathematik, Bd. 24. p. 5—27.

# DE MOTU PUNCTI SINGULARIS.

Quo majores in genere difficultates parit integratio aequationum differentialium dynamicarum, eo majore cura ea examinare debemus problemata mechanica, in quibus integrationem ad Quadraturas perducere contigit. Circumspiciendum enim est, an eadem via in aliis quoque aut amplificatis problematis aequationes differentiales ad Quadraturas aut, si hoc assequi non licet, ad inferiorem certe ordinem revocari possint. Qua de re non ingratum fore confido, si plura ejusmodi exempla, quae Quadraturis absolvuntur, hic in conspectum ponam, quae si nova non sunt, certe in tractatibus mechanicis aut omnino non aut non ea qua fieri potest generalitate exhibentur. Quae exempla omnia casum tantum simplicissimum, motum puncti singularis, spectabunt.

## §. 1.

### De extensione quadam principii virium vivarum.

Sint $x$, $y$, $z$ Coordinatae orthogonales puncti, quod in data linea vel superficie curva moveri debet; sint $X$, $Y$, $Z$ vires punctum sollicitantes axibus Coordinatarum parallelae, sit $s$ arcus curvae, in qua punctum movetur, $v$ puncti velocitas ejusque massa $=1$. Quoties fit $Xdx+Ydy+Zdz$ differentiale completum, notum est haberi Integrale

$$(1)\quad \tfrac{1}{2}vv = \int[Xdx+Ydy+Zdz]+\text{Const.}$$

Quod dicitur principium *conservationis* virium vivarum, quia, data puncti positione et velocitate initiali, ad aliam quamcunque positionem determinatam punctum eadem perveniet velocitate, *quaecunque* sit linea vel superficies curva, super qua in transitu ab altera ad alteram positionem moveri debet. Quippe in aequatione (1) nullum ejus lineae aut superficiei vestigium remanet. Quae sane conservatio in machinarum theoria magnas partes agit, sed in aequationibus differentialibus dynamicis integrandis principium illud hanc ob rem in pretio habere solemus, quod suppeditat unum aliquod Integrale. Quoties vero solum Integrale inventum curas, non opus est ut expressio $Xdx+Ydy+Zdz$ *per se* sit differentiale completum, sed eadem valet aequatio (1), si illa expressio fiat differentiale completum advocatis, quae inter Coordinatas $x$, $y$, $z$ locum habent, aequationibus. Qua de re si punctum in data linea movetur ideoque tres ejus Coordinatae per unam quantitatem exprimi possunt, *semper* erit expressio $Xdx+Ydy+Zdz$ differentiale completum, dummodo $X$, $Y$, $Z$ solarum $x$, $y$, $z$ functiones sunt. Si tres Coordinatas per quantitatem aliquam $q$ exprimimus, fit

$$Xdx+Ydy+Zdz = Qdq,$$
$$ds = vdt = \sqrt{dxdx+dydy+dzdz} = Vdq,$$

designantibus $Q$ et $V$ solius $q$ functiones. Unde e (1) relatio inter puncti positionem in data linea ipsumque tempus invenitur formula

$$(2)\quad t+\beta = \int\frac{Vdq}{\sqrt{2\int Qdq+\alpha}},$$

designantibus $\alpha$ et $\beta$ Constantes arbitrarias. Ita prodit pulchra licet elementaris propositio, quae in tractatibus mechanicis deficere videtur.

## Propositio I.

„Punctum, quod in data linea moveri debet, sollicitetur viribus, quae solarum puncti Coordinatarum sunt functiones quaecunque, definitur motus puncti solis Quadraturis."

Observo, si $\tau$ designat vim tangentialem, qua punctum sollicitatur, fieri

$$Qdq = Xdx+Ydy+Zdz = \tau ds.$$

Vires autem curvae normales cum omnes destruantur, supponere licet unicam $\tau$ agere; unde secundum definitiones mechanicas erit $\tau dt$ velocitatis $v$ incrementum per tempus $dt$, sive $\tau dt = dv$. Hinc, cum sit $vdt = ds$, sequitur $\tau ds = vdv$, ideoque

$$\tfrac{1}{2}vv = \int\tau ds = \int Qdq.$$

Quae est formulae (1) demonstratio geometrica. Inventa $v$ eruitur temporis valor ope formulae $t = \int\frac{ds}{v}$.

Casu generaliori, quem antecedentibus tractavi, velocitas vel vis viva in genere non conservatur, hoc est alia fit pro alia linea, in qua fieri debet puncti transitus a positione initiali ad positionem finalem. Sed ad integrationis successum haec conservatio non facit. Ut per formulam (1) velocitas determinari possit ipsa puncti in data linea positione, non opus est, quod illa poscit conservatio, ut vires sollicitantes versus puncta fixa dirigantur vel directionem parallelam et intensitatem constantem habeant.

Ponamus jam non ipsum puncti tramitem datum esse, sed tantum superficiem, in qua moveri cogatur. Sit $f(x, y, z) = 0$ aequatio superficiei; expressioni $Xdx+Ydy+Zdz$ addere licet expressionem evanescentem $\mu\left[\frac{\partial f}{\partial x}dx+\frac{\partial f}{\partial y}dy+\frac{\partial f}{\partial z}dz\right]$, designante $\mu$ factorem arbitrarium. Ut autem expressio

$$\left(X+\mu\frac{\partial f}{\partial x}\right)dx+\left(Y+\mu\frac{\partial f}{\partial y}\right)dy+\left(Z+\mu\frac{\partial f}{\partial z}\right)dz$$

differentiale completum fiat, habeantur necesse est tres aequationes conditionales:

$$\frac{\partial Y}{\partial z}-\frac{\partial Z}{\partial y}+\frac{\partial \mu}{\partial z}\cdot\frac{\partial f}{\partial y}-\frac{\partial \mu}{\partial y}\cdot\frac{\partial f}{\partial z}=0,$$
$$\frac{\partial Z}{\partial x}-\frac{\partial X}{\partial z}+\frac{\partial \mu}{\partial x}\cdot\frac{\partial f}{\partial z}-\frac{\partial \mu}{\partial z}\cdot\frac{\partial f}{\partial x}=0,$$
$$\frac{\partial X}{\partial y}-\frac{\partial Y}{\partial x}+\frac{\partial \mu}{\partial y}\cdot\frac{\partial f}{\partial x}-\frac{\partial \mu}{\partial x}\cdot\frac{\partial f}{\partial y}=0.$$

E quibus aequationibus sequitur multiplicando per $\frac{\partial f}{\partial x}$, $\frac{\partial f}{\partial y}$, $\frac{\partial f}{\partial z}$ et addendo:

$$(3)\quad \frac{\partial f}{\partial x}\left(\frac{\partial Y}{\partial z}-\frac{\partial Z}{\partial y}\right)+\frac{\partial f}{\partial y}\left(\frac{\partial Z}{\partial x}-\frac{\partial X}{\partial z}\right)+\frac{\partial f}{\partial z}\left(\frac{\partial X}{\partial y}-\frac{\partial Y}{\partial x}\right)=0.$$

Unde haec fluit Propositio:

### Propositio II.

„Punctum, quod moveri debet in superficie, cujus aequatio $f(x, y, z)=0$, secundum directiones axium Coordinatarum viribus sollicitetur $X$, $Y$, $Z$, quae solarum puncti Coordinatarum functiones sint; quoties locum habet aequatio

$$\frac{\partial f}{\partial x}\left(\frac{\partial Y}{\partial z}-\frac{\partial Z}{\partial y}\right)+\frac{\partial f}{\partial y}\left(\frac{\partial Z}{\partial x}-\frac{\partial X}{\partial z}\right)+\frac{\partial f}{\partial z}\left(\frac{\partial X}{\partial y}-\frac{\partial Y}{\partial x}\right)=0,$$

obtinebitur Integrale

$$\tfrac{1}{2}vv=\int(Xdx+Ydy+Zdz)+\text{Const.},$$

ubi expressio sub signo $\int$ per solam superficiei aequationem integrabilis fit.“

Aequationem conditionalem (3) non tantum posci, sed etiam sufficere, ut $Xdx+Ydy+Zdz$ per superficiei aequationem differentiale completum existat, sic demonstrari potest.

Adhibeamus aequationum dynamicarum formam ei similem, quam Ill. Hamilton proposuit. Quem ad finem determinetur puncti positio in data superficie duabus quantitatibus $q_1$ et $q_2$ sitque, expressis $x$, $y$, $z$ per $q_1$ et $q_2$,

$$Xdx+Ydy+Zdz = Q_1 dq_1+Q_2 dq_2.$$

Deinde expressa $\frac{1}{2}vv = T$ per quantitates $q_1$ et $q_2$ earumque quotientes differentiales $q_1'$ et $q_2'$, fiat

$$p_1 = \frac{\partial T}{\partial q_1'}, \quad p_2 = \frac{\partial T}{\partial q_2'}.$$

Denique expressa $T$ per quatuor quantitates $q_1$, $q_2$, $p_1$, $p_2$, atque harum respectu facta ipsius $T$ differentiatione partiali, erunt aequationes differentiales, quibus puncti motus determinatur:

$$(4)\quad \begin{cases} \dfrac{dq_1}{dt} = \dfrac{\partial T}{\partial p_1}, & \dfrac{dp_1}{dt} = -\dfrac{\partial T}{\partial q_1}+Q_1, \\[2mm] \dfrac{dq_2}{dt} = \dfrac{\partial T}{\partial p_2}, & \dfrac{dp_2}{dt} = -\dfrac{\partial T}{\partial q_2}+Q_2. \end{cases}$$

Ex aequationibus (4) sequitur

$$\tfrac{1}{2}d.vv = dT = \frac{\partial T}{\partial q_1}dq_1+\frac{\partial T}{\partial q_2}dq_2+\frac{\partial T}{\partial p_1}dp_1+\frac{\partial T}{\partial p_2}dp_2 = Q_1 dq_1+Q_2 dq_2.$$

Cujus aequationis pars dextra ut integrabilis sit, poscitur et sufficit fieri

$$\frac{\partial Q_1}{\partial q_2} = \frac{\partial Q_2}{\partial q_1}.$$

Cum sit

$$Q_1 = X\frac{\partial x}{\partial q_1}+Y\frac{\partial y}{\partial q_1}+Z\frac{\partial z}{\partial q_1}, \quad Q_2 = X\frac{\partial x}{\partial q_2}+Y\frac{\partial y}{\partial q_2}+Z\frac{\partial z}{\partial q_2},$$

aequatio conditionalis antecedens post faciles reductiones in hanc mutatur:

$$(5)\quad \begin{cases} 0 = \left(\dfrac{\partial y}{\partial q_1}\cdot\dfrac{\partial z}{\partial q_2}-\dfrac{\partial z}{\partial q_1}\cdot\dfrac{\partial y}{\partial q_2}\right)\left(\dfrac{\partial Y}{\partial z}-\dfrac{\partial Z}{\partial y}\right) \\[2mm] \quad +\left(\dfrac{\partial z}{\partial q_1}\cdot\dfrac{\partial x}{\partial q_2}-\dfrac{\partial x}{\partial q_1}\cdot\dfrac{\partial z}{\partial q_2}\right)\left(\dfrac{\partial Z}{\partial x}-\dfrac{\partial X}{\partial z}\right) \\[2mm] \quad +\left(\dfrac{\partial x}{\partial q_1}\cdot\dfrac{\partial y}{\partial q_2}-\dfrac{\partial y}{\partial q_1}\cdot\dfrac{\partial x}{\partial q_2}\right)\left(\dfrac{\partial X}{\partial y}-\dfrac{\partial Y}{\partial x}\right). \end{cases}$$

Differentiando aequationem $f = 0$, fit

$$0 = \frac{\partial f}{\partial x}\cdot\frac{\partial x}{\partial q_1}+\frac{\partial f}{\partial y}\cdot\frac{\partial y}{\partial q_1}+\frac{\partial f}{\partial z}\cdot\frac{\partial z}{\partial q_1},$$

$$0 = \frac{\partial f}{\partial x}\cdot\frac{\partial x}{\partial q_2}+\frac{\partial f}{\partial y}\cdot\frac{\partial y}{\partial q_2}+\frac{\partial f}{\partial z}\cdot\frac{\partial z}{\partial q_2};$$

unde sequitur

$$\left(\frac{\partial y}{\partial q_1}\cdot\frac{\partial z}{\partial q_2}-\frac{\partial z}{\partial q_1}\cdot\frac{\partial y}{\partial q_2}\right):\left(\frac{\partial z}{\partial q_1}\cdot\frac{\partial x}{\partial q_2}-\frac{\partial x}{\partial q_1}\cdot\frac{\partial z}{\partial q_2}\right):\left(\frac{\partial x}{\partial q_1}\cdot\frac{\partial y}{\partial q_2}-\frac{\partial y}{\partial q_1}\cdot\frac{\partial x}{\partial q_2}\right)$$
$$=\frac{\partial f}{\partial x}:\frac{\partial f}{\partial y}:\frac{\partial f}{\partial z}.$$

Quibus substitutis in (5) prodit aequatio conditionali (3) supra proposita. Quae igitur si locum habet, fit $\frac{\partial Q_1}{\partial q_2}=\frac{\partial Q_2}{\partial q_1}$, ideoque $Q_1dq_1+Q_2dq_2$ integrabile, unde ex aequatione supra tradita

$$\tfrac{1}{2}d.vv = Q_1dq_1+Q_2dq_2$$

obtinetur integrando aequatio, qua velocitas puncti per quantitates $q_1$ et $q_2$ exprimitur:

$$(6)\quad T=\tfrac{1}{2}vv=\int(Q_1dq_1+Q_2dq_2)+\text{Const.}$$

Quae cum Propositione antecedente quadrat.

Ut principium conservationis virium vivarum locum habeat non advocata superficiei aequatione, fieri debet $Xdx+Ydy+Zdz$ integrabile, quod requirit aequationes *tres*:

$$\frac{\partial Y}{\partial z}-\frac{\partial Z}{\partial y}=0,\quad \frac{\partial Z}{\partial x}-\frac{\partial X}{\partial z}=0,\quad \frac{\partial X}{\partial y}-\frac{\partial Y}{\partial x}=0.$$

Sed ad solum inveniendum Integrale (6) videmus sufficere aequationem *unicam* (3).

## §. 2.

### Formulae novae pro motu puncti super data superficie.

Formulae differentiales dynamicae Hamiltoniarum similes, quas antecedentibus tradidi, sic demonstrari possunt. Ope aequationis superficiei Coordinatas $x$, $y$, $z$ per duas variabiles $q_1$ et $q_2$ exprimendo fit

$$(1)\quad\begin{cases} x'=\dfrac{dx}{dt}=\dfrac{\partial x}{\partial q_1}q_1'+\dfrac{\partial x}{\partial q_2}q_2',\\ y'=\dfrac{dy}{dt}=\dfrac{\partial y}{\partial q_1}q_1'+\dfrac{\partial y}{\partial q_2}q_2',\\ z'=\dfrac{dz}{dt}=\dfrac{\partial z}{\partial q_1}q_1'+\dfrac{\partial z}{\partial q_2}q_2'.\end{cases}$$

Harum formularum ope expressis $x'$, $y'$, $z'$ atque $T=\frac{1}{2}(x'x'+y'y'+z'z')$ per $q_1$, $q_2$, $q_1'$, $q_2'$, differentialia illarum quantitatum partialia, ipsarum $q_1$, $q_2$, $q_1'$, $q_2'$

respectu sumta, uncis includam, ita ut fiat

$$(2)\quad \begin{cases} \left(\frac{\partial x'}{\partial q_1'}\right)=\frac{\partial x}{\partial q_1}, & \left(\frac{\partial x'}{\partial q_2'}\right)=\frac{\partial x}{\partial q_2},\\ \left(\frac{\partial y'}{\partial q_1'}\right)=\frac{\partial y}{\partial q_1}, & \left(\frac{\partial y'}{\partial q_2'}\right)=\frac{\partial y}{\partial q_2},\\ \left(\frac{\partial z'}{\partial q_1'}\right)=\frac{\partial z}{\partial q_1}, & \left(\frac{\partial z'}{\partial q_2'}\right)=\frac{\partial z}{\partial q_2}. \end{cases}$$

Unde

$$(3)\quad \begin{cases} \left(\frac{\partial T}{\partial q_1'}\right)=p_1=x'\frac{\partial x}{\partial q_1}+y'\frac{\partial y}{\partial q_1}+z'\frac{\partial z}{\partial q_1},\\ \left(\frac{\partial T}{\partial q_2'}\right)=p_2=x'\frac{\partial x}{\partial q_2}+y'\frac{\partial y}{\partial q_2}+z'\frac{\partial z}{\partial q_2}. \end{cases}$$

Fit porro e (1)

$$\left(\frac{\partial x'}{\partial q_1}\right)=\frac{\partial^2 x}{\partial q_1\partial q_1}q_1'+\frac{\partial^2 x}{\partial q_1\partial q_2}q_2'=\frac{d\frac{\partial x}{\partial q_1}}{dt},$$

$$\left(\frac{\partial x'}{\partial q_2}\right)=\frac{\partial^2 x}{\partial q_1\partial q_2}q_1'+\frac{\partial^2 x}{\partial q_2\partial q_2}q_2'=\frac{d\frac{\partial x}{\partial q_2}}{dt},$$

unde, similibus formulis ad $y$ et $z$ valentibus, erit

$$(4)\quad \begin{cases} \left(\frac{\partial T}{\partial q_1}\right)=x'\frac{d\frac{\partial x}{\partial q_1}}{dt}+y'\frac{d\frac{\partial y}{\partial q_1}}{dt}+z'\frac{d\frac{\partial z}{\partial q_1}}{dt},\\ \left(\frac{\partial T}{\partial q_2}\right)=x'\frac{d\frac{\partial x}{\partial q_2}}{dt}+y'\frac{d\frac{\partial y}{\partial q_2}}{dt}+z'\frac{d\frac{\partial z}{\partial q_2}}{dt} \end{cases}$$

sive e (3):

$$(5)\quad \begin{cases} \left(\frac{\partial T}{\partial q_1}\right)=\frac{dp_1}{dt}-\frac{\partial x}{dq_1}\cdot\frac{dx'}{dt}-\frac{\partial y}{\partial q_1}\cdot\frac{dy'}{dt}-\frac{\partial z}{\partial q_1}\cdot\frac{dz'}{dt},\\ \left(\frac{\partial T}{\partial q_2}\right)=\frac{dp_2}{dt}-\frac{\partial x}{\partial q_2}\cdot\frac{dx'}{dt}-\frac{\partial y}{\partial q_2}\cdot\frac{dy'}{dt}-\frac{\partial z}{\partial q_2}\cdot\frac{dz'}{dt}. \end{cases}$$

Fit $T$ ipsarum $q_1'$ et $q_2'$ respectu functio homogenea secundi ordinis, unde secundum propositionem notam

$$q_1'\left(\frac{\partial T}{\partial q_1'}\right)+q_2'\left(\frac{\partial T}{\partial q_2'}\right)=p_1q_1'+p_2q_2'=2T,$$

ideoque $T=p_1q_1'+p_2q_2'-T$. Qua formula variata et rejectis terminis se mutuo destruentibus obtinetur,

$$dT = q_1' dp_1 + q_2' dp_2 - \left(\frac{\partial T}{\partial q_1}\right) dq_1 - \left(\frac{\partial T}{\partial q_2}\right) dq_2.$$

Expressa igitur $T$ per quatuor quantitates $q_1$, $q_2$, $p_1$, $p_2$, si in denotandis differentialibus partialibus, ipsarum $q_1$, $q_2$, $p_1$, $p_2$ respectu sumtis, uncos rejicimus, fit

$$(6) \quad \begin{cases} \dfrac{\partial T}{\partial p_1} = q_1' = \dfrac{dq_1}{dt}, & \dfrac{\partial T}{\partial p_2} = q_2' = \dfrac{dq_2}{dt}, \\ \dfrac{\partial T}{\partial q_1} = -\left(\dfrac{\partial T}{\partial q_1}\right), & \dfrac{\partial T}{\partial q_2} = -\left(\dfrac{\partial T}{\partial q_2}\right). \end{cases}$$

Ex his formulis advocando (5) sequitur:

$$(7) \quad \begin{cases} \dfrac{dq_1}{dt} = \dfrac{\partial T}{\partial p_1}, & \dfrac{dp_1}{dt} = -\dfrac{\partial T}{\partial q_1} + \dfrac{\partial x}{\partial q_1}\cdot\dfrac{dx'}{dt} + \dfrac{\partial y}{\partial q_1}\cdot\dfrac{dy'}{dt} + \dfrac{\partial z}{\partial q_1}\cdot\dfrac{dz'}{dt}, \\ \dfrac{dq_2}{dt} = \dfrac{\partial T}{\partial p_2}, & \dfrac{dp_2}{dt} = -\dfrac{\partial T}{\partial q_2} + \dfrac{\partial x}{\partial q_2}\cdot\dfrac{dx'}{dt} + \dfrac{\partial y}{\partial q_2}\cdot\dfrac{dy'}{dt} + \dfrac{\partial z}{\partial q_2}\cdot\dfrac{dz'}{dt}. \end{cases}$$

Aequationes differentiales, quae traduntur pro motu puncti super data superficie, cujus aequatio $f = 0$, sunt sequentes:

$$(8) \quad \frac{dx'}{dt} = X + \lambda\frac{\partial f}{\partial x}, \quad \frac{dy'}{dt} = Y + \lambda\frac{\partial f}{\partial y}, \quad \frac{dz'}{dt} = Z + \lambda\frac{\partial f}{\partial z},$$

designantibus $X$, $Y$, $Z$ vires punctum sollicitantes, axibus Coordinatarum $x$, $y$, $z$ parallelas. Substituendo ipsarum $x$, $y$, $z$ expressiones per $q_1$ et $q_2$ exhibitas, cum identice evanescere debeat $f$, erit differentiando ipsarum $q_1$ et $q_2$ respectu

$$\frac{\partial f}{\partial x}\cdot\frac{\partial x}{\partial q_1} + \frac{\partial f}{\partial y}\cdot\frac{\partial y}{\partial q_1} + \frac{\partial f}{\partial z}\cdot\frac{\partial z}{\partial q_1} = 0,$$

$$\frac{\partial f}{\partial x}\cdot\frac{\partial x}{\partial q_2} + \frac{\partial f}{\partial y}\cdot\frac{\partial y}{\partial q_2} + \frac{\partial f}{\partial z}\cdot\frac{\partial z}{\partial q_2} = 0;$$

unde, si brevitatis causa ponitur

$$X\frac{\partial x}{\partial q_1} + Y\frac{\partial y}{\partial q_1} + Z\frac{\partial z}{\partial q_1} = Q_1,$$

$$X\frac{\partial x}{\partial q_2} + Y\frac{\partial y}{\partial q_2} + Z\frac{\partial z}{\partial q_2} = Q_2,$$

ex aequationibus (8) sequitur

$$\frac{\partial x}{\partial q_1}\cdot\frac{dx'}{dt} + \frac{\partial y}{\partial q_1}\cdot\frac{dy'}{dt} + \frac{\partial z}{\partial q_1}\cdot\frac{dz'}{dt} = Q_1,$$

$$\frac{\partial x}{\partial q_2}\cdot\frac{dx'}{dt} + \frac{\partial y}{\partial q_2}\cdot\frac{dy'}{dt} + \frac{\partial z}{\partial q_2}\cdot\frac{dz'}{dt} = Q_2.$$

Quibus formulis in aequationibus (7) substitutis provenit

$$\frac{dq_1}{dt} = \frac{\partial T}{\partial p_1}, \quad \frac{dp_1}{dt} = -\frac{\partial T}{\partial q_1} + Q_1,$$
$$\frac{dq_2}{dt} = \frac{\partial T}{\partial p_2}, \quad \frac{dp_2}{dt} = -\frac{\partial T}{\partial q_2} + Q_2.$$

Quae sunt novae formulae supra traditae.

## §. 3.

**Determinatio orbitae puncti super data superficie moti si revocata est ad aequationem differentialem primi ordinis inter duas variabiles, ejus integratio solis perficitur Quadraturis.**

Motus puncti in data superficie, si quidem virium sollicitantium expressiones non ipsum tempus explicite involvunt, secundum antecedentia pendet ab integratione trium aequationum differentialium primi ordinis inter quatuor quantitates $q_1$, $q_2$, $p_1$, $p_2$:

$$(1) \quad dq_1 : dq_2 : dp_1 : dp_2 = \frac{\partial T}{\partial p_1} : \frac{\partial T}{\partial p_2} : \left[-\frac{\partial T}{\partial q_1} + Q_1\right] : \left[-\frac{\partial T}{\partial q_2} + Q_2\right].$$

Qua integratione transacta una Quadratura dabit relationem inter positionem puncti et tempus. Etenim illa integratione facta exprimi possunt $q_2$, $p_1$, $p_2$ ideoque etiam quantitas $\frac{\partial T}{\partial p_1}$ per $q_1$; qua substituta expressione fit

$$t = \int \frac{dq_1}{\frac{\partial T}{\partial p_1}}.$$

At quoties vires punctum secundum Coordinatarum directiones sollicitantes $X$, $Y$, $Z$ solarum Coordinatarum functiones sunt, quo casu etiam $Q_1$ et $Q_2$ solarum $q_1$ et $q_2$ functiones erunt, non tantum temporis expressio sola Quadratura invenitur, sed etiam e duobus Integralibus aequationum (1) ultimum secundum regulam generalem semper per solas Quadraturas constabit. In alia enim Commentatione demonstro Propositionem generalem sequentem, quae pro novo principio mechanico haberi potest:

„Proponatur motus systematis punctorum materialium quibuscunque conditionibus subjecti, sintque vires, puncta secundum directiones Coordinatarum sollicitantes, solarum Coordinatarum functiones: si determinatio orbitarum punctorum materialium revocata est ad integrationem unius aequationis differentialis primi ordinis inter duas variabiles, ejus aequationis secundum regulam generalem inveniri potest Multiplicator, qui eam per solas Quadraturas reddat integrabilem."

Hoc loco Propositionem generalem motui puncti singularis super data superficie applicabo et regulam indagandi Multiplicatorem pro casu illo simplici seorsum demonstrabo. Qua demonstratione simul elucebit usus formularum differentialium dynamicarum antecedentibus exhibitarum.

## Propositio.

„Propositis aequationibus tribus differentialibus primi ordinis inter quatuor quantitates $q_1$, $q_2$, $p_1$, $p_2$:

$$dq_1 : dq_2 : dp_1 : dp_2 = \frac{\partial T}{\partial p_1} : \frac{\partial T}{\partial p_2} : \left[-\frac{\partial T}{\partial q_1} + Q_1\right] : \left[-\frac{\partial T}{\partial q_2} + Q_2\right],$$

in quibus $Q_1$ et $Q_2$ sint solarum $q_1$ et $q_2$ functiones, inventa sint duo Integralia duabus Constantibus arbitrariis $\alpha$ et $\beta$ affecta eorumque ope exhibeantur $p_1$, $p_2$, $\frac{\partial T}{\partial p_1}$, $\frac{\partial T}{\partial p_2}$ per quantitates $q_1$, $q_2$ atque Constantes arbitrarias $\alpha$ et $\beta$; quo facto integranda restat aequatio differentialis primi ordinis inter duas quantitates $q_1$ et $q_2$:

$$\frac{\partial T}{\partial p_2} dq_1 - \frac{\partial T}{\partial p_1} dq_2 = 0,$$

qua orbita puncti super data superficie determinatur; cujus aequationis partem laevam dico multiplicatam per factorem

$$\frac{\partial p_1}{\partial \alpha} \cdot \frac{\partial p_2}{\partial \beta} - \frac{\partial p_1}{\partial \beta} \cdot \frac{\partial p_2}{\partial \alpha}$$

differentiale completum sive solis Quadraturis integrabilem evadere."

## Demonstratio.

Functionum, quae duplici modo, et per $q_1$, $q_2$, $\alpha$, $\beta$ et per $q_1$, $q_2$, $p_1$, $p_2$ exhibentur, differentialia partialia, harum respectu quantitatum sumta, sine uncis denotabo, illarum respectu sumta uncis includam. His positis si br. c. vocatur $n$ factor

$$\frac{\partial p_1}{\partial \alpha} \cdot \frac{\partial p_2}{\partial \beta} - \frac{\partial p_2}{\partial \alpha} \cdot \frac{\partial p_1}{\partial \beta} = n,$$

propositum demonstratum est, ubi probata erit aequatio

$$\left(\frac{\partial . n \frac{\partial T}{\partial p_1}}{\partial q_1}\right) + \left(\frac{\partial . n \frac{\partial T}{\partial p_2}}{\partial q_2}\right) = 0.$$

Fit

$$dp_1 = \frac{\partial p_1}{\partial q_1} dq_1 + \frac{\partial p_1}{\partial q_2} dq_2, \qquad dp_2 = \frac{\partial p_2}{\partial q_1} dq_1 + \frac{\partial p_2}{\partial q_2} dq_2.$$

Unde ipsarum $p_1$ et $p_2$ expressiones, per $q_1$, $q_2$ et Constantes arbitrarias $\alpha$ et $\beta$ exhibitas, in aequationibus differentialibus propositis substituendo fit:

$$(2) \quad \begin{cases} -\frac{\partial T}{\partial q_1} + Q_1 = \frac{\partial p_1}{\partial q_1} \cdot \frac{\partial T}{\partial p_1} + \frac{\partial p_1}{\partial q_2} \cdot \frac{\partial T}{\partial p_2}, \\ -\frac{\partial T}{\partial q_2} + Q_2 = \frac{\partial p_2}{\partial q_1} \cdot \frac{\partial T}{\partial p_1} + \frac{\partial p_2}{\partial q_2} \cdot \frac{\partial T}{\partial p_2}. \end{cases}$$

Erit autem secundum notationis modum usurpatum:

$$\left(\frac{\partial T}{\partial q_1}\right) = \frac{\partial T}{\partial q_1} + \frac{\partial T}{\partial p_1} \cdot \frac{\partial p_1}{\partial q_1} + \frac{\partial T}{\partial p_2} \cdot \frac{\partial p_2}{\partial q_1},$$
$$\left(\frac{\partial T}{\partial q_2}\right) = \frac{\partial T}{\partial q_2} + \frac{\partial T}{\partial p_1} \cdot \frac{\partial p_1}{\partial q_2} + \frac{\partial T}{\partial p_2} \cdot \frac{\partial p_2}{\partial q_2}.$$

Hinc invenitur e (2):

$$(3) \quad \begin{cases} \left(\frac{\partial T}{\partial q_1}\right) = Q_1 - \left[\frac{\partial p_1}{\partial q_2} - \frac{\partial p_2}{\partial q_1}\right] \frac{\partial T}{\partial p_2}, \\ \left(\frac{\partial T}{\partial q_2}\right) = Q_2 + \left[\frac{\partial p_1}{\partial q_2} - \frac{\partial p_2}{\partial q_1}\right] \frac{\partial T}{\partial p_1}. \end{cases}$$

Porro fit

$$\left(\frac{\partial T}{\partial \alpha}\right) = \frac{\partial T}{\partial p_1} \cdot \frac{\partial p_1}{\partial \alpha} + \frac{\partial T}{\partial p_2} \cdot \frac{\partial p_2}{\partial \alpha},$$

unde

$$\frac{\partial p_2}{\partial q_1}\left(\frac{\partial T}{\partial \alpha}\right) - \frac{\partial p_2}{\partial \alpha}\left(\frac{\partial T}{\partial q_1}\right) = \frac{\partial p_1}{\partial \alpha} \cdot \frac{\partial p_2}{\partial q_1} \cdot \frac{\partial T}{\partial p_1} + \frac{\partial p_2}{\partial \alpha} \cdot \frac{\partial p_1}{\partial q_2} \cdot \frac{\partial T}{\partial p_2} - \frac{\partial p_2}{\partial \alpha} Q_1.$$

Prorsus eadem methodo vel etiam sola indicum 1 et 2 permutatione obtinetur:

$$\frac{\partial p_1}{\partial q_2}\left(\frac{\partial T}{\partial \alpha}\right) - \frac{\partial p_1}{\partial \alpha}\left(\frac{\partial T}{\partial q_2}\right) = \frac{\partial p_2}{\partial \alpha} \cdot \frac{\partial p_1}{\partial q_2} \cdot \frac{\partial T}{\partial p_2} + \frac{\partial p_1}{\partial \alpha} \cdot \frac{\partial p_2}{\partial q_1} \cdot \frac{\partial T}{\partial p_1} - \frac{\partial p_1}{\partial \alpha} Q_2.$$

Alteram formulam de altero detrahendo obtinemus

$$\frac{\partial p_2}{\partial q_1}\left(\frac{\partial T}{\partial \alpha}\right) - \frac{\partial p_2}{\partial \alpha}\left(\frac{\partial T}{\partial q_1}\right) - \frac{\partial p_1}{\partial q_2}\left(\frac{\partial T}{\partial \alpha}\right) + \frac{\partial p_1}{\partial \alpha}\left(\frac{\partial T}{\partial q_2}\right) = \frac{\partial p_1}{\partial \alpha}Q_2 - \frac{\partial p_2}{\partial \alpha}Q_1.$$

Eadem methodo invenitur

$$\frac{\partial p_2}{\partial q_1}\left(\frac{\partial T}{\partial \beta}\right) - \frac{\partial p_2}{\partial \beta}\left(\frac{\partial T}{\partial q_1}\right) - \frac{\partial p_1}{\partial q_2}\left(\frac{\partial T}{\partial \beta}\right) + \frac{\partial p_1}{\partial \beta}\left(\frac{\partial T}{\partial q_2}\right) = \frac{\partial p_1}{\partial \beta}Q_2 - \frac{\partial p_2}{\partial \beta}Q_1.$$

Supponimus vires sollicitantes $X$, $Y$, $Z$ esse solarum $x$, $y$, $z$ functiones, unde quantitates $Q_1$ et $Q_2$ solis $q_1$ et $q_2$ afficiuntur ideoque cum ab ipsis $p_1$ et $p_2$ tum a Constantibus arbitrariis $\alpha$ et $\beta$ vacuae sunt. Hinc duarum aequationum antecedentium differentiando priorem ipsius $\beta$ respectu, posteriorem ipsius $\alpha$ respectu et detrahendo prorsus evanescit pars dextra in $Q_1$ et $Q_2$ multiplicata. Pars laeva autem evadit reiectis terminis se mutuo destruentibus:

$$\frac{\partial^2 p_2}{\partial \beta \partial q_1}\left(\frac{\partial T}{\partial \alpha}\right) - \frac{\partial p_2}{\partial \alpha}\left(\frac{\partial^2 T}{\partial \beta \partial q_1}\right) - \frac{\partial^2 p_1}{\partial \beta \partial q_2}\left(\frac{\partial T}{\partial \alpha}\right) + \frac{\partial p_1}{\partial \alpha}\left(\frac{\partial^2 T}{\partial \beta \partial q_2}\right)$$

$$- \frac{\partial^2 p_2}{\partial \alpha \partial q_1}\left(\frac{\partial T}{\partial \beta}\right) + \frac{\partial p_2}{\partial \beta}\left(\frac{\partial^2 T}{\partial \alpha \partial q_1}\right) + \frac{\partial^2 p_1}{\partial \alpha \partial q_2}\left(\frac{\partial T}{\partial \beta}\right) - \frac{\partial p_1}{\partial \beta}\left(\frac{\partial^2 T}{\partial \alpha \partial q_2}\right)$$

$$= 0.$$

Quam aequationem sic repraesentare licet:

$$(4) \quad \left(\frac{\partial\left[\frac{\partial p_2}{\partial \beta}\left(\frac{\partial T}{\partial \alpha}\right) - \frac{\partial p_2}{\partial \alpha}\left(\frac{\partial T}{\partial \beta}\right)\right]}{\partial q_1}\right) - \left(\frac{\partial\left[\frac{\partial p_1}{\partial \beta}\left(\frac{\partial T}{\partial \alpha}\right) - \frac{\partial p_1}{\partial \alpha}\left(\frac{\partial T}{\partial \beta}\right)\right]}{\partial q_2}\right) = 0.$$

At ex aequationibus

$$\left(\frac{\partial T}{\partial \alpha}\right) = \frac{\partial T}{\partial p_1}\cdot\frac{\partial p_1}{\partial \alpha} + \frac{\partial T}{\partial p_2}\cdot\frac{\partial p_2}{\partial \alpha}, \quad \left(\frac{\partial T}{\partial \beta}\right) = \frac{\partial T}{\partial p_1}\cdot\frac{\partial p_1}{\partial \beta} + \frac{\partial T}{\partial p_2}\cdot\frac{\partial p_2}{\partial \beta}$$

sequitur substituendo ipsius $n$ valorem supra positum:

$$\frac{\partial p_2}{\partial \beta}\left(\frac{\partial T}{\partial \alpha}\right) - \frac{\partial p_2}{\partial \alpha}\left(\frac{\partial T}{\partial \beta}\right) = n\frac{\partial T}{\partial p_1}, \quad \frac{\partial p_1}{\partial \beta}\left(\frac{\partial T}{\partial \alpha}\right) - \frac{\partial p_1}{\partial \alpha}\left(\frac{\partial T}{\partial \beta}\right) = -n\frac{\partial T}{\partial p_2}.$$

Quibus substitutis aequatio (2) hanc induit formam:

$$\left(\frac{\partial.n\frac{\partial T}{\partial p_1}}{\partial q_1}\right) + \left(\frac{\partial.n\frac{\partial T}{\partial p_2}}{\partial q_2}\right) = 0,$$

quae est formula demonstratu proposita.

Antecedentibus iustam quidem esse Propositionem traditam rite demonstratur, neque vero aperitur fons genuinus, e quo ipsa Propositio hausta est.

Quippe quae emanat e nova theoria Multiplicatoris systemati aequationum differentialium vulgarium simultanearum applicandi, quam in alia Commentatione expono.

## §. 4.

**Motus puncti in superficie revolutione genita, valente principio conservationis areae, revocatur ad alium, qui super curva meridiana fieri debet ideoque definitur solis Quadraturis.**

Motum puncti in superficie data, si duo innotescant Integralia aequationum differentialium dynamicarum, vidimus solis Quadraturis definiri. Quoties autem valet principium mechanicum, quod principium conservationis areae dicitur, usu venit ut jam per unum Integrale ab isto principio suppeditatum problema ad solas Quadraturas revocetur. Fit enim ut motus propositus revocari possit ad alium super curva meridiana, unde cum motus super data curva Quadraturis absolvatur, sicuti §. 1 vidimus, etiam motus propositus Quadraturis definiri poterit. Ut autem valeat principium conservationis areae, superficies, super qua punctum movetur, esse debet revolutione genita, porro vis sollicitans in ipso plano meridiani dirigatur necesse est et a sola puncti positione in meridiano pendeat neque ullo modo ab angulo, quem format planum meridiani cum plano fixo per axem ducto. Vim autem sollicitantem neque a tempore neque a velocitate pendere, in hac Commentatione, nisi contrarium diserte asseritur, vel tacite intelligo. Si igitur $x$ est recta axi parallela e puncto moto demissa ad planum fixum axi perpendiculare, $y$ recta e puncto moto ad axem perpendiculariter ducta, disponere licebit vim sollicitantem in duas alias ipsis $x$ et $y$ parallelas, quarum simul intensitates solarum $x$ et $y$ esse debent functiones. Jam ipsum computum adstruam.

Sint $x$, $v$, $\zeta$ Coordinatae puncti orthogonales, sitque axis Coordinatarum $x$ idem atque axis superficiei revolutione genitae. Discerpatur vis sollicitans in duas, alteram axi parallelam $X$, alteram axi normalem $Y$; sit porro, $\sqrt{vv+\zeta\zeta} = y$, atque

$$(1)\quad f(x,y) = f(x, \sqrt{vv+\zeta\zeta}) = 0$$

aequatio meridiani. Cum vim sollicitantem supponamus in ipso plano meridiani directam esse, ipsa $Y$ disponi potest in duas vires Coordinatis $v$ et $\zeta$ parallelas $\frac{Yv}{y}$, $\frac{Y\zeta}{y}$. Quibus positis, secundum praecepta nota accito factore $\lambda$ habentur aequationes differentiales dynamicae, quae integrandae sunt, sequentes:

$$(2)\quad \begin{cases} \dfrac{d^2x}{dt^2} = X + \lambda\cdot\dfrac{\partial f}{\partial x}, \\ \dfrac{d^2v}{dt^2} = \dfrac{Yv}{y} + \lambda\dfrac{\partial f}{\partial v} = \left(Y + \lambda\dfrac{\partial f}{\partial y}\right)\dfrac{v}{y}, \\ \dfrac{d^2\zeta}{dt^2} = \dfrac{Y\zeta}{y} + \lambda\dfrac{\partial f}{\partial \zeta} = \left(Y + \lambda\dfrac{\partial f}{\partial y}\right)\dfrac{\zeta}{y}. \end{cases}$$

Ex aequationibus (2) sequitur $v\dfrac{d^2\zeta}{dt^2} - \zeta\dfrac{d^2v}{dt^2} = 0$, unde fit integrando

$$(3)\quad v\frac{d\zeta}{dt} - \zeta\frac{dv}{dt} = \alpha,$$

designante $\alpha$ Constantem arbitrariam. Quod est Integrale suppeditatum principio conservationis areae, ad planum Coordinatarum $v$ et $\zeta$ relato.

Advocemus iam aequationem identicam

$$\frac{d^2\sqrt{vv+\zeta\zeta}}{dt^2} = \frac{v\dfrac{d^2v}{dt^2} + \zeta\dfrac{d^2\zeta}{dt^2}}{\sqrt{vv+\zeta\zeta}} + \frac{\left(v\dfrac{d\zeta}{dt} - \zeta\dfrac{dv}{dt}\right)^2}{\sqrt{(vv+\zeta\zeta)^3}}.$$

E qua aequatione substituendo (2) et (3) eruitur

$$\frac{d^2y}{dt^2} = Y + \lambda\frac{\partial f}{\partial y} + \frac{\alpha\alpha}{y^3}.$$

Cum supponamus vim sollicitantem pendere a sola positione puncti in meridiano neque ab angulo, quem format planum meridiani cum plano fixo per axem superficiei ducto, erunt $X$ et $Y$ solarum $x$ et $y$ functiones. Unde aequationes (2) redeunt in has inter quantitates $x$ et $y$, inter quas praeterea locum habet aequatio $f(x, y) = 0$:

$$(4)\quad \frac{d^2x}{dt^2} = X + \lambda\frac{\partial f}{\partial x}, \quad \frac{d^2y}{dt^2} = Y + \frac{\alpha\alpha}{y^3} + \lambda\frac{\partial f}{\partial y}.$$

Hae autem aequationes ipsae sunt aequationes differentiales dynamicae pro motu puncti in curva, cujus aequatio est $f(x, y) = 0$, si quidem vires sollicitantes, Coordinatis $x$ et $y$ parallelae, sunt $X$ et $Y + \dfrac{\alpha\alpha}{y^3}$. Unde Propositio haec habetur:

## Propositio I.

„Punctum, quod in data superficie revolutione genita moveri debet, vi sollicitetur in plano meridiani directa et a sola positione puncti in ipso meridiano pendente: revocari potest motus propositus ad motum puncti in curva meridiana, accedente ad vim sollicitantem alia, quae axi perpendicularis et cubo distantiae puncti ab axe inverse proportionalis est.“

Sequitur e (4)

$$\frac{dx}{dt}d.\frac{dx}{dt}+\frac{dy}{dt}d.\frac{dy}{dt}=Xdx+\left(Y+\frac{\alpha\alpha}{y^3}\right)dy;$$

unde si aequationis meridiani ope exprimimus $x$, $X$, $Y$ per unicam $y$ atque designamus per $w$ velocitatem puncti in meridiano, integrando habetur:

$$\tfrac{1}{2}ww=\int\left[X\frac{dx}{dy}+Y\right]dy-\frac{\alpha\alpha}{2yy};$$

unde, designante $\sigma$ elementum curvae meridianae:

$$(5)\quad t=\int\frac{d\sigma}{w}=\int\frac{\left[\left(\frac{dx}{dy}\right)^2+1\right]^{\frac{1}{2}}dy}{\left\{2\int\left[X\frac{dx}{dy}+Y\right]dy-\frac{\alpha\alpha}{yy}\right\}^{\frac{1}{2}}}.$$

Ponendo $v=y\cos\psi$, $\zeta=y\sin\psi$, fit $vd\zeta-\zeta dv=yyd\psi$, unde e (3) sequitur

$$d\psi=\frac{\alpha dt}{yy}=\frac{\alpha d\sigma}{yyw},$$

quod suppeditat anguli $\psi$ expressionem

$$(6)\quad \psi=\alpha\int\frac{\left[\left(\frac{dx}{dy}\right)^2+1\right]^{\frac{1}{2}}dy}{yy\left[2\int\left(X\frac{dx}{dy}+Y\right)dy-\frac{\alpha\alpha}{yy}\right]^{\frac{1}{2}}}.$$

Motum propositum componi videmus e motu puncti in meridiano et motu rotatorio plani meridiani circa axem superficiei. Data aequatione meridiani per unam $y$ (distantiam puncti ab axe) determinatur Coordinata $x$ ideoque positio puncti in meridiano; deinde solis Quadraturis obtinetur et angulus $\psi$ quem planum meridiani format cum plano fixo, per axem superficiei ducto, et tempus $t$. Si velocitas initialis in plano meridiani dirigitur, fit $\alpha=0$, $\psi=0$, ideoque nullus plane datur plani meridiani motus rotatorius sive, quod idem est, punctum in eodem semper meridiano movetur.

Formulis antecedentibus etiam uti licet, si superficies proprio motu uniformi circa axem rotatur. Quippe vi sollicitanti accedit eo casu vis centrifuga axi normalis, unde ipsi $Y$ addenda est quantitas $c.y$, designante $c$ Constantem, ideoque in ipsorum $t$ et $\psi$ expressionibus quantitati sub radicali quadratico addendus est terminus $\frac{1}{2}cyy$.

Si solidum, in cujus superficie punctum movetur, massa constat homogenea, vi attractiva seu Neutoniana seu alia quacunque praedita, vis, qua punctum sollicitatur, aperte in plano meridiani dirigitur, ejusque et directio in plano illo et intensitas a sola puncti positione in curva meridiana pendet. Idem evenit, si solidum non est homogeneum, sed ejusdem plani meridiani puncta diversa gaudent densitate quacunque, omnia autem plana meridiana eadem ratione constituta sunt, ita ut, designante $y$ distantiam elementi massae ab axe, $x$ distantiam ejus a plano fixo ad axem perpendiculari, densitas elementi solarum $x$ et $y$ functio sit. Qua de re hi casus ad motum antecedentibus consideratum pertinent sive haec habetur Propositio:

## Propositio II.

„Si punctum moveri debet in superficie solidi revolutione geniti, cujus massa vi quadam attractiva praedita et in planis meridianis omnibus secundum eandem densitatis legem distributa est, determinatur motus puncti solis Quadraturis, idque sive solidum ipsum quiescat, sive motu uniformi circa axem rotetur."

Adstruam ipsas formulas pro casu, quo meridianus est ellipsis, massa homogenea atque lex attractionis Neutoniana.

### Motus puncti in superficie solidi sphaeroidici elliptici homogenei vi attractiva Neutoniana praediti.

Sit aequatio meridiani

$$\frac{xx}{bb}+\frac{yy}{aa}=1;$$

constat fieri

$$X=f.x,\quad Y=g.y,$$

designantibus $f$ et $g$ quantitates constantes determinatas per attractiones $bf$, $ag$, quae in polo et in aequatore locum habent. Hinc eruitur

$$\int[Xdx+Ydy]=\tfrac{1}{2}[fxx+gyy]+\text{Const.}=\tfrac{1}{2}hyy+\beta,$$

posito $h=\frac{aag-bbf}{aa}$ et designante $\beta$ Constantem arbitrariam. Porro ponendo

$$\frac{aa-bb}{aa}=ee,$$

fit elementum ellipsis

$$\sqrt{dxdx+dydy}=\frac{\sqrt{aa-eeyy}}{\sqrt{aa-yy}}\,dy.$$

Unde e formulis (5) et (6) obtinemus, designantibus $r$ et $\gamma$ novas Constantes arbitrarias:

$$t+\tau = \int \frac{\sqrt{aa-eeyy}\,dy}{\sqrt{hyy+2\beta-\frac{\alpha\alpha}{yy}}\sqrt{aa-yy}}$$

$$\psi+\gamma = \alpha\int \frac{\sqrt{aa-eeyy}\,dy}{yy\sqrt{aa-yy}\sqrt{hyy+2\beta-\frac{\alpha\alpha}{yy}}},$$

sive, posito $yy=u$:

$$t+\tau = \tfrac{1}{2}\int \frac{\sqrt{aa-eeu}\,du}{\sqrt{(aa-u)(hu^2+2\beta u-\alpha\alpha)}},$$

$$\psi+\gamma = \tfrac{1}{2}\alpha\int \frac{\sqrt{aa-eeu}\,du}{u\sqrt{(aa-u)(hu^2+2\beta u-\alpha\alpha)}},$$

quae sunt integralia elliptica. Si solidum ipsum motu gyratorio uniformi circa ipsius axem gaudet, formulae antecedentes aliam non subeunt mutationem, nisi quod data quantitas constans $h$ alium valorem induat.

Exemplum aliud habetur, si sola in punctum agit gravitas simulque axis superficiei est verticalis. Eo casu ex antecedentibus haec fluit Propositio.

## Propositio III.

„Si punctum grave moveri debet in superficie revolutione circa axem verticalem genita, determinatur motus solis Quadraturis."

Pro eo motu fit $Y=0$, $X=g$, designante $g$ gravitatem, unde e formulis (5) et (6) designantibus $\beta$, $\gamma$, $\tau$ Constantes arbitrarias, obtinetur:

$$(7)\quad t+\tau = \int \frac{d\sigma}{\sqrt{2gx+\beta-\frac{\alpha\alpha}{yy}}}, \qquad \psi+\gamma = \alpha\int \frac{d\sigma}{yy\sqrt{2gx+\beta-\frac{\alpha\alpha}{yy}}},$$

quibus in formulis si ope aequationis curvae meridiani $y$ per $x$ expressa datur, substituendum est $d\sigma = \sqrt{1+\left(\frac{dy}{dx}\right)^2}\,dx$.

### De penduli simplicis oscillationibus conicis.

Ad motum antecedentem pertinet simplicis penduli oscillatio in sphaera sive improprie conica dicta.

Sit enim $l$ longitudo penduli, $\psi$ angulus, quem planum verticale per pendulum ductum cum plano verticali fixo format, erit:

$$y = \sqrt{ll-xx}, \quad d\sigma = \frac{-l\,dx}{\sqrt{ll-xx}},$$

unde evadunt formulae (7):

$$(8)\quad \begin{cases} t+\tau = -l\int\dfrac{dx}{\sqrt{(2gx+\beta)(ll-xx)-\alpha\alpha}} \\ \psi+\gamma = -\alpha l\int\dfrac{dx}{(ll-xx)\sqrt{(2gx+\beta)(ll-xx)-\alpha\alpha}}. \end{cases}$$

Quod cum formulis notis convenit. Videas autem, quanta gaudeant generalitate formulae propositae (5) et (6), e quibus antecedentes (8) deductae sunt, cum per illas formulas et $t$ et $\psi$ solis Quadraturis obtineantur, etiamsi sphaerae substituis superficiem quamcunque revolutione genitam, gravitati autem vim in plano meridiani directam, quae *quocunque modo* a Coordinatis $x$ et $y$ pendet.

## §. 5.

### De motu puncti versus centrum fixum generaliori quadam quam Neutoniana lege attracti.

Constat motum puncti versus centrum fixum attracti revocari posse ad Quadraturas, si attractio est functio quaecunque distantiae. Quod mirum non est, quia eo casu adhuc utrumque valet principium conservationis arearum et virium vivarum. Animadverti nuper aliam attractionis legem et ipsam generaliorem quam Neutonianam, pro qua semper valente principio arearum, quoniam attractio versus centrum fixum dirigitur, alterum principium virium vivarum non locum habet, et nihilo tamen minus motus solis Quadraturis definitur. Qua de re etiam fieri debet, ut aequationes differentiales pro motu planetae circa solem propositae integrari queant absque adjumento principii virium vivarum. Quae integratio cum propter egregiam simplicitatem atque defectum omnis radicis quadraticae adnotatu digna videatur, paucis eam exponam, antequam ad generaliorem motum accedam.

#### Aequationes differentiales pro motu planetae circa solem propositae nova methodo integrantur.

Proponantur aequationes differentiales, quae pro motu planetae circa solem habentur:

$$(1)\quad \frac{d^2x}{dt^2} = \frac{dx'}{dt} = -\frac{k^2x}{r^3},\qquad \frac{d^2y}{dt^2} = \frac{dy'}{dt} = -\frac{k^2y}{r^3},$$

in quibus est $k^2$ intensitas attractionis pro unitate distantiae, atque $\sqrt{xx+yy}$ distantia planetae a sole. E (1) fit:

$$x\frac{d^2y}{dt^2} - y\frac{d^2x}{dt^2} = 0,$$

unde integrando fit:

$$(2) \quad x\frac{dy}{dt}-y\frac{dx}{dt} = rr\frac{d\varphi}{dt} = \alpha,$$

ubi $x = r\cos\varphi$, $y = r\sin\varphi$, et $\alpha$ Constans arbitraria. Dividendo aequationes (1) per (2) sequitur:

$$\frac{dx'}{d\varphi} = -\frac{k^2}{\alpha}\cos\varphi, \quad \frac{dy'}{d\varphi} = -\frac{k^2}{\alpha}\sin\varphi,$$

unde integrando obtinetur, designantibus $\beta$ et $\gamma$ Constantes arbitrarias:

$$(3) \quad x' = \frac{dx}{dt} = -\frac{k^2}{\alpha}\sin\varphi+\beta, \quad y' = \frac{dy}{dt} = \frac{k^2}{\alpha}\cos\varphi+\gamma,$$

sive dividendo rursus per (2):

$$(4) \quad dx = \frac{rr}{\alpha}\left[-\frac{k^2}{\alpha}\sin\varphi+\beta\right]d\varphi, \quad dy = \frac{rr}{\alpha}\left[\frac{k^2}{\alpha}\cos\varphi+\gamma\right]d\varphi.$$

Ex his formulis deducitur

$$xdy-ydx = rrd\varphi = \frac{r^3}{\alpha}\left[\frac{k^2}{\alpha}+\gamma\cos\varphi-\beta\sin\varphi\right]d\varphi,$$

unde

$$(5) \quad r = \frac{\alpha\alpha}{k^2}\cdot\frac{1}{1+\frac{\alpha\gamma}{k^2}\cos\varphi-\frac{\alpha\beta}{k^2}\sin\varphi},$$

quae est sectionis conicae aequatio relata ad Coordinatas polares, quarum initium in foco. Expressa $r$ per $\varphi$, e (2) invenitur tempus per formulam notis methodis integrabilem:

$$(6) \quad t+\tau = \frac{1}{\alpha}\int rrd\varphi,$$

ubi $\tau$ nova Constans arbitraria.

#### Motus puncti versus centrum fixum attracti, si intensitas attractionis exprimitur Coordinatarum functione quacunque homogenea $(-2)^{ti}$ ordinis.

Si methodum antecedentibus usurpatam accurate examinamus, videmus ejus successum eo tantum pendere, quod vis attractiva sit functio Coordinatarum homogenea $(-2)^{ti}$ ordinis. Quod locum habet, si intensitas vis attractivae quadrato distantiae inverse proportionalis est, sicuti Neutoniana, insuper autem ab angulis pendet, quos radius vector format cum rectis quibuscunque in spatio fixis. Et hic motus fieri debet in plano per centrum fixum et directionem velocitatis initialis ducto, unde rursus ponamus licet, tertia Coordinata evanescente,

$x = r\cos\varphi$, $y = r\sin\varphi$; ipsa attractio autem formula exhibetur

$$\frac{\Phi}{rr},$$

designante $\Phi$ solius $\varphi$ functionem, quae pro casu naturae constans fit. Aequationes differentiales integrandae fiunt:

$$(1)\quad \frac{dx'}{dt} = -\Phi\cdot\frac{x}{r^3}, \qquad \frac{dy'}{dt} = -\Phi\cdot\frac{y}{r^3}.$$

Per principium areae habetur

$$(2)\quad rrd\varphi = \alpha dt,$$

designante $\alpha$ Constantem arbitrariam; unde dividendo (1) per (2) obtinetur:

$$\alpha dx' = -\Phi\cos\varphi d\varphi, \quad \alpha dy' = -\Phi\sin\varphi d\varphi.$$

Hinc integrando et designando per $\beta$ et $\gamma$ novas Constantes arbitrarias sequitur:

$$\alpha x' = -\int\Phi\cos\varphi d\varphi+\beta, \quad \alpha y' = -\int\Phi\sin\varphi d\varphi+\gamma,$$

vel e (2):

$$\alpha^2 dx = -rrd\varphi\left[\int\Phi\cos\varphi d\varphi+\beta\right],$$

$$\alpha^2 dy = -rrd\varphi\left[\int\Phi\sin\varphi d\varphi+\gamma\right].$$

Hinc, cum sit $xdy-ydx = rrd\varphi$, sequitur aequatio orbitae ad Coordinatas polares relatae:

$$r = \frac{\alpha^2}{\sin\varphi\int\Phi\cos\varphi d\varphi-\cos\varphi\int\Phi\sin\varphi d\varphi+\beta\sin\varphi-\gamma\cos\varphi}.$$

Hac formula si exprimitur $r$ per $\varphi$, habetur tempus formula

$$t+\tau = \frac{1}{\alpha}\int rrd\varphi,$$

designante $\tau$ Constantem arbitrariam.

## §. 6.

### De motu puncti super data curva et in medio resistente.

Supra demonstratum est motum puncti super data curva semper Quadraturis determinari, siquidem vires punctum sollicitantes neque a tempore neque a velocitate puncti directe pendeant, sed solarum Coordinatarum functiones sint. Quae Propositio ita amplificari potest, *ut motus puncti super data curva definiatur Quadraturis, etiamsi viribus sollicitantibus, quae Coordinatarum puncti func-*

*tiones quaecunque sunt, addatur vis resistentiae medii, functioni lineari quadrati velocitatis aequalis, vel etiam expressa formula exponentiali $a+be^{cvv}$, idque sive medium uniforme sit sive eius densitas quacunque lege varietur.*

Sit enim $\frac{1}{2}a(vv+b)$ resistentia medii, designantibus $a$ et $b$ Constantes, atque sit $\tau$ vis tangentialis a reliquis viribus sollicitantibus oriunda. Cum vires datae curvae normales omnes destruantur nec nisi vires tangentiales remaneant, erit

$$dv = [-\tfrac{1}{2}a(vv+b)+\tau]dt,$$

sive

$$(1)\quad 2vdv+avvds = (2\tau-ab)ds.$$

Unde multiplicando per $e^{as}$ et integrando obtinetur:

$$(2)\quad e^{as}.vv = 2\int e^{as}\tau ds - be^{as}+\alpha,$$

designante $\alpha$ Constantem arbitrariam. Cum data sit curva, super qua punctum movetur, atque vis sollicitans solarum puncti Coordinatarum functio sit, exprimi poterit vis tangentialis $\tau$ per arcum $s$, quo facto formula antecedens tantum Quadraturam poscit. Altera Quadratura ex aequatione $dt = \frac{ds}{v}$ obtinetur relatio inter tempus et arcum:

$$(3)\quad t+\tau = \int\frac{ds}{\sqrt{2e^{-as}.\int e^{as}\tau ds+\alpha e^{-as}-b}},$$

designante $\tau$ Constantem arbitrariam.

Reductio ad Quadraturas succedit, etiamsi in formula legem resistentiae exprimente quantitates $a$ et $b$ non sunt Constantes, sed quaecunque Coordinatarum functiones, quemadmodum inter alia fit, si medii densitas variabilis est. Aequatio (1) enim per notas methodos integratur, designantibus $a$, $b$, $\tau$ quascunque ipsius $s$ functiones.

Sit jam resistentia medii data per formulam

$$a+be^{cvv};$$

erit

$$dv = [-a-be^{cvv}+\tau]dt,$$

ideoque

$$vdv = [-a-be^{cvv}+\tau]ds,$$

sive

$$e^{-cvv}[vdv+(a-\tau)ds]+bds = 0.$$

Ponatur

$$e^{-cvv} = w,$$

sequitur ex aequatione antecedente

$$dw + 2c(\tau - a)w\,ds = 2cb\,ds.$$

Unde, posito

$$(4)\quad 2c\int(\tau - a)ds = S,$$

sequitur

$$e^{S}w = 2c\int be^{S}ds,$$

ideoque

$$(5)\quad w = e^{-cvv} = 2ce^{-S}\int be^{S}ds.$$

Hac formula si determinatur $v$, invenitur $t$ per formulam

$$t = \int\frac{ds}{v}.$$

Cum data sit curva, super qua punctum moveri debet, invenitur $S$ per unicam Quadraturam. In formulis antecedentibus ipsa quidem $c$ esse debet Constans, sed quantitates $a$ et $b$ sive Constantes esse possunt sive Coordinatarum puncti functiones quaecunque. Unde formulae praecedentes etiam ad motum in medio non uniformi valent.

### Motus penduli in medio resistente, si quidem vis resistentiae proportionalis est quadrato velocitatis plus constanti.

Ut habeatur exemplum, consideremus motum penduli in medio resistente. Curva, super qua punctum moveri debet, erit circulus verticalis, vis sollicitans gravitas; ponamus porro medii resistentiam $\frac{1}{2}a(vv+b)$, designantibus $a$ et $b$ Constantes. Sit $l$ longitudo penduli, $\varphi$ angulus penduli cum verticali, $g$ gravitas, erit

$$ds = l\,d\varphi,\quad \tau = -g\sin\varphi = \tfrac{1}{2}g\sqrt{-1}\,[e^{\varphi\sqrt{-1}} - e^{-\varphi\sqrt{-1}}].$$

Hinc fit

$$\int e^{as}\tau\,ds = \tfrac{1}{2}gl\sqrt{-1}\int[e^{(al+\sqrt{-1})\varphi} - e^{(al-\sqrt{-1})\varphi}]d\varphi,$$

unde

$$e^{-as}\int e^{as}\tau\,ds = \tfrac{1}{2}gl\sqrt{-1}\left[\frac{e^{\varphi\sqrt{-1}}}{al+\sqrt{-1}} - \frac{e^{-\varphi\sqrt{-1}}}{al-\sqrt{-1}}\right]$$

$$= \frac{gl}{a^2l^2+1}[\cos\varphi - al\sin\varphi].$$

Quibus in formula (3) substitutis obtinetur:

$$(6)\quad t+\tau = \int \frac{l d\varphi}{\sqrt{\frac{2gl}{a^2l^2+1}(\cos\varphi - al\sin\varphi) + \alpha e^{-al\varphi} - b}},$$

ubi $\alpha$ et $\tau$ sunt Constantes arbitrariae. Quae nota est formula.

Si punctum liberum nulla vi sollicitatur praeter tangentialem, qualis est vis resistentiae medii, motus secundum lineam rectam fit. Sit $f(v)$ vis resistentiae, erit

$$dv = -f(v)dt, \quad \text{ideoque} \quad v dv = -f(v)ds,$$

unde sequitur, designantibus $\alpha$ et $\beta$ Constantes arbitrarias:

$$(7)\quad s = -\int \frac{v dv}{f(v)} + \alpha, \quad t = -\int \frac{dv}{f(v)} + \beta.$$

Si punctum, nulla vi sollicitatum praeter resistentiam medii, in data linea aut superficie moveri debet, eaedem valebunt aequationes (4) inter arcum, velocitatem et tempus. Posteriore casu fit motus in linea superficiei brevissima, prorsus ac si punctum nullis omnino viribus sollicitatur; quippe resistentia nonnisi motus velocitatem mutat.

## §. 7.

### De curva ballistica.

Summus Geometra Johannes Bernoulli *in Actis Lipsiensibus ad a.* 1719 motum puncti gravis in medio uniformi resistente ad Quadraturas revocavit, quoties resistentia *cuicunque velocitatis potestati* proportionalis est.*) Provocatus enim, ut motum pro resistentia quadrato velocitatis proportionali construeret, statim generaliorem quaestionem solvit. Ill. Legendre Ballisticam docuit ad Quadraturas revocari, si resistentia proportionalis est quadrato velocitatis plus Constanti.**) Cum neque haec neque illa quaestio in tractatibus mechanicis inveniatur, paucis examinabo Ballisticam, si resistentia medii est proportionalis cuicunque velocitatis potentiae plus Constanti. Quae suppositio utramque quaestionem illam amplectitur.

Sit resistentia $a + bv^n$, designantibus $a$ et $b$ Constantes, fiunt aequationes dynamicae:

---

*) Ipsa, qua usus est, Analysis legitur in *Actis Lips.* ad a. 1721.

**) Legendre, Dissertation sur la question de Ballistique. Berl. 1782. pag. 59.

$$\frac{d^2x}{dt^2} = \frac{dx'}{dt} = -(a+bv^n)\frac{x'}{v},$$

$$\frac{d^2y}{dt^2} = \frac{dy'}{dt} = -(a+bv^n)\frac{y'}{v} - g.$$

E quibus sequitur

$$(a+bv^n)(x'dy'-y'dx') = gvdx',$$

unde, ponendo $x' = v\cos\eta$, $y' = v\sin\eta$, fit

$$v(a+bv^n)d\eta = gdx' = g[\cos\eta dv - v\sin\eta d\eta],$$

sive

$$g.\cos\eta.v^{-(n+1)}dv - (a+g\sin\eta)v^{-n}d\eta = bd\eta.$$

Ponamus partem laevam aequationis antecedentis per idoneum factorem multiplicatam evadere aequalem differentiali $d.Mv^{-n}$, erit

$$\frac{dM}{M} = \frac{n(a+g\sin\eta)d\eta}{g\cos\eta},$$

unde

$$(1)\quad M = \cos^{-n}\eta.\operatorname{tang}^{\frac{na}{g}}(45^\circ+\tfrac{1}{2}\eta),$$

atque ipse Multiplicator evadit

$$-\frac{nM}{g\cos\eta}.$$

Hinc nanciscimur Integrale

$$(2)\quad Mv^{-n} = -\frac{n}{g}\int\frac{bMd\eta}{\cos\eta}.$$

Quae valet formula, si $b$ est quaecunque ipsius $\eta$ functio; valeret etiam, si insuper $a$ ipsius $\eta$ functio supponitur, dummodo in expressione (1) alterum ipsius $M$ factorem mutas.

Ponatur

$$r = \operatorname{tang}(45^\circ+\tfrac{1}{2}\eta),$$

unde

$$\cos\eta = \frac{2r}{1+rr},\quad \sin\eta = \frac{rr-1}{1+rr},\quad \frac{d\eta}{\cos\eta} = \frac{dr}{r}.$$

Hinc, ponendo

$$\frac{a}{g} = c,$$

eruitur

$$(3)\quad M = 2^{-n}r^{n(c-1)}(1+rr)^n.$$

Unde

$$(4)\quad 2^nMv^{-n} = -\frac{nb}{g}\int r^{n(c-1)}(1+rr)^n\frac{dr}{r},$$

quae formula finita evadit, quoties $n$ est numerus positivus integer. Prae ceteris evadit simplex ipsius $v$ expressio per $r$, si supponitur

$$\frac{a}{g} = c = \frac{n+2}{n};$$

tum enim e formula antecedente fit

$$r^2(1+rr)^n v^{-n} = \frac{-nb}{2g(n+1)}(1+rr)^{n+1}+\alpha,$$

designante $\alpha$ Constantem arbitrariam.

Determinata $v$ per $r$, formulae generales dabunt ipsarum $x$, $y$, $t$ expressiones per eandem quantitatem solarum Quadraturarum ope. Designante enim $W$ resistentiam, habentur aequationes

$$\frac{dx'}{dt} = -\frac{x'}{v}W, \quad \frac{dy'}{dt} = -\frac{y'}{v}W-g,$$

unde

$$W(x'dy'-y'dx') = gvdx',$$

sive

$$(5) \quad vWd\eta = gdx'.$$

Ex his formulis sequitur

$$(6) \quad \begin{cases} dt = -\dfrac{vdx'}{x'W} = -\dfrac{vd\eta}{g\cos\eta} = -\dfrac{vdr}{gr}, \\ dx = x'dt = -\dfrac{v^2 d\eta}{g} = -\dfrac{2vvdr}{g(1+rr)}, \\ dy = y'dt = -\dfrac{v^2\operatorname{tang}\eta d\eta}{g} = -\dfrac{vv(rr-1)dr}{gr(1+rr)}. \end{cases}$$

Substituendo in his formulis generalibus expressionem velocitatis $v$ per $\eta$ vel $r$ et integrando, ipsarum $t$, $x$, $y$ valores prodeunt. Si in formulis (3) et (4) ponitur $a = c = 0$, $n = 2$, formulae vulgo traditae obtinentur.

Reductio ad Quadraturas succedit etiam, si resistentia exprimitur formula $a+b\log v$. Quam ulterius non persequor hypothesin, cum a natura abhorreat et formulis antecedentibus subsummatur scribendo ipsarum $a$ et $b$ loco $a-\frac{b}{n}$ et $\frac{b}{n}$ ac deinde ponendo $n = 0$.

Veteres autores ut approximationes obtinerent, praeeunte Neutono Constantis $b$ loco functiones ipsius $\eta$ ponebant non multum variantes et pro ipsis $v$, $x$, $y$, $t$ faciles Quadraturas suppeditantes. Cujus rei exempla varia in Commentatione Ill. Legendre videas; sed ejusmodi approximationum methodi nimis vagae videntur.

Reg. d. 27. Martis 1842.

# SUR UN NOUVEAU PRINCIPE DE LA MÉCANIQUE ANALYTIQUE

PAR

M. C. G. J. JACOBI.

Comptes rendus de l'Académie des sciences de Paris, t. XV. p. 202—205.

# SUR UN NOUVEAU PRINCIPE DE LA MÉCANIQUE ANALYTIQUE.

On peut faire, à l'égard des différents problèmes relatifs au mouvement d'un système de points matériels, traités jusqu'ici, une remarque importante et curieuse: *Toutes les fois que les forces sont des fonctions des seules coordonnées des mobiles, et que l'on est parvenu à réduire le problème à l'intégration d'une équation différentielle du premier ordre à deux variables, on réussit aussi à réduire celle-ci aux quadratures.* Or je suis parvenu à établir cette remarque en thèse générale, ce qui me paraît fournir un nouveau principe de la mécanique. Ce principe, de même que les autres principes généraux de la mécanique, fait connaître une intégrale, mais avec cette différence, que ceux-ci donnent seulement des intégrales premières des équations différentielles dynamiques, tandis que le nouveau principe conduit à la dernière intégrale. Celui-ci jouit d'une généralité bien supérieure à celle des autres principes, puisqu'il s'applique au cas où les expressions analytiques des forces, ainsi que les équations qui expriment la nature du système, renferment les coordonnées des mobiles d'une manière quelconque. De leur côté, le principe de la conservation des forces vives, celui de la conservation des aires et celui de la conservation du centre de gravité l'emportent, à plusieurs égards, sur le nouveau principe. D'abord ces principes offrent une équation finie entre les coordonnées des mobiles et les composantes mêmes de leurs vitesses, pendant que l'intégrale fournie par le nouveau principe exige encore des quadratures. En second lieu, on suppose, dans l'application de ce même principe, que l'on soit déjà parvenu à découvrir toutes les intégrales, hormis une seule, hypothèse qui ne se réalisera que dans bien peu de problèmes. Mais cette circonstance ne saurait diminuer l'importance du nouveau principe, et c'est ce dont on demeurera convaincu, j'espère, par son application à quelques exemples.

1. Considérons l'orbite que décrit une planète dans son mouvement autour du Soleil. Les équations différentielles à intégrer étant du second ordre, on peut les réduire à la forme d'équations différentielles du premier ordre, en introduisant les différentielles premières prises par rapport au temps pour nouvelles variables. De cette manière, la détermination de l'orbite de la planète dépendra de l'intégration de trois équations différentielles du premier ordre entre quatre variables, dont on trouve deux intégrales par le principe des forces vives et celui des aires; ce qui ramène la question à l'intégration d'une seule équation différentielle entre deux variables et du premier ordre. Or, d'après mon théorème général, cette intégration peut être réduite aux quadratures. Donc, si on veut le ranger parmi les autres principes généraux de la mécanique, il en résultera que ces seuls principes suffisent pour ramener la détermination de l'orbite d'une planète aux quadratures.

2. Considérons le mouvement d'un point attiré, d'après la loi de Newton, vers deux centres fixes. La vitesse initiale étant dirigée dans le plan qui passe par le mobile et les deux centres d'attraction, on aura encore à intégrer trois équations différentielles du premier ordre entre quatre variables. Une intégrale de ces équations étant fournie par le principe des forces vives, Euler en a découvert une seconde, et, par là, il est parvenu à ramener le problème à une équation différentielle du premier ordre entre deux variables. Mais cette équation fut tellement compliquée, que tout autre que cet intrépide géomètre aurait reculé devant l'idée d'en entreprendre l'intégration et de la réduire aux quadratures. Or, d'après mon nouveau principe, cette réduction aurait été obtenue par une règle générale, sans tâtonnement, sans aucun effort d'esprit.

3. Considérons encore le fameux problème du mouvement rotatoire d'un corps solide autour d'un point fixe, le corps n'étant animé par aucune force accélératrice. Dans ce problème, on aura à intégrer cinq équations différentielles du premier ordre entre six variables. Le principe des forces vives en donne une intégrale, celui des aires en fournit trois autres, la cinquième se déduit immédiatement de mon principe. Voilà donc toutes les intégrales de ce problème difficile obtenue par les seuls principes généraux de la mécanique, sans qu'on ait besoin d'écrire une seule formule, ou de faire même le choix des variables.

Ces exemples me paraissent suffire pour faire admettre le nouveau théorème au nombre des principes généraux de la dynamique. J'essaierai à présent d'énoncer la règle même au moyen de laquelle la dernière intégration à effectuer, dans les problèmes de la mécanique, se trouve être réduite aux quadratures, les forces étant toujours des fonctions des seules coordonnées.

Supposons d'abord un système quelconque de points matériels entièrement libres. Soit $f' =$ const. une première intégrale des équations du mouvement, les variables qui entrent dans la fonction $f'$ étant lès coordonnées des mobiles et leurs différentielles premières prises par rapport au temps. Je profite de l'équation

$$f' = \text{const.}$$

pour éliminer l'une quelconque des variables, et je nomme $p'$ la différence partielle de $f'$ prise par rapport à cette variable. Soit $f'' =$ const. une seconde intégrale; au moyen de cette équation j'élimine une seconde variable, et je nomme $p''$ la différence partielle de $f''$ prise par rapport à cette variable. Supposons que l'on connaisse toutes les intégrales du problème hormis une seule, et que, par rapport à chaque intégrale $f =$ const., on cherche la quantité correspondante $p$, c'est-à-dire la différence partielle de $f$, prise par rapport à la variable que l'on élimine au moyen de cette intégrale. Le nombre des variables surpassant d'une unité celui des intégrales, si l'on élimine, au moyen de chaque intégrale, une variable distincte, on parviendra à exprimer toutes les variables par deux d'entre elles. Nommons ces deux variables $x$ et $y$, et soient $x'$ et $y'$ leurs différentielles premières prises par rapport au temps; on exprimera, en $x$ et $y$, les quantités $x'$ et $y'$, ainsi que toutes les quantités $p'$, $p''$, etc. Comme $x'$ et $y'$ sont les différentielles premières de $x$ et de $y$ prises par rapport au temps, on aura l'équation

$$y'dx - x'dy = 0,$$

où $x'$ et $y'$ sont des fonctions connues des deux variables $x$ et $y$. C'est cette équation différentielle, la dernière de toutes, qu'il faut intégrer pour avoir la solution complète du problème. Or je prouve qu'en divisant cette équation par le produit des quantités $p'$, $p''$, etc., son premier membre devient une différentielle exacte, ce qui réduit généralement l'intégration de cette équation aux quadratures.

Lorsque le système des points matériels est quelconque, la simplicité du théorème précédent n'est altérée en aucune manière, pourvu qu'on donne aux équations différentielles dynamiques la forme remarquable sous laquelle elles ont été présentées, pour la première fois, par M. Hamilton, et qui devra être désormais adoptée dans toutes les recherches générales relatives à la mécanique analytique. Il est vrai que les formules de M. Hamilton se rapportent seulement au cas où les composantes des forces sont les différences partielles d'une même fonction des coordonnées; mais il n'a pas été difficile de faire les changements nécessaires pour que ces formules devinssent applicables au cas général où les forces sont des fonctions quelconques des coordonnées.

Lorsque le temps entre explicitement dans les expressions analytiques des forces et dans les équations de conditions du système, le principe du dernier multiplicateur, déduit d'une règle générale, s'applique aussi à cette classe de problèmes dynamiques. Il y a même quelques problèmes particuliers qui, bien qu'on tienne compte de la résistance d'un milieu, donnent lieu à de semblables théorèmes: c'est, par exemple, le cas d'une comète tournant autour du Soleil dans un milieu dont la résistance est proportionnelle à une puissance quelconque de la vitesse de cette comète.

L'analyse qui m'a conduit au nouveau principe général de la mécanique analytique que je viens d'avoir l'honneur de communiquer à cette illustre assemblée, peut être appliquée à un grand nombre de questions du calcul intégral. J'ai réuni ces différentes applications dans un Mémoire étendu que j'espère pouvoir publier dès mon retour à Koenigsberg, et dont je m'empresserai de faire hommage à l'Académie aussitôt qu'il aura été imprimé.

# SUR L'ÉLIMINATION DES NOEUDS DANS LE PROBLÈME DES TROIS CORPS

PAR

C. G. J. JACOBI,
PROF. DES MATH. À L'UNIVERSITÉ DE KOENIGSBERG.

Comptes rendus de l'Académie des sciences de Paris, t. XV. p. 236—255.
Crelle Journal für die reine und angewandte Mathematik, Bd. 26. p. 115—131.
Astronomische Nachrichten, Bd. XX. p. 81—98, 99—102.

# SUR L'ÉLIMINATION DES NOEUDS DANS LE PROBLÈME DES TROIS CORPS.

Les illustres géomètres du siècle passé, en traitant le problème des trois corps, ont cherché le mouvement de deux d'entre eux autour du troisième ou autour du centre de gravité de tous les trois. Mais, en réduisant de cette manière le problème de trois corps qui s'attirent mutuellement à un problème de deux corps qui se meuvent autour d'un point fixe, on fait perdre aux équations différentielles du problème cette forme précieuse dont elles jouissent dans leur état primitif, savoir, que les secondes différentielles des coordonnées soient égalées aux dérivées d'une même fonction. C'est par cette raison que les principes de la conservation des forces vives et des aires cessent d'avoir lieu par rapport aux deux corps. On pourra cependant éviter cet inconvénient en agissant de la manière suivante:

Supposons, pour plus de généralité, que le système se compose de $n$ corps, du soleil et de $n-1$ planètes. Comme il est permis de supposer que son centre de gravité reste en repos, on aura une équation linéaire entre chacun des trois systèmes de coordonnées du même nom. Donc les $n$ coordonnées parallèles à un même axe pourront être exprimées linéairement par $n-1$ autres quantités, en établissant $n-1$ équations de condition entre les $n(n-1)$ constantes qui entrent dans ces $n$ expressions linéaires. Comme on peut disposer encore d'un nombre $(n-1)^2$ de constantes, on les déterminera de manière que, dans l'expression de la force vive du système, s'évanouissent les $\frac{1}{2}(n-1)(n-2)$ produits des différentielles premières des nouvelles variables. En se servant de formules parfaitement semblables pour chaque système de coordonnées du même nom, et en considérant les nouvelles variables comme les coordonnées de $n-1$ autres corps, *on aura réduit de cette manière la force vive du système des $n$ corps proposés à celle d'un système de $n-1$ corps*, des masses convenables étant attribuées à ces derniers. Il y aura même dans les formules de réduction un nombre $\frac{1}{2}n(n-1)$ de constantes arbitraires et dont on pourra profiter de différentes manières.

D'après ce qu'on vient de dire, le principe de la conservation des forces vives donnera une équation dans laquelle la somme des forces vives des $n-1$ corps fictifs sera égalée à une fonction de leurs coordonnées. En se servant des règles générales de Lagrange, on en déduira, par de simples différentiations partielles, les équations différentielles du problème réduit, et l'on reconnaîtra aisément que la conservation des aires a lieu dans le mouvement des $n-1$ corps par lesquels on a remplacé le système proposé. Ces $n-1$ corps ne s'écartent d'ailleurs des $n-1$ planètes que de petites quantités de l'ordre des forces perturbatrices, de manière que la première approximation peut être la même pour les uns et pour les autres. Le changement que, dans cette analyse, doit subir l'expression de la force perturbatrice n'augmente pas la difficulté de son développement.

En appliquant la méthode que je viens d'exposer au problème des trois corps, on réduit celui-ci à la recherche d'un problème du mouvement de deux corps qui jouit de propriétés remarquables. En effet, les trois équations fournies par la conservation des aires font voir:

1°. Que l'intersection commune des plans des orbites des deux corps reste constamment dans un plan fixe: c'est le plan invariable du système;

2°. Que les inclinaisons des plans des deux orbites à ce plan fixe sont déterminées rigoureusement par les paramètres de ces orbites regardées comme des ellipses variables.

Choisissons pour variables du problème les inclinaisons des deux orbites au plan invariable, les deux rayons vecteurs, les angles qu'ils forment avec l'intersection commune des plans des deux orbites, située dans le plan invariable, enfin l'angle que forme cette intersection avec une droite fixe de ce plan. On trouvera *que ce dernier angle disparaît entièrement du système des équations différentielles et se détermine après leur intégration par une quadrature.* Donc, dans cette nouvelle forme des équations différentielles n'entre aucune trace des noeuds. Les six équations différentielles du second ordre, qui expriment le mouvement relatif des trois corps, s'y trouvent réduites à cinq équations du premier ordre et une seule du second. Par suite, l'on a abaissé l'ordre du système des équations différentielles du problème des trois corps. Les intégrales connues n'étant qu'au nombre de quatre, on pourra donc dire que l'on a effectué un nouvel abaissement de l'ordre des équations différentielles du problème des trois corps. Une réduction semblable s'applique à un nombre quelconque de corps.

## Analyse.

1. Soient $m$ la masse du soleil, $m_1$ et $m_2$ celles des deux planètes; soient $\xi$, $v$, $\zeta$; $\xi_1$, $v_1$, $\zeta_1$; $\xi_2$, $v_2$, $\zeta_2$ les coordonnées rectangulaires des trois corps $m$, $m_1$, $m_2$ rapportées à leur centre de gravité. Comme on a les trois équations

$$(1)\quad \begin{cases} m\xi+m_1\xi_1+m_2\xi_2 = 0, \\ mv+m_1v_1+m_2v_2 = 0, \\ m\zeta+m_1\zeta_1+m_2\zeta_2 = 0, \end{cases}$$

il sera permis de faire

$$(2)\quad \begin{cases} \xi = \alpha\, x+\beta\, x_1, & v = \alpha\, y+\beta\, y_1, & \zeta = \alpha\, z+\beta\, z_1, \\ \xi_1 = \alpha_1 x+\beta_1 x_1, & v_1 = \alpha_1 y+\beta_1 y_1, & \zeta_1 = \alpha_1 z+\beta_1 z_1, \\ \xi_2 = \alpha_2 x+\beta_2 x_1, & v_2 = \alpha_2 y+\beta_2 y_1, & \zeta_2 = \alpha_2 z+\beta_2 z_1, \end{cases}$$

les six constantes $\alpha$, $\beta$, etc. étant choisies de manière à satisfaire aux deux conditions

$$(3)\quad \begin{cases} m\alpha+m_1\alpha_1+m_2\alpha_2 = 0, \\ m\beta+m_1\beta_1+m_2\beta_2 = 0. \end{cases}$$

Supposons de plus que, par les substitutions (2), la somme des forces vives du système $2T$ se change en cette expression

$$(4)\quad \begin{cases} 2T = \mu\left[\left(\frac{dx}{dt}\right)^2+\left(\frac{dy}{dt}\right)^2+\left(\frac{dz}{dt}\right)^2\right] \\ \qquad +\mu_1\left[\left(\frac{dx_1}{dt}\right)^2+\left(\frac{dy_1}{dt}\right)^2+\left(\frac{dz_1}{dt}\right)^2\right], \end{cases}$$

on aura les trois équations

$$(5)\quad \begin{cases} \mu = m\alpha\alpha+m_1\alpha_1\alpha_1+m_2\alpha_2\alpha_2, \\ \mu_1 = m\beta\beta+m_1\beta_1\beta_1+m_2\beta_2\beta_2, \\ 0 = m\alpha\beta+m_1\alpha_1\beta_1+m_2\alpha_2\beta_2. \end{cases}$$

J'observe qu'en vertu des formules (3) on peut faire

$$(6)\quad \alpha_1\beta_2-\alpha_2\beta_1 = \varepsilon.m, \quad \alpha_2\beta-\alpha\beta_2 = \varepsilon.m_1, \quad \alpha\beta_1-\alpha_1\beta = \varepsilon.m_2,$$

$\varepsilon$ étant un facteur indéterminé. Des formules (5) et (6) on tire aussi celle-ci:

$$(7)\quad \mu\mu_1 = mm_1m_2(m+m_1+m_2)\varepsilon\varepsilon.$$

Si l'on fait

$$(8)\quad xx+yy+zz = rr, \quad x_1x_1+y_1y_1+z_1z_1 = r_1r_1, \quad xx_1+yy_1+zz_1 = rr_1\cos V,$$

on aura

$$(9)\quad\begin{cases}\varrho\varrho\;=(\xi_1-\xi_2)^2+(v_1-v_2)^2+(\zeta_1-\zeta_2)^2\\ \quad\;=\gamma^2rr+2\gamma\,\delta\,rr_1\cos V+\delta^2r_1r_1,\\ \varrho_1\varrho_1=(\xi_2-\xi)^2+(v_2-v)^2+(\zeta_2-\zeta)^2\\ \quad\;=\gamma_1^2rr+2\gamma_1\delta_1rr_1\cos V+\delta_1^2r_1r_1,\\ \varrho_2\varrho_2=(\xi-\xi_1)^2+(v-v_1)^2+(\zeta-\zeta_1)^2\\ \quad\;=\gamma_2^2rr+2\gamma_2\delta_2rr_1\cos V+\delta_2^2r_1r_1,\end{cases}$$

où l'on a mis, pour plus de simplicité,

$$(10)\quad\begin{cases}\gamma\;=\alpha_1-\alpha_2, & \delta\;=\beta_1-\beta_2,\\ \gamma_1=\alpha_2-\alpha, & \delta_1=\beta_2-\beta,\\ \gamma_2=\alpha\;-\alpha_1, & \delta_2=\beta\;-\beta_1,\end{cases}$$

ce qui donne

$$(11)\quad \gamma+\gamma_1+\gamma_2=0,\quad \delta+\delta_1+\delta_2=0.$$

Si l'on met

$$U=\frac{mm_1}{\varrho_2}+\frac{mm_2}{\varrho_1}+\frac{m_1m_2}{\varrho}=\Sigma\frac{m_1m_2}{\varrho},$$

le principe des forces vives fournit l'équation

$$(12)\quad T=U-h=\Sigma\frac{m_1m_2}{\varrho}-h,$$

$h$ étant une constante arbitraire. Or, si dans cette équation l'on substitue les valeurs des quantités $T$, $\varrho$, $\varrho_1$, $\varrho_2$ tirées des formules (4) et (9), on aura tout de suite, par les règles générales données par Lagrange dans sa *Mécanique analytique:*

$$(13)\quad\begin{cases}\mu\dfrac{d^2x}{dt^2}=-\Sigma\dfrac{m_1m_2\gamma(\gamma x+\delta x_1)}{\varrho^3}=\dfrac{\partial U}{\partial x},\\[2mm] \mu\dfrac{d^2y}{dt^2}=-\Sigma\dfrac{m_1m_2\gamma(\gamma y+\delta y_1)}{\varrho^3}=\dfrac{\partial U}{\partial y},\\[2mm] \mu\dfrac{d^2z}{dt^2}=-\Sigma\dfrac{m_1m_2\gamma(\gamma z+\delta z_1)}{\varrho^3}=\dfrac{\partial U}{\partial z},\\[2mm] \mu_1\dfrac{d^2x_1}{dt^2}=-\Sigma\dfrac{m_1m_2\delta(\gamma x+\delta x_1)}{\varrho^3}=\dfrac{\partial U}{\partial x_1},\\[2mm] \mu_1\dfrac{d^2y_1}{dt^2}=-\Sigma\dfrac{m_1m_2\delta(\gamma y+\delta y\;)}{\varrho^3}=\dfrac{\partial U}{\partial y_1},\\[2mm] \mu_1\dfrac{d^2z_1}{dt^2}=-\Sigma\dfrac{m_1m_2\delta(\gamma z+\delta z_1)}{\varrho^3}=\dfrac{\partial U}{\partial z_1}.\end{cases}$$

On tire de ces formules les suivantes:

$$(14)\quad \begin{cases} \mu\left(y\dfrac{d^2z}{dt^2}-z\dfrac{d^2y}{dt^2}\right) = -\mu_1\left(y_1\dfrac{d^2z_1}{dt^2}-z_1\dfrac{d^2y_1}{dt^2}\right) \\ \qquad = -(yz_1-zy_1)\Sigma\dfrac{m_1m_2\gamma\delta}{\varrho^3}, \\ \mu\left(z\dfrac{d^2x}{dt^2}-x\dfrac{d^2z}{dt^2}\right) = -\mu_1\left(z_1\dfrac{d^2x_1}{dt^2}-x_1\dfrac{d^2z_1}{dt^2}\right) \\ \qquad = -(zx_1-xz_1)\Sigma\dfrac{m_1m_2\gamma\delta}{\varrho^3}, \\ \mu\left(x\dfrac{d^2y}{dt^2}-y\dfrac{d^2x}{dt^2}\right) = -\mu_1\left(x_1\dfrac{d^2y_1}{dt^2}-y_1\dfrac{d^2x_1}{dt^2}\right) \\ \qquad = -(xy_1-yx_1)\Sigma\dfrac{m_1m_2\gamma\delta}{\varrho^3}. \end{cases}$$

Ces équations donnent les intégrales

$$(15)\quad \begin{cases} \mu\left(y\dfrac{dz}{dt}-z\dfrac{dy}{dt}\right)+\mu_1\left(y_1\dfrac{dz_1}{dt}-z_1\dfrac{dy_1}{dt}\right) = c, \\ \mu\left(z\dfrac{dx}{dt}-x\dfrac{dz}{dt}\right)+\mu_1\left(z_1\dfrac{dx_1}{dt}-x_1\dfrac{dz_1}{dt}\right) = c_1, \\ \mu\left(x\dfrac{dy}{dt}-y\dfrac{dx}{dt}\right)+\mu_1\left(x_1\dfrac{dy_1}{dt}-y_1\dfrac{dx_1}{dt}\right) = c_2, \end{cases}$$

$c$, $c_1$, $c_2$ étant des constantes arbitraires. Je remarque à cette occasion les formules

$$(16)\quad \begin{cases} \mu\left(y_1\dfrac{d^2z}{dt^2}-z_1\dfrac{d^2y}{dt^2}\right) = +(yz_1-zy_1)\Sigma\dfrac{m_1m_2\gamma\gamma}{\varrho^3}, \\ \mu_1\left(y\dfrac{d^2z_1}{dt^2}-z\dfrac{d^2y_1}{dt}\right) = -(yz_1-zy_1)\Sigma\dfrac{m_1m_2\delta\delta}{\varrho^3}, \end{cases}$$

d'où l'on tire

$$(17)\quad \begin{cases} \mu\mu_1\dfrac{d\left(y_1\dfrac{dz}{dt}-z\dfrac{dy_1}{dt}+y\dfrac{dz_1}{dt}-z_1\dfrac{dy}{dt}\right)}{dt} \\ \qquad = (yz_1-zy_1)\Sigma\dfrac{m_1m_2(\mu_1\gamma\gamma-\mu\delta\delta)}{\varrho^3}. \end{cases}$$

On déduit de cette formule et des formules (14) les deux suivantes:

$$\mu\mu_1\frac{d\left\{(y+y_1)\dfrac{d(z+z_1)}{dt}-(z+z_1)\dfrac{d(y+y_1)}{dt}\right\}}{dt}$$
$$= (yz_1-zy_1)\Sigma\frac{m_1m_2(\gamma-\delta)(\mu_1\gamma+\mu\delta)}{\varrho^3},$$

$$\frac{d\left\{(\mu y+\mu_1 y_1)\frac{d(\mu z+\mu_1 z_1)}{dt}-(\mu z+\mu_1 z_1)\frac{d(\mu y+\mu_1 y_1)}{dt}\right\}}{dt}$$
$$=(yz_1-zy_1)\Sigma\frac{m_1 m_2(\gamma+\delta)(\mu_1\gamma-\mu\delta)}{\varrho^3}.$$

On a deux autres systèmes de formules semblables par rapport aux coordonnées $z$ et $x$ et aux coordonnées $x$ et $y$.

D'après une propriété connue des fonctions homogènes, il suit des formules (13)

$$(18)\quad \left\{\begin{aligned}&\mu\left(x\frac{d^2x}{dt^2}+y\frac{d^2y}{dt^2}+z\frac{d^2z}{dt^2}\right)\\ &+\mu_1\left(x_1\frac{d^2x_1}{dt^2}+y_1\frac{d^2y_1}{dt^2}+z_1\frac{d^2z_1}{dt^2}\right)\end{aligned}\right\}=-U.$$

Donc, en faisant usage des formules (4) et (12), on obtient la suivante:

$$(19)\qquad \frac{d^2(\mu rr+\mu_1 r_1 r_1)}{dt^2}=2(U-2h).$$

Les six équations (13) pourront servir à déterminer les six quantités $x$, $y$, etc. en fonction du temps. Mais on pourra aussi choisir pour cet effet six autres équations indépendantes entre elles et qui se déduisent des équations (13) par des combinaisons différentes, par exemple, les quatre équations (12) et (15), une des équations (14) et l'équation (19). En effet, on reviendra sans peine de ces dernières aux équations (13).

On déterminera $\alpha$, $\beta$, etc. par les quantités $\gamma$, $\delta$, etc. au moyen des formules

$$(20)\quad \left\{\begin{aligned}&M\alpha\ =m_1\gamma_2-m_2\gamma_1, &&M\beta\ =m_1\delta_2-m_2\delta_1,\\ &M\alpha_1=m_2\gamma\ -m\ \gamma_2, &&M\beta_1=m_2\delta\ -m\ \delta_2,\\ &M\alpha_2=m\ \gamma_1-m_1\gamma, &&M\beta_2=m\ \delta_1-m_1\delta,\end{aligned}\right.$$

où $M=m+m_1+m_2$. Ces formules étant substituées dans (5), on aura

$$(21)\quad \left\{\begin{aligned}M\mu\ &=m_1 m_2\gamma\gamma+m_2 m\gamma_1\gamma_1+m m_1\gamma_2\gamma_2,\\ M\mu_1&=m_1 m_2\delta\delta+m_2 m\delta_1\delta_1+m m_1\delta_2\delta_2,\\ 0&=m_1 m_2\gamma\delta+m_2 m\gamma_1\delta_1+m m_1\gamma_2\delta_2,\end{aligned}\right.$$

formules analogues aux équations (5).

2. Je veux discuter à présent la grandeur des différentes constantes qui entrent dans les formules précédentes. Ces constantes n'étant pas entièrement déterminées, il s'agira de faire telles suppositions sur leur grandeur respective

qui pourront subsister avec les équations de condition établies entre ces constantes et qui permettront en même temps de faire usage des méthodes d'approximation connues.

Les équations de condition que l'on a établies entre les constantes $\alpha$, $\beta$, etc., sont les suivantes:

$$(1)\quad \begin{cases} m\alpha + m_1\alpha_1 + m_2\alpha_2 = 0, \\ m\beta + m_1\beta_1 + m_2\beta_2 = 0, \\ m\alpha\beta + m_1\alpha_1\beta_1 + m_2\alpha_2\beta_2 = 0; \end{cases}$$

celles que l'on a entre les six constantes $\gamma$, $\delta$, etc., seront

$$(2)\quad \begin{cases} \gamma+\gamma_1+\gamma_2 = 0, \\ \delta+\delta_1+\delta_2 = 0, \\ m_1 m_2\gamma\delta + m_2 m\gamma_1\delta_1 + m m_1\gamma_2\delta_2 = 0. \end{cases}$$

Les masses des planètes étant très-petites par rapport au soleil, les fractions $\frac{m_1}{m}$, $\frac{m_2}{m}$ seront des quantités très-petites du premier ordre. Cela posé, les équations (1) font voir qu'il est permis de supposer $\alpha_1$ et $\beta_2$ très-proches de l'unité, pendant que les constantes $\alpha$, $\alpha_2$, $\beta$, $\beta_1$ seront des quantités du premier ordre. En effet, si l'on fait

$$(3)\quad \alpha_2 = \frac{m_1\eta'}{m}, \quad \beta_1 = \frac{m_2\eta}{m},$$

on tirera des équations (1) les formules approchées

$$(4)\quad \begin{cases} \alpha = -\frac{m_1}{m}, \quad \alpha_1 = 1, \quad 1+\eta+\eta' = 0; \\ \beta = -\frac{m_2}{m}, \quad \beta_2 = 1, \end{cases}$$

d'où l'on tire les valeurs approchées correspondantes des quantités $\gamma$, $\delta$, etc.

$$(5)\quad \begin{cases} \gamma = \ \ 1, \quad \gamma_1 = -\frac{m_1}{m}\eta, \quad \gamma_2 = -1, \\ \delta = -1, \quad \delta_1 = 1, \quad \delta_2 = \frac{m_2}{m}\eta'. \end{cases}$$

Enfin les quantités $\mu$ et $\mu_1$ s'écarteront peu des masses $m_1$ et $m_2$. Tous les écarts de ces valeurs approchées avec les véritables valeurs pourront être supposés de l'ordre des forces perturbatrices.

Il suit des considérations précédentes, que les quantités $x$, $y$, $z$ ne s'écarteront de $\xi_1$, $v_1$, $\zeta_1$, et que les quantités $x_1$, $y_1$, $z_1$ ne s'écarteront de $\xi_2$, $v_2$, $\zeta_2$

que de quantités de l'ordre des forces perturbatrices. Donc, si l'on imagine deux corps dont les coordonnées respectives sont $x$, $y$, $z$, et $x_1$, $y_1$, $z_1$, leur mouvement autour du centre de gravité du système des trois corps pourra, en première approximation, être regardé comme elliptique. La même chose aura lieu si le mouvement est rapporté à tout autre point qui ne s'écarte de ce centre que de quantités de l'ordre des forces perturbatrices. En négligeant ces quantités, on déduit des formules (3) et (13) du n° 1 les équations différentielles qui servent à la première approximation, et que l'on intégrera par les formules elliptiques connues:

$$(6)\quad \left\{\begin{array}{ll} \dfrac{d^2x}{dt^2} = \dfrac{mm_1}{\gamma_2\mu}\cdot\dfrac{x}{r^3}, & \dfrac{d^2x_1}{dt^2} = -\dfrac{mm_2}{\delta_1\mu_1}\cdot\dfrac{x_1}{r_1^3}, \\ \dfrac{d^2y}{dt^2} = \dfrac{mm_1}{\gamma_2\mu}\cdot\dfrac{y}{r^3}, & \dfrac{d^2y_1}{dt^2} = -\dfrac{mm_2}{\delta_1\mu_1}\cdot\dfrac{y_1}{r_1^3}, \\ \dfrac{d^2z}{dt^2} = \dfrac{mm_1}{\gamma_2\mu}\cdot\dfrac{z}{r^3}, & \dfrac{d^2z_1}{dt^2} = -\dfrac{mm_2}{\delta_1\mu_1}\cdot\dfrac{z_1}{r_1^3}, \end{array}\right.$$

où les facteurs $-\dfrac{m_1}{\gamma_2\mu}$, $\dfrac{m_2}{\delta_1\mu_1}$ ne s'écartent de l'unité que de quantités du premier ordre par rapport aux forces perturbatrices. Si l'une des deux planètes, par exemple la seconde, est beaucoup plus éloignée du soleil que l'autre, il conviendra de substituer aux trois dernières de ces équations celles-ci:

$$(7)\quad \left\{\begin{array}{l} \dfrac{d^2x_1}{dt^2} = -\dfrac{m_2}{\mu_1}\left(\dfrac{m}{\delta_1}-\dfrac{m_1}{\delta}\right)\dfrac{x_1}{r_1^3}, \\ \dfrac{d^2y_1}{dt^2} = -\dfrac{m_2}{\mu_1}\left(\dfrac{m}{\delta_1}-\dfrac{m_1}{\delta}\right)\dfrac{y_1}{r_1^3}, \\ \dfrac{d^2z_1}{dt^2} = -\dfrac{m_2}{\mu_1}\left(\dfrac{m}{\delta_1}-\dfrac{m_1}{\delta}\right)\dfrac{z_1}{r_1^3}. \end{array}\right.$$

Dans les approximations successives l'on pourra laisser indéterminées les quantités $\mu$, $\mu_1$, $\gamma$, $\delta$, etc.; seulement il sera bon de fixer la valeur de la quantité $\dfrac{\delta}{\gamma}$. Si l'on fait exactement $\gamma = \alpha_1 - \alpha_2 = 1$, $\delta = \beta_1 - \beta_2 = -1$, on aura

$$(8)\quad \xi_1 - \xi_2 = x - x_1, \quad v_1 - v_2 = y - y_1, \quad \zeta_1 - \zeta_2 = z - z_1.$$

Dans ce cas, on peut envisager les quantités $x$, $y$, $z$ et $x_1$, $y_1$, $z_1$ comme les coordonnées des deux planètes elles-mêmes, mais rapportées à un autre point que le centre de gravité du système. En effet, on pourra faire, en même temps

$$(9)\quad \begin{cases} \xi_1 = x + a, & v_1 = y + b, & \zeta_1 = z + c, \\ \xi_2 = x_1 + a, & v_2 = y_1 + b, & \zeta_2 = z_1 + c, \end{cases}$$

$a$, $b$, $c$ étant déterminées par les équations

$$(10)\quad a = \alpha_2 x + \beta_1 x_1, \quad b = \alpha_2 y + \beta_1 y_1, \quad c = \alpha_2 z + \beta_1 z_1.$$

Or des équations

$$\xi_1 = \alpha_1 x + \beta_1 x_1, \quad \xi_2 = \alpha_2 x + \beta_2 x_1$$

on tire

$$\alpha_2 \xi_1 + \beta_1 \xi_2 = (\alpha_1 + \beta_1)\alpha_2 x + (\alpha_2 + \beta_2)\beta_1 x_1;$$

et comme on a $\alpha_1 + \beta_1 = \alpha_2 + \beta_2$, on aura aussi

$$a = \frac{\alpha_2 \xi_1 + \beta_1 \xi_2}{\alpha_1 + \beta_1}.$$

On trouve de la même manière

$$b = \frac{\alpha_2 v_1 + \beta_1 v_2}{\alpha_1 + \beta_1}, \quad c = \frac{\alpha_2 \zeta_1 + \beta_1 \zeta_2}{\alpha_1 + \beta_1}.$$

Si l'on retranche des coordonnées $a$, $\xi_1$ et $\xi_2$ la même quantité

$$\frac{m\xi + m_1 \xi_1 + m_2 \xi_2}{M},$$

$M$ étant la somme des masses, on trouvera, après quelques réductions, la valeur suivante de $a$, et de la même manière les valeurs ci-jointes de $b$ et de $c$:

$$(11)\quad \begin{cases} a = \dfrac{\xi + \gamma_1 \xi_1 - \delta_2 \xi_2}{1 + \gamma_1 - \delta_2}, \\ b = \dfrac{v + \gamma_1 v_1 - \delta_2 v_2}{1 + \gamma_1 - \delta_2}, \\ c = \dfrac{\zeta + \gamma_1 \zeta_1 - \delta_2 \zeta_2}{1 + \gamma_1 - \delta_2}. \end{cases}$$

Les constantes $\gamma_1$ et $\delta_2$ qui entrent dans ces formules pourront être des quantités quelconques remplissant l'équation de condition

$$(12)\quad \left(\gamma_1 - \frac{m_1}{m}\right)\left(\delta_2 + \frac{m_2}{m}\right) = \frac{M}{m}\gamma_1 \delta_2;$$

il sera donc, entre autres, permis de mettre

$$(13)\quad \delta_2 = 0, \quad \gamma_1 = \frac{m_1}{m}, \quad \text{ou} \quad \gamma_1 = 0, \quad \delta_2 = -\frac{m_2}{m}.$$

En supposant toujours

$$\gamma = -\delta = 1,$$

on aura encore

$$(14)\quad \begin{cases} M\alpha = -[(m_1+m_2)\gamma_1+m_1], & M\beta = (m_1+m_2)\delta_2-m_1, \\ M\alpha_1 = m\gamma_1+m+m_2, & M\beta_1 = -[m\delta_2+m_2], \\ M\alpha_2 = m\gamma_1-m_1, & M\beta_2 = -m\delta_2+m+m_1, \\ \gamma_2 = -(1+\gamma_1), \quad \delta_1 = 1-\delta_2, & \\ \mu = mm_2\gamma_1\dfrac{1+\gamma_1-\delta_2}{m\delta_2+m_2} = \dfrac{m_2(m\gamma_1-m_1)}{M\delta_2}(1+\gamma_1-\delta_2), & \\ \mu_1 = mm_1\delta_2\dfrac{1+\gamma_1-\delta_2}{m\gamma_1-m_1} = \dfrac{m_1(m\delta_2+m_2)}{M\gamma_1}(1+\gamma_1-\delta_2). & \end{cases}$$

Les formules (11) sont indépendantes de l'origine des coordonnées; elles font voir que le point autour duquel on suppose les deux planètes décrire des orbites elliptiques variables, est le centre de gravité des trois corps, si l'on donne respectivement au soleil, à la première et à la deuxième planète les masses 1, $\gamma_1$, $-\delta_2$. Si l'on fait $\delta_2 = 0$, ce point deviendra le centre de gravité du soleil et de la première planète, en leur attribuant leurs masses effectives $m$ et $m_1$. On aura dans ce cas

$$(15)\quad \begin{cases} \alpha = -\dfrac{m_1}{m}, \quad \alpha_1 = 1, & \alpha_2 = 0, \\ \beta = \beta_1 = -\dfrac{m_2}{M}, & \beta_2 = \dfrac{m+m_1}{M}, \\ \gamma = 1, \quad \gamma_1 = \dfrac{m_1}{m}, & \gamma_2 = -\left(1+\dfrac{m_1}{m}\right), \\ \delta = -1, \quad \delta_1 = 1, & \delta_2 = 0, \\ \mu = m_1\left(1+\dfrac{m_1}{m}\right), & \mu_1 = m_2\dfrac{m+m_1}{M}. \end{cases}$$

On voit donc qu'il faudra attribuer aux planètes des masses un peu différentes dont la raison n'est plus $\dfrac{m_1}{m_2}$, mais $\dfrac{m_1}{m_2}\cdot\dfrac{M}{m}$.

3. Ayant établi entre les quantités $x$, $y$, etc. les équations (6) du n° 2, les corps dont les coordonnées sont $x$, $y$, $z$ et $x_1$, $y_1$, $z_1$, décriront autour de l'origine des coordonnées comme foyer des orbites elliptiques. Nommons, par rapport au premier de ces corps,

$2a$ le grand axe de son orbite,

$2p$ le paramètre,

$i$ l'inclinaison du plan de l'orbite à un plan fixe,

$\Omega$ la longitude du noeud ascendant du plan de l'orbite sur le plan fixe, et notons d'un trait les mêmes quantités rapportées au deuxième corps; cela posé, on aura par les formules connues pour le mouvement elliptique d'une planète autour du soleil:

$$(1)\quad \begin{cases} x\frac{dy}{dt}-y\frac{dx}{dt} = k\sqrt{p}.\cos i, \\ y\frac{dz}{dt}-z\frac{dy}{dt} = k\sqrt{p}.\sin i\sin\Omega, \\ z\frac{dx}{dt}-x\frac{dz}{dt} = -k\sqrt{p}.\sin i\cos\Omega, \\ x_1\frac{dy_1}{dt}-y_1\frac{dx_1}{dt} = k_1\sqrt{p_1}.\cos i_1, \\ y_1\frac{dz_1}{dt}-z_1\frac{dy_1}{dt} = k_1\sqrt{p_1}.\sin i_1\sin\Omega_1, \\ z_1\frac{dx_1}{dt}-x_1\frac{dz_1}{dt} = -k_1\sqrt{p_1}.\sin i_1\cos\Omega_1, \end{cases}$$

où l'on a

$$(2)\quad kk = \frac{1}{\gamma_2}\cdot\frac{mm_1}{\mu},\quad k_1k_1 = \frac{1}{\delta_1}\cdot\frac{mm_2}{\mu_1},$$

et où pour le plan des $x$ et $y$ est pris le plan fixe, et pour l'axe des $x$ la droite fixe de laquelle les noeuds ascendants sont comptés.

Pour le véritable mouvement donné par les équations (13) du n° 1 on laisse subsister la forme des expressions elliptiques, en en faisant varier les éléments. Dans cette supposition, *l'on a entre les six éléments troublés* $p$, $i$, $\Omega$, $p_1$, $i_1$, $\Omega_1$ *trois équations au moyen desquelles on exprime immédiatement les trois quantités* $\sqrt{p_1}.\cos i_1$, $\sqrt{p_1}.\sin i_1\sin\Omega_1$, $\sqrt{p_1}.\sin i_1\cos\Omega_1$ *par les trois autres* $\sqrt{p}.\cos i$, $\sqrt{p}.\sin i\sin\Omega$, $\sqrt{p}.\sin i\cos\Omega$. En effet, en substituant les formules (1) dans les formules (15) du n° 1, l'on trouve entre ces quantités les simples relations suivantes:

$$(3)\quad \begin{cases} \mu k\sqrt{p}.\cos i+\mu_1k_1\sqrt{p_1}.\cos i_1 = c_2, \\ \mu k\sqrt{p}.\sin i\sin\Omega+\mu_1k_1\sqrt{p_1}.\sin i_1\sin\Omega_1 = c, \\ \mu k\sqrt{p}.\sin i\cos\Omega+\mu_1k_1\sqrt{p_1}.\sin i_1\cos\Omega_1 = -c_1, \end{cases}$$

$c$, $c_1$, $c_2$ étant des constantes arbitraires.

On sait que l'on peut disposer de la direction des axes des coordonnées de manière à faire évanouir deux des trois constantes $c$, $c_1$, $c_2$. Supposons donc

$$c=0,\quad c_1=0,$$

le plan des $x$ et $y$ sera celui auquel Laplace a donné le nom de *plan in-*

*variable.* En faisant $c = c_1 = 0$, les équations (3) se changent dans les suivantes,

$$(4)\quad \begin{cases} \mu k\sqrt{p}.\cos i + \mu_1 k_1 \sqrt{p_1}.\cos i_1 = c_2, \\ \mu k\sqrt{p}.\sin i + \mu_1 k_1 \sqrt{p_1}.\sin i_1 = 0, \\ \qquad \Omega = \Omega_1. \end{cases}$$

Les deux premières de ces formules font voir *que les inclinaisons des plans des deux orbites au plan invariable sont parfaitement déterminées par les deux paramètres,* et *vice versa.* Nommant $I = i_1 - i$ l'inclinaison mutuelle des deux plans, on déterminera $I$ par la formule

$$(5)\quad 4\mu\mu_1 kk_1\sqrt{pp_1}.\sin^2\frac{I}{2} = \{\mu k\sqrt{p}+\mu_1 k_1\sqrt{p_1}\}^2 - c_2^2,$$

et ensuite on aura $i$ et $i_1$ eux-mêmes par les formules

$$(6)\quad \begin{cases} c_2 \sin i_1 = \mu k\sqrt{p}.\sin I, \\ c_2 \sin i = -\mu_1 k_1\sqrt{p_1}.\sin I. \end{cases}$$

Il suit de ces formules *que le plan invariable passera constamment entre les plans des deux orbites.* Si l'on construit un triangle rectiligne dont les trois côtés soient

$$\mu k\sqrt{p},\quad \mu_1 k_1\sqrt{p_1},\quad c_2,$$

les angles du même triangle, opposés à ces côtés, seront

$$i_1,\quad -i,\quad 180-I.$$

On voit par la troisième des formules (4), que *l'intersection commune des plans des deux orbites se meut dans le plan invariable.* Je remarque que la position du plan d'une orbite est indépendante de la forme que l'on suppose à cette orbite, et qu'elle est entièrement déterminée dès que le centre du mouvement ou l'origine des coordonnées est fixé. En effet, ce plan est celui qui passe, dans chaque moment du temps, par l'origine des coordonnées et par deux positions consécutives de la planète.

4. L'intersection commune des plans des deux orbites tournant autour du centre des coordonnées dans un plan fixe dans l'espace, et que l'on choisira pour celui des $x$ et $y$, il paraît naturel de prendre pour variables

Les deux rayons vecteurs . . . . . . . . . . . . . . $r$ et $r_1$;
Leurs distances au noeud ascendant commun des plans des deux orbites . . . . . . . . . . . . . . . $v$ et $v_1$;
Les inclinaisons de ces plans au plan invariable . . . . . $i$ et $i_1$,

La longitude du noeud ascendant commun des deux plans ou sa distance à l'axe des $x$ . . . . . . . . . . . . . $\Omega$.

Par les formules connues de la trigonométrie sphérique, on aura

$$(1)\quad\begin{cases} x = r(\cos\Omega\cos v - \sin\Omega\cos i\sin v), \\ y = r(\sin\Omega\cos v + \cos\Omega\cos i\sin v), \\ z = r\sin i\sin v, \\ x_1 = r_1(\cos\Omega\cos v_1 - \sin\Omega\cos i_1\sin v_1), \\ y_1 = r_1(\sin\Omega\cos v_1 + \cos\Omega\cos i_1\sin v_1), \\ z_1 = r_1\sin i_1\sin v_1. \end{cases}$$

Nommons $\delta v$ l'angle de deux rayons vecteurs consécutifs de la première planète fictive; comme dans le plan de l'orbite d'une planète se trouve aussi sa position consécutive, on tirera des formules (1) les deux systèmes de formules:

$$(2)\quad\begin{cases} d\dfrac{x}{r} = -(\cos\Omega\sin v + \sin\Omega\cos i\cos v)\delta v = A\delta v, \\ d\dfrac{y}{r} = -(\sin\Omega\sin v - \cos\Omega\cos i\cos v)\delta v = B\delta v, \\ d\dfrac{z}{r} = \sin i\cos v\delta v = C\delta v; \end{cases}$$

$$(3)\quad\begin{cases} d\dfrac{x}{r} = Adv + A'di - \dfrac{y}{r}d\Omega, \\ d\dfrac{y}{r} = Bdv + B'di + \dfrac{x}{r}d\Omega, \\ d\dfrac{z}{r} = Cdv + C'di, \end{cases}$$

en faisant

$$(4)\quad\begin{cases} A' = \sin\Omega\sin i\sin v, \\ B' = -\cos\Omega\sin i\sin v, \\ C' = \cos i\sin v. \end{cases}$$

Il suit des formules (2) et (3):

$$(5)\quad\begin{cases} 0 = A(dv - \delta v) + A'di - \dfrac{y}{r}d\Omega, \\ 0 = B(dv - \delta v) + B'di + \dfrac{x}{r}d\Omega, \\ 0 = C(dv - \delta v) + C'di. \end{cases}$$

On tire des formules (1), (2) et (4):

$$(6)\quad\begin{cases} \cos\Omega . A + \sin\Omega . B = -\sin v, \\ \cos\Omega . A' + \sin\Omega . B' = 0, \\ -\cos\Omega . y + \sin\Omega . x = -r\cos i\sin v. \end{cases}$$

On aura donc, d'après les formules (5):

$$(7)\quad \begin{cases} \delta v - dv = \cos i . d\Omega = \operatorname{tg} v \cdot \dfrac{di}{\operatorname{tg} i}, \\ d\Omega = \operatorname{tg} v \cdot \dfrac{di}{\sin i}. \end{cases}$$

La formule

$$\delta v - dv = \cos i . d\Omega$$

peut être déduite aisément de la considération d'un triangle sphérique formé par les côtés

$$d\Omega, \quad v + \delta v, \quad v + dv.$$

Soient

$$(8)\quad \begin{cases} \cos\Omega = n\cos p, & \sin\Omega = n'\cos p', \\ \cos i \sin\Omega = n\sin p, & \cos i \cos\Omega = n'\sin p', \end{cases}$$

on aura

$$(9)\quad \begin{cases} x = r . n\cos(v+p), & y = r . n'\cos(v-p'), \\ d\dfrac{x}{r} = -n\sin(v+p)\delta v, & d\dfrac{y}{r} = -n'\sin(v-p')\delta v. \end{cases}$$

Il s'ensuit de ces formules:

$$xd\frac{y}{r} - yd\frac{x}{r} = rnn'\sin(p+p') . \delta v,$$

$$yd\frac{z}{r} - zd\frac{y}{r} = r\sin i . n'\cos p' . \delta v,$$

$$zd\frac{x}{r} - xd\frac{z}{r} = -r\sin i . \cos p . \delta v,$$

ou, en substituant les formules (8):

$$(10)\quad \begin{cases} xdy - ydx = rr\cos i . \delta v, \\ ydz - zdy = rr\sin\Omega\sin i . \delta v, \\ zdx - xdz = -rr\cos\Omega\sin i . \delta v. \end{cases}$$

On parviendra aussi à ces formules en remarquant que les premières parties sont les projections de l'aire élémentaire $rr\delta v$, décrite dans le plan de l'orbite.

Ajoutant les carrés des équations (10), on a, d'après des formules connues,

$$rr(dx^2 + dy^2 + dz^2 - dr^2) = r^4\delta v^2,$$

ou

$$(11)\quad dxdx + dydy + dzdz = drdr + rr\delta v\delta v.$$

Pour avoir des formules semblables par rapport à la deuxième des planètes fictives, on n'a qu'à ajouter un trait à chaque lettre dans les formules (2), (10) et (11), pourvu qu'on nomme $\delta v_1$ l'angle que forment ses deux rayons vecteurs consécutifs. Donc, puisqu'on a $\Omega_1 = \Omega$, il viendra, d'après la seconde des formules (7):

$$(12)\qquad \operatorname{tg} v \cdot \frac{di}{\sin i} = \operatorname{tg} v_1 \cdot \frac{di_1}{\sin i_1}.$$

Mettant $c = c_1 = 0$ dans les formules (15), n° 1, et substituant les formules (10), ainsi que leurs semblables relatives à la deuxième planète, on a

$$(13)\qquad \begin{cases} \mu r r \cos i . \delta v + \mu_1 r_1 r_1 \cos i_1 . \delta v_1 = c_2 dt, \\ \mu r r \sin i . \delta v + \mu_1 r_1 r_1 \sin i_1 . \delta v_1 = 0. \end{cases}$$

De ces formules on tire les valeurs suivantes de $\delta v$ et de $\delta v_1$:

$$(14)\qquad \begin{cases} \delta v = dv + \operatorname{tg} v \dfrac{di}{\operatorname{tg} i} = \dfrac{c_2 \sin i_1}{\mu r r \sin I} dt, \\ \delta v_1 = dv_1 + \operatorname{tg} v_1 \dfrac{di_1}{\operatorname{tg} i_1} = -\dfrac{c_2 \sin i}{\mu_1 r_1 r_1 \sin I} dt, \end{cases}$$

où, comme ci-dessus, on a fait $I = i_1 - i$. Substituant la première de ces formules dans la première des formules (10), il vient

$$(15)\qquad x \frac{dy}{dt} - y \frac{dx}{dt} = \frac{c_2 \sin i_1 \cos i}{\mu \sin I}.$$

La différentielle de cette quantité sera égale à

$$-\frac{c_2}{\mu} \cdot \frac{\sin^2 i_1 \cos^2 i}{\sin^2 I} d \frac{\sin I}{\sin i_1 \cos i} = \frac{c_2}{\mu} \cdot \frac{\sin^2 i_1 \cos^2 i}{\sin^2 I} d(\operatorname{tg} i . \operatorname{cotg} i_1);$$

on aura donc

$$(16)\qquad x \frac{d^2 y}{dt^2} - y \frac{d^2 x}{dt^2} = \frac{c_2}{\mu \sin^2 I}\left(\sin i_1 \cos i_1 \frac{di}{dt} - \sin i \cos i \frac{di_1}{dt}\right).$$

On tire encore des formules (14) la suivante:

$$(17)\qquad \cos i_1 . \delta v - \cos i . \delta v_1 = \frac{c_2}{\sin I}\left(\frac{\sin i_1 \cos i_1}{\mu r r} + \frac{\sin i \cos i}{\mu_1 r_1 r_1}\right) dt.$$

L'expression de la force vive du système est fournie par la formule (4), n° 1, et par les formules (11) et (14) données ci-dessus:

$$(18)\qquad \begin{cases} 2T = \mu\left[rr\left(\dfrac{\delta v}{dt}\right)^2 + \left(\dfrac{dr}{dt}\right)^2\right] + \mu_1\left[r_1 r_1\left(\dfrac{\delta v_1}{dt}\right)^2 + \left(\dfrac{dr_1}{dt}\right)^2\right] \\ \quad = \dfrac{c_2^2}{\sin^2 I}\left(\dfrac{\sin^2 i_1}{\mu r r} + \dfrac{\sin^2 i}{\mu_1 r_1 r_1}\right) + \mu\left(\dfrac{dr}{dt}\right)^2 + \mu_1\left(\dfrac{dr_1}{dt}\right)^2. \end{cases}$$

Les formules (12) et (19), n° 1, donnent

$$(19)\qquad \begin{cases} 2T = 2U - 2h, \\ \mu r \dfrac{d^2 r}{dt^2} + \mu_1 r_1 \dfrac{d^2 r_1}{dt^2} + \mu\left(\dfrac{dr}{dt}\right)^2 + \mu_1\left(\dfrac{dr_1}{dt}\right)^2 = U - 2h, \end{cases}$$

d'où vient

$$(20)\quad \begin{cases} \mu\left[2r\dfrac{d^2r}{dt^2}+\left(\dfrac{dr}{dt}\right)^2\right]+\mu_1\left[2r_1\dfrac{d^2r_1}{dt^2}+\left(\dfrac{dr_1}{dt}\right)^2\right] \\ \qquad -\dfrac{c_2^2}{\sin^2 I}\left[\dfrac{\sin^2 i_1}{\mu rr}+\dfrac{\sin^2 i}{\mu_1 r_1 r_1}\right]+2h=0. \end{cases}$$

Remarquons encore la formule qui dérive des formules (1):

$$(21)\quad xy_1-yx_1=rr_1(\cos i_1\sin v_1\cos v-\cos i\sin v\cos v_1).$$

Des formules (12) et (16) on tire

$$(22)\quad \begin{cases} x\dfrac{d^2y}{dt^2}-y\dfrac{d^2x}{dt^2}=\dfrac{c_2\sin i_1}{\mu\cos v\sin v_1\sin^2 I}(\cos i_1\sin v_1\cos v-\cos i\sin v\cos v_1)\dfrac{di}{dt} \\ \qquad =\dfrac{c_2\sin i_1(xy_1-yx_1)}{\mu\cos v\sin v_1\sin^2 I.rr_1}\cdot\dfrac{di}{dt}. \end{cases}$$

Substituant cette formule dans la dernière des formules (14), n° 1, il vient

$$(23)\quad \left\{\dfrac{c_2\sin i_1}{\cos v\sin v_1\sin^2 I.rr_1}\cdot\dfrac{di}{dt}=-\left(\dfrac{mm_1\gamma_2\delta_2}{\varrho_2^3}+\dfrac{mm_2\gamma_1\delta_1}{\varrho_1^3}+\dfrac{m_1m_2\gamma\delta}{\varrho^3}\right).\right.$$

Comme on a, d'après les formules (11) et (14),

$$(24)\quad xd^2x+yd^2y+zd^2z=\tfrac{1}{2}d^2(rr)-(drdr+rr\delta v^2)=rd^2r-c_2^2\frac{\sin^2 i_1}{\mu^2r^2\sin^2 I}dt^2,$$

il suit des formules (13), n° 1:

$$(25)\quad \begin{cases} \mu\dfrac{d^2r}{dt^2}=\dfrac{c_2c_2}{\mu}\cdot\dfrac{\sin^2 i_1}{\sin^2 I.r^3}-\dfrac{mm_1\gamma_2(\gamma_2r+\delta_2r_1\cos V)}{\varrho_2^3} \\ \qquad -\dfrac{mm_2\gamma_1(\gamma_1r+\delta_1r_1\cos V)}{\varrho_1^3}-\dfrac{m_1m_2\gamma(\gamma r+\delta r_1\cos V)}{\varrho^3}. \end{cases}$$

Des formules (18) et (25) on peut déduire la suivante:

$$(26)\quad \begin{cases} \dfrac{c_2^2}{\mu rr}d\dfrac{\sin^2 i_1}{\sin^2 I}+\dfrac{c_2^2}{\mu_1r_1r_1}d\dfrac{\sin^2 i}{\sin^2 I} \\ =2rr_1\sin V dV\left(\dfrac{mm_1\gamma_2\delta_2}{\varrho_2^3}+\dfrac{mm_2\gamma_1\delta_1}{\varrho_1^3}+\dfrac{m_1m_2\gamma\delta}{\varrho^3}\right). \end{cases}$$

On obtient aussi la valeur de $dV$ en observant que dans l'équation

$$\cos V=\cos v\cos v_1+\cos I\sin v\sin v_1$$

on peut mettre en même temps $V+dV$, $v+\delta v$, $v_1+\delta v_1$ au lieu de $V$, $v$, $v_1$, ce qui donne

$$(27)\quad \sin V dV=(\sin v\cos v_1-\cos I\cos v\sin v_1)\delta v+(\cos v\sin v_1-\cos I\sin v\cos v_1)\delta v_1.$$

Si, dans le triangle sphérique formé pas les côtés $V$, $v$, $v_1$, on nomme $\varphi$ et $\varphi_1$ les angles opposés aux côtés $v$ et $v_1$, on a

$$(28)\quad dV = \cos\varphi_1 . \delta v + \cos\varphi . \delta v_1,$$

formule qui fournit l'interprétation géométrique de la formule (27).

Les formules (14), (23) et (27) pourront servir à vérifier la formule (26).

5. Entre les six quantités

$$r,\ r_1;\ v,\ v_1;\ i,\ i_1$$

et le temps $t$, on a, d'après les formules (12), (14), (18), (19), (23) du précédent article, les équations suivantes qui pourront servir à développer ces quantités en fonctions du temps.

Équations différentielles du problème des trois corps.

$$\text{I.}\quad \operatorname{tg} v . \frac{di}{\sin i} = \operatorname{tg} v_1 . \frac{di_1}{\sin i_1},$$

$$\text{II.}\quad \operatorname{tg} v . \frac{di}{\operatorname{tg} i} + dv = \frac{c_2}{\mu} . \frac{\sin i_1}{\sin I} . \frac{dt}{rr},$$

$$\text{III.}\quad \operatorname{tg} v_1 . \frac{di_1}{\operatorname{tg} i_1} + dv_1 = -\frac{c_2}{\mu_1} . \frac{\sin i}{\sin I} . \frac{dt}{r_1 r_1},$$

$$\text{IV.}\quad \frac{c_2 \sin i_1}{\cos v \sin v_1 \sin^2 I\, r r_1} di = -\left(\frac{m m_1 \gamma_2 \delta_2}{\varrho_2^3} + \frac{m m_2 \gamma_1 \delta_1}{\varrho_1^3} + \frac{m_1 m_2 \gamma \delta}{\varrho^3}\right) dt,$$

$$\text{V.}\quad \frac{c_2^2}{\sin^2 I}\left(\frac{\sin^2 i_1}{\mu r r} + \frac{\sin^2 i}{\mu_1 r_1 r_1}\right) + \mu\left(\frac{dr}{dt}\right)^2 + \mu_1\left(\frac{dr_1}{dt}\right)^2 = 2U - 2h,$$

$$\text{VI.}\quad \frac{d^2(\mu r r + \mu_1 r_1 r_1)}{dt^2} = 2U - 4h.$$

On a fait dans ces formules

$$(1)\quad \left\{\begin{aligned} U &= \frac{m m_1}{\varrho_2} + \frac{m m_2}{\varrho_1} + \frac{m_1 m_2}{\varrho} \\ \varrho\varrho &= \gamma\gamma rr + 2\gamma\,\delta\, r r_1 \cos V + \delta\,\delta\, r_1 r_1, \\ \varrho_1\varrho_1 &= \gamma_1\gamma_1 rr + 2\gamma_1\delta_1 r r_1 \cos V + \delta_1\delta_1 r_1 r_1, \\ \varrho_2\varrho_2 &= \gamma_2\gamma_2 rr + 2\gamma_2\delta_2 r r_1 \cos V + \delta_2\delta_2 r_1 r_1, \\ \cos V &= \cos v \cos v_1 + \cos I \sin v \sin v_1 . \end{aligned}\right.$$

Entre les six constantes $\gamma$, $\delta$, etc. on a les équations de condition

$$(2)\quad \left\{\begin{aligned} \gamma + \gamma_1 + \gamma_2 &= 0, \\ \delta + \delta_1 + \delta_2 &= 0, \\ m_1 m_2 \gamma\delta + m_2 m \gamma_1 \delta_1 + m m_1 \gamma_2 \delta_2 &= 0, \end{aligned}\right.$$

où $m$, $m_1$, $m_2$ sont les masses du soleil et des deux planètes. Donc trois des constantes $\gamma$, $\delta$, etc. pourront être prises à l'arbitraire. Les quantités $\mu$ et $\mu_1$ sont déterminées par les formules

$$(3)\quad \begin{cases} M\mu = m_1 m_2 \gamma\gamma + m_2 m \gamma_1 \gamma_1 + m m_1 \gamma_2 \gamma_2, \\ M\mu_1 = m_1 m_2 \delta\delta + m_2 m \delta_1 \delta_1 + m m_1 \delta_2 \delta_2, \end{cases}$$

$M$ étant la somme de trois masses.

Après avoir intégré complétement le système des six équations (I. à VI.), on a encore à déterminer l'angle $\Omega$ au moyen de la formule

$$\text{VII.}\quad d\Omega = \operatorname{tg} v \cdot \frac{di}{\sin i},$$

ce qui se fait par une simple quadrature. On formera ensuite les six quantités variables

$$(4)\quad \begin{cases} x = r(\cos\Omega\cos v - \sin\Omega\cos i\sin v), & x_1 = r_1(\cos\Omega\cos v_1 - \sin\Omega\cos i_1\sin v_1), \\ y = r(\sin\Omega\cos v + \cos\Omega\cos i\sin v), & y_1 = r_1(\sin\Omega\cos v_1 + \cos\Omega\cos i_1\sin v_1), \\ z = r\sin i\sin v, & z_1 = r_1\sin i_1\sin v_1, \end{cases}$$

et les six constantes

$$(5)\quad \begin{cases} \alpha = \dfrac{m_1\gamma_2 - m_2\gamma_1}{M}, & \beta = \dfrac{m_1\delta_2 - m_2\delta_1}{M}, \\ \alpha_1 = \dfrac{m_2\gamma - m\gamma_2}{M}, & \beta_1 = \dfrac{m_2\delta - m\delta_2}{M}, \\ \alpha_2 = \dfrac{m\gamma_1 - m_1\gamma}{M}, & \beta_2 = \dfrac{m\delta_1 - m_1\delta}{M}, \end{cases}$$

après quoi on aura les coordonnées rectangulaires du soleil et des deux planètes, rapportées à leur centre de gravité, le plan invariable étant pris pour celui des $x$ et $y$, par les formules:

$$(6)\quad \begin{cases} \xi = \alpha x + \beta x_1, & \xi_1 = \alpha_1 x + \beta_1 x_1, & \xi_2 = \alpha_2 x + \beta_2 x_1, \\ v = \alpha y + \beta y_1, & v_1 = \alpha_1 y + \beta_1 y_1, & v_2 = \alpha_2 y + \beta_2 y_1, \\ \zeta = \alpha z + \beta z_1, & \zeta_1 = \alpha_1 z + \beta_1 z_1, & \zeta_2 = \alpha_2 z + \beta_2 z_1. \end{cases}$$

Voilà donc le problème des trois corps réduit à l'intégration des six équations (I. à VI.) et à une quadrature. *Les six équations différentielles* (I. à VI.) *sont toutes du premier ordre, hors une seule qui est du second, et il n'y entre aucune trace des noeuds.*

# ZUSATZ ZU DER VORHERGEHENDEN ABHANDLUNG.

In den Compt. rend. (t. XV.), wo die vorstehende Abhandlung zuerst erschienen ist, sowie auch im Crelle'schen Journale (Bd. 26), lautete der Schlusspassus der Einleitung (p. 298 d. Ausg.) folgendermassen:

„Par suite, l'on a fait cinq intégrations. Les intégrales connues n'étant q'au nombre de quatre, on pourra donc dire que l'on a fait une intégration de plus dans le système du monde. Je dis dans le système du monde, puisque la même méthode s'applique au un nombre de corps."

In Beziehung auf diese Stelle hatte Th. Clausen — ohne die ihr von Jacobi beim Abdruck in den Astronomischen Nachrichten gegebene, hier beibehaltene Fassung zu kennen — am Schlusse eines in Nr. 462 der Astr. Nachr. erschienenen Aufsatzes die nachstehende Bemerkung gemacht:

„Von einer fünften neuen Integration, deren Jacobi in der Einleitung erwähnt, finde ich in diesem Aufsatz keine Spur; die von den zwölf Integrationen übriggebliebenen acht sind alle als noch zu integriren aufgezählt; nämlich die Quadratur der Länge des gemeinschaftlichen Knotens auf der invariablen Ebene, und sechs Integrationen, von denen eine doppelt ist."

Dadurch wurde Jacobi zu der hier folgenden, ebenfalls in St. 462 der gen. Zeitschrift abgedruckten Entgegnung veranlasst:

Bei Integrationen von Differentialgleichungen sehen viele Analytiker die Quadraturen als zugestandene Operationen an, welche nicht mitgezählt werden. So z. B. wenn man in dem Problem der drei Körper die ersten Differentialquotienten der Coordinaten als endliche Functionen der Zeit gefunden hätte, würde man sich rühmen das Problem vollständig integrirt zu haben, obgleich in dem Sinne des Herrn Clausen auch dann fast noch eben so viel Integrationen zu machen sind, als in dem jetzigen Zustande des Problems. In jenem andern Sinne ist aber wirklich die Ordnung des Systems um eine Einheit verringert worden. Wollte man z. B. alle Grössen ausser $r'$ und $v$ eliminiren, so würde die Differentialgleichung zwischen diesen beiden Grössen in den gewöhnlichen Formeln auf die siebente, in den hier gegebenen auf die sechste Ordnung steigen. Uebrigens ist das hier gefundene Resultat nur ein besonderer Fall eines allgemeinen Satzes. Wenn nämlich in irgend einem mechanischen Problem der Satz von der lebendigen Kraft $V = h$ und die drei Flächensätze gelten $u = \alpha$, $v = \beta$, $w = \gamma$, wo $h$, $\alpha$, $\beta$, $\gamma$, $\beta^2 + \gamma^2 = \varepsilon$ die willkürlichen Constanten bedeuten: so reichen die *drei* Gleichungen $V = h$, $u = \alpha$, $v^2 + w^2 = \varepsilon$ hin, um die Ordnung des *Systems* um *fünf* Einheiten, oder, wenn man die Zeit eliminirt, um *sechs* Einheiten zu verringern. Dafür, dass man durch drei Gleichungen die Ordnung um sechs Einheiten verringert, hat man drei Quadraturen zu leisten, wovon aber die eine von dem einen der drei Flächensätze übernommen wird, auf welchen man noch keine Rücksicht genommen hat. Die Zurückführung der elliptischen Bewegung eines Planeten, so wie des Rotationsproblems auf Quadraturen ist unter diesem allgemeinen Satz enthalten.

Königsberg, den 31. October 1842.

# ZUSATZ ZU DER VORHERGEHENDEN ABHANDLUNG.

In den Compt. rend. (t. XV.), wo die vorstehende Abhandlung zuerst erschienen ist, sowie auch im Crelle'schen Journale (Bd. 26), lautete der Schlusspassus der Einleitung (p. 298 d. Ausg.) folgendermassen:

„Par suite, l'on a fait cinq intégrations. Les intégrales connues n'étant q'au nombre de quatre, on pourra donc dire que l'on a fait une intégration de plus dans le système du monde. Je dis dans le système du monde. Je dis dans le systeme de monde, puisque la même méthode s'applique au un nombre de corps."

In Beziehung auf diese Stelle hatte Th. Clauson — ohne die ihr von Jacobi beim Abdruck in den Astronomischen Nachrichten gegebene, hier beibehaltene Fassung zu kennen — am Schlusse eines in Nr. 462 der Astr. Nachr. erschienenen Aufsatzes die nachstehende Bemerkung gemacht:

„Von einer fünften neuen Integration, deren Jacobi in der Einleitung erwähnt, finde ich in diesem Aufsatz keine Spur; die von den zwölf Integrationen übriggebliebenen acht sind alle als noch zu integriren aufgezählt; nämlich die Quadratur der Länge des gemeinschaftlichen Knotens auf der invariablen Ebene, und sechs Integrationen, von denen eine doppelt ist."

Dadurch wurde Jacobi zu der hier folgenden, ebenfalls in St. 462 der gen. Zeitschrift abgedruckten Entgegnung veranlasst:

Bei Integrationen von Differentialgleichungen sehen viele Analytiker die Quadraturen als zugestandene Operationen an, welche nicht mitgezählt werden. So z. B. wenn man in dem Problem der drei Körper die ersten Differentialquotienten der Coordinaten als endliche Functionen der Zeit gefunden hätte, würde man sich rühmen das Problem vollständig integrirt zu haben, obgleich in dem Sinne des Herrn Clausen auch dann fast noch eben so viel Integrationen zu machen sind, als in dem jetzigen Zustande des Problems. In jenem andern Sinne ist aber wirklich die Ordnung des Systems um eine Einheit verringert worden. Wollte man z. B. alle Grössen ausser $r$ und $v$ eliminiren, so würde die Differentialgleichung zwischen diesen beiden Grössen in den gewöhnlichen Formeln auf die siebente, in den hier gegebenen auf die sechste Ordnung steigen. Uebrigens ist das hier gefundene Resultat nur ein besonderer Fall eines allgemeinen Satzes. Wenn nämlich in irgend einem mechanischen Problem der Satz von der lebendigen Kraft $V = h$ und die drei Flächensätze gelten $u = \alpha$, $v = \beta$, $w = \gamma$, wo $h$, $\alpha$, $\beta$, $\gamma$, $\beta^2+\gamma^2 = \varepsilon$ die willkürlichen Constanten bedeuten: so reichen die *drei* Gleichungen $V = h$, $u = \alpha$, $v^2+w^2 = \varepsilon$ hin, um

# THEORIA NOVI MULTIPLICATORIS SYSTEMATI AEQUATIONUM DIFFERENTIALIUM VULGARIUM APPLICANDI.

## §. 1.

### Argumentum.

Propositurus sum sequentibus Euleriani Multiplicatoris extensionem, per totum calculum integralem uberrimi usus et frequentissimae applicationis, eamque ab amplificationibus ab ipso Eulero et Lagrange factis diversissimam. Quae amplificatio maxime nititur analogia, quam in alia Commentatione pluribus prosecutus sum, inter quotientes differentiales et Determinantia functionalia. Efficit Eulerianus Multiplicator, ut duae *duarum* variabilium functiones datae producant eiusdem functionis differentialia partialia. Respondent autem differentialibus partialibus Determinantia functionalia partialia, quae formari possunt, quoties variabilium numerus numerum functionum superat, variis eligendo modis variabiles, quarum respectu Determinans formetur. Ita, datis $n$ functionibus $n+1$ variabilium, earum functionum dabuntur $n+1$ Determinantia partialia; veluti si $f$ et $\varphi$ trium variabilium $x$, $y$, $z$ functiones sunt, tria earum functionum Determinantia partialia erunt

$$\frac{\partial f}{\partial y}\cdot\frac{\partial \varphi}{\partial z}-\frac{\partial f}{\partial z}\cdot\frac{\partial \varphi}{\partial y},\quad \frac{\partial f}{\partial z}\cdot\frac{\partial \varphi}{\partial x}-\frac{\partial f}{\partial x}\cdot\frac{\partial \varphi}{\partial z},\quad \frac{\partial f}{\partial x}\cdot\frac{\partial \varphi}{\partial y}-\frac{\partial f}{\partial y}\cdot\frac{\partial \varphi}{\partial x}.$$

Quibus considerationibus motus, ut Eulerianam theoriam amplificarem, generaliter Multiplicatorem examinavi, in quem ducendae essent $n+1$ functiones $n+1$ variabilium, ut producta haberi possent pro earundem $n$ functionum Determinantibus functionalibus partialibus. Quemadmodum autem, proposita functione duarum variabilium, inter bina eius differentialia partialia intercedit aliqua conditio ex elementis nota, scilicet ut alterius differentiale secundum alteram variabilem sumtum alterius differentiali secundum alteram variabilem sumto aequale sit: ita inter illa $n+1$ Determinantia functionalia partialia inveni locum habere conditionem analogam. Singulis enim Determinantibus functionalibus partialibus respective secundum singulas variabiles differentiatis, aggregatum

$n+1$ quantitatum provenientium videbimus identice evanescere. Quod suppeditat aequationem differentialem partialem, cui Multiplicator ille satisfacere debeat, ei analogam, qua Eulerianus Multiplicator definitur. Et vice versa, sicuti in theoria Euleriana, quamcunque quantitatem, aequationi illi differentiali partiali satisfacientem, videbimus pro Multiplicatore haberi posse. Unde ad Multiplicatorem aliquem obtinendum non necessarium erit, ut illae $n$ functiones ipsae innotescant.

Investigatio ipsius functionis duarum variabilium, cuius differentialia partialia datis functionibus proportionalia sint, pendet ab integratione completa aequationis differentialis vulgaris primi ordinis inter duas variabiles; quippe quae ea erit functio, quae Constanti arbitrariae aequalis evadit. Multiplicator autem, qui functiones datas *aequales* efficit binis differentialibus eius functionis partialibus, ipsius *aequationis differentialis* Multiplicator appellatur. Qui aequationis differentialis integratione completa sponte suppeditatur, et vice versa eius cognitione ipsa integratio maxime expeditur, videlicet ad solas revocatur Quadraturas. Similiter datis $n+1$ variabilium $n+1$ functionibus, ut obtineantur $n$ functiones, quarum Determinantia partialia rationes easdem atque illae inter se habeant: facile patebit, integrandum esse systema $n$ aequationum differentialium vulgarium primi ordinis, quo scilicet statuitur illarum $n+1$ variabilium differentialia esse in ratione ipsarum $n+1$ quantitatum propositarum. Quo complete integrato, functiones, quae Constantibus arbitrariis a se independentibus aequales evadunt, ipsae erunt $n$ functiones quaesitae. Atque Multiplicatorem, qui $n+1$ quantitates datas Determinantibus earum functionum partialibus aequales efficit, per analogiam illius *systematis aequationum differentialium vulgarium Multiplicatorem* appello. Iam quidem complete integrato systemate aequationum differentialium vulgarium, eius facile innotescit Multiplicator; quippe ad quem inveniendum tantum opus est, ut functionum Constantibus arbitrariis aequalium, quae per integrationem completam constant, unum aliquod formetur Determinans partiale. At vice versa, cognito aliquo systematis aequationum differentialium Multiplicatore, sive, quod idem est, cognita aliqua solutione aequationis differentialis partialis, qua Multiplicator definitur, non ita patebat, utrum et quodnam inde commodum vel auxilium ad integrandum systema peti posset, ita ut nostri Multiplicatoris analogia cum Euleriano videretur in ea ipsa re deficere, qua propter olim Eulerus sui Multiplicatoris theoriam condidit. Contigit tandem usum introspicere plane singularem, quem in integrando aequationum differentialium systemate e Multiplicatoris cognitione percipere liceat, quod scilicet eius ope non prima aliqua, sed omnium ultima integratio ad Quadraturas revocetur. Hinc in theoria integrationis aequationum differentialium vulgarium novus disquisitionum aperitur campus, videlicet ultimas investigandi integrationes, dum primae non innotescunt. Quippe in vastis et luculentissimis problematis per theoriam hic propositam fit, ut ultima generaliter absolvatur integratio, dum in casibus tantum particularibus Integralia prima invenire licet.

Capite primo examinabo Multiplicatoris nostri varias formas insignioresque proprietates. In altero Capite eius monstrabo usum in integrando aequationum differentialium vulgarium systemate. In Capite tertio theoriam Multiplicatoris extendam ad systemata aequationum differentialium vulgarium cuiuslibet ordinis. In Commentationibus deinde subsequentibus mihi propositum est praecepta hic tradita variis illustrare applicationibus; e quibus est principium novum mechanicum latissime patens, nuper a me sine demonstratione divulgatum.

---

## Caput primum.

# Novi Multiplicatoris definitio et variae proprietates.

### §. 2.

Lemma fundamentale eiusque varii usus; de Determinantibus functionalibus partialibus.

Aequatione inter variabiles $x$ et $y$ proposita

$$f(x, y) = \text{const.},$$

obtinetur differentialium $dx$ et $dy$ ratio

$$dx : dy = \frac{\partial f}{\partial y} : -\frac{\partial f}{\partial x} \text{ *)}.$$

Si de hac ratione differentialium $dx$ et $dy$ sola agitur, in dextra parte aequationis antecedentis omittere licet differentialium partialium $\frac{\partial f}{\partial x}$, $\frac{\partial f}{\partial y}$ factorem vel denominatorem, si quo afficiuntur, communem. Ubi vero pro quantitatibus, quae differentialibus $dx$ et $dy$ proportionales evadunt, ipsa sumere placet $\frac{\partial f}{\partial y}$ et $-\frac{\partial f}{\partial x}$ vel $-\frac{\partial f}{\partial y}$ et $\frac{\partial f}{\partial x}$, qualia differentiatione partiali prodeunt, nullo

*) Differentialia vulgaria ut in aliis Commentationibus charactere $d$, partialia charactere $\partial$ denoto.

factore aut denominatore communi rejecto, eam conditionem formula analytica exprimi posse constat.

Videlicet si quantitas ipsi $dx$ proportionalis differentiatur ipsius $x$ respectu, quantitas ipsi $dy$ proportionalis differentiatur ipsius $y$ respectu, quantitatum differentiatione provenientium summa identice evanescere debet. Theorema simile ad plures variabiles valet.

Aequationibus enim inter $x$, $y$, $z$ propositis

$$f(x, y, z) = \text{Const.}, \quad \varphi(x, y, z) = \text{Const.},$$

obtinetur differentiando

$$\frac{\partial f}{\partial x}dx + \frac{\partial f}{\partial y}dy + \frac{\partial f}{\partial z}dz = 0,$$

$$\frac{\partial \varphi}{\partial x}dx + \frac{\partial \varphi}{\partial y}dy + \frac{\partial \varphi}{\partial z}dz = 0.$$

E quibus aequationibus eruuntur differentialium $dx$, $dy$, $dz$ rationes

$$dx : dy : dz = A : B : C,$$

siquidem ponitur

$$A = \frac{\partial f}{\partial y}\cdot\frac{\partial \varphi}{\partial z} - \frac{\partial f}{\partial z}\cdot\frac{\partial \varphi}{\partial y},$$

$$B = \frac{\partial f}{\partial z}\cdot\frac{\partial \varphi}{\partial x} - \frac{\partial f}{\partial x}\cdot\frac{\partial \varphi}{\partial z},$$

$$C = \frac{\partial f}{\partial x}\cdot\frac{\partial \varphi}{\partial y} - \frac{\partial f}{\partial y}\cdot\frac{\partial \varphi}{\partial x}.$$

Si tantum de rationibus differentialium $dx$, $dy$, $dz$ agitur, factorem vel denominatorem communem quantitatum $A$, $B$, $C$, si quo afficiuntur, omittere licet. Ubi vero pro quantitatibus, quae differentialibus $dx$, $dy$, $dz$ proportionales evadunt, ipsa sumere placet $A$, $B$, $C$, nullo factore vel denominatore communi rejecto, eam conditionem aliqua formula analytica exprimi posse videbimus. Fit enim

$$\frac{\partial A}{\partial x} = \frac{\partial \varphi}{\partial z}\cdot\frac{\partial^2 f}{\partial y\partial x} + \frac{\partial f}{\partial y}\cdot\frac{\partial^2 \varphi}{\partial z\partial x} - \frac{\partial \varphi}{\partial y}\cdot\frac{\partial^2 f}{\partial z\partial x} - \frac{\partial f}{\partial z}\cdot\frac{\partial^2 \varphi}{\partial y\partial x},$$

$$\frac{\partial B}{\partial y} = \frac{\partial \varphi}{\partial x}\cdot\frac{\partial^2 f}{\partial z\partial y} + \frac{\partial f}{\partial z}\cdot\frac{\partial^2 \varphi}{\partial x\partial y} - \frac{\partial \varphi}{\partial z}\cdot\frac{\partial^2 f}{\partial x\partial y} - \frac{\partial f}{\partial x}\cdot\frac{\partial^2 \varphi}{\partial z\partial y},$$

$$\frac{\partial C}{\partial z} = \frac{\partial \varphi}{\partial y}\cdot\frac{\partial^2 f}{\partial x\partial z} + \frac{\partial f}{\partial x}\cdot\frac{\partial^2 \varphi}{\partial y\partial z} - \frac{\partial \varphi}{\partial x}\cdot\frac{\partial^2 f}{\partial y\partial z} - \frac{\partial f}{\partial y}\cdot\frac{\partial^2 \varphi}{\partial x\partial z}.$$

Quae expressiones additae sese mutuo destruunt, unde eruitur

$$\frac{\partial A}{\partial x} + \frac{\partial B}{\partial y} + \frac{\partial C}{\partial z} = 0,$$

hoc est, si quantitatem ipsi $dx$ proportionalem ipsius $x$ respectu, quantitatem ipsi $dy$ proportionalem ipsius $y$ respectu, quantitatem ipsi $dz$ proportionalem ipsius $z$ respectu differentiamus, trium quantitatum differentiatione provenientium summa identice evanescere debet. Quae conditio prorsus analoga est ei, quae antecedentibus de duabus variabilibus tradita est atque e primis elementis constat. Antecedentia ad numerum variabilium quemcunque extendere licet, siquidem advocantur propositiones, quas in *Diario* Crell. Vol. XXII. [Cf. Vol. III. h. ed. pag. 355 et 393] de Determinantibus algebraicis et functionalibus tradidi et quarum per totam hanc Commentationem usum frequentissimum faciam. Habetur enim sequens

Lemma fundamentale:

„*Sint* $A$, $A_1$, $A_2$, ..., $A_n$ *quantitates, quae in Determinante functionali*

$$\Sigma\pm\frac{\partial f}{\partial x}\cdot\frac{\partial f_1}{\partial x_1}\cdot\frac{\partial f_2}{\partial x_2}\cdots\frac{\partial f_n}{\partial x_n}$$

*respective per* $\frac{\partial f}{\partial x}$, $\frac{\partial f}{\partial x_1}$, $\frac{\partial f}{\partial x_2}$, ..., $\frac{\partial f}{\partial x_n}$ *multiplicatae reprehenduntur, erit*

$$\frac{\partial A}{\partial x}+\frac{\partial A_1}{\partial x_1}+\frac{\partial A_2}{\partial x_2}+\cdots+\frac{\partial A_n}{\partial x_n}=0.\text{“}$$

Demonstratio.

Secundum definitionem quantitatum $A$, $A_1$ etc. fit

$$\Sigma\pm\frac{\partial f}{\partial x}\cdot\frac{\partial f_1}{\partial x_1}\cdot\frac{\partial f_2}{\partial x_2}\cdots\frac{\partial f_n}{\partial x_n}=\frac{\partial f}{\partial x}A+\frac{\partial f}{\partial x_1}A_1+\frac{\partial f}{\partial x_2}A_2+\cdots+\frac{\partial f}{\partial x_n}A_n.$$

Unde Lemma demonstratu propositum sic quoque exhibere licet:

$$\Sigma\pm\frac{\partial f}{\partial x}\cdot\frac{\partial f_1}{\partial x_1}\cdot\frac{\partial f_2}{\partial x_2}\cdots\frac{\partial f_n}{\partial x_n}=\frac{\partial(fA)}{\partial x}+\frac{\partial(fA_1)}{\partial x_1}+\frac{\partial(fA_2)}{\partial x_2}+\cdots+\frac{\partial(fA_n)}{\partial x_n}.$$

Facio, hanc formulam iam demonstratam esse pro $n-1$ functionibus $n$ variabilium, probabo Lemma ad $n$ functiones $n+1$ variabilium valere.

Designo per $(i, k)$ quantitatem, quae in Determinante functionali $\Sigma\pm\frac{\partial f}{\partial x}\cdot\frac{\partial f_1}{\partial x_1}\cdots\frac{\partial f_n}{\partial x_n}$ multiplicata reprehenditur per factorem

$$\frac{\partial f}{\partial x_i}\cdot\frac{\partial f_1}{\partial x_k}.$$

Constat autem per Determinantium proprietates iam olim ab Ill°. Laplace adnotatas, *bina Aggregata, in Determinante functionali proposito resp. per*

$\frac{\partial f}{\partial x_i} \cdot \frac{\partial f_m}{\partial x_k}$ *et per* $\frac{\partial f}{\partial x_k} \cdot \frac{\partial f_m}{\partial x_i}$ *multiplicata, valoribus oppositis gaudere.* Unde sequitur

$$(i, k) = -(k, i) \quad \text{sive} \quad (i, k)+(k, i) = 0.$$

Est $A_i$ complexus terminorum eius Determinantis, qui per $\frac{\partial f}{\partial x_i}$ multiplicantur, unde fit

$$A_i = \frac{\partial f_1}{\partial x}(i, 0)+\frac{\partial f_1}{\partial x_1}(i, 1)+\frac{\partial f_1}{\partial x_2}(i, 2)+\cdots+\frac{\partial f_1}{\partial x_n}(i, n),$$

qua in formula ipsum $(i, i)$ aut omittendum aut $=0$ ponendum est. Est porro $A_i$ Determinans functionum $f_1, f_2, \ldots, f_n$ formatum respectu variabilium $x, x_1, x_2, \ldots, x_{i-1}, x_{i+1}, \ldots, x_n$ atque sunt $(i, 0)$, $(i, 1)$, etc. quantitates, quae in Determinante functionali $A_i$ multiplicatae reprehenduntur per $\frac{\partial f_1}{\partial x}$, $\frac{\partial f_1}{\partial x_1}$, etc. Unde si Lemma propositum ad $n-1$ functiones $n$ variabilium valet, erit pro indicis $i$ valoribus $0, 1, 2, \ldots, n$

$$\frac{\partial(i, 0)}{\partial x}+\frac{\partial(i, 1)}{\partial x_1}+\cdots+\frac{\partial(i, n)}{\partial x_n} = 0,$$

ideoque etiam

$$A_i = \frac{\partial[f_1 \cdot (i, 0)]}{\partial x}+\frac{\partial[f_1 \cdot (i, 1)]}{\partial x_1}+\cdots+\frac{\partial[f_1 \cdot (i, n)]}{\partial x_n}.$$

Quae formula pro quolibet ipsius $i$ valore $0, 1, 2, \ldots, n$ valet. Iam generaliter observo, *quoties ponatur*

$$H_i = \frac{\partial a_{i,0}}{\partial x}+\frac{\partial a_{i,1}}{\partial x_1}+\cdots+\frac{\partial a_{i,n}}{\partial x_n},$$

*designantibus* $a_{i,k}$ *quantitates quascunque, pro quibus sit*

$$a_{i,k}+a_{k,i} = 0, \quad a_{i,i} = 0;$$

*fieri*

$$\frac{\partial H}{\partial x}+\frac{\partial H_1}{\partial x_1}+\frac{\partial H_2}{\partial x_2}+\cdots+\frac{\partial H_n}{\partial x_n} = 0.$$

Bina enim differentialia inter se juncta

$$\frac{\partial \frac{\partial a_{i,k}}{\partial x_k}}{\partial x_i}+\frac{\partial \frac{\partial a_{k,i}}{\partial x_i}}{\partial x_k}$$

mutuo destruuntur, unde totam expressionem $\frac{\partial H}{\partial x}+\frac{\partial H_1}{\partial x_1}+\cdots+\frac{\partial H_n}{\partial x_n}$ identice evanescere invenis. Ponendo autem $f_1.(i, k) = a_{i,k}$, satisfit conditioni $a_{i,k} = -a_{k,i}$, porro fit $H_i = A_i$; ideoque

$$\frac{\partial A}{\partial x}+\frac{\partial A_1}{\partial x_1}+\cdots+\frac{\partial A_n}{\partial x_n} = 0,$$

sive Lemma de $n$ functionibus $n+1$ variabilium justum erit, dummodo de $n-1$ functionibus $n$ variabilium locum habet. Unde tantum necesse est, ut Lemma pro una functione duarum variabilium constet. Pro una autem functione $f_1$ duarum variabilium $x$ et $y$ abeunt quantitates $A$ etc. in differentialia partialia $\frac{\partial f_1}{\partial y}$ et $-\frac{\partial f_1}{\partial x}$, ideoque Lemma redit in formulam

$$\frac{\partial \frac{\partial f_1}{\partial x}}{\partial y}-\frac{\partial \frac{\partial f_1}{\partial y}}{\partial x} = 0,$$

quae est differentialium partialium proprietas fundamentalis supra commemorata.

Lemma generale etiam directe demonstrari potest absque illa reductione numeri $n$ ad numerum $n-1$. Nam cum $A_i$ vacet differentialibus, ipsius $x_i$ respectu sumtis, e quantitatibus $\frac{\partial A_i}{\partial x_i}$ nulla implicare potest differentialia bis secundum eandem variabilem sumta. Differentialia autem secunda, secundum variabiles diversas $x_i$ et $x_k$ sumta, non provenire possunt nisi e solis duobus terminis

$$\frac{\partial A_i}{\partial x_i}+\frac{\partial A_k}{\partial x_k}.$$

Unde ad probandum Lemma propositum sufficit ut demonstretur, in Aggregato $\frac{\partial A_i}{\partial x_i}+\frac{\partial A_k}{\partial x_k}$ se mutuo destruere terminos per quantitates $\frac{\partial^2 f_m}{\partial x_i \partial x_k}$ multiplicatos. Quod facile patet. Ponamus enim

$$A_i = a_1\frac{\partial f_1}{\partial x_k}+a_2\frac{\partial f_2}{\partial x_k}+\cdots+a_n\frac{\partial f_n}{\partial x_k},$$

fit secundum Determinantium proprietatem, in priore demonstratione in usum vocatam,

$$A_k = -\left\{a_1\frac{\partial f_1}{\partial x_i}+a_2\frac{\partial f_2}{\partial x_i}+\cdots+a_n\frac{\partial f_n}{\partial x_i}\right\}.$$

Quantitates $\alpha_1$, $\alpha_2$, etc. neque differentialibus secundum $x_i$ sumtis, neque differentialibus secundum $x_k$ sumtis afficiuntur. Unde substituendo ipsarum $A_i$ et $A_k$ expressiones antecedentes, de Aggregato

$$\frac{\partial A_i}{\partial x_i}+\frac{\partial A_k}{\partial x_k}$$

prorsus exulant differentialia secunda, secundum variabiles $x_i$ et $x_k$ sumta, terminis binis

$$+\alpha_m\frac{\partial^2 f_m}{\partial x_k \partial x_i}-\alpha_m\frac{\partial^2 f_m}{\partial x_i \partial x_k}$$

se mutuo destruentibus. Erant autem inter omnes terminos Aggregati propositi

$$\frac{\partial A}{\partial x}+\frac{\partial A_1}{\partial x_1}+\frac{\partial A_2}{\partial x_2}+\cdots+\frac{\partial A_n}{\partial x_n}$$

soli termini $\frac{\partial A_i}{\partial x_i}+\frac{\partial A_k}{\partial x_k}$, qui affici possint differentialibus $\frac{\partial^2 f_m}{\partial x_i \partial x_k}$, unde in Aggregato proposito termini differentialibus secundis secundum $x_i$ et $x_k$ sumtis affecti se mutuo destruunt. Unde, cum $x_i$ et $x_k$ binae quaecunque variabiles esse possint a se diversae, illud Aggregatum totum evanescit. Q. d. e.

Quoties numerus variabilium, quas datae functiones $f_1, f_2, \ldots, f_n$ implicant, ipsum functionum numerum $n$ superat, proponi potest, earum functionum Determinantia respectu quarumque $n$ variabilium formare. Quae vocabo functionum $f_1, f_2, \ldots, f_n$ *Determinantia partialia* secundum analogiam denominationis de differentialibus usitatae.

Si numerus variabilium est $n+1$ sicuti antecedentibus, erit numerus Determinantium functionalium partialium $n+1$; si numerus variabilium est $n+2$, dabuntur $\frac{1}{2}(n+2)(n+1)$ Determinantia functionalia partialia, et ita porro. Eorum Determinantium functionalium partialium signa cum in arbitrio posita sint, casu, quo variabilium numerus numerum functionum tantum unitate superat, supponam, signa omnium Determinantium ab eorum uno ita pendere, ut binorum Determinantium partialium alterum de altero deducatur, in signis differentialibus binarum variabilium independentium commutatione facta, omnium simul terminorum mutatis signis. Quem invenis esse habitum quantitatum $A, A_1, \ldots, A_n$, quae sunt functionum $f_1, f_2, \ldots, f_n$ Determinantia partialia. Videlicet de uno

$$A=\Sigma\pm\frac{\partial f_1}{\partial x_1}\cdot\frac{\partial f_2}{\partial x_2}\cdots\frac{\partial f_n}{\partial x_n}$$

deducitur $-A_i$, loco ipsorum

$$\frac{\partial f_1}{\partial x_i},\ \frac{\partial f_2}{\partial x_i},\ \ldots,\ \frac{\partial f_n}{\partial x_i}$$

respective scribendo

$$\frac{\partial f_1}{\partial x},\ \frac{\partial f_2}{\partial x},\ \ldots,\ \frac{\partial f_n}{\partial x}.$$

Pro una duarum variabilium $x$ et $y$ functione $f_1$ abibunt Determinantia partialia in differentialia partialia functionis $f_1$, alterum positivo alterum negativo signo sumtum,

$$\frac{\partial f_1}{\partial y},\ -\frac{\partial f_1}{\partial x}\quad \text{vel}\quad -\frac{\partial f_1}{\partial y},\ \frac{\partial f_1}{\partial x}.$$

Et quemadmodum inter differentialia partialia $\frac{\partial f_1}{\partial x}$ et $\frac{\partial f_1}{\partial y}$ locum habet formula fundamentalis

$$\frac{\partial \frac{\partial f_1}{\partial y}}{\partial x}-\frac{\partial \frac{\partial f_1}{\partial x}}{\partial y}=0,$$

ita, $n+1$ variabilium $x, x_1, x_2, \ldots, x_n$ propositis $n$ functionibus $f_1, f_2, \ldots, f_n$, Lemmate antecedente constituitur inter Determinantia partialia $A, A_1, A_2, \ldots, A_n$ aequatio conditionalis fundamentalis

$$\frac{\partial A}{\partial x}+\frac{\partial A_1}{\partial x_1}+\frac{\partial A_2}{\partial x_2}+\cdots+\frac{\partial A_n}{\partial x_n}=0.$$

Quod igitur Lemma gravissimam manifestat analogiam Determinantium functionalium et quotientium differentialium partialium.

Lemma traditum dedi olim in Commentatione, *Vol. VI. Diar.* Crell. *pag.* 263 *sqq. inserta*, „*De resolutione aequationum per series infinitas.*" Quod eo loco adhibui ad demonstrandam Propositionem, quae et ipsa luculentam analogiam Determinantium functionalium cum differentialibus constituit. Nam cum pateat seriei e solis variabilis $x$ potestatibus conflatae quotientem differentialem vacare termino $\frac{1}{x}$, demonstravi, *serierum $f, f_1, \ldots, f_n$, conflatarum e solis variabilium $x, x_1, \ldots, x_n$ potestatibus, Determinans functionale*

$$\Sigma\pm\frac{\partial f}{\partial x}\cdot\frac{\partial f_1}{\partial x_1}\cdot\frac{\partial f_2}{\partial x_2}\cdots\frac{\partial f_n}{\partial x_n}$$

*vacare termino* $\frac{1}{x x_1 x_2 \ldots x_n}$. Quippe Determinans antecedens per Lemma nostrum aequatur quantitati

$$\frac{\partial(fA)}{\partial x}+\frac{\partial(fA_1)}{\partial x_1}+\cdots+\frac{\partial(fA_n)}{\partial x_n},$$

cuius terminus primus evolutus vacare debet termino in $\frac{1}{x}$ ducto, secundus termino in $\frac{1}{x_1}$ ducto, et ita porro, ita ut in tota quantitate evoluta non obvenire possit terminus $\frac{1}{xx_1x_2\ldots x_n}$.

Quae propositio adhiberi potest ad amplificandam theoriam **Cauchyanam** residuorum dictam, eiusque ope radices systematis simultanei aequationum in series infinitas evolvi, quod in Commentatione citata videas.

Data occasione breviter adhuc innuam usum Lemmatis propositi in integralibus multiplicibus inter datos limites determinandis. Proponatur integrale multiplex

$$\int U df\, df_1 \ldots df_n,$$

ponamusque limites, inter quos integratio afficienda sit, eo definiri, quod introducendo certas alias variabiles $x$, $x_1$, ..., $x_n$ pro variabilibus independentibus, harum novarum variabilium limites a se invicem independentes sive constantes sint. Constat, novis variabilibus exhibitum integrale propositum fore

$$\int U df df_1 \ldots df_n = \int U\left(\Sigma\pm\frac{\partial f}{\partial x}\cdot\frac{\partial f_1}{\partial x_1}\cdots\frac{\partial f_n}{\partial x_n}\right)dx dx_1\ldots dx_n.$$

Variabilibus propositis $f$, $f_1$, ..., $f_n$ expressa $U$ integrataque ipsius $f$ respectu, prodeat $\Pi$, ita ut sit

$$\Pi=\int U df, \quad U=\frac{\partial \Pi}{\partial f},$$

erit

$$U\Sigma\pm\frac{\partial f}{\partial x}\cdot\frac{\partial f_1}{\partial x_1}\cdots\frac{\partial f_n}{\partial x_n}=\Sigma\pm\frac{\partial \Pi}{\partial x}\cdot\frac{\partial f_1}{\partial x_1}\cdots\frac{\partial f_n}{\partial x_n}.$$

Quod patet substituendo valores

$$\frac{\partial \Pi}{\partial x_i}=\frac{\partial \Pi}{\partial f}\cdot\frac{\partial f}{\partial x_i}+\frac{\partial \Pi}{\partial f_1}\cdot\frac{\partial f_1}{\partial x_i}+\cdots+\frac{\partial \Pi}{\partial f_n}\cdot\frac{\partial f_n}{\partial x_i},$$

et observando, post substitutionem factam evanescere quantitates omnes in

$$\frac{\partial \Pi}{\partial f_1},\quad \frac{\partial \Pi}{\partial f_2},\quad \ldots,\quad \frac{\partial \Pi}{\partial f_n}$$

ductas. Fit autem e Lemmate proposito

$$\Sigma \pm \frac{\partial \Pi}{\partial x} \cdot \frac{\partial f_1}{\partial x_1} \cdot \frac{\partial f_2}{\partial x_2} \cdots \frac{\partial f_n}{\partial x_n} = \frac{\partial (\Pi A)}{\partial x} + \frac{\partial (\Pi A_1)}{\partial x_1} + \cdots + \frac{\partial (\Pi A_n)}{\partial x_n}.$$

Unde eruitur formula reductionis

$$\int U df df_1 \ldots df_n$$
$$= \int [\Pi A] dx_1 dx_2 \ldots dx_n + \int [\Pi A_1] dx dx_2 \ldots dx_n + \cdots + \int [\Pi A_n] dx dx_1 \ldots dx_{n-1}.$$

Hic signo $[\Pi A_i]$ denoto, in functionibus $f, f_1, \ldots, f_n$ ipsi $x_i$ substituendos esse binos eius limites constantes, binasque expressiones ipsius $\Pi A_i$ provenientes alteram de altera detrahendas esse. Hinc integrale $(n+1)$-tuplex propositum videmus revocari ad $2n+2$ integralia $n$-tuplicia. Quae singula eadem quidem formula exhiberi possunt

$$\int \Pi df_1 df_2 \ldots df_n{}^{*)},$$

sed pro singulis erit $\Pi$ diversa ipsarum $f_1, f_2, \ldots, f_n$ functio, limitesque ipsarum $f_1, f_2, \ldots, f_n$ diversi erunt. Singula deinde integralia $n$-tuplicia eadem methodo ad $2n$ integralia $(n-1)$-tuplicia revocari possunt, eaque ratione pergere licet, usque dum tota integratio inter limites propositos perfecta sit.

Lemma traditum sub alia quoque forma proponi potest memoratu digna. Habeamus enim $x, x_1, \ldots, x_n$ pro ipsarum $f, f_1, \ldots, f_n$ functionibus, earumque quaeramus differentialia partialia, ipsius $f$ respectu sumta. Quae per regulas notas inveniuntur

$$\frac{\partial x}{\partial f} = \frac{A}{R}, \quad \frac{\partial x_1}{\partial f} = \frac{A_1}{R}, \quad \ldots, \quad \frac{\partial x_n}{\partial f} = \frac{A_n}{R},$$

siquidem $R$ est Determinans propositum

$$R = \Sigma \pm \frac{\partial f}{\partial x} \cdot \frac{\partial f_1}{\partial x_1} \cdots \frac{\partial f_n}{\partial x_n}.$$

Hinc formula nostra

$$\frac{\partial A}{\partial x} + \frac{\partial A_1}{\partial x_1} + \cdots + \frac{\partial A_n}{\partial x_n} = 0,$$

si reputamus esse

---

*) Habendo enim $x$ pro Constante, fit

$$\int \Pi A dx_1 dx_2 \ldots dx_n = \int \Pi df_1 df_2 \ldots df_n,$$

cum sit

$$A = \Sigma \pm \frac{\partial f_1}{\partial x_1} \cdot \frac{\partial f_2}{\partial x_2} \cdots \frac{\partial f_n}{\partial x_n},$$

et similis formula pro reliquis integralibus valet.

$$\frac{\partial R}{\partial f} = \frac{\partial R}{\partial x}\cdot\frac{\partial x}{\partial f} + \frac{\partial R}{\partial x_1}\cdot\frac{\partial x_1}{\partial f} + \cdots + \frac{\partial R}{\partial x_n}\cdot\frac{\partial x_n}{\partial f},$$

formam induit sequentem:

$$0 = \frac{\partial R}{\partial f} + R\left\{\frac{\partial\frac{\partial x}{\partial f}}{\partial x} + \frac{\partial\frac{\partial x_1}{\partial f}}{\partial x_1} + \cdots + \frac{\partial\frac{\partial x_n}{\partial f}}{\partial x_n}\right\}$$

sive

$$0 = \frac{\partial \log R}{\partial f} + \frac{\partial\frac{\partial x}{\partial f}}{\partial x} + \frac{\partial\frac{\partial x_1}{\partial f}}{\partial x_1} + \cdots + \frac{\partial\frac{\partial x_n}{\partial f}}{\partial x_n}.$$

In his formulis supponitur, ipsas $R$, $x$, $x_1$, ..., $x_n$ primum pro quantitatum $f$, $f_1$, ..., $f_n$ functionibus haberi omnesque secundum $f$ differentiari; deinde differentialia partialia $\frac{\partial x}{\partial f}$, $\frac{\partial x_1}{\partial f}$, etc. rursus per ipsas $x$, $x_1$, ..., $x_n$ exprimi, et respective secundum $x$, $x_1$, ..., $x_n$ differentiari. Commutando quantitates $x$, $x_1$, etc. cum quantitatibus $f$, $f_1$, etc., formula antecedens in aliam abit, quam in *Diar.* Crell. Vol. XXII. pag. 336 [Conf. Vol. III. h. ed. p. 412] demonstravi.

## §. 3.

Novi Multiplicatoris definitio. Aequatio differentialis partialis, cui satisfacit. Variae formae, quas Multiplicatoris valor induere potest.

Sint $X$, $X_1$, ..., $X_n$ variabilium $x$, $x_1$, ..., $x_n$ functiones quaecunque non simul omnes identice evanescentes; proposita aequatione differentiali partiali lineari primi ordinis

$$0 = X\frac{\partial f}{\partial x} + X_1\frac{\partial f}{\partial x_1} + \cdots + X_n\frac{\partial f}{\partial x_n},$$

solutiones ejus exstant $n$ a se invicem independentes. Quarum Determinantia partialia erunt inter se ut Coëfficientes aequationis differentialis partialis propositae $X$, $X_1$, ..., $X_n$. Solutionibus enim illis a se independentibus vocatis

$$f_1,\ f_2,\ \ldots,\ f_n,$$

habentur aequationes identicae

$$0 = X\frac{\partial f_1}{\partial x} + X_1\frac{\partial f_1}{\partial x_1} + \cdots + X_n\frac{\partial f_1}{\partial x_n},$$

$$0 = X\frac{\partial f_2}{\partial x} + X_1\frac{\partial f_2}{\partial x_1} + \cdots + X_n\frac{\partial f_2}{\partial x_n},$$

$$\cdots\cdots\cdots\cdots$$

$$0 = X\frac{\partial f_n}{\partial x} + X_1\frac{\partial f_n}{\partial x_1} + \cdots + X_n\frac{\partial f_n}{\partial x_n},$$

quae sunt $n$ aequationes lineares inter $n+1$ quantitates $X, X_1, \ldots, X_n$, terminis carentes constantibus. Quibus aequationibus determinantur rationes, quas ipsae $X, X_1$, etc. inter se tenent. Videlicet per regulas notas algebraicas invenitur, ipsas $X, X_1, \ldots, X_n$ esse inter se ut quantitates $A, A_1, \ldots, A_n$, §. pr. consideratas, quae erant complexus terminorum, in Determinante functionali

$$\Sigma \pm \frac{\partial f}{\partial x} \cdot \frac{\partial f_1}{\partial x_1} \cdot \frac{\partial f_2}{\partial x_2} \cdots \frac{\partial f_n}{\partial x_n}$$

respective per $\frac{\partial f}{\partial x}, \frac{\partial f}{\partial x_1}, \ldots, \frac{\partial f}{\partial x_n}$ multiplicatorum, sive functionum $f_1, f_2, \ldots$ $\ldots, f_n$ Determinantia partialia. Sit $M$ factor, per quem Coëfficientes $X, X_1, \ldots, X_n$ multiplicati ipsa producant Determinantia partialia $A, A_1, \ldots, A_n$, ita ut fiat:

$$(1)\quad MX = A, \quad MX_1 = A_1, \quad \ldots, \quad MX_n = A_n.$$

Posito

$$R = \Sigma \pm \frac{\partial f}{\partial x} \cdot \frac{\partial f_1}{\partial x_1} \cdots \frac{\partial f_n}{\partial x_n},$$

cum habeatur

$$R = A \frac{\partial f}{\partial x} + A_1 \frac{\partial f}{\partial x_1} + \cdots + A_n \frac{\partial f}{\partial x_n},$$

sequitur

$$(2)\quad R = M\left(X \frac{\partial f}{\partial x} + X_1 \frac{\partial f}{\partial x_1} + \cdots + X_n \frac{\partial f}{\partial x_n}\right).$$

Iisdem substitutis formulis (1), Lemma §. pr. demonstratum in hanc formulam abit:

$$(3)\quad 0 = \frac{\partial (MX)}{\partial x} + \frac{\partial (MX_1)}{\partial x_1} + \cdots + \frac{\partial (MX_n)}{\partial x_n}.$$

Habemus igitur Propositionem sequentem, qua Multiplicatoris $M$ continetur definitio.

## Propositio.

„Proponatur expressio

$$X \frac{\partial f}{\partial x} + X_1 \frac{\partial f}{\partial x_1} + \cdots + X_n \frac{\partial f}{\partial x_n},$$

in qua sint $X, X_1, \ldots, X_n$ datae variabilium $x, x_1, \ldots, x_n$ functiones: functionibus $f_1, f_2, \ldots, f_n$ rite determinatis, ipsa $f$ autem indeterminata manente, semper exstabit factor $M$, per quem multiplicata expressio proposita formam induat Determinantis functionalis

$$M\left(X \frac{\partial f}{\partial x} + X_1 \frac{\partial f}{\partial x_1} + \cdots + X_n \frac{\partial f}{\partial x_n}\right) = \Sigma \pm \frac{\partial f}{\partial x} \cdot \frac{\partial f_1}{\partial x_1} \cdot \frac{\partial f_2}{\partial x_2} \cdots \frac{\partial f_n}{\partial x_n},$$

isque Multiplicator satisfaciet aequationi differentiali partiali

$$0 = \frac{\partial(MX)}{\partial x} + \frac{\partial(MX_1)}{\partial x_1} + \cdots + \frac{\partial(MX_n)}{\partial x_n}.“$$

E valoribus ipsius $M$ in sequentibus perpetuo excludo valorem $M = 0$. Quem patet satisfacere aequationi (2), qua Multiplicator definitur, dummodo statuatur functionum $f_1, f_2, \ldots, f_n$ unam reliquarum functionem esse; constat enim Determinans functionale evanescere, si functiones propositae non a se invicem sint independentes. Illo autem ipsius $M$ valore excluso, Propositio antecedens inverti potest. Videlicet, *si Multiplicator $M$ definitur conditione, ut pro functione indefinita $f$ expressio*

$$M\left(X\frac{\partial f}{\partial x} + X_1\frac{\partial f}{\partial x_1} + \cdots + X_n\frac{\partial f}{\partial x_n}\right)$$

*evadat Determinans functionale*

$$R = \Sigma \pm \frac{\partial f}{\partial x} \cdot \frac{\partial f_1}{\partial x_1} \cdots \frac{\partial f_n}{\partial x_n},$$

*functiones $f_1, f_2, \ldots, f_n$ necessario erunt solutiones a se independentes aequationis differentialis partialis linearis*

$$X\frac{\partial f}{\partial x} + X_1\frac{\partial f}{\partial x_1} + \cdots + X_n\frac{\partial f}{\partial x_n} = 0.$$

Nam pro ipsa $f$, quae erat functio indefinita, sumendo aliquam functionum $f_1, f_2, \ldots, f_n$, identice evanescit Determinans $R$. Quod cum supponatur aequale expressioni

$$M\left(X\frac{\partial f}{\partial x} + X_1\frac{\partial f}{\partial x_1} + \cdots + X_n\frac{\partial f}{\partial x_n}\right),$$

atque factor $M$ a nihilo diversus statuatur, fieri debet ut, substituendo ipsi $f$ functiones $f_1, f_2, \ldots, f_n$, identice habeatur

$$X\frac{\partial f}{\partial x} + X_1\frac{\partial f}{\partial x_1} + \cdots + X_n\frac{\partial f}{\partial x_n} = 0,$$

sive ut $f_1, f_2, \ldots, f_n$ ipsae sint aequationis differentialis partialis propositae solutiones. Eruntque solutiones illae $f_1, f_2, \ldots, f_n$ a se invicem independentes; si enim una reliquarum functio esset, Determinans $R$ identice evanesceret pro functione $f$ indefinita; unde etiam pro functione indefinita $f$ evanescere deberet expressio

$$X\frac{\partial f}{\partial x} + X_1\frac{\partial f}{\partial x_1} + \cdots + X_n\frac{\partial f}{\partial x_n},$$

quod fieri non potest, nisi omnes $X$, $X_1$, etc. simul identice evanescunt.

Datis functionibus $f_1, f_2, \ldots, f_n$, una quaelibet ex aequationum (1) numero ad definiendum Multiplicatorem sufficit, veluti aequatio

$$MX = A = \Sigma \pm \frac{\partial f_1}{\partial x_1} \cdot \frac{\partial f_2}{\partial x_2} \cdots \frac{\partial f_n}{\partial x_n},$$

e qua sequitur

$$(4) \quad M = \frac{1}{X} \Sigma \pm \frac{\partial f_1}{\partial x_1} \cdot \frac{\partial f_2}{\partial x_2} \cdots \frac{\partial f_n}{\partial x_n}.$$

Qua tamen formula ut definiatur Multiplicator aequationis differentialis partialis propositae, addenda conditio est, ut $X$ et $A$ non evanescant.

Pro duabus variabilibus $x$ et $x_1$ Multiplicator antecedentibus definitus cum Euleriano convenit. Sint enim $X$, $X_1$ datae variabilium $x$ et $x_1$ functiones, atque proponatur aequatio differentialis primi ordinis inter $x$ et $x_1$

$$X dx_1 - X_1 dx = 0.$$

Est Multiplicator Eulerianus eiusmodi factor $M$, per quem multiplicata pars laeva aequationis antecedentis abit in differentiale completum functionis alicuius $f_1$, ita ut sit

$$df_1 = \frac{\partial f_1}{\partial x} dx + \frac{\partial f_1}{\partial x_1} dx_1 = M(X dx_1 - X_1 dx),$$

sive

$$MX = \frac{\partial f_1}{\partial x_1}, \quad MX_1 = -\frac{\partial f_1}{\partial x}.$$

E quibus formulis sequitur, pro functione indefinita $f$ induere expressionem

$$M\left(X \frac{\partial f}{\partial x} + X_1 \frac{\partial f}{\partial x_1}\right)$$

formam Determinantis functionalis

$$\frac{\partial f}{\partial x} \cdot \frac{\partial f_1}{\partial x_1} - \frac{\partial f}{\partial x_1} \cdot \frac{\partial f_1}{\partial x},$$

et Multiplicatorem $M$ satisfacere aequationi differentiali partiali

$$\frac{\partial (MX)}{\partial x} + \frac{\partial (MX_1)}{\partial x_1} = 0.$$

Quae pro duabus variabilibus independentibus sunt eaedem proprietates characteristicae, quas Multiplicatori generali assignavi.

Problema solvendi aequationem differentialem partialem propositam

$$X\frac{\partial f}{\partial x}+X_1\frac{\partial f}{\partial x_1}+\dots+X_n\frac{\partial f}{\partial x_n}=0$$

cum duobus aliis problematis arctissime coniunctum est. Designante enim $\Pi$ quamcunque aequationis praecedentis solutionem, ex aequatione

$$\Pi=0$$

petatur ipsius $x$ expressio per reliquas variabiles $x_1, x_2, \dots, x_n$: notum est, eam fieri solutionem alterius aequationis differentialis partialis

$$X=X_1\frac{\partial x}{\partial x_1}+X_2\frac{\partial x}{\partial x_2}+\dots+X_n\frac{\partial x}{\partial x_n}.$$

Unde haec aequatio differentialis partialis ad aequationem differentialem partialem propositam revocari potest. Porro ad aequationis differentialis partialis propositae solutionem constat revocari posse integrationem completam systematis aequationum differentialium vulgarium primi ordinis inter $n+1$ variabiles $x$, $x_1, \dots, x_n$, quod repraesentemus proportionibus

$$dx:dx_1:\dots:dx_n=X:X_1:\dots:X_n.$$

Videlicet, si aequationis differentialis partialis propositae solutiones, a se independentes, sunt $f_1, f_2, \dots, f_n$, obtinentur aequationes, quibus illud aequationum differentialium vulgarium systema complete integratur, aequando solutiones illas Constantibus arbitrariis. Et vice versa, si ex aequationibus integralibus completis petuntur variabilium functiones Constantibus arbitrariis a se independentibus aequales, ab iisdemque Constantibus arbitrariis ipsae vacuae: hae functiones erunt aequationis differentialis partialis propositae solutiones a se independentes. Propter hunc trium problematum consensum Multiplicatorem $M$ ad tria illa problemata perinde refero. Qua de re *ipsum $M$ perinde appellabo Multiplicatorem huius aequationis differentialis partialis*

$$X\frac{\partial f}{\partial x}+X_1\frac{\partial f}{\partial x_1}+\dots+X_n\frac{\partial f}{\partial x_n}=0,$$

*vel huius*

$$0=X-X_1\frac{\partial x}{\partial x_1}-X_2\frac{\partial x}{\partial x_2}-\dots-X_n\frac{\partial x}{\partial x_n},$$

*vel etiam systematis aequationum differentialium vulgarium*

$$dx:dx_1:dx_2:\dots:dx_n=X:X_1:X_2:\dots:X_n.$$

Ubi ad has refertur Multiplicator, quod plerumque usu venit, pro variis formis, quibus earum aequationes integrales completae proponuntur, variae obtinentur Multiplicatoris repraesentationes. Quas sequentibus exponam.

Si aequationes integrales proponuntur ipsa forma, cuius modo mentionem iniecimus,

$$(5)\quad f_1 = \alpha_1,\quad f_2 = \alpha_2,\quad \ldots,\quad f_n = \alpha_n,$$

designantibus $\alpha_1$ etc. Constantes arbitrarias, functiones $f_1$ etc. non afficientes, ideoque $f_1, f_2, \ldots, f_n$ solutiones a se independentes aequationis

$$X\frac{\partial f}{\partial x} + X_1\frac{\partial f}{\partial x_1} + \cdots + X_n\frac{\partial f}{\partial x_n} = 0,$$

erat Multiplicator

$$(6)\quad M = \frac{1}{X}\Sigma \pm \frac{\partial f_1}{\partial x_1}\cdot\frac{\partial f_2}{\partial x_2}\cdots\frac{\partial f_n}{\partial x_n}.$$

Iam vero proponantur aequationes integrales completae hac forma maxime usitata, ut variabiles omnes per earum unam, veluti $x$, et Constantes arbitrarias exprimantur:

$$(7)\quad x_1 = \varphi_1(x),\quad x_2 = \varphi_2(x),\quad \ldots,\quad x_n = \varphi_n(x),$$

functionibus $\varphi_1$, $\varphi_2$, etc. involventibus praeter variabilem $x$ Constantes arbitrarias $\alpha_1$ etc., erit

$$(8)\quad \Sigma \pm \frac{\partial f_1}{\partial x_1}\cdot\frac{\partial f_2}{\partial x_2}\cdots\frac{\partial f_n}{\partial x_n} = \frac{1}{\Sigma \pm \frac{\partial \varphi_1}{\partial \alpha_1}\cdot\frac{\partial \varphi_2}{\partial \alpha_2}\cdots\frac{\partial \varphi_n}{\partial \alpha_n}},$$

D. F. §. 9 (3)*). Unde fit

$$(9)\quad M = \frac{1}{X\Sigma \pm \frac{\partial \varphi_1}{\partial \alpha_1}\cdot\frac{\partial \varphi_2}{\partial \alpha_2}\cdots\frac{\partial \varphi_n}{\partial \alpha_n}} = \frac{1}{X\Sigma \pm \frac{\partial x_1}{\partial \alpha_1}\cdot\frac{\partial x_2}{\partial \alpha_2}\cdots\frac{\partial x_n}{\partial \alpha_n}}.$$

Si vero generalius inter omnes $2n+1$ quantitates $x, x_1, \ldots, x_n, \alpha_1, \alpha_1, \ldots, \alpha_n$ proponuntur $n$ aequationes integrales

$$\Pi_1 = 0,\quad \Pi_2 = 0,\quad \ldots,\quad \Pi_n = 0,$$

fit (D. F. §. 10 (5))

$$(10)\quad \Sigma \pm \frac{\partial f_1}{\partial x_1}\cdot\frac{\partial f_2}{\partial x_2}\cdots\frac{\partial f_n}{\partial x_n} = \frac{(-1)^n\Sigma \pm \frac{\partial \Pi_1}{\partial x_1}\cdot\frac{\partial \Pi_2}{\partial x_2}\cdots\frac{\partial \Pi_n}{\partial x_n}}{\Sigma \pm \frac{\partial \Pi_1}{\partial \alpha_1}\cdot\frac{\partial \Pi_2}{\partial \alpha_2}\cdots\frac{\partial \Pi_n}{\partial \alpha_n}}.$$

*) Commentationem de Determinantibus functionalibus Vol. XXII Diarii Crelliani insertam [Cf. Vol. III. h. ed. p. 393] designabo per D. F.

Unde obtinetur, rejecto, quod licet, signo ancipiti,

$$(11)\quad M = \frac{1}{X}\cdot\frac{\Sigma\pm\frac{\partial\Pi_1}{\partial x_1}\cdot\frac{\partial\Pi_2}{\partial x_2}\cdots\frac{\partial\Pi_n}{\partial x_n}}{\Sigma\pm\frac{\partial\Pi_1}{\partial\alpha_1}\cdot\frac{\partial\Pi_2}{\partial\alpha_2}\cdots\frac{\partial\Pi_n}{\partial\alpha_n}}\,,$$

quae est Multiplicatoris expressio maxime generalis.

Formulae (10) ope investigatio valoris Determinantis functionalis haud raro egregie expeditur. Transponamus ex. gr. Constantes arbitrarias in alteram partem aequationum (5), atque pro quolibet ipsius $i$ valore statuamus functionem $\Pi_i$ aequalem functioni $f_i-\alpha_i$, quocunque modo per aequationes

$$f_{i+1}=\alpha_{i+1},\quad f_{i+2}=\alpha_{i+2},\quad \ldots,\quad f_n=\alpha_n$$

transformatae. Poterit loco cuiusque aequationis $f_i=\alpha_i$ adhiberi aequatio $\Pi_i=0$, unde systema aequationum sequentium

$$\Pi_1=0,\quad \Pi_2=0,\quad \ldots,\quad \Pi_n=0$$

haberi poterit pro aequationum integralium completarum systemate. Quae ita sunt comparatae aequationes, ut quaelibet functio $\Pi_i$ non involvat quantitates $\alpha_1, \alpha_2, \ldots, \alpha_{i-1}$, quantitatem $\alpha_i$ autem in unico termino addito $-\alpha_i$. Unde erit

$$\frac{\partial\Pi_i}{\partial\alpha_1}=\frac{\partial\Pi_i}{\partial\alpha_2}=\cdots=\frac{\partial\Pi_i}{\partial\alpha_{i-1}}=0,\quad \frac{\partial\Pi_i}{\partial\alpha_i}=-1,$$

sive, quantitatibus $\frac{\partial\Pi_i}{\partial\alpha_k}$ in figuram quadratam dispositis hunc in modum:

$$\begin{array}{cccc}
\frac{\partial\Pi_1}{\partial\alpha_1}, & \frac{\partial\Pi_1}{\partial\alpha_2}, & \ldots, & \frac{\partial\Pi_1}{\partial\alpha_n},\\
\frac{\partial\Pi_2}{\partial\alpha_1}, & \frac{\partial\Pi_2}{\partial\alpha_2}, & \ldots, & \frac{\partial\Pi_2}{\partial\alpha_n},\\
\cdot & \cdot & \cdot & \cdot\\
\frac{\partial\Pi_n}{\partial\alpha_1}, & \frac{\partial\Pi_n}{\partial\alpha_2}, & \ldots, & \frac{\partial\Pi_n}{\partial\alpha_n},
\end{array}$$

quadratoque per diagonalem, a laeva ad dextram partem ductam, in duas partes diviso, termini in laeva parte positi omnes evanescunt. Quod ubi fit, abit Determinans in productum terminorum in ipsa diagonali positorum. Qui termini cum singuli fiant $-1$, eruitur

$$\Sigma\pm\frac{\partial\Pi_1}{\partial\alpha_1}\cdot\frac{\partial\Pi_2}{\partial\alpha_2}\cdots\frac{\partial\Pi_n}{\partial\alpha_n}=(-1)^n,$$

ideoque

$$(12)\quad \begin{cases} XM = \Sigma\pm\frac{\partial f_1}{\partial x_1}\cdot\frac{\partial f_2}{\partial x_2}\cdots\frac{\partial f_n}{\partial x_n} \\ \quad\; = \Sigma\pm\frac{\partial \Pi_1}{\partial x_1}\cdot\frac{\partial \Pi_2}{\partial x_2}\cdots\frac{\partial \Pi_n}{\partial x_n}. \end{cases}$$

Quae docet formula propositionem frequentissimae applicationis, *valentibus aequationibus*

$$f_1 = a_1,\quad f_2 = a_2,\quad \ldots,\quad f_n = a_n,$$

*Determinans functionale*

$$\Sigma\pm\frac{\partial f_1}{\partial x_1}\cdot\frac{\partial f_2}{\partial x_2}\cdots\frac{\partial f_n}{\partial x_n}$$

*valorem non mutare, si ante differentiationes partiales transigendas quaeque functio* $f_i$ *per aequationes*

$$f_{i+1} = a_{i+1},\quad f_{i+2} = a_{i+2},\quad \ldots,\quad f_n = a_n$$

*quascunque subeat mutationes.* In hac propositione sunt $a_1, a_2, \ldots, a_n$ Constantes; quae si iunguntur functionibus $f_1, f_2, \ldots, f_n$, ita ut ipsius $f_i - a_i$ loco scribatur $f_i$, refertur propositio ad valorem, quem induit Determinans functionale, functionibus ipsis evanescentibus. In applicatione huius propositionis facienda functiones $f_1, f_2, \ldots, f_n$ sive aequationes $f_1 = 0$, $f_2 = 0, \ldots, f_n = 0$ certo disponendae sunt ordine tali, ut quaequae aequatio $f_i = 0$ insequentium ope formam induere possit concinnam, simulque differentialia partialia functionis $f_i$ evadant simplicissima. Quin adeo eandem operationem indefinite repetere licet, siquidem post idoneas mutationes, pro certo functionum et aequationum ordine factas, eaedem functiones alio semperque alio ordine disponuntur et pro quaque nova dispositione mutationes vel eliminationes convenientes operantur. Quantascunque autem mutationes per varias istas dispositiones et eliminationes subire possunt functiones propositae $f_1$ etc., non tamen inde nascuntur functionum mutationes, quae obtineri possunt, si *eodem tempore* ad unamquamque transformandam, nullo ordinis functionum respectu habito, omnes adhibentur $n$ aequationes, quae reliquas omnes functiones nihilo aequando proveniunt. Nam in propositione tradita unica tantum erat e $n+1$ functionibus, ad quam transformandam adhiberi poterant $n$ aequationes; praeter hanc una tantum erat, ad quam transformandam $n-1$ aequationes adhiberi poterant, et ita porro. Functionibus in alium aliumque ordinem dispositis et pro quaque nova dispositione propositionis traditae applicatione facta, effici quidem potest, ut unaquaeque functio sua vice adiumento $n$ aequationum transmutetur; sed differentia in eo constituitur, quod hac ratione aequationes ad transmutationes adhibendae non amplius proveniant nihilo aequando functiones propositas, sed functiones et ipsas iam transmutatas. Veluti si $f$ per aequationem $f_1 = 0$ mutatur in $\varphi$, ac deinde $f_1$ per aequationem $\varphi = 0$ in $\varphi_1$: ipsa $\varphi_1$ non easdem induere potest formas, in quas mutari potest $f_1$ nihilo aequando ipsam functionem propositam $f$. Nam si valorem generalem functionis, in quam $f$ per aequationem $f_1 = 0$ mutari potest, designamus, quod licet, per

$$\varphi = f + \lambda f_1,$$

atque similiter valorem generalem functionis, in quam $f_1$ per aequationem $\varphi = 0$ mutatur, per

$$\varphi_1 = f_1 + \mu\varphi = (1+\lambda\mu)f_1 + \mu f:$$

haec functio diversa erit a functione $f_1 + \mu f$, in quam $f_1$ per aequationem $f = 0$ mutatur. Atque Determinans functionum $\varphi$ et $\varphi_1$ idem quidem erit atque functionum propositarum; functionum vero $f + \lambda f_1$, $f_1 + \mu f$ ab illo discrepabit, scilicet aequabitur Determinanti functionum $f$ et $f_1$, per factorem $1 - \lambda\mu$ multiplicato. Quod pluribus illustrare placuit, ut emendarem errorem, quem in Commentatione *de Determinantibus functionalibus* commisi proponendo, Determinantis functionalis valorem, quem induat ipsis functionibus evanescentibus, immutatum manere, si unaquaeque functio mutationes subeat, quascunque nihilo aequando reliquas omnes subire possit. Generaliter si ponitur

$$\varphi_i = \lambda^{(i)} f + \lambda_1^{(i)} f_1 + \cdots + \lambda_n^{(i)} f_n,$$

demonstrabitur per Determinantium proprietates, valentibus aequationibus

$$f = 0, \quad f_1 = 0, \quad \ldots, \quad f_n = 0,$$

fieri

$$\Sigma \pm \frac{\partial \varphi}{\partial x} \cdot \frac{\partial \varphi_1}{\partial x_1} \cdots \frac{\partial \varphi_n}{\partial x_n} = \Sigma \pm \lambda \lambda_1' \lambda_2'' \ldots \lambda_n^{(n)} . \Sigma \pm \frac{\partial f}{\partial x} \cdot \frac{\partial f_1}{\partial x_1} \cdots \frac{\partial f_n}{\partial x_n}.$$

Unde ut Determinantia functionum $f, f_1, \ldots, f_n$ et $\varphi, \varphi_1, \ldots, \varphi_n$ inter se aequalia existant, habetur conditio generalis

$$\Sigma \pm \lambda \lambda_1' \ldots \lambda_n^{(n)} = 1.$$

E Propositione supra tradita, identidem pro aliis aliisque functionum dispositionibus repetita, innumera deducuntur quantitatum $\lambda_k^{(i)}$ systemata, quae conditioni illi satisfaciunt.

Inter mutationes, quas functio variabilium $x$, $x_1$, etc. per aequationes inter easdem variabiles positas subire potest, referri potest eliminatio variabilium numeri numero aequationum aequalis. Unde in formula (12) definire licet $\Pi_i$ ut functionem variabilium $x, x_1, \ldots, x_i$, in quam abeat $f_i - \alpha_i$, si ope aequationum $f_{i+1} = \alpha_{i+1}$, $f_{i+2} = \alpha_{i+2}$, $\ldots$, $f_n = \alpha_n$ variabiles $x_{i+1}, x_{i+2}, \ldots, x_n$ eliminantur. Quo statuto, omnia evanescunt differentialia partialia $\frac{\partial \Pi_i}{\partial x_k}$, in quibus $k > i$; unde figura quadrata, quae a quantitatibus $\frac{\partial \Pi_i}{\partial x_k}$ formatur, ita comparata erit, ut in ea, per diagonalem divisa, rursus termini in altera parte positi evanescant, ideoque fiat

$$\Sigma \pm \frac{\partial \Pi_1}{\partial x_1} \cdot \frac{\partial \Pi_2}{\partial x_2} \cdots \frac{\partial \Pi_n}{\partial x_n} = \frac{\partial \Pi_1}{\partial x_1} \cdot \frac{\partial \Pi_2}{\partial x_2} \cdots \frac{\partial \Pi_n}{\partial x_n}.$$

Hinc formula (12) abit in hanc

$$(13) \quad XM = \frac{\partial \Pi_1}{\partial x_1} \cdot \frac{\partial \Pi_2}{\partial x_2} \cdots \frac{\partial \Pi_n}{\partial x_n},$$

sive Determinans functionale, quo Multiplicator definitur, in simplex productum redit. Forma autem aequationum integralium

$$\Pi_1 = 0, \quad \Pi_2 = 0, \quad \ldots, \quad \Pi_n = 0,$$

quae illam simplicem Determinantis functionalis expressionem suppeditat, eadem est atque per integrationem *successivam* proveniens, post quodque Integrale inventum una variabilium eliminata. Servata enim functionum $\Pi_1, \Pi_2, \ldots, \Pi_n$ significatione antecedente, si eliminatur $x_n$ per Integrale

$$\Pi_n = f_n - \alpha_n = 0,$$

erit $\Pi_{n-1} = 0$ Integrale aequationum differentialium

$$dx : dx_1 : \ldots : dx_{n-1} = X : X_1 : \ldots : X_{n-1},$$

cuius Integralis ope eliminata $x_{n-1}$, erit $\Pi_{n-2} = 0$ Integrale aequationum differentialium

$$dx : dx_1 : \ldots : dx_{n-2} = X : X_1 : \ldots : X_{n-2},$$

et ita porro. Si e functione $\Pi_i$ Constantes arbitrarias $\alpha_{i+1}, \alpha_{i+2}, \ldots, \alpha_n$, quas implicat, ope aequationum

$$\Pi_{i+1} = 0, \quad \Pi_{i+2} = 0, \quad \ldots, \quad \Pi_n = 0$$

eliminamus, redit aequatio $\Pi_i = 0$ in aequationum differentialium propositarum

Integrale $f_i - a_i = 0$. Voco autem, ut in aliis Commentationibus, *Integrale systematis aequationum differentialium vulgarium* huiusmodi aequationem integralem, quae differentiata identica evadat per solas aequationes differentiales propositas, neque ipsa illa aequatione integrali neque ulla alia in auxilium advocata.

§. 4.

Multiplicatoris expressio generalis. Bini Multiplicatores suppeditant Integrale. Expressio generalis functionum, quarum detur Determinans.

Iam varias, quae de Multiplicatore nostro tradi possunt, proprietates exponam. Ac primum inquiram quomodo, uno cognito Multiplicatore, eruantur alii innumeri, sive Multiplicatoris investigabo formam generalem. Sit $M$ datus Multiplicator aequationis

$$(1)\quad X\frac{\partial f}{\partial x}+X_1\frac{\partial f}{\partial x_1}+\cdots+X_n\frac{\partial f}{\partial x_n}=0,$$

satisfacere debet $M$ secundum §. pr. huiusmodi aequationi

$$(2)\quad MX=\Sigma\pm\frac{\partial f_1}{\partial x_1}\cdot\frac{\partial f_2}{\partial x_2}\cdots\frac{\partial f_n}{\partial x_n},$$

designantibus $f_1, f_2, \ldots, f_n$ solutiones aequationis (1) a se invicem indepentes. Sit $\mu$ alius quicunque Multiplicator, satisfaciens aequationi

$$(3)\quad \mu X=\Sigma\pm\frac{\partial F_1}{\partial x_1}\cdot\frac{\partial F_2}{\partial x_2}\cdots\frac{\partial F_n}{\partial x_n},$$

designantibus $F_1, F_2, \ldots, F_n$ aliud systema solutionum eiusdem aequationis (1) a se invicem independentium. Functiones $F_1$, $F_2$, etc. esse debent solarum $f_1, f_2, \ldots, f_n$ functiones; cognitis enim aequationis (1) solutionibus $n$ a se invicem independentibus, quaevis alia eiusdem aequationis solutio harum $n$ solutionum functio est. Fit autem per formulam notam (D. F. §. 11. Prop. II.):

$$(4)\quad \left\{\begin{aligned}&\Sigma\pm\frac{\partial F_1}{\partial x_1}\cdot\frac{\partial F_2}{\partial x_2}\cdots\frac{\partial F_n}{\partial x_n}\\ &=\Sigma\pm\frac{\partial F_1}{\partial f_1}\cdot\frac{\partial F_2}{\partial f_2}\cdots\frac{\partial F_n}{\partial f_n}\cdot\Sigma\pm\frac{\partial f_1}{\partial x_1}\cdot\frac{\partial f_2}{\partial x_2}\cdots\frac{\partial f_n}{\partial x_n},\end{aligned}\right.$$

siquidem habentur $F_1, F_2, \ldots, F_n$ in laeva formulae parte pro variabilium $x$, $x_1, \ldots, x_n$ functionibus, in dextra parte pro functionibus ipsarum $f_1, f_2, \ldots, f_n$. E (2)—(4) autem obtinetur haec formula:

$$(5)\quad \mu=M\Sigma\pm\frac{\partial F_1}{\partial f_1}\cdot\frac{\partial F_2}{\partial f_2}\cdots\frac{\partial F_n}{\partial f_n}.$$

Unde sequitur vice versa, ipsarum $f_1, f_2, \ldots, f_n$ quibuscunque sumtis functionibus a se independentibus $F_1, F_2, \ldots, F_n$, Multiplicatorem $M$ ductum in harum functionum Determinans

$$\Sigma \pm \frac{\partial F_1}{\partial f_1} \cdot \frac{\partial F_2}{\partial f_2} \cdots \frac{\partial F_n}{\partial f_n}$$

alterum suppeditare Multiplicatorem $\mu$. Quaecunque enim sint $F_1, F_2, \ldots, F_n$ ipsarum $f_1, f_2, \ldots, f_n$ functiones a se independentes, ex aequationibus (2), (4), (5) sequitur formula (3), in qua $F_1, F_2, \ldots, F_n$ erunt aequationis (1) solutiones a se invicem independentes, unde secundum §. pr. quantitas $\mu$, formula (3) determinata, aequationis (1) erit Multiplicator.

Videmus ex antecedentibus, binorum quorumque Multiplicatorum Quotientem $\frac{\mu}{M}$ aequari functioni ipsarum $f_1, f_2, \ldots, f_n$, videlicet Determinanti ipsarum $F_1, F_2, \ldots, F_n$, pro functionibus quantitatum $f_1, f_2, \ldots, f_n$ habitarum, et vice versa, Multiplicatore $M$ ducto in Determinans quarumcunque $n$ functionum a se independentium quantitatum $f_1, f_2, \ldots, f_n$, alterum obtineri Multiplicatorem. Semper autem quantitatum $f_1, f_2, \ldots, f_n$ functiones $F_1, F_2, \ldots, F_n$ invenire licet, quarum Determinans sit earundem quantitatum data quaecunque functio. Unde non modo binorum Multiplicatorum $M$ et $\mu$ Quotiens functioni aequatur ipsarum $f_1, f_2, \ldots, f_n$, sed etiam vice versa, Multiplicatore $M$ in quamcunque functionem ipsarum $f_1, f_2, \ldots, f_n$ ducto, rursus prodit Multiplicator. Et cum ipsarum $f_1, f_2, \ldots, f_n$ quaelibet functio aequationis (1) solutio sit, neque aliae aequationis (1) solutiones exstare possint, nisi quae ipsarum $f_1, f_2, \ldots, f_n$ functiones sint, sequitur ex antecedentibus haec Propositio.

## Propositio.

„Designante $M$ Multiplicatorem aequationis differentialis partialis

$$X\frac{\partial f}{\partial x} + X_1\frac{\partial f}{\partial x_1} + \cdots + X_n\frac{\partial f}{\partial x_n} = 0,$$

erit Multiplicatoris forma generalis

$$\Pi M,$$

designante $\Pi$ quamcunque aequationis propositae solutionem."

Cognita aequationis (1) solutione $\Pi$ ac designante $\alpha$ Constantem arbitrariam, aequatione $\Pi = \alpha$ determinatur variabilium $x_1, x_2, \ldots, x_n$ functio $x$, satisfaciens aequationi differentiali partiali

$$(6)\quad 0 = X - X_1\frac{\partial x}{\partial x_1} - X_2\frac{\partial x}{\partial x_2} - \cdots - X_n\frac{\partial x}{\partial x_n},$$

nec non erit $\Pi = \alpha$ Integrale aequationum differentialium vulgarium simultanearum

$$(7)\quad dx : dx_1 : \ldots : dx_n = X : X_1 : \ldots : X_n.$$

Unde Propositio antecedens docet, *cognitis aequationis differentialis partialis* (6) *vel aequationum* (7) *differentialium vulgarium binis Multiplicatoribus* $M$ *et* $M_1$, *non solo factore constante inter se diversis, aequationem*

$$\frac{M_1}{M} = \text{Const.}$$

*fore aequationis differentialis partialis* (6) *solutionem vel systematis aequationum differentialium* (7) *Integrale.*

Pluribus datis Multiplicatoribus $M, M_1, \ldots, M_k$, haec quoque quantitas

$$MF\left(\frac{M_1}{M}, \frac{M_2}{M}, \ldots, \frac{M_k}{M}\right)$$

erit Multiplicator. Designante enim $F$ ipsarum $\frac{M_1}{M}$ etc. functionem arbitrariam, non tantum fractiones $\frac{M_1}{M}$, $\frac{M_2}{M}$, etc., sed ipsa $F$ quoque aequationis (1) solutio fit. Unde etiam aequatione $F = 0$ sive, quod idem est, *quacunque aequatione homogenea inter datos Multiplicatores posita determinatur aequationis* (6) *solutio.* Nec non designantibus $\alpha_1, \alpha_2, \ldots, \alpha_n$ Constantes arbitrarias, erunt

$$\frac{M_1}{M} = \alpha_1, \quad \frac{M_2}{M} = \alpha_2, \quad \ldots, \quad \frac{M_k}{M} = \alpha_k$$

Integralia aequationum differentialium vulgarium (7).

Restat, ut paucis exponam, quomodo inveniantur functiones, quarum Determinans datae variabilium functioni aequetur, quod semper fieri posse supra innui. Immo videbimus idem innumeris modis succedere, videlicet functiones praeter unam omnes ex arbitrio sumi posse, una reliqua per solam Quadraturam determinata.

Designante $\Pi$ datam quamcunque quantitatum $f_1, f_2, \ldots, f_n$ functionem, simplicissima habetur solutio aequationis

$$(8)\quad \Sigma \pm \frac{\partial F_1}{\partial f_1} \cdot \frac{\partial F_2}{\partial f_2} \cdots \frac{\partial F_n}{\partial f_n} = \Pi,$$

ponendo

$$F_2 = f_2, \quad F_3 = f_3, \quad \ldots, \quad F_n = f_n,$$

unde Determinans propositum in simplex differentiale abit

$$\frac{\partial F_1}{\partial f_1} = \Pi.$$

Quo igitur casu fit

$$F_1 = \int \Pi df_1,$$

cui integrali functionem ipsarum $f_2, f_3, \ldots, f_n$ arbitrariam addere licet, quippe quae inter integrationem pro Constantibus habentur. Aequationis (8) solutio generalis obtinetur sequenti modo. Pro ipsis $F_2, F_3, \ldots, F_n$ ex arbitrio sumantur ipsarum $f_1, f_2, \ldots, f_n$ functiones a se independentes, atque fingatur, reliquam functionem $F_1$ exhiberi per quantitates

$$f_1, \; F_2, \; F_3, \; \ldots, \; F_n.$$

Functionis $F_1$ hoc modo repraesentatae differentialia partialia uncis includam, quo distinguantur a differentialibus eiusdem functionis per $f_1, f_2, \ldots, f_n$ exhibitae, ita ut sit

$$\frac{\partial F_1}{\partial f_1} = \left(\frac{\partial F_1}{\partial f_1}\right) + \left(\frac{\partial F_1}{\partial F_2}\right)\frac{\partial F_2}{\partial f_1} + \left(\frac{\partial F_1}{\partial F_3}\right)\frac{\partial F_3}{\partial f_1} + \cdots + \left(\frac{\partial F_1}{\partial F_n}\right)\frac{\partial F_n}{\partial f_1},$$

et, quoties index $i$ ab unitate diversus est,

$$\frac{\partial F_1}{\partial f_i} = \left(\frac{\partial F_1}{\partial F_2}\right)\frac{\partial F_2}{\partial f_i} + \left(\frac{\partial F_1}{\partial f_3}\right)\frac{\partial F_3}{\partial f_i} + \cdots + \left(\frac{\partial F_1}{\partial F_n}\right)\frac{\partial F_n}{\partial f_i}.$$

Quae ipsarum

$$\frac{\partial F_1}{\partial f_1}, \; \frac{\partial F_1}{\partial f_2}, \; \ldots, \; \frac{\partial F_1}{\partial f_n}$$

expressiones si substituuntur in Determinante

$$\Sigma \pm \frac{\partial F_1}{\partial f_1} \cdot \frac{\partial F_2}{\partial f_2} \cdots \frac{\partial F_n}{\partial f_n},$$

identice evanescunt singula aggregata, per singula differentialia partialia

$$\left(\frac{\partial F_1}{\partial F_2}\right), \; \left(\frac{\partial F_1}{\partial F_3}\right), \; \ldots, \; \left(\frac{\partial F_1}{\partial F_n}\right)$$

multiplicata, unde simplex formula obtinetur:

$$(9) \quad \Sigma \pm \frac{\partial F_1}{\partial f_1} \cdot \frac{\partial F_2}{\partial f_2} \cdots \frac{\partial F_n}{\partial f_n} = \left(\frac{\partial F_1}{\partial f_1}\right) \Sigma \pm \frac{\partial F_2}{\partial f_2} \cdot \frac{\partial F_3}{\partial f_3} \cdots \frac{\partial F_n}{\partial f_n}.$$

(D. F. §. 12. (4)). E (8) et (9) sequitur

$$\left(\frac{\partial F_1}{\partial f_1}\right) = \frac{\Pi}{\Sigma \pm \frac{\partial F_2}{\partial f_2} \cdot \frac{\partial F_3}{\partial f_3} \cdots \frac{\partial F_n}{\partial f_n}};$$

quae formula, exprimendo $f_2, f_3, \ldots, f_n$ per $f_1, F_2, F_3, \ldots, F_n$, sic quoque exhiberi potest:

$$(10) \quad \left(\frac{\partial F_1}{\partial f_1}\right) = \Pi \Sigma \pm \frac{\partial f_2}{\partial F_2} \cdot \frac{\partial f_3}{\partial F_3} \cdots \frac{\partial f_n}{\partial F_n}.$$

(D. F. §. 9. (2)). Secundum hanc formulam, ut modo maxime generali variabilium $f_1, f_2, \ldots, f_n$ inveniantur functiones, quarum Determinans datae earundem variabilium functioni $\Pi$ aequatur, ex arbitrio exprimantur $f_2$, $f_3, \ldots, f_n$ per $f_1$ aliasque $n-1$ quantitates $F_2, F_3, \ldots, F_n$, determinataque $F_1$ per formulam

$$(11) \quad F_1 = \int \Pi \Sigma \pm \frac{\partial f_2}{\partial F_2} \cdot \frac{\partial f_3}{\partial F_3} \cdots \frac{\partial f_n}{\partial F_n} df_1,$$

ipsae $F_1, F_2, \ldots, F_n$, vice versa per $f_1, f_2, \ldots, f_n$ expressae, erunt functiones quaesitae.

Ponendo $\Pi = 1$ antecedentibus innumera obtinentur systemata functionum quantitatum $f_1, f_2, \ldots, f_n$, quarum Determinans unitati aequatur. Quibus omnibus idem respondet Multiplicator. Quoties enim

$$\Sigma \pm \frac{\partial F_1}{\partial f_1} \cdot \frac{\partial F_2}{\partial f_2} \cdots \frac{\partial F_n}{\partial f_n} = 1,$$

sequitur e (5)

$$\mu = M.$$

Vice versa, si idem Multiplicator respondet binis systematis $n$ solutionum a se independentium aequationis differentialis partialis (1), $f_1, f_2, \ldots, f_n$ atque $F_1$, $F_2, \ldots, F_n$, ita ut sit

$$MX = \Sigma \pm \frac{\partial f_1}{\partial x_1} \cdot \frac{\partial f_2}{\partial x_2} \cdots \frac{\partial f_n}{\partial x_n}$$
$$= \Sigma \pm \frac{\partial F_1}{\partial x_1} \cdot \frac{\partial F_2}{\partial x_2} \cdots \frac{\partial F_n}{\partial x_n}:$$

erunt $F_1, F_2, \ldots, F_n$ quantitatum $f_1, f_2, \ldots, f_n$ functiones, quarum Determinans unitati aequatur.

## §. 5.

**Multiplicatoris definitio per aequationem differentialem partialem. Conditio, ut Multiplicator aequari possit unitati.**

Vidimus §. 3, aequationis differentialis partialis

$$(1)\quad X\frac{\partial f}{\partial x}+X_1\frac{\partial f}{\partial x_1}+\cdots+X_n\frac{\partial f}{\partial x_n}=0$$

Multiplicatorem quemcunque $M$ alii satisfacere aequationi differentiali partiali:

$$(2)\quad \frac{\partial(MX)}{\partial x}+\frac{\partial(MX_1)}{\partial x_1}+\cdots+\frac{\partial(MX_n)}{\partial x_n}=0.$$

Vice versa, *quaecunque habetur solutio $\mu$ aequationis differentialis partialis*

$$(3)\quad \frac{\partial(\mu X)}{\partial x}+\frac{\partial(\mu X_1)}{\partial x_1}+\cdots+\frac{\partial(\mu X_n)}{\partial x_n}=0,$$

*erit illa aequationis* (1) *Multiplicator.*

Ponamus enim $\mu=\Pi.M$, abit aequatio (3) in sequentem:

$$0=\Pi\left(\frac{\partial(MX)}{\partial x}+\frac{\partial(MX_1)}{\partial x_1}+\cdots+\frac{\partial(MX_n)}{\partial x_n}\right)$$
$$+M\left(X\frac{\partial\Pi}{\partial x}+X_1\frac{\partial\Pi}{\partial x_1}+\cdots+X_n\frac{\partial\Pi}{\partial x_n}\right).$$

Partis dextrae Aggregatum in $\Pi$ ductum secundum (2) evanescit: unde, cum supponamus ipsum $M$ non evanescere, sequitur:

$$0=X\frac{\partial\Pi}{\partial x}+X_1\frac{\partial\Pi}{\partial x_1}+\cdots+X_n\frac{\partial\Pi}{\partial x_n}.$$

Erit igitur $\Pi$ aequationis (1) solutio ideoque secundum Propositionem §. pr. traditam, Multiplicatorem in solutionem aequationis (1) quamcunque ductum reproducere Multiplicatorem, erit $\Pi.M=\mu$ Multiplicator, q. d. e.

Cum quilibet Multiplicator sit solutio aequationis (3) et secundum antecedentia quaelibet aequationis (3) solutio sit Multiplicator, poterit aequatio (3) adhiberi ad Multiplicatorem definiendum. Habemus igitur Propositionem sequentem.

### Propositio I.

„Designante $M$ solutionem quamcunque aequationis differentialis partialis

$$\frac{\partial(MX)}{\partial x}+\frac{\partial(MX_1)}{\partial x_1}+\cdots+\frac{\partial(MX_n)}{\partial x_n}=0,$$

semper dantur functiones $f_1$, $f_2$, ..., $f_n$, quae pro functione $f$ indefinita efficiant aequationem

$$M\left(X\frac{\partial f}{\partial x}+X_1\frac{\partial f}{\partial x_1}+\cdots+X_n\frac{\partial f}{\partial x_n}\right)=\Sigma\pm\frac{\partial f}{\partial x}\cdot\frac{\partial f_1}{\partial x_1}\cdots\frac{\partial f_n}{\partial x_n}.\text{“}$$

Videri possit parum lucri percipi e nova Multiplicatoris determinatione per aequationem differentialem partialem (3). Aequationis (3) enim solutio generalis non habetur, nisi aequationis (1) data sit solutio generalis sive eius innotescant $n$ solutiones particulares $n$ se invicem independentes. His autem cognitis, habetur Multiplicator per formulam (2) §. pr. At observo, ad Multiplicatorem eruendum tantum nos indigere una aliqua solutione particulari aequationis (3), et quamquam aequationis (3) solutio generalis a solutione aequationis (1) pendet et pro complicatiore habenda est, fieri tamen potest, ut aequationis (3) innotescat solutio particularis, dum aequationis (1) solutiones adhuc omnes ignoramus.

Inter solutiones aequationis differentialis partialis (1) non referenda est, quae sponte se offert, $f=$ Const. Sed e solutionibus aequationis (3), quae Multiplicatorem suggerunt, quantitates constantes non excluduntur. Fit autem Multiplicator Constanti vel, si placet, unitati aequalis, si inter ipsas $X$, $X_1$, etc. locum habet aequatio:

$$(4)\qquad \frac{\partial X}{\partial x}+\frac{\partial X_1}{\partial x_1}+\cdots+\frac{\partial X_n}{\partial x_n}=0.$$

Eo casu ipsa expressio proposita

$$X\frac{\partial f}{\partial x}+X_1\frac{\partial f}{\partial x_1}+\cdots+X_n\frac{\partial f}{\partial x_n}$$

pro functione $f$ indefinita aequivalet alicui Determinanti functionali

$$\Sigma\pm\frac{\partial f}{\partial x}\cdot\frac{\partial f_1}{\partial x_1}\cdot\frac{\partial f_2}{\partial x_2}\cdots\frac{\partial f_n}{\partial x_n},$$

sive, adhibendo notationes §. 3 usitatas, statuere licet

$$X=A,\quad X_1=A_1,\quad \ldots,\quad X_n=A_n.$$

Quod, si ea tenes, quae §. 2 de Determinantibus functionalibus partialibus monui, sic quoque proponi potest.

## Propositio II.

„Si $n+1$ variabilium $x$, $x_1$, ..., $x_n$ functiones $X$, $X_1$, ..., $X_n$ satisfaciant conditioni

$$\frac{\partial X}{\partial x}+\frac{\partial X_1}{\partial x_1}+\frac{\partial X_2}{\partial x_2}+\cdots+\frac{\partial X_n}{\partial x_n}=0,$$

ipsae $n+1$ quantitates $X, X_1, \ldots, X_n$ haberi possunt pro certarum $n$ functionum Determinantibus partialibus."

Haec Propositio analoga est notae elementari, si variabilium $x$ et $y$ functiones $X$ et $Y$ satisfaciant conditioni $\frac{\partial X}{\partial x}+\frac{\partial Y}{\partial y}=0$, ipsas $Y$ et $-X$ respective haberi posse pro eiusdem functionis differentialibus partialibus, variabilium $x$ et $y$ respectu sumtis.

Si inter quantitates $X, X_1$, etc. conditio (4) locum habet, aequatio differentialis partialis (3), qua Multiplicator definitur, in ipsam (1) redit. Eo igitur casu quaecunque aequationis (1) solutio eiusdem aequationis Multiplicator erit, siquidem iam unitatem vel numeros constantes inter solutiones referimus. Unde etiam patet, eo casu aequationum differentialium vulgarium

$$dx : dx_1 : \ldots : dx_n = X : X_1 : \ldots : X_n$$

Multiplicatorem fore quantitatem quamcunque, aut per se constantem, aut quae per aequationes integrales completas Constanti aequetur.

§. 6.

Cognito systematis aequationum differentialium vulgarium Multiplicatore quocunque, eruuntur Determinantia functionum, quae per aequationes integrales completas valoribus variabilium initialibus aequivalent.

Vidimus §. 3, designantibus $f_1, f_2, \ldots, f_n$ solutiones a se independentes aequationis

$$(1)\quad X\frac{\partial f}{\partial x}+X_1\frac{\partial f}{\partial x_1}+\cdots+X_n\frac{\partial f}{\partial x_n}=0,$$

harum functionum Determinantia partialia $A_1, A_2, \ldots, A_n$ esse inter se ut aequationis (1) Coëfficientes, sive fieri

$$(2)\quad A : A_1 : \ldots : A_n = X : X_1 : \ldots : X_n.$$

Unde omnia $A_1, A_2, \ldots, A_n$ uno determinantur $A$. Antecedentibus autem demonstravi, designante $\mu$ Multiplicatorem aequationis (1) quemcunque sive quamcunque solutionem aequationis

$$(3)\quad \frac{\partial(X\mu)}{\partial x}+\frac{\partial(X_1\mu)}{\partial x_1}+\cdots+\frac{\partial(X_n\mu)}{\partial x_n}=0,$$

fieri $\mu = \Pi M$, ideoque

$$(4)\quad \mu X = \Pi . A = \Pi . \Sigma \pm \frac{\partial f_1}{\partial x_1}\cdot\frac{\partial f_2}{\partial x_2}\cdots\frac{\partial f_n}{\partial x_n},$$

ubi $\Pi$ certa quaedam est ipsarum $f_1, f_2, \ldots, f_n$ functio sive aequationis (1) solutio. Hinc e data quacunque aequationis (3) solutione $\mu$ cognoscitur valor Determinantis $A$, dummodo determinata erit functio $\Pi$. *Eruitur autem functio $\Pi$, dummodo Determinantis $A$ innotescat valor, quem pro $x=0$ induit.* Generaliter enim, ut functio $f$ aequationi differentiali partiali (1) satisfaciens omnino determinata sit, poscitur et sufficit, ut aliqua cognoscatur functio, cui illa aequalis evadat, ubi inter variabiles $x, x_1, \ldots, x_n$ data aliqua aequatio locum habet, veluti si ipsius $f$ datur valor, quem pro $x=0$ induit. Hinc si ponimus, pro $x=0$ abire $\mu, X, A$ in variabilium $x_1, x_2, \ldots, x_n$ functiones $\mu^0, X^0, A^0$; functio $\Pi$ eo determinabitur, quod esse debeat aequationis (1) solutio atque pro $x=0$ aequalis evadat variabilium $x_1, x_2, \ldots, x_n$ functioni

$$\frac{\mu^0 X^0}{A^0}.$$

Eiusmodi solutio autem ut inveniatur, sint $f_1^0, f_2^0, \ldots, f_n^0$ variabilium $x_1, x_2, \ldots, x_n$ functiones, in quas pro $x=0$ abeunt $f_1, f_2, \ldots, f_n$; exprimatur porro variabilium $x_1, x_2, \ldots, x_n$ functio $\frac{\mu^0 X^0}{A^0}$ per $f_1^0, f_2^0, \ldots, f_n^0$; in qua expressione ponendo ipsarum $f_1^0, f_2^0, \ldots, f_n^0$ loco ipsas $f_1, f_2, \ldots, f_n$, prodibit functio quaesita $\Pi$. Quippe functio sic inventa erit aequationis (1) solutio et pro $x=0$ abibit in variabilium $x_1, x_2, \ldots, x_n$ functionem $\frac{\mu^0 X^0}{A^0}$.

Functionem $A^0$ casu prae ceteris notando a priori assignare licet, videlicet quoties $f_1, f_2, \ldots, f_n$ tales sunt aequationis (1) solutiones, *quae pro $x=0$ in ipsas variabiles $x_1, x_2, \ldots, x_n$ abeunt.* Tunc enim habetur

$$f_1^0 = x_1, \quad f_2^0 = x_2, \quad \ldots, \quad f_n^0 = x_n,$$

ideoque

$$A^0 = \Sigma \pm \frac{\partial f_1^0}{\partial x_1} \cdot \frac{\partial f_2^0}{\partial x_2} \cdots \frac{\partial f_n^0}{\partial x_n} = 1.$$

Hinc secundum regulam traditam functio $\Pi$ e functione $\mu^0 X^0$ eruitur substituendo variabilibus $x_1, x_2, \ldots, x_n$ functiones $f_1, f_2, \ldots, f_n$, sive, quod idem est, substituendo in ipsa $\mu X$ variabilibus $x, x_1, x_2, \ldots, x_n$ quantitates $0, f_1, f_2, \ldots, f_n$. Id quod sequentem suppeditat Propositionem.

### Propositio I.

„Sint $f_1, f_2, \ldots, f_n$ solutiones aequationis

$$X\frac{\partial f}{\partial x} + X_1\frac{\partial f}{\partial x_1} + \cdots + X_n\frac{\partial f}{\partial x_n} = 0,$$

quae pro $x=0$ in ipsas variabiles $x_1, x_2, \ldots, x_n$ abeunt; sit $\mu$ quantitas quaecunque satisfaciens aequationi

$$\frac{\partial(X\mu)}{\partial x}+\frac{\partial(X_1\mu)}{\partial x_1}+\cdots+\frac{\partial(X_n\mu)}{\partial x_n}=0,$$

atque sit $\Pi$ ipsarum $f_1, f_2, \ldots, f_n$ functio, quae e producto $\mu X$ provenit substituendo variabilibus $x, x_1, x_2, \ldots, x_n$ quantitates $0, f_1, f_2, \ldots, f_n$: erit

$$\Sigma\pm\frac{\partial f_1}{\partial x_1}\cdot\frac{\partial f_2}{\partial x_2}\cdots\frac{\partial f_n}{\partial x_n}=\frac{\mu X}{\Pi};$$

sive generalius, designante $f$ functionem indefinitam, erit

$$\Sigma\pm\frac{\partial f}{\partial x}\cdot\frac{\partial f_1}{\partial x_1}\cdot\frac{\partial f_2}{\partial x_2}\cdots\frac{\partial f_n}{\partial x_n}=\frac{\mu}{\Pi}\left\{X\frac{\partial f}{\partial x}+X_1\frac{\partial f}{\partial x_1}+\cdots+X_n\frac{\partial f}{\partial x_n}\right\}.\text{“}$$

Observo hac occasione generaliter, datis aequationis (1) solutionibus $f_1, f_2, \ldots, f_n$, quae pro $x=0$ in ipsas $x_1, x_2, \ldots, x_n$ abeant, quamvis aliam eiusdem aequationis solutionem $\Pi$ per ipsas $f_1, f_2, \ldots, f_n$ absque omni eliminationis negotio exhiberi. Scilicet sufficit in functione $\Pi$ variabilibus $x, x_1, x_2, \ldots, x_n$ substituere quantitates $0, f_1, f_2, \ldots, f_n$.

Casu speciali, quem sub finem §. pr. consideravi, posito insuper $X=1$, e Propositione praecedente emergit haec:

## Propositio II.

„Sint $f_1, f_2, \ldots, f_n$ tales solutiones aequationis

$$\frac{\partial f}{\partial x}+X_1\frac{\partial f}{\partial x_1}+X_2\frac{\partial f}{\partial x_2}+\cdots+X_n\frac{\partial f}{\partial x_n}=0,$$

quae pro $x=0$ respective in $x_1, x_2, \ldots, x_n$ abeant, sitque identice

$$\frac{\partial X_1}{\partial x_1}+\frac{\partial X_2}{\partial x_2}+\cdots+\frac{\partial X_n}{\partial x_n}=0,$$

erit

$$\Sigma\pm\frac{\partial f_1}{\partial x_1}\cdot\frac{\partial f_2}{\partial x_2}\cdots\frac{\partial f_n}{\partial x_n}=1,$$

atque reliqua functionum $f_1, f_2, \ldots, f_n$ Determinantia partialia $A_1, A_2, \ldots, A_n$ in ipsas redeunt quantitates $X_1, X_2, \ldots, X_n$.“

Convenit Propositiones antecedentibus inventas ad systemata aequationum differentialium vulgarium referre. Proponatur enim systema aequationum differentialium vulgarium

$$dx : dx_1 : dx_2 : \ldots : dx_n = X : X_1 : X_2 : \ldots : X_n,$$

eiusque integratione completa facta, pro Constantibus arbitrariis adhibeantur valores, quos $x_1, x_2, \ldots, x_n$ pro $x = 0$ induunt; resolutione deinde aequationum integralium erui poterunt variabilium $x, x_1, \ldots, x_n$ functiones illis Constantibus arbitrariis aequales, quae ipsae erunt functiones $f_1, f_2, \ldots, f_n$, in Propp. I. et II. consideratae. Generaliter Integralia completa sint

$$f_1 = \alpha_1, \quad f_2 = \alpha_2, \quad \ldots, \quad f_n = \alpha_n,$$

designantibus $\alpha_1, \alpha_2$, etc. Constantes arbitrarias quascunque, a quibus ipsae $f_1, f_2$, etc. vacuae supponuntur. Quorum Integralium ope expressis $x_1, x_2, \ldots, x_n$ per $x$ et Constantes arbitrarias $\alpha_1, \alpha_2, \ldots, \alpha_n$, fit secundum formulas de Determinantibus functionalibus traditas:

$$\Delta = \Sigma \pm \frac{\partial f_1}{\partial x_1} \cdot \frac{\partial f_2}{\partial x_2} \cdots \frac{\partial f_n}{\partial x_n} = \left\{ \Sigma \pm \frac{\partial x_1}{\partial \alpha_1} \cdot \frac{\partial x_2}{\partial \alpha_2} \cdots \frac{\partial x_n}{\partial \alpha_n} \right\}^{-1}.$$

Unde formula (4) docet, cognito aequationum differentialium vulgarium propositarum Multiplicatore aliquo $\mu$, sive aequationis (3) solutione, fieri

$$\Sigma \pm \frac{\partial x_1}{\partial \alpha_1} \cdot \frac{\partial x_2}{\partial \alpha_2} \cdots \frac{\partial x_n}{\partial \alpha_n} = \frac{C}{\mu X},$$

designante $C$ functionem Constantium arbitrariarum. Quoties sunt $\alpha_1, \alpha_2, \ldots, \alpha_n$ valores initiales variabilium $x_1, x_2, \ldots, x_n$, ipsi $x = 0$ respondentes, Determinans functionale, in laeva parte aequationis antecedentis collocatum, ponendo $x = 0$ in *unitatem* abit. Quo igitur casu Constans $C$ ex ipsa $\mu X$ eruitur ponendo variabilium $x, x_1, x_2, \ldots, x_n$ loco valores $0, \alpha_1, \alpha_2, \ldots, \alpha_n$. Casu speciali, quo Multiplicator unitatem aequat, e Propositione II. eruitur sequens prae ceteris simplex Propositio.

### Propositio III.

„Proponantur aequationes differentiales vulgares simultaneae

$$\frac{dx_1}{dx} = X_1, \quad \frac{dx_2}{dx} = X_2, \quad \ldots, \quad \frac{dx_n}{dx} = X_n,$$

in quibus sint $X_1, X_2, \ldots, X_n$ tales variabilium $x, x_1, x_2, \ldots, x_n$ functiones, quae satisfaciant aequationi

$$\frac{\partial X_1}{\partial x_1} + \frac{\partial X_2}{\partial x_2} + \cdots + \frac{\partial X_n}{\partial x_n} = 0;$$

integratione completa expressis $x_1, x_2, \ldots, x_n$ per $x$ earumque valores initiales $\alpha_1, \alpha_2, \ldots, \alpha_n$, erit non tantum pro $x = 0$, sed pro valore ipsius

$x$ indefinito

$$\Sigma \pm \frac{\partial x_1}{\partial a_1} \cdot \frac{\partial x_2}{\partial a_2} \cdots \frac{\partial x_n}{\partial a_n} = 1."$$

Quae licet a proposito meo aliena utile videbatur obiter adnotare.

Quo rectius intelligantur, quae supra monui de definienda solutione $f$ aequationis differentialis partialis (1), sequentia adiicio. Sit $\varphi$ functio, in quam abire debet $f$ pro aequatione aliqua inter variabiles $x, x_1, \ldots, x_n$ data. Si $\varphi$ et ipsa aequationis (1) solutio est, erit $f = \varphi$ functio quaesita, quaecunque sit illa aequatio. Si $\varphi$ non est aequationis (1) solutio, fieri non debet, ut aequatio illa ad aliam inter quantitates $f_1, f_2, \ldots, f_n$ revocari possit, sive ut ex aequatione illa peti possit solutio aequationis differentialis partialis

$$X = X_1 \frac{\partial x}{\partial x_1} + X_2 \frac{\partial x}{\partial x_2} + \cdots + X_n \frac{\partial x}{\partial x_n}.$$

Nisi forte eiusmodi solutio sit *singularis* seu non redeat in aequationem inter quantitates $f_1, f_2, \ldots, f_n$, quo casu nihil impedit quominus functio $f$ definiatur ope valoris, quem pro data illa aequatione induit. Infra autem videbimus, pro aequationis differentialis partialis antecedentis solutione singulari fieri

$$\frac{\partial X}{\partial x} + \frac{\partial X_1}{\partial x_1} + \cdots + \frac{\partial X_n}{\partial x_n} = \infty,$$

ubi ipsae $X$, $X_1$, etc. cum a factoribus communibus tum a denominatoribus purgatae supponuntur. Ita non definiri poterit $f$ ope valoris, quem pro $x = 0$ induit, ubi pro $x = 0$ habetur $X = 0$ nec simul $\frac{\partial X}{\partial x} = \infty$. Quod obiter observo.

## §. 7.

### Multiplicatoris definitio per aequationem differentialem vulgarem.

Multiplicatorem, quem antecedentibus per aequationem differentialem partialem definivi, etiam per formulam differentialem vulgarem definire licet. Quae nova forma aequationis prae ceteris indagando Multiplicatori apta est.

Primum aequationem differentialem partialem, qua Multiplicator $\mu$ definitur, sic exhibeo:

$$(1) \quad 0 = X \frac{\partial \mu}{\partial x} + X_1 \frac{\partial \mu}{\partial x_1} + \cdots + X_n \frac{\partial \mu}{\partial x_n} + \mu \left\{ \frac{\partial X}{\partial x} + \frac{\partial X_1}{\partial x_1} + \cdots + \frac{\partial X_n}{\partial x_n} \right\},$$

vel, dividendo per $\mu$:

$$(2) \quad 0 = X \frac{\partial \log \mu}{\partial x} + X_1 \frac{\partial \log \mu}{\partial x_1} + \cdots + X_n \frac{\partial \log \mu}{\partial x_n} + \frac{\partial X}{\partial x} + \frac{\partial X_1}{\partial x_1} + \cdots + \frac{\partial X_n}{\partial x_n}.$$

Per aequationes autem differentiales vulgares, quarum $\mu$ est Multiplicator,

$$(3)\quad dx : dx_1 : dx_2 : \ldots : dx_n = X : X_1 : X_2 : \ldots : X_n$$

aequationem praecedentem brevius sic repraesentare licet:

$$(4)\quad 0 = X\frac{d\log\mu}{dx} + \frac{\partial X}{\partial x} + \frac{\partial X_1}{\partial x_1} + \cdots + \frac{\partial X_n}{\partial x_n}.$$

Hinc poterit aequationum differentialium vulgarium (3) Multiplicator $\mu$ definiri ut *functio, quae solarum aequationum differentialium propositarum* (3) *ope, nulla in auxilium vocata aequatione integrali, aequationi* (4) *satisfaciat.* Quippe quod fieri non potest, nisi $\mu$ *identice* satisfaciat aequationi (2), qua Multiplicator definiebatur.

Sequitur ex antecedentibus, ad investigandum Multiplicatorem circumspiciendum esse, an aequationum differentialium (3) ope contingat, expressioni

$$\left\{\frac{\partial X}{\partial x} + \frac{\partial X_1}{\partial x_1} + \cdots + \frac{\partial X_n}{\partial x_n}\right\}\frac{dx}{X}$$

formam conciliare alicuius differentialis completi $dU$. Quippe hoc patrato fit e (4) Multiplicator:

$$(5)\quad \mu = e^{-\int\left(\frac{\partial X}{\partial x} + \frac{\partial X_1}{\partial x_1} + \cdots + \frac{\partial X_n}{\partial x_n}\right)\frac{dx}{X}} = e^{-U}.$$

Hanc indagandi Multiplicatoris methodum infra per varia exempla illustrabo, in quibus integrationem, quae Multiplicatorem suggerit, videbimus praestari posse, aequationum differentialium vulgarium propositarum nullo Integrali cognito. Esse tamen poterit formulae (4) usus etiam, si aequationes differentiales complete integratae sunt. Tum enim formula (4) docet, formationi Determinantis functionalis, quam determinatio Multiplicatoris requirebat, substitui posse Quadraturam, minus interdum molestam. Etenim ope integrationis completae quantitas ipsi $\frac{d\log\mu}{dx}$ aequalis per solam $x$ et Constantes arbitrarias exhiberi potest, unde ipsum $\log\mu$ per Quadraturam obtines:

$$(6)\quad \log\mu = -\int\frac{dx}{X}\left(\frac{\partial X}{\partial x} + \frac{\partial X_1}{\partial x_1} + \cdots + \frac{\partial X_n}{\partial x_n}\right).$$

Post integrationem factam substituendo Constantibus arbitrariis variabilium $x$, $x_1, x_2, \ldots, x_n$ functiones aequivalentes, prodibit ipsius $\log\mu$ expressio, aequationi differentiali partiali (2) satisfaciens.

Post aequationum (3) integrationem completam expressis $x_1, x_2, \ldots, x_n$

per $x$ et Constantes arbitrarias $\alpha_1, \alpha_2, \ldots, \alpha_n$, fit secundum §. pr.

$$(7)\quad \log\Sigma \pm \frac{\partial x_1}{\partial \alpha_1}\cdot\frac{\partial x_2}{\partial \alpha_2}\cdots\frac{\partial x_n}{\partial \alpha_n} = \log\frac{C}{\mu X},$$

designante $C$ Constantium arbitrariarum functionem. Unde, omissa, quod licet, Constante, e formula (6) eruitur

$$(8)\quad \log\Sigma \pm \frac{\partial x_1}{\partial \alpha_1}\cdot\frac{\partial x_2}{\partial \alpha_2}\cdots\frac{\partial x_n}{\partial \alpha_n} = \log\frac{1}{X} + \int\frac{dx}{X}\left(\frac{\partial X}{\partial x}+\frac{\partial X_1}{\partial x_1}+\cdots+\frac{\partial X_n}{\partial x_n}\right).$$

Quae formula immutata manere debet, omnibus $X, X_1, \ldots, X_n$ per factorem quemcunque communem multiplicatis. Quod ut pateat observo, per aequationes differentiales vulgares propositas aequationem (4) aucta symmetria sic proponi posse:

$$(9)\quad 0 = d\log\mu + \frac{\partial \log X}{\partial x}dx + \frac{\partial \log X_1}{\partial x_1}dx_1 + \cdots + \frac{\partial \log X_n}{\partial x_n}dx_n.$$

Unde e formula (7) eruitur:

$$\log\Sigma \pm \frac{\partial x_1}{\partial \alpha_1}\cdot\frac{\partial x_2}{\partial \alpha_2}\cdots\frac{\partial x_n}{\partial \alpha_n} = \log\frac{C}{\mu X}$$

$$= \log\frac{1}{X} + \int\left(\frac{\partial \log X}{\partial x}dx + \frac{\partial \log X_1}{\partial x_1}dx_1 + \cdots + \frac{\partial \log X_n}{\partial x_n}dx_n\right).$$

Si in hac formula simul omnes $X, X_1$, etc. in factorem communem $\nu$ ducuntur, augetur integrale quantitate

$$\int\left(\frac{\partial \log \nu}{\partial x}dx + \frac{\partial \log \nu}{\partial x_1}dx_1 + \cdots + \frac{\partial \log \nu}{\partial x_n}dx_n\right) = \int d\log\nu = \log\nu.$$

Eadem autem quantitate minuitur $\log\frac{1}{X}$, unde tota expressio immutata manet, q. d. e.

Si in formula (8) ponimus $X = 1$, prodit Propositio sequens.

### Propositio.

„Facta integratione completa aequationum differentialium vulgarium

$$\frac{dx_1}{dx} = X_1,\quad \frac{dx_2}{dx} = X_2,\quad \ldots,\quad \frac{dx_n}{dx} = X_n,$$

exhibeantur $x_1, x_2, \ldots, x_n$ per $x$ et Constantes arbitrarias $\alpha_1, \alpha_2, \ldots, \alpha_n$, erit

$$\log\Sigma \pm \frac{\partial x_1}{\partial \alpha_1}\cdot\frac{\partial x_2}{\partial \alpha_2}\cdots\frac{\partial x_n}{\partial \alpha_n} = \int\left(\frac{\partial X_1}{\partial x_1}+\frac{\partial X_2}{\partial x_2}+\cdots+\frac{\partial X_n}{\partial x_n}\right)dx,$$

quantitate sub signo integrationis et ipsa per $x$ et Constantes arbitrarias expressa.“

Si in Propositione antecedente ipsae $\alpha_1, \alpha_2, \ldots, \alpha_n$ designant variabilium valores initiales, valori $x = 0$ respondentes, integrationem inde a valore $x = 0$ fieri oportet. Ope huius Propositionis vel formulae generalioris (8) fieri potest, ut Quadratura alias satis abscondita eruatur; sicuti vice versa si Quadratura in promtu est, valor inde eruitur Determinantis functionalis.

Propositio antecedens primum a Cl° Liouville tradita est in Commentatione „*sur la variation des constantes arbitraires*", ipsius *Diario Mathematico* (Vol. III. pag. 342) inserta. Eadem sequitur e formula iam supra citata D. F. §. 9 (1), loco $f, f_1$, etc. scribendo $x_1, x_2, \ldots, x_n$ atque $x$ loco $a$, loco $x_1, x_2$, etc. autem $\alpha_1, \alpha_2, \ldots, \alpha_n$. Scilicet est ea consequentia lemmatis, quod circa variationem logarithmi Determinantis loco citato dedi. Habeantur enim $n$ systemata aequationum linearium inter $n$ incognitas $u_1, u_2, \ldots, u_n$, quae systemata iisdem gaudeant Coëfficientibus incognitarum et tantum terminis prorsus constantibus inter se discrepent, unde etiam omnibus idem erit Determinans. Denotentur in $k^{to}$ aequationum linearium systemate termini constantes, in altera parte aequationum positi, respective per variationes Coëfficientium, quibus in singulis aequationibus incognita $u_k$ afficitur, atque e primo systemate aequationum petatur valor ipsius $u_1$, e secundo valor ipsius $u_2$, et ita porro: omnium horum valorum summa aequivalebit variationi logarithmi Determinantis. In signis: sit $(u_k)_k$ valor ipsius $u_k$ petitus e systemate aequationum

$$(10)\quad \begin{cases} a'_1\, u_1 + a'_2\, u_2 + \cdots + a'_n\, u_n = \delta a'_k, \\ a''_1\, u_1 + a''_2\, u_2 + \cdots + a''_n\, u_n = \delta a''_k, \\ \cdot\quad \cdot\quad \cdot\quad \cdot\quad \cdot\quad \cdot\quad \cdot\quad \cdot\quad \cdot \\ a_1^{(n)} u_1 + a_2^{(n)} u_2 + \cdots + a_n^{(n)} u_n = \delta a_k^{(n)}, \end{cases}$$

erit

$$(11)\quad (u_1)_1 + (u_2)_2 + \cdots + (u_n)_n = \delta \log \Sigma \pm a'_1 a''_2 \ldots a_n^{(n)}.$$

Faciamus iam, in aequationibus differentialibus

$$\frac{dx_1}{dx} = X_1,\quad \frac{dx_2}{dx} = X_2,\quad \ldots,\quad \frac{dx_n}{dx} = X_n$$

substitui variabilium $x_1, x_2, \ldots, x_n$ valores per $x$ et Constantes arbitrarias $\alpha_1, \alpha_2, \ldots, \alpha_n$ exhibitos, qua substitutione prodire debent aequationes identicae. Quas si ipsarum $\alpha_i$ respectu differentiamus, obtinemus $nn$ huiusmodi aequationes:

$$(12)\quad d\frac{\partial x_k}{\partial \alpha_i} = \left\{ \frac{\partial X_k}{\partial x_1} \cdot \frac{\partial x_1}{\partial \alpha_i} + \frac{\partial X_k}{\partial x_2} \cdot \frac{\partial x_2}{\partial \alpha_i} + \cdots + \frac{\partial X_k}{\partial x_n} \cdot \frac{\partial x_n}{\partial \alpha_i} \right\} dx.$$

Ipsi $i$ tribuendo valores $1, 2, \ldots, n$, ex aequatione antecedente prodeunt $n$

aequationes lineares, in quibus habentur pro incognitis quantitates $\frac{\partial X_k}{\partial x_1}dx$, $\frac{\partial X_k}{\partial x_2}dx$, etc. Prodeunt $n$ eiusmodi systemata aequationum linearium tribuendo ipsi quoque $k$ valores $1, 2, \ldots, n$; in omnibusque illis aequationum linearium systematis incognitae iisdem gaudebunt Coëfficientibus. Hinc si in aequationibus (10) ponimus

$$a_k^{(i)} = \frac{\partial x_k}{\partial \alpha_i},$$

atque variationibus substituimus differentialia, aequationes (10) abeunt in aequationes (12), unde eruitur

$$(u_k)_k = \frac{\partial X_k}{\partial x_k}dx.$$

Unde e (11) sequitur

$$\left\{\frac{\partial X_1}{\partial x_1}+\frac{\partial X_2}{\partial x_2}+\cdots+\frac{\partial X_n}{\partial x_n}\right\}dx = d\log\Sigma\pm\frac{\partial x_1}{\partial \alpha_1}\cdot\frac{\partial x_2}{\partial \alpha_2}\cdots\frac{\partial x_n}{\partial \alpha_n},$$

qua formula integrata, Propositio supra tradita obtinetur.

## §. 8.

**Aequationis $X - X_1\frac{\partial x}{\partial x_1} - X_2\frac{\partial x}{\partial x_2} - \cdots - X_n\frac{\partial x}{\partial x_n} = 0$ pars laeva Multiplicatore suo efficitur Determinans functionale completum. Pro solutione singulari Multiplicator fit infinitus. Multiplicatorem nihilo aut infinito aequando obtinetur aequatio integralis.**

Quemadmodum, proposita una plurium variabilium functione, distinguimus inter differentialia eius partialia, in quibus variabiles omnes pro independentibus habentur, et differentiale completum, in quo omnes ab earum una *indefinite* pendent, ita, propositis $n$ functionibus $n+m$ variabilium, praeter earum Determinantia partialia, de quibus supra dixi, in quibus variabiles omnes pro independentibus habentur, in considerationem venire potest *Determinans completum*, quod formatur habendo numerum $m$ variabilium pro reliquarum $n$ functionibus *indefinitis*. Designantibus $A$ et $B$ ipsarum $x$ et $y$ functiones, aequationem differentialem

$$A + B\frac{dy}{dx} = 0$$

docuit Eulerus semper in talem duci posse Multiplicatorem, ut altera aequationis pars evadat differentiale completum sive differentiale certae functionis variabilium $x$ et $y$, in qua $y$ pro functione ipsius $x$ habetur *indefinita*. Similiter *aequatio differentialis partialis*

$$(1)\quad X-X_1\frac{\partial x}{\partial x_1}-X_2\frac{\partial x}{\partial x_2}-\cdots-X_n\frac{\partial x}{\partial x_n}=0,$$

*in qua $X$, $X_1$, ..., $X_n$ designant variabilium $x$, $x_1$, ..., $x_n$ functiones, semper in talem duci potest Multiplicatorem, ut altera aequationis pars evadat Determinans functionale completum sive Determinans certarum $n$ functionum variabilium $x$, $x_1$, $x_2$, ..., $x_n$, in quibus habetur $x$ pro variabilium $x_1$, $x_2$, ..., $x_n$ functione indefinita.* Functio in aequationem (1) ducenda ipse est aequationis (1) *Multiplicator* supra appellatus et antecedentibus fusius explicatus. Unde nova nostri et Euleriani Multiplicatoris similitudo emergit novaque inter Determinantia functionalia et differentialia analogia.

Demonstratio Propositionis antecedentis sic patet. Designantibus rursus $f_1$, $f_2$, ..., $f_n$ solutiones a se independentes aequationis

$$X\frac{\partial f}{\partial x}+X_1\frac{\partial f}{\partial x_1}+\cdots+X_n\frac{\partial f}{\partial x_n}=0,$$

supra vidimus, semper dari Multiplicatorem $M$, in quem ductae ipsae $X$, $X_1$, ..., $X_n$ evadant functionum $f_1$, $f_2$, ..., $f_n$ Determinantia partialia, ita ut, ponendo pro functione $f$ indefinita

$$\Sigma\pm\frac{\partial f}{\partial x}\cdot\frac{\partial f_1}{\partial x_1}\cdot\frac{\partial f_2}{\partial x_2}\cdots\frac{\partial f_n}{\partial x_n}=A\frac{\partial f}{\partial x}+A_1\frac{\partial f}{\partial x_1}+\cdots+A_n\frac{\partial f}{\partial x_n},$$

identice sit

$$MX=A,\quad MX_1=A_1,\quad \ldots,\quad MX_n=A_n.$$

Hinc eruitur

$$(2)\quad \begin{cases} M\left\{X-X_1\dfrac{\partial x}{\partial x_1}-X_2\dfrac{\partial x}{\partial x_2}-\cdots-X_n\dfrac{\partial x}{\partial x_n}\right\} \\ =A-A_1\dfrac{\partial x}{\partial x_1}-A_2\dfrac{\partial x}{\partial x_2}-\cdots-A_n\dfrac{\partial x}{\partial x_n}. \end{cases}$$

At in Commentatione de Det. F. §. 17 (6) demonstravi, siquidem in functionibus $f_1$, $f_2$, ..., $f_n$ habeatur $x$ pro variabilium $x_1$, $x_2$, ..., $x_n$ functione indefinita, fieri

$$(3)\quad \Sigma\pm\left(\frac{\partial f_1}{\partial x_1}\right)\left(\frac{\partial f_2}{\partial x_2}\right)\cdots\left(\frac{\partial f_n}{\partial x_n}\right)=A-A_1\frac{\partial x}{\partial x_1}-A_2\frac{\partial x}{\partial x_2}-\cdots-A_n\frac{\partial x}{\partial x_n}.$$

Qua in formula uncis innui, haberi $x$ pro reliquarum variabilium $x_1$, $x_2$, ..., $x_n$

functione. Scilicet in Determinante functionali (3) substituendo ipsarum $\left(\frac{\partial f_i}{\partial x_k}\right)$ expressiones

$$\left(\frac{\partial f_i}{\partial x_k}\right) = \frac{\partial f_i}{\partial x_k} + \frac{\partial f_i}{\partial x} \cdot \frac{\partial x}{\partial x_k},$$

mutuo destruuntur termini omnes, in quibus inter se multiplicata inveniuntur differentialia partialia $\frac{\partial x}{\partial x_1}$, $\frac{\partial x}{\partial x_2}$, etc., ita ut horum differentialium non nisi ipsa expressio *linearis* remaneat, quae dextram partem aequationis (3) constituit. E (2) et (3) sequitur formula

$$(4)\quad \begin{cases} M\left\{X - X_1 \frac{\partial x}{\partial x_1} - X_2 \frac{\partial x}{\partial x_2} - \cdots - X_n \frac{\partial x}{\partial x_n}\right\} \\ \quad = \Sigma \pm \left(\frac{\partial f_1}{\partial x_1}\right)\left(\frac{\partial f_2}{\partial x_2}\right) \cdots \left(\frac{\partial f_n}{\partial x_n}\right). \end{cases}$$

Unde ducta aequatione (1) in Multiplicatorem eius $M$, altera eius pars identice aequatur Determinanti functionum $f_1, f_2, \ldots, f_n$, in quibus $x$ pro variabilium $x_1, x_2, \ldots, x_n$ functione habetur indefinita. Q. d. e.

Formula (4) methodum suppeditat, ut Lagrangii appellatione utar, syntheticam ad eruendam aequationis (1) solutionem generalem. Nam secundum (4) aequatio (1) identice convenit cum sequente:

$$(5)\quad \Sigma \pm \left(\frac{\partial f_1}{\partial x_1}\right)\left(\frac{\partial f_2}{\partial x_2}\right) \cdots \left(\frac{\partial f_n}{\partial x_n}\right) = 0.$$

Quoties autem $f_1, f_2, \ldots, f_n$ sunt variabilium $x_1, x_2, \ldots, x_n$ functiones earumque Determinans identice evanescit, semper et sine ulla exceptione inter functiones $f_1, f_2, \ldots, f_n$ aliqua locum habere debet aequatio, et vice versa, si qua inter functiones $f_1, f_2, \ldots, f_n$ locum habet aequatio, earum Determinans evanescit (D. F. §. 7). Hinc docet formula (5), ut ipsius $x$ expressio per $x_1, x_2, \ldots, x_n$ sit aequationis (1) solutio, sufficere et posci, post eius substitutionem ipsas $f_1, f_2, \ldots, f_n$ abire in tales variabilium $x_1, x_2, \ldots, x_n$ functiones, inter quas una quaecunque locum habeat aequatio. Unde vice versa dabitur solutio generalis petendo functionis quaesitae valorem ex aequatione arbitraria inter $f_1, f_2, \ldots, f_n$ posita

$$\Pi(f_1, f_2, \ldots, f_n) = 0;$$

sive, quod idem est, obtinetur aequationis (1) solutio nihilo aequando solutionem quamcunque aequationis

$$(6)\quad X\frac{\partial f}{\partial x} + X_1 \frac{\partial f}{\partial x_1} + \cdots + X_n \frac{\partial f}{\partial x_n} = 0.$$

Haec egregia methodus aequationem differentialem partialem (1) ad (6) revocandi cum ea convenit, quam olim Ill. Lagrange tradidit (*Hist. Ac. Ber.* ad a. 1779 pag. 152), ubi primum hanc quaestionem aggressus est. Quae prolixior quidem videri possit methodus quam aliae, quibus ipse Lagrange aliique postea usi sunt; qua de re ipse auctor eam ad exemplum tantum trium variabilium applicuit. Sane supponendo, aequationem inter $x, x_1, \ldots, x_n$ quaesitam certe unam involvere Constantem arbitrariam $\alpha$, eamque aequationem ipsius $\alpha$ respectu resolutam fieri $f=\alpha$, aequatio proposita (1) extemplo ad (6) reducitur. Sed eadem ratione omnes quoque inveniri solutiones a Constantibus arbitrariis prorsus vacuas, non ita bene per alias methodos constat atque illam Lagrangianam. Scilicet aequatio identica (4) docet, nullam dari exceptionem solutionis traditae, nisi forte exstet solutio, pro qua Multiplicator $M$ evadat infinitus. Quodsi igitur more consueto solutionem eiusmodi exceptionalem seu quae generali se subducit appellamus *singularem*, methodus hic tradita rigorose demonstrat, *si qua exstet aequationis* (1) *solutio singularis, semper eam reddere Multiplicatorem aequationis infinitum.* Quod novam nostri Multiplicatoris similitudinem cum Euleriano manifestat.

Loco aequationis differentialis partialis (1) consideremus systema aequationum differentialium vulgarium cum ea connexum, atque systema aequationum integralium *singulare* appellemus, quod e completo non provenit tribuendo uni pluribusve Constantibus arbitrariis valores particulares seu unam pluresve relationes inter Constantes arbitrarias statuendo: quo facto ex antecedentibus haec eruitur Propositio.

## Propositio I.

„*Proponantur aequationes differentiales*

$$dx : dx_1 : \ldots : dx_n = X : X_1 : \ldots : X_n,$$

*earumque exstet systema aequationum integralium singulare, $n-1$ Constantes arbitrarias involvens: eliminatis Constantibus arbitrariis e $n$ aequationibus integralibus, prodit aequatio, quae Multiplicatorem systematis aequationum differentialium propositarum reddit infinitum.*“

Ut Propositio haec demonstretur, primum generaliter ponamus, aequationes integrales datas $n-1$ Constantibus arbitrariis affici. Quarum aequationum ubi $n-1$ resolvuntur Constantium arbitrariarum respectu, quod semper fieri posse suppono, harumque valores provenientes in $n^{\text{ta}}$ aequatione integrali substituuntur, obtinebitur aequatio a Constantibus arbitrariis vacua. E qua petatur unius variabilium, veluti $x$, valor per reliquas variabiles $x_1$, $x_2$, etc. expressus, atque in differentiali eius

$$dx = \frac{\partial x}{\partial x_1} dx_1 + \frac{\partial x}{\partial x_2} dx_2 + \cdots + \frac{\partial x}{\partial x_n} dx_n$$

substituantur aequationes differentiales propositae

$$(7) \quad dx : dx_1 : \ldots : dx_n = X : X_1 : \ldots : X_n;$$

eruitur

$$X = \frac{\partial x}{\partial x_1} X_1 + \frac{\partial x}{\partial x_2} X_2 + \cdots + \frac{\partial x}{\partial x_n} X_n,$$

sive ille ipsius $x$ valor suppeditabit aequationis differentialis partialis (1) solutionem. Scilicet non fit, ut aequatio antecedens ex aliis $n-1$ aequationibus integralibus datis fluat, quippe e quibus supponitur non deduci posse alteram aequationem a Constantibus arbitrariis liberam. Eritque solutio illa aut particularis aut singularis, prout aequatio a Constantibus arbitrariis libera, cuius ope ipsa $x$ per reliquas variabiles exprimebatur, in aequationem inter quantitates $f_1, f_2, \ldots, f_n$ redit aut non redit. Iam demonstrabo, etiam systema aequationum integralium propositum iisdem casibus aut particulare aut singulare fore. Substituamus enim eum ipsius $x$ valorem in $n-1$ aequationibus integralibus, quarum ope Constantes arbitrariae eliminabantur, simulque in functionibus $X_1$, $X_2, \ldots, X_n$: aequationibus illis, ut $n-1$ Constantes arbitrarias involventibus, *complete* integrantur aequationes differentiales

$$(8) \quad dx_1 : dx_2 : \ldots : dx_n = X_1 : X_2 : \ldots : X_n.$$

Unde quibuscunque aequationibus integralibus, $n-1$ Constantes arbitrarias involventibus, semper haec forma conciliari potest, ut earum una exhibeatur una variabilium $x$ per reliquas variabiles $x_1$, $x_2$, etc., reliquae $n-1$ aequationes autem sint Integralia completa aequationum differentialium (8), in quibus ille ipsius $x$ valor in functionibus $X_1, X_2, \ldots, X_n$ substitutus est. Ponamus, aequationem illam a Constantibus arbitrariis vacuam, e qua valor ipsius $x$ petitus est, redire in aequationem aliquam $F = 0$, designante $F$ quantitatum $f_1, f_2, \ldots, f_n$ functionem. Designantibus $F, F_1, \ldots, F_{n-1}$ earundem $f_1, f_2, \ldots, f_n$ functiones a se invicem independentes, dabitur aequationum differentialium propositarum (7) integratio completa per formulas

$$(9) \quad F = \alpha, \quad F_1 = \alpha_1, \quad \ldots, \quad F_{n-1} = \alpha_{n-1},$$

designantibus $\alpha$, $\alpha_1$, etc. Constantes arbitrarias. Ex aequatione $F = \alpha$ petito ipsius $x$ valore eoque in functionibus $F_1, F_2, \ldots, F_{n-1}, X_1, X_2, \ldots, X_n$ substituto, evadunt

$$F_1 = \alpha_1, \quad F_2 = \alpha_2, \quad \ldots, \quad F_{n-1} = \alpha_{n-1}$$

Integralia completa aequationum differentialium

$$dx_1 : dx_2 : \ldots : dx_n = X_1 : X_2 : \ldots : X_n,$$

quae cum aequationibus differentialibus (8) supra consideratis conveniunt ponendo $\alpha = 0$. Unde ponendo $\alpha = 0$ in aequationum differentialium propositarum Integralibus completis (9), prodit systema aequationum integralium propositarum. Quippe quae redibant in aequationem, qua ipsa $x$ exprimitur per reliquas variabiles et quae cum aequatione $F = 0$ conveniebat, atque in aequationum differentialium (8) Integralia completa, quae ex aequationibus $F_1 = \alpha_1$, $F_2 = \alpha_2, \ldots$, $F_{n-1} = \alpha_{n-1}$ obtinentur, eliminata $x$ ope aequationis $F = 0$. Unde aequationibus differentialibus (7) integratis systemate aequationum, $n-1$ Constantes arbitrarias involventium, quoties aequatio eliminatione Constantium arbitrariarum proveniens redit in aequationem inter ipsas $f_1, f_2, \ldots, f_n$, illud aequationum integralium systema erit particulare, utpote e completo proveniens tribuendo Constanti arbitrariae valorem particularem. Hinc vice versa, si illud aequationum integralium systema non est particulare, aequatio eliminatione $n-1$ Constantium arbitrariarum proveniens non redit in aequationem inter quantitates $f_1, f_2, \ldots, f_n$, ideoque solutio, quam suppeditat, aequationis differentialis partialis (1) erit singularis. Cuiusmodi solutione, cum secundum antecedentibus probata efficiatur $M = \infty$, demonstratum est, quod propositum erat, *quoties systema aequationum differentialium vulgarium integretur systemate aequationum singulari, numerum Constantium arbitrariarum involvente unitate minorem quam completum involvit, Constantium arbitrariarum eliminatione provenire aequationem, qua Multiplicator systematis aequationum differentialium abeat in infinitum.* Et in hac propositione supponitur, quantitates $X$, $X_1$, etc. ita a denominatoribus purgatas esse, ut earum nulla pro illa aequatione integrali seu solutione singulari infinita evadat.

Propositionis antecedentis alia haec est demonstratio. Integratione completa exprimantur $x_1, x_2, \ldots, x_n$ per $x$ et Constantes arbitrarias $\beta_1, \beta_2, \ldots, \beta_n$. Ponamus, aequationibus differentialibus satisfieri posse statuendo $\beta_1, \beta_2, \ldots, \beta_n$ esse ipsius $x$ functiones; sequitur e formula

$$dx_i = \frac{\partial x_i}{\partial x} dx + \frac{\partial x_i}{\partial \beta_1} d\beta_1 + \frac{\partial x_i}{\partial \beta_2} d\beta_2 + \cdots + \frac{\partial x_i}{\partial \beta_n} d\beta_n$$

haec:

$$\frac{X_i}{X}dx = \frac{\partial x_i}{\partial x}dx + \frac{\partial x_i}{\partial \beta_1}d\beta_1 + \frac{\partial x_i}{\partial \beta_2}d\beta_2 + \cdots + \frac{\partial x_i}{\partial \beta_n}d\beta_n.$$

At eliminando quantitates $\beta_1, \beta_2, \ldots, \beta_n$ sequitur ex aequationibus integralibus positis

$$\frac{X_i}{X} = \frac{\partial x_i}{\partial x},$$

quippe quod prodire debebat ponendo $\beta_1, \beta_2, \ldots, \beta_n$ esse Constantes; illis autem eliminatis quantitatibus, perinde est sive constantes sive variabiles fuerint. Substituendo aequationem antecedentem eruitur pro singulis ipsius $i$ valoribus

$$(10) \quad \frac{\partial x_i}{\partial \beta_1}d\beta_1 + \frac{\partial x_i}{\partial \beta_2}d\beta_2 + \cdots + \frac{\partial x_i}{\partial \beta_n}d\beta_n = 0.$$

Ut satisfiat $n$ aequationibus, quae ponendo $i = 1, 2, \ldots, n$ ex antecedente fluunt, neque simul sit $d\beta_1 = d\beta_2 = \cdots = d\beta_n = 0$ sive $\beta_1, \beta_2, \ldots, \beta_n$ Constantes sint, evadere debet

$$(11) \quad \Sigma \pm \frac{\partial x_1}{\partial \beta_1} \cdot \frac{\partial x_2}{\partial \beta_2} \cdots \frac{\partial x_n}{\partial \beta_n} = 0.$$

Quoties poscitur, ut functiones $\beta_1, \beta_2, \ldots, \beta_n$ involvant $n-1$ Constantes arbitrarias, non fieri potest, ut aequatio (11) in relationem inter solas variabiles $\beta_1, \beta_2, \ldots, \beta_n$ redeat, sed fieri debet, ut e (11) peti possit ipsius $x$ valor per $\beta_1, \beta_2, \ldots, \beta_n$ expressus; quo substituto in quantitatibus $\frac{\partial x_i}{\partial \beta_k}$, habebuntur e (10) $n-1$ aequationes differentiales primi ordinis inter quantitates $\beta_1, \beta_2, \ldots, \beta_n$, quibus complete integratis prodibunt $n-1$ aequationes inter quantitates $\beta_1$, $\beta_2, \ldots, \beta_n$, $n-1$ Constantibus arbitrariis affectae. Quibus $n-1$ aequationibus iuncta aequatione, qua $x$ per $\beta_1, \beta_2, \ldots, \beta_n$ exprimebatur, ipsarumque $\beta_1$, $\beta_2$, etc. loco substitutis variabilium $x, x_1, \ldots, x_n$ functionibus, quibus per integrationem completam aequivalent, obtinetur systema aequationum integralium singularium, $n-1$ Constantibus arbitrariis affectum. Fit autem secundum §. 6

$$\Sigma \pm \frac{\partial x_1}{\partial \beta_1} \cdot \frac{\partial x_2}{\partial \beta_2} \cdots \frac{\partial x_n}{\partial \beta_n} = \frac{C}{X.\mu},$$

designante $C$ quantitatum $\beta_1, \beta_2, \ldots, \beta_n$ functionem atque $\mu$ aequationum differentialium propositarum Multiplicatorem. Unde, cum supponatur, aequationem (11) non redire in relationem inter quantitates $\beta_1, \beta_2, \ldots, \beta_n$, porro ipsam $X$ non infinitam evadere, sequitur e (11) $\mu = \infty$, q. d. e.

Secundum ea, quae §. 7 tradidi, Multiplicator $M$ systematis aequationum differentialium post earum integrationem completam factam sic erui potest. Sint rursus Integralia completa

$$f_1 = a_1, \quad f_2 = a_2, \quad \ldots, \quad f_n = a_n,$$

eorum ope exprimatur

$$-\frac{1}{X}\left\{\frac{\partial X}{\partial x} + \frac{\partial X_1}{\partial x_1} + \cdots + \frac{\partial X_n}{\partial x_n}\right\}$$

per $x, a_1, a_2, \ldots, a_n$. Qua expressione integrata ipsius $x$ respectu, prodeat

$$\varphi(x, a_1, a_2, \ldots, a_n),$$

secundum §. 7 erit Multiplicator

$$e^{\varphi(x, f_1, f_2, \ldots, f_n)}.$$

Haec quantitas ut infinita evadat per solutionem seu aequationem integralem singularem, hoc est per solutionem seu aequationem integralem, quae non redeat in aequationem inter solas quantitates $f_1, f_2, \ldots, f_n$ (quod semper fieri vidimus, quoties omnino eiusmodi aequatio singularis exstat) ex ea aequatione talis provenire debet valor ipsius $x$ per quantitates $f_1, f_2, \ldots, f_n$ expressus, quae quantitatem $\varphi(x, f_1, f_2, \ldots, f_n)$ reddat infinitam. A *fortiori* igitur pro eo ipsius $x$ valore infinita evadere debet quantitas

$$\frac{\partial \varphi}{\partial x} = -\frac{1}{X}\left\{\frac{\partial X}{\partial x} + \frac{\partial X_1}{\partial x_1} + \cdots + \frac{\partial X_n}{\partial x_n}\right\},$$

cum generaliter, *quoties pro certo ipsius $x$ valore infinita evadat functio aliqua $\varphi(x)$, pro eodem etiam infinita evadat functio $\frac{\partial \varphi}{\partial x}$ vel adeo $\frac{\partial \varphi}{\varphi \partial x}$* *). Supponimus autem, aequatione singulari non in infinitum abire quantitatem $X$, unde haec emergit Propositio.

## Propositio II.

„*Quoties exstat solutio singularis aequationis differentialis partialis*

$$X = X_1 \frac{\partial x}{\partial x_1} + X_2 \frac{\partial x}{\partial x_2} + \cdots + X_n \frac{\partial x}{\partial x_n},$$

*pro eadem fit*

$$\frac{\partial X}{\partial x} + \frac{\partial X_1}{\partial x_1} + \cdots + \frac{\partial X_n}{\partial x_n} = \infty."$$

*) Demonstrationem huius propositionis quivis sibi supplere potest.

Difficilius videtur solidis argumentis evincere propositionem inversam, videlicet quoties aequatio

$$\frac{\partial X}{\partial x}+\frac{\partial X_1}{\partial x_1}+\cdots+\frac{\partial X_n}{\partial x_n}=\infty$$

suppeditet aequationis differentialis partialis (1) solutionem, eam fore singularem. Neque video, solidam dari demonstrationem in casu elementari aequationis differentialis primi ordinis inter duas variabiles, cum in demonstrationibus passim traditis minus recte supponatur, functionem, quae pro $\alpha=0$ evanescat, semper evolvi posse secundum ipsius $\alpha$ dignitates positivas.

Sub finem demonstretur de Multiplicatore nostro haec gravissima Propositio.

## Propositio III.

*„Quoties aequatio $M=0$ aut $M=\infty$ est aequatio legitima, semper ea suppeditat solutionem aequationis differentialis partialis, seu aequationem integralem systematis aequationum differentialium vulgarium, cuius $M$ est Multiplicator."*

Sit $M$ aut $\frac{1}{M}$ aequale functioni $u$, ita ut aequatio $u=\infty$ alterutram significet aequationum $M=0$ aut $\frac{1}{M}=0$. Eam aequationem legitimam dico, si eius ope quaeque variabilium, quas continet, determinatur ut functio reliquarum, eiusque differentialia quoque prorsus definiantur differentialibus reliquarum variabilium. Statim patet, non esse legitimam aequationem $u=\infty$, si est $u=1$; sed eo dicendi modo etiam non erit legitima huiusmodi aequatio $\frac{1}{x+y}=0$, quippe qua non definitur $y$ ut ipsius $x$ functio, sed enunciatur tantum, $x+y$ esse functionem quamcunque per Constantem infinite magnam multiplicatam; neque definitur ipsius $y$ incrementum, quod capit, ubi $x$ in $x+dx$ abit, cum aequatio $x+y=\infty$ salva maneat, si $x$ et $y$ incrementa quaecunque a se independentia capiunt. Addo, si ex aequatione $u=\infty$ fluat variabilis $x$ valor per $x_1, x_2, \ldots, x_n$ expressus, fractiones $\frac{\partial u}{\partial x_i}:\frac{\partial u}{\partial x}$ per aequationem $u=\infty$ infinitas evadere non posse, cum negative sumtae aequentur differentialibus partialibus functionis variabilium $x_1, x_2, \ldots, x_n$, cui $x$ aequalis invenitur. His praeparatis, propositio tradita sic patet. Secundum aequationem differentialem partialem, qua $M$ definitur, sequitur ex aequatione $u=\infty$

$$(12)\quad\begin{cases} X - X_1\dfrac{\partial x}{\partial x_1} - X_2\dfrac{\partial x}{\partial x_2} - \cdots - X_n\dfrac{\partial x}{\partial x_n} \\ = \pm\dfrac{1}{\dfrac{\partial \log u}{\partial x}}\left\{\dfrac{\partial X}{\partial x} + \dfrac{\partial X_1}{\partial x_1} + \cdots + \dfrac{\partial X_n}{\partial x_n}\right\}. \end{cases}$$

Iam si supponitur, uti supra, aequatione $u = \infty$ nullam quantitatum $X$, $X_1, \ldots, X_n$ infinitam reddi, quaelibet quantitatum ad dextram $\dfrac{\partial X_i}{\partial x_i} : \dfrac{\partial \log u}{\partial x}$ pro $u = \infty$ evanescit, etsi $\dfrac{\partial X_i}{\partial x_i}$ pro $u = \infty$ infinitum fiat. Quod sufficit probare de quantitate $\dfrac{\partial X_i}{\partial x_i} : \dfrac{\partial \log u}{\partial x_i}$, cum fractio $\dfrac{\partial u}{\partial x_i} : \dfrac{\partial u}{\partial x}$ valorem finitum habeat. Generale autem habetur lemma, cuius demonstrationi difficultatibus non obnoxiae hic brevitatis causa supersedeo, *si binae functiones pro certo variabilis valore altera infinita fiat, altera finita maneat, prioris differentiale pro eodem variabilis valore infinite maius fore quam posterioris differentiale.* Petendo autem ex aequatione $u = \infty$ valorem ipsius $x_i$, pro eo ipsius $x_i$ valore secundum suppositionem factam $X_i$ finita manet, dum $\log u$ infinitus evadit, unde fractiones $\dfrac{\partial X_i}{\partial x_i} : \dfrac{\partial \log u}{\partial x_i}$ ideoque etiam fractiones $\dfrac{\partial X_i}{\partial x_i} : \dfrac{\partial \log u}{\partial x}$ pro $u = \infty$ evanescunt. Unde, evanescente aequationis (12) parte dextra, aequatio $u = \infty$ suppeditat aequationis differentialis partialis (1) solutionem, ideoque etiam aequationem integralem systematis aequationum differentialium vulgarium (7).

Notione aequationis legitimae supra propositae solvitur paradoxon, quod in theoria integrationum singularium obvenit. Constat enim, rarissime aequationes differentiales gaudere integrationibus singularibus. At methodus Lagrangiana quandam prae se fert generalitatis speciem, quae in errorem inducere possit, ac si de quavis integratione completa deducere liceat singularem. Scilicet Ill. Lagrange de aequationibus $y = f(x, \alpha)$, $\dfrac{\partial f}{\partial \alpha} = 0$ ipsam $\alpha$ eliminare iubet; at in rarissimis casibus, quando $y = f(x, \alpha)$ est aequatio integralis completa, Constante arbitraria $\alpha$ affecta, fit $\dfrac{\partial f}{\partial \alpha} = 0$ aequatio legitima, qua sola hic uti licet. Idem ad methodum valet, qua supra de systemate aequationum integralium completarum deduxi aequationum integralium singularium systema, quod numerum Constantium arbitrariarum unitate minorem implicat.

Caput secundum.

## De usu novi Multiplicatoris in aequationibus differentialibus integrandis. Principium ultimi Multiplicatoris.

### §. 9.

De Multiplicatore aequationum differentialium transformatarum e propositarum derivando.

In aequationibus differentialibus propositis

$$(1)\quad dx : dx_1 : \ldots : dx_n = X : X_1 : \ldots : X_n$$

loco variabilium $x, x_1, \ldots, x_n$ aliae introducantur $w, w_1, \ldots, w_n$, quae supponuntur datae variabilium $x, x_1, \ldots, x_n$ functiones a se independentes, unde etiam $x, x_1, \ldots, x_n$ erunt quantitatum $w, w_1, \ldots, w_n$ functiones independentes. Cum fiat

$$dw_i = \frac{\partial w_i}{\partial x}dx + \frac{\partial w_i}{\partial x_1}dx_1 + \cdots + \frac{\partial w_i}{\partial x_n}dx_n,$$

sequitur ex aequationibus (1):

$$(2)\quad dw : dw_1 : \ldots : dw_n = W : W_1 : \ldots : W_n,$$

ponendo

$$(3)\quad W_i = \varDelta\left\{\frac{\partial w_i}{\partial x}X + \frac{\partial w_i}{\partial x_1}X_1 + \cdots + \frac{\partial w_i}{\partial x_n}X_n\right\},$$

ubi $\varDelta$ factor adhuc indeterminatus sit. Porro fit

$$\frac{\partial f}{\partial x_i} = \left(\frac{\partial f}{\partial w}\right)\frac{\partial w}{\partial x_i} + \left(\frac{\partial f}{\partial w_1}\right)\frac{\partial w_1}{\partial x_i} + \cdots + \left(\frac{\partial f}{\partial w_n}\right)\frac{\partial w_n}{\partial x_i},$$

siquidem uncis, quibus includimus differentialia partialia, innuimus functiones differentiandas per novas variabiles $w, w_1, \ldots, w_n$ exhibitas esse. Antecedente formula substituta et advocata (3), sequitur *pro quacunque functione f:*

$$(4)\quad \left\{\begin{aligned} &\varDelta\left\{X\frac{\partial f}{\partial x} + X_1\frac{\partial f}{\partial x_1} + \cdots + X_n\frac{\partial f}{\partial x_n}\right\} \\ &= W\left(\frac{\partial f}{\partial w}\right) + W_1\left(\frac{\partial f}{\partial w_1}\right) + \cdots + W_n\left(\frac{\partial f}{\partial w_n}\right). \end{aligned}\right.$$

Aequationum (1) Multiplicator $M$ definiebatur aequatione

$$(5)\quad M\left\{X\frac{\partial f}{\partial x} + X_1\frac{\partial f}{\partial x_1} + \cdots + X_n\frac{\partial f}{\partial x_n}\right\} = \Sigma \pm \frac{\partial f}{\partial x}\cdot\frac{\partial f_1}{\partial x_1}\cdots\frac{\partial f_n}{\partial x_n}.$$

Similiter datur aequationum (2) Multiplicator $N$ per formulam

$$(6)\quad \begin{cases} N\left\{W\left(\frac{\partial f}{\partial w}\right)+W_1\left(\frac{\partial f}{\partial w_1}\right)+\cdots+W_n\left(\frac{\partial f}{\partial w_n}\right)\right\} \\ \quad = \Sigma\pm\left(\frac{\partial f}{\partial w}\right)\left(\frac{\partial f_1}{\partial w_1}\right)\cdots\left(\frac{\partial f_n}{\partial w_n}\right). \end{cases}$$

At secundum propositionem notam (*De Determ. Funct.* §. 11 Prop. II.) fit

$$(7)\quad \begin{cases} \Sigma\pm\frac{\partial f}{\partial x}\cdot\frac{\partial f_1}{\partial x_1}\cdots\frac{\partial f_n}{\partial x_n} \\ = \Sigma\pm\left(\frac{\partial f}{\partial w}\right)\left(\frac{\partial f_1}{\partial w_1}\right)\cdots\left(\frac{\partial f_n}{\partial w_n}\right).\Sigma\pm\frac{\partial w}{\partial x}\cdot\frac{\partial w_1}{\partial x_1}\cdots\frac{\partial w_n}{\partial x_n}. \end{cases}$$

Unde e (4), (5) obtinetur pro quacunque functione $f$:

$$(8)\quad \begin{cases} \frac{M}{\Delta}\left\{W\left(\frac{\partial f}{\partial w}\right)+W_1\left(\frac{\partial f_1}{\partial w_1}\right)+\cdots+W_n\left(\frac{\partial f_n}{\partial w_n}\right)\right\} \\ = \Sigma\pm\frac{\partial w}{\partial x}\cdot\frac{\partial w_1}{\partial x_1}\cdots\frac{\partial w_n}{\partial x_n}.\Sigma\pm\left(\frac{\partial f}{\partial w}\right)\left(\frac{\partial f_1}{\partial w_1}\right)\cdots\left(\frac{\partial f_n}{\partial w_n}\right). \end{cases}$$

Quam formulam comparando cum (6) sequitur, *posito in formula* (3)

$$(9)\quad \Delta = \frac{1}{\Sigma\pm\frac{\partial w}{\partial x}\cdot\frac{\partial w_1}{\partial x_1}\cdots\frac{\partial w_n}{\partial x_n}} = \Sigma\pm\left(\frac{\partial x}{\partial w}\right)\left(\frac{\partial x_1}{\partial w_1}\right)\cdots\left(\frac{\partial x_n}{\partial w_n}\right)$$

[Det. Funct. §. 9 (3)], *fieri* $N = M$, *sive aequationum differentialium propositarum* (1) *atque transformatarum* (2) *eundem fore Multiplicatorem.*

Servando factori $\Delta$ valorem (9), cum sit idem $M$ aequationum (1) et (2) Multiplicator, fit e proprietate Multiplicatoris fundamentali

$$(10)\quad \begin{cases} 0 = X\frac{\partial M}{\partial x}+X_1\frac{\partial M}{\partial x_1}+\cdots+X_n\frac{\partial M}{\partial x_n} \\ \quad +M\left\{\frac{\partial X}{\partial x}+\frac{\partial X_1}{\partial x_1}+\cdots+\frac{\partial X_n}{\partial x_n}\right\}, \end{cases}$$

$$(11)\quad \begin{cases} 0 = W\left(\frac{\partial M}{\partial w}\right)+W_1\left(\frac{\partial M}{\partial w_1}\right)+\cdots+W_n\left(\frac{\partial M}{\partial w_n}\right) \\ \quad +M\left\{\left(\frac{\partial W}{\partial w}\right)+\left(\frac{\partial W_1}{\partial w_1}\right)+\cdots+\left(\frac{\partial W_n}{\partial w_n}\right)\right\}. \end{cases}$$

At ponendo $M$ pro functione indefinita $f$ in formula (4) fit

$$X\frac{\partial M}{\partial x}+X_1\frac{\partial M}{\partial x_1}+\cdots+X_n\frac{\partial M}{\partial x_n} = \frac{1}{\Delta}\left\{W\left(\frac{\partial M}{\partial w}\right)+W_1\left(\frac{\partial M}{\partial w_1}\right)+\cdots+W_n\left(\frac{\partial M}{\partial w_n}\right)\right\}.$$

Unde de aequatione (11) per $\Delta$ divisa detrahendo aequationem (10) et dividendo per $M$ eruitur:

$$(12)\quad \frac{\partial X}{\partial x}+\frac{\partial X_1}{\partial x_1}+\cdots+\frac{\partial X_n}{\partial x_n} = \frac{1}{\varDelta}\left\{\left(\frac{\partial W}{\partial w}\right)+\left(\frac{\partial W_1}{\partial w_1}\right)+\cdots+\left(\frac{\partial W_n}{\partial w_n}\right)\right\}.$$

Quae est formula memoratu digna, in qua $X$, $X_1$, ..., $X_n$ sunt functiones quaecunque, ipsae autem $\varDelta$, $W$, $W_1$, ..., $W_n$ formulis (9) et (8) definiuntur.

Si quantitates $W$, $W_1$, etc. per factorem communem $\varDelta$ dividimus, per eundem multiplicandus erit aequationum (2) Multiplicator. Unde, si definimus quantitates $W_i$ formula

$$W_i = \frac{\partial w_i}{\partial x}X+\frac{\partial w_i}{\partial x_1}X_1+\cdots+\frac{\partial w_i}{\partial x_n}X_n,$$

aequationum differentialium

$$dw : dw_1 : \ldots : dw_n = W : W_1 : \ldots : W_n$$

erit Multiplicator $\varDelta . M$. Ponamus

$$t = \int \frac{dx}{X},$$

poterunt aequationes differentiales (1) sic proponi:

$$(13)\quad \frac{dx}{dt} = X,\quad \frac{dx_1}{dt} = X_1,\quad \ldots,\quad \frac{dx_n}{dt} = X_n;$$

unde sequitur

$$\frac{dw_i}{dt} = \frac{\partial w_i}{\partial x}X+\frac{\partial w_i}{\partial x_1}X_1+\cdots+\frac{\partial w_i}{\partial x_n}X_n,$$

sive

$$\frac{dw_i}{dt} = W_i.$$

*Aequationum* (1) *Multiplicatorem in sequentibus etiam appellabo Multiplicatorem aequationum* (13). Unde antecedentibus inventa sic poterunt enunciari:

### Propositio I.

„Designantibus $X$, $X_1$, ..., $X_n$ variabilium $x$, $x_1$, ..., $x_n$ functiones quaslibet, proponantur aequationes differentiales

$$\frac{dx}{dt} = X,\quad \frac{dx_1}{dt} = X_1,\quad \ldots,\quad \frac{dx_n}{dt} = X_n,$$

quarum sit $M$ Multiplicator; in quibus aequationibus ipsarum $x$, $x_1$, etc. loco aliae introducantur variabiles $w$, $w_1$, ..., $w_n$; quo facto si obtinentur aequationes differentiales

$$(14) \quad \frac{dw}{dt} = W, \quad \frac{dw_1}{dt} = W_1, \quad \ldots, \quad \frac{dw_n}{dt} = W_n,$$

harum aequationum Multiplicator erit $\varDelta.M$, posito

$$\varDelta \frac{1}{\Sigma \pm \frac{\partial w}{\partial x} \cdot \frac{\partial w_1}{\partial x_1} \cdots \frac{\partial w_n}{\partial x_n}} = \Sigma \pm \left(\frac{\partial x}{\partial w}\right)\left(\frac{\partial x_1}{\partial w_1}\right) \cdots \left(\frac{\partial x_n}{\partial w_n}\right).``$$

Ubi rursus quantitates $W_i$ formula (3) definimus, formulam (12) sic proponere licet.

### Propositio II.

„Ipsarum $x$, $x_1$, ..., $x_n$ loco introducendo $w$, $w_1$, ..., $w_n$, ponendoque

$$d\tau = \Sigma \pm \frac{\partial w}{\partial x} \cdot \frac{\partial w_1}{\partial x_1} \cdots \frac{\partial w_n}{\partial x_n} \cdot dt,$$

ex aequationibus differentialibus

$$\frac{dx}{dt} = X, \quad \frac{dx_1}{dt} = X_1, \quad \ldots, \quad \frac{dx_n}{dt} = X_n$$

proveniant sequentes:

$$\frac{dw}{d\tau} = W, \quad \frac{dw_1}{d\tau} = W_1, \quad \ldots, \quad \frac{dw_n}{d\tau} = W_n,$$

erit

$$\left\{\frac{\partial X}{\partial x} + \frac{\partial X_1}{\partial x_1} + \cdots + \frac{\partial X_n}{\partial x_n}\right\} dt = \left\{\left(\frac{\partial W}{\partial w}\right) + \left(\frac{\partial W_1}{\partial w_1}\right) + \cdots + \left(\frac{\partial W_n}{\partial w_n}\right)\right\} d\tau.``$$

In antecedentibus suppositum est, neque ipsas $X$, $X_1$, etc. implicare variabilem $t$ neque eam variabilem afficere relationes, quae inter variabiles propositas $x$, $x_1$, ..., $x_n$ atque novas $w$, $w_1$, ..., $w_n$ intercedunt. *Si quantitates $X$, $X_1$, etc. praeter variabiles $x$, $x_1$, etc. ipsa quoque $t$ afficiuntur, aequationum* (13) *Multiplicatorem eundem dicere placet atque aequationum*

$$(15) \quad dt : dx : dx_1 : \ldots : dx_n = 1 : X : X_1 : \ldots : X_n.$$

Designantibus $x$, $x_1$, etc. ipsarum $t$, $w$, $w_1$, ..., $w_n$, sive $w$, $w_1$, etc. ipsarum $t$, $x$, $x_1$, ..., $x_n$ functiones, ponamus rursus, ex aequationibus differentialibus (13) vel (15) sequi aequationes (14) sive aequationes

$$(16) \quad dt : dw : dw_1 : \ldots : dw_n = 1 : W : W_1 : \ldots : W_n,$$

atque aequationum (15) Multiplicatorem esse $M$, aequationum (16) Multiplicatorem $\Delta.M$. Quibus statutis, secundum antecedentia ad $n+2$ variabiles amplificata erit

$$\Delta = \Sigma \pm \left(\frac{\partial t}{\partial t}\right)\left(\frac{\partial x}{\partial w}\right)\left(\frac{\partial x_1}{\partial w_1}\right)\cdots\left(\frac{\partial x_n}{\partial w_n}\right).$$

Sed habetur $\left(\frac{\partial t}{\partial t}\right) = 1$, $\left(\frac{\partial t}{\partial w_i}\right) = 0$, unde

$$\Sigma \pm \left(\frac{\partial t}{\partial t}\right)\left(\frac{\partial x}{\partial w}\right)\left(\frac{\partial x_1}{\partial w_1}\right)\cdots\left(\frac{\partial x_n}{\partial w_n}\right) = \Sigma \pm \left(\frac{\partial x}{\partial w}\right)\left(\frac{\partial x_1}{\partial w_1}\right)\cdots\left(\frac{\partial x_n}{\partial w_n}\right).$$

Hinc sequitur, *Propositionem I. ad eum quoque casum valere, quo quantitates $X$, $X_1$, etc. atque functiones novis variabilibus aequandae $w$, $w_1$, etc. praeter ipsas $x$, $x_1$, etc. variabili $t$ afficiuntur.*

Si tantum pro parte variabilium aliae introducuntur, ipsius $\Delta$ expressio simplicior evadit. Propositis enim aequationibus (13)

$$\frac{dx}{dt} = X, \quad \frac{dx_1}{dt} = X_1, \quad \ldots, \quad \frac{dx_n}{dt} = X_n,$$

quarum est $M$ Multiplicator, si tantum loco variabilium $x$, $x_1$, ..., $x_\mu$ aliae introducuntur $w$, $w_1$, ..., $w_\mu$, ita ut aequationes differentiales transformatae fiant

$$\frac{dw}{dt} = W, \quad \frac{dw_1}{dt} = W_1, \quad \ldots, \quad \frac{dw_\mu}{dt} = W_\mu,$$
$$\frac{dx_{\mu+1}}{dt} = X_{\mu+1}, \quad \frac{dx_{\mu+2}}{dt} = X_{\mu+2}, \quad \ldots, \quad \frac{dx_n}{dt} = X_n,$$

fit harum Multiplicator $\Delta.M$, posito

$$\Delta = \Sigma \pm \left(\frac{\partial x}{\partial w}\right)\left(\frac{\partial x_1}{\partial w_1}\right)\cdots\left(\frac{\partial x_\mu}{\partial w_\mu}\right) = \frac{1}{\Sigma \pm \frac{\partial w}{\partial x}\cdot\frac{\partial w_1}{\partial x_1}\cdots\frac{\partial w_\mu}{\partial x_\mu}},$$

sicuti ex expressione generali ipsius $\Delta$ patet ponendo $w_{\mu+1} = x_{\mu+1}$, $w_{\mu+2} = x_{\mu+2}$, etc. Quae formulae variis applicationibus idoneae sunt.

## §. 10.

**Multiplicator aequationum differentialium ope Integralium completorum reductarum e Multiplicatore propositarum eruitur. Pro reductionibus diversis Multiplicatores alii de aliis deducuntur.**

Per formulas §. pr. traditas facile solvitur quaestio, si aequationum differentialium

$$(1) \quad dx : dx_1 : \ldots : dx_n = X : X_1 : \ldots : X_n$$

inventa sint $m$ Integralia

$$(2)\quad w = \alpha,\quad w_1 = \alpha_1,\quad \ldots,\quad w_{m-1} = \alpha_{m-1},$$

designantibus $\alpha, \alpha_1, \ldots, \alpha_{m-1}$ Constantes arbitrarias, aequationum differentialium ope illorum Integralium reductarum Multiplicatorem e Multiplicatore propositarum investigandi. Sint enim $w_m, w_{m+1}, \ldots, w_n$ aliae variabilium $x, x_1, \ldots, x_n$ functiones a se ipsis et ab ipsis $w, w_1, \ldots, w_{m-1}$ independentes, inter quas propositum sit aequationes differentiales exhibere reductas. Poterunt $w, w_1, \ldots, w_n$ ipsarum $x, x_1, \ldots, x_n$ loco pro variabilibus in calculum introduci. Quo facto secundum §. pr. abeunt aequationes differentiales vulgares (1) in sequentes:

$$(3)\quad dw : dw_1 : dw_2 : \ldots : dw_n = W : W_1 : W_2 : \ldots : W_n,$$

siquidem statuitur

$$(4)\quad W_i = \Delta\left\{X\frac{\partial w_i}{\partial x} + X_1\frac{\partial w_i}{\partial x_1} + \cdots + X_n\frac{\partial w_i}{\partial x_n}\right\}.$$

Ponendo factorem $\Delta$, quem ex arbitrio determinare licet, fieri

$$(5)\quad \Delta = \Sigma \pm \left(\frac{\partial x}{\partial w}\right)\left(\frac{\partial x_1}{\partial w_1}\right)\cdots\left(\frac{\partial x_n}{\partial w_n}\right) = \frac{1}{\Sigma \pm \frac{\partial w}{\partial x}\cdot\frac{\partial w_1}{\partial x_1}\cdots\frac{\partial w_n}{\partial x_n}},$$

vidimus §. pr., Multiplicatorem aequationum differentialium propositarum (1) eundem evadere atque Multiplicatorem aequationum transformatarum (3). Unde, designante $M$ aequationum (1) Multiplicatorem, identice erit

$$(6)\quad \left(\frac{\partial(MW)}{\partial w}\right) + \left(\frac{\partial(MW_1)}{\partial w_1}\right) + \cdots + \left(\frac{\partial(MW_n)}{\partial w_n}\right) = 0,$$

qua in formula $M, W, W_1, \ldots, W_n$ per variabiles $w, w_1, \ldots, w_n$ expressae finguntur. At cum sint (2) aequationum differentialium (1) Integralia, sequitur, esse $w, w_1, \ldots, w_{m-1}$ solutiones aequationis differentialis partialis

$$X\frac{\partial f}{\partial x} + X_1\frac{\partial f}{\partial x_1} + \cdots + X_n\frac{\partial f}{\partial x_n} = 0,$$

unde patet e formula (4), identice fieri

$$(7)\quad W = 0,\quad W_1 = 0,\quad \ldots,\quad W_{m-1} = 0.$$

Unde aequatio (6) in hanc reducitur:

$$(8)\quad \left(\frac{\partial(MW_m)}{\partial w_m}\right) + \left(\frac{\partial(MW_{m+1})}{\partial w_{m+1}}\right) + \cdots + \left(\frac{\partial(MW_n)}{\partial w_n}\right) = 0.$$

In aequatione antecedente expressae sunt $MW_m$, $MW_{m+1}$, etc. per $w, w_1, \ldots, w_n$, sed differentiationes partiales solarum $w_m$, $w_{m+1}$, ..., $w_n$ respectu transiguntur. Unde in aequatione praecedente ipsis $w$, $w_1$, ..., $w_{m-1}$ substituere licet Constantes arbitrarias aequivalentes $\alpha$, $\alpha_1$, ..., $\alpha_{m-1}$. Idem si facimus in aequationibus differentialibus (3), obtinemus aequationes differentiales per inventa Integralia (2) reductas

$$(9)\qquad dw_m : dw_{m+1} : \ldots : dw_n = W_m : W_{m+1} : \ldots : W_n,$$

in quibus sunt $W_m$, $W_{m+1}$, ..., $W_n$ ipsarum $w_m$, $w_{m+1}$, ..., $w_n$ et Constantium arbitrariarum $\alpha$, $\alpha_1$, ..., $\alpha_{m-1}$ functiones, in quas quantitates (4) per inventa Integralia (2) abeunt. Simulque docet aequatio identica (8), ipsum $M$, per $w_m$, $w_{m+1}$, ..., $w_n$ atque $\alpha$, $\alpha_1$, ..., $\alpha_{m-1}$ expressum, fore aequationum quoque reductarum (9) Multiplicatorem.

Antecedentibus valores quantitatum $W_i$ per talem factorem $\Delta$ multiplicavi, ut aequationum differentialium (1) atque (3) Multiplicator $M$ idem fiat. Si in formulis (4) hunc factorem omittimus sive omnes quantitates $W_i$ per factorem $\Delta$ dividimus, ipse $M$ per eundem multiplicari debebat, sive aequationum (3) vel (9) Multiplicator poni debebat $\Delta . M$ (§. 9). Quod si facimus, antecedentibus inventa sic proponere licet.

## Propositio I.

„Aequationum differentialium

$$dx : dx_1 : \ldots : dx_n = X : X_1 : \ldots : X_n,$$

quarum sit $M$ Multiplicator, inventa sint $m$ Integralia

$$w = \alpha,\quad w_1 = \alpha_1,\quad \ldots,\quad w_{m-1} = \alpha_{m-1},$$

quorum ope variabiles $x$, $x_1$, ..., $x_n$ omnes exprimantur per Constantes arbitrarias $\alpha$, $\alpha_1$, ..., $\alpha_{m-1}$ atque variabilium $x$, $x_1$, ..., $x_n$ functiones

$$w_m,\quad w_{m+1},\quad \ldots,\quad w_n,$$

ponendo

$$W_i = X\frac{\partial w_i}{\partial x} + X_1\frac{\partial w_i}{\partial x_1} + \cdots + X_n\frac{\partial w_i}{\partial x_n},$$

dabuntur inter variabiles $w_m$, $w_{m+1}$, ..., $w_n$ aequationes differentiales

$$dw_m : dw_{m+1} : \ldots : dw_n = W_m : W_{m+1} : \ldots : W_n,$$

harumque Multiplicator erit

$$\Delta . M,$$

siquidem ponitur

$$\Delta = \Sigma \pm \left(\frac{\partial x}{\partial w_m}\right)\left(\frac{\partial x_1}{\partial w_{m+1}}\right)\cdots\left(\frac{\partial x_{n-m}}{\partial w_n}\right)\left(\frac{\partial x_{n-m+1}}{\partial a}\right)\left(\frac{\partial x_{n-m+2}}{\partial a_1}\right)\cdots\left(\frac{\partial x_n}{\partial a_{m-1}}\right)$$
$$= \left\{\Sigma \pm \frac{\partial w_m}{\partial x}\cdot\frac{\partial w_{m+1}}{\partial x_1}\cdots\frac{\partial w_n}{\partial x_{n-m}}\cdot\frac{\partial w}{\partial x_{n-m+1}}\cdot\frac{\partial w_1}{\partial x_{n-m+2}}\cdots\frac{\partial w_{m-1}}{\partial x_n}\right\}^{-1}."$$

Quae est Propositio in theoria Multiplicatoris fundamentalis. Determinans inversum, quo $\Delta$ exprimitur, sic quoque scribi potest:

$$\left\{\Sigma \pm \frac{\partial w}{\partial x}\cdot\frac{\partial w_1}{\partial x_1}\cdots\frac{\partial w_n}{\partial x_n}\right\}^{-1},$$

cum permutatione functionum $w$, $w_1$, etc. valor Determinantis tantum signum mutare queat, quod hic non curamus.

Pro ipsis $w_m$, $w_{m+1}$, ..., $w_n$ etiam $n-m+1$ quantitates e numero ipsarum $x$, $x_1$, ..., $x_n$ sumere licet. Si statuimus

$$w_m = x, \quad w_{m+1} = x_1, \quad \ldots, \quad w_n = x_{n-m},$$

fit

$$(10)\quad \begin{cases} \Delta = \Sigma \pm \left(\frac{\partial x_{n-m+1}}{\partial a}\right)\left(\frac{\partial x_{n-m+2}}{\partial a_1}\right)\cdots\left(\frac{\partial x_n}{\partial a_{m-1}}\right) \\ \quad = \left\{\Sigma \pm \frac{\partial w}{\partial x_{n-m+1}}\cdot\frac{\partial w_1}{\partial x_{n-m+2}}\cdots\frac{\partial w_{m-1}}{\partial x_n}\right\}^{-1}. \end{cases}$$

Porro e (4) obtinetur

$$W_m = X, \quad W_{m+1} = X_1, \quad \ldots, \quad W_n = X_{n-m}.$$

Hinc eruitur haec Propositio.

## Propositio II.

„Aequationum differentialium

$$dx : dx_1 : \ldots : dx_n = X : X_1 : \ldots : X_n,$$

quarum $M$ est Multiplicator, inventis $m$ Integralibus

$$w = a, \quad w_1 = a_1, \quad \ldots, \quad w_{m-1} = a_{m-1},$$

si exhibentur $x_{n-m+1}$, $x_{n-m+2}$, ..., $x_n$ per $x$, $x_1$, ..., $x_{n-m}$ atque Constantes arbitrarias $a$, $a_1$, ..., $a_{m-1}$, aequationum differentialium reductarum

$$dx : dx_1 : \ldots : dx_{n-m} = X : X_1 : \ldots : X_{n-m}$$

evadit Multiplicator:

$$M\Sigma\pm\left(\frac{\partial x_{n-m+1}}{\partial a}\right)\left(\frac{\partial x_{n-m+2}}{\partial a_1}\right)\cdots\left(\frac{\partial x_n}{\partial a_{m-1}}\right)$$
$$= M\left\{\Sigma\pm\frac{\partial w}{\partial x_{n-m+1}}\cdot\frac{\partial w_1}{\partial x_{n-m+2}}\cdots\frac{\partial w_{m-1}}{\partial x_n}\right\}^{-1}."$$

Si eaedem aequationes differentiales propositae per diversa Integralium systemata reducuntur, Multiplicatores diversorum aequationum differentialium reductarum systematum ex eorum uno deduci possunt. Qua in re semper supponitur, unumquodque Integrale, quod reductioni inservit, sua affici Constante arbitraria, ideoque aequationes differentiales reductas omnes ingredi Constantes arbitrarias, quibus Integralia, quorum ope reductio effecta est, afficiuntur.

Sint enim rursus Integralia reductioni adhibenda

$$w = a,\quad w_1 = a_1,\quad \ldots,\quad w_{m-1} = a_{m-1},$$

atque aequationes differentiales reductae, inter variabiles $w_m, w_{m+1}, \ldots, w_n$ exhibitae,

$$(11)\qquad dw_m : dw_{m+1} : \ldots : dw_n = W_m : W_{m+1} : \ldots : W_n.$$

Eaedem aequationes differentiales propositae (1) ope Integralium

$$u = \beta,\quad u_1 = \beta_1,\quad \ldots,\quad u_{k-1} = \beta_{k-1}$$

reducantur ad has, inter variabiles $u_k, u_{k+1}, \ldots, u_n$ exhibitas:

$$(12)\qquad du_k : du_{k+1} : \ldots : du_n = U_k : U_{k+1} : \ldots : U_n.$$

Sit $M$ Multiplicator aequationum differentialium propositarum, sint respective $N$ et $K$ Multiplicatores aequationum differentialium reductarum (11) et (12): erit secundum Prop. I.

$$(13)\qquad \begin{cases} N = M\left\{\Sigma\pm\frac{\partial w}{\partial x}\cdot\frac{\partial w_1}{\partial x_1}\cdots\frac{\partial w_n}{\partial x_n}\right\}^{-1}, \\ K = M\left\{\Sigma\pm\frac{\partial u}{\partial x}\cdot\frac{\partial u_1}{\partial x_1}\cdots\frac{\partial u_n}{\partial x_n}\right\}^{-1}, \end{cases}$$

unde

$$(14)\qquad K = N\frac{\Sigma\pm\frac{\partial w}{\partial x}\cdot\frac{\partial w_1}{\partial x_1}\cdots\frac{\partial w_n}{\partial x_n}}{\Sigma\pm\frac{\partial u}{\partial x}\cdot\frac{\partial u_1}{\partial x_1}\cdots\frac{\partial u_n}{\partial x_n}}.$$

Quae formula supponit, in aequationibus differentialibus reductis (11) et (12) ita definiri quantitates differentialibus proportionales, ut fiat

$$\frac{dw_m}{W_m} = \frac{du_k}{U_k}.$$

Si ipsae $w, w_1, \ldots, w_n$ per $u, u_1, \ldots, u_n$ exprimuntur, formulam (14) notae Propositionis beneficio (D. F. §. 10 (5)) concinnius sic exhibere licet:

$$(15)\quad K = N\Sigma \pm \frac{\partial w}{\partial u}\cdot\frac{\partial w_1}{\partial u_1}\cdots\frac{\partial w_n}{\partial u_n}.$$

Quae formula generalis duos amplectitur casus particulares, alterum, quo aequationes differentiales propositae per eadem Integralia reducuntur, sed reductae inter diversas variabiles exhibentur, alterum, quo per diversa Integralia reductae inter easdem variabiles exhibentur.

Etenim ponendo $k = m$ atque

$$u = w,\quad u_1 = w_1,\quad \ldots,\quad u_{m-1} = w_{m-1}$$

sequitur e (15), si eaedem aequationes differentiales propositae per eadem Integralia

$$w = \alpha,\quad w_1 = \alpha_1,\quad \ldots,\quad w_{m-1} = \alpha_{m-1}$$

reducantur ad $n-m$ aequationes differentiales inter $n-m+1$ variabiles $w_m$, $w_{m+1}, \ldots, w_n$ vel ad alias inter variabiles $u_m, u_{m+1}, \ldots, u_n$, fieri

$$(16)\quad K = N\Sigma \pm \frac{\partial w_m}{\partial u_m}\cdot\frac{\partial w_{m+1}}{\partial u_{m+1}}\cdots\frac{\partial w_n}{\partial u_n},$$

ubi $w_m, w_{m+1}, \ldots, w_n$ expressae supponuntur per variabiles $u_m, u_{m+1}, \ldots, u_n$ atque Constantes arbitrarias $\alpha, \alpha_1, \ldots, \alpha_{m-1}$.

Si vero rursus $k = m$ atque

$$u_m = w_m,\quad u_{m+1} = w_{m+1},\quad \ldots,\quad u_n = w_n,$$

vel si aequationes differentiales propositae per hoc $m$ Integralium systema

$$w = \alpha,\quad w_1 = \alpha_1,\quad \ldots,\quad w_{m-1} = \alpha_{m-1},$$

aut per hoc

$$u = \beta,\quad u_1 = \beta_1,\quad \ldots,\quad u_{m-1} = \beta_{m-1}$$

reducuntur ad $n-m$ aequationes differentiales diversas inter easdem $n-m+1$ variabiles $w_m, w_{m+1}, \ldots, w_n$: abit formula (15) in hanc:

$$(17)\quad K = N\Sigma \pm \frac{\partial w}{\partial \beta}\cdot\frac{\partial w_1}{\partial \beta_1}\cdots\frac{\partial w_{m-1}}{\partial \beta_{m-1}},$$

siquidem in formando Determinante functionali supponitur expressas esse $w$, $w_1, \ldots, w_{m-1}$ per variabiles $w_m, w_{m+1}, \ldots, w_n$ atque Constantes arbitrarias $\beta, \beta_1, \ldots, \beta_m$.

## §. 11.

**Principium ultimi Multiplicatoris sive quomodo cognito Multiplicatore systematis aequationum differentialium vulgarium ultima integratio ad Quadraturas revocatur.**

Propositionum I. et II. §. pr. prae ceteris memorabilis est casus $m = n-1$, quo, omnibus praeter unum inventis Integralibus, una integranda restat aequatio differentialis primi ordinis inter duas variabiles. Eo casu Multiplicator aequationis differentialis reductae redit in Multiplicatorem Eulerianum, qui eam per se integrabilem reddit sive ad Quadraturas revocat. Unde ponendo $n = m-1$ e Propp. I. et II. §. pr. memorabiles prodeunt Propositiones, quae novum constituunt principium, e quo Calculus Integralis haud parum incrementi capit. Quod *principium ultimi Multiplicatoris* appellare convenit.

### Propositio I.

„*Propositis aequationibus differentialibus*

$$dx : dx_1 : \dots : dx_n = X : X_1 : \dots : X_n,$$

*habeatur Multiplicator M sive solutio quaecunque aequationis differentialis partialis*

$$\frac{\partial(MX)}{\partial x} + \frac{\partial(MX_1)}{\partial x_1} + \dots + \frac{\partial(MX_n)}{\partial x_n} = 0;$$

*porro inventa sint Integralia praeter unum omnia*

$$w = a, \quad w_1 = a_1, \quad \dots, \quad w_{n-2} = a_{n-2},$$

*designantibus a, etc. Constantes arbitrarias, quibus ipsae functiones $w$, $w_1$, etc. non afficiantur; sumtis ex arbitrio duabus ipsarum $x, x_1, \dots, x_n$ functionibus $w_{n-1}$, $w_n$, fiat*

$$X\frac{\partial w_{n-1}}{\partial x} + X_1\frac{\partial w_{n-1}}{\partial x_1} + \dots + X_n\frac{\partial w_{n-1}}{\partial x_n} = W_{n-1},$$

$$X\frac{\partial w_n}{\partial x} + X_1\frac{\partial w_n}{\partial x_1} + \dots + X_n\frac{\partial w_n}{\partial x_n} = W_n,$$

*erit ultimum Integrale*

$$\int \frac{M\{W_n dw_{n-1} - W_{n-1} dw_n\}}{\Sigma \pm \frac{\partial w}{\partial x} \cdot \frac{\partial w_1}{\partial x_1} \cdots \frac{\partial w_n}{\partial x_n}} = \text{Const.}“$$

### Propositio II.

*„Inventis aequationum differentialium*

$$dx : dx_1 : \ldots : dx_n = X : X_1 : \ldots : X_n$$

*Integralibus praeter unum omnibus*

$$w = \alpha, \quad w_1 = \alpha_1, \quad \ldots, \quad w_{n-2} = \alpha_{n-2},$$

*ac designante M solutionem quamcunque aequationis differentialis partialis*

$$0 = \frac{\partial(MX)}{\partial x} + \frac{\partial(MX_1)}{\partial x_1} + \cdots + \frac{\partial(MX_n)}{\partial x_n},$$

*exprimantur*

$$x_2, \quad x_3, \quad \ldots, \quad x_n, \quad X, \quad X_1, \quad M$$

*per $x$ et $x_1$ atque Constantes arbitrarias*

$$\alpha, \quad \alpha_1, \quad \ldots, \quad \alpha_{n-2}:$$

*erit ultima aequatio integralis*

$$\int \frac{M\{X_1 dx - X dx_1\}}{\Sigma \pm \frac{\partial w}{\partial x_2} \cdot \frac{\partial w_1}{\partial x_3} \cdots \frac{\partial w_{n-2}}{\partial x_n}} = \text{Const.“}$$

In duabus Propositionibus antecedentibus quantitas sub integrationis signo posita evadit differentiale completum, ubi expressiones in bina differentialia ducta per easdem duas variabiles exhibentur, inter quas aequatio differentialis reducta locum habet. Similiter in sequentibus, etsi pressis verbis non adnotetur, quoties formula integralis Constanti arbitrariae aequiparatur, innuitur, sub signo integrationis haberi differentiale completum.

In Propp. antecedentibus loco divisionis per Determinantia functionalia

$$\Sigma \pm \frac{\partial w}{\partial x} \cdot \frac{\partial w_1}{\partial x_1} \cdots \frac{\partial w_n}{\partial x_n},$$

$$\Sigma \pm \frac{\partial w}{\partial x_2} \cdot \frac{\partial w_1}{\partial x_3} \cdots \frac{\partial w_{n-2}}{\partial x_n}$$

etiam multiplicatio institui potuisset per Determinantia functionalia sensu inverso formata (*Det. Funct.* §. 9). Quod ubi fit, erit in altera Propositione ultima aequatio integralis

$$(1) \quad \int M\Delta(W'_n dw_{n-1} - W_{n-1} dw_n) = \text{Const.},$$

posito

$$(2)\quad \begin{cases} \Delta = \Sigma \pm \dfrac{\partial x_2}{\partial a} \cdot \dfrac{\partial x_3}{\partial a_1} \cdots \dfrac{\partial x_n}{\partial a_{n-2}} \cdot \dfrac{\partial x}{\partial w_{n-1}} \cdot \dfrac{\partial x_1}{\partial w_n} \\ \quad = \left\{ \Sigma \pm \dfrac{\partial w}{\partial x} \cdot \dfrac{\partial w_1}{\partial x_1} \cdots \dfrac{\partial w_n}{\partial x_n} \right\}^{-1}, \end{cases}$$

vel in altera

$$(3)\quad \int M\Delta(X_1 dx - X dx_1) = \text{Const.},$$

posito

$$(4)\quad \Delta = \Sigma \pm \frac{\partial x_2}{\partial a} \cdot \frac{\partial x_3}{\partial a_1} \cdots \frac{\partial x_n}{\partial a_{n-2}} = \left\{ \Sigma \pm \frac{\partial w}{\partial x_2} \cdot \frac{\partial w_1}{\partial x_3} \cdots \frac{\partial w_{n-2}}{\partial x_n} \right\}^{-1}.$$

In formandis Determinantibus functionalibus (2) et (4) supponitur, aut ipsa $n-2$ Integralia dari novasque quoque variabiles $w_{n-1}$, $w_n$ per $x$, $x_1$, ..., $x_n$ expressas esse, aut per integrationes transactas variabiles omnes expressas esse per binas $w_{n-1}$, $w_n$ vel $x$, $x_1$ atque per Constantes arbitrarias, quae singulis integrationibus accedunt. Generalius si reductio ad aequationem differentialem primi ordinis inter duas variabiles efficitur ope $n-1$ aequationum integralium quarumcunque

$$\Pi = 0, \quad \Pi_1 = 0, \quad \ldots, \quad \Pi_{n-2} = 0,$$

quae afficiuntur totidem Constantibus arbitrariis

$$a, \; a_1, \; \ldots, \; a_{n-2},$$

poni poterit in formula (2)

$$(5)\quad \Delta = \frac{\Sigma \pm \dfrac{\partial \Pi}{\partial a} \cdot \dfrac{\partial \Pi_1}{\partial a_1} \cdots \dfrac{\partial \Pi_{n-2}}{\partial a_{n-2}}}{\Sigma \pm \dfrac{\partial \Pi}{\partial x_2} \cdot \dfrac{\partial \Pi_1}{\partial x_3} \cdots \dfrac{\partial \Pi_{n-2}}{\partial x_n} \cdot \dfrac{\partial w_{n-1}}{\partial x} \cdot \dfrac{\partial w_n}{\partial x_1}},$$

vel in formula (4)

$$(6)\quad \Delta = \frac{\Sigma \pm \dfrac{\partial \Pi}{\partial a} \cdot \dfrac{\partial \Pi_1}{\partial a_1} \cdots \dfrac{\partial \Pi_{n-2}}{\partial a_{n-2}}}{\Sigma \pm \dfrac{\partial \Pi}{\partial x_2} \cdot \dfrac{\partial \Pi_1}{\partial x_3} \cdots \dfrac{\partial \Pi_{n-2}}{\partial x_n}}$$

(Cf. D. F. §. 10). Formula antecedens prae ceteris cum fructu adhibetur. Aequationibus enim integralibus inventis, saepissime per varias eliminationes eiusmodi formas induere licet, pro quibus Determinantia functionalia, quae numeratorem et denominatorem fractionis antecedentis constituunt, sine molestia inveniantur. Commode etiam adhiberi potest ad Determinantia functionalia formanda Propositio, valorem Determinantium functionalium

$$\Sigma \pm \frac{\partial w}{\partial x} \cdot \frac{\partial w_1}{\partial x_1} \cdots \frac{\partial w_n}{\partial x_n}, \quad \Sigma \pm \frac{\partial w}{\partial x_2} \cdot \frac{\partial w_1}{\partial x_3} \cdots \frac{\partial w_{n-2}}{\partial x_n}$$

non mutari, si ante differentiationes partiales transigendas functio quaeque $w_i$ ope aequationum

$$(7)\quad w = \alpha,\quad w_1 = \alpha_1,\quad \ldots,\quad w_{i-1} = \alpha_{i-1}$$

mutationes quascunque subeat. Inservire possunt aequationes (7) ad eliminandas e quaque functione $w_i$ variabiles

$$x_n,\quad x_{n-1},\quad \ldots,\quad x_{n-i+1}.$$

Quo facto si abit $w_i$ in $\Pi_i$, erunt

$$\Pi-\alpha = 0,\quad \Pi_1-\alpha_1 = 0,\quad \ldots,\quad \Pi_{n-2}-\alpha_{n-2} = 0$$

aequationes integrales, quales per integrationem et eliminationem successivam inveniuntur. Porro fit

$$(8)\quad \Sigma\pm\frac{\partial w}{\partial x_2}\cdot\frac{\partial w_1}{\partial x_3}\cdots\frac{\partial w_{n-2}}{\partial x_n} = \frac{\partial \Pi}{\partial x_n}\cdot\frac{\partial \Pi_1}{\partial x_{n-1}}\cdots\frac{\partial \Pi_{n-2}}{\partial x_2}.$$

(Cf. §. 3.) Si vero adhibentur variabilium expressiones, quales ex eliminatione successiva prodeunt, videlicet ipsius $x_n$ expressio per $x, x_1, \ldots, x_{n-1}, \alpha$; ipsius $x_{n-1}$ expressio per $x, x_1, \ldots, x_{n-2}, \alpha, \alpha_1$, etc., abit Determinans

$$\Sigma\pm\frac{\partial x_2}{\partial \alpha}\cdot\frac{\partial x_3}{\partial \alpha_1}\cdots\frac{\partial x_n}{\partial \alpha_{n-2}}$$

in productum

$$\left(\frac{\partial x_n}{\partial \alpha}\right)\left(\frac{\partial x_{n-1}}{\partial \alpha_1}\right)\cdots\left(\frac{\partial x_2}{\partial \alpha_{n-2}}\right),$$

ubi uncis innuo, esse $x_{n-i}$ ipsarum $x, x_1, \ldots, x_{n-i-1}, \alpha, \alpha_1, \ldots, \alpha_i$ functionem. Quibus substitutis in (4), fit

$$(9)\quad \Delta = \left(\frac{\partial x_n}{\partial \alpha}\right)\left(\frac{\partial x_{n-1}}{\partial \alpha_1}\right)\cdots\left(\frac{\partial x_2}{\partial \alpha_{n-2}}\right) = \frac{1}{\frac{\partial \Pi}{\partial x_n}\cdot\frac{\partial \Pi_1}{\partial x_{n-1}}\cdots\frac{\partial \Pi_{n-2}}{\partial x_2}}.$$

Hinc sequentes emergunt Propositiones.

## Propositio III.

„Aequationum differentialium vulgarium

$$dx : dx_1 : \ldots : dx_n = X : X_1 : \ldots : X_n,$$

quarum $M$ est Multiplicator, inventis per integrationem et eliminationem successivam aequationibus integralibus praeter unam omnibus

$$\Pi = \alpha,\quad \Pi_1 = \alpha_1,\quad \ldots,\quad \Pi_{n-2} = \alpha_{n-2},$$

ubi $\Pi_i$ est functio variabilium $x, x_1, \ldots, x_{n-i}$ atque Constantium arbitrariarum $\alpha, \alpha_1, \ldots, \alpha_{i-1}$: fit ultima aequatio integralis

$$\int \frac{M\{X_1 dx - X dx_1\}}{\frac{\partial \Pi}{\partial x_n} \cdot \frac{\partial \Pi_1}{\partial x_{n-1}} \cdots \frac{\partial \Pi_{n-2}}{\partial x_2}} = \text{Const.“}$$

## Propositio IV.

„Aequationum differentialium vulgarium

$$dx : dx_1 : \ldots : dx_n = X : X_1 : \ldots : X_n,$$

quarum $M$ est Multiplicator, inventis per integrationem et eliminationem successivam expressionibus ipsius $x_n$ per $x, x_1, \ldots, x_{n-1}$ atque Constantem arbitrariam $\alpha$; ipsius $x_{n-1}$ per $x, x_1, \ldots, x_{n-2}$ atque Constantes arbitrarias $\alpha, \alpha_1$, etc., denique ipsius $x_2$ per $x, x_1$ atque Constantes arbitrarias $\alpha, \alpha_1, \ldots, \alpha_{n-2}$, dabitur aequatio inter $x$ et $x_1$ per formulam

$$\int \left(\frac{\partial x_n}{\partial \alpha}\right)\left(\frac{\partial x_{n-1}}{\partial \alpha_1}\right) \cdots \left(\frac{\partial x_2}{\partial \alpha_{n-2}}\right) M(X_1 dx - X dx_1) = \text{Const.“}$$

In utraque Propositione functiones sub signo integrationis ope aequationum integralium inventarum per $x$ et $x_1$ exprimendae sunt.

Quod e Multiplicatore aequationum differentialium propositarum eruitur Multiplicator aequationis differentialis, in quam post inventa praeter unum omnia Integralia problema redit, id eo maioris momenti est, quia huius ultimae aequationis differentialis primi ordinis inter duas variabiles valde latere potest Multiplicator, dum systematis aequationum differentialium propositarum sponte se offert. Veluti, quod in gravissimis quaestionibus evenit, si ipsarum $X, X_1$, etc. expressiones ita sunt comparatae, ut identice habeatur

$$\frac{\partial X}{\partial x} + \frac{\partial X_1}{\partial x_1} + \cdots + \frac{\partial X_n}{\partial x_n} = 0,$$

aequationum differentialium propositarum Multiplicator *unitati* aequalis evadit; aequationis autem postremo integrandae Multiplicator secundum antecedentia aequatur Determinanti functionali, cui valor complicatus competere potest. Casu illo particulari in quatuor Propositionibus antecedentibus ponere licet $M = 1$; quod ubi ex gr. in Prop. IV. facimus, emergit haec Propositio:

### Propositio V.

„*Proponantur aequationes differentiales simultaneae*

$$dx : dx_1 : \ldots : dx_n = X : X_1 : \ldots : X_n,$$

*designantibus* $X$, $X_1$, *etc. variabilium* $x$, $x_1$, *etc. functiones, pro quibus identice habeatur*

$$\frac{\partial X}{\partial x} + \frac{\partial X_1}{\partial x_1} + \cdots + \frac{\partial X_n}{\partial x_n} = 0;$$

*inventis aequationum propositarum* $n-1$ *Integralibus,* $n-1$ *Constantes arbitrarias* $\alpha$, $\alpha_1$, $\ldots$, $\alpha_{n-2}$ *involventibus, exprimantur* $X$ *et* $X_1$ *atque variabiles* $x_2$, $x_3$, $\ldots$, $x_n$ *per* $x$, $x_1$ *atque istas Constantes arbitrarias* $\alpha$, $\alpha_1$, $\ldots$, $\alpha_{n-2}$: *erit ultimum Integrale*

$$\int \left( \Sigma \pm \frac{\partial x_2}{\partial \alpha} \cdot \frac{\partial x_3}{\partial \alpha_1} \cdots \frac{\partial x_n}{\partial \alpha_{n-2}} \right) \left\{ X_1 dx - X dx_1 \right\} = \text{Const.},$$

*ubi expressio sub integrationis signo differentiale completum existit.*"

Propositionis antecedentis afferam exempla pro $n = 2$ et $n = 3$.

I. „Proponantur aequationes differentiales

$$dx : dy : dz = X : Y : Z,$$

designantibus $X$, $Y$, $Z$ variabilium $x$, $y$, $z$ functiones, pro quibus identice fiat

$$\frac{\partial X}{\partial x} + \frac{\partial Y}{\partial y} + \frac{\partial Z}{\partial z} = 0;$$

invento uno Integrali involvente Constantem arbitrariam $\alpha$, exprimantur $X$, $Y$, $z$ per $x$, $y$, $\alpha$, erit alterum Integrale

$$\int \frac{\partial z}{\partial \alpha} \{ Y dx - X dy \} = \text{Const.}"$$

II. „Proponantur aequationes differentiales

$$dt : dx : dy : dz = T : X : Y : Z,$$

designantibus $T$, $X$, $Y$, $Z$ variabilium $t$, $x$, $y$, $z$ functiones, pro quibus identice fiat

$$\frac{\partial T}{\partial t} + \frac{\partial X}{\partial x} + \frac{\partial Y}{\partial y} + \frac{\partial Z}{\partial z} = 0,$$

inventis duobus Integralibus involventibus Constantes arbitrarias $\alpha$ et $\beta$, exprimantur $T$, $X$, $y$, $z$ per $t$, $x$, $\alpha$, $\beta$; erit tertium Integrale

$$\int \left( \frac{\partial y}{\partial \alpha} \cdot \frac{\partial z}{\partial \beta} - \frac{\partial y}{\partial \beta} \cdot \frac{\partial z}{\partial \alpha} \right) (X dt - T dx) = \text{Const.}"$$

Quae exempla non sine molesto calculo verificantur.

## §. 12.

**Quibus casibus Multiplicator aequationum differentialium per aequationes integrales *particulares* reductarum ex aequationum differentialium propositarum Multiplicatore eruitur. Principium ultimi Multiplicatoris sine Determinantium adiumento comprobatum.**

Si aequationes integrales, aequationibus differentialibus reducendis adhibitae, sunt particulares, in genere non licet Multiplicatorem aequationum differentialium reductarum e Multiplicatore propositarum deducere. In Prop. II. §. 10, quae docet, quomodo aequationum differentialium propositarum et reductarum Multiplicatores a se invicem pendeant, possunt quidem Constantibus arbitrariis, quibus Integralia afficiuntur, valores particulares tribui: supponitur autem, ipsa cognita esse aequationum differentialium propositarum Integralia generalia. Quae tamen suppositio necessaria non est. Etenim si aequationes integrales reductioni adhibendae alia post aliam investigantur, sufficit, unamquamque aequationem integralem inventam ita comparatam esse, ut differentiata per aequationes differentiales propositas identica reddatur, simul omnibus *ipsam praecedentibus* aequationibus integralibus accitis. Neque vero propositum succederet, si ex aequationibus integralibus reductioni adhibitis duae pluresve ita comparatae essent, ut quaeque earum differentiata per aequationes differentiales propositas identica reddi non possit, nisi simul omnes reliquae aequationes integrales, nullo ordine observato, in auxilium vocentur.

Antecedentia cum e formulis traditis patent tum ope Propositionis elementaris directe demonstrantur, quoties aequationes integrales alia post aliam inventae ad variabiles successive eliminandas adhibentur. Sit enim aequationum differentialium propositarum primum Integrale inventum

$$F = \alpha;$$

cujus ope e quantitatibus $X$, $X_1$, ..., $X_{n-1}$ eliminetur $x_n$. Ponendo $m = 1$ in Prop. II. §. 10 sequitur, *Multiplicatorem aequationum differentialium reductarum*

$$(1) \quad dx : dx_1 : \ldots : dx_{n-1} = X : X_1 : \ldots : X_{n-1}$$

*aequari Multiplicatori aequationum differentialium propositarum diviso per* $\frac{\partial F}{\partial x_n}$ *sive quantitati*

$$\frac{M}{\frac{\partial F}{\partial x_n}},$$

*in qua variabilis $x_n$ per aequationem $F = \alpha$ eliminanda est.* Constans $\alpha$ in hac Propositione fundamentali arbitraria est ideoque valor ei quicunque tribui potest particularis.

Tributo in functionibus $X, X_1, \ldots, X_{n-1}$ Constanti $\alpha$, quam implicant, valore particulari, sit aequationum (1) Integrale

$$F_1 = \alpha_1.$$

Quod non erit Integrale aequationum differentialium propositarum. Quippe aequatio $dF_1 = 0$ per aequationes differentiales propositas identica non redditur, nisi simul Constans $\alpha$ ubique functioni $F$ aequatur. Quae Constantis $\alpha$ eliminatio ubi fit in functione $F_1$, aequatio $F_1 = \alpha_1$ evadit Integrale aequationum differentialium propositarum. Sed ea Constantis $\alpha$ eliminatio fieri non potest, si ei in aequationibus differentialibus reductis (1) tribuitur valor particularis, neque igitur eo casu ex aequationum differentialium reductarum Integrali Integrale propositarum restituere licet.

Eliminata $x_{n-1}$ ope aequationis $F_1 = \alpha_1$, obtinentur e (1) aequationes differentiales denuo reductae

$$(2) \quad dx : dx_1 : \ldots : dx_{n-2} = X : X_1 : \ldots : X_{n-2}.$$

Quarum Multiplicator secundum eandem regulam derivatur e Multiplicatore aequationum (1), atque hic e Multiplicatore aequationum differentialium propositarum erutus est, videlicet dividendo per $\frac{\partial F_1}{\partial x_{n-1}}$, unde prodit aequationum (2) Multiplicator

$$\frac{M}{\frac{\partial F}{\partial x_n} \cdot \frac{\partial F_1}{\partial x_{n-1}}},$$

quae quantitas, variabilibus $x_n$ et $x_{n-1}$ per aequationes $F = \alpha$, $F_1 = \alpha_1$ eliminatis, solarum $x, x_1, \ldots, x_{n-2}$ functio evadit. Unde aequationum differentialium (2) erutus est Multiplicator, quamquam reductio facta est per duas aequationes $F = \alpha$, $F_1 = \alpha_1$, quarum tantum altera est aequationum differentialium propositarum Integrale, altera non est neque ad tale revocari potest, si Constanti $\alpha$ tributus est valor particularis.

Rursus tributo Constanti $\alpha_1$ valore particulari quocunque, aequationum (2) quaeratur Integrale, quo invento aequationes differentiales (2) ulterius reduci possunt, reductarumque per eandem regulam constabit Multiplicator. Sic pergendo successive eruantur $m$ aequationes integrales

$$(3)\quad F=a,\quad F_1=a_1,\quad \ldots,\quad F_{m-1}=a_{m-1},$$

in quibus $a, a_1, \ldots, a_{m-1}$ sint Constantes particulares quaecunque; quarum aequationum integralium ope revocatis $X, X_1, \ldots, X_{n-m}$ ad solarum $x, x_1, \ldots, x_{n-m}$ functiones, aequationum differentialium, ad quas successiva eliminatione pervenitur,

$$(4)\quad dx : dx_1 : \ldots : dx_{n-m} = X : X_1 : \ldots : X_{n-m}$$

eruitur Multiplicator

$$\frac{M}{\frac{\partial F}{\partial x_n}\cdot\frac{\partial F_1}{\partial x_{n-1}}\cdots\frac{\partial F_{m-1}}{\partial x_{n-m+1}}},$$

quae quantitas et ipsa per aequationes (3) ad solarum $x, x_1, \ldots, x_{n-m}$ functionem revocanda est. Aequationes (3) reductionibus successivis inservientes hic ita comparatae sunt, ut quaeque $F_i = a_i$ sit Integrale aequationum differentialium

$$dx : dx_1 : \ldots : dx_{n-i} = X : X_1 : \ldots : X_{n-i},$$

variabilibus $x_n, x_{n-1}, \ldots, x_{n-i+1}$ e $X, X_1, \ldots, X_{n-i}$ eliminatis ope aequationum ipsam $F_i = a_i$ praecedentium

$$F=a,\quad F_1=a_1,\quad \ldots,\quad F_{i-1}=a_{i-1}.$$

Si $m=n-1$, formula (5) suppeditat Multiplicatorem aequationis differentialis primi ordinis inter duas variabiles $x$ et $x_1$

$$(6)\quad X_1 dx - X dx_1 = 0,$$

quae post inventas aequationes integrales

$$(7)\quad F=a,\quad F_1=a_1,\quad \ldots,\quad F_{n-2}=a_{n-2}$$

unica integranda restat. Multiplicatore sic invento

$$\frac{M}{\frac{\partial F}{\partial x_n}\cdot\frac{\partial F_1}{\partial x_{n-1}}\cdots\frac{\partial F_{n-2}}{\partial x_2}}$$

laeva pars aequationis (6) evadit differentiale completum, unde eius integratio ad Quadraturas revocatur, sive fit ultima aequatio integralis

$$(8)\quad \int\frac{M(X_1 dx - X dx_1)}{\frac{\partial F}{\partial x_n}\cdot\frac{\partial F_1}{\partial x_{n-1}}\cdots\frac{\partial F_{n-2}}{\partial x_2}} = \text{Const.}$$

Qua in formula adiumento aequationum integralium inventarum (7) quantitates, sub integrationis signo in differentialia $dx$ et $dx_1$ ductae, per solas $x$ et $x_1$ exprimendae sunt.

Cum antecedentibus Constantes $\alpha, \alpha_1, \ldots, \alpha_{n-2}$ sint particulares *quaecunque*, earum valorem etiam generalem seu indefinitam servare licet, quo facto formula (8) redit in Prop. III. §. pr. Vice versa Prop. III. §. pr., in qua designant $\alpha, \alpha_1, \ldots, \alpha_{n-2}$ Constantes arbitrarias, eum quoque amplectitur casum, quo post quamque novam integrationem Constanti arbitrariae, qua afficitur, valor tribuitur particularis. Quod intelligitur observando, aequationibus differentialibus Constantes arbitrarias involventibus, idem earum Integrale obtineri posse, sive ante sive post integrationem Constantibus arbitrariis illis valores particulares tribuas.

Necessarium non est, ut quaeque nova aequatio integralis inveniatur ut Integrale ipsarum aequationum differentialium, ad quas propositae reducuntur, eliminato per aequationes integrales antea inventas aequali variabilium numero; generalius ea esse poterit Integrale aequationum differentialium propositarum, per aequationes integrales ante ipsam inventas quocunque modo transformatarum. Aequationum enim differentialium propositarum per Integrale $F=\alpha$ transformatarum sit Integrale $F_1=\alpha_1$; aequationum differentialium propositarum per binas aequationes $F=\alpha$, $F_1=\alpha_1$ transformatarum sit Integrale $F_2=\alpha_2$, per tres aequationes $F=\alpha$, $F_1=\alpha_1$, $F_2=\alpha_2$ transformatarum sit Integrale $F_3=\alpha_3$, et ita porro, ubi Constantes $\alpha, \alpha_1$, etc. poterunt arbitrariae esse sive particulares quaecunque. Quibus positis, ex aequatione integrali $F=\alpha$ et aequationibus differentialibus propositis sequi debet $dF_1=0$; unde per aequationem $F=\alpha$ eliminata $x_n$ e functionibus $X, X_1, \ldots, X_{n-1}$, fieri debet $F_1=\alpha_1$ Integrale aequationum differentialium

$$dx:dx_1:\ldots:dx_{n-1} = X:X_1:\ldots:X_{n-1}.$$

Ex aequationibus integralibus $F=\alpha$, $F_1=\alpha_1$ et aequationibus differentialibus propositis sequi debet $dF_2=0$; unde per aequationes $F=\alpha$, $F_1=\alpha_1$ eliminatis $x_n$ et $x_{n-1}$ e functionibus $X, X_1, \ldots, X_{n-2}$, fieri debet $F_2=\alpha_2$ Integrale aequationum differentialium

$$dx:dx_1:\ldots:dx_{n-2} = X:X_1:\ldots:X_{n-2},$$

et ita porro. Generaliter si primum functiones $F_1$, $F_2$, etc. ratione illa generaliori, qua eas definivi, obtinebantur, ac deinde e quaque $F_i$ eliminantur $x_n$,

$x_{n-1}, \ldots, x_{n-i+1}$ per aequationes $F = \alpha$, $F_1 = \alpha_1$, $\ldots$, $F_{i-1} = \alpha_{i-1}$, eaedem functiones $F$, $F_1$, $F_2$, etc. prodeunt, quas in formulis (5 et 8) consideravi. Ea autem reductione adhibita, abit Determinans functionale

$$\Sigma \pm \frac{\partial F}{\partial x_n} \cdot \frac{\partial F_1}{\partial x_{n-1}} \cdots \frac{\partial F_{m-1}}{\partial x_{n-m+1}}$$

in simplex productum

$$\frac{\partial F}{\partial x_n} \cdot \frac{\partial F_1}{\partial x_{n-1}} \cdots \frac{\partial F_{m-1}}{\partial x_{n-m+1}},$$

quod formulae (5) denominatorem afficit (§. 3). Unde si functionibus $F$, $F_1$, $F_2$, etc. generaliorem significationem servare placet, formula (5) evadere debet

$$(9) \qquad \frac{M}{\Sigma \pm \frac{\partial F}{\partial x_n} \cdot \frac{\partial F_1}{\partial x_{n-1}} \cdots \frac{\partial F_{m-1}}{\partial x_{n-m+1}}},$$

ideoque etiam formula (8)

$$(10) \qquad \int \frac{M\{X_1 dx - X dx_1\}}{\Sigma \pm \frac{\partial F}{\partial x_n} \cdot \frac{\partial F_1}{\partial x_{n-1}} \cdots \frac{\partial F_{n-2}}{\partial x_2}} = \text{Const.}$$

Definitio functionum $F$, $F_1$, etc. amplectitur casum, quo omnes aequationes $F_i = \alpha_i$ sunt ipsarum aequationum differentialium Integralia generalia. Unde e simplice Propositione elementari tradita derivatur principium ultimi Multiplicatoris, si reductio ad aequationem differentialem primi ordinis inter duas variabiles per Integralia generalia fit, simulque monstrantur casus maxime generales, quibus invenire liceat ultimum Multiplicatorem, etsi aequationes integrales reductioni adhibitae sint particulares.

Addam demonstrationem Propositionis fundamentalis, qua antecedentibus vidimus principium ultimi Multiplicatoris via maxime elementari adeoque absque ullo Determinantium adiumento superstrui.

## Propositio.

„*Sit $F$ solutio quaecunque aequationis*

$$X \frac{\partial F}{\partial x} + X_1 \frac{\partial F}{\partial x_1} + \cdots + X_n \frac{\partial F}{\partial x_n} = 0,$$

*exclusa Constante; sit porro $M$ solutio quaecunque aequationis*

$$\frac{\partial (MX)}{\partial x} + \frac{\partial (MX_1)}{\partial x_1} + \cdots + \frac{\partial (MX_n)}{\partial x_n} = 0,$$

*Constante non exclusa: posito*

$$N = \frac{M}{\frac{\partial F}{\partial x_n}},$$

*ipsisque* $N$, $X$, $X_1$, ..., $X_{n-1}$ *per* $x$, $x_1$, ..., $x_{n-1}$, $F$ *expressis, fit* $N$ *solutio aequationis*

$$\frac{\partial(NX)}{\partial x} + \frac{\partial(NX_1)}{\partial x_1} + \cdots + \frac{\partial(NX_{n-1})}{\partial x_{n-1}} = 0."$$

Demonstratio.

Ponatur

$$\frac{\partial F}{\partial x_n} = u;$$

differentiando variabilis $x_n$ respectu aequationem identicam

$$X\frac{\partial F}{\partial x} + X_1\frac{\partial F}{\partial x_1} + \cdots + X_n\frac{\partial F}{\partial x_n} = 0,$$

prodit

$$X\frac{\partial u}{\partial x} + X_1\frac{\partial u}{\partial x_1} + \cdots + X_n\frac{\partial u}{\partial x_n}$$
$$+\frac{\partial X}{\partial x_n}\cdot\frac{\partial F}{\partial x} + \frac{\partial X_1}{\partial x_n}\cdot\frac{\partial F}{\partial x_1} + \cdots + \frac{\partial X_n}{\partial x_n}\cdot\frac{\partial F}{\partial x_n} = 0.$$

Innuendo uncis, quibus differentialia partialia includantur, exhiberi $X$, $X_1$, etc. per $x$, $x_1$, ..., $x_{n-1}$, $F$, fit

$$\frac{\partial X_i}{\partial x_n} = \left(\frac{\partial X_i}{\partial F}\right)\frac{\partial F}{\partial x_n} = \left(\frac{\partial X_i}{\partial F}\right)u.$$

Quam formulam in aequatione praecedente substituendo atque per $u$ dividendo prodit

$$X\frac{\partial \log u}{\partial x} + X_1\frac{\partial \log u}{\partial x_1} + \cdots + X_n\frac{\partial \log u}{\partial x_n}$$
$$+\left(\frac{\partial X}{\partial F}\right)\frac{\partial F}{\partial x} + \left(\frac{\partial X_1}{\partial F}\right)\frac{\partial F}{\partial x_1} + \cdots + \left(\frac{\partial X_n}{\partial F}\right)\frac{\partial F}{\partial x_n} = 0.$$

Haec formula detrahatur de sequente, quae ex ea, qua $M$ definitur, fluit,

$$X\frac{\partial \log M}{\partial x} + X_1\frac{\partial \log M}{\partial x_1} + \cdots + X_n\frac{\partial \log M}{\partial x_n}$$
$$+\frac{\partial X}{\partial x} + \frac{\partial X_1}{\partial x_1} + \cdots + \frac{\partial X_n}{\partial x_n} = 0,$$

simulque observetur, haberi pro indicis $i$ valoribus $1, 2, \ldots, n-1$

$$\frac{\partial X_i}{\partial x_i} = \left(\frac{\partial X_i}{\partial x_i}\right) + \left(\frac{\partial X_i}{\partial F}\right)\frac{\partial F}{\partial x_i},$$

prodit ponendo $\frac{M}{u} = N$:

$$X\frac{\partial \log N}{\partial x} + X_1\frac{\partial \log N}{\partial x_1} + \cdots + X_n\frac{\partial \log N}{\partial x_n}$$
$$+\left(\frac{\partial X}{\partial x}\right) + \left(\frac{\partial X_1}{\partial x_1}\right) + \cdots + \left(\frac{\partial X_{n-1}}{\partial x_{n-1}}\right) = 0.$$

Fit autem

$$X\frac{\partial \log N}{\partial x} + X_1\frac{\partial \log N}{\partial x_1} + \cdots + X_n\frac{\partial \log N}{\partial x_n}$$
$$= X\left(\frac{\partial \log N}{\partial x}\right) + X_1\left(\frac{\partial \log N}{\partial x_1}\right) + \cdots + X_{n-1}\left(\frac{\partial \log N}{\partial x_{n-1}}\right)$$
$$+\frac{\partial \log N}{\partial F}\left\{X\frac{\partial F}{\partial x} + X_1\frac{\partial F}{\partial x_1} + \cdots + X_n\frac{\partial F}{\partial x_n}\right\}$$
$$= X\left(\frac{\partial \log N}{\partial x}\right) + X_1\left(\frac{\partial \log N}{\partial x_1}\right) + \cdots + X_{n-1}\left(\frac{\partial \log N}{\partial x_{n-1}}\right),$$

aggregato in $\left(\frac{\partial \log N}{\partial F}\right)$ ducto identice evanescente. Unde aequatio antecedens sic quoque exhiberi potest:

$$X\left(\frac{\partial \log N}{\partial x}\right) + X_1\left(\frac{\partial \log N}{\partial x_1}\right) + \cdots + X_{n-1}\left(\frac{\partial \log N}{\partial x_{n-1}}\right)$$
$$+\left(\frac{\partial X}{\partial x}\right) + \left(\frac{\partial X_1}{\partial x_1}\right) + \cdots + \frac{\partial X_{n-1}}{\partial x_{n-1}} = 0,$$

quae per $N$ multiplicata suppeditat

$$\left(\frac{\partial (NX)}{\partial x}\right) + \left(\frac{\partial (NX_1)}{\partial x_1}\right) + \cdots + \left(\frac{\partial (NX_{n-1})}{\partial x_{n-1}}\right) = 0,$$

quae est formula demonstranda.

Vidimus supra, Propositione antecedente iteratis vicibus adhibita erui aequationum differentialium reductarum Multiplicatorem e Multiplicatore propositarum. Sed ad hunc finem non necesse est, ut hic ipse cognoscatur, sed sufficit eius cognoscere valorem, quem per aequationes integrales reductioni adhibitas induere potest. Si problema ad aequationem differentialem primi ordinis inter $x$ et $x_1$ revocatum est, definitur $M$ aequationibus

$$(11)\quad \begin{cases} \dfrac{d\log M}{dx} = -\dfrac{1}{X}\left(\dfrac{\partial X}{\partial x}+\dfrac{\partial X_1}{\partial x_1}+\cdots+\dfrac{\partial X_n}{\partial x_n}\right), \\ X_1 dx = X dx_1, \end{cases}$$

in quibus *post differentiationes partiales factas* eliminandae sunt $x_2$, $x_3$, ..., $x_n$. Si aequationes integrales, quarum ope reductiones et eliminationes propositae operantur, particulares sunt, evenire potest, ut e formulis (11) eruatur valor ipsius $M$ ad formandum ultimum Multiplicatorem requisitus, neque tamen inveniri queat ipsius $M$ valor generalis sive ipsarum aequationum differentialium propositarum Multiplicator. Directe aequationis differentialis

$$X_1 dx - X dx_1 = 0$$

definitur Multiplicator $P$ per formulam

$$(12)\quad \frac{d\log P}{dx} = -\frac{1}{X}\left(\frac{\partial X}{\partial x}+\frac{\partial X_1}{\partial x_1}\right),$$

in cuius dextra parte $X$ et $X_1$ *ante differentiationes partiales transigendas* per solas $x$ et $x_1$ exprimendae sunt. Potest autem evenire, ut via non pateat, qua ipsum $P$ e (12) eruatur, dum ipsius $M$ determinatio per formulam (11) in promptu est. Quae adeo, nullis cognitis aequationibus integralibus, in amplis gravissimisque problematis succedit, unde pro quibuscunque aequationibus integralibus reductioni adhibitis sive completis sive dicta ratione inventis particularibus ultimus Multiplicator constat.

## §. 13.

### De usu Multiplicatoris in integrandis systematis quibusdam aequationum differentialium specialibus.

Systema aequationum differentialium propositarum ita comparatum esse potest, ut ultima Integratio sponte in Quadraturam redeat. Quod evenit, si unius variabilis differentiale tantum, non ipsa in aequationibus differentialibus invenitur. Ponamus, ipsam $x$ esse variabilem, a qua simul omnes functiones vacuae sint $X$, $X_1$, ..., $X_n$: redire constat integrationem $n$ aequationum differentialium inter $n+1$ variabiles

$$(1)\quad dx : dx_1 : dx_2 : \ldots : dx_n = X : X_1 : X_2 : \ldots : X_n$$

in integrationem $n-1$ aequationum differentialium inter $n$ variabiles unamque Quadraturam. Integratis enim aequationibus

$$(2)\quad dx_1 : dx_2 : \ldots : dx_n = X_1 : X_2 : \ldots : X_n,$$

quae sunt $n-1$ aequationes differentiales inter $n$ variabiles $x_1, x_2, \ldots, x_n$, exhiberi poterunt variabiles $x_1, x_2, \ldots, x_n$ per earum unam veluti $x_1$: unde, expressa $\frac{X}{X_1}$ per $x_1$, dabit simplex Quadratura ipsius $x$ valorem

$$(3)\quad x = \int \frac{X dx_1}{X_1} + \text{Const.}$$

Iam cognito aequationum differentialium (1) Multiplicatore quaeritur, quemnam ex eo fructum ad integrationem perficiendam percipere liceat, cum ultima integratio sua sponte in Quadraturam redeat. Quod ut cognoscatur, inter duos casus distinguendum erit, prout datus aequationum differentialium (1) Multiplicator a variabili $x$ afficiatur sive non afficiatur.

Aequationum differentialium (2) systema vocabo *proprium*, quo distinguatur a systemate *proposito* aequationum differentialium (1), cuius integratio componitur ex integratione systematis proprii et Quadratura. Si datus systematis propositi Multiplicator $M$ et ipse a variabili $x$ vacuus est, idem erit systematis proprii Multiplicator. Tum enim evanescente termino $\frac{\partial(MX)}{\partial x}$, satisfaciet aequationum differentialium (1) Multiplicator aequationi

$$\frac{\partial(MX_1)}{\partial x_1} + \frac{\partial(MX_2)}{\partial x_2} + \cdots + \frac{\partial(MX_n)}{\partial x_n} = 0;$$

eadem autem aequatione definitur aequationum differentialium (2) Multiplicator. Quoties igitur datus systematis propositi (1) Multiplicator et ipse variabili $x$ vacat, systematis proprii ultima integratio ad Quadraturas revocari potest, sive, quod idem est, *systematis aequationum differentialium propositarum duae ultimae integrationes per Quadraturas absolvuntur.*

Vice versa si datur systematis proprii (2) Multiplicator $N$, qui erit solarum variabilium $x_1, x_2, \ldots, x_n$ functio, idem erit systematis propositi (1) Multiplicator. Evanescente enim termino $\frac{\partial(NX)}{\partial x}$, functio $N$, quae huic aequationi satisfacere debet

$$0 = \frac{\partial(NX_1)}{\partial x_1} + \frac{\partial(NX_2)}{\partial x_2} + \cdots + \frac{\partial(NX_n)}{\partial x_n},$$

etiam huic satisfaciet, qua systematis propositi Multiplicator definitur,

$$0 = \frac{\partial(NX)}{\partial x} + \frac{\partial(NX_1)}{\partial x_1} + \cdots + \frac{\partial(NX_n)}{\partial x_n}.$$

Inventis autem omnibus systematis proprii Integralibus

$$(4) \quad f_1 = \alpha_1, \quad f_2 = \alpha_2, \quad \ldots, \quad f_{n-1} = \alpha_{n-1},$$

ubi Constantes arbitrariae $\alpha_1$ etc. dextram aequationum partem occupant, erit aequationum (2) Multiplicator

$$(5) \quad N = \frac{1}{X_n} \Sigma \pm \frac{\partial f_1}{\partial x_1} \cdot \frac{\partial f_2}{\partial x_2} \cdots \frac{\partial f_{n-1}}{\partial x_{n-1}}.$$

Qui igitur systematis quoque propositi Multiplicator erit. Unde si systematis propositi datur Multiplicator $M$, variabilem $x$ implicans, simulque systema proprium complete integratum est, duo innotescunt systematis propositi Multiplicatores $M$ et $N$. Quibus cognitis, secundum §. 4 systematis propositi constabit Integrale

$$(6) \quad \frac{N}{M} = \frac{1}{MX_n} \Sigma \pm \frac{\partial f_1}{\partial x_1} \cdot \frac{\partial f_2}{\partial x_2} \cdots \frac{\partial f_{n-1}}{\partial x_{n-1}} = \text{Const.}$$

Quo Integrali dabitur $x$ per $x_1, x_2, \ldots, x_n$, sive ope Integralium (4) expressis $x_2, x_3, \ldots, x_n$ per $x_1$, dabitur $x$ per $x_1$. Unde *si innotescit systematis propositi Multiplicator variabili $x$ affectus, post systematis proprii integrationem completam non amplius opus erit Quadratura, quam formula* (3) *poscebat ad inveniendum ipsius $x$ valorem per $x_1$ expressum.*

Fieri potest, ut, solo cognito systematis propositi Multiplicatore variabili $x$ affecto, absque ulla integratione eruantur systematis proprii unum plurave Integralia. Expressa enim per (4) quantitate $\frac{X}{X_1}$ per $x_1, \alpha_1, \alpha_2, \ldots, \alpha_{n-1}$, in functione

$$\int \frac{X dx_1}{X_1}$$

post factam integrationem Constantium $\alpha_1, \alpha_2$, etc. loco restituamus functiones $f_1, f_2$, etc.; quo facto prodeat variabilium $x_1, x_2, \ldots, x_n$ functio

$$\xi = \int \frac{X dx_1}{X_1}:$$

erit e (3), designante $\alpha_n$ novam Constantem arbitrariam,

$$x - \xi = \alpha_n$$

systematis propositi Integrale. Sit rursus variabilium $x_1, x_2, \ldots, x_n$ functio $N$ systematis proprii ideoque etiam systematis propositi Multiplicator, erit secundum §. 4 expressio generalis Multiplicatoris systematis propositi

$$M = \Pi(x-\xi, f_1, f_2, \ldots, f_{n-1}).N.$$

Cognito igitur valore ipsius $M$, variabili $x$ affecto, erit $\frac{\partial \log M}{\partial x}$ ipsarum $x-\xi$, $f_1, f_2, \ldots, f_{n-1}$ functio

$$\frac{\partial \log M}{\partial x} = \Phi(x-\xi, f_1, f_2, \ldots, f_{n-1}).$$

Unde ponendo

$$(7)\quad \frac{\partial \log M}{\partial x} = u,$$

atque ex hac aequatione quaerendo ipsius $x$ valorem per $u$, $x_1$, $x_2$, ..., $x_n$ expressum, prodit

$$x = \xi + \psi(u, f_1, f_2, \ldots, f_{n-1}),$$

designante $\psi$ certam ipsarum $u$, $f_1$, $f_2$, ..., $f_{n-1}$ functionem. Quaerendo igitur e (7) ipsius $x$ valorem per $u$, $x_1$, $x_2$, ..., $x_n$ expressum, atque in ea expressione ipsius $u$ loco ponendo varios valores constantes arbitrarios, differentiae quantitatum provenientium erunt solarum $f_1$, $f_2$, ..., $f_n$ functiones, ideoque Constantibus arbitrariis aequiparatae suppeditabunt systematis proprii Integralia. Methodus hic tradita semper succedit, si non tantum $M$ sed etiam $\frac{\partial \log M}{\partial x}$ ipsam $x$ involvit atque $\psi$ non solius $u$ vel $\Phi$ non solius $x-\xi$ functio est. Quoties autem $\Phi = \frac{\partial \log M}{\partial x}$ solius $x-\xi$ functio est, erit $\frac{\partial \Phi}{\partial x}$ ipsius $\Phi$ functio. Unde *e systematis propositi Multiplicatore cognito $M$ semper deducere licet absque integratione systematis proprii unum plurave Integralia, quoties $\frac{\partial^2 \log M}{\partial x^2}$ non ipsius $\frac{\partial \log M}{\partial x}$ functio est.* Similiter demonstratur, *cognito systematis propositi Integrali, variabili $x$ affecto, $v = \alpha$, designante $\alpha$ Constantem arbitrariam, ex eo semper derivari posse unum plurave systematis proprii Integralia, nisi $\frac{\partial v}{\partial x}$ ipsius $v$ functio sit.* Nam cum esse debeat $v$ quantitatum $x-\xi$, $f_1$, $f_2$, ..., $f_{n-1}$ functio, ex aequatione $v = \alpha$ sequitur huiusmodi

$$x = \xi + \psi(\alpha, f_1, f_2, \ldots, f_{n-1});$$

unde eruendo e $v = \alpha$ ipsius $x$ valore in eoque ponendo ipsius $\alpha$ loco varios valores constantes arbitrarios, differentiae expressionum provenientium Constantibus arbitrariis aequiparatae suppeditabunt systematis proprii Integralia.

Ut habeatur exemplum, quo systematis propositi Multiplicator variabili $x$ affectus innotescit ideoque post systematis proprii integrationem completam ipsa $x$ per $x_1, x_2, \ldots, x_n$ absque Quadratura exprimitur, ponamus $X = 1$ simulque fieri

$$\frac{\partial X_1}{\partial x_1} + \frac{\partial X_2}{\partial x_2} + \cdots + \frac{\partial X_n}{\partial x_n} = c,$$

designante $c$ quantitatem constantem; quod inter alia evenit, si $X_1$, $X_2$, etc. variabilium $x_1$, $x_2$, etc. functiones sunt lineares. Dabitur systematis propositi Multiplicator per formulam

$$\frac{d \log M}{dx} + c = 0, \quad \text{unde} \quad M = e^{-cx}.$$

Hinc sequitur e (6) sumendo logarithmos:

$$x = -\frac{1}{c} \cdot \log\left(\frac{1}{X_n} \Sigma \pm \frac{\partial f_1}{\partial x_1} \cdot \frac{\partial f_2}{\partial x_2} \cdots \frac{\partial f_{n-1}}{\partial x_{n-1}}\right) + \text{Const.}$$

Cognitione igitur Multiplicatoris in hoc exemplo non reductionem aequationis differentialis ad Quadraturas sed Quadraturam lucramur.

Antecedentibus demonstratum est, *si aequationum differentialium* (1), *in quibus* $X$, $X_1$, *etc. solarum* $x_1$, $x_2$, $\ldots$, $x_n$ *functiones sunt, detur Multiplicator et ipse variabili* $x$ *vacans, duas postremas integrationes per Quadraturam absolvi; si Multiplicator variabili* $x$ *afficiatur, ultimam aequationem integralem ipsam sine Quadratura obtineri.* Quae Propositio sic amplificatur.

Ponamus, functiones $X_{m+1}$, $X_{m+2}$, $\ldots$, $X_n$ vacuas esse a variabilibus $x$, $x_1$, $\ldots$, $x_m$, simulque $X$, $X_1$, $\ldots$, $X_m$, nisi ab iisdem variabilibus vacuae sunt, certe satisfacere conditioni

$$(7) \qquad \frac{\partial X}{\partial x} + \frac{\partial X_1}{\partial x_1} + \cdots + \frac{\partial X_m}{\partial x_m} = 0.$$

Eo casu aequationes differentiales propositae (1) sic tractabuntur, ut primum aequationum differentialium inter solas $x_{m+1}$, $x_{m+2}$, $\ldots$, $x_n$ locum habentium

$$(8) \qquad dx_{m+1} : dx_{m+2} : \ldots : dx_n = X_{m+1} : X_{m+2} : \ldots : X_n$$

quaerantur Integralia

$$(9) \qquad f_1 = \alpha_1, \quad f_2 = \alpha_2, \quad \ldots, \quad f_{n-m-1} = \alpha_{n-m-1},$$

eorumque ope exprimantur variabiles $x_{m+1}$, $x_{m+2}$, $\ldots$, $x_n$ per earum unam $x_{m+1}$; quibus factis superest, ut integrentur aequationes differentiales inter ipsas $x$, $x_1$, $\ldots$, $x_{m+1}$ locum habentes

$$(10) \qquad dx : dx_1 : \ldots : dx_{m+1} = X : X_1 : \ldots : X_{m+1}.$$

Per conditionem (7) constat, aequationum differentialium propositarum (1) Multiplicatorem, a variabilibus $x, x_1, \ldots, x_m$ vacuum, eundem esse atque aequationum differentialium (8) Multiplicatorem, et vice versa harum Multiplicatorem ipsarum quoque aequationum differentialium (1) Multiplicatorem esse. Designante enim $M$ quantitatem a variabilibus $x, x_1, \ldots, x_m$ vacuam, sequitur e (7)

$$\frac{\partial(MX)}{\partial x}+\frac{\partial(MX_1)}{\partial x_1}+\cdots+\frac{\partial(MX_m)}{\partial x_m} = 0,$$

unde pro eiusmodi ipsius $M$ valore conditio, ut $M$ aequationum (1) sit Multiplicator,

$$\frac{\partial(MX)}{\partial x}+\frac{\partial(MX_1)}{\partial x_1}+\cdots+\frac{\partial(MX_n)}{\partial x_n} = 0$$

convenit cum conditione, ut $M$ aequationum (8) Multiplicator sit,

$$\frac{\partial(MX_{m+1})}{\partial x_{m+1}}+\frac{\partial(MX_{m+2})}{\partial x_{m+2}}+\cdots+\frac{\partial(MX_n)}{\partial x_n} = 0.$$

*Aequationum differentialium* (10) *semper assignare licet Multiplicatorem.* Nam cum ipsarum $x_{m+2}, x_{m+3}, \ldots, x_n$ expressiones per $x_{m+1}$ e (9) petitae ab ipsis $x, x_1, \ldots, x_m$ vacuae sint, conditio (7) valebit etiam post harum expressionum substitutionem. Qua substitutione cum $X_{m+1}$ in solius $x_{m+1}$ functionem abeat, valebit etiam aequatio (7), si loco ipsarum $X_i$ ponitur $\frac{X_i}{X_{m+1}}$. Unde sequitur, *aequationum differentialium* (10) *Multiplicatorem esse* $\frac{1}{X_{m+1}}$. Qua de re *aequationum differentialium* (10) *ultima integratio semper solis Quadraturis absolvitur.*

Si datur Multiplicator aequationum differentialium propositarum (1), variabilibus $x, x_1, \ldots, x_m$ non affectus, idem erit aequationum (8) Multiplicator, ideoque eo casu cum aequationum (8) tum aequationum (10) ultima integratio Quadraturis absolvitur. Iam vero sit aequationum differentialium propositarum (1) datus Multiplicator $M$ variabilibus $x, x_1, \ldots, x_m$ affectus. Inventis aequationum differentialium (8) Integralibus (9), earum fit Multiplicator

$$N = \frac{1}{X_{m+1}} \Sigma \pm \frac{\partial f_1}{\partial x_{m+2}} \cdot \frac{\partial f_2}{\partial x_{m+3}} \cdots \frac{\partial f_{n-m-1}}{\partial x_n},$$

idemque ex antecedentibus fit Multiplicator aequationum differentialium propositarum (1). Quarum igitur cognitis duobus Multiplicatoribus $M$ et $N$, datur absque Quadratura Integrale

$$\frac{N}{M} = \frac{1}{MX_{m+1}} \Sigma \pm \frac{\partial f_1}{\partial x_{m+2}} \cdot \frac{\partial f_2}{\partial x_{m+3}} \cdots \frac{\partial f_{n-m-1}}{\partial x_n} = \text{Const.}$$

Quod substituendo ipsarum $x_{m+2}, x_{m+3}, \ldots, x_n$ valores per $x_{m+1}$ exhibitos in aequationum (10) Integrale abit. Harum aequationum praeterea vidimus ultimam integrationem Quadraturis absolvi. Unde propositis aequationibus differentialibus

$$dx : dx_1 : \ldots : dx_n = X : X_1 : \ldots : X_n,$$

in quibus functiones $X_{m+1}, X_{m+2}, \ldots, X_n$ variabilibus $x, x_1, \ldots, x_m$ vacant simulque fit

$$\frac{\partial X}{\partial x} + \frac{\partial X_1}{\partial x_1} + \cdots + \frac{\partial X_m}{\partial x_m} = 0,$$

si datur Multiplicator et ipse variabilibus $x, x_1, \ldots, x_m$ vacans, duae integrationes per Quadraturas absolvuntur; si vero datus Multiplicator variabilibus $x$, $x_1, \ldots, x_n$ afficitur, una aliqua aequatio integralis absque omni Quadratura constabit atque altera integratio Quadraturis efficietur.

Antecedentia exemplo esse possunt, ad aequationes differentiales integrandas e Multiplicatoris cognitione semper fructum aliquem percipi, etsi ultima integratio absque eius auxilio Quadraturis absolvi possit. Neque nessarium est, ut in antecedentibus aequationes (4) sint Integralia ipsarum aequationum differentialium (2), vel aequationes (9) sint Integralia ipsarum aequationum differentialium (8). Nam secundum ea, quae §. 12 tradidi, Constanti arbitrariae post quamque novam integrationem accedenti valorem tribuere licet particularem quemcunque. Sufficit, ut quaelibet aequatio $f_i = \text{Const.}$ sit Integrale aequationum differentialium quocunque modo transformatarum per aequationes integrales ante eam inventas

$$f_1 = \alpha_1, \quad f_2 = \alpha_2, \quad \ldots, \quad f_{i-1} = \alpha_{i-1},$$

in quibus ad dextram habentur quantitates constantes quaecunque particulares.

## Caput tertium.

# Theoria Multiplicatoris systematis aequationum differentialium ad varia exempla applicata.

### §. 14.

De Multiplicatore systematis aequationum differentialium cuiuslibet ordinis.

Aequationum differentialium systema, quo altissima quaeque variabilium dependentium differentialia per differentialia inferiora ipsasque variabiles exprimuntur, constat in systema redire aequationum differentialium primi ordinis, si cuiusque variabilis dependentis differentialia altissimo inferiora ipsis variabilibus adscribantur. Designantibus enim $x$, $y$, etc. variabilis independentis $t$ functiones, proponantur inter $t$, $x$, $y$, etc. aequationes differentiales

$$(1)\qquad \frac{d^p x}{dt^p} = A,\quad \frac{d^q y}{dt^q} = B,\quad \text{etc.};$$

ipsaeque $A$, $B$, etc. non altioribus afficiantur differentialibus quam $(p-1)^{\text{to}}$ ipsius $x$, $(q-1)^{\text{to}}$ ipsius $y$, etc. Patet, habendo pro novis variabilibus dependentibus differentialia, quae Lagrangiano more per indices denoto,

$$x' = \frac{dx}{dt},\quad x'' = \frac{d^2x}{dt^2},\quad \ldots,\quad x^{(p-1)} = \frac{d^{p-1}x}{dt^{p-1}},$$

$$y' = \frac{dy}{dt},\quad y'' = \frac{d^2y}{dt^2},\quad \ldots,\quad y^{(q-1)} = \frac{d^{q-1}y}{dt^{q-1}},\quad \text{etc.},$$

aequationibus differentialibus (1) has alias substitui posse *primi* ordinis:

$$(2)\qquad \left\{\begin{aligned} &dt : dx : dx' : \ldots : dx^{(p-2)} : dx^{(p-1)}\\ &\quad : dy : dy' : \ldots : dy^{(q-2)} : dy^{(q-1)} : \text{etc.}\\ &= 1 : x' : x'' : \ldots : x^{(p-1)} : A\\ &\quad : y' : y'' : \ldots : y^{(q-1)} : B : \text{etc.}\end{aligned}\right.$$

Quibus in aequationibus variabilium numerus summam ordinum altissimorum differentialium in (1) unitate superat.

Multiplicator aequationum differentialium primi ordinis (2), cum quibus aequationes differentiales (1) conveniunt, etiam a me in sequentibus appellabitur aequationum (1) Multiplicator. Unde ut omnia theoremata de Multiplicatore aequationum differentialium primi ordinis in duobus Capitibus praecedentibus in medium prolata ad Multiplicatores aequationum differentialium cuiuslibet ordinis (1) applicentur, sufficit, ut pro aequationibus ibi propositis

$$(3)\quad dx : dx_1 : dx_2 : \ldots : dx_n = X : X_1 : X_2 : \ldots : X_n$$

sumantur aequationes (2).

Si aequationes differentiales primi ordinis (2) et (3) inter se comparamus, videmus in illis specialitatem quandam formae locum habere, videlicet quantitatum primis differentialibus proportionalium, quae generaliter variabilium functiones sunt, maximam partem in ipsas abire variabiles, neque vero in eas, quarum differentialibus proportionales ponuntur. Quo habitu speciali fit, ut aequationum (2) Multiplicator, quem aequationum (1) quoque Multiplicatorem voco, definiatur formula, quae, tantopere licet aucto in (2) variabilium numero, non pluribus constat terminis, quam si ipsae primi ordinis fuissent aequationes differentiales propositae (1). Consideremus enim formulam ad definiendum aequationum (3) Multiplicatorem propositam §. 7 (4):

$$(4)\quad \frac{\partial X}{\partial x} + \frac{\partial X_1}{\partial x_1} + \cdots + \frac{\partial X_n}{\partial x_n} = -X \frac{d \log M}{dx}.$$

Si pro aequationibus (3) sumimus aequationes (2), fit $x = t$, $X = 1$; porro variabilibus $x_1$, $x_2$, etc. substituendae sunt

$$x,\ x',\ x'',\ \ldots,\ x^{(p-2)},\ x^{(p-1)},$$
$$y,\ y',\ y'',\ \ldots,\ y^{(q-2)},\ y^{(q-1)},\ \text{etc.};$$

functionibus denique $X_1$, $X_2$, etc. substituendae sunt quantitates

$$x',\ x'',\ x''',\ \ldots,\ x^{(p-1)},\ A,$$
$$y',\ y'',\ y''',\ \ldots,\ y^{(q-1)},\ B,\ \text{etc.}$$

Iam in (4), quoties est $X_i$ una e variabilibus $x$, $x_1$, $x_2$, etc., ab ipsa $x_i$ diversa, evanescit terminus $\frac{\partial X_i}{\partial x_i}$, uti generaliter fit, si functio $X_i$ ipsam $x_i$ non implicat. Unde sumendo pro (3) aequationes (2), abit aggregatum (4) in hanc expressionem simplicem:

$$\frac{\partial A}{\partial x^{(p-1)}} + \frac{\partial B}{\partial y^{(q-1)}} + \text{etc.} = -\frac{d \log M}{dt}.$$

Hac formula Multiplicator $M$ definitur systematis aequationum differentialium cuiuslibet ordinis (1).

Sequitur e (5), quoties simul ipsum $A$ a differentiali $(p-1)^{to}$ ipsius $x$, ipsum $B$ a differentiali $(q-1)^{to}$ ipsius $y$, etc. vacuum sit, sive generalius, *quoties aggregatum*

$$\frac{\partial A}{\partial x^{(p-1)}} + \frac{\partial B}{\partial y^{(q-1)}} + \text{etc.}$$

*identice evanescat, statui posse* $M = 1$. Si aggregatum (5) non identice evanescit, ad indagandum Multiplicatorem circumspiciendum erit differentiale completum, cui idem aggregatum sua sponte vel etiam per aequationes differentiales propositas aequetur.

## §. 15.

### Principium ultimi Multiplicatoris systemati aequationum differentialium cuiuslibet ordinis applicatum.

Aequationum differentialium propositarum (1) §. pr. Integralibus praeter unum omnibus inventis, quantitates

$$(A.)\begin{cases} t, & x, & x', & \ldots, & x^{(p-1)}, \\ & y, & y', & \ldots, & y^{(q-1)}, \text{ etc.} \end{cases}$$

omnes exprimere licet per duas $u$ et $v$, pro quibus sumere licet binas e quantitatibus (A.) vel earum functiones quaslibet. Differentialia $\frac{du}{dt}$ et $\frac{dv}{dt}$, substituendo differentialibus $x^{(p)}$, $y^{(q)}$, etc., si opus est, valores $A$, $B$, etc., et ipsa aequantur quantitatum $t$, $x$, $x'$, etc. functionibus. Quae functiones, Integralium inventorum ope per $u$ et $v$ expressae, si denotantur per

$$U = \frac{du}{dt}, \quad V = \frac{dv}{dt},$$

dabitur inter $u$ et $v$ aequatio differentialis primi ordinis, ultima quae integranda restat,

$$(1) \quad V du - U dv = 0.$$

Secundum ea, quae §. 11 tradidi, cognito aequationum differentialium propositarum Multiplicatore $M$, erui potest factor $N$, qui eius ultimae aequationis differentialis (1) laevam partem efficiat differentiale completum, quem *ultimum Multiplicatorem* appello. *Habendo enim, quod per Integralia inventa licet, quantitates (A.) pro functionibus ipsarum u et v Constantiumque arbitrariarum, quas Integralia implicant, earumque functionum formando Determinans* $\Delta$, *fit ultimus Multiplicator* $N = \Delta . M$.

*Principium ultimi Multiplicatoris*, quod Propositione antecedente continetur, etiam sic concipi potest:

*diviso ultimae aequationis differentialis* (1) *Multiplicatore per Determinans* $\Delta$, *conditionem Eulerianam pro Multiplicatore valentem transformari in aliam conditionem ab Integralibus reductioni adhibitis independentem, cui formulandae sufficiant solae aequationes differentiales propositae.*

Videlicet aequatio conditionalis, cui aequationis (1) Multiplicator $N$ satisfacere debet, fit

$$\frac{\partial(NU)}{\partial u} + \frac{\partial(NV)}{\partial v} = 0.$$

Quae, ponendo

$$M = \frac{N}{\Delta}$$

et substituendo Constantibus arbitrariis functiones quantitatum (A.) aequivalentes, transformabitur in hanc:

$$\frac{d\log M}{dt} + \frac{\partial A}{\partial x^{(p-1)}} + \frac{\partial B}{\partial y^{(q-1)}} + \text{etc.} = 0,$$

cui formandae sufficiunt aequationes differentiales propositae (1).

Sint $\Pi_1 = 0$, $\Pi_2 = 0$, etc. aequationes integrales reductioni adhibitae binaeque aequationes, quibus $u$ et $v$ ab ipsis $t$, $x$, $x'$, etc. pendent, sive etiam aliae quaecunque aequationes cum illis aequivalentes: constat e Determinantium functionalium proprietatibus, *aequari* $\Delta$ *fractioni, cuius denominator sit functionum* $\Pi_1$, $\Pi_2$, *etc. Determinans formatum quantitatum* (A.) *respectu, numerator autem earundem functionum Determinans, quantitatum* $u$ *et* $v$ *Constantiumque arbitrariarum respectu formatum.* Si pro $u$ et $v$ ipsae sumuntur $t$ et $x$, pro aequationibus $\Pi_1 = 0$, $\Pi_2 = 0$, etc. solae sumendae sunt aequationes integrales simulque $t$ et $x$ in binis Determinantibus formandis de numero variabilium tollendae sunt. Porro aequatio (1) in hanc abit:

$$dx - Vdt = 0,$$

ubi $V$ est ipsius $\frac{dx}{dt}$ valor, Integralium inventorum ope per $t$ et $x$ expressus. Si aequationes $\Pi_1 = 0$, $\Pi_2 = 0$, etc. inventae sunt per integrationem successivam, ita ut in quaque aequatione insequente, in qua nova accedit Constans arbitraria, simul unius variabilis differentiale altissimum ad ordinem proxime inferiorem sit depressum, alterutrum Determinans in unicum terminum abit. Sic proposita unica aequatione differentiali $n^{ti}$ ordinis inter $t$ et $x$

$$\frac{d^n x}{dt^n} = f\left(t, x, \frac{dx}{dt}, \ldots, \frac{d^{n-1}x}{dt^{n-1}}\right),$$

integratione successiva inventae sint aequationes

$$(2)\quad\begin{cases}\dfrac{d^{n-1}x}{dt^{n-1}} = f_1\left(t,\, x,\, \dfrac{dx}{dt},\, \ldots,\, \dfrac{d^{n-2}x}{dt^{n-2}},\, \alpha_1\right),\\[2mm] \dfrac{d^{n-2}x}{dt^{n-2}} = f_2\left(t,\, x,\, \dfrac{dx}{dt},\, \ldots,\, \dfrac{d^{n-3}x}{dt^{n-3}},\, \alpha_1,\, \alpha_2\right),\\ \cdot\;\cdot\;\cdot\;\cdot\;\cdot\;\cdot\;\cdot\;\cdot\;\cdot\;\cdot\;\cdot\;\cdot\;\cdot\;\cdot\;\cdot\;\cdot\;\cdot\\ \dfrac{dx}{dt} = f_{n-1}(t,\, x,\, \alpha_1,\, \alpha_2,\, \ldots,\, \alpha_{n-1}),\end{cases}$$

in quibus $\alpha_1,\ \alpha_2,\ \ldots,\ \alpha_{n-1}$ sunt Constantes arbitrariae: simpliciter erit

$$\varDelta = \frac{\partial f_1}{\partial \alpha_1}\cdot\frac{\partial f_2}{\partial \alpha_2}\cdots\frac{\partial f_{n-1}}{\partial \alpha_{n-1}},$$

cum alterum Determinans in ipsam unitatem abeat. Si functio $f$ ab ipso $\dfrac{d^{n-1}x}{dt^{n-1}}$ vacuum est, fit aequationis differentialis propositae Multiplicator $= 1$. Quo igitur casu hoc eruitur ultimum Integrale:

$$\int \frac{\partial f_1}{\partial \alpha_1}\cdot\frac{\partial f_2}{\partial \alpha_2}\cdots\frac{\partial f_{n-1}}{\partial \alpha_{n-1}}\,[dx - f_{n-1}(t,\, x,\, \alpha_1,\, \alpha_2,\, \ldots,\, \alpha_{n-1})\,dt] = \text{Const.},$$

ubi quantitas sub integrationis signo, per $t$ et $x$ expressa, fit differentiale completum. Ut per solas $t$ et $x$ exprimatur valor producti

$$\frac{\partial f_1}{\partial \alpha_1}\cdot\frac{\partial f_2}{\partial \alpha_2}\cdots\frac{\partial f_{n-1}}{\partial \alpha_{n-1}},$$

sufficit, ut in eo *successive* substituantur differentialium $\dfrac{d^{n-2}x}{dt^{n-2}},\ \dfrac{d^{n-3}x}{dt^{n-3}},\ \ldots,\ \dfrac{dx}{dt}$ valores $f_2,\ f_3,\ \ldots,\ f_{n-1}$.

## §. 16.

### Formula symbolica, qua Multiplicator systematis aequationum differentialium impliciti definiri potest.

Aequationes differentiales, e quibus petantur altissimorum differentialium valores

$$(1)\qquad x^{(p)} = A,\quad y^{(q)} = B,\quad \text{etc.},$$

ponamus forma dari implicita

$$(2)\qquad \varphi = 0,\quad \psi = 0,\quad \text{etc.}$$

E quibus aequationibus ut eruantur valores differentialium partialium

$$\frac{\partial A}{\partial x^{(p-1)}},\qquad \frac{\partial B}{\partial y^{(q-1)}},\quad \text{etc.},$$

quarum summa aequat ipsum $-\frac{d\log M}{dt}$, statuo

$$(3)\quad \begin{cases} \dfrac{\partial\varphi}{\partial x^{(p)}} = a, & \dfrac{\partial\varphi}{\partial y^{(q)}} = a_1, \quad \text{etc.},\\ \dfrac{\partial\psi}{\partial x^{(p)}} = b, & \dfrac{\partial\psi}{\partial y^{(q)}} = b_1, \quad \text{etc.} \quad \text{etc.}, \end{cases}$$

nec non

$$(4)\quad \begin{cases} \dfrac{\partial\varphi}{\partial x^{(p-1)}} = \alpha, & \dfrac{\partial\varphi}{\partial y^{(q-1)}} = \alpha_1, \quad \text{etc.},\\ \dfrac{\partial\psi}{\partial x^{(p-1)}} = \beta, & \dfrac{\partial\psi}{\partial y^{(q-1)}} = \beta_1, \quad \text{etc.} \quad \text{etc.}, \end{cases}$$

formoque aequationes

$$(5)\quad \begin{cases} au+a_1u_1+\cdots+\alpha v+\alpha_1 v_1+\cdots = 0,\\ bu+b_1u_1+\cdots+\beta v+\beta_1 v_1+\cdots = 0. \end{cases}$$

Resolutione aequationum (5) si determinantur $u$, $u_1$, etc. ut functiones lineares quantitatum $v$, $v_1$, etc., erit, quod ex elementis calculi differentialis sequitur,

$$(6)\quad \frac{\partial A}{\partial x^{(p-1)}} = \frac{\partial u}{\partial v}, \quad \frac{\partial B}{\partial y^{(q-1)}} = \frac{\partial u_1}{\partial v_1}, \quad \text{etc.},$$

unde prodit

$$(7)\quad d\log M = -\left\{\frac{\partial u}{\partial v} + \frac{\partial u_1}{\partial v_1} + \cdots\right\} dt.$$

Iam e formulis, quas de aequationum linearium resolutione et Determinantium proprietatibus tradidi, sequitur, *si in aequationibus linearibus* (5) *ponatur*

$$(8)\quad \begin{cases} a\,dt = \delta a, & a_1\,dt = \delta a_1, \quad \text{etc.},\\ \beta\,dt = \delta b, & \beta_1\,dt = \delta b_1, \quad \text{etc.} \quad \text{etc.}, \end{cases}$$

*fieri*

$$(9)\quad -\left\{\frac{\partial u}{\partial v} + \frac{\partial u_1}{\partial v_1} + \cdots\right\} dt = \delta \log \Sigma \pm a b_1 \ldots$$

Unde formula, qua Multiplicator $M$ definitur, proponi potest hac forma *symbolica:*

$$(10)\quad d\log M = \delta \log \Sigma \pm a b_1 \ldots.$$

Cui formulae ea inest significatio, ut, variando per regulas notas ipsum $\lg \Sigma \pm a b_1 \ldots$ atque elementorum variationibus singulis substituendo valores (8), obtineatur expressio ipsi $d\log M$ aequalis.

Si statuitur

$$(11)\quad \begin{cases} a\,dt - \lambda\,da = \Delta a, & a_1\,dt - \lambda\,da_1 = \Delta a_1, \quad \text{etc.},\\ \beta\,dt - \lambda\,db = \Delta b, & \beta_1\,dt - \lambda\,db_1 = \Delta b_1, \quad \text{etc.} \quad \text{etc.}, \end{cases}$$

characteristicae $\delta$ substituendum est $\lambda d+\Delta$, unde abit (10) in hanc formulam:

$$(12)\quad d\log M = \lambda d\log\Sigma\pm ab_1\ldots+\Delta\log\Sigma\pm ab_1\ldots,$$

sive, designante $\lambda$ Constantem:

$$(13)\quad d\log\frac{M}{\{\Sigma\pm ab_1\ldots\}^{\lambda}} = \Delta\log\Sigma\pm ab_1\ldots$$

Quae formula cum commodo adhibetur, quoties variationum $\Delta a$, $\Delta b$, etc. valores valoribus variationum $\delta a$, $\delta b$, etc. simpliciores sunt.

Sint $n$ aequationes differentiales inter $t$ et variabiles dependentes $x_1$, $x_2$, ..., $x_n$ propositae

$$(14)\quad \varphi_1=0,\quad \varphi_2=0,\quad \ldots,\quad \varphi_n=0,$$

sintque altissima differentialia in iis obvenientia et quorum valores ex iis petere liceat

$$x_1^{(m_1)},\quad x_2^{(m_2)},\quad \ldots,\quad x_n^{(m_n)}.$$

Statuendo secundum antecedentia

$$(15)\quad \begin{cases} \dfrac{\partial\varphi_i}{\partial x_k^{(m_k)}} = a_k^{(i)}, \\[2ex] \dfrac{\partial\varphi_i}{\partial x_k^{(m_k-1)}}\,dt = \delta a_k^{(i)} = \lambda\, da_k^{(i)}+\Delta a_k^{(i)}, \end{cases}$$

fit

$$(16)\quad \begin{cases} d\log M = \delta\log\Sigma\pm a_1' a_2''\ldots a_n^{(n)}, \\[1ex] d\log\dfrac{M}{\{\Sigma\pm a_1'a_2''\ldots a_n^{(n)}\}^{\lambda}} = \Delta\log\Sigma\pm a_1' a_2''\ldots a_n^{(n)}. \end{cases}$$

Accuratius examinemus casum, quo fit

$$(17)\quad a_k^{(i)} = a_i^{(k)},$$

unde elementa $a_k^{(i)}$ ad numerum $\frac{n(n+1)}{2}$ reducere licet. Differentialia partialia uncis includendo aut non includendo, prout ista reductio facta est aut non facta est, habetur, si $i$ et $k$ inter se diversi sunt,

$$\left(\frac{\partial R}{\partial a_k^{(i)}}\right) = \frac{\partial R}{\partial a_i^{(k)}}+\frac{\partial R}{\partial a_k^{(i)}},\quad \left(\frac{\partial R}{\partial a_i^{(i)}}\right) = \frac{\partial R}{\partial a_i^{(i)}}.$$

Designante $R$ Determinans

$$R = \Sigma\pm a_1' a_2''\ldots a_n^{(n)},$$

constat per notas Determinantium proprietates, si aequationes (17) locum habeant, etiam fieri

$$(18) \qquad \frac{\partial R}{\partial a_k^{(i)}} = \frac{\partial R}{\partial a_i^{(k)}},$$

unde

$$(19) \qquad \left(\frac{\partial R}{\partial a_k^{(i)}}\right) = 2\,\frac{\partial R}{\partial a_k^{(i)}}.$$

Cum in symbolis adhibitis variationes $\delta a_k^{(i)}$ vel $\Delta a_k^{(i)}$ ab ipsis $a_k^{(i)}$ independentes sint, ex aequationibus (17) non etiam variationum aequalitas sequitur, unde in formanda Determinantis variatione pro diversis haberi debent $\delta a_k^{(i)}$ et $\delta a_i^{(k)}$ vel $\Delta a_k^{(i)}$ et $\Delta a_i^{(k)}$, ideoque post institutam ipsius $R$ variationem demum aequationum (17) usus faciendus est. At observandum est, in Determinantis variatione binorum elementorum $a_k^{(i)}$ et $a_i^{(k)}$ variationum tantum summam obvenire, cum per (18) et (19) habeatur

$$\frac{\partial R}{\partial a_k^{(i)}}\,\delta a_k^{(i)} + \frac{\partial R}{\partial a_i^{(k)}}\,\delta a_i^{(k)} = \tfrac{1}{2}\left(\frac{\partial R}{\partial a_k^{(i)}}\right)\{\delta a_k^{(i)} + \delta a_i^{(k)}\}.$$

Quae formula docet, in Determinante $R$ etiam ante eius variationem instituendam poni posse $a_k^{(i)} = a_i^{(k)}$, modo ipsi $\delta a_k^{(i)} = \delta a_i^{(k)}$ tribuatur valor $\frac{1}{2}\{\delta a_k^{(i)} + \delta a_i^{(k)}\}$. Quoties igitur aequationes (17) locum habent sive fit

$$\frac{\partial \varphi_i}{\partial x_k^{(m_k)}} = \frac{\partial \varphi_k}{\partial x_i^{(m_i)}},$$

valebunt adhuc aequationes (16), etsi Determinantis elementa ad numerum $\frac{n(n+1)}{2}$ inter se inaequalium revocentur, dummodo statuatur

$$(20) \qquad \tfrac{1}{2}\left\{\frac{\partial \varphi_i}{\partial x_k^{(m_k-1)}} + \frac{\partial \varphi_k}{\partial x_i^{(m_i-1)}}\right\} dt = \delta a_k^{(i)} = \lambda\, d a_k^{(i)} + \Delta a_k^{(i)}.$$

*Quod si igitur aequationes differentiales propositae* (14) *ita comparatae sunt, ut habeatur*

$$\frac{\partial \varphi_i}{\partial x_k^{(m_k)}} = \frac{\partial \varphi_k}{\partial x_i^{(m_i)}},$$

$$\tfrac{1}{2}\left\{\frac{\partial \varphi_i}{\partial x_k^{(m_k-1)}} + \frac{\partial \varphi_k}{\partial x_i^{(m_i-1)}}\right\} dt = \lambda d\, \frac{\partial \varphi_i}{\partial x_k^{(m_k)}},$$

*designante $\lambda$ Constantem, evanescet variatio $\Delta$ dabiturque Multiplicator*

$$M = \left\{\Sigma \pm \frac{\partial \varphi_1}{\partial x_1^{(m_1)}} \cdot \frac{\partial \varphi_2}{\partial x_2^{(m_2)}} \cdots \frac{\partial \varphi_n}{\partial x_n^{(m_n)}}\right\}^{\lambda}.$$

Cuius Propositionis applicatio infra dabitur.

Observo ipsum $R$ pro Determinante functionali haberi posse; erit enim $R$ functionum $\varphi_1, \varphi_2, \ldots, \varphi_n$ Determinans, si sola altissima differentialia $x_1^{(m_1)}$, $x_2^{(m_2)}$, etc. pro variabilibus sumuntur, quarum respectu Determinans formetur. Quarum variabilium valores cum supponamus ex aequationibus (14) peti posse, non fieri potest ut Determinans $R$ identice evanescat; alioquin enim functiones $\varphi_1, \varphi_2$, etc. earum variabilium respectu non a se invicem independentes forent. (V. *Comm. de Det. Funct.* §§. 3 sqq.) Si vero per ipsas (14) evanescit Determinans $R$, id indicio est, duo valorum variabilium systemata inter se aequalia evadere, unde aequationum praeparatione quadam opus est, qua radicibus duplicibus liberentur.

Iam praecepta generalia variis applicabo exemplis.

## §. 17.

### De Multiplicatore systematis aequationum differentialium linearium.

Proponantur aequationes differentiales lineares primi ordinis

$$(1)\quad \begin{cases} \dfrac{dx_1}{dt} = A_1' \, x_1 + A_2' \, x_2 + \cdots + A_n' \, x_n = X_1, \\ \dfrac{dx_2}{dt} = A_1'' \, x_1 + A_2'' \, x_2 + \cdots + A_n'' \, x_n = X_2, \\ \cdot \quad \cdot \quad \cdot \quad \cdot \quad \cdot \quad \cdot \quad \cdot \quad \cdot \quad \cdot \quad \cdot \quad \cdot \quad \cdot \\ \dfrac{dx_n}{dt} = A_1^{(n)} x_1 + A_2^{(n)} x_2 + \cdots + A_n^{(n)} x_n = X_n, \end{cases}$$

quarum Coëfficientes $A_k^{(i)}$ solius $t$ functiones designant. Systematis aequationum (1) Multiplicator $M$ definitur formula differentiali

$$\begin{aligned} \frac{d \log M}{dt} &= -\left\{ \frac{\partial X_1}{\partial x_1} + \frac{\partial X_2}{\partial x_2} + \cdots + \frac{\partial X_n}{\partial x_n} \right\} \\ &= - \left\{ A_1' + A_2'' + \cdots + A_n^{(n)} \right\}, \end{aligned}$$

unde

$$(2)\quad M = e^{-\int \{A_1' + A_2'' + \cdots + A_n^{(n)}\} dt}.$$

Hac formula cognito $M$, sequitur e §. 15, *si aequationes differentiales lineares* (1) *per quascunque $n-1$ aequationes integrales, $n-1$ Constantibus arbitrariis affectas, ad unicam aequationem differentialem primi ordinis inter duas variabiles reducantur, eius quoque ultimae aequationis integrationem per Quadraturas absolvi* *posse.* Quod hactenus non constabat, nisi aequationes quoque integrales reductioni adhibitae lineares erant.

Aequationibus (1) alterum systema aequationum differentialium linearium coniugatum est

$$(3)\quad \begin{cases} \frac{dy_1}{dt} = -\{A_1'y_1+A_1''y_2+\cdots+A_1^{(n)}y_n\}, \\ \frac{dy_2}{dt} = -\{A_2'y_1+A_2''y_2+\cdots+A_2^{(n)}y_n\}, \\ \cdots\cdots\cdots\cdots \\ \frac{dy_n}{dt} = -\{A_n'y_1+A_n''y_2+\cdots+A_n^{(n)}y_n\}. \end{cases}$$

Aequationibus (1) respective per $y_1, y_2, \ldots, y_n$ atque aequationibus (3) respective per $x_1, x_2, \ldots, x_n$ multiplicatis omniumque aequationum provenientium additione facta, termini ad dextram positi omnino abeunt, expressio ad laevam autem fit differentiale aggregati $x_1y_1+x_2y_2+\cdots+x_ny_n$; unde integratione facta eruitur

$$(4)\quad x_1y_1+x_2y_2+\cdots+x_ny_n = \text{Const.}$$

Quot habentur aequationum (3) solutiones particulares, tot formula (4) suppeditantur aequationum (1) Integralia, et quot habentur solutiones particulares aequationum (1), tot eadem formula suppeditantur aequationum (3) Integralia. Aequationum (3) Multiplicator invenitur

$$N = e^{\int\{A_1'+A_2''+\cdots+A_n^{(n)}\}dt},$$

unde *binorum systematum aequationum differentialium linearium inter se coniugatorum Multiplicatores M et N valoribus reciprocis gaudent.*

Functionum $y_1, y_2, \ldots, y_n$ denotemus $n$ systemata a se independentia per

$$y_1^{(k)},\quad y_2^{(k)},\quad \ldots,\quad y_n^{(k)},$$

tribuendo successive indici superiori $k$ valores $1, 2, \ldots, n$. Unde aequationum (1) proveniunt $n$ Integralia huiusmodi

$$f_k = x_1y_1^{(k)}+x_2y_2^{(k)}+\cdots+x_ny_n^{(k)} = \alpha_k,$$

designantibus $\alpha_1, \alpha_2, \ldots, \alpha_n$ Constantes arbitrarias. Secundum Multiplicatoris definitionem, initio huius Commentationis adhibitam, fit

$$(5)\quad \begin{cases} M = \Sigma\pm\frac{\partial f_1}{\partial x_1}\cdot\frac{\partial f_2}{\partial x_2}\cdots\frac{\partial f_n}{\partial x_n} \\ \quad = \Sigma\pm y'y_2''\ldots y_n^{(n)}. \end{cases}$$

Unde obtinetur formula

$$(6)\quad \Sigma \pm y_1' y_2'' \ldots y_n^{(n)} = e^{-\int \{A_1' + A_2'' + \cdots + A_n^{(n)}\} dt}.$$

Quae sic directe demonstratur.

Designante enim $R$ Determinans ad laevam, fit

$$dR = \Sigma\Sigma \frac{\partial R}{\partial y_i^{(k)}} dy_i^{(k)}$$

$$= -\Sigma\Sigma \frac{\partial R}{\partial y_i^{(k)}} \{A_i' y_1^{(k)} + A_i'' y_2^{(k)} + \cdots + A_i^{(n)} y_n^{(k)}\} dt,$$

extensa duplici summatione ad omnes indicum $i$ et $k$ valores $1, 2, \ldots, n$. Summando primum indicis $k$ respectu, evanescunt termini in $A_i'$, $A_i''$, etc. ducti praeter eos, qui in $A_i^{(i)}$ ducuntur,

$$-A_i^{(i)} \left\{ \frac{\partial R}{\partial y_i'} y_i' + \frac{\partial R}{\partial y_i''} y_i'' + \cdots + \frac{\partial R}{\partial y_i^{(n)}} y_i^{(n)} \right\} dt$$

$$= -A_i^{(i)} . R dt,$$

sicuti notis Determinantium proprietatibus patet. Hinc altera summatio indicis $i$ respectu instituta suggerit

$$dR = -\{A_1' + A_2'' + \cdots + A_n^{(n)}\} . R dt,$$

cuius aequationis integratione formula (6) obtinetur.

Si aequationes differentiales lineares proponuntur, quae altiora quam prima differentialia involvunt, secundum §. 14 (5) statim earum quoque Multiplicator obtinetur. Brevitatis causa duas tantum consideremus aequationes

$$(7)\quad \begin{cases} \dfrac{d^p x}{dt^p} = A\, x + A_1 \dfrac{dx}{dt} + \cdots + A_{p-1} \dfrac{d^{p-1} x}{dt^{p-1}} \\ \qquad + B\, x + B_1 \dfrac{dy}{dt} + \cdots + B_{q-1} \dfrac{d^{q-1} y}{dt^{q-1}}, \\ \dfrac{d^q x}{dt^q} = A' x + A_1' \dfrac{dx}{dt} + \cdots + A_{p-1}' \dfrac{d^{p-1} x}{dt^{p-1}} \\ \qquad + B' y + B_1' \dfrac{dy}{dt} + \cdots + B_{q-1}' \dfrac{d^{q-1} y}{dt^{q-1}}, \end{cases}$$

in quibus Coëfficientes $A$, $A_1$, etc. solius $t$ functiones designant; fit earum aequationum Multiplicator

$$M = e^{-\int \{A_{p-1} + B_{q-1}'\} dt}.$$

Ponamus, addendo aequationes (7) respective per $\lambda$ et $\mu$ multiplicatas produci aequationem per se integrabilem: secundum conditiones integrabilitatis fieri debet

$$(8)\quad \begin{cases} \dfrac{d^p\lambda}{dt^p} = -\dfrac{d^{p-1}(A_{p-1}\lambda+A'_{p-1}\mu)}{dt^{p-1}} + \dfrac{d^{p-2}(A_{p-2}\lambda+A'_{p-2}\mu)}{dt^{p-2}} - \ldots \pm (A\lambda+A'\mu), \\ \dfrac{d^q\mu}{dt^q} = -\dfrac{d^{q-1}(B_{q-1}\lambda+B'_{q-1}\mu)}{dt^{q-1}} + \dfrac{d^{q-2}(B_{q-2}\lambda+B'_{q-2}\mu)}{dt^{q-2}} - \ldots \pm (B\lambda+B'\mu), \end{cases}$$

quod est aequationum differentialium systema proposito coniugatum. Quod, si $p$ et $q$ inter se inaequales sunt, non ea gaudet forma, qua §. 14 supposui aequationes differentiales exhibitas esse, videlicet ut altissima differentialia inveniantur per inferiora ipsusque variabiles expressa. Si $p > q$, ut ea forma obtineatur, aequatio posterior $p-q-1$ vicibus iteratis differentianda est et aequationum ope provenientium eliminanda sunt e priore ipsius $\mu$ differentialia superiora $(q-1)^{\text{to}}$. Hac eliminatione priorem aequationem novi non ingrediuntur termini $(p-1)^{\text{to}}$ ipsius $\lambda$ differentiali affecti, unde in ea immutatus manet unicus terminus differentiale $\dfrac{d^{p-1}\lambda}{dt^{p-1}}$ implicans

$$-A_{p-1}\frac{d^{p-1}\lambda}{dt^{p-1}}.$$

Porro in aequatione posteriore unicus extat terminus ipso $\dfrac{d^{q-1}\mu}{dt^{q-1}}$ affectus

$$-B'_{q-1}\frac{d^{q-1}\mu}{dt^{q-1}}.$$

Unde secundum §. 14 aequationum (8), dicto modo praeparatarum, eruitur Multiplicator

$$N = e^{\int\{A_{p-1}+B'_{q-1}\}dt}.$$

Videmus igitur, bina quoque systemata coniugata (7) et (8) Multiplicatoribus reciprocis gaudere. Similiter pro pluribus aequationibus demonstratur, in systemate coniugato per eliminationes, ad formam normalem obtinendam instituendas, hos non mutari terminos, qui valorem ipsius $\dfrac{d\log N}{dt}$ afficiunt, unde facile sequitur, binorum systematum coniugatorum Multiplicatores semper evadere inter se reciprocos.

Observo, formam normalem aequationibus (8) conciliari posse sine differentiationibus et eliminationibus, cum earum loco hoc pateat substitui posse systema aequationum differentialium linearium primi ordinis inter $p+q+1$ variabiles:

$$
(9)\quad \begin{cases}
\dfrac{d\lambda}{dt} = -\{A_{p-1}\lambda + A'_{p-1}\mu + \lambda_1\}, \\
\dfrac{d\lambda_1}{dt} = -\{A_{p-2}\lambda + A'_{p-2}\mu + \lambda_2\}, \\
\cdots\cdots\cdots\cdots \\
\dfrac{d\lambda_{p-1}}{dt} = -\{A\lambda + A'\mu\}, \\
\dfrac{d\mu}{dt} = -\{B_{q-1}\lambda + B'_{q-1}\mu + \mu_1\}, \\
\dfrac{d\mu_1}{dt} = -\{B_{q-2}\lambda + B'_{q-2}\mu + \mu_2\}, \\
\cdots\cdots\cdots\cdots \\
\dfrac{d\mu_{q-1}}{dt} = -\{B\lambda + B'\mu\}.
\end{cases}
$$

Aequationes (9) eodem gaudent Multiplicatore $N$ supra invento. Quod adnotari meretur. Nam valor supra inventus $N$ Multiplicatori aequationum (8) conveniebat supponendo eas locum tenere aequationum differentialium primi ordinis, in quibus praeter $t$, $\lambda$, $\mu$ pro variabilibus habeantur

$$
(A)\quad \begin{cases}
\dfrac{d\lambda}{dt}, \quad \dfrac{d^2\lambda}{dt^2}, \quad \ldots, \quad \dfrac{d^{p-1}\lambda}{dt^{p-1}}, \\
\dfrac{d\mu}{dt}, \quad \dfrac{d^2\mu}{dt^2}, \quad \ldots, \quad \dfrac{d^{q-1}\mu}{dt^{q-1}};
\end{cases}
$$

dum aequationes (9) sunt inter $t$, $\lambda$, $\mu$ aliasque variabiles

$$
(B)\quad \begin{cases}
\lambda_1, \quad \lambda_2, \quad \ldots, \quad \lambda_{p-1}, \\
\mu_1, \quad \mu_2, \quad \ldots, \quad \mu_{q-1}.
\end{cases}
$$

Aliis autem variabilibus introductis vidimus in secundo Capite mutari Multiplicatorem, videlicet eum dividi per novarum variabilium Determinans, ipsarum formatum variabilium respectu, quarum loco introductae sunt. Unde, cum utrique aequationum systemati *idem* conveniat Multiplicator $N$, sequitur, si quantitates $(B)$ per $t$, $\lambda$, $\mu$ et quantitates $(A)$ exprimantur, Determinans quantitatum $(B)$, ipsarum $(A)$ respectu formatum, aequari Constanti, ac reapse aequale invenitur unitati.

## §. 18.

### Aequationes differentiales secundi ordinis, quarum assignare licet Multiplicatorem. Exempla Euleriana.

Paullo immorabor applicationi theoriae novi Multiplicatoris ad aequationes differentiales secundi ordinis inter duas variabiles, qui est casus simplicissimus post aequationes differentiales primi ordinis, ad quas Eulerianus Multiplicator refertur. Ac primum per theoremata §§. 14, 15 tradita patet,

„*si proponatur aequatio* $\frac{d^2y}{dx^2}+A\frac{dy}{dx}+B=0$, *in qua A solius x, B utriusque x et y functiones quaecunque sunt, atque integratione prima eruatur* $\frac{dy}{dx}=u$, *designante u variabilium x et y et Constantis arbitrariae α functionem, fore alterum Integrale*

$$\int e^{\int A dx}\cdot\frac{\partial u}{\partial\alpha}(dy-u dx) = \text{Const.}“$$

Quantitatem sub maiore integrationis signo esse differentiale completum, sic verificari potest. Nam ut aequatio differentialis proposita proveniat differentiatione aequationis $\frac{dy}{dx}=u$, locum habere debet aequatio *identica*

$$\frac{\partial u}{\partial x}+u\frac{\partial u}{\partial y}+Au+B=0.$$

Qua ipsius α respectu differentiata et per $e^{\int A dx}$ multiplicata, prodit

$$\frac{\partial\left(e^{\int A dx}\frac{\partial u}{\partial\alpha}\right)}{\partial x}+\frac{\partial\left(e^{\int A dx}u\frac{\partial u}{\partial\alpha}\right)}{\partial y}=0,$$

quae est conditio requisita, ut quantitas

$$e^{\int A dx}\frac{\partial u}{\partial\alpha}(dy-u dx)$$

differentiale completum sit.

Generalius e §§. 14, 15 sequitur, *si proponatur aequatio*

$$(1)\quad \frac{d^2y}{dx^2}+\tfrac{1}{2}\frac{\partial\varphi}{\partial y}\left(\frac{dy}{dx}\right)^2+\frac{\partial\varphi}{\partial x}\cdot\frac{dy}{dx}+B=0,$$

*in qua et φ et B variabilium x et y functiones quaecunque sunt, atque integratione prima inventum sit* $\frac{dy}{dx}=u$, *designante u variabilium x et y et Constantis arbitrariae α functionem, fieri aequationem inter x et y quaesitam*

$$(2)\quad \int e^{\varphi}\frac{\partial u}{\partial\alpha}(dy-u dx)=\text{Const.}$$

Aequationis (1) tractavit Eulerus specimina, quibus et integratio prima successit (Cf. Calc. Integr. Vol. II. Sect. I. Cap. VI. §§. 915 sqq.). At aequationes differentiales primi ordinis, ad quas ea ratione pervenit, tanta irrationalitate erant implicatae, ut de integratione directa desperans alia artificia circumspexerit. Atque missum facto Integrali invento contigit ei, aequationes differentiales secundi ordinis propositas differentiando alias deducere lineares, Coëfficientibus constantibus affectas, quarum nota integratio propositarum quoque ei suppeditavit integrationem completam. At per antecedentem formulam (2) illarum aequationum differentialium primi ordinis quamvis complicatarum assignare licet Multiplicatores. Adiungam ipsam variabilium separationem, qua elucescat, revera adiectis illis Multiplicatoribus aequationes sponte integrabiles fore.

Exempla Euleriana forma paullo generaliori exhibebo, quod sine calculi complicatione fieri potest.

### Exemplum I.

$$y^2\frac{d^2y}{dx^2}+y\left(\frac{dy}{dx}\right)^2+by-cx = 0.$$

($b$ et $c$ Constantes.)

Secundum Eulerum aequationis propositae fit Integrale primum, quod si placet differentiando comprobare licet,

$$\begin{gathered} y^3\left(\frac{dy}{dx}\right)^3+bxy^2\left(\frac{dy}{dx}\right)^2+(by-3cx)y^2\frac{dy}{dx} \\ +cy^3+b^2y^2x-2bcyx^2+c^2x^3 = a, \end{gathered}$$

designante $a$ Constantem arbitrariam. Cuius aequationis resolutione eruatur

$$y\frac{dy}{dx} = yu = v,$$

designante $v$ radicem aequationis cubicae

$$(3)\quad \begin{cases} v^3+bxv^2+y(by-3cx)v \\ \quad +cy^3+b^2y^2x-2bcyx^2+c^2x^3 = a. \end{cases}$$

Comparando aequationem differentialem propositam cum (1) fit

$$\varphi = 2\log y, \quad e^\varphi = y^2,$$

unde secundum (2) invenitur alterum Integrale

$$\int y^2\frac{\partial u}{\partial a}(dy-udx) = \int\frac{\partial v}{\partial a}(ydy-vdx) = \text{Const.}$$

Fit autem e (3)

$$\frac{\partial v}{\partial a} = \frac{1}{3vv+2bxv+y(by-3cx)}.$$

Quem aequationis $ydy-v\,dx = 0$ Multiplicatorem esse, propter ipsius $v$ irrationalitatem non facile cognoscitur, et minus adhuc separatio variabilium in promptu est. Quam sic assequor.

Aequationem (3) bene vidit Eulerus hac ratione exhiberi posse:

$$(4) \quad f.f'.f'' = a,$$

posito

$$(5) \quad \begin{cases} f = v + \lambda y + \frac{c}{\lambda} x, \\ f' = v + \lambda' y + \frac{c}{\lambda'} x, \\ f'' = v + \lambda'' y + \frac{c}{\lambda''} x, \end{cases}$$

designantibus $\lambda$, $\lambda'$, $\lambda''$ radices diversas aequationis cubicae

$$(6) \quad \lambda^3 + b\lambda - c = 0,$$

unde $\lambda + \lambda' + \lambda'' = 0$, $\lambda\lambda'\lambda'' = c$. Ex aequationibus (4) et (5) sequitur

$$\frac{\partial f}{\partial a} = \frac{\partial f'}{\partial a} = \frac{\partial f''}{\partial a} = \frac{\partial v}{\partial a}$$
$$= \frac{1}{f'f'' + f''f + ff'},$$

unde expressio

$$\frac{y\,dy - v\,dx}{f'f'' + f''f + ff'}$$

fieri debet differentiale completum. Invenitur autem e (5):

$$\begin{aligned} d(f' - f'') &= (\lambda' - \lambda'')(dy - \lambda\, dx), \\ d(f'' - f\;) &= (\lambda'' - \lambda\;)(dy - \lambda'\, dx), \\ d(f\; - f'\,) &= (\lambda\; - \lambda'\,)(dy - \lambda''\, dx), \end{aligned}$$

$$\lambda f.d(f' - f'') + \lambda' f'.d(f'' - f) + \lambda'' f''.d(f - f')$$
$$= A.(y\,dy - v\,dx),$$

siquidem ponitur

$$\begin{aligned} A &= \lambda^2(\lambda' - \lambda'') + \lambda'^2(\lambda'' - \lambda) + \lambda''^2(\lambda - \lambda') \\ &= (\lambda - \lambda')(\lambda - \lambda'')(\lambda' - \lambda''), \end{aligned}$$

atque adnotatur fieri

$$\lambda^3(\lambda' - \lambda'') + \lambda'^3(\lambda'' - \lambda) + \lambda''^3(\lambda - \lambda')$$
$$= A(\lambda + \lambda' + \lambda'') = 0.$$

Hinc substitutendo $\lambda'' = -(\lambda + \lambda')$ fit

$$\begin{aligned} A(y\,dy - v\,dx) = \lambda\, &\{(f + f'')df' - d(f\,f'')\} \\ - \lambda' &\{(f' + f'')df - d(f'f'')\}, \end{aligned}$$

unde denuo substituendo, quod e (4) sequitur,

$$d(ff'') = -ff''.\frac{df'}{f'},\quad d(f'f'') = -f'f''.\frac{df}{f},$$

eruitur

$$\frac{ydy-vdx}{f'f''+f''f+ff'} = \frac{1}{\Delta}\left\{\frac{\lambda df'}{f'}-\frac{\lambda' df}{f}\right\}.$$

Quod per se integrabile est atque nihilo aequiparatum integratumque suppeditat:

$$\frac{\log f}{\lambda}-\frac{\log f'}{\lambda'} = \text{Const.},$$

quod alterum Integrale est.

## Exemplum II.

$$2y^3\frac{d^2y}{dx^2}+y^2\left(\frac{dy}{dx}\right)^2-ay^2+bx^2-c = 0.$$

($a$, $b$, $c$ Constantes.)

Secundum Eulerum huius aequationis integratione prima obtinetur $ydy-vdx = 0$, designante $v$ radicem aequationis biquadraticae

$$(7)\quad (aa-4b)y^2-2(abx^2+av^2-4bxv)+\left(\frac{c-bx^2+v^2}{y}\right)^2 = \alpha$$

atque $\alpha$ Constantem arbitrariam. Comparando aequationem differentialem propositam cum (1) fit

$$\varphi = \log y,\quad e^{\varphi} = y,$$

unde e (2) eruitur aequatio integralis inter $x$ et $y$ quaesita

$$\int y\frac{\partial u}{\partial \alpha}\{dy-udx\} = \int\frac{\partial v}{\partial \alpha}.\frac{ydy-vdx}{y} = \text{Const.}$$

Ponamus $a = \lambda+\lambda'$, $b = \lambda\lambda'$, abit (7) in hanc formam:

$$(8)\quad \begin{cases} (\lambda-\lambda')^2y^2-2\{\lambda(v-\lambda'x)^2+\lambda'(v-\lambda x)^2\} \\ \qquad +\left\{\frac{c-\lambda\lambda' x^2+v^2}{y}\right\}^2 = \alpha. \end{cases}$$

Ponatur

$$(9)\quad v-\lambda' x = (\lambda-\lambda')p,\quad v-\lambda x = (\lambda'-\lambda)p',$$

unde

$$(10)\quad \begin{cases} x = p+p',\quad v = \lambda p+\lambda' p', \\ \sqrt{\lambda}.p+\sqrt{\lambda'}.p' = \frac{v+\sqrt{\lambda\lambda'}.x}{\sqrt{\lambda}+\sqrt{\lambda'}},\quad \sqrt{\lambda}.p-\sqrt{\lambda'}.p' = \frac{v-\sqrt{\lambda\lambda'}.x}{\sqrt{\lambda}-\sqrt{\lambda'}}; \end{cases}$$

abit (8) in hanc aequationem

$$(11)\quad \begin{cases} y^2+\left\{\frac{c}{\lambda-\lambda'}+\lambda p^2-\lambda' p'^2\right\}^2\frac{1}{y^2} \\ = 2\left\{\lambda p^2+\lambda' p'^2+\frac{a}{2(\lambda-\lambda')^2}\right\}. \end{cases}$$

Hinc fit

$$(12)\quad y = \sqrt{\varepsilon+\lambda pp}+\sqrt{\varepsilon'+\lambda' p'p'},$$

siquidem ponitur

$$(13)\quad \varepsilon = \frac{a}{4(\lambda-\lambda')^2}+\frac{c}{2(\lambda-\lambda')},\quad \varepsilon' = \frac{a}{4(\lambda-\lambda')^2}+\frac{c}{2(\lambda'-\lambda)}.$$

E formulis (9) et (13) sequitur

$$\frac{\partial p}{\partial a} = -\frac{\partial p'}{\partial a} = \frac{1}{\lambda-\lambda'}\cdot\frac{\partial v}{\partial a},$$
$$\frac{\partial \varepsilon}{\partial a} = \frac{\partial \varepsilon'}{\partial a} = \frac{1}{4(\lambda-\lambda')^2};$$

unde e (12) obtinetur

$$(14)\quad \frac{1}{y}\cdot\frac{\partial v}{\partial a} = \frac{1}{8(\lambda-\lambda')\{\lambda' p'\sqrt{\varepsilon+\lambda pp}-\lambda p\sqrt{\varepsilon'+\lambda' p'p'}\}},$$

qui fieri debet Multiplicator aequationis $ydy-vdx = 0$. Ac reapse invenitur e (10) et (12):

$$\begin{aligned} ydy-vdx &= \left\{\frac{\lambda pdp}{\sqrt{\varepsilon+\lambda pp}}+\frac{\lambda' p' dp'}{\sqrt{\varepsilon'+\lambda' p'p'}}\right\}\{\sqrt{\varepsilon+\lambda pp}+\sqrt{\varepsilon'+\lambda' p'p'}\} \\ &\quad -\{dp+dp'\}\{\lambda p+\lambda' p'\} \\ &= \{\lambda p\sqrt{\varepsilon'+\lambda' p'p'}-\lambda' p'\sqrt{\varepsilon+\lambda pp}\}\left\{\frac{dp}{\sqrt{\varepsilon+\lambda pp}}-\frac{dp'}{\sqrt{\varepsilon'+\lambda' p'p'}}\right\}. \end{aligned}$$

Unde per factorem (14) atque substitutionem (9) aequationem differentialem $ydy-vdx = 0$ in aliam mutamus, in qua variabiles separatae sunt,

$$\frac{dp}{\sqrt{\varepsilon+\lambda pp}}-\frac{dp'}{\sqrt{\varepsilon'+\lambda' p'p'}} = 0.$$

Cuius integratione prodit:

$$\frac{(\sqrt{\lambda}.p+\sqrt{\varepsilon+\lambda pp})^{\sqrt{\lambda'}}}{(\sqrt{\lambda'}.p'+\sqrt{\varepsilon'+\lambda' p'p'})^{\sqrt{\lambda}}} = \text{Const.}$$

Ponendo autem

$$(\sqrt{\lambda}+\sqrt{\lambda'})y+v+\sqrt{\lambda\lambda'}.x = A,$$
$$(\sqrt{\lambda}-\sqrt{\lambda'})y+v-\sqrt{\lambda\lambda'}.x = B,$$
$$(\sqrt{\lambda}-\sqrt{\lambda'})y-v+\sqrt{\lambda\lambda'}.x = C,$$

fit e (10) et (11) post calculos faciles

$$\sqrt{\lambda}.p+\sqrt{\varepsilon+\lambda pp} = \frac{AB+c}{2(\lambda-\lambda')y},$$
$$\sqrt{\lambda'}.p'+\sqrt{\varepsilon'+\lambda' p'p'} = \frac{AC-c}{2(\lambda-\lambda')y}.$$

Unde aequatio integralis inventa sic exhiberi potest:

$$\frac{(AB+c)^{\sqrt{\lambda'}}}{(AC-c)^{\sqrt{\lambda}}} = \beta.y^{\sqrt{\lambda'}-\sqrt{\lambda}},$$

ubi $\beta$ est nova Constans arbitraria atque quantitas $v$, quae ipsas $A$, $B$, $C$ afficit, est radix aequationis biquadraticae (7), porro $\lambda$ et $\lambda'$ sunt radices diversae aequationis quadraticae $\lambda^2-a\lambda+b=0$.

Integrationem his duobus exemplis praestitam etiam assequi licuisset ponendo cum Eulero $dx = ydt$, et aequationem differentialem secundi ordinis exemplo primo propositam *semel*, exemplo secundo propositam *bis* differentiando, ita ut $t$ pro variabili independente habeatur. Quo facto respective pervenitur ad aequationes differentiales lineares tertii et quarti ordinis, quae Coëfficientibus gaudent constantibus notisque methodis integrantur.

## §. 19.

De Multiplicatore systematis aequationum differentialium vulgarium, quod mediante solutione completa unius aequationis differentialis partialis primi ordinis integratur.

Systema aequationum differentialium vulgarium proponatur hoc:

$$(1)\quad\begin{cases}
\dfrac{dq_1}{dt}=\dfrac{\partial\varphi}{\partial p_1}, & \dfrac{dp_1}{dt}=-\left\{\dfrac{\partial\varphi}{\partial q_1}+p_1\dfrac{\partial\varphi}{\partial V}\right\},\\
\dfrac{dq_2}{dt}=\dfrac{\partial\varphi}{\partial p_2}, & \dfrac{dp_2}{dt}=-\left\{\dfrac{\partial\varphi}{\partial q_2}+p_2\dfrac{\partial\varphi}{\partial V}\right\},\\
\cdots\cdots & \cdots\cdots\\
\dfrac{dq_n}{dt}=\dfrac{\partial\varphi}{\partial p_n}, & \dfrac{dp_n}{dt}=-\left\{\dfrac{\partial\varphi}{\partial q_n}+p_n\dfrac{\partial\varphi}{\partial V}\right\},\\
\dfrac{dV}{dt}=p_1\dfrac{\partial\varphi}{\partial p_1}+p_2\dfrac{\partial\varphi}{\partial p_2}+\cdots+p_n\dfrac{\partial\varphi}{\partial p_n},
\end{cases}$$

ubi $\varphi$ est functio quaecunque quantitatum $q_1, q_2, \ldots, q_n, V, p_1, p_2, \ldots, p_n$. Designante $M$ aequationum (1) Multiplicatorem, secundum formulas nostras generales fit

$$\frac{d\log M}{dt} = -\Sigma\frac{\partial^2\varphi}{\partial p_i\partial q_i}+\Sigma\left\{\frac{\partial^2\varphi}{\partial q_i\partial p_i}+p_i\frac{\partial^2\varphi}{\partial V\partial p_i}\right\}+n\frac{\partial\varphi}{\partial V}$$
$$-\frac{\partial\left\{p_1\dfrac{\partial\varphi}{\partial p_1}+p_2\dfrac{\partial\varphi}{\partial p_2}+\cdots+p_n\dfrac{\partial\varphi}{\partial p_n}\right\}}{\partial V},$$

tribuendo indici $i$ valores $1, 2, \ldots, n$. Unde, reiectis terminis se destruentibus, obtinetur

$$(2)\quad \frac{d\log M}{dt} = n\frac{\partial\varphi}{\partial V}.$$

Quae evanescit expressio, si $\varphi$ ipsa $V$ vacat. *Quoties igitur functio $\varphi$ ab ipsa $V$ vacua est, aequationum* (1) *Multiplicatorem unitati aequare licet.*

Aequationum (1) habetur Integrale unum

$$(3)\quad \varphi = h,$$

designante $h$ Constantem. In ea aequatione ponatur

$$(4)\quad p_1 = \frac{\partial V}{\partial q_1},\quad p_2 = \frac{\partial V}{\partial q_2},\quad \ldots,\quad p_n = \frac{\partial V}{\partial q_n},$$

obtinetur aequatio differentialis partialis primi ordinis, in qua $V$ est functio quaesita atque $q_1, q_2, \ldots, q_n$ sunt variabiles independentes. Faciamus, inventam esse eius aequationis differentialis partialis solutionem *quamcunque* $V$, dico aequationes (4) totidem esse aequationes integrales, quibus aequationes differentiales vulgares (1) gaudere possint. Nam differentiando ex. gr. earum primam $\frac{\partial V}{\partial q_1} - p_1 = 0$ et substituendo aequationes differentiales (1) prodit

$$(5)\quad \Sigma\frac{\partial^2 V}{\partial q_1\partial q_i}\cdot\frac{\partial\varphi}{\partial p_i} + \frac{\partial\varphi}{\partial q_1} + p_1\frac{\partial\varphi}{\partial V} = 0.$$

Cui aequationi satisfit substituendo ipsarum $p_1$, $p_2$, etc. valores (4). Nimirum e suppositione facta aequatio (3) identica evadit substituendo (4) solutionisque $V$ valorem, eam autem aequationem identicam ipsius $q_1$ respectu differentiando prodit aequatio, in quam abit (5) per aequationes (4). *Itaque aequationes* (4) *una cum ipsa aequatione, qua $V$ per $q_1, q_2, \ldots, q_n$ definiri ponitur, constituunt systema $n+1$ aequationum integralium idque tale, e quo differentiando ipsasque aequationes differentiales propositas substituendo deducere non licet aequationes integrales novas.* Scilicet aequationes provenientes (5) per illas $n+1$ aequationes identicas fieri vidimus.

Constans $h$, ubi servat significationem generalem, ingredi debet solutionem quamcunque $V$, unde, data $V$, differentiale quoque partiale $\frac{\partial V}{\partial h}$ assignare licebit, quod per $z$ designabo. Erit per (1), (3), (4)

$$(6)\quad \frac{dz}{dt} = \Sigma\frac{\partial^2 V}{\partial h\partial q_i}\cdot\frac{\partial\varphi}{\partial p_i} = \frac{\partial\varphi}{\partial h} - \frac{\partial\varphi}{\partial V}z = 1 - \frac{\partial\varphi}{\partial V}z.$$

Si solutio $V$ aliquam involvit Constantem arbitrariam $\alpha$ atque ponitur $\frac{\partial V}{\partial \alpha} = y$, similiter erit

$$(7) \qquad \frac{dy}{dt} = \Sigma \frac{\partial^2 V}{\partial \alpha \partial q_i} \cdot \frac{\partial \varphi}{\partial p_i} = \frac{\partial \varphi}{\partial \alpha} - \frac{\partial \varphi}{\partial V} y = -\frac{\partial \varphi}{\partial V} y.$$

Scilicet functio $\varphi$, substituendo datam solutionem $V$ atque ponendo $p_i = \frac{\partial V}{\partial q_i}$, identice aequatur Constanti $h$ ideoque post eam substitutionem differentiata ipsius $h$ respectu unitati aequatur, differentiata ipsius $\alpha$ respectu evanescit. E (2) et (7) sequitur

$$d \log M = -n d \log y,$$

ideoque fit

$$(8) \qquad y^n M = \left(\frac{\partial V}{\partial \alpha}\right)^n M = \beta,$$

designante $\beta$ Constantem. Haec formula docet, Multiplicatori $M$ competere valorem, qui per aequationes integrales (3) et (4) aequetur quantitati $\left\{\frac{\partial V}{\partial \alpha}\right\}^{-n}$. Observo adhuc, e binis formulis (6) et (7) sequi

$$y dz - z dy = y dt,$$

unde, designante $U$ functionem quantitatum $y$ et $z$ homogeneam rationalem $(-1)^{ti}$ ordinis, assignari poterit integrale $\int U dt$. Si solutio $V$ plures Constantes arbitrarias involvit, totidem habebuntur aequationes (8), binarumque divisione obtinebuntur aequationes integrales, inventis (3) et (4) accedentes. Si functio $\varphi$ ab ipsa $V$ vacua est ideoque $M = 1$, aequationes (8) per se sunt aequationes integrales.

Si habetur solutio *completa* $V = F$, $n$ Constantes arbitrarias $\alpha_1, \alpha_2, \ldots, \alpha_n$ involvens, poniturque $\frac{\partial F}{\partial \alpha_i} = u_i$, fit systema aequationum integralium completarum:

$$(9) \quad \left| \begin{array}{llll} F - V = 0, \quad \frac{\partial F}{\partial q_1} - p_1 = 0, & \frac{\partial F}{\partial q_2} - p_2 = 0, & \ldots, & \frac{\partial F}{\partial q_n} - p_n = 0, \\ \qquad\qquad \frac{u_1}{u_n} - \beta_1 = 0, & \frac{u_2}{u_n} - \beta_2 = 0, & \ldots, & \frac{u_{n-1}}{u_n} - \beta_{n-1} = 0, \end{array} \right.$$

designantibus $\beta_1, \beta_2, \ldots, \beta_{n-1}$ alias Constantes arbitrarias. Si ex his aequationibus petuntur valores quantitatum $h$, $\alpha_i$, $\beta_i$, atque functionum iis aequivalentium formantur Determinantia *partialia*, in quibus una quantitatum $q_i$, $p_i$, $V$ pro Constante, reliquae pro variabilibus habentur, ea aequare debent quantitates ad dextram aequationum differentialium (1) positas, in *Multiplicatorem* ductas. Supersedere resolutioni aequationum (9) et immediate functionum $F-V$, $\frac{\partial F}{\partial q_1}-p_1$, etc. sumere possumus Determinantia partialia, dummodo ea dividimus per earundem functionum Determinans, quantitatum $h$, $\alpha_i$, $\beta_i$ respectu formatum. Qua de re Cap. I. egi. Determinantia functionalia hic obvenientia in alia simpliciora redeunt, propterea quod quantitates $V$, $p_1$, $p_2$, ..., $p_n$ tantum in $n+1$ prioribus aequationum (9), quantitates $\beta_1$, $\beta_2$, ..., $\beta_{n-1}$ tantum in $n-1$ posterioribus, singulae in singulis reprehenduntur. Sic Determinans, quantitatum $h$, $\alpha_i$, $\beta_i$ respectu formatum, quod per $\nabla$ designabo, aequatur Determinanti functionum ab ipsis $\beta_i$ vacuarum

$$F,\quad \frac{\partial F}{\partial q_1},\quad \frac{\partial F}{\partial q_2},\quad \ldots,\quad \frac{\partial F}{\partial q_n},$$

solarum $h$ et $\alpha_1$, $\alpha_2$, ..., $\alpha_n$ respectu formato. Determinans partiale, in quo $q_n$ pro Constante habetur et quod per $(q_n)$ designabo, aequatur Determinanti functionum

$$\frac{u_1}{u_n},\quad \frac{u_2}{u_n},\quad \ldots,\quad \frac{u_{n-1}}{u_n},$$

formato solarum respectu $q_1$, $q_2$, ..., $q_{n-1}$. Per theorema autem in Comment. *de Determinantibus functionalibus* comprobato, quod Determinantia spectat functionum communi denominatore praeditarum, fit

$$(q_n) = u_n^{-n} Q_n = \left(\frac{\partial F}{\partial \alpha_n}\right)^{-n} Q_n,$$

posito

$$Q_n = \Sigma \pm \frac{\partial u_1}{\partial q_1} \cdot \frac{\partial u_2}{\partial q_2} \cdots \frac{\partial u_{n-1}}{\partial q_{n-1}} u_n,$$

ubi formantur Determinantis $Q_n$ termini permutando omnimodis functiones $u_1$, $u_2$, ..., $u_n$. Substituendo autem valores $u_i = \frac{\partial F}{\partial \alpha_i}$ et differentiationum ordinem invertendo sequitur, *Determinans $Q_n$ fieri Determinans functionum*

$$F,\quad \frac{\partial F}{\partial q_1},\quad \frac{\partial F}{\partial q_2},\quad \ldots,\quad \frac{\partial F}{\partial q_{n-1}},$$

*quantitatum $\alpha_1$, $\alpha_2$, ..., $\alpha_n$ respectu formatum.* Iam aequationem identicam

$$\varphi\left(q_1, q_2, \ldots, q_n, F, \frac{\partial F}{\partial q_1}, \frac{\partial F}{\partial q_2}, \ldots, \frac{\partial F}{\partial q_n}\right) = h$$

differentiando respectu quantitatum $h$, $\alpha_1$, $\alpha_2$, ..., $\alpha_n$, quibus ipsae $F$, $\frac{\partial F}{\partial q_1}$, etc.

afficiuntur, scribendoque $V$ et $p_i$ ipsarum $F$ et $\frac{\partial F}{\partial q_i}$ loco, obtinentur inter incognitas $\frac{\partial \varphi}{\partial V}$ et $\frac{\partial \varphi}{\partial p_i}$ aequationes $n+1$ lineares, quarum resolutione invenitur

$$\frac{\partial \varphi}{\partial p_n} = \frac{Q_n}{\nabla},$$

unde

$$\frac{(q_n)}{\nabla} = \frac{\partial \varphi}{\partial p_n}\left\{\frac{\partial F}{\partial \alpha_n}\right\}^{-n}.$$

Eadem ratione generaliter, ubi vocamus $(q_i)$ functionum (9) Determinans partiale, in quo $q_i$ pro Constante habetur, invenitur

$$(10) \quad \frac{(q_i)}{\nabla} = \left\{\frac{\partial F}{\partial \alpha_n}\right\}^{-n} \cdot \frac{\partial \varphi}{\partial p_i}.$$

Vocando $W$ functionum

$$\frac{\partial F}{\partial q_1}, \quad \frac{\partial F}{\partial q_2}, \quad \ldots, \quad \frac{\partial F}{\partial q_n}$$

Determinans, quantitatum $\alpha_1, \alpha_2, \ldots, \alpha_n$ respectu formatum, earundem $n+1$ aequationum linearium resolutione eruitur

$$\frac{\partial \varphi}{\partial V} = \frac{W}{\nabla}.$$

Functionum (9) Determinans partiale $(p_n)$, in quo $p_n$ pro Constante habetur, aequatur Determinanti functionum

$$\frac{\partial F}{\partial q_n}, \quad \frac{u_1}{u_n}, \quad \frac{u_2}{u_n}, \quad \ldots, \quad \frac{u_{n-1}}{u_n},$$

quantitatum $q_1, q_2, \ldots, q_n$ respectu formato. Invertendo autem ordinem differentiationum in differentialibus ipsius $\frac{\partial F}{\partial q_n}$ atque similes adhibendo formulas earum, quibus supra $(q_n)$ ad $Q_n$ revocavi, redit $u_n^n(p_n)$ in differentiam Determinantis $P_n$ functionum

$$F, \quad \frac{\partial F}{\partial q_1}, \quad \frac{\partial F}{\partial q_2}, \quad \ldots, \quad \frac{\partial F}{\partial q_n},$$

quantitatum $q_n, \alpha_1, \alpha_2, \ldots, \alpha_n$ respectu formati, atque Determinantis functionalis modo adhibiti $W$ per $\frac{\partial F}{\partial q_n}$ multiplicati, sive fit

$$\left(\frac{\partial F}{\partial \alpha_n}\right)^n (p_n) = P_n - \frac{\partial F}{\partial q_n} \cdot W = P_n - p_n W.$$

Adiiciendo autem $n+1$ aequationibus linearibus commemoratis aliam provenientem ex aequatione $\varphi = h$, quantitatis $q_n$ respectu differentiata, eruitur per eliminationem quantitatum $\frac{\partial \varphi}{\partial V}, \frac{\partial \varphi}{\partial p_1}, \frac{\partial \varphi}{\partial p_2}, \ldots, \frac{\partial \varphi}{\partial p_n}$:

$$\nabla \frac{\partial \varphi}{\partial q_n} + P_n = 0.$$

Unde fit

$$\frac{(p_n)}{\nabla} = \left\{\frac{\partial F}{\partial \alpha_n}\right\}^{-n}\left\{\frac{P_n}{\nabla} - p_n \frac{W}{\nabla}\right\} = -\left\{\frac{\partial F}{\partial \alpha_n}\right\}^{-n}\cdot\left\{\frac{\partial \varphi}{\partial q_n} + p_n \frac{\partial \varphi}{\partial V}\right\};$$

eademque ratione obtinetur generaliter, ubi $(p_i)$ est functionum (9) Determinans partiale, in quo habetur $p_i$ pro Constante:

$$(11) \quad \frac{(p_i)}{\nabla} = -\left\{\frac{\partial F}{\partial \alpha_n}\right\}^{-n}\cdot\left\{\frac{\partial \varphi}{\partial q_i} + p_i \frac{\partial \varphi}{\partial V}\right\}.$$

Quae paullo difficiliora erant indagatu. Postremo functionum (9) Determinans partiale $(V)$, in quo habetur $V$ pro Constante, aequale erit functionum

$$F, \quad \frac{u_1}{u_n}, \quad \frac{u_2}{u_n}, \quad \ldots, \quad \frac{u_{n-1}}{u_n}$$

Determinanti, quantitatum $q_1, q_2, \ldots, q_n$ respectu formato. Quod, adhibendo notationem supra traditam, fieri patet

$$(V) = \frac{\partial F}{\partial q_1}(q_1) + \frac{\partial F}{\partial q_2}(q_2) + \cdots + \frac{\partial F}{\partial q_n}(q_n),$$

unde secundum (10) invenitur:

$$(12) \quad \frac{(V)}{\nabla} = \left\{\frac{\partial F}{\partial \alpha_n}\right\}^{-n}\left\{p_1 \frac{\partial \varphi}{\partial p_1} + p_2 \frac{\partial \varphi}{\partial p_2} + \cdots + p_n \frac{\partial \varphi}{\partial p_n}\right\}.$$

Formulae (10), (11), (12) docent, functionum ad laevam aequationum (9) positarum Determinantia partialia aequari quantitatibus ad dextram aequationum differentialium (1) positis, per factorem communem $\left\{\frac{\partial F}{\partial \alpha_n}\right\}^{-n}$ multiplicatis. Ea Determinantia partialia autem sunt ut differentialia $dq_i$, $dp_i$, $dV$. Unde antecedentibus continetur demonstratio directa, aequationes differentiales propositas e formulis (9) differentiatis per aequationum linearium resolutionem fluere easque Multiplicatore gaudere $\left\{\frac{\partial F}{\partial \alpha_n}\right\}^{-n}$, qualis e formula (8) obtinebatur. Quam demonstrationem hic breviter indicasse placuit, cum ad illustrandam Determinantium theoriam faciat.

Casu, quo $\varphi$ ab ipsa $V$ vacua est, cum cognitus sit Multiplicator, videamus, quid sit, quod ea cognitione lucremur in exemplo simplicissimo, quo $n = 2$. Tributo Constanti $h$ valore particulari, substituamus aequationi $\varphi = h$ aliam, qua ipsius $p_2$ valor per $q_1$, $q_2$, $p_1$ exhibetur, ita ut aequationes differentiales proponantur sequentes:

$$(13)\quad dq_1 : dq_2 : dp_1 = \frac{\partial p_2}{\partial p_1} : -1 : -\frac{\partial p_2}{\partial q_1}.$$

Quarum Multiplicatorem patet *unitati* aequari, cum summa differentialium quantitatum ad dextram, respective secundum $q_1$, $q_2$, $p_1$ sumtorum, evanescat. Unde si post primam integrationem exprimitur $p_1$ per $q_1$, $q_2$ et Constantem arbitrariam $\alpha$, secundum principium ultimi Multiplicatoris fit alterum Integrale:

$$(14)\quad \int \frac{\partial p_1}{\partial \alpha}\left\{dq_1 + \frac{\partial p_2}{\partial p_1} dq_2\right\} = \text{Const.}$$

Sub integrationis signo haberi differentiale completum, e Lagrangiana aequationum differentialium partialium theoria sic probatur. Nam cum, expressis $p_1$ et $p_2$ per $q_1$ et $q_2$, fieri debeat $p_1 dq_1 + p_2 dq_2$ differentiale completum atque $p_2$ per $q_1$, $q_2$, $p_1$ expressum detur, pro $p_1$ talis sumi debet quantitatum $q_1$ et $q_2$ functio, quae satisfaciat conditioni

$$\frac{\partial p_1}{\partial q_2} - \frac{\partial p_2}{\partial p_1}\cdot\frac{\partial p_1}{\partial q_1} - \frac{\partial p_2}{\partial q_1} = 0.$$

Qualem functionem, e theoria aequationum differentialium partialium primi ordinis *linearium* constat, e quocunque Integrali aequationum differentialium vulgarium (13) erui. Quod ubi Constantem arbitrariam $\alpha$ implicat, eandem implicabunt valores ipsarum $p_1$ et $p_2$ per $q_1$ et $q_2$ exhibiti, qui expressionem $p_1 dq_1 + p_2 dq_2$ integrabilem reddebant. Qua secundum Constantem $\alpha$ differentiata, rursus prodire debet expressio integrabilis, sive expressio

$$\frac{\partial p_1}{\partial \alpha} dq_1 + \frac{\partial p_2}{\partial p_1}\cdot\frac{\partial p_1}{\partial \alpha} dq_2 = \frac{\partial p_1}{\partial \alpha}\left\{dq_1 + \frac{\partial p_2}{\partial p_1} dq_2\right\}$$

evadere debet differentiale completum. Q. D. E. Simul videmus, Integrale (14) obtineri aequiparando novae Constanti arbitrariae differentiale partiale solutionis $V = \int\{p_1 dq_1 + p_2 dq_2\}$, ipsius $\alpha$ respectu sumtum, id quod cum supra expositis convenit.

## §. 20.

**De Multiplicatore aequationum differentialium vulgarium systematis, quod mediante solutione completa problematis Pfaffiani integratur.**

Problema Pfaffianum voco integrationem singularis aequationis differentialis linearis primi ordinis inter numerum variabilium parem per semissem aequationum finitarum numerum. Sit aequatio differentialis singularis proposita

$$(1)\quad 0 = X_1 dx_1 + X_2 dx_2 + \cdots + X_{2m} dx_{2m},$$

designantibus $X_1$, $X_2$, etc. variabilium $x_1$, $x_2$, ..., $x_{2m}$ functiones quascunque. Qua integrata per numerum $m$ aequationum, totidem Constantibus arbitrariis affectarum, demonstravi *Diar. Crell. Vol. XVII. pgg.* 148 *sqq.* (cf. h. Vol. p. 112 sqq.), praestari integrationem completam systematis aequationum differentialium sequentis:

$$(2)\quad \begin{cases} X_1 dt = \quad * \quad + a_{1,2} dx_2 + a_{1,3} dx_3 + \cdots + a_{1,2m} dx_{2m}, \\ X_2 dt = -a_{1,2} dx_1 \quad * \quad + a_{2,3} dx_3 + \cdots + a_{2,2m} dx_{2m}, \\ \dots\dots\dots\dots\dots\dots\dots \\ X_{2m} dt = -a_{1,2m} dx_1 - a_{2,2m} dx_2 - \cdots\cdots\cdots \quad * \quad , \end{cases}$$

ubi

$$(3)\quad a_{i,k} = -a_{k,i} = \frac{\partial X_i}{\partial x_k} - \frac{\partial X_k}{\partial x_i}, \quad a_{i,i} = 0.$$

Dedi in *Diario Crell. Vol. II. pgg.* 354 *sqq.* (cf. h. Vol. p. 26 sqq.) resolutionem algebraicam generalem aequationum linearium ad instar aequationum (2) formatarum. Cuius ope exhibitis aequationibus differentialibus forma proportionum nobis usitata

$$(4)\quad dx_1 : dx_2 : \ldots : dx_{2m} = A_1 : A_2 : \ldots : A_{2m},$$

investigemus formulam, qua aequationum (4) Multiplicator definiatur, sive valorem expressionis

$$(5)\quad \frac{\partial A_1}{\partial x_1} + \frac{\partial A_2}{\partial x_2} + \cdots + \frac{\partial A_{2m}}{\partial x_{2m}} = -A_i \frac{d \log M}{dx_i}.$$

Auspicabor ab aequationum linearium (2) resolutione, quae sic proponi potest.

Deriventur de producto

$$a_{1,2} a_{3,4} \ldots a_{2m-1,2m}$$

alii similes termini, mutando indices 2, 3, ..., $2m-1$, $2m$ respective in 3, 4, ..., $2m$, 2, eandemque indicum commutationem repetendo, donec ad terminum primitivum reditur, id quod suggerit $2m-1$ terminos diversos. Ea ratione, indicum certo ordine proposito, si quisque eorum in proxime sequentem, ultimus in primum mutatur idque repetitur, dum ad ordinem indicum primitivum reditur, dicam *indices cyclum percurrere.* Postquam e producto proposito $2m-1$ termini deducti sunt per cyclum, quem indices $2, 3, \ldots, 2m$ fecimus percurrere, rursus in eorum terminorum unoquoque ponamus indices $2m-3$ postremos cyclum percurrere, unde nanciscimur terminorum numerum $(2m-1)(2m-3)$. In eorum terminorum unoquoque rursus ponamus indices $2m-5$ postremos cyclum percurrere, erit terminorum diversorum provenientium numerus totalis $(2m-1)(2m-3)(2m-5)$. Ita pergendo, donec postremo soli tres indices postremi cyclum percurrant, producta $3.5\ldots(2m-1)$ ex uno proposito deducta erunt, quorum omnium aggregatum $R$ vocemus. Sit ex. gr. $m=3$, erit $R$ aggregatum *quindecim* terminorum

$$\begin{aligned}
&a_{1,2}a_{3,4}a_{5,6}+a_{1,2}a_{3,5}a_{6,4}+a_{1,2}a_{3,6}a_{4,5}\\
+&a_{1,3}a_{4,5}a_{6,2}+a_{1,3}a_{4,6}a_{2,5}+a_{1,3}a_{4,2}a_{5,6}\\
+&a_{1,4}a_{5,6}a_{2,3}+a_{1,4}a_{5,2}a_{3,6}+a_{1,4}a_{5,3}a_{6,2}\\
+&a_{1,5}a_{6,2}a_{3,4}+a_{1,5}a_{6,3}a_{4,2}+a_{1,5}a_{6,4}a_{2,3}\\
+&a_{1,6}a_{2,3}a_{4,5}+a_{1,6}a_{2,4}a_{5,3}+a_{1,6}a_{2,5}a_{3,4},
\end{aligned}$$

quorum quinque in prima verticali ex eorum uno derivantur, identidem mutando indices 2, 3, 4, 5, 6 in 3, 4, 5, 6, 2; terni iuxta positi, indicibus tribus posterioribus cyclum percurrentibus, ex uno eorum fluunt. Aggregatum $R$ fit denominator communis expressionum algebraicarum, quibus valores incognitarum exhibentur. Numeratorum autem Coëfficientes, qui ducuntur in terminos ad laevam aequationum linearium constitutos, sunt ipsius $R$ differentialia, quantitatum $a_{i,k}$ respectu sumta, ita ut aequationum (2) resolutione proveniant valores

$$(5^*)\quad \left\{\begin{array}{l}
R\dfrac{dx_1}{dt} = \quad \cdot \quad -\dfrac{\partial R}{\partial a_{1,2}}X_2-\cdots-\dfrac{\partial R}{\partial a_{1,2m}}X_{2m},\\
R\dfrac{dx_2}{dt} = \dfrac{\partial R}{\partial a_{1,2}}X_1 \quad \cdot \quad -\cdots-\dfrac{\partial R}{\partial a_{2,2m}}X_{2m},\\
\cdot\quad\cdot\quad\cdot\quad\cdot\quad\cdot\quad\cdot\quad\cdot\quad\cdot\quad\cdot\quad\cdot\quad\cdot\quad\cdot\quad\cdot\quad\cdot\quad\cdot\\
R\dfrac{dx_{2m}}{dt} = \dfrac{\partial R}{\partial a_{1,2m}}X_1+\dfrac{\partial R}{\partial a_{2,2m}}X_2+\cdots\cdots \quad \cdot \quad .
\end{array}\right.$$

Aggregatum $R$ gaudet proprietatibus plane analogis earum, quae de Determinantibus circumferuntur. Quarum gravissima ea est, ut *binis indicum* $1, 2, \ldots, 2m$ *inter se permutatis simul omnes ipsius $R$ termini valores oppositos induant ideoque* *ipsum R in valorem oppositum abeat.* Porro fit

$$(6)\quad R = a_{1,i}\frac{\partial R}{\partial a_{1,i}}+a_{2,i}\frac{\partial R}{\partial a_{2,i}}+\cdots+a_{2m,i}\frac{\partial R}{\partial a_{2m,i}},$$

et quoties $i$ et $k$ inter se diversi sunt,

$$(7)\quad 0 = a_{1,i}\frac{\partial R}{\partial a_{1,k}}+a_{2,i}\frac{\partial R}{\partial a_{2,k}}+\cdots+a_{2m,i}\frac{\partial R}{\partial a_{2m,k}},$$

ubi terminus in $a_{k,i}$ ductus ommittendus est. Designantibus $i, i', i''$, etc. indices inter se diversos, si sumuntur differentialia partialia

$$\frac{\partial R}{\partial a_{i,i'}},\quad \frac{\partial^2 R}{\partial a_{i,i'}\partial a_{i'',i'''}},\quad \text{etc.}:$$

ea erunt aggregata ad instar aggregati $R$ formata, respective reiectis Coëfficientium binis, quatuor etc. seriebus cum horizontalibus tum verticalibus, eritque

$$(8)\quad \frac{\partial^2 R}{\partial a_{i,i'}\partial a_{i'',i'''}} = -\frac{\partial^2 R}{\partial a_{i,i''}\partial a_{i''',i'}} = \frac{\partial^2 R}{\partial a_{i,i'''}\partial a_{i',i''}}.$$

His rebus praemissis, quarum demonstrationem aliis relinquo vel ad alium locum relego, Multiplicator quaesitus sic invenitur. Sequitur e (5*), siquidem signo summatorio subscribuntur indices, quorum respectu summatio instituenda est,

$$(9)\quad R\frac{dx_i}{dt} = A_i = \sum_{\alpha}\frac{\partial R}{\partial a_{\alpha,i}}X_\alpha,$$

unde

$$(10)\quad \frac{\partial A_1}{\partial x_1}+\frac{\partial A_2}{\partial x_2}+\cdots+\frac{\partial A_{2m}}{\partial x_{2m}} = \sum_{\alpha,i}\frac{\partial\frac{\partial R}{\partial a_{\alpha,i}}}{\partial x_i}\cdot X_\alpha+\sum_{\alpha,i}\frac{\partial R}{\partial a_{\alpha,i}}\cdot\frac{\partial X_\alpha}{\partial x_i},$$

ubi indicibus $\alpha$ et $i$ tribuuntur valores 1, 2, ..., $2m$, solis omissis valoribus $i=\alpha$. Examinemus formulae (10) summam priorem. Aggregati $\frac{\partial R}{\partial a_{\alpha,i}}$ cum terminus nullus afficiatur elemento, cuius alter index est $\alpha$ aut $i$, fit

$$\frac{\partial\frac{\partial R}{\partial a_{\alpha,i}}}{\partial x_i} = \sum_{k,l}\frac{\partial^2 R}{\partial a_{\alpha,i}\partial a_{k,l}}\cdot\frac{\partial a_{k,l}}{\partial x_i},$$

summatione duplici ad omnes $\frac{(2m-2)(2m-3)}{1.2}$ combinationes extensa, quibus indices $k$ et $l$ valores obtinent et inter se et ab ipsis $\alpha$ et $i$ diversos. E formula antecedente sequitur

$$\sum_i \frac{\partial \frac{\partial R}{\partial a_{\alpha,i}}}{\partial x_i} = \sum_{i,k,l} \frac{\partial^2 R}{\partial a_{\alpha,i} \partial a_{k,l}} \cdot \frac{\partial a_{k,l}}{\partial x_i},$$

ubi indicum $i$, $k$, $l$ valores in quoque termino sub signo summatorio et inter se et ab indice $\alpha$ diversi sunt, ipsi $i$ valores 1, 2, ..., $2m$ conveniunt, binorum $k$ et $l$ valores non inter se permutari debent. Unde triplex summa conflatur e $\frac{(2m-1)(2m-2)(2m-3)}{1.2.3}$ terminis huiusmodi

$$\frac{\partial^2 R}{\partial a_{\alpha,i} \partial a_{k,l}} \left\{ \frac{\partial a_{k,l}}{\partial x_i} + \frac{\partial a_{l,i}}{\partial x_k} + \frac{\partial a_{i,k}}{\partial x_l} \right\},$$

qui obtinentur sumendo pro indicibus $i$, $k$, $l$ ternos diversos ex indicibus 1, 2, ..., $\alpha-1$, $\alpha+1$, ..., $2m$. At substituendo quantitatum $a_{i,k}$ valores (3), ternorum terminorum uncis inclusorum summa

$$\frac{\partial a_{k,l}}{\partial x_i} + \frac{\partial a_{l,i}}{\partial x_k} + \frac{\partial a_{i,k}}{\partial x_l}$$

identice evanescit, ideoque pro quoque ipsius $\alpha$ valore fit

$$(11) \quad \sum_i \frac{\partial \frac{\partial R}{\partial a_{\alpha,i}}}{\partial x_i} = 0,$$

sive formulae (10) prior summa evanescit. Alterius summae valor facile invenitur permutando indices $\alpha$ et $i$ formulamque (6) in auxilium vocando, quae summata pro omnibus indicis $i$ valoribus suppeditat

$$\sum_{\alpha,i} a_{\alpha,i} \frac{\partial R}{\partial a_{\alpha,i}} = 2m.R.$$

Hinc enim fit

$$\sum_{\alpha,i} \frac{\partial R}{\partial a_{\alpha,i}} \cdot \frac{\partial X_\alpha}{\partial x_i} = \tfrac{1}{2} \sum_{\alpha,i} \frac{\partial R}{\partial a_{\alpha,i}} \left\{ \frac{\partial X_\alpha}{\partial x_i} - \frac{\partial X_i}{\partial x_\alpha} \right\} = \tfrac{1}{2} \sum_{\alpha,i} \frac{\partial R}{\partial a_{\alpha,i}} a_{\alpha,i} = mR.$$

Unde iam formula (10) in hanc abit:

$$(12) \quad \frac{\partial A_1}{\partial x_1} + \frac{\partial A_2}{\partial x_2} + \cdots + \frac{\partial A_{2m}}{\partial x_{2m}} = mR.$$

Cuius formulae pars laeva cum secundum (5) et (9) ipsi $-R\frac{d\log M}{dt}$ aequetur, aequationum differentialium (4) Multiplicatorem statuere licet

$$(13) \quad M = e^{-mt}.$$

Docet ea formula, aequationibus differentialibus (4) complete integratis, ad eruendam relationem inter $t$ et variabiles $x_i$ nulla amplius opus esse Quadratura, sed valorem integralis

$$\int \frac{R\,dx_i}{A_i} = t + \text{Const.}$$

exhiberi posse per logarithmum Determinantis functionum, quae Constantibus arbitrariis aequantur.

Ponamus, quod semper licet, $X_{2m} = -1$ sintque Coëfficientes reliqui omnes $X_1, X_2, \ldots, X_{2m-1}$ a variabili $x_{2m}$ vacui, redit problema Pfaffianum in hoc, *ut expressio differentialis* $2m-1$ *variabilium*

$$X_1 dx_1 + X_2 dx_2 + \cdots + X_{2m-1} dx_{2m-1}$$

*per* $m-1$ *aequationes finitas reddatur differentiale completum* $dx_{2m}$. Scilicet ea re effecta, obtinetur $m^{\text{ta}}$ aequatio per solas Quadraturas

$$x_{2m} + \text{Const.} = \int \{X_1 dx_1 + X_2 dx_2 + \cdots + X_{2m-1} dx_{2m-1}\}.$$

Eo casu evanescunt omnes quantitates $a_{i,2m}$ ideoque ipsum quoque $dt$, unde aequationes differentiales (2) in has abeunt:

$$(14)\quad \begin{cases} 0 = \quad * \quad + a_{1,2}\,dx_2 + a_{1,3}\,dx_3 + \cdots + a_{1,2m-1}\,dx_{2m-1}, \\ 0 = a_{2,1}\,dx_1 \quad * \quad + a_{2,3}\,dx_3 + \cdots + a_{2,2m-1}\,dx_{2m-1}, \\ \cdot\quad\cdot\quad\cdot\quad\cdot\quad\cdot\quad\cdot\quad\cdot\quad\cdot\quad\cdot\quad\cdot\quad\cdot\quad\cdot \\ 0 = a_{2m-1,1}\,dx_1 + a_{2m-1,2}\,dx_2 + a_{2m-1,3}\,dx_3 + \cdots\cdots \quad * \quad. \end{cases}$$

Quarum una e reliquis fluit, sicuti sequitur summando aequationes respective per $\frac{\partial R}{\partial a_{1,2m}}, \frac{\partial R}{\partial a_{2,2m}}, \ldots, \frac{\partial R}{\partial a_{2m-1,2m}}$ multiplicatas. Evanescentibus $a_{i,2m}$, evanescunt et ipsum $R$ et omnia ipsius $R$ differentialia $\frac{\partial R}{\partial a_{i,k}}$, in quibus neuter indicum $i$ et $k$ ipsi $2m$ aequatur. Unde e (9) fit

$$A_1 = \frac{\partial R}{\partial a_{1,2m}}, \quad A_2 = \frac{\partial R}{\partial a_{2,2m}}, \quad \ldots, \quad A_{2m-1} = \frac{\partial R}{\partial a_{2m-1,2m}},$$

$$A_{2m} = X_1 A_1 + X_2 A_2 + \cdots + X_{2m-1} A_{2m-1}.$$

Cum $A_{2m}$ a variabili $x_{2m}$ vacua sit, formula (12) abit in hanc:

$$(15)\quad \frac{\partial A_1}{\partial x_1} + \frac{\partial A_2}{\partial x_2} + \cdots + \frac{\partial A_{2m-1}}{\partial x_{2m-1}} = 0.$$

Quae docet, *aequationum differentialium, quae e* (14) *proveniunt,*

$$(16)\quad dx_1 : dx_2 : \ldots : dx_{2m-1} = A_1 : A_2 : \ldots : A_{2m-1}$$

*Multiplicatorem aequari unitati.*

Principium ultimi Multiplicatoris applicemus exemplo simplicissimo, quo $m = 2$ sive quo aequationes differentiales proponuntur

$$(17)\quad dx_1 : dx_2 : dx_3 = \frac{\partial X_2}{\partial x_3} - \frac{\partial X_3}{\partial x_2} : \frac{\partial X_3}{\partial x_1} - \frac{\partial X_1}{\partial x_3} : \frac{\partial X_1}{\partial x_2} - \frac{\partial X_2}{\partial x_1}.$$

Inventa per primam integrationem variabilis $x_3$ expressione per $x_1$, $x_2$ et Constantem arbitrariam $\alpha$, secundum principium illud fit altera aequatio integralis

$$(18)\quad \int \frac{\partial x_3}{\partial \alpha}\left\{\left(\frac{\partial X_3}{\partial x_1} - \frac{\partial X_1}{\partial x_3}\right)dx_1 + \left(\frac{\partial X_3}{\partial x_2} - \frac{\partial X_2}{\partial x_3}\right)dx_2\right\} = \text{Const.}$$

Quantitatem sub integrationis signo differentiale completum esse, sic verificari potest. Substituta variabilis $x_3$ expressione per integrationem primam inventa in formula $X_1 dx_1 + X_2 dx_2 + X_3 dx_3$, obtinetur

$$\left(X_1 + X_3 \frac{\partial x_3}{\partial x_1}\right)dx_1 + \left(X_2 + X_3 \frac{\partial x_3}{\partial x_2}\right)dx_2.$$

Eadem expressione substituta in aequationibus differentialibus, prodit aequatio

$$\frac{\partial X_1}{\partial x_2} - \frac{\partial X_2}{\partial x_1} = \frac{\partial x_3}{\partial x_1}\left\{\frac{\partial X_2}{\partial x_3} - \frac{\partial X_3}{\partial x_2}\right\} + \frac{\partial x_3}{\partial x_2}\left\{\frac{\partial X_3}{\partial x_1} - \frac{\partial X_1}{\partial x_3}\right\},$$

quae est conditio, ut formula differentialis antecedens sit differentiale aliquod completum $dx_4$. Si ipsius $x_3$ expressio implicat Constantem arbitrariam $\alpha$, fit

$$\begin{aligned}
d\,\frac{\partial x_4}{\partial \alpha} &= \frac{\partial\left\{X_1 + X_3 \frac{\partial x_3}{\partial x_1}\right\}}{\partial \alpha}dx_1 + \frac{\partial\left\{X_2 + X_3 \frac{\partial x_3}{\partial x_2}\right\}}{\partial \alpha}dx_2 \\
&= \frac{\partial x_3}{\partial \alpha}\left\{\left(\frac{\partial X_1}{\partial x_3} + \frac{\partial X_3}{\partial x_3}\cdot\frac{\partial x_3}{\partial x_1}\right)dx_1 + \left(\frac{\partial X_2}{\partial x_3} + \frac{\partial X_3}{\partial x_3}\cdot\frac{\partial x_3}{\partial x_2}\right)dx_2\right\} \\
&\qquad + X_3\left\{\frac{\partial^2 x_3}{\partial x_1 \partial \alpha}dx_1 + \frac{\partial^2 x_3}{\partial x_2 \partial \alpha}dx_2\right\} \\
&= \frac{\partial x_3}{\partial \alpha}\left\{\left(\frac{\partial X_1}{\partial x_3} - \frac{\partial X_3}{\partial x_1}\right)dx_1 + \left(\frac{\partial X_2}{\partial x_3} - \frac{\partial X_3}{\partial x_2}\right)dx_2\right\} \\
&\qquad + \frac{\partial x_3}{\partial \alpha}dX_3 + X_3\, d\,\frac{\partial x_3}{\partial \alpha}.
\end{aligned}$$

Unde sequitur, quod propositum erat, quantitatem sub integrationis signo aequari differentiali completo, videlicet differentiali

$$d\left(X_3 \frac{\partial x_3}{\partial \alpha}\right) - d\,\frac{\partial x_4}{\partial \alpha}.$$

Quod si igitur functio $x_4$ inventa est, aequationem integralem (18) sic quoque repraesentare licet:

$$(19)\quad X_3 \frac{\partial x_3}{\partial \alpha} - \frac{\partial x_4}{\partial \alpha} = \text{Const.}$$

Quae de formulis quoque generalibus deduci potuit, quas loco citato tradidi de aequationum differentialium (2) systemate per solutionem completam aequationis (1) integrando. Qua de integratione hac occasione novas addam Propositiones novasque demonstrationes sequentes.

## §. 21.

Conditiones ut aequatio differentialis vulgaris linearis primi ordinis inter $p$ variabiles per pauciores quam $\frac{1}{2}p$ aequationes integrari possit.

Ac primum comprobabo Propositionem, *si aequatio differentialis singularis*

$$(20)\quad X_1 dx_1 + X_2 dx_2 + \cdots + X_p dx_p = 0$$

*integretur per m aequationes quascunque, earum ope fieri, ut de quibusque m e numero p aequationum differentialium sequentium:*

$$(21)\quad \begin{cases} X_1 dt = \quad \cdot \quad + a_{1,2} dx_2 + a_{1,3} dx_3 + \cdots + a_{1,p} dx_p, \\ X_2 dt = a_{2,1} dx_1 \quad \cdot \quad + a_{2,3} dx_3 + \cdots + a_{2,p} dx_p, \\ \cdot \quad \cdot \quad \cdot \quad \cdot \quad \cdot \quad \cdot \quad \cdot \quad \cdot \quad \cdot \quad \cdot \\ X_p dt = a_{p,1} dx_1 + a_{p,2} dx_2 + a_{p,3} dx_3 + \cdots \cdots \quad \cdot \end{cases}$$

*reliquae $p-m$ sponte fluant, ipsis $a_{k,k'}$ designantibus quantitates* $\dfrac{\partial X_k}{\partial x_{k'}} - \dfrac{\partial X_{k'}}{\partial x_k}$.

Cuius Propositionis demonstrationem sic adorno.

Designo

per $h$, $h'$ etc. indices $1, 2, \ldots, m$,
per $i$, $i'$ etc. indices $m+1, m+2, \ldots, p$,
per $k$, $k'$ etc. indices $1, 2, 3, \ldots, p$.

Aequando $x_1, x_2, \ldots, x_m$ *quibuscunque* reliquarum variabilium $x_{m+1}, x_{m+2}, \ldots, x_p$ functionibus, abeunt aequationes (21) in sequentes:

$$(22)\quad 0 = u_k = X_k dt - \sum_i b_{k,i} dx_i,$$

siquidem statuitur

$$(23)\quad \begin{cases} b_{k,i} = a_{k,1} \dfrac{\partial x_1}{\partial x_i} + a_{k,2} \dfrac{\partial x_2}{\partial x_i} + \cdots + a_{k,m} \dfrac{\partial x_m}{\partial x} + a \\ \quad = a_{k,i} + \sum_h a_{k,h} \dfrac{\partial x_h}{\partial x_i}. \end{cases}$$

Ponamus porro

$$(24)\quad v_i = X_1 \frac{\partial x_1}{\partial x_i} + X_2 \frac{\partial x_2}{\partial x_i} + \cdots + X_m \frac{\partial x_m}{\partial x_i} + X_i,$$

erit substituendo (22):

$$(25)\quad \frac{\partial x_1}{\partial x_{i'}}u_1+\frac{\partial x_2}{\partial x_{i'}}u_2+\cdots+\frac{\partial x_m}{\partial x_{i'}}u_m+u_{i'} = v_{i'}dt-\sum_i c_{i',i}dx_i,$$

posito

$$(26)\quad \begin{cases} c_{i',i} = \dfrac{\partial x_1}{\partial x_{i'}}b_{1,i}+\dfrac{\partial x_2}{\partial x_{i'}}b_{2,i}+\cdots+\dfrac{\partial x_m}{\partial x_i}b_{m,i}+b_{i',i} \\ \quad = b_{i',i}+\sum\limits_h \dfrac{\partial x_h}{\partial x_{i'}}b_{h,i}. \end{cases}$$

Substituendo ipsarum $b_{k,i}$ valores (23), induit $c_{i',i}$ valorem sequentem:

$$(27)\quad c_{i',i} = a_{i',i}+\sum_h a_{i',h}\frac{\partial x_h}{\partial x_i}+\sum_{h'} a_{h',i}\frac{\partial x_{h'}}{\partial x_{i'}}+\sum_{h,h'} a_{h',h}\frac{\partial x_h}{\partial x_i}\cdot\frac{\partial x_{h'}}{\partial x_{i'}},$$

sive reponendo quantitatum $a_{k,k'}$ valores:

$$(28)\quad c_{i',i} = \frac{\partial X_{i'}}{\partial x_i}-\frac{\partial X_i}{\partial x_{i'}}+\sum_h\left\{\frac{\partial X_{i'}}{\partial x_h}-\frac{\partial X_h}{\partial x_{i'}}\right\}\frac{\partial x_h}{\partial x_i}+\sum_{h'}\left\{\frac{\partial X_{h'}}{\partial x_i}-\frac{\partial X_i}{\partial x_{h'}}\right\}\frac{\partial x_{h'}}{\partial x_{i'}}$$
$$+\sum_{h,h'}\left\{\frac{\partial X_{h'}}{\partial x_h}-\frac{\partial X_h}{\partial x_{h'}}\right\}\frac{\partial x_h}{\partial x_i}\cdot\frac{\partial x_{h'}}{\partial x_{i'}}.$$

Includamus uncis differentialia partialia, in quibus solae $x_i$ sive $x_{m+1}, x_{m+2}, \ldots, x_p$ pro independentibus habentur atque quantitates $x_h$ sive $x_1, x_2, \ldots, x_m$ pro earum functionibus: erit

$$(29)\quad \left(\frac{\partial X_k}{\partial x_i}\right) = \frac{\partial X_k}{\partial x_i}+\sum_h \frac{\partial X_k}{\partial x_h}\cdot\frac{\partial x_h}{\partial x_i},$$

unde

$$(30)\quad c_{i',i} = \left(\frac{\partial X_{i'}}{\partial x_i}\right)-\left(\frac{\partial X_i}{\partial x_{i'}}\right)+\sum_h\left\{\left(\frac{\partial X_h}{\partial x_i}\right)\frac{\partial x_h}{\partial x_{i'}}-\left(\frac{\partial X_h}{\partial x_{i'}}\right)\frac{\partial x_h}{\partial x_i}\right\}.$$

Id quod sequitur, indicibus $h$ et $h'$ in summa duplici $\sum\limits_{h,h'}\frac{\partial X_{h'}}{\partial x_h}\cdot\frac{\partial x_h}{\partial x_i}\cdot\frac{\partial x_{h'}}{\partial x_{i'}}$ inter se permutatis nec non in (29) scripto $h'$ ipsius $h$ loco. Inventam autem ipsius $c_{i',i}$ expressionem (30) ope formulae (24) sic exhibere licet:

$$(31)\quad c_{i',i} = \left(\frac{\partial v_{i'}}{\partial x_i}\right)-\left(\frac{\partial v_i}{\partial x_{i'}}\right),$$

reiectis qui se mutuo destruunt terminis:

$$X_h\frac{\partial^2 x_h}{\partial x_{i'}\partial x_i}-X_h\frac{\partial^2 x_h}{\partial x_i\partial x_{i'}}.$$

Quo ipsius $c_{i',i}$ valore substituto in (25), eruimus formulam, quae valet, *quaecunque sint quantitates $x_h$ reliquarum $x_i$ functiones:*

$$(32)\quad \frac{\partial x_1}{\partial x_{i'}}u_1+\frac{\partial x_2}{\partial x_{i'}}u_2+\cdots+\frac{\partial x_m}{\partial x_{i'}}u_m+u_{i'} = v_{i'}dt+\sum_i\left\{\left(\frac{\partial v_i}{\partial x_{i'}}\right)-\left(\frac{\partial v_{i'}}{\partial x_i}\right)\right\}dx_i.$$

Quantitatibus $x_h$ per variabiles $x_i$ expressis, cum fiat e (24)

$$(33)\quad X_1dx_1+X_2dx_2+\cdots+X_pdx_p = v_{m+1}dx_{m+1}+v_{m+2}dx_{m+2}+\cdots+v_pdp,$$

si per $m$ aequationes, quibus quantitates $x_h$ per variabiles $x_{m+1}, x_{m+2}, \ldots, x_p$ determinantur, aequatio differentialis (20) integratur, singuli termini ad dextram formulae (33) per se evanescere debent, sive fieri debet

$$(34)\quad v_{m+1}=v_{m+2}=\cdots=v_p=0.$$

Unde etiam aequationis (32) pars laeva evanescere debet sive, scribendo $i$ ipsius $i'$ loco, pro quolibet ipsius $i$ valore fieri debet

$$(34^*)\quad \frac{\partial x_1}{\partial x_i}u_1+\frac{\partial x_2}{\partial x_i}u_2+\cdots+\frac{\partial x_m}{\partial x_i}u_m+u_i = 0.$$

Quae formula docet, si per $m$ aequationes integretur aequatio differentialis (20), earum aequationum ope fieri, ut ex aequationibus

$$u_1=0,\quad u_2=0,\quad \ldots,\quad u_m=0$$

reliquae

$$u_{m+1}=0,\quad u_{m+2}=0,\quad \ldots,\quad u_p=0$$

sponte fluant. Q. D. E.

Si $p>2m$, inter coëfficientes $X_1$, $X_2$, etc. certae quaedam locum habere debent relationes, cum determinando $m$ functiones $x_1, x_2, \ldots, x_m$ satisfieri debeat pluribus conditionibus, videlicet $p-m$ aequationibus

$$0=v_i=X_1\frac{\partial x_1}{\partial x_i}+X_2\frac{\partial x_2}{\partial x_i}+\cdots+X_m\frac{\partial x_m}{\partial x_i}+X_i.$$

Quae relationes obtineri possunt e formula (32). Nam secundum eam formulam aequationibus differentialibus (21) sive aequationibus

$$u_1=0,\quad u_2=0,\quad \ldots,\quad u_p=0$$

satisfit per numerum $2m$ aequationum, videlicet per $m$ aequationes, quibus $x_1$, $x_2, \ldots, x_m$ per reliquas variabiles determinantur, atque $m$ aequationes differentiales $u_1=0$, $u_2=0, \ldots, u_m=0$. Unde inter quantitates $X_1$, $X_2$, etc. tales locum habere debent relationes, ut de $p$ aequationum (21) numero $2m$ reliquae

$p-2m$ sponte fluant sive, ope $2m$ aequationum differentialium $u_1=0$, $u_2=0, \ldots,$ $u_{2m}=0$ eliminatis $2m$ differentialibus $dx_1$, $dx_2, \ldots, dx_{2m}$, reliquae $p-2m$ aequationes differentiales $u_{2m+1}=0$, $u_{2m+2}=0, \ldots, u_p=0$ identicae evadant. Secundum observationem olim a me factam in Diar. Crell. Vol. II. pag. 352 (cf. h. Vol. p. 24) hae $p-2m$ aequationes post eam eliminationem formam induunt eandem atque propositae (21), videlicet formam huiusmodi:

$$\begin{array}{l} F_1 dt = \quad * \quad + f_{1,2}\, dx_{2m+2} + f_{1,3} dx_{2m+3} + \cdots + f_{1,p-2m} dx_p, \\ F_2 dt = f_{2,1}\, dx_{2m+1} \quad * \quad + f_{2,3} dx_{2m+3} + \cdots + f_{2,p-2m} dx_p, \\ \cdot\ \cdot\ \cdot\ \cdot\ \cdot\ \cdot\ \cdot\ \cdot\ \cdot\ \cdot\ \cdot\ \cdot\ \cdot\ \cdot\ \cdot\ \cdot\ \cdot\ \cdot\ \cdot \\ F_{p-2m} dt = f_{p-2m,1} dx_{2m+1} + f_{p-2m,2} dx_{2m+2} + \cdots\cdots \quad * \ , \end{array}$$

ubi $f_{i,k}=-f_{k,i}$. Quae aequationes ut identicae evadant, evanescere debent et $p-2m$ quantitates $F_i$ et $\frac{(p-2m)(p-2m-1)}{2}$ quantitates $f_{i,k}$. Unde *locum habere debent* $\frac{(p-2m)(p-2m+1)}{1.2}$ *conditiones, ut aequatio differentialis linearis primi ordinis inter* $p$ *variabiles* (20) *per* $m<\frac{1}{2}p$ *aequationes integrari possit, eaedemque sunt conditiones, quibus efficitur, ut* $p$ *aequationes lineares* (21) *ex earum numero* $2m$ *fluant.* Si $p=2m+1$, prodit una conditio iam a Cl. Pfaff olim exhibita, quae, si $m=1$, notam conditionem integrabilitatis suppeditat. Si $p=2m+2$, locum habere debent tres conditiones, quas pro $m=1$ accuratius examinemus.

Sit igitur propositum indagare conditiones, ut aequatio differentialis linearis inter *quatuor* variabiles

$$(35)\qquad X_1 dx_1 + X_2 dx_2 + X_3 dx_3 + X_4 dx_4 = 0$$

unica aequatione integrari possit. Qua aequatione si exprimitur una variabilium $x_4$ per $x_1$, $x_2$, $x_3$, proposita (35) identica fieri debet, id quod aequationes poscit sequentes:

$$(36)\qquad \frac{\partial x_4}{\partial x_1}=-\frac{X_1}{X_4},\quad \frac{\partial x_4}{\partial x_2}=-\frac{X_2}{X_4},\quad \frac{\partial x_4}{\partial x_3}=-\frac{X_3}{X_4}.$$

Secunda et tertia earum aequationum suppeditant

$$\begin{aligned} X_4^2 \frac{\partial^2 x}{\partial x_2 \partial x_3} &= X_2\left\{\frac{\partial X_4}{\partial x_3}-\frac{X_3}{X_4}\cdot\frac{\partial X_4}{\partial x_4}\right\}-X_4\left\{\frac{\partial X_2}{\partial x_3}-\frac{X_3}{X_4}\cdot\frac{\partial X_2}{\partial x_4}\right\} \\ &= X_3\left\{\frac{\partial X_4}{\partial x_2}-\frac{X_2}{X_4}\cdot\frac{\partial X_4}{\partial x_4}\right\}-X_4\left\{\frac{\partial X_3}{\partial x_2}-\frac{X_2}{X_4}\cdot\frac{\partial X_3}{\partial x_4}\right\}. \end{aligned}$$

Unde, ponendo $a_{i,k}=\frac{\partial X_i}{\partial x_k}-\frac{\partial X_k}{\partial x_i}$ similesque aequationes de tertia et prima, de prima et secunda aequationum (36) deducendo, obtinentur tres primae aequationum sequentium, quibus duas alias addidi ex iis provenientes:

$$
(37)\quad \begin{cases}
0 = \quad * \quad + a_{3,4}X_2 + a_{4,2}X_3 + a_{2,3}X_4, \\
0 = a_{4,3}X_1 \quad * \quad + a_{1,4}X_3 + a_{3,1}X_4, \\
0 = a_{2,4}X_1 + a_{4,1}X_2 \quad * \quad + a_{1,2}X_4, \\
0 = a_{3,2}X_1 + a_{1,3}X_2 + a_{2,1}X_3 \quad * \quad , \\
0 = a_{2,3}a_{1,4} + a_{3,1}a_{2,4} + a_{1,2}a_{3,4}.
\end{cases}
$$

Ad easdem autem relationes secundum Propositionem generalem supra conditam pervenire debemus, si quaerimus conditiones, ut quatuor aequationum linearium

$$
\begin{aligned}
X_1 dt &= \quad * \quad + a_{1,2}dx_2 + a_{1,3}dx_3 + a_{1,4}dx_4, \\
X_2 dt &= a_{2,1}dx_1 \quad * \quad + a_{2,3}dx_3 + a_{2,4}dx_4, \\
X_3 dt &= a_{3,1}dx_1 + a_{3,2}dx_2 \quad * \quad + a_{3,4}dx_4, \\
X_4 dt &= a_{4,1}dx_1 + a_{4,2}dx_2 + a_{4,3}dx_3 \quad *
\end{aligned}
$$

binae e duabus reliquis fluant. Quod re vera fieri, facile comprobatur. Aequationum (37) quatuor primae sunt notae conditiones integrabilitatis aequationis differentialis linearis primi ordinis inter tres variabiles, ex eadem aequatione (35) provenientis, si successive $x_1$, $x_2$, $x_3$, $x_4$ constantes ponuntur. Quatuor illarum aequationum ternae cum quartam secum ducant, sequitur, *si tres aequationes*

$$
\begin{aligned}
X_2dx_2 + X_3dx_3 + X_4dx_4 &= 0, \\
X_1dx_1 + X_3dx_3 + X_4dx_4 &= 0, \\
X_1dx_1 + X_2dx_2 + X_4dx_4 &= 0,
\end{aligned}
$$

*habitis respective* $x_1$, $x_2$, $x_3$ *pro Constantibus, conditioni integrabilitatis satisfaciant, hanc quoque aequationem*

$$X_1dx_1 + X_2dx_2 + X_3dx_3 = 0,$$

*si in ea* $x_4$ *pro Constante habeatur, conditioni integrabilitatis satisfacturam esse, nec non aequationem* $X_1dx_1 + X_2dx_2 + X_3dx_3 + X_4dx_4 = 0$, *in qua omnes quatuor quantitates* $x_1$, $x_2$, $x_3$, $x_4$ *variabiles sunt, unica aequatione integrari posse.* Ut ipsa absolvatur integratio, opus erit integratione completa trium aequationum differentialium primi ordinis inter duas variabiles, id quod simili ratione demonstratur atque in tractatibus Calculi Integralis probatur, ad integrandam aequationem differentialem linearem primi ordinis inter tres variabiles, conditioni integrabilitatis satisfacientem, requiri integrationem completam duarum aequationum differentialium primi ordinis inter duas variabiles. Quae res in tractatibus ita proponi solet, ut alteram ne condere quidem liceat aequationem differentialem, nisi iam antea altera complete integrata habeatur. At observo, si aequatio differentialis inter tres variabiles $x_1$, $x_2$, $x_3$, conditioni integrabilitatis satisfaciens, est $X_1 dx_1 + X_2 dx_2 + X_3 dx_3 = 0$, pro duabus aequationibus inter duas variabiles integrandis sumi posse has, quae *separatim* tractari possint:

$$X_1 dx_1 + X_2 dx_2 = 0, \quad X_2^0 dx_2 + X_3^0 dx_3 = 0,$$

quae e proposita proveniunt, prima habendo $x_3$ pro Constante, secunda ponendo $x_1 = 0$. Scilicet post integrationem secundae in locum ipsius $x_2$ substituenda est ea quantitatum $x_1$, $x_2$, $x_3$ functio, quae per integrationem primae aequiparatur valori variabilis $x_2$, qui ipsi $x_1 = 0$ respondet. Similiter, si proponitur integrare aequationem inter quatuor variabiles:

$$X_1 dx_1 + X_2 dx_2 + X_3 dx_3 + X_4 dx_4 = 0,$$

conditionibus (37) locum habentibus, pro tribus aequationibus inter duas variabiles, quae integrandae sunt, sumi possunt sequentes separatim tractandae:

$$X_1 dx_1 + X_2 dx_2 = 0, \quad X_2^0 dx_2 + X_3^0 dx_3 = 0, \quad X_3^{00} dx_3 + X_4^{00} dx_4 = 0,$$

in quibus designant $X_2^0$ et $X_3^0$ valores, in quos $X_2$ et $X_3$ abeunt pro $x_1 = 0$, porro $X_3^{00}$ et $X_4^{00}$ valores, in quos $X_3$ et $X_4$ pro $x_1 = x_2 = 0$ abeunt; deinde in prima aequatione $x_3$ et $x_4$, in secunda $x_4$ pro Constantibus habendae sunt. Integrata tertia aequatione, ipsi $x_3$ ea substituenda est quantitatum $x_2$, $x_3$, $x_4$ functio, quae per integrationem secundae aequat variabilis $x_3$ valorem ipsi $x_2 = 0$ respondentem; ac deinde ipsi $x_2$ ea quantitatum $x_1$, $x_2$, $x_3$, $x_4$ functio substituenda est, quae per aequationis primae integrationem aequat variabilis $x_2$ valorem ipsi $x_1 = 0$ respondentem.

Propositis $p$ aequationibus differentialibus vulgaribus inter $p+1$ variabiles quibuscunque, aequationes $m$ inter ipsas variabiles sunt integrales propositarum, si efficiunt, ut harum numerus $m$ e reliquis $p-m$ fluat; porro tale constituunt aequationum integralium systema, e quo per differentiationem aequationumque differentialium substitutionem aliae novae non obtineantur, si earum adiumento non plures quam $m$ aequationes differentiales e reliquis fluunt. Antecedentibus vidimus, per $m$ aequationes, quibus integretur aequatio differentialis vulgaris linearis inter $p$ variabiles (20), fieri ut e $p$ aequationum differentialium vulgarium (21) numero $m$ reliquae $p-m$ sponte fluant. Unde si $p-m = m$ sive $p = 2m$, qui est casus problematis Pfaffiani, sequitur, *quascunque* $m$ aequationes, quibus integretur aequatio differentialis linearis primi ordinis inter $2m$ variabiles

$$0 = X_1 dx_1 + X_2 dx_2 + \cdots + X_{2m} dx_{2m},$$

haberi posse pro integralibus systematis $2m$ aequationum differentialium vulgarium

$$X_k dt = a_{k,1} dx_1 + a_{k,2} dx_2 + \cdots + a_{k,2m} dx_{2m},$$

ex iisque per differentiationem novas deduci non posse aequationes integrales. Si $m < \frac{1}{2}p$ atque aequatio (20) integrari potest $m$ aequationibus, vidimus $p$ aequationum (21) tantum $2m$ a se independentes esse, reliquas $p-2m$ ex iis sponte fluere; unde ex arbitrio iis addere licet $p-2m$ aequationes differentiales, ut habeatur systema $p$ aequationum differentialium inter $p+1$ variabiles. Eo casu aequationes $m$, quibus aequatio (20) integrari supponitur, rursus haberi possunt pro aequationibus eius systematis integralibus, quaecunque sint $p-2m$ aequationes differentiales ipsis (21) ex arbitrio adiectae, cum illae $m$ aequationes efficiant, quod e (32) sequebatur, ut $m$ aequationes differentiales $u_{m+1} = 0$, $u_{m+2} = 0, \ldots, u_{2m} = 0$ ex aliis systematis aequationibus differentialibus $u_1 = 0$, $u_2 = 0, \ldots, u_m = 0$ obtineantur.

Designantibus $A_1$, $A_2$, etc. quascunque variabilium $x_1, x_2, \ldots, x_p$ functiones, quoties aequationum differentialium

$$dx_1 : dx_2 : \ldots : dx_p = A_1 : A_2 : \ldots : A_p$$

dantur aequationes integrales $m$, quarum differentiatione aliae novae non prodeunt, earumque ope exprimuntur $x_1, x_2, \ldots, x_m$ ut functiones variabilium $x_{m+1}$, $x_{m+2}, \ldots, x_p$, eas functiones satisfacere constat systemati aequationum differentialium partialium linearium primi ordinis sequenti:

$$(38)\quad \begin{cases} A_1 = A_{m+1}\dfrac{\partial x_1}{\partial x_{m+1}} + A_{m+2}\dfrac{\partial x_1}{\partial x_{m+2}} + \cdots + A_p\dfrac{\partial x_1}{\partial x_p}, \\ A_2 = A_{m+1}\dfrac{\partial x_2}{\partial x_{m+1}} + A_{m+2}\dfrac{\partial x_2}{\partial x_{m+2}} + \cdots + A_p\dfrac{\partial x_2}{\partial x_p}, \\ \cdots\cdots\cdots\cdots\cdots\cdots \\ A_m = A_{m+1}\dfrac{\partial x_m}{\partial x_{m+1}} + A_{m+2}\dfrac{\partial x_m}{\partial x_{m+2}} + \cdots + A_p\dfrac{\partial x_m}{\partial x_p}. \end{cases}$$

Qua de re pluribus egi in alia Commentatione *Diar.* Crell. *Vol. XXIII.* inserta (cf. h. Vol. p. 230 sqq.). Systema (38) ita est comparatum, ut in quaque aequatione eiusdem functionis reperiantur differentialia partialia secundum diversas variabiles independentes sumta, atque differentialia partialia diversarum functionum secundum eandem variabilem independentem in diversis aequationibus sumta eodem afficiantur Coëfficiente. Eiusmodi systematis hoc, a cuius solutione problema Pfaffianum pendet,

$$(39)\qquad v_{m+1}=0,\quad v_{m+2}=0,\quad \ldots,\quad v_{2m}=0$$

quodammodo inversum est, sicuti e functionis $v_i$ expressione (24) patet; quippe in quaque huius systematis aequatione diversarum functionum differentialia reprehenduntur secundum eandem variabilem sumta, atque eiusdem functionis differentialia, secundum diversas variabiles independentes in diversis aequationibus sumta, eodem afficiuntur Coëfficiente. Secundum antecedentia e systemate (39) sequitur aliud eius inversum formae systematis (38). Nam ubi aequationes (2) ad formam aequationum (9) revocamus, sequitur ex antecedentibus, $m$ aequationes, quae systemati (39) satisfaciant sive quibus (1) integretur, ipsarum (9) fieri aequationes integrales, quarum differentiatione aliae novae non prodeant, ideoque easdem systemati aequationum (38) satisfacere. Unde haec obtinetur Propositio.

## Propositio.

„*E systemate aequationum differentialium partialium linearium primi ordinis huiusmodi*

$$(39^*)\qquad \begin{cases} -X_{m+1} = X_1\dfrac{\partial x_1}{\partial x_{m+1}}+X_2\dfrac{\partial x_2}{\partial x_{m+1}}+\cdots+X_m\dfrac{\partial x_m}{\partial x_{m+1}}, \\ -X_{m+2} = X_1\dfrac{\partial x_1}{\partial x_{m+2}}+X_2\dfrac{\partial x_2}{\partial x_{m+2}}+\cdots+X_m\dfrac{\partial x_m}{\partial x_{m+2}}, \\ \cdot\quad\cdot\quad\cdot\quad\cdot\quad\cdot\quad\cdot\quad\cdot\quad\cdot\quad\cdot\quad\cdot \\ -X_{2m} = X_1\dfrac{\partial x_1}{\partial x_{2m}}+X_2\dfrac{\partial x_2}{\partial x_{2m}}+\cdots+X_m\dfrac{\partial x_m}{\partial x_{2m}} \end{cases}$$

*hoc sequitur alterum formae quodammodo inversae*

$$\begin{aligned} A_1 &= A_{m+1}\frac{\partial x_1}{\partial x_{m+1}}+A_{m+2}\frac{\partial x_1}{\partial x_{m+2}}+\cdots+A_{2m}\frac{\partial x_1}{\partial x_{2m}}, \\ A_2 &= A_{m+1}\frac{\partial x_2}{\partial x_{m+1}}+A_{m+2}\frac{\partial x_2}{\partial x_{m+2}}+\cdots+A_{2m}\frac{\partial x_2}{\partial x_{2m}}, \\ &\cdot\quad\cdot\quad\cdot\quad\cdot\quad\cdot\quad\cdot\quad\cdot\quad\cdot\quad\cdot\quad\cdot \\ A_m &= A_{m+1}\frac{\partial x_m}{\partial x_{m+1}}+A_{m+2}\frac{\partial x_m}{\partial x_{m+2}}+\cdots+A_{2m}\frac{\partial x_m}{\partial x_{2m}}, \end{aligned}$$

*ubi, posito* $a_{k,k'}=\dfrac{\partial X_k}{\partial x_{k'}}-\dfrac{\partial X_{k'}}{\partial x_k}$ *ac designante* $R$ *aggregatum, e* $1.3\ldots(2m-1)$ *terminis huiusmodi*

$$a_{1,2}\,a_{3,4}\ldots a_{2m-1,2m}$$

*ratione supra descripta conflatum, fit*

$$A_k = \frac{\partial R}{\partial a_{1,k}} X_1 + \frac{\partial R}{\partial a_{2,k}} X_2 + \cdots + \frac{\partial R}{\partial a_{2m,k}} X_{2m},$$

*omisso termino in $X_k$ ducto.*"

Huius memorabilis Propositionis si demonstrationem cupis ab aequationum differentialium vulgarium consideratione independentem, rem sic adornare licet.

Sit rursus

$$v_i = X_1 \frac{\partial x_1}{\partial x_i} + X_2 \frac{\partial x_2}{\partial x_i} + \cdots + X_m \frac{\partial x_m}{\partial x_i} + X_i,$$

ac designantibus

$$y, \; y_1, \; \ldots, \; y_{2m}$$

quantitates *indefinitas*, ponatur

$$U_k = X_k y - a_{k,1} y_1 - a_{k,2} y_2 - \cdots - a_{k,2m} y_{2m},$$

$$Y_h = y_h - \frac{\partial x_h}{\partial x_{m+1}} y_{m+1} - \frac{\partial x_h}{\partial x_{m+2}} y_{m+2} - \cdots - \frac{\partial x_h}{\partial x_{2m}} y_{2m},$$

$$u_k = U_k + a_{k,1} Y_1 + a_{k,2} Y_2 + \cdots + a_{k,m} Y_m.$$

Eodem modo, atque (32) probavimus, demonstratur, quaecunque sint $x_1$, $x_2, \ldots, x_m$ reliquarum variabilium $x_{m+1}, x_{m+2}, \ldots, x_{2m}$ functiones, fieri

$$\frac{\partial x_1}{\partial x_i} u_1 + \frac{\partial x_2}{\partial x_i} u_2 + \cdots + \frac{\partial x_m}{\partial x_i} u_m + u_i = v_i y + \sum_{i'} \left\{ \left( \frac{\partial v_{i'}}{\partial x_i} \right) - \left( \frac{\partial v_i}{\partial x_{i'}} \right) \right\} y_{i'}.$$

Partes ad dextram signi aequalitatis evanescunt, ubi pro $x_1, x_2, \ldots, x_m$ sumuntur functiones satisfacientes $m$ aequationibus $v_i = 0$, quae sunt ipsae functiones in theoremate tradito propositae, quas a se independentes esse subintelligo. Hinc si quantitatum $u_k$ expressiones substituuntur atque statuitur

$$L_{i,h} = \frac{\partial x_1}{\partial x_i} a_{1,h} + \frac{\partial x_2}{\partial x_i} a_{2,h} + \cdots + \frac{\partial x_m}{\partial x_i} a_{m,h} + a_{i,h},$$

sequitur, per $m$ aequationes $v_i = 0$ obtineri $m$ sequentes:

$$(40) \quad \begin{cases} 0 = \dfrac{\partial x_1}{\partial x_i} U_1 + \dfrac{\partial x_2}{\partial x_i} U_2 + \cdots + \dfrac{\partial x_m}{\partial x_i} U_m + U_i \\ \qquad + L_{i,1} Y_1 + L_{i,2} Y_2 + \cdots + L_{i,m} Y_m. \end{cases}$$

Supponamus, quantitatum indefinitarum $y, y_1$, etc. functiones lineares $U_1, U_2, \ldots,$ $U_{2m}$ a se independentes esse, sive quantitatem, supra per $R$ designatam,

$$\Sigma a_{1,2} a_{3,4} \ldots a_{2m-1,2m}$$

neque per se neque substituendo functionum $x_k$ valores evanescere. Quae secundum supra tradita est conditio, ut aequatio

$$X_1 dx_1 + X_2 dx_2 + \cdots + X_{2m} dx_{2m} = 0$$

non paucioribus quam $m$ aequationibus integrari possit. Eo casu etiam $m$ functiones ipsarum $Y_1, Y_2, \ldots, Y_m$ lineares, quas per $H_i$ designabo,

$$L_{i,1} Y_1 + L_{i,2} Y_2 + \cdots + L_{i,m} Y_m = H_i$$

a se independentes erunt, sive non dabuntur factores ab ipsis $y_k$ independentes $\lambda_1, \lambda_2$, etc., qui efficiant

$$\lambda_1 H_{m+1} + \lambda_2 H_{m+2} + \cdots + \lambda_m H_{2m} = 0.$$

Nam si eiusmodi dantur factores, secundum (40) aut $x_1, x_2, \ldots, x_i$ non a se independentes sunt aut datur aequatio inter functiones lineares $U_1, U_2, \ldots, U_{2m}$, quod utrumque contra suppositionem est. Functiones autem a se independentes $H_{m+1}, H_{m+2}, \ldots, H_{2m}$ omnes simul evanescere non possunt, nisi simul evanescunt omnes $Y_1, Y_2, \ldots, Y_m$. Iam igitur cum pro ipsarum $y, y_1$, etc. valoribus

$$y = R, \quad y_1 = A_1, \quad y_2 = A_2, \quad \ldots, \quad y_{2m} = A_{2m}$$

omnes simul evanescant $U_1, U_2, \ldots, U_{2m}$, siquidem quantitatum $A_k, R$ valores sunt ipsi in Propositione tradita assignati, ideoque omnes secundum (40) evanescant $H_i$, pro valoribus illis omnes quoque $Y_1, Y_2, \ldots, Y_m$ evanescere debent, sive pro ipsius $h$ valoribus $1, 2, \ldots, m$ fieri debet

$$0 = A_h - \frac{\partial x_h}{\partial x_{m+1}} A_{m+1} - \frac{\partial x_h}{\partial x_{m+2}} A_{m+2} - \cdots - \frac{\partial x_h}{\partial x_{2m}} A_{2m},$$

quae est Propositio demonstranda.

Propositionis antecedentis pro casu simplicissimo $m = 2$ hoc addam exemplum:

„Ubi semper ponitur $a_{\alpha,\beta} = \frac{\partial X_\alpha}{\partial x_\beta} - \frac{\partial X_\beta}{\partial x_\alpha}$, ex aequationibus

$$-X_3 = X_1 \frac{\partial x_1}{\partial x_3} + X_2 \frac{\partial x_2}{\partial x_3},$$

$$-X_4 = X_1 \frac{\partial x_1}{\partial x_4} + X_2 \frac{\partial x_2}{\partial x_4}$$

fluunt sequentes:

$$a_{3,4}X_2+a_{4,2}X_3+a_{2,3}X_4$$
$$=(a_{2,4}X_1+a_{4,1}X_2+a_{1,2}X_4)\frac{\partial x_1}{\partial x_3}+(a_{3,2}X_1+a_{1,3}X_2+a_{2,1}X_3)\frac{\partial x_1}{\partial x_4},$$
$$a_{4,3}X_1+a_{1,4}X_3+a_{3,1}X_4$$
$$=(a_{2,4}X_1+a_{4,1}X_2+a_{1,2}X_4)\frac{\partial x_2}{\partial x_3}+(a_{3,2}X_1+a_{1,3}X_2+a_{2,1}X_3)\frac{\partial x_2}{\partial x_4}.\text{“}$$

Si $p>2m$ atque variabilium independentium $x_{m+1}, x_{m+2}, \ldots, x_p$ functiones $x_1$, $x_2, \ldots, x_m$ ita determinari possunt, ut $p-m$ aequationibus $v_i=0$ satisfaciant, habentur *complura systemata* aequationum differentialium partialium, ad instar aequationum (38) formata. Videlicet e numero $m$ aequationum

$$v_{p-m+1}=0,\quad v_{p-m+2}=0,\quad \ldots,\quad v_p=0$$

per Propositionem antecedentem deducere licet alterum $m$ aequationum differentialium partialium systema (38), eaque ratione aliud aliudque systema (38) obtinebitur, prout aliae $p-2m$ e $p-m$ variabilibus independentibus Constantium loco habentur.

Ponamus iam, esse $x_1, x_2, \ldots, x_m$ variabilium $x_{m+1}, x_{m+2}, \ldots, x_p$ functiones *involventes Constantem arbitrariam* $\alpha$, sitque

$$(41)\quad w=X_1\frac{\partial x_1}{\partial\alpha}+X_2\frac{\partial x_2}{\partial\alpha}+\cdots+X_m\frac{\partial x_m}{\partial\alpha},$$

porro

$$v_i=X_1\frac{\partial x_1}{\partial x_i}+X_2\frac{\partial x_2}{\partial x_i}+\cdots+X_m\frac{\partial x_m}{\partial x_i}+X_i,$$
$$u_k=X_k dt-\{a_{k,1}dx_1+a_{k,2}dx_2+\cdots+a_{k,p}dx_p\}$$
$$=X_k dt-dX_k+\frac{\partial X_1}{\partial x_k}dx_1+\frac{\partial X_2}{\partial x_k}dx_2+\cdots+\frac{\partial X_p}{\partial x_k}dx_p$$
$$=X_k dt-dX_k+\sum_i\frac{\partial X_i}{\partial x_k}dx_i+\sum_{hi}\frac{\partial X_h}{\partial x_k}\cdot\frac{\partial x_h}{\partial x_i}dx_i.$$

Quae ubi substituuntur in formula

$$dw-\left\{\frac{\partial x_1}{\partial\alpha}dX_1+\frac{\partial x_2}{\partial\alpha}dX_2+\cdots+\frac{\partial x_m}{\partial\alpha}dX_m\right\}$$
$$=X_1 d\frac{\partial x_1}{\partial\alpha}+X_2 d\frac{\partial x_2}{\partial\alpha}+\cdots+X_m d\frac{\partial x_m}{\partial\alpha}$$
$$=\sum_{hi}X_h\frac{\partial^2 x_h}{\partial\alpha\partial x_i}dx_i,$$

obtinetur

$$(42)\quad \begin{cases} dw - w\,dt + \frac{\partial x_1}{\partial \alpha} u_1 + \frac{\partial x_2}{\partial \alpha} u_2 + \cdots + \frac{\partial x_m}{\partial \alpha} u_m \\ \quad = \sum_i \left\{ \left( \frac{\partial X_i}{\partial \alpha} \right) + \sum_h \left[ \left( \frac{\partial X_h}{\partial \alpha} \right) \frac{\partial x_h}{\partial x_i} + X_h \frac{\partial^2 x_h}{\partial \alpha \partial x_i} \right] \right\} dx_i \\ \quad = \sum_i \left( \frac{\partial v_i}{\partial \alpha} \right) dx_i, \end{cases}$$

siquidem uncis differentialia partialia includendo innuitur, ante differentiationes substitutos esse functionum $x_1, x_2, \ldots, x_m$ valores. Si $m$ aequationibus, quibus $x_1, x_2, \ldots, x_m$ determinantur, integratur aequatio

$$0 = X_1 dx_1 + X_2 dx_2 + \cdots + X_p dp,$$

locum habere debent $p-m$ aequationes $v_i = 0$, unde aequationis (42) dextra pars evanescit sive fit

$$(43)\quad dw - w\,dt + \frac{\partial x_1}{\partial \alpha} u_1 + \frac{\partial x_2}{\partial \alpha} u_2 + \cdots + \frac{\partial x_m}{\partial \alpha} u_m = 0.$$

Si $p \geqq 2m$, vidimus supra, $m$ aequationibus illis fieri, ut de $m$ aequationibus differentialibus $u_h = 0$ fluant $p-m$ reliquae $u_i = 0$, ita ut $m$ aequationes illae sint aequationes integrales systematis aequationum differentialium $u_k = 0$, quarum $p-2m$ e reliquis fluunt. Formula (43) docet, si insuper inter variabiles $t$, $x_{m+1}$, $x_{m+2}, \ldots, x_p$ statuatur aequatio $w = \beta e^t$ sive

$$(44)\quad X_1 \frac{\partial x_1}{\partial \alpha} + X_2 \frac{\partial x_2}{\partial \alpha} + \cdots + X_m \frac{\partial x_m}{\partial \alpha} = \beta e^t,$$

designante $\beta$ Constantem arbitrariam, ipsas $m$ aequationes differentiales $u_k = 0$ in earum $m-1$ redire, ideoque (44) esse novam eiusdem systematis $u_k = 0$ aequationem integralem. Si $m$ aequationes, quibus aequatio

$$X_1 dx_1 + X_2 dx_2 + \cdots + X_p dx_p = 0$$

integratur, plures involvunt Constantes arbitrarias, per (44) totidem obtinentur systematis $u_k = 0$ aequationes integrales, quas diversae ingrediuntur Constantes arbitrariae $\beta$, et e quarum binis per solam divisionem eliminatur $t$. Quae manent aequationes integrales, quaecunque $p-2m$ aequationes differentiales adiiciantur systemati $u_k = 0$, quippe quod tantum $2m$ aequationum differentialium vices gerit. Ubi Constantes arbitrariae sunt numero $m$, habetur problematis Pfaffiani solutio completa, simulque $m$ aequationes (44) iunctae $m$ aequationibus, quibus aequatio (20) integratur, suppeditant systematis aequationum differentialium (21) integrationem completam.

Si $p = 2m$, aequationes Constantem arbitrariam $\alpha$ involventes, quibus aequatio

$$X_1 dx_1 + X_2 dx_2 + \cdots + X_{2m} dx_{2m} = 0$$

integratur et quibus determinabantur functiones $x_1, x_2, \ldots, x_m$, sunt aequationes integrales systematis aequationum differentialium (2), sive resolutione earum provenientium (4):

$$dx_1 : dx_2 : \ldots : dx_{2m} = A_1 : A_2 : \ldots : A_{2m}.$$

Quarum Multiplicatorem, docent formulae (13) et (44), per illas $m$ aequationes integrales induere valorem

$$M = \left\{X_1 \frac{\partial x_1}{\partial \alpha} + X_2 \frac{\partial x_2}{\partial \alpha} + \cdots + X_m \frac{\partial x_m}{\partial \alpha}\right\}^{-m}.$$

Si $X_{2m} = -1$ atque omnes $X_1, X_2, \ldots, X_{2m-1}$ variabili $x_{2m}$ vacant, vidimus supra Multiplicatorem Constanti aequari. Ac reapse eo casu evanescente $dt$, e (44) eruitur

$$X_1 \frac{\partial x_1}{\partial \alpha} + X_2 \frac{\partial x_2}{\partial \alpha} + \cdots + X_m \frac{\partial x_m}{\partial \alpha} = \beta,$$

quae ipsarum (4) aequatio integralis est. Quae pro $m = 2$ cum formula (19) convenit, quam supra alia via erui.

Methodum ad solvendum problema Pfaffianum ab ipso autore adhibitam, data occasione observo, per plures et altiores procedere integrationes quam methodus vera et genuina poscat. Quam novam methodum exemplo simplice explicabo. Ad aequationem differentialem

$$X_1 dx_1 + X_2 dx_2 + X_3 dx_3 + X_4 dx_4 = 0$$

per duas aequationes integrandam poscit Pfaffiana methodus integrationem completam systematis trium aequationum differentialium primi ordinis inter quatuor variabiles ac deinde unius aequationis differentialis primi ordinis inter duas variabiles. Illius igitur systematis Integrali uno invento, secundum illam methodum restat integratio completa duarum aequationum differentialium primi ordinis inter tres variabiles sive unius aequationis differentialis secundi ordinis inter duas variabiles ac deinde aequationis differentialis primi ordinis inter duas variabiles. At observo, si Integrali illo invento exprimatur $x_4$ per $x_1, x_2, x_3$, aequationem differentialem propositam abire in aliam linearem primi ordinis inter tres variabiles, conditioni integrabilitatis satisfacientem; cuius integrationem vidimus absolvi posse per integrationes separatas duarum aequationum differentialium primi ordinis inter duas variabiles. Unde loco aequationis differentialis secundi ordinis tantum integrandae sunt duae aequationes differentiales separatae primi ordinis, quae est reductio maxime insignis; integrationi autem aequationis differentialis primi ordinis postremo praestandae omnino supersedetur. Tractatio huius rei gravissimae completa ac generalis alii Commentationi reservanda est.

## §. 22.

Novum Principium generale Mechanicum, quod e Principio ultimi Multiplicatoris fluit.

Sint $x_i$, $y_i$, $z_i$ Coordinatae orthogonales puncti massa $m_i$ praediti; sint vires massam $m_i$ secundum directiones Coordinatarum sollicitantes $X_i$, $Y_i$, $Z_i$. Ubi systema $n$ punctorum materialium $m_1, m_2, \ldots, m_n$ prorsus liberum est, inter tempus $t$ atque Coordinatas punctorum habentur 3 $n$ aequationes differentiales secundi ordinis

$$(1) \quad \begin{cases} \dfrac{d^2x_i}{dt^2} = \dfrac{1}{m_i} X_i, \\[2mm] \dfrac{d^2y_i}{dt^2} = \dfrac{1}{m_i} Y_i, \\[2mm] \dfrac{d^2z_i}{dt^2} = \dfrac{1}{m_i} Z_i. \end{cases}$$

Vires $X_i$, $Y_i$, $Z_i$ suppositione maxime generali erunt functiones $3n$ Coordinatarum $x_i$, $y_i$, $z_i$, temporis $t$ atque differentialium primorum Coordinatarum

$$x_i' = \frac{dx_i}{dt}, \quad y_i' = \frac{dy_i}{dt}, \quad z_i' = \frac{dz_i}{dt},$$

quae sunt punctorum velocitates in Coordinatarum directiones proiectae. Secundum (5) §. 14 systematis aequationum differentialium dynamicarum (1) Multiplicator definitur formula

$$(2) \quad \frac{d\log M}{dt} + \Sigma \frac{1}{m_i}\left(\frac{\partial X_i}{\partial x_i'} + \frac{\partial Y_i}{\partial y_i'} + \frac{\partial Z_i}{\partial z_i'}\right) = 0,$$

indice $i$ valente ad omnia puncta materialia systematis.

Quoties vires sollicitantes a solis massarum positionibus in spatio pendent sive praeterea etiam a tempore $t$, quantitates $X_i$, $Y_i$, $Z_i$ ipsa $x_i'$, $y_i'$, $z_i'$ omnino non involvunt, ideoque evanescente expressione

$$\Sigma \frac{1}{m_i}\left(\frac{\partial X_i}{\partial x_i'}+\frac{\partial Y_i}{\partial y_i'}+\frac{\partial Z_i}{\partial z_i'}\right),$$

statuere licet

$$M = 1.$$

Hinc secundum principium ultimi Multiplicatoris sequitur, si systema punctorum materialium liberum sit atque vires mobilia propellentes ab eorum velocitatibus non pendeant, ultimam integrationem, vel si vires etiam a tempore non explicite pendeant, *duas ultimas integrationes* revocari posse ad Quadraturas. Videlicet posteriore casu constat tempus $t$ prorsus separari posse et post alias omnes integrationes transactas per Quadraturam inveniri.

Idem iam demonstrabo pro casu generali, quo systema $n$ punctorum materialium non est liberum, sed certis obnoxium est conditionibus, quae exprimantur per aequationes inter Coordinatas $x_i$, $y_i$, $z_i$ locum habentes

$$(3)\quad \Pi = 0,\quad \Pi_1 = 0,\quad \text{etc.}$$

Aequationes differentiales dynamicas pro motu sic impedito praecepit Ill. Lagrange haberi sequentes:

$$(4)\quad \begin{cases} \dfrac{d^2x_i}{dt^2} = \dfrac{1}{m_i}\left\{X_i+\lambda\dfrac{\partial \Pi}{\partial x_i}+\lambda_1\dfrac{\partial \Pi_1}{\partial x_i}+\text{ etc.}\right\}, \\ \dfrac{d^2y_i}{dt^2} = \dfrac{1}{m_i}\left\{Y_i+\lambda\dfrac{\partial \Pi}{\partial y_i}+\lambda_1\dfrac{\partial \Pi_1}{\partial y_i}+\text{ etc.}\right\}, \\ \dfrac{d^2z_i}{dt^2} = \dfrac{1}{m_i}\left\{Z_i+\lambda\dfrac{\partial \Pi}{\partial z_i}+\lambda_1\dfrac{\partial \Pi_1}{\partial z_i}+\text{ etc.}\right\}, \end{cases}$$

factoribus $\lambda$, $\lambda_1$, etc. determinatis per aequationes lineares, quae obtinentur substituendo aequationes differentiales (4) in aequationibus conditionalibus bis differentiatis

$$\frac{d^2\Pi}{dt^2} = 0,\quad \frac{d^2\Pi_1}{dt^2} = 0,\quad \text{etc.}$$

Ad eas aequationes lineares formandas pono

$$(5)\quad \begin{cases} U = \Sigma\left\{x_i'\dfrac{d\dfrac{\partial \Pi}{\partial x_i}}{dt}+y_i'\dfrac{d\dfrac{\partial \Pi}{\partial y_i}}{dt}+z_i'\dfrac{d\dfrac{\partial \Pi}{\partial z_i}}{dt}\right\}, \\ U_1 = \Sigma\left\{x_i'\dfrac{d\dfrac{\partial \Pi_1}{\partial x_i}}{dt}+y_i'\dfrac{d\dfrac{\partial \Pi_1}{\partial y_i}}{dt}+z_i'\dfrac{d\dfrac{\partial \Pi_1}{\partial z_i}}{dt}\right\}, \\ \text{etc. etc.,} \end{cases}$$

fit

$$0=\frac{d^2\Pi}{dt^2}=\Sigma\left\{\frac{\partial\Pi}{\partial x_i}\cdot\frac{d^2x_i}{dt^2}+\frac{\partial\Pi}{\partial y_i}\cdot\frac{d^2y_i}{dt^2}+\frac{\partial\Pi}{\partial z_i}\cdot\frac{d^2z_i}{dt^2}\right\}+U,$$

$$0=\frac{d^2\Pi_1}{dt^2}=\Sigma\left\{\frac{\partial\Pi_1}{\partial x_i}\cdot\frac{d^2x_i}{dt^2}+\frac{\partial\Pi_1}{\partial y_i}\cdot\frac{d^2y_i}{dt^2}+\frac{\partial\Pi_1}{\partial z_i}\cdot\frac{d^2z_i}{dt^2}\right\}+U_1,$$

etc. etc.

Ubi in his aequationibus substituuntur formulae (4) atque ponitur

$$(6)\quad\begin{cases} V = U+\Sigma\frac{1}{m_i}\left\{\frac{\partial\Pi}{\partial x_i}X_i+\frac{\partial\Pi}{\partial y_i}Y_i+\frac{\partial\Pi}{\partial z_i}Z_i\right\}, \\ V_1 = U_1+\Sigma\frac{1}{m_i}\left\{\frac{\partial\Pi_1}{\partial x_i}X_i+\frac{\partial\Pi_1}{\partial y_i}Y_i+\frac{\partial\Pi_1}{\partial z_i}Z_i\right\}, \\ \qquad\text{etc.}\qquad\qquad\text{etc.,}\end{cases}$$

porro

$$(7)\quad(\alpha,\beta)=(\beta,\alpha)=\Sigma\frac{1}{m_i}\left\{\frac{\partial\Pi_\alpha}{\partial x_i}\cdot\frac{\partial\Pi_\beta}{\partial x_i}+\frac{\partial\Pi_\alpha}{\partial y_i}\cdot\frac{\partial\Pi_\beta}{\partial y_i}+\frac{\partial\Pi_\alpha}{\partial z_i}\cdot\frac{\partial\Pi_\beta}{\partial z_i}\right\},$$

aequationes, quibus $\lambda$, $\lambda_1$, etc. determinantur, evadunt sequentes:

$$(8)\quad\begin{cases}0 = V+(0,0)\lambda+(0,1)\lambda_1+\text{etc.}, \\ 0 = V_1+(1,0)\lambda+(1,1)\lambda_1+\text{etc.}, \\ \qquad\text{etc.}\qquad\text{etc.}\end{cases}$$

His de factorum $\lambda$, $\lambda_1$, etc. valoribus praemissis, aequationum Lagrangianarum (4) investigabo Multiplicatorem.

Ac primum observo, secundum ea, quae de viribus sollicitantibus statuta sunt, in dextris partibus aequationum (4) solos factores $\lambda$, $\lambda_1$, etc. implicare differentialia prima $x_i'$, $y_i'$, $z_i'$. Unde e (5) §. 14 Multiplicator $M$ definietur formula

$$-\frac{d\log M}{dt}=\Sigma\frac{1}{m_i}\left\{\frac{\partial\Pi}{\partial x_i}\cdot\frac{\partial\lambda}{\partial x_i'}+\frac{\partial\Pi}{\partial y_i}\cdot\frac{\partial\lambda}{\partial y_i'}+\frac{\partial\Pi}{\partial z_i}\cdot\frac{\partial\lambda}{\partial z_i'}\right\}$$
$$+\Sigma\frac{1}{m_i}\left\{\frac{\partial\Pi_1}{\partial x_i}\cdot\frac{\partial\lambda_1}{\partial x_i'}+\frac{\partial\Pi_1}{\partial y_i}\cdot\frac{\partial\lambda_1}{\partial y_i'}+\frac{\partial\Pi_1}{\partial z_i}\cdot\frac{\partial\lambda_1}{\partial z_i'}\right\}$$
$$+\quad\text{etc.}\qquad\text{etc.},$$

quam, posito

$$(9)\quad\Lambda_{\alpha,\beta}=\Sigma\frac{1}{m_i}\left\{\frac{\partial\Pi_\alpha}{\partial x_i}\cdot\frac{\partial\lambda_\beta}{\partial x_i'}+\frac{\partial\Pi_\alpha}{\partial y_i}\cdot\frac{\partial\lambda_\beta}{\partial y_i'}+\frac{\partial\Pi_\alpha}{\partial z_i}\cdot\frac{\partial\lambda_\beta}{\partial z_i'}\right\},$$

sic exhibere licet

$$(10)\quad d\log M = -\{A_{0,0}+A_{1,1}+\text{etc.}\}dt.$$

Ad quantitates $A_{0,0}$, $A_{1,1}$, etc. determinandas, aequationes (8)

$$0 = V_\beta+(\beta,0)\lambda+(\beta,1)\lambda_1+\text{ etc.},$$

quarum Coëfficientes $(\beta, 0)$, $(\beta, 1)$, etc. solarum $x_i$, $y_i$, $z_i$ functiones sunt, secundum omnes quantitates $x_i'$, $y_i'$, $z_i'$ differentientur, aequationesque differentiationibus provenientes respective per quantitates

$$\frac{1}{m_i}\cdot\frac{\partial \Pi_\alpha}{\partial x_i},\quad \frac{1}{m_i}\cdot\frac{\partial \Pi_\alpha}{\partial y_i},\quad \frac{1}{m_i}\cdot\frac{\partial \Pi_\alpha}{\partial z_i}$$

multiplicatae consummentur: prodit

$$(11)\quad 0 = u_{\alpha,\beta}+(\beta,0)A_{\alpha,0}+(\beta,1)A_{\alpha,1}+\text{ etc.},$$

siquidem statuitur

$$u_{\alpha,\beta} = \Sigma\frac{1}{m_i}\left\{\frac{\partial \Pi_\alpha}{\partial x_i}\cdot\frac{\partial V_\beta}{\partial x_i'}+\frac{\partial \Pi_\alpha}{\partial y_i}\cdot\frac{\partial V_\beta}{\partial y_i'}+\frac{\partial \Pi_\alpha}{\partial z_i}\cdot\frac{\partial V_\beta}{\partial z_i'}\right\}.$$

Cum secundum (6) habeatur

$$\frac{\partial V_\beta}{\partial x_i'} = \frac{\partial U_\beta}{\partial x_i'},\quad \frac{\partial V_\beta}{\partial y_i'} = \frac{\partial U_\beta}{\partial y_i'},\quad \frac{\partial V_\beta}{\partial z_i'} = \frac{\partial U_\beta}{\partial z_i'},$$

quantitates $u_{\alpha,\beta}$ sic repraesentare licet:

$$u_{\alpha,\beta} = \Sigma\frac{1}{m_i}\left\{\frac{\partial \Pi_\alpha}{\partial x_i}\cdot\frac{\partial U_\beta}{\partial x_i'}+\frac{\partial \Pi_\alpha}{\partial y_i}\cdot\frac{\partial U_\beta}{\partial y_i'}+\frac{\partial \Pi_\alpha}{\partial z_i}\cdot\frac{\partial U_\beta}{\partial z_i'}\right\}.$$

At e (5) obtinetur, evolutione differentialium $d\frac{\partial \Pi_\beta}{\partial x_i}$ etc. facta,

$$(12)\quad \left\{\begin{aligned} \frac{\partial U_\beta}{\partial x_i'} &= 2\frac{d\frac{\partial \Pi_\beta}{\partial x_i}}{dt},\\ \frac{\partial U_\beta}{\partial y_i'} &= 2\frac{d\frac{\partial \Pi_\beta}{\partial y_i}}{dt},\\ \frac{\partial U_\beta}{\partial z_i'} &= 2\frac{d\frac{\partial \Pi_\beta}{\partial z_i}}{dt},\end{aligned}\right.$$

quibus valoribus substitutis fit

$$(13)\quad u_{\alpha,\beta} = 2\Sigma\frac{1}{m_i}\left\{\frac{\partial\Pi_\alpha}{\partial x_i}\cdot\frac{d\frac{\partial\Pi_\beta}{\partial x_i}}{dt}+\frac{\partial\Pi_\alpha}{\partial y_i}\cdot\frac{d\frac{\partial\Pi_\beta}{\partial y_i}}{dt}+\frac{\partial\Pi_\alpha}{\partial z_i}\cdot\frac{d\frac{\partial\Pi_\beta}{\partial z_i}}{dt}\right\}.$$

Cuius aequationis beneficio obtinentur quantitatum $(\alpha, \beta)$ per formulam (7) definitarum differentialia

$$(14)\quad \frac{d(\alpha,\beta)}{dt} = \frac{d(\beta,\alpha)}{dt} = \tfrac{1}{2}\{u_{\alpha,\beta}+u_{\beta,\alpha}\}.$$

In aequatione (11) indici $\beta$ valores 0, 1, 2, etc. tribuendo obtinentur aequationes lineares, quibus quantitas $A_{\alpha,\alpha}$ determinatur. At quantitatum omnium sic inventarum $A_{\alpha,\alpha}$ aggregatum docui per formulam symbolicam concinnam exhiberi posse, quaecunque sint quantitates $u_{\alpha,\beta}$. Vocetur enim $R$ earum aequationum linearium Determinans sive sit

$$\Sigma\pm(00)(11)(22)\ldots = R,$$

atque statuatur

$$\tfrac{1}{2}\{u_{\alpha,\beta}+u_{\beta,\alpha}\}dt = \delta(\alpha,\beta) = \delta(\beta,\alpha):$$

sequitur per ratiocinia similia atque §. 16 adhibui:

$$-\{A_{0,0}+A_{1,1}+\text{etc.}\}dt = \delta\log R.$$

Unde cum secundum (14) sit

$$\delta(\alpha,\beta) = d(\alpha,\beta)\quad\text{ideoque}\quad \delta\log R = d\log R,$$

eruitur e (10)

$$-\{A_{0,0}+A_{1,1}+\text{etc.}\}dt = d\log M = d\log R,$$

id quod suppeditat

$$(15)\quad M = R = \Sigma\pm(00)(11)(22)\ldots$$

qui est Multiplicatoris quaesiti valor.

Operae pretium est adnotare, aequationem inventam $M = R$ non tantum ad casum valere, quo functiones $X_i$, $Y_i$, $Z_i$, viribus sollicitantibus aequales, tempus $t$ explicite continent, sed ad hunc quoque casum, *quo tempus $t$ ipsas explicite afficit aequationes conditionales $\Pi = 0$, $\Pi_1 = 0$, etc.* Eo casu aequationes dynamicae **Lagrangianae** (4) eandem servant formam, sed factoribus $\lambda$, $\lambda_1$, etc. alii competunt valores; quippe quantitatibus $U$, $U_1$, etc. ideoque etiam quantitatibus $V$, $V_1$, etc., quae aequationum linearium (8), quibus factores $\lambda$, $\lambda_1$, etc. determinantur, terminos constantes constituunt, respective addendi sunt termini

$$2\frac{d\frac{\partial \Pi}{\partial t}}{dt},\quad 2\frac{d\frac{\partial \Pi_1}{\partial t}}{dt},\quad \text{etc.}$$

At patet, inde non mutari aequationes (12); unde aequationes quoque (13) et (14) immutatae manebunt ideoque formula pro aggregato $A_{0,0}+A_{1,1}+$ etc. inventa ideoque etiam ipsius Multiplicatoris valor $R$.

Si vires sollicitantes $X_i$, $Y_i$, $Z_i$ solarum functiones sunt Coordinatarum $x_i$, $y_i$, $z_i$, atque inter has solas dantur aequationes conditionales $\Pi=0$, $\Pi_1=0$, etc., valor $M=R$ inventus secundum principium ultimi Multiplicatoris hoc suppeditat theorema:

## Novum Principium Generale Mechanicum.

*„Proponatur motus systematis n punctorum materialium, quae in datis superficiebus vel curvis aut dato quocunque modo inter se connexa manere debent, ita ut inter Coordinatas eorum locum habeant k aequationes conditionales; porro vires sollicitantes et magnitudine et directione solis punctorum positionibus datae sint: semper duas ultimas integrationes absolvere licet Quadraturis. Sint enim*

*punctorum massae* $m_1, m_2, \ldots, m_n$;

*massae* $m_i$ *Coordinatae orthogonales* $x_i$, $y_i$, $z_i$, *earumque differentialia prima*

$$x_i'=\frac{dx_i}{dt},\quad y_i'=\frac{dy_i}{dt},\quad z_i'=\frac{dz_i}{dt};$$

*sint aequationes conditionales* $\Pi=0$, $\Pi_1=0$, $\ldots$, $\Pi_{k-1}=0$ *et differentiatione prima ex iis provenientes* $\Pi'=0$, $\Pi_1'=0$, $\ldots$, $\Pi_{k-1}'=0$, *ubi*

$$\Pi_a'=\Sigma\left\{\frac{\partial \Pi_a}{\partial x_i}x_i'+\frac{\partial \Pi_a}{\partial y_i}y_i'+\frac{\partial \Pi_a}{\partial z_i}z_i'\right\};$$

*inter* $6n$ *quantitates* $x_i, y_i, z_i, x_i', y_i', z_i'$ *praeter* $2k$ *aequationes* $\Pi_a=0$, $\Pi_a'=0$, *inventa sint* $6n-2k-2=\mu$ *Integralia* $F_1=\alpha_1$, $F_2=\alpha_2$, $\ldots$, $F_\mu=\alpha_\mu$, *designantibus* $\alpha_1, \alpha_2, \ldots, \alpha_\mu$ *Constantes arbitrarias; restabit integratio unius aequationis differentialis primi ordinis inter duas quantitates u et v*

$$v'du-u'dv=0,$$

*ubi u et v esse possunt ipsarum* $x_i$, $y_i$, $z_i$, $x_i'$, $y_i'$, $z_i'$ *functiones quaecunque atque* $u'$ *et* $v'$ *designant valores differentialium* $\frac{du}{dt}$ *et* $\frac{dv}{dt}$, *adiumento aequationum datarum et integratione inventarum nec non ipsarum aequationum differentialium dynamicarum per ipsas u et v expressos. His praemissis, ponatur*

$$(\alpha,\beta) = \Sigma \frac{1}{m_i}\left\{\frac{\partial \Pi_\alpha}{\partial x_i}\cdot\frac{\partial \Pi_\beta}{\partial x_i} + \frac{\partial \Pi_\alpha}{\partial y_i}\cdot\frac{\partial \Pi_\beta}{\partial y_i} + \frac{\partial \Pi_\alpha}{\partial z_i}\cdot\frac{\partial \Pi_\beta}{\partial z_i}\right\},$$

*atque kk quantitatum $(\alpha, \beta)$ formetur Determinans $R$; porro si vocatur $\Delta$ Determinans functionale $6n$ functionum*

$$\begin{matrix} \Pi, & \Pi_1, & \ldots, & \Pi_{k-1}, & \Pi', & \Pi'_1, & \ldots, & \Pi'_{k-1}, \\ F_1, & F_2, & \ldots, & F_{6n-2k-2}, & u, & v, \end{matrix}$$

*$6n$ quantitatum $x_i$, $y_i$, $z_i$, $x'_i$, $y'_i$, $z'_i$ respectu formatum, exprimantur $R$ et $\Delta$ et ipsa per solas $u$ et $v$; erit aequationis $v'du - u'dv = 0$ Multiplicator $\frac{R}{\Delta}$, unde nova habetur aequatio integralis*

$$\int \frac{R}{\Delta}(v'du - u'dv) = \text{Const.},$$

*ubi expressio sub integrationis signo est differentiale completum; denique si nova illa aequatione integrali exprimitur $v$ per $u$, unde evadit etiam $u'$ solius $u$ functio, invenitur simplice Quadratura*

$$t + \text{Const.} = \int \frac{du}{u'}.\text{"}$$

Sub forma antecedente principium novum mechanicum ante hos tres annos cum illustri Academia *Petropolitana* communicavi. Alias eiusdem formas infra tradam. Ultimam integrationem, qua $t$ per Coordinatas exprimatur, Quadraturis absolvi, res erat nota et sponte patens. At inventum novum, penultimam quoque integrationem Quadraturis perfici posse, constituere mihi videbatur principium mechanicum.

Si tempus $t$ vires sollicitantes sive etiam aequationes conditionales afficit, non amplius ipsum $t$ a reliquis variabilibus separare licet, unde eo casu principium nostrum tantum omnium ultimam integrationem per Quadraturas absolvere docet. Supponendo, inventa esse $6n - 2k - 1$ Integralia

$$F_1 = \alpha_1, \quad F_2 = \alpha_2, \quad \ldots, \quad F_{6n-2k-1} = \alpha_{6n-2k-1},$$

atque $u$ et $v$ esse ipsius $t$ et $6n$ quantitatum $x_i$, $y_i$, $z_i$, $x'_i$, $y'_i$, $z'_i$ functiones, Determinans $\Delta$ formandum est $6n+1$ functionum

$$F_1, \; F_2, \; \ldots, \; F_{6n-2k-1}, \; \Pi, \; \Pi_1, \; \ldots, \; \Pi_{k-1}, \; \Pi', \; \Pi'_1, \; \ldots, \; \Pi'_{k-1}, \; u, \; v,$$

$6n+1$ quantitatum $t$, $x_i$, $y_i$, $z_i$, $x'_i$, $y'_i$, $z'_i$ respectu; eadem manente ipsius $R$ significatione, rursus exprimenda erunt $R$, $\Delta$, $u' = \frac{du}{dt}$, $v' = \frac{dv}{dt}$ per $u$ et $v$, eritque aequatio integralis ultima

$$\int \frac{R}{\Delta}(v'du - u'dv) = \text{Const.},$$

ubi expressio sub integrationis signo est differentiale completum.

Habemus hic exemplum, quo ad reductionem aequationum differentialium propositarum adhibentur Integralia *particularia;* nam ex aequationibus differentialibus (4) sequuntur Integralia completa $\Pi'_\alpha = C_\alpha$, $\Pi_\alpha = C_\alpha t + C'_\alpha$, designantibus $C_\alpha$, $C'_\alpha$ Constantes arbitrarias. Neque tamen sunt $\Pi'_\alpha = 0$, $\Pi_\alpha = 0$ aequationes integrales particulares *quaecunque*, sed tales, pro quibus secundum §. 12 fit, ut Multiplicator, quo aequationes differentiales earum beneficio reductae gaudent, e Multiplicatore propositarum (4) deduci possit. Scilicet aequatio quidem integralis particularis est $\Pi'_\alpha = 0$, at functio $\Pi'_\alpha$ ita comparata est, ut Constanti arbitrariae aequiparata suppeditet Integrale completum; porro si reductioni adhibetur aequatio integralis particularis $\Pi'_\alpha = 0$ ex eaque nova deducitur aequatio integralis $\Pi_\alpha = 0$, rursus innotescit functio $\Pi_\alpha$, quae Constanti arbitrariae aequiparata non quidem aequationum differentialium propositarum (4), sed reductarum tamen Integrale completum suppeditat. Quod secundum §. 12 poscitur et sufficit.

Designentur $3n$ quantitates $x_i\sqrt{m_i}$, $y_i\sqrt{m_i}$, $z_i\sqrt{m_i}$ per

$$\xi_1,\ \xi_2,\ \ldots,\ \xi_{3n},$$

fit e (7)

$$(\alpha,\beta) = \frac{\partial \Pi_\alpha}{\partial \xi_1}\cdot\frac{\partial \Pi_\beta}{\partial \xi_1} + \frac{\partial \Pi_\alpha}{\partial \xi_2}\cdot\frac{\partial \Pi_\beta}{\partial \xi_2} + \cdots + \frac{\partial \Pi_\alpha}{\partial \xi_{3n}}\cdot\frac{\partial \Pi_\beta}{\partial \xi_{3n}}.$$

Unde secundum Propositionem notam, in Commentatione *de formatione atque proprietatibus Determinantium* §. 14 (cf. h. edit. Vol. III p. 385) probatam, quantitatum $(\alpha,\beta)$ Determinans exhibere licet ut aggregatum quadratorum Determinantium functionum $\Pi$, $\Pi_1$, ..., $\Pi_{k-1}$, formatorum respectu quarumque $k$ e numero quantitatum $\xi_1$, $\xi_2$, ..., $\xi_{3n}$ sumtarum, sive ponere licet

$$(16)\quad R = M = S\left\{\Sigma \pm \frac{\partial \Pi}{\partial \xi_{m'}}\cdot\frac{\partial \Pi_1}{\partial \xi_{m''}}\cdots\frac{\partial \Pi_{k-1}}{\partial \xi_{m^{(k)}}}\right\}^2,$$

siquidem $m'$, $m''$, ..., $m^{(k)}$ designant quoscunque $k$ diversos ex indicibus 1, 2, ..., $3n$. Ex. gr. pro uno puncto, massa $= 1$ praedito, cuius Coordinatae orthogonales sunt $x$, $y$, $z$, et quod moveri debet in superficie, cuius aequatio $\Pi = 0$, fit

$$M = R = \left(\frac{\partial \Pi}{\partial x}\right)^2 + \left(\frac{\partial \Pi}{\partial y}\right)^2 + \left(\frac{\partial \Pi}{\partial z}\right)^2;$$

si punctum moveri debet in curva, cuius aequationes sunt $\Pi = 0$, $\Pi_1 = 0$, fit

$$M = R = \left\{\frac{\partial \Pi}{\partial y}\cdot\frac{\partial \Pi_1}{\partial z} - \frac{\partial \Pi}{\partial z}\cdot\frac{\partial \Pi_1}{\partial y}\right\}^2 + \left\{\frac{\partial \Pi}{\partial z}\cdot\frac{\partial \Pi_1}{\partial x} - \frac{\partial \Pi}{\partial x}\cdot\frac{\partial \Pi_1}{\partial z}\right\}^2 + \left\{\frac{\partial \Pi}{\partial x}\cdot\frac{\partial \Pi_1}{\partial y} - \frac{\partial \Pi}{\partial y}\cdot\frac{\partial \Pi_1}{\partial x}\right\}^2.$$

Erat $R$ Determinans aequationum linearium, quibus factores Lagrangiani $\lambda$, $\lambda_1$, etc. determinantur, qui igitur factores indeterminati aut infiniti evadere nequeunt, nisi evanescat $R$. At docet formula (16), non evanescere posse $R$, nisi singula evanescant Determinantia functionalia

$$\Sigma \pm \frac{\partial \Pi}{\partial \xi_{m'}}\cdot\frac{\partial \Pi_1}{\partial \xi_{m''}}\cdots\frac{\partial \Pi_{k-1}}{\partial \xi_{m^{(k)}}}.$$

Id quod ubi *identice* fit, ipsarum $\Pi$, $\Pi_1$, ..., $\Pi_{k-1}$ una reliquarum functio est, quo casu aequationes conditionales aut sibi contradicunt aut una, quae e reliquis sequitur, est superflua. Singula Determinantia illa si non quidem identice evanescunt sed ipsarum aequationum $\Pi = 0$, $\Pi_1 = 0$, ..., $\Pi_{k-1} = 0$ adiumento, id indicio est, earum aequationum unam reliquarum ope formam *Quadrati* induere. Eo casu per certas eliminationes et radicis extractionem transformari debent aequationes $\Pi = 0$ etc.; quam praeparationem semper factam esse supponi debet, ut aequationum dynamicarum Lagrangianarum usus esse possit.

Si ex antecedentibus semper supponere licet, Determinans $R$ non indefinite evanescere; fieri tamen potest, ut $R$ evanescat pro punctorum materialium positionibus particularibus determinatis. Quemadmodum si inter tres puncti Coordinatas una vel duae habentur aequationes conditionales repraesentantes superficiem aut curvam apice praeditam, evanescit $R$, si punctum in eo apice collocatur. Ubi agitur de aequilibrio systematis punctorum materialium in eiusmodi positionibus particularibus collocatorum, pro quibus Determinans $R$ evanescit, praecepta statica generalia aut deficiunt aut accuratioribus explicationibus indigent. Nec non si in certo temporis momento systema in motu suo ad tales positiones particulares pervenit, velocitatum intensitates et directiones mutationem finitam in temporis intervallo infinite parvo subeunt. Si, ut in rerum natura fieri solet, conditiones, quibus systema subiicitur, non exprimuntur per aequationes, sed per inaequalitates $\Pi > 0$, $\Pi_1 > 0$, etc., inde ab eo temporis momento ipsae plerumque aequationes differentiales (4) cum aliis commutari debent.

## §. 23.

### De Multiplicatore aequationum differentialium dynamicarum forma Lagrangiana secunda exhibitarum.

III. Lagrange aequationes differentiales dynamicas generales alia quoque forma memorabili exhibuit, Coordinatarum $3n$ loco, $k$ aequationibus conditionalibus satisfacientium, introducendo $3n-k$ quantitates a se independentes

$$q_1, \quad q_2, \quad \ldots, \quad q_{3n-k}.$$

Quarum ipsae Coordinatae $x_i$, $y_i$, $z_i$ tales esse debent functiones, quae substitutae in aequationibus conditionalibus $\Pi = 0$, $\Pi_1 = 0$, etc. sponte iis satisfaciant. Unde etiam aequationem $\Pi_a = 0$ cuiuslibet variabilis $q_m$ respectu differentiando habetur

$$(1)\quad \sum_i \left\{ \frac{\partial \Pi_a}{\partial x_i} \cdot \frac{\partial x_i}{\partial q_m} + \frac{\partial \Pi_a}{\partial y_i} \cdot \frac{\partial y_i}{\partial q_m} + \frac{\partial \Pi_a}{\partial z_i} \cdot \frac{\partial z_i}{\partial q_m} \right\} = 0.$$

Statuatur

$$(2)\quad \sum_i \left\{ X_i \frac{\partial x_i}{\partial q_m} + Y_i \frac{\partial y_i}{\partial q_m} + Z_i \frac{\partial z_i}{\partial q_m} \right\} = Q_m;$$

consummando $3n$ aequationes (4) §. pr. respective per $m_i \frac{\partial x_i}{\partial q_m}$, $m_i \frac{\partial y_i}{\partial q_m}$, $m_i \frac{\partial z_i}{\partial q_m}$ multiplicatas, evanescunt secundum (1) aggregata in factores $\lambda$, $\lambda_1$, etc. ducta, unde prodit

$$(3)\quad \sum_i m_i \left\{ \frac{d^2 x_i}{dt^2} \cdot \frac{\partial x_i}{\partial q_m} + \frac{d^2 y_i}{dt^2} \cdot \frac{\partial y_i}{\partial q_m} \cdot \frac{d^2 z_i}{dt^2} \cdot \frac{\partial z_i}{\partial q_m} \right\} = Q_m.$$

Ponendo $q'_m = \frac{dq_m}{dt}$ et considerando quantitates $x'_i$ ut quantitatum $q_m$, $q'_m$ functiones, quae dantur formula

$$x'_i = \frac{\partial x_i}{\partial q_1} q'_1 + \frac{\partial x_i}{\partial q_2} q'_2 + \cdots + \frac{\partial x_i}{\partial q_{3n-k}} q'_{3n-k},$$

sequitur

$$\frac{\partial x'_i}{\partial q'_m} = \frac{\partial x_i}{\partial q_m}.$$

Porro

$$\frac{\partial x'_i}{\partial q_m} = \frac{\partial^2 x_i}{\partial q_m \partial q_1} q'_1 + \frac{\partial^2 x_i}{\partial q_m \partial q_2} q'_2 + \cdots + \frac{\partial^2 x_i}{\partial q_m \partial q_{3n-k}} q'_{3n-k} = \frac{d \frac{\partial x_i}{\partial q_m}}{dt}.$$

Eodem modo pro omnibus tribus Coordinatis fit

$$(4)\quad \begin{cases} \dfrac{\partial x'_i}{\partial q'_m} = \dfrac{\partial x_i}{\partial q_m}, \quad \dfrac{\partial y'_i}{\partial q'_m} = \dfrac{\partial y_i}{\partial q_m}, \quad \dfrac{\partial z'_i}{\partial q'_m} = \dfrac{\partial z_i}{\partial q_m}, \\ \dfrac{\partial x'_i}{\partial q_m} = \dfrac{d\dfrac{\partial x_i}{\partial q_m}}{dt}, \quad \dfrac{\partial y'_i}{\partial q_m} = \dfrac{d\dfrac{\partial y_i}{\partial q_m}}{dt}, \quad \dfrac{\partial z'_i}{\partial q_m} = \dfrac{d\dfrac{\partial z_i}{\partial q_m}}{dt}. \end{cases}$$

Unde aequatio (3) sic exhiberi potest:

$$Q_m = \sum_i m_i \left\{ \frac{dx'_i}{dt} \cdot \frac{\partial x'_i}{\partial q'_m} + \frac{dy'_i}{dt} \cdot \frac{\partial y'_i}{\partial q'_m} + \frac{dz'_i}{dt} \cdot \frac{\partial z'_i}{\partial q'_m} \right\}$$

$$= \frac{d \sum_i m_i \left\{ x'_i \dfrac{\partial x'_i}{\partial q'_m} + y'_i \dfrac{\partial y'_i}{\partial q'_m} + z'_i \dfrac{\partial z'_i}{\partial q'_m} \right\}}{dt} - \sum_i m_i \left\{ x'_i \frac{\partial x'_i}{\partial q_m} + y'_i \frac{\partial y'_i}{\partial q_m} + z'_i \frac{\partial z'_i}{\partial q_m} \right\},$$

sive ponendo

$$T = \tfrac{1}{2} \sum_i m_i \{ x'_i x'_i + y'_i y'_i + z'_i z'_i \},$$

fit

$$Q_m = \frac{d \dfrac{\partial T}{\partial q'_m}}{dt} - \frac{\partial T}{\partial q_m}.$$

Qua in formula ubi $T$ et quantitates $Q_m$ per $6n-2k$ quantitates $q_1, q_2, \ldots, q_{3n-k}, q'_1, q'_2, \ldots, q'_{3n-k}$ exprimuntur atque indici $m$ tribuuntur valores 1, 2, ..., $3n-k$, obtinentur $3n-k$ aequationes differentiales secundi ordinis inter tempus $t$ atque $3n-k$ variabiles a se independentes $q_m$:

$$(5)\quad \begin{cases} \dfrac{d\dfrac{\partial T}{\partial q'_1}}{dt} - \dfrac{\partial T}{\partial q_1} - Q_1 = 0, \\ \dfrac{d\dfrac{\partial T}{\partial q'_2}}{dt} - \dfrac{\partial T}{\partial q_2} - Q_2 = 0, \\ \cdots\cdots\cdots \\ \dfrac{d\dfrac{\partial T}{\partial q'_{3n-k}}}{dt} - \dfrac{\partial T}{\partial q_{3n-k}} - Q_{3n-k} = 0, \end{cases}$$

quae altera est forma Lagrangiana aequationum differentialium dynamicarum. Aequationum (5) iam investigabo Multiplicatorem.

Sint aequationes dynamicae

$$\varphi_1 = 0, \quad \varphi_2 = 0, \quad \ldots, \quad \varphi_{3n-k} = 0,$$

ubi $\varphi_1$, $\varphi_2$, etc. designent laevas partes aequationum (5). Statuamus

$$(6)\quad T = \tfrac{1}{2}\sum_{i,i'} a_{i,i'} q'_i q'_{i'},$$

utroque $i$ et $i'$ ad omnes indices 1, 2, ..., $3n-k$ valente et designantibus quantitatibus $a_{i,i'} = a_{i',i}$ solarum $q_1, q_2, \ldots, q_{3n-k}$ functiones. Hinc fit e (5)

$$\varphi_m = \frac{d\sum_i a_{i,m} q'_i}{dt} - \tfrac{1}{2}\sum_{i,i'} \frac{\partial a_{i,i'}}{\partial q_m} q'_i q'_{i'} - Q_m,$$

unde, ponendo $q''_i = \frac{d^2 q_i}{dt^2}$, eruitur

$$(7)\quad \frac{\partial \varphi_m}{\partial q''_h} = a_{h,m} \quad \text{ideoque} \quad \frac{\partial \varphi_m}{\partial q''_h} = \frac{\partial \varphi_h}{\partial q''_m}.$$

Porro si vires sollicitantes $X_i$, $Y_i$, $Z_i$ a quantitatibus $x'_i$, $y'_i$, $z'_i$ non pendent ideoque etiam quantitates $Q_m$ ipsa $q'_1$, $q'_2$, etc. non implicant, fit

$$\frac{\partial \varphi_m}{\partial q'_h} = \frac{da_{h,m}}{dt} + \sum_i \frac{\partial a_{i,m}}{\partial q_h} q'_i - \sum_i \frac{\partial a_{i,h}}{\partial q_m} q'_i,$$

unde, reiectis terminis se mutuo destruentibus, fit

$$\tfrac{1}{2}\left\{\frac{\partial \varphi_m}{\partial q'_h} + \frac{\partial \varphi_h}{\partial q'_m}\right\} = \frac{da_{h,m}}{dt},$$

sive

$$(8)\quad \tfrac{1}{2}\left\{\frac{\partial \varphi_m}{\partial q'_h} + \frac{\partial \varphi_h}{\partial q'_m}\right\} = \frac{d\frac{\partial \varphi_m}{\partial q''_h}}{dt} = \frac{d\frac{\partial \varphi_h}{\partial q''_m}}{dt}.$$

At e Propositione generali, quam sub finem §. 16 tradidi, ponendo $\lambda = 1$ sequitur, ubi formulae (8) locum habeant, aequationum differentialium (5) fieri Multiplicatorem

$$(9)\quad M_1 = \Sigma \pm \frac{\partial \varphi_1}{\partial q''_1} \cdot \frac{\partial \varphi_2}{\partial q''_2} \cdots \frac{\partial \varphi_{3n-k}}{\partial q''_{3n-k}} = \Sigma \pm a_{1,1} a_{2,2} \ldots a_{3n-k,3n-k}.$$

Si rursus $3n$ quantitatum $x_i\sqrt{m_i}$, $y_i\sqrt{m_i}$, $z_i\sqrt{m_i}$ loco ponimus $\xi_1, \xi_2, \ldots, \xi_{3n}$, fit

$$(10)\quad T = \tfrac{1}{2}\{\xi'_1\xi'_1 + \xi'_2\xi'_2 + \cdots + \xi'_{3n}\xi'_{3n}\},$$

qua expressione in formula (6) substituta, obtinetur

$$(11)\quad a_{i,i'} = \frac{\partial \xi_1}{\partial q_i} \cdot \frac{\partial \xi_1}{\partial q_{i'}} + \frac{\partial \xi_2}{\partial q_i} \cdot \frac{\partial \xi_2}{\partial q_{i'}} + \cdots + \frac{\partial \xi_{3n}}{\partial q_i} \cdot \frac{\partial \xi_{3n}}{\partial q_{i'}}.$$

Harum quantitatum Determinans, secundum eandem Propositionem, quam §. pr. allegavi (*De form. et propr. Determ.* §. 14), aequatur aggregato quadratorum

Determinantium functionalium quarumque $3n-k$ e numero functionum $\xi_1$, $\xi_2, \ldots, \xi_{3n}$, quantitatum $q_1, q_2, \ldots, q_{3n-k}$ respectu formatorum, sive fit

$$(12)\quad \begin{cases} M_1 = \Sigma \pm a_{1,1} a_{2,2} \ldots a_{3n-k,3n-k} \\ \quad = S\left\{\Sigma \pm \dfrac{\partial \xi_{m'}}{\partial q_1} \cdot \dfrac{\partial \xi_{m''}}{\partial q_2} \cdots \dfrac{\partial \xi_{m^{(3n-k)}}}{\partial q_{3n-k}}\right\}^2, \end{cases}$$

designantibus $m'$, $m''$, etc. quoscunque $3n-k$ ex indicibus $1, 2, \ldots, 3n$.

In deducendis aequationibus differentialibus (5) supposui, aequationes conditionales tempus $t$ non explicite continere. Quod ubi fit, statuendum erit, functiones, quibus $3n$ quantitates $x_i$, $y_i$, $z_i$ aequantur, praeter $3n-k$ quantitates $q_m$ etiam ipsum $t$ continere. At hinc non mutabuntur formulae (1), (3), (4), ideoque ipsae aequationes (5) immutatae manebunt. Unde altera quoque forma **Lagrangiana** aequationum differentialium dynamicarum ad hunc valet casum, quo aequationes conditionales tempus explicite continent. Neque eo casu mutationem subeunt formulae (7) et (8), unde etiam valor Multiplicatoris inventus immutatus manet. Quod breviter adnotare sufficiat.

## §. 24.

### De Multiplicatore aequationum differentialium dynamicarum forma tertia exhibitarum. Multiplicatores trium formarum aequationum differentialium dynamicarum inter se comparantur. Principium ultimi Multiplicatoris ad tertiam formam relatum.

Quantitatum $q'_1, q'_2, \ldots, q'_{3n-k}$ respectu functio $T$ homogenea erat secundi gradus, unde fit

$$2T = q'_1 \frac{\partial T}{\partial q'_1} + q'_2 \frac{\partial T}{\partial q'_2} + \cdots + q'_{3n-k} \frac{\partial T}{\partial q'_{3n-k}},$$

sive

$$T = q'_1 \frac{\partial T}{\partial q'_1} + q'_2 \frac{\partial T}{\partial q'_2} + \cdots + q'_{3n-k} \frac{\partial T}{\partial q'_{3n-k}} - T.$$

Si variamus quantitates omnes, quarum $T$ functio est, ponimusque

$$(1)\quad \frac{\partial T}{\partial q'_i} = p_i,$$

sequitur e valore ipsius $T$ praecedente

$$(2)\quad \begin{cases} \delta T = q'_1 \delta p_1 + q'_2 \delta p_2 + \cdots + q'_{3n-k} \delta p_{3n-k} \\ \quad - \left\{\dfrac{\partial T}{\partial q_1} \delta q_1 + \dfrac{\partial T}{\partial q_2} \delta q_2 + \cdots + \dfrac{\partial T}{\partial q_{3n-k}} \delta q_{3n-k}\right\}, \end{cases}$$

ubi in dextra parte bini termini se mutuo destruentes $\frac{\partial T}{\partial q'_i} \delta q'_i - \frac{\partial T}{\partial q'_i} \delta q'_i$ omissi sunt. Formula (2) docet, si per $3n-k$ aequationes, e (6) §. pr. fluentes,

$$(3) \quad p_i = a_{i,1}q_1'+a_{i,2}q_2'+\cdots+a_{i,3n-k}q_{3n-k}'$$

quantitates $q_i'$ per quantitates $p_i$ et $q_i$ exprimantur earumque valores in functione $T$ substituantur, fore ipsius $T$ differentialia partialia quantitatum $q_i$ et $p_i$ respectu sumta, quae uncis includendo distinguamus ab ipsius $T$ differentialibus partialibus quantitatum $q_i$ et $q_i'$ respectu sumtis,

$$(4) \quad \left(\frac{\partial T}{\partial q_i}\right) = -\frac{\partial T}{\partial q_i}, \quad \left(\frac{\partial T}{\partial p_i}\right) = q_i'.$$

Harum formularum ope aequationes differentiales (5) §. pr. exhibere licet ut systema $6n-2k$ aequationum differentialium primi ordinis inter $t$ et quantitates $q_1, q_2, \ldots, q_{3n-k}, p_1, p_2, \ldots, p_{3n-k}$:

$$(5) \quad \frac{dq_i}{dt} = \left(\frac{\partial T}{\partial p_i}\right), \quad \frac{dp_i}{dt} = -\left(\frac{\partial T}{\partial q_i}\right)+Q_i.$$

Hae formulae *tertiam* formam aequationum differentialium dynamicarum constituunt. Quas, pro casu, quo $3n$ quantitates $X_i$, $Y_i$, $Z_i$ sunt differentialia partialia eiusdem functionis $U$ respective secundum $x_i$, $y_i$, $z_i$ sumta, primus condidit Celeb. Hamilton, Astronomus Regius Hibernensis. Eo casu fit e (2) §. pr. $Q_i = \frac{\partial U}{\partial q_i}$, unde statuendo $T-U=H$, si vires non a velocitatibus pendent ideoque $U$ ab ipsis $p_i$ vacua est, aequationes differentiales dynamicae evadunt

$$(6) \quad \frac{dq_i}{dt} = \left(\frac{\partial H}{\partial p_i}\right), \quad \frac{dp_i}{dt} = -\left(\frac{\partial H}{\partial q_i}\right).$$

Iam olim quidem Ill. Poisson in celeberrimo opere de Constantium arbitrariarum variatione id egerat, ut quantitatum $q_i'$ loco in aequationibus differentialibus dynamicis Lagrangianis secundis introduceret quantitates $p_i$; quae aequationes si ea substitutione abeunt in

$$(7) \quad \frac{dq_i}{dt} = A_i, \quad \frac{dp_i}{dt} = B_i,$$

bene idem cognoverat fore

$$\left(\frac{\partial A_i}{\partial q_k}\right) = -\left(\frac{\partial B_k}{\partial p_i}\right), \quad \left(\frac{\partial A_i}{\partial p_k}\right) = \left(\frac{\partial A_k}{\partial p_i}\right), \quad \left(\frac{\partial B_i}{\partial q_k}\right) = \left(\frac{\partial B_k}{\partial q_i}\right),$$

unde sequebatur, omnes $6n-2k$ quantitates $A_i$ et $-B_i$ esse differentialia partialia eiusdem functionis, ipsarum $p_i$ et $q_i$ respectu sumta. At meritum, eam functionem $H = T - U$ ipsam assignavisse eaque re aequationibus differentialibus dynamicis formam perfectissimam conciliavisse, Celeb. **Hamilton** debetur.

Casu, quo mobilium Coordinatae functionibus aequantur, quae praeter quantitates $q_i$ ipsum tempus $t$ implicant, forma simplex aequationum (5) perit, qua de re hoc quidem loco transformationem **Hamiltonianam** ad eum casum non applicabo.

Facile invenitur aequationum (5) Multiplicator $M_2$. Etenim si aequationes (5) per formulas (7) designamus, fit

$$\frac{d\log M_2}{dt} + \Sigma\left\{\left(\frac{\partial A_i}{\partial q_i}\right) + \left(\frac{\partial B_i}{\partial p_i}\right)\right\} = 0.$$

At ponendo

$$A_i = \left(\frac{\partial T}{\partial p_i}\right), \quad B_i = -\left(\frac{\partial T}{\partial q_i}\right) + Q_i,$$

sequitur, si vires sollicitantes a velocitatibus non pendent ideoque functiones $Q_i$ quantitates $p_1$, $p_2$, etc. non implicant,

$$\left(\frac{\partial A_i}{\partial q_i}\right) + \left(\frac{\partial B_i}{\partial p_i}\right) = 0,$$

ideoque

$$(8) \quad M_2 = 1.$$

Si functiones $Q_i$ quoque implicant quantitates $p_i$, definitur $M_2$ per formulam

$$(9) \quad \frac{d\log M_2}{dt} + \frac{\partial Q_1}{\partial p_1} + \frac{\partial Q_2}{\partial p_2} + \cdots + \frac{\partial Q_{3n-k}}{\partial p_{3n-k}} = 0.$$

Iam tres Multiplicatores $M$, $M_1$, $M_2$, pro tribus aequationum differentialium dynamicarum formis inventos, inter se comparemus.

Forma secunda aequationum differentialium dynamicarum proveniebat e prima reducta per $2k$ aequationes integrales

$$(10) \quad \begin{cases} \Pi = 0, & \Pi_1 = 0, \quad \ldots, \quad \Pi_{k-1} = 0, \\ \Pi' = 0, & \Pi'_1 = 0, \quad \ldots, \quad \Pi'_{k-1} = 0. \end{cases}$$

Quae aequationes integrales, licet non completae, ita tamen sunt comparatae, ut aequationum differentialium reductarum Multiplicator e Multiplicatore propositarum per eandem formulam obtineatur ac si reductio per aequationes integrales completas facta esset (cf. §§. 10 et 12). Cum per aequationes (10) revocentur $6n$ variabiles $x_i$, $y_i$, $z_i$, $x'_i$, $y'_i$, $z'_i$ ad $6n - 2k$ variabiles $q_i$ et $q'_i$, secundum ea, quae l. c. tradidi, duorum Multiplicatorum Quotiens $\frac{M}{M_1}$ aequatur Determinanti $6n$ functionum

$$\begin{array}{l} \Pi,\ \Pi_1,\ \ldots,\ \Pi_{k-1},\ q_1,\ q_2,\ \ldots,\ q_{3n-k}, \\ \Pi',\ \Pi'_1,\ \ldots,\ \Pi'_{k-1},\ q'_1,\ q'_2,\ \ldots,\ q'_{3n-k}, \end{array}$$

formato respectu $6n$ quantitatum $x_i$, $y_i$, $z_i$, $x'_i$, $y'_i$, $z'_i$. Expressiones novarum variabilium $q_1$, $q_2$, etc. per $x_i$, $y_i$, $z_i$ per aequationes (10) diversas subire possunt mutationes, quibus tamen illius Determinantis valor non mutatur (cf. §. 3 (12)). Ponamus rursus, ut supra, $3n$ quantitates $\xi_i$ loco quantitatum $x_i\sqrt{m_i}$, $y_i\sqrt{m_i}$, $z_i\sqrt{m_i}$, atque $3n$ quantitates $\xi'_i$ loco quantitatum $x'_i\sqrt{m_i}$, $y'_i\sqrt{m_i}$, $z'_i\sqrt{m_i}$, valor ipsius $\frac{M}{M_1}$ etiam aequari poterit Determinanti earundem $6n$ functionum, formato quantitatum $\xi_i$ et $\xi'_i$ respectu, quippe quod ab illo Determinante functionali tantum discrepat factore constante (cubo producti massarum). Cum $3n$ quantitates $\xi'_i$ non reprehendantur in $3n$ functionibus $\Pi_m$ et $q_m$, Determinans Quotienti $\frac{M}{M_1}$ aequale induit formam producti

$$\Sigma\pm\frac{\partial\Pi}{\partial\xi_1}\cdot\frac{\partial\Pi_1}{\partial\xi_2}\cdots\frac{\partial\Pi_{k-1}}{\partial\xi_k}\cdot\frac{\partial q_1}{\partial\xi_{k+1}}\cdot\frac{\partial q_2}{\partial\xi_{k+2}}\cdots\frac{\partial q_{3n-k}}{\partial\xi_{3n}}$$
$$\times\Sigma\pm\frac{\partial\Pi'}{\partial\xi'_1}\cdot\frac{\partial\Pi'_1}{\partial\xi'_2}\cdots\frac{\partial\Pi'_{k-1}}{\partial\xi'_k}\cdot\frac{\partial q'_1}{\partial\xi'_{k+1}}\cdot\frac{\partial q'_2}{\partial\xi'_{k+2}}\cdots\frac{\partial q'_{3n-k}}{\partial\xi'_{3n}}.$$

Cum vero insuper sit

$$\frac{\partial\Pi'_m}{\partial\xi'_i}=\frac{\partial\Pi_m}{\partial\xi_i},\quad \frac{\partial q'_m}{\partial\xi'_i}=\frac{\partial q_m}{\partial\xi_i},$$

utrumque in se ductum Determinans aequale evadit, unde eruitur

$$(11)\quad \frac{M}{M_1}=\left\{\Sigma\pm\frac{\partial\Pi}{\partial\xi_1}\cdot\frac{\partial\Pi_1}{\partial\xi_2}\cdots\frac{\partial\Pi_{k-1}}{\partial\xi_k}\cdot\frac{\partial q_1}{\partial\xi_{k+1}}\cdot\frac{\partial q_2}{\partial\xi_{k+2}}\cdots\frac{\partial q_{3n-k}}{\partial\xi_{3n}}\right\}^2.$$

Sint

$$m',\ m'',\ \ldots,\ m^{(3n-k)}$$

indices diversi ex ipsorum 1, 2, ..., $3n$ numero, supponere licet, ipsas $q_1$, $q_2$, ..., $q_{3n-k}$ expressas esse per solas $3n-k$ quantitates

$$\xi_{m'},\ \xi_{m''},\ \ldots,\ \xi_{m^{(3n-k)}};$$

tum autem Quotientis $\frac{M}{M_1}$ valor formam simpliciorem induit

$$(12)\quad \begin{cases} \dfrac{M}{M_1} = \left\{\Sigma \pm \dfrac{\partial q_1}{\partial \xi_{m'}} \cdot \dfrac{\partial q_2}{\partial \xi_{m''}} \cdots \dfrac{\partial q_{3n-k}}{\partial \xi_{m^{(3n-k)}}}\right\}^2 \\ \qquad \times \left\{\Sigma \pm \dfrac{\partial \Pi}{\partial \xi_{m^{(3n-k+1)}}} \cdot \dfrac{\partial \Pi_1}{\partial \xi_{m^{(3n-k+2)}}} \cdots \dfrac{\partial \Pi_{k-1}}{\partial \xi_{m^{(3n)}}}\right\}^2, \end{cases}$$

siquidem $m^{(3n-k+1)}$, $m^{(3n-k+2)}$, ..., $m^{(3n)}$ designant $k$ reliquos indicum 1, 2, ..., $3n$. Unde tandem per formulam notam (*Determ. Funct.* §. 9 (3)) sequitur

$$(13)\quad \begin{cases} M\left\{\Sigma \pm \dfrac{\partial \xi_{m'}}{\partial q_1} \cdot \dfrac{\partial \xi_{m''}}{\partial q_2} \cdots \dfrac{\partial \xi_{m^{(3n-k)}}}{\partial q_{3n-k}}\right\}^2 \\ = M_1\left\{\Sigma \pm \dfrac{\partial \Pi}{\partial \xi_{m^{(3n-k+1)}}} \cdot \dfrac{\partial \Pi_1}{\partial \xi_{m^{(3n-k+2)}}} \cdots \dfrac{\partial \Pi_{k-1}}{\partial \xi_{m^{(3n)}}}\right\}^2. \end{cases}$$

Quod antecedentibus suppositum est, novas variabiles $q_1, q_2, \ldots, q_{3n-k}$ per totidem quantitates $\xi_{m'}$, $\xi_{m''}$, etc. expressas esse, id fieri non potest, quoties ex aequationibus conditionalibus $\Pi = 0$ etc. aequatio inter easdem $3n-k$ quantitates $\xi_{m'}$ etc. sequitur; nam cum $3n-k$ quantitates $q_1$, $q_2$, etc. a se independentes sint, etiam $3n-k$ quantitates $\xi_{m'}$ etc., per quas exprimantur, a se independentes esse debent. Nihilo tamen minus pro eo quoque casu formula (13) valet. Quoties enim ex aequationibus $\Pi = 0$ etc. fluit aequatio inter solas $3n-k$ quantitates $\xi_{m'}, \xi_{m''}, \ldots, \xi_{m^{(3n-k)}}$, hae aequabuntur $3n-k$ functionibus quantitatum $q_1, q_2, \ldots, q_{3n-k}$ non a se independentibus, quarum functionum Determinans evanescere constat. (*Determ. Funct.* §. 6.) Porro si e $k$ aequationibus $\Pi = 0$ etc. obtineri potest aequatio inter solas $3n-k$ quantitates $\xi_{m'}$, $\xi_{m''}, \ldots, \xi_{m^{(3n-k)}}$, fieri debet, ut ex iisdem reliquae $k$ quantitates $\xi_{m^{(3n-k+1)}}$ etc. eliminari possint. At *si de $k$ aequationibus $\Pi = 0$ etc. totidem quantitates eliminari possunt, functionum $\Pi$ etc. Determinans earum quantitatum respectu formatum per ipsas aequationes evanescit**). Unde casu, de quo agitur, utroque Determinante ad dextram et laevam signi aequalitatis posito evanescente, aequatio (13) iusta manet.

Si, quod secundum antecedentia licet, in aequatione (13) pro systemate

*) Ponamus enim, ex aequatione $\Pi = 0$ eliminari posse $k$ quantitates ope reliquarum aequationum $\Pi_1 = 0$, $\Pi_2 = 0$, ..., $\Pi_{k-1} = 0$, per easdem induere debet $\Pi$ formam producti $\mu F$, designante $F$ functionem a $k$ quantitatibus vacuam, ut ex aequationibus conditionalibus sequatur inter reliquas quantitates aequatio $F = 0$. Secundum §. 3 (12) in Determinante functionum $\Pi$, $\Pi_1$, ..., $\Pi_{k-1}$ ipsum $\mu F$ substituere licet functioni $\Pi$. Quoties autem $F = 0$, differentialia prima ipsius $\mu F$ ita formare licet, ac si factor $\mu$ constans esset, unde etiam in formando Determinante functionum $\mu F$, $\Pi_1$, $\Pi_2$, ..., $\Pi_{k-1}$ habere licet $\mu$ pro Constante. Quod igitur Determinans aequivalebit factori $\mu$ ducto in Determinans functionum $F$, $\Pi_1$, $\Pi_2$, ..., $\Pi_{k-1}$, ideoque evanescet, cum $F$ ab ipsis quantitatibus vacua sit, quarum respectu Determinans functionale formatur.

indicum $m', m'', \ldots, m^{(3n-k)}$ sumuntur quique $3n-k$ diversi indicum $1, 2, \ldots, 3n$, omnesque $\frac{3n(3n-1)\ldots(3n-k+1)}{1.2\ldots k}$ aequationes provenientes consummantur, prodit aequatio

$$M\,S\left\{\Sigma\pm\frac{\partial\xi_{m'}}{\partial q_1}\cdot\frac{\partial\xi_{m''}}{\partial q_2}\cdots\frac{\partial\xi_{m^{(3n-k)}}}{\partial q_{3n-k}}\right\}^2$$
$$= M_1 S\left\{\Sigma\pm\frac{\partial\Pi}{\partial\xi_{m'}}\cdot\frac{\partial\Pi_1}{\partial\xi_{m''}}\cdots\frac{\partial\Pi_{k-1}}{\partial\xi_{m^{(k)}}}\right\}^2,$$

ubi in altera summa loco indicum $m^{(3n-k+1)}, m^{(3n-k+2)}, \ldots, m^{(3n)}$, quippe qui aliam non habent significationem quam quorumque $k$ diversorum ex indicibus $1, 2, \ldots, 3n$, scripsi $m', m'', \ldots, m^{(k)}$. Aequatio antecedens perfecte congruit cum supra inventis. Nam secundum formulam (16) §. 22 aequatur $M$ summae ad dextram, secundum formulam (12) §. 23 aequatur $M_1$ summae ad laevam signi aequalitatis positae.

Aequationum dynamicarum forma secunda in tertiam mutabatur introducendo variabilium $q_1', q_2', \ldots, q_{3n-k}'$ loco totidem alias $p_1, p_2, \ldots, p_{3n-k}$. Unde secundum §. 9 tertiae formae Multiplicatore $M_2$ e secundae Multiplicatore $M_1$ obtinetur formula

$$\frac{M_1}{M_2} = \Sigma\pm\frac{\partial p_1}{\partial q_1'}\cdot\frac{\partial p_2}{\partial q_2'}\cdots\frac{\partial p_{3n-k}}{\partial q_{3n-k}'}.$$

Dantur autem novae quantitates $p_i$ aequationibus linearibus

$$p_i = a_{i,1}q_1'+a_{i,2}q_2'+\cdots+a_{i,3n-k}q_{3n-k}',$$

posito secundum (11) §. 23

$$a_{i,i'} = \frac{\partial\xi_1}{\partial q_i}\cdot\frac{\partial\xi_1}{\partial q_{i'}}+\frac{\partial\xi_2}{\partial q_i}\cdot\frac{\partial\xi_2}{\partial q_{i'}}+\cdots+\frac{\partial\xi_{3n}}{\partial q_i}\cdot\frac{\partial\xi_{3n}}{\partial q_{i'}},$$

unde fit

$$\frac{M_1}{M_2} = \Sigma\pm a_{1,1}a_{2,2}\ldots a_{3n-k,3n-k}.$$

Quod rursus cum supra inventis congruit, cum secundum (9) §. pr. aequetur $M_1$ Determinanti ad dextram, secundum (8) autem $M_2$ *unitati*. Per considerationes antecedentes videmus, e valore $M_2 = 1$, qui sponte patet, inveniri potuisse $M_1$ et $M$, supra via diversissima inventos. Qua methodorum diversitate cum Multiplicatoris tum Determinantium functionalium theoria haud parum illustratur.

Principium ultimi Multiplicatoris ad formam aequationum differentialium dynamicarum tertiam relatum sic enunciari potest:

*„Punctorum materialium systema subiectum sit conditionibus et sollicitetur viribus quibuscunque, a sola positione systematis in spatio pendentibus; qua positione determinata per $\mu$ quantitates independentes $q_i$, semisumma virium vivarum $T$ exprimatur per quantitates $q_i$ et $q_i' = \frac{dq_i}{dt}$; ad motum systematis definiendum, eliminato tempore, integrandae erunt $2\mu-1$ aequationes differentiales primi ordinis, quarum inventa sint $2\mu-2$ Integralia, totidem Constantes arbitrarias involventia, ita ut integranda restet unica aequatio differentialis primi ordinis inter duas variabiles $u$ et $v$*

$$v'du - u'dv = 0,$$

*designantibus in hac aequatione $u'$ et $v'$ ipsarum $u$ et $v$ functiones, quibus quotientes differentiales $\frac{du}{dt}$ et $\frac{dv}{dt}$ ope Integralium inventorum aequantur; erit huius aequationis differentialis primi ordinis inter duas variabiles ultimo loco integrandae Multiplicator aequalis Determinanti functionali $2\mu$ quantitatum $q_i$ et $\frac{\partial T}{\partial q_i'}$, ipsarum $u$, $v$ atque $2\mu-2$ Constantium arbitrariarum respectu formato.*

Iam novum principium generale mechanicum exemplis applicabo.

## §. 25.

### De motu puncti versus centrum fixum attracti.

Pro motu libero puncti in plano ex ultimi Multiplicatoris principio generali fluit haec

### Propositio.

Proponantur pro motu puncti in plano aequationes differentiales

$$\frac{d^2x}{dt^2} = X, \quad \frac{d^2y}{dt^2} = Y,$$

designantibus $X$ et $Y$ Coordinatarum puncti orthogonalium $x$ et $y$ functiones quascunque; si habentur aequationum differentialium propositarum duo Integralia

$$f(x, y, x', y') = \alpha, \quad \varphi(x, y, x', y') = \beta,$$

ubi $\alpha$ et $\beta$ sunt Constantes arbitrariae, dabitur orbita puncti formula

$$\int\left(\frac{\partial x'}{\partial \alpha}\cdot\frac{\partial y'}{\partial \beta} - \frac{\partial x'}{\partial \beta}\cdot\frac{\partial y'}{\partial \alpha}\right)(y'dx - x'dy) = \gamma,$$

sive etiam formula

$$\int \frac{y'dx - x'dy}{\frac{\partial f}{\partial x'}\cdot\frac{\partial \varphi}{\partial y'} - \frac{\partial f}{\partial y'}\cdot\frac{\partial \varphi}{\partial x'}} = \gamma,$$

ubi, duorum Integralium inventorum ope exhibitis $x'$ et $y'$ per $x$, $y$, $\alpha$, $\beta$, quantitates sub integrationis signo differentialia completa fiunt atque $\gamma$ tertiam Constantem arbitrariam designat.

Aliam Propositionem, qua puncti liberi in plano moti orbita Quadraturis definiri potest, si puncti velocitatis intensitas et directio per duo Integralia inventa determinatae sunt, iam ante multos annos cum illustri *Academia Parisiensi* communicavi [cf. h. Vol. p. 37], sed ea Propositio tantum respiciebat casum, quo vires Coordinatis parallelae $X$ et $Y$ eiusdem quantitatum $x$ et $y$ functionis aequantur differentialibus ipsarum $x$ et $y$ respectu sumtis, dum in Propositione antecedente $X$ et $Y$ quantitatum $x$ et $y$ functiones quaecunque esse possunt.

Pro motu puncti in dato plano versus centrum fixum attracti duo constant Integralia principiis conservationis vis vivae et conservationis areae, quibus si principium ultimi Multiplicatoris addis, per tria illa principia generalia a priori constat, eius motus determinationem solis Quadraturis absolvi. Quod facto calculo sic comprobatur.

Pro motu proposito habentur aequationes differentiales

$$\frac{d^2x}{dt^2} = -\frac{xF(r)}{r}, \quad \frac{d^2y}{dt^2} = -\frac{yF(r)}{r},$$

ubi $x$ et $y$ Coordinatae orthogonales sunt, quarum initium in centro attractionis est; porro $r = \sqrt{xx+yy}$ atque $F(r)$ intensitas vis attractivae pro distantia $r$. Posito

$$R = \int F(r)dr,$$

e principiis generalibus mechanicis conservationis vis vivae et areae statim habentur duo Integralia

$$f = \tfrac{1}{2}(x'x'+y'y')+R = \alpha,$$
$$\varphi = xy'-yx' = \beta,$$

designantibus $\alpha$ et $\beta$ Constantes arbitrarias. Unde fit

$$\frac{\partial f}{\partial x'}\cdot\frac{\partial \varphi}{\partial y'} - \frac{\partial f}{\partial y'}\cdot\frac{\partial \varphi}{\partial x'} = xx'+yy'.$$

E duobus Integralibus appositis sequitur

$$xx'+yy' = \sqrt{\varrho},$$

posito

$$\varrho = 2r^2(\alpha-R)-\beta\beta.$$

Unde secundum principium ultimi Multiplicatoris dabitur puncti orbita per aequationem

$$\int \frac{y'dx-x'dy}{\frac{\partial f}{\partial x'}\cdot\frac{\partial \varphi}{\partial y'}-\frac{\partial f}{\partial y'}\cdot\frac{\partial \varphi}{\partial x'}} = \int \frac{y'dx-x'dy}{\sqrt{\varrho}} = \gamma,$$

designante $\gamma$ novam Constantem arbitrariam. Ex aequationibus

$$xy'-yx' = \beta, \quad xx'+yy' = \sqrt{\varrho}$$

sequitur

$$x' = \frac{x\sqrt{\varrho}-\beta y}{rr}, \quad y' = \frac{y\sqrt{\varrho}+\beta x}{rr};$$

unde substituendo $xdx+ydy = rdr$ fit

$$\frac{y'dx-x'dy}{\sqrt{\varrho}} = \frac{ydx-xdy}{rr}+\frac{\beta dr}{r\sqrt{\varrho}}.$$

Posito igitur $x = r\cos\vartheta$, $y = r\sin\vartheta$, unde $ydx-xdy = -rrd\vartheta$, dabitur orbita per formulam

$$\vartheta+\gamma = \beta\int\frac{dr}{r\sqrt{2r^2(\alpha-R)-\beta\beta}}.$$

Si lex attractionis est *Neutoniana*, ponendum est $F(r) = \frac{k^2}{rr}$, $R = -\frac{k^2}{r}$, designante $k^2$ vim attractivam pro unitate distantiae, institutaque integratione prodit aequatio sectionis conicae inter Coordinatas polares $r$, $\vartheta+\gamma$.

Aequationum differentialium antecedentium dextrae parti addamus *Coordinatarum $x$ et $y$ functiones homogeneas* $(-3)^{tae}$ *dimensionis* $X$ et $Y$, aequationum differentialium provenientium

$$\frac{d^2x}{dt^2} = -x\frac{F(r)}{r}+X,$$
$$\frac{d^2y}{dt^2} = -y\frac{F(r)}{r}+Y$$

semper aliquod obtineri poterit Integrale. Nam ex his aequationibus eruitur

$$\tfrac{1}{2}d\left(x\frac{dy}{dt}-y\frac{dx}{dt}\right)^2 = (xdy-ydx)(xY-yX) = x^2(xY-yX)d\left(\frac{y}{x}\right).$$

At est $x^2(xY-yX)$ functio variabilium $x$ et $y$ homogenea *nullae* dimensionis ideoque functio ipsius $\frac{y}{x}$, unde aequationis antecedentis pars utraque est differentiale completum, factaque integratione prodit

$$\varphi = \tfrac{1}{2}(xy'-yx')^2 - V = \tfrac{1}{2}\beta^2,$$

siquidem $\beta$ Constans arbitraria est atque

$$V = \int x^2(xY-yX)d\left(\frac{y}{x}\right).$$

Si $X$ et $Y$ sunt differentialia partialia functionis homogeneae $(-2)^{\text{tae}}$ dimensionis $U$, ipsarum $x$ et $y$ respectu sumta, principium conservationis vis vivae alterum suppeditat Integrale

$$f = \tfrac{1}{2}(x'x'+y'y')+R-U = \alpha,$$

siquidem $\alpha$ est altera Constans arbitraria atque rursus

$$R = \int F(r)dr.$$

Functiones $f$ et $\varphi$ inventas substituendo fit

$$\frac{\partial f}{\partial x'}\cdot\frac{\partial \varphi}{\partial y'} - \frac{\partial f}{\partial y'}\cdot\frac{\partial \varphi}{\partial x'} = (xx'+yy')(xy'-yx').$$

At ex Integralibus inventis eruitur

$$(xx'+yy')(xy'-yx') = \sqrt{2r^2(\alpha-R+U)-(2V+\beta^2)}.\sqrt{2V+\beta^2},$$

quippe ponendo

$$2r^2(\alpha-R+U)-(2V+\beta^2) = \varrho,$$

fit

$$xy'-yx' = \sqrt{2V+\beta^2},\quad xx'+yy' = \sqrt{\varrho}.$$

Hinc sequitur

$$\frac{\partial f}{\partial x'}\cdot\frac{\partial \varphi}{\partial y'} - \frac{\partial f}{\partial y'}\cdot\frac{\partial \varphi}{\partial x'} = \sqrt{\varrho}\cdot\sqrt{2V+\beta^2};$$

$$x' = \frac{x\sqrt{\varrho}-y\sqrt{2V+\beta^2}}{r^2},$$

$$y' = \frac{y\sqrt{\varrho}+x\sqrt{2V+\beta^2}}{r^2},$$

Quibus formulis substitutis in tertio Integrali, quod principio ultimi Multiplicatoris suppeditatur,

$$\int \frac{y'dx-x'dy}{\frac{\partial f}{\partial x'}\cdot\frac{\partial \varphi}{\partial y'} - \frac{\partial f}{\partial y'}\cdot\frac{\partial \varphi}{\partial x'}} = \gamma,$$

obtinetur formula, quae puncti orbitam determinat,

$$\int\left(\frac{ydx-xdy}{rr\sqrt{2V+\beta^2}} + \frac{dr}{r\sqrt{\varrho}}\right) = \gamma,$$

sive, ponendo rursus $x = r\cos\vartheta$, $y = r\sin\vartheta$,

$$\int\left(\frac{dr}{r\sqrt{\varrho}} - \frac{d\vartheta}{\sqrt{2V+\beta^2}}\right) = \gamma;$$

semper designante $\gamma$ tertiam Constantem arbitrariam. Cum sit $U$ functio homogenea $(-2)^{\text{ti}}$ ordinis, erit

$$2U = -\left\{x\frac{\partial U}{\partial x} + y\frac{\partial U}{\partial y}\right\} = -\{xX+yY\},$$

unde

$$\begin{aligned} d(r^2 U) &= -\{xX+yY\}(xdx+ydy)+\{xx+yy\}(Xdx+Ydy) \\ &= (xY-yX)(xdy-ydx). \end{aligned}$$

Eadem quantitas aequabatur ipsi $dV$, unde in formulis antecedentibus statuere licet

$$\begin{aligned} V &= rrU, \\ \varrho &= 2r^2(a-R)-\beta^2. \end{aligned}$$

Secundum suppositionem factam fit $r^2U = V$ ipsius $\frac{y}{x} = \operatorname{tang}\vartheta$ functio, unde in aequatione orbitae

$$\int\frac{dr}{r\sqrt{2r^2(a-R)-\beta^2}} = \int\frac{d\vartheta}{\sqrt{2V+\beta^2}} + \gamma$$

alterum Integrale solius $r$, alterum solius $\vartheta$ functio est. Temporis expressio habetur per formulam

$$t+\tau = \int\frac{rdr}{xx'+yy'} = \int\frac{rdr}{\sqrt{\varrho}} = \int\frac{r^2d\vartheta}{\sqrt{2V+\beta^2}},$$

in qua $\tau$ est nova Constans arbitraria.

In motu antecedentibus considerato vis $F(r)$, qua punctum versus centrum fixum attrahitur, aucta est alia vi, quae secundum axes orthogonales disposita differentialibus partialibus $\frac{\partial U}{\partial x}$ et $\frac{\partial U}{\partial y}$ aequatur. Eadem vis secundum radii vectoris directionem eique perpendiculariter disposita evadit

$$P = \frac{1}{r}\left\{x\frac{\partial U}{\partial x} + y\frac{\partial U}{\partial y}\right\}, \quad Q = \frac{1}{r}\left\{y\frac{\partial U}{\partial x} - x\frac{\partial U}{\partial y}\right\}.$$

Secundum suppositionem de functionis $U$ indole factam statui potest

$$r^2U = V = \Psi(\vartheta),$$

designante $\Psi(\vartheta)$ functionem anguli $\vartheta$, quem radius vector cum axe fixo format. Qua expressione substituta positoque $\frac{d\Psi(\vartheta)}{d\vartheta} = \Psi'(\vartheta)$, eruitur

$$P = -\frac{2}{r^3}\Psi(\vartheta),\quad Q = -\frac{1}{r^3}\Psi'(\vartheta).$$

Si iam ponitur

$$\beta\int\frac{dr}{r\sqrt{\varrho}} = \beta\int\frac{dt}{r^2} = \beta\int\frac{d\vartheta}{\sqrt{2\Psi(\vartheta)+\beta^2}} = \Theta,$$

docent formulae antecedentibus inventae, illis viribus $P$ et $Q$ ad vim attractivam $F(r)$ accedentibus orbitae aequationem polarem eam mutationem subire, ut angulus $\vartheta$ in angulum $\Theta$ mutetur. At simul videmus, *illa virium $P$ et $Q$ accessione relationem inter radium vectorem et tempus omnino immutatam manere.* Quae curiosa Propositio valet etiam, si non, quod antecedentibus supposui, motus in plano fit. Sit enim $U$ ipsarum $x$, $y$, $z$ functio homogenea $(-2)^{\text{tae}}$ dimensionis, ac proponantur aequationes differentiales

$$\frac{d^2x}{dt^2} = -\frac{x}{r}F(r)+\frac{\partial U}{\partial x},$$
$$\frac{d^2y}{dt^2} = -\frac{y}{r}F(r)+\frac{\partial U}{\partial y},$$
$$\frac{d^2z}{dt^2} = -\frac{z}{r}F(r)+\frac{\partial U}{\partial z};$$

rursus $\int F(r)dr = R$ ponendo sequitur

$$\left(\frac{dx}{dt}\right)^2+\left(\frac{dy}{dt}\right)^2+\left(\frac{dz}{dt}\right)^2 = 2(-R+U+a),$$
$$x\frac{d^2x}{dt^2}+y\frac{d^2y}{dt^2}+z\frac{d^2z}{dt^2} = -rF(r)-2U.$$

Quibus additis fit

$$d\left\{x\frac{dx}{dt}+y\frac{dy}{dt}+z\frac{dz}{dt}\right\} = d\left(r\frac{dr}{dt}\right) = \{2(a-R)-rF(r)\}dt,$$

unde multiplicando per $2r\frac{dr}{dt}$ et integrando prodit

$$r^2\left(\frac{dr}{dt}\right)^2 = 2r^2(a-R)+\varepsilon,$$

ideoque

$$t+\tau = \int\frac{rdr}{\sqrt{2r^2(a-R)+\varepsilon}},$$

qua in formula $\tau$ et $\varepsilon$ Constantes arbitrariae sunt. Patet autem, quod demonstrandum erat, in hac formula nullum functionis $U$ vestigium remansisse. Addo, si $U$ gaudeat forma particulari

$$U = \frac{1}{r^2}\left\{f\left(\frac{x}{r}\right)+\varphi\left(\frac{y}{r}\right)\right\},$$

designantibus $f$ et $\varphi$ functiones quascunque, eum ipsum motum, qui in plano non continetur, totum Quadraturis determinari posse.

Motus puncti in spatio pendet a *quinque* aequationibus differentialibus primi ordinis inter *sex* quantitates $x$, $y$, $z$, $x'$, $y'$, $z'$; unde *quatuor* Integralibus egemus, ut problema ad aequationem differentialem primi ordinis inter duas variabiles revocetur, quae ope principii ultimi Multiplicatoris per solas Quadraturas integrabitur. At quoties vires sollicitantes diriguntur versus axem fixum viriumque intensitates non pendent ab angulo, quem planum per axem et mobile ductum cum plano fixo per eundem axem transeunte facit, problema ad motum puncti in plano revocari potest, et nonnisi *duobus* Integralibus opus erit, ut totum absolvatur Quadraturis. Designantibus enim $x$, $v$, $\zeta$ puncti Coordinatas orthogonales positoque

$$vv+\zeta\zeta = yy,$$

sint aequationes differentiales, quibus motus puncti definitur,

$$\frac{d^2x}{dt^2} = X, \quad \frac{d^2v}{dt^2} = Y\frac{v}{y}, \quad \frac{d^2\zeta}{dt^2} = Y\frac{\zeta}{y},$$

ubi secundum suppositionem factam et $X$ et $Y$ solarum $x$ et $y$ functiones esse debent: erit

$$v\frac{d^2\zeta}{dt^2} - \zeta\frac{d^2v}{dt^2} = 0,$$

unde sequitur

$$v\frac{d\zeta}{dt} - \zeta\frac{dv}{dt} = \alpha,$$

designante $\alpha$ Constantem arbitrariam. Fit autem

$$\frac{d^2y}{dt^2} = \frac{d^2\sqrt{vv+\zeta\zeta}}{dt^2} = \frac{1}{\sqrt{(vv+\zeta\zeta)^3}}\cdot\left(v\frac{d\zeta}{dt} - \zeta\frac{dv}{dt}\right)^2 + \frac{1}{\sqrt{vv+\zeta\zeta}}\cdot\left(v\frac{d^2v}{dt^2} + \zeta\frac{d^2\zeta}{dt^2}\right),$$

ideoque

$$\frac{d^2y}{dt^2} = \frac{\alpha\alpha}{y^3} + Y.$$

Unde aequationes differentiales propositae evadunt sequentes

$$\frac{d^2x}{dt^2} = X, \quad \frac{d^2y}{dt^2} = \frac{\alpha\alpha}{y^3} + Y.$$

(Cf. *Diar.* Crell. *Vol. XXIV. pag.* 16 *sqq.; h. Vol. p.* 277). Ponendo

$$v = y\cos f, \quad \zeta = y\sin f,$$

fit

$$v\frac{d\zeta}{dt}-\zeta\frac{dv}{dt}=yy\frac{df}{dt}=\alpha,$$

unde Constans $\alpha$ aequabitur plani per punctum mobile et axem fixum ducti velocitati rotatoriae initiali, multiplicatae per quadratum distantiae initialis puncti ab axe. Duobus Integralibus inter $x$, $y$, $x'$, $y'$ inventis, tertium Integrale principio ultimi Multiplicatoris suppeditatur. Quorum Integralium ope si $y'=\frac{dy}{dt}$ per $y$ exprimitur, cum rotationis angulus $f$ tum tempus $t$ Quadraturis determinantur ope formularum

$$f=\alpha\int\frac{dt}{y^2}=\alpha\int\frac{dy}{y^2y'}, \quad t=\int\frac{dy}{y'}.$$

Unde in casu proposito cognitis *duobus* Integralibus tria reliqua a solis Quadraturis pendent. Consideretur ex. gr. motus puncti versus centrum fixum attracti; posito $r=\sqrt{xx+yy}$, secundum antecedentia erit

$$\frac{d^2x}{dt^2}=-\frac{x}{r}F(r); \quad \frac{d^2y}{dt}=-\frac{y}{r}F(r)+\frac{\alpha\alpha}{y^3}.$$

Quae aequationes in eas redeunt, quas supra integravi, ponendo

$$Y=\frac{\alpha\alpha}{y^3}, \quad U=-\frac{\alpha\alpha}{2yy}=-\frac{\alpha\alpha}{2rr\sin^2\vartheta},$$

unde

$$V=\Psi(\vartheta)=-\frac{\alpha\alpha}{2\sin^2\vartheta},$$

$$\Theta=\int\frac{\beta.d\vartheta}{\sqrt{2\Psi(\vartheta)+\beta^2}}=\int\frac{\beta.\sin\vartheta d\vartheta}{\sqrt{\beta^2\sin^2\vartheta-\alpha^2}},$$

ideoque

$$\cos\Theta=\frac{\beta}{\sqrt{\beta^2-\alpha^2}}\cos\vartheta.$$

Si $r$ et $\vartheta$ sunt puncti attracti Coordinatae polares in plano fixo, in quo illud re vera movetur, in aequatione orbitae, quam in hoc plano describit, angulus $\Theta$ loco ipsius $\vartheta$ substitui debet, ut eruatur orbita descripta in plano mobili per axem ipsarum $x$ ducto. Relationem inter $r$ et $t$ pro motu in utroque plano eandem manere, ex ipsa natura rei patet. Plani angulus rotatorius $f$ datur per formulam

$$df=\frac{\alpha dt}{yy}=\frac{\alpha dt}{rr\sin^2\vartheta}=\frac{\alpha}{\beta}\cdot\frac{d\Theta}{\sin^2\vartheta}=\frac{\alpha\beta.d\Theta}{\alpha^2\cos^2\Theta+\beta^2\sin^2\Theta},$$

unde, designante $\varepsilon$ Constantem arbitrariam,

$$\operatorname{tang}(f+\varepsilon) = \frac{\beta}{\alpha} \operatorname{tang}\Theta.$$

Si per centrum attractionis ex arbitrio axis fixus ducitur, in formulis antecedentibus axem Coordinatarum $x$ pro axe fixo sumendo motus puncti attracti componitur e motu puncti in plano per ipsum et axem fixum ducto eiusque plani rotatione circa axem fixum. Statuatur $\alpha = \beta \sin\delta$, erit

$$\cos\vartheta = \cos\delta.\cos\Theta, \quad \operatorname{tang}\Theta = \sin\delta.\operatorname{tang}(f+\varepsilon), \quad \sin\vartheta.\sin(f+\varepsilon) = \sin\Theta.$$

E centro attractionis describatur superficies sphaerica, cuius intersectio cum axe fixo, cum radio vectore et cum plano orbitae puncti attracti sit $A$, $P$ et circulus maximus $PQ$; porro in sphaera e $A$ ad circulum maximum $PQ$ demittatur perpendicularis $AO$: in triangulo rectangulo sphaerico $AOP$ erit

$$AO = \delta, \quad AP = \vartheta, \quad PO = \Theta, \quad OAP = f+\varepsilon.$$

Cuius constructionis ope formulae antecedentes geometrice comprobari possunt.

Si punctum versus centra fixa quotcunque in eadem recta disposita secundum Neutonianam sive aliam quamcunque legem attrahitur, quibus attractionis viribus accedere potest vis constans rectae parallela, e duobus Integralibus, quae antecedentibus poscebantur, ut reliquae integrationes omnes Quadraturis absolverentur, alterum conservationis vis vivae principio suppeditatur. Si abest vis constans atque duo tantum sunt centra attrahentia lexque attractionis est Neutoniana, alterum Integrale Eulerus invenit. Eo igitur casu motus ille principio conservationis areae certi cuiusdam axis respectu valentis, principio conservationis vis vivae, Integrali Euleriano, tandem principio ultimi Multiplicatoris ad Quadraturas revocatur. Quod iam accuratius exponam.

## §. 26.

### Motus puncti versus duo centra fixa secundum legem Neutonianam attracti.

Punctum inter utrumque centrum medium sumatur pro initio Coordinatarum, recta centra iungens pro axe Coordinatarum $x$, sit porro $y$ distantia mobilis ab hoc axe. Si massae centrorum sunt $m$ et $m'$ atque $a$ semidistantia centrorum, secundum antecedentia valebunt inter $x$ et $y$ aequationes differentiales sequentes:

$$(1) \quad \begin{cases} \dfrac{d^2x}{dt^2} = -\dfrac{m(x-a)}{\{(x-a)^2+y^2\}^{\frac{3}{2}}} - \dfrac{m'(x+a)}{\{(x+a)^2+y^2\}^{\frac{3}{2}}}, \\[2ex] \dfrac{d^2y}{dt^2} = -\dfrac{my}{\{(x-a)^2+y^2\}^{\frac{3}{2}}} - \dfrac{m'y}{\{(x+a)^2+y^2\}^{\frac{3}{2}}} + \dfrac{\alpha^2}{y^3}, \end{cases}$$

designante $\alpha$ Constantem arbitrariam. Porro angulus rotationis plani per axem et mobile ducti datur formula

$$(2)\quad df = \frac{\alpha dt}{y^2}.$$

A principio conservationis vis vivae Integrale suppeditatur hoc:

$$(3)\quad \tfrac{1}{2}(x'x'+y'y') = \frac{m}{\{(x-a)^2+y^2\}^{\frac{1}{2}}} + \frac{m'}{\{(x+a)^2+y^2\}^{\frac{1}{2}}} - \frac{\alpha^2}{2y^2} + \beta,$$

designante $\beta$ alteram Constantem arbitrariam. Integrale Eulerianum invenitur deducendo ex aequationibus (1) sequentem:

$$d(xy'-yx') = -\frac{may\,dt}{\{(x-a)^2+y^2\}^{\frac{3}{2}}} + \frac{m'ay\,dt}{\{(x+a)^2+y^2\}^{\frac{3}{2}}} + \frac{\alpha^2 x\,dt}{y^3},$$

unde fit

$$\tfrac{1}{2}d(xy'-yx')^2 = -\frac{may\{(x-a)dy-ydx\}}{\{(x-a)^2+y^2\}^{\frac{3}{2}}} + \frac{m'ay\{(x+a)dy-ydx\}}{\{(x+a)^2+y^2\}^{\frac{3}{2}}}$$
$$+\frac{\alpha^2 x(xdy-ydx)}{y^3} - \frac{ma^2 ydy}{\{(x-a)^2+y^2\}^{\frac{3}{2}}} - \frac{m'a^2 ydy}{\{(x+a)^2+y^2\}^{\frac{3}{2}}}.$$

Hinc aequationum (1) alteram substituendo fluit

$$\tfrac{1}{2}d(xy'-yx')^2 = -\tfrac{1}{2}ma\frac{d\left(\frac{y}{x-a}\right)^2}{\left\{1+\left(\frac{y}{x-a}\right)^2\right\}^{\frac{3}{2}}} + \tfrac{1}{2}m'a\frac{d\left(\frac{y}{x+a}\right)^2}{\left\{1+\left(\frac{y}{x+a}\right)^2\right\}^{\frac{3}{2}}}$$
$$-\tfrac{1}{2}\alpha^2 d\left(\frac{x}{y}\right)^2 + a^2y'dy' - a^2\alpha^2\frac{dy}{y^3}.$$

Cuius aequationis termini singuli cum differentialia completa sint, obtinetur Integrale

$$(4)\quad \begin{cases} (xy'-yx')^2+\text{Const.} \\ = \dfrac{2ma(x-a)}{\{(x-a)^2+y^2\}^{\frac{1}{2}}} - \dfrac{2m'a(x+a)}{\{(x+a)^2+y^2\}^{\frac{1}{2}}} - \dfrac{\alpha^2x^2}{y^2} + a^2y'y' + \dfrac{a^2\alpha^2}{y^2}.\end{cases}$$

Si ponitur

$$(5)\quad \begin{cases} L = \dfrac{2m}{\{(x-a)^2+y^2\}^{\frac{1}{2}}} + \dfrac{2m'}{\{(x+a)^2+y^2\}^{\frac{1}{2}}} - \dfrac{\alpha^2}{y^2} + 2\beta, \\ M = \dfrac{2ma(x-a)}{\{(x-a)^2+y^2\}^{\frac{1}{2}}} - \dfrac{2m'a(x+a)}{\{(x+a)^2+y^2\}^{\frac{1}{2}}} + \dfrac{\alpha^2}{y^2}(a^2-x^2+y^2)+\gamma,\end{cases}$$

duo Integralia inventa evadunt

$$(6)\quad x'x'+y'y' = L,\quad (xy'-yx')^2 - a^2y'y' = M,.$$

sive

$$\psi = \beta, \quad \varphi = \gamma,$$

siquidem statuitur

$$\psi = \tfrac{1}{2}(x'x'+y'y')-\tfrac{1}{2}L+\beta,$$
$$\varphi = (xy'-yx')^2-a^2y'y'-M+\gamma.$$

Si duorum Integralium ope et $x'$ et $y'$ per $x$ et $y$ exhibentur, secundum principium ultimi Multiplicatoris obtinetur tertium Integrale

$$\int \frac{y'dx-x'dy}{\frac{\partial\psi}{\partial x'}\cdot\frac{\partial\varphi}{\partial y'}-\frac{\partial\psi}{\partial y'}\cdot\frac{\partial\varphi}{\partial x'}} = \text{Const.}$$

At cum et $L$ et $M$ ab ipsis $x'$ et $y'$ vacua sint, fit

$$\frac{\partial\psi}{\partial x'} = x', \qquad \frac{\partial\psi}{\partial y'} = y',$$
$$\frac{\partial\varphi}{\partial x'} = -2y(xy'-yx'), \quad \frac{\partial\varphi}{\partial y'} = 2x(xy'-yx')-2a^2y'.$$

Quibus formulis substitutis, eruitur

$$\frac{\partial\psi}{\partial x'}\cdot\frac{\partial\varphi}{\partial y'}-\frac{\partial\psi}{\partial y'}\cdot\frac{\partial\varphi}{\partial x'} = 2(xx'+yy')(xy'-yx')-2a^2x'y'$$
$$= -2\{xy(x'x'-y'y')+(a^2-x^2+y^2)x'y'\}.$$

Unde tertium Integrale evadit

$$(7) \quad \int \frac{y'dx-x'dy}{xy(x'x'-y'y')+(a^2-x^2+y^2)x'y'} = \varepsilon,$$

designante $\varepsilon$ Constantem arbitrariam.

In formula antecedente expressio sub integrationis signo posita, quantitatum $x'$ et $y'$ valoribus substitutis, evadere debet differentiale completum. Qui valores ut eruantur et commoda substitutio fiat, adhibeo methodum in calculis algebraicis usitatam, videlicet addo aequationes (6), altera multiplicata factore $\lambda$, quem hac conditione determino, ut aequationis provenientis pars laeva evadat quadratum functionis ipsarum $x'$ et $y'$ linearis. Ea ratione venit

$$(8) \quad (x^2-a^2+\lambda)y'y'-2xyx'y'+(y^2+\lambda)x'x' = M+\lambda L,$$

quantitate $\lambda$ determinata per aequationem

$$(9) \quad \begin{cases} 0 = (\lambda+y^2)(\lambda+x^2-a^2)-x^2y^2 \\ \quad = \lambda^2+\lambda(x^2+y^2-a^2)-a^2y^2. \end{cases}$$

Huius aequationis quadraticae radices vocemus $\lambda'$ et $\lambda''$, erit

$$(10)\quad a^2y^2 = -\lambda'\lambda'',\quad x^2+y^2 = a^2-\lambda'-\lambda'',\quad a^2x^2 = (a^2-\lambda')(a^2-\lambda'').$$

Hinc quadrata distantiarum puncti mobilis a centris attractionum fiunt

$$(x\pm a)^2+y^2 = 2a^2-\lambda'-\lambda''\pm 2\sqrt{(a^2-\lambda')(a^2-\lambda'')},$$

ideoque ipsae distantiae

$$(11)\quad \{(x\pm a)^2+y^2\}^{\frac{1}{2}} = \sqrt{a^2-\lambda'}\pm\sqrt{a^2-\lambda''}.$$

Porro fit

$$\lambda'-a^2\pm ax = -\sqrt{a^2-\lambda'}\,\{\sqrt{a^2-\lambda'}\mp\sqrt{a^2-\lambda''}\},$$
$$\lambda''-a^2\pm ax = \pm\sqrt{a^2-\lambda''}\,\{\sqrt{a^2-\lambda'}\mp\sqrt{a^2-\lambda''}\},$$

ideoque

$$(12)\quad \begin{cases} \dfrac{\lambda'-a^2\pm ax}{\{(x\mp a)^2+y^2\}^{\frac{1}{2}}} = -\sqrt{a^2-\lambda'}, \\[2ex] \dfrac{\lambda''-a^2\pm ax}{\{(x\mp a)^2+y^2\}^{\frac{1}{2}}} = \pm\sqrt{a^2-\lambda''}. \end{cases}$$

Si has formulas substituimus in (5), sequitur, quantitatem $M+\lambda'L$ solius $\lambda'$, quantitatem $M+\lambda''L$ solius $\lambda''$ functionem esse. Etenim si advocamus formulas e (10) fluentes

$$(13)\quad \begin{cases} \dfrac{a^2-x^2-\lambda'}{y^2} = \dfrac{y^2+\lambda''}{y^2} = 1-\dfrac{a^2}{\lambda'}, \\[2ex] \dfrac{a^2-x^2-\lambda''}{y^2} = \dfrac{y^2+\lambda'}{y^2} = 1-\dfrac{a^2}{\lambda''}, \end{cases}$$

e (5), (12), (13) eruitur:

$$(14)\quad \begin{cases} \frac{1}{2}(M+\lambda'L) = -(m+m')\sqrt{a^2-\lambda'}+\alpha^2\left(1-\dfrac{a^2}{2\lambda'}\right)+\beta\lambda'+\frac{1}{2}\gamma, \\[2ex] \frac{1}{2}(M+\lambda''L) = \quad (m-m')\sqrt{a^2-\lambda''}+\alpha^2\left(1-\dfrac{a^2}{2\lambda''}\right)+\beta\lambda''+\frac{1}{2}\gamma. \end{cases}$$

Ipsae quibus $x'$ et $y'$ determinantur aequationes e (8) prodeunt substituendo ipsius $\lambda$ valores $\lambda'$ et $\lambda''$. Quae aequationes per $-a^2$ multiplicatae, formulis (10) substitutis, evadunt

$$\lambda''(a^2-\lambda')y'y'+2\sqrt{-\lambda'\lambda''(a^2-\lambda')(a^2-\lambda'')}.x'y'-\lambda'(a^2-\lambda'')x'x'$$
$$= -a^2(M+\lambda'L),$$
$$\lambda'(a^2-\lambda'')y'y'+2\sqrt{-\lambda'\lambda''(a^2-\lambda')(a^2-\lambda'')}.x'y'-\lambda''(a^2-\lambda')x'x'$$
$$= -a^2(M+\lambda''L),$$

sive extractis radicibus

$$(15)\quad \begin{cases} \sqrt{\lambda''(a^2-\lambda')}.y'+\sqrt{-\lambda'(a^2-\lambda'')}.x' = a\sqrt{-(M+\lambda'L)}, \\ \sqrt{-\lambda'(a^2-\lambda'')}.y'-\sqrt{\lambda''(a^2-\lambda')}.x' = a\sqrt{M+\lambda''L}. \end{cases}$$

Easdem aequationes (10) differentiando sequitur

$$\begin{aligned}2a(y'dx-x'dy) &= 2y'd\sqrt{(a^2-\lambda')(a^2-\lambda'')}-2x'd\sqrt{-\lambda'\lambda''}\\ &= \frac{-d\lambda'}{\sqrt{-\lambda'(a^2-\lambda')}}\cdot\{\sqrt{-\lambda'(a^2-\lambda'')}.y'-\sqrt{\lambda''(a^2-\lambda')}.x'\}\\ &\quad \frac{-d\lambda''}{\sqrt{\lambda''(a^2-\lambda'')}}\cdot\{\sqrt{\lambda''(a^2-\lambda')}.y'+\sqrt{-\lambda'(a^2-\lambda'')}.x'\}.\end{aligned}$$

Unde formulas (15) substituendo prodit:

$$(16)\quad 2(y'dx-x'dy) = -\frac{\sqrt{M+\lambda''L}.d\lambda'}{\sqrt{-\lambda'(a^2-\lambda')}}-\frac{\sqrt{-(M+\lambda'L)}.d\lambda''}{\sqrt{\lambda''(a^2-\lambda'')}}$$

Aequationibus (15) in se ductis et rursus (10) advocatis, eruitur

$$(17)\quad xy(y'y'-x'x')+(x^2-y^2-a^2)x'y' = \sqrt{-(M+\lambda'L)(M+\lambda''L)}.$$

Per hanc formulam ubi dividimus antecedentem (16), prodit

$$(18)\quad \begin{cases}\dfrac{y'dx-x'dy}{xy(x'x'-y'y')+(a^2-x^2+y^2)x'y'}\\ =\dfrac{-d\lambda'}{2\sqrt{\lambda'(a^2-\lambda')(M+\lambda'L)}}+\dfrac{d\lambda''}{2\sqrt{\lambda''(a^2-\lambda'')(M+\lambda''L)}}.\end{cases}$$

Hanc supra vidimus expressionem secundum principium ultimi Multiplicatoris fieri debere differentiale completum. Ac revera, quantitatum $\frac{1}{2}(M+\lambda'L)$ et $\frac{1}{2}(M+\lambda''L)$ valoribus (14) substitutis, in ea expressione differentiale $d\lambda'$ per solius $\lambda'$, differentiale $d\lambda''$ per solius $\lambda''$ functionem multiplicatum reprehenditur. Unde, formula (18) substituta in (7), tertium Integrale per duas Quadraturas obtinetur.

Si formulas adiicere placet, quibus $t$ et $f$ per $\lambda'$ et $\lambda''$ solarum ope Quadraturarum determinantur, differentietur aequatio (9), posito $\lambda=\lambda'$, unde prodit

$$\begin{aligned}0 &= (\lambda'-\lambda'')d\lambda'+2\lambda'xdx-2(a^2-\lambda')ydy\\ &= (\lambda'-\lambda'')d\lambda'-\frac{2}{a}\sqrt{-\lambda'(a^2-\lambda')}.[\sqrt{-\lambda'(a^2-\lambda'')}dx+\sqrt{\lambda''(a^2-\lambda')}dy]\\ &= (\lambda'-\lambda'')d\lambda'+2\sqrt{\lambda'(a^2-\lambda')(M+\lambda'L)}dt.\end{aligned}$$

Hinc, si aequationem differentialem

$$(19)\quad \frac{d\lambda'}{\sqrt{\lambda'(a^2-\lambda')(M+\lambda'L)}} = \frac{d\lambda''}{\sqrt{\lambda''(a^2-\lambda'')(M+\lambda''L)}}$$

advocamus, obtinemus

$$(20)\quad dt = -\tfrac{1}{2}\frac{\sqrt{\lambda'}.d\lambda'}{\sqrt{(a^2-\lambda')(M+\lambda'L)}}+\tfrac{1}{2}\frac{\sqrt{\lambda''}.d\lambda''}{\sqrt{(a^2-\lambda'')(M+\lambda''L)}},$$

$$(21)\quad \begin{cases} df = \dfrac{-\alpha a^2 dt}{\lambda'\lambda''} \\ = \frac{1}{2}\alpha a^2 \left\{ -\dfrac{1}{\sqrt{\lambda'^3}} \cdot \dfrac{d\lambda'}{\sqrt{(a^2-\lambda')(M+\lambda' L)}} + \dfrac{1}{\sqrt{\lambda''^3}} \cdot \dfrac{d\lambda''}{\sqrt{(a^2-\lambda'')(M+\lambda'' L)}} \right\}. \end{cases}$$

His formulis videmus, ad variabilium $t$ et $f$ valores per Quadraturas inveniendos non opus esse, ut antea variabilium $\lambda'$ et $\lambda''$ altera per alteram expressa habeatur.

## §. 27.

### De corporis solidi ictu impulsi rotatione circa punctum fixum.

Exemplum applicationis principii ultimi Multiplicatoris ad motum non liberum suppeditet rotatio solidi circa punctum eius fixum, si corpus solo ponitur ictu impulsum esse, nulla accedente vi acceleratrice. Valet pro eo motu principium conservationis virium vivarum nec non cuiuslibet plani respectu principium conservationis arearum. Quibus si additur principium ultimi Multiplicatoris, per sola principia generalia problema olim difficillimum ad Quadraturas reducetur.

Sint $\xi$, $v$, $\zeta$ Coordinatae orthogonales ad axes relatae in solido fixos, in spatio mobiles, quorum initium punctum fixum sit, circa quod solidum rotatur. Sint $x$, $y$, $z$ Coordinatae orthogonales eodem initio gaudentes, ad axes in spatio fixos relatae. In aequationibus, quae inter utrasque Coordinatas locum habent,

$$(1)\quad x = \alpha\xi+\beta v+\gamma\zeta, \quad y = \alpha_1\xi+\beta_1 v+\gamma_1\zeta, \quad z = \alpha_2\xi+\beta_2 v+\gamma_2\zeta$$

sunt $\xi$, $v$, $\zeta$ Constantes, novem Coëfficientes $\alpha$, $\beta$, etc. variabiles, inter quas relationes notae intercedunt, quibus illae ad quantitates tres revocari possunt*). Adhibita differentialium notatione Lagrangianae (1) sequitur

$$x' = \alpha'\xi+\beta' v+\gamma'\zeta, \quad y' = \alpha_1'\xi+\beta_1' v+\gamma_1'\zeta, \quad z' = \alpha_2'\xi+\beta_2' v+\gamma_2'\zeta.$$

Ponamus

$$\begin{aligned} \beta\gamma'+\beta_1\gamma_1'+\beta_2\gamma_2' &= -\{\gamma\beta'+\gamma_1\beta_1'+\gamma_2\beta_2'\} = a, \\ \gamma\alpha'+\gamma_1\alpha_1'+\gamma_2\alpha_2' &= -\{\alpha\gamma'+\alpha_1\gamma_1'+\alpha_2\gamma_2'\} = b, \\ \alpha\beta'+\alpha_1\beta_1'+\alpha_2\beta_2' &= -\{\beta\alpha'+\beta_1\alpha_1'+\beta_2\alpha_2'\} = c; \end{aligned}$$

*) Formulae (1) si Coordinatarum orthogonalium transformationem exprimunt, fit

$$\beta_1\gamma_2-\gamma_1\beta_2 = \pm\alpha \text{ etc.}, \quad \alpha(\beta_1\gamma_2-\gamma_1\beta_2)+\beta(\gamma_1\alpha_2-\alpha_1\gamma_2)+\gamma(\alpha_1\beta_2-\beta_1\alpha_2) = \pm 1.$$

At in hac rotationis quaestione, iam alibi adnotavi, semper signum + sumendum esse. Ponamus enim inter binorum corporum puncta correlationem dari talem, ut alterius corporis puncto, cuius Coordinatae sunt $\xi$, $v$, $\zeta$, respondeat alterius corporis punctum, cuius Coordinatae ad *eosdem* axes relatae valoribus $x$, $y$, $z$ gaudent: prout in illis formulis signum + aut — locum habet, erunt corpora aut *congruentia* aut uti dicitur *symmetrica*. Casu posteriore autem fieri non potest, ut alterum corpus in alterius positione collocetur, neque igitur rotatione alterum in alterius locum pervenire potest.

ex aequationibus

$$\alpha\alpha'+\alpha_1\alpha_1'+\alpha_2\alpha_2'=0,\quad \beta\alpha'+\beta_1\alpha_1'+\beta_2\alpha_2'=-c,\quad \gamma\alpha'+\gamma_1\alpha_1'+\gamma_2\alpha_2'=b,$$

quarum prima e formula $\alpha\alpha+\alpha_1\alpha_1+\alpha_2\alpha_2=1$ sequitur, fluit

$$\alpha'=-\beta c+\gamma b,\quad \alpha_1'=-\beta_1 c+\gamma_1 b,\quad \alpha_2'=-\beta_2 c+\gamma_2 b,$$

eodemque modo obtinetur

$$\begin{aligned}\beta' &= -\gamma\, a+\alpha\, c, & \gamma' &= -\alpha\, b+\beta\, a,\\ \beta_1' &= -\gamma_1 a+\alpha_1 c, & \gamma_1' &= -\alpha_1 b+\beta_1 a,\\ \beta_2' &= -\gamma_2 a+\alpha_2 c, & \gamma_2' &= -\alpha_2 b+\beta_2 a.\end{aligned}$$

Quibus valoribus substitutis, eruitur

$$\begin{aligned}x' &= \alpha\,(cv-b\zeta)+\beta\,(a\zeta-c\xi)+\gamma\,(b\xi-av),\\ y' &= \alpha_1(cv-b\zeta)+\beta_1(a\zeta-c\xi)+\gamma_1(b\xi-av),\\ z' &= \alpha_2(cv-b\zeta)+\beta_2(a\zeta-c\xi)+\gamma_2(b\xi-av).\end{aligned}$$

Unde sequitur

$$(2)\quad x'x'+y'y'+z'z' = (cv-b\zeta)^2+(a\zeta-c\xi)^2+(b\xi-av)^2.$$

Porro e (1) proveniunt formulae

$$\begin{aligned}&\alpha_2 y-\alpha_1 z=\beta\zeta-\gamma v, && \alpha z-\alpha_2 x=\beta_1\zeta-\gamma_1 v, && \alpha_1 x-\alpha y=\beta_2\zeta-\gamma_2 v,\\ &\beta_2 y-\beta_1 z=\gamma\xi-\alpha\zeta, && \beta z-\beta_2 x=\gamma_1\xi-\alpha_1\zeta, && \beta_1 x-\beta y=\gamma_2\xi-\alpha_2\zeta,\\ &\gamma_2 y-\gamma_1 z=\alpha v-\beta\xi, && \gamma z-\gamma_2 x=\alpha_1 v-\beta_1\xi, && \gamma_1 x-\gamma y=\alpha_2 v-\beta_2\xi.\end{aligned}$$

Unde, substitutis ipsarum $x'$, $y'$, $z'$ valoribus, eruitur

$$(3)\quad\begin{cases} yz'-zy' = (\beta\,\zeta-\gamma\,v)(cv-b\zeta)+(\gamma\,\xi-\alpha\,\zeta)(a\zeta-c\xi)+(\alpha\,v-\beta\,\xi)(b\xi-av),\\ zx'-xz' = (\beta_1\zeta-\gamma_1 v)(cv-b\zeta)+(\gamma_1\xi-\alpha_1\zeta)(a\zeta-c\xi)+(\alpha_1 v-\beta_1\xi)(b\xi-av),\\ xy'-yx' = (\beta_2\zeta-\gamma_2 v)(cv-b\zeta)+(\gamma_2\xi-\alpha_2\zeta)(a\zeta-c\xi)+(\alpha_2 v-\beta_2\xi)(b\xi-av).\end{cases}$$

Axes Coordinatarum $\xi$, $v$, $\zeta$ semper ita in ipso solido disponere licet, ut, designante $dm$ solidi elementum, cuius Coordinatae sunt $\xi$, $v$, $\zeta$, sit

$$Sv\zeta dm=0,\quad S\zeta\xi dm=0,\quad S\xi v dm=0,$$

summis ad omnia elementa materialia corporis extensis. Unde, ponendo

$$A=S(vv+\zeta\zeta)dm,\quad B=S(\zeta\zeta+\xi\xi)dm,\quad C=S(\xi\xi+vv)dm,$$

fit e (2) et (3):

$$(4)\quad T=\tfrac{1}{2}S\{x'x'+y'y'+z'z'\}dm=\tfrac{1}{2}\{Aaa+Bbb+Ccc\},$$

$$(5)\quad\begin{cases} L=S(yz'-zy')dm=-\{\alpha\,.Aa+\beta\,.Bb+\gamma\,.Cc\},\\ M=S(zx'-xz')dm=-\{\alpha_1.Aa+\beta_1.Bb+\gamma_1.Cc\},\\ N=S(xy'-yx')dm=-\{\alpha_2.Aa+\beta_2.Bb+\gamma_2.Cc\}.\end{cases}$$

Quibus in formulis secundum principia conservationis virium vivarum et arearum quatuor quantitates $T$, $L$, $M$, $N$ aequantur Constantibus arbitrariis.

Novem Coëfficientes $\alpha$, $\beta$, etc. per tres angulos $q_1$, $q_2$, $q_3$ exprimamus ope formularum notissimarum, quas olim **Eulerus** in *Introductione in Anal. Infin.* dedit:

$$(6)\quad \begin{cases} \alpha = \cos q_1 \sin q_2 \sin q_3 + \cos q_2 \cos q_3, \\ \alpha_1 = \cos q_1 \cos q_2 \sin q_3 - \sin q_2 \cos q_3, \\ \alpha_2 = -\sin q_1 \sin q_3; \\ \beta = \cos q_1 \sin q_2 \cos q_3 - \cos q_2 \sin q_3, \\ \beta_1 = \cos q_1 \cos q_2 \cos q_3 + \sin q_2 \sin q_3, \\ \beta_2 = -\sin q_1 \cos q_3; \\ \gamma = \sin q_1 \sin q_2, \\ \gamma_1 = \sin q_1 \cos q_2, \\ \gamma_2 = \cos q_1. \end{cases}$$

E quibus formulis sequitur:

$$\begin{aligned} \alpha' &= -\gamma \sin q_3 . q_1' + \alpha_1 . q_2' + \beta . q_3', \\ \alpha_1' &= -\gamma_1 \sin q_3 . q_1' - \alpha . q_2' + \beta_1 . q_3', \\ \alpha_2' &= -\gamma_2 \sin q_3 . q_1' \qquad\qquad + \beta_2 . q_3', \\ \beta' &= -\gamma \cos q_3 . q_1' + \beta_1 . q_2' - \alpha . q_3', \\ \beta_1' &= -\gamma_1 \cos q_3 . q_1' - \beta . q_2' - \alpha_1 . q_3', \\ \beta_2' &= -\gamma_2 \cos q_3 . q_1' \qquad\qquad - \alpha_2 . q_3', \\ \gamma' &= \cos q_1 \sin q_2 . q_1' + \gamma_1 . q_2', \\ \gamma_1' &= \cos q_1 \cos q_2 . q_1' - \gamma . q_2', \\ \gamma_2' &= -\sin q_1 . q_1'. \end{aligned}$$

Unde eruitur

$$(7)\quad \begin{cases} a = \beta\gamma' + \beta_1\gamma_1' + \beta_2\gamma_2' = \cos q_3 . q_1' - \sin q_1 \sin q_3 . q_2', \\ b = -\{\alpha\gamma' + \alpha_1\gamma_1' + \alpha_2\gamma_2'\} = -\sin q_3 . q_1' - \sin q_1 \cos q_3 . q_2', \\ c = \alpha\beta' + \alpha_1\beta_1' + \alpha_2\beta_2' = \cos q_1 . q_2' - q_3'. \end{cases}$$

Quas quantitates in aequatione (4) substituendo evadit virium vivarum semisumma $T$ quantitatum $q_1$, $q_2$, $q_3$, $q_1'$, $q_2'$, $q_3'$ functio. Quam ipsarum $q_1'$, $q_2'$, $q_3'$ respectu differentiando prodit

$$(8)\quad \begin{cases} \dfrac{\partial T}{\partial q_1'} = p_1 = \cos q_3 . Aa - \sin q_3 . Bb, \\ \dfrac{\partial T}{\partial q_2'} = p_2 = -\sin q_1 \sin q_3 . Aa - \sin q_1 \cos q_3 . Bb + \cos q_1 . Cc, \\ \dfrac{\partial T}{\partial q_3'} = p_3 = -Cc. \end{cases}$$

Hae quantitates autem aequantur sequentibus:

$$(9)\quad \begin{cases} p_1 = -L\cos q_2 + M\sin q_2, \\ p_2 = -N, \\ p_3 = (L\sin q_2 + M\cos q_2)\sin q_1 + N\cos q_1, \end{cases}$$

sicuti patet substituendo quantitatum $L$, $M$, $N$ expressiones (5) et Coëfficientium $\alpha$, $\beta$, etc. valores (6). Ponendo

$$(10)\quad \frac{p_3\cos q_1 + p_2}{\sin q_1} = u,$$

e formulis (8) fluunt sequentes:

$$\begin{aligned} Aa &= \cos q_3 . p_1 - \sin q_3 . u, \\ Bb &= -\sin q_3 . p_1 - \cos q_3 . u, \\ Cc &= -p_3. \end{aligned}$$

Quibus formulis quadratis ac respective per $A$, $B$, $C$ divisis consummatisque, obtinetur post faciles reductiones:

$$(11)\quad \begin{cases} 2T = \frac{1}{2}\left(\frac{1}{A}+\frac{1}{B}\right)(p_1 p_1 + uu) + \frac{1}{C} p_3 p_3 \\ \quad + \frac{1}{2}\left(\frac{1}{A}-\frac{1}{B}\right)\{(p_1 p_1 - uu)\cos 2q_3 - 2p_1 u \sin 2q_3\}. \end{cases}$$

Cum $T$, $L$, $M$, $N$ Constantibus aequentur, per quatuor aequationes (9) et (11) sex variabiles $q_1$, $q_2$, $q_3$, $p_1$, $p_2$, $p_3$ ad duas revocare licet. Quomodocunque hae duae variabiles eligantur, aequatio differentialis primi ordinis inter eas locum habens principio ultimi Multiplicatoris ad Quadraturas revocabitur. At duas variabiles eligere convenit tales, per quas reliquae commode exprimantur, quales sunt $p_1$ et $p_3$. Cum solidum *nullis* viribus acceleratricibus sollicitetur, aequationum dynamicarum forma tertia §. 24 tradita suppeditat

$$\frac{dp_1}{dt} = -\frac{\partial T}{\partial q_1}, \quad \frac{dp_3}{dt} = -\frac{\partial T}{\partial q_3},$$

unde aequatio differentialis inter $p_1$ et $p_3$, quae integranda restat, fit

$$(12)\quad \frac{\partial T}{\partial q_3} dp_1 - \frac{\partial T}{\partial q_1} dp_3 = 0.$$

Partibus dextris aequationum (9) et (11) in laevam translatis, aequationem (11) denotemus per $\Pi = 0$, aequationes (9) per $\Pi_1 = 0$, $\Pi_2 = 0$, $\Pi_3 = 0$, erit secundum theoremata generalia §§. 24 et 11 tradita aequationis differentialis (12) Multiplicator

$$\mu = \frac{\Sigma \pm \frac{\partial \Pi}{\partial T} \frac{\partial \Pi_2}{\partial N} \frac{\partial \Pi_1}{\partial L} \frac{\partial \Pi_3}{\partial M}}{\Sigma \pm \frac{\partial \Pi}{\partial q_3} \frac{\partial \Pi_1}{\partial q_2} \frac{\partial \Pi_2}{\partial p_2} \frac{\partial \Pi_3}{\partial q_1}}.$$

Cuius fractionis ipsorumque $\frac{\partial T}{\partial q_3}$ et $\frac{\partial T}{\partial q_1}$ valores sic determino.

Cum sit $\frac{\partial \Pi}{\partial T} = 2$, $\frac{\partial \Pi_2}{\partial N} = 1$, numerator fractionis antecedentis eruitur

$$2\Sigma \pm \frac{\partial \Pi_1}{\partial L} \cdot \frac{\partial \Pi_3}{\partial M} = -2\sin q_1.$$

E variabilibus $p_2$, $q_1$, $q_2$, $q_3$ functio $\Pi_2$ unicam $p_2$ implicat, functio $\Pi_1$ unicam $q_2$, functio $\Pi_3$ solas $q_1$ et $q_2$; porro fit $\frac{\partial \Pi_2}{\partial p_2} = 1$, unde fractionis antecedentis denominator evadit

$$\frac{\partial \Pi_1}{\partial q_2} \cdot \frac{\partial \Pi_3}{\partial q_1} \cdot \frac{\partial \Pi}{\partial q_3}.$$

Fit autem

$$\frac{\partial \Pi_1}{\partial q_2} = -\{L\sin q_2 + M\cos q_2\},$$

$$\frac{\partial \Pi_3}{\partial q_1} = -\{L\sin q_2 + M\cos q_2\}\cos q_1 + N\sin q_1 = -u,$$

$$\frac{\partial \Pi}{\partial q_3} = -2\frac{\partial T}{\partial q_3}.$$

Unde aequationis differentialis (12) Multiplicator fit

$$(13) \quad \mu = \frac{\sin q_1}{(L\sin q_2 + M\cos q_2)u} \cdot \left( \frac{1}{\frac{\partial T}{\partial q_3}} \right).$$

At e (9) et (10), brevitatis causa posito

$$h = LL + MM + NN,$$

sequitur

$$(14) \quad \begin{cases} L\sin q_2 + M\cos q_2 = \sqrt{LL+MM-p_1p_1} = \sqrt{h-NN-p_1p_1}, \\ u = (L\sin q_2 + M\cos q_2)\cos q_1 - N\sin q_1 = \sqrt{h-p_1p_1-p_3p_3}, \\ (h-p_1p_1)\sin q_1 = (L\sin q_2 + M\cos q_2)p_3 - Nu. \end{cases}$$

Quibus in ipsius $\mu$ valore (13) substitutis sequitur

$$(15)\quad \mu\cdot\frac{\partial T}{\partial q_3} = \frac{1}{h-p_1p_1}\left\{\frac{p_3}{\sqrt{h-p_1p_1-p_3p_3}} - \frac{N}{\sqrt{h-NN-p_1p_1}}\right\}.$$

Restat ut quantitates $\frac{\partial T}{\partial q_3}$ et $\frac{\partial T}{\partial q_1}$ solis $p_1$ et $p_3$ exhibeantur.

Quantitatis $u$ valor (10) cum quantitatem $q_3$ non implicet, e (11) sequitur

$$(16)\quad 2\frac{\partial T}{\partial q_3} = \left(\frac{1}{B}-\frac{1}{A}\right)\{(p_1p_1-uu)\sin 2q_3+2p_1u\cos 2q_3\}.$$

Eius quantitatis quadratum e (11) fit

$$\left(\frac{1}{B}-\frac{1}{A}\right)^2(p_1p_1+uu)^2-\left\{4T-\left(\frac{1}{A}+\frac{1}{B}\right)(p_1p_1+uu)-\frac{2}{C}p_3p_3\right\}^2.$$

Unde ponendo

$$K = 2T-\frac{1}{A}(p_1p_1+uu)-\frac{1}{C}p_3p_3,$$

$$K_1 = \frac{1}{B}(p_1p_1+uu)+\frac{1}{C}p_3p_3-2T,$$

sive

$$(17)\quad \begin{cases} K = 2T-\frac{h}{A}+\left(\frac{1}{A}-\frac{1}{C}\right)p_3p_3, \\ K_1 = \frac{h}{B}-2T+\left(\frac{1}{C}-\frac{1}{B}\right)p_3p_3, \end{cases}$$

sequitur

$$(18)\quad \frac{\partial T}{\partial q_3} = -\sqrt{KK_1}.$$

Cum elementum $dt$ natura temporis numquam regredientis semper positivum sit docet formula $dp_3 = -\frac{\partial T}{\partial q_3}dt$, radicale $\sqrt{KK_1}$ negativo signo afficiendum esse uti in (18), quamdiu $p_3$ crescat, positivo quam diu $p_3$ decrescat.

Ipsum $\frac{\partial T}{\partial q_1}$ e (11) eruimus

$$(19)\quad \frac{\partial T}{\partial q_1} = \frac{1}{2}\frac{\partial u}{\partial q_1}\left\{\left(\frac{1}{A}+\frac{1}{B}\right)u+\left(\frac{1}{B}-\frac{1}{A}\right)(u\cos 2q_3+p_1\sin 2q_3)\right\}.$$

Fit autem e (10) et (9)

$$\frac{\partial u}{\partial q_1} = -\frac{p_3+p_2\cos q_1}{\sin^2 q_1} = -\frac{L\sin q_2+M\cos q_2}{\sin q_1},$$

ideoque e (13) et (18) obtinetur

$$(20)\quad \mu\frac{\partial u}{\partial q_1} = -\frac{1}{u\frac{\partial T}{\partial q_3}} = \frac{1}{u\sqrt{KK_1}}.$$

Porro ex aequationibus (11), (16), (18) fit

$$4T-\frac{2}{C}p_3p_3=\left(\frac{1}{B}-\frac{1}{A}\right)\{(uu-p_1p_1)\cos 2q_3+2p_1u\sin 2q_3\}+\left(\frac{1}{A}+\frac{1}{B}\right)(p_1p_1+uu),$$

$$-2\sqrt{KK_1}=\left(\frac{1}{B}-\frac{1}{A}\right)\{2p_1u\cos 2q_3+(p_1p_1-uu)\sin 2q_3\},$$

unde

$$\frac{u\left(4T-\frac{2}{C}p_3p_3\right)-2p_1\sqrt{KK_1}}{uu+p_1p_1}=\left(\frac{1}{A}+\frac{1}{B}\right)u+\left(\frac{1}{B}-\frac{1}{A}\right)(u\cos 2q_3+p_1\sin 2q_3).$$

Hinc valore $uu+p_1p_1=h-p_3p_3$ substituto, e (19) et (20) eruitur

$$(21)\quad \mu\frac{\partial T}{\partial q_1}=\frac{u\left(2T-\frac{p_3p_3}{C}\right)-p_1\sqrt{KK_1}}{(h-p_3p_3)u\sqrt{KK_1}}.$$

Unde iam aequatio differentialis

$$\mu\frac{\partial T}{\partial q_3}dp_1-\mu\frac{\partial T}{\partial q_1}dp_3=0,$$

quae per se integrabilis esse debet, per formulas (15) et (21) evadit

$$(22)\quad \left\{\begin{aligned}0=&-\frac{Ndp_1}{(h-p_1p_1)(h-NN-p_1p_1)^{\frac{1}{2}}}+\frac{p_3dp_1}{(h-p_1p_1)(h-p_1p_1-p_3p_3)^{\frac{1}{2}}}\\&+\frac{p_1dp_3}{(h-p_3p_3)(h-p_1p_1-p_3p_3)^{\frac{1}{2}}}-\frac{\left(2T-\frac{p_3p_3}{C}\right)dp_3}{(h-p_3p_3)\sqrt{KK_1}}.\end{aligned}\right.$$

Quatuor terminorum dextrae partis primum et quartum differentialia completa esse patet, cum primus solam $p_1$, quartus secundum (17) solam $p_3$ implicet. Ponendo $p_1=\sqrt{h-NN}.\sin\varphi$, primus terminus fit

$$\frac{-Nd\varphi}{h\cos^2\varphi+N^2\sin^2\varphi}=-\frac{1}{\sqrt{h}}\,d\operatorname{arctg}\frac{N\operatorname{tg}\varphi}{\sqrt{h}},$$

unde valorem $\operatorname{tg}\varphi=\frac{p_1}{\{h-NN-p_1p_1\}^{\frac{1}{2}}}$ restituendo evadit primus terminus

$$(23)\quad \frac{-Ndp_1}{(h-p_1p_1)(h-NN-p_1p_1)^{\frac{1}{2}}}=-\frac{1}{\sqrt{h}}\,d\operatorname{arctg}\frac{Np_1}{\sqrt{h}\sqrt{h-NN-p_1p_1}}.$$

Si in dextra parte huius formulae in locum Constantis $N$ ponitur quantitas $p_3$, prodit expressio, utriusque $p_1$ et $p_3$ respectu symmetrica; unde si ipsam quoque quantitatem $p_3$ pro variabili habemus atque utriusque $p_1$ et $p_3$ respectu differentiationem instituimus, provenire debet aggregatum duorum terminorum, qui de expressione ad laevam aequationis (23) posita derivantur, alter ponendo $p_3$ ipsius $N$ loco, alter ponendo $p_1$ ipsius $N$ simulque $p_3$ ipsius $p_1$ loco; unde de formula (23) deducitur haec:

$$(24)\quad \begin{cases} \left(\dfrac{p_3dp_1}{h-p_1p_1}+\dfrac{p_1dp_3}{h-p_3p_3}\right)\dfrac{1}{(h-p_3p_3-p_1p_1)^{\frac{1}{2}}} \\ =\dfrac{1}{\sqrt{h}}\,d\operatorname{arctg}\dfrac{p_1p_3}{\sqrt{h}\sqrt{h-p_1p_1-p_3p_3}}. \end{cases}$$

Quae docet, aequationis (22) terminos secundum et tertium iuxta sumtos et ipsos differentiale completum constituere. Formulas (17), (23) et (24) in aequatione differentiali (22) substituendo et integrando prodit Integrale *quintum:*

$$(25)\quad \begin{cases} \text{Const.} = -\dfrac{1}{\sqrt{h}}\operatorname{arctg}\dfrac{Np_1}{\sqrt{h}\sqrt{h-NN-p_1p_1}}+\dfrac{1}{\sqrt{h}}\operatorname{arctg}\dfrac{p_1p_3}{\sqrt{h}\sqrt{h-p_1p_1-p_3p_3}} \\ -\displaystyle\int\frac{\left(2T-\frac{p_3p_3}{C}\right)dp_3}{(h-p_3p_3)\sqrt{2T-\frac{h}{A}+\left(\frac{1}{A}-\frac{1}{C}\right)p_3p_3}\sqrt{\frac{h}{B}-2T+\left(\frac{1}{C}-\frac{1}{B}\right)p_3p_3}}. \end{cases}$$

Tempus $t$, quod unice determinandum restat, per $p_3$ exprimitur ope formulae

$$(26)\quad \begin{cases} t+\text{Const.} = -\displaystyle\int\frac{dp_3}{\frac{\partial T}{\partial q_3}} = \int\frac{dp_3}{\sqrt{KK_1}} \\ =\displaystyle\int\frac{dp_3}{\sqrt{2T-\frac{h}{A}+\left(\frac{1}{A}-\frac{1}{C}\right)p_3p_3}\sqrt{\frac{h}{B}-2T+\left(\frac{1}{C}-\frac{1}{B}\right)p_3p_3}}. \end{cases}$$

Ita problema rotationis propositum iam *sine plani invariabilis usu* perfecte integratum est.

Quod planum si adhibere placet atque pro Coordinatarum $x$ et $y$ plano sumere, fit

$$L=0,\quad M=0.$$

Unde e (10), (9) et (11) fit $u=-N\sin q_1$, porro

$$p_1=0,\quad p_2=-N=-\sqrt{h},\quad p_3=N\cos q_1,$$

$$\frac{2T}{N^2}=\frac{1}{A}\sin^2q_1\sin^2q_3+\frac{1}{B}\sin^2q_1\cos^2q_3+\frac{1}{C}\cos^2q_1.$$

In dextra parte formulae (25) terminus secundus evanescit, tertius immutatus manet, primus autem *indeterminati* speciem induit. At observo, e (9) haberi

$$\frac{Np_1}{\sqrt{h}\sqrt{h-NN-p_1p_1}} = \frac{N\operatorname{tg}(q_2-\alpha)}{\sqrt{N^2+L^2+M^2}},$$

siquidem ponitur $\frac{L}{M} = \operatorname{tg}\alpha$. Hinc si ponimus $L=0$, $M=0$ atque Constantem $\frac{\alpha}{\sqrt{h}}$ Constanti arbitrariae adiicimus, formula (25) evadit:

$$\text{Const.} = \frac{q_2}{N} + \int \frac{\left(2T - \frac{p_3p_3}{C}\right)dp_3}{(h-p_3p_3)\sqrt{KK_1}},$$

ubi $K$ et $K_1$ valores (17) immutatos servant. Nec non temporis $t$ expressio immutata manet

$$t + \text{Const.} = \int \frac{dp_3}{\sqrt{KK_1}}.$$

Formularum antecedentium ope variabiles omnes maxima concinnitate exhiberi possunt per functiones ellipticas, quarum argumentum tempori $t$ proportionale est. Quod egregie expositum invenis in Commentatione inaugurali Cl. A. S. Rueb Roterodamensis „de motu gyratorio corporis rigidi", Traiecti ad Rhenum a. 1834 publicata.

In his quaestionibus de rotatione solidi atque de motu puncti versus duo centra fixa attracti data opera analysi usus sum inelegantiore, ut demonstretur, ea problemata ope principii ultimi Multiplicatoris etiam absque artificiis, quae non ita in promptu sunt, ad finem perduci posse.

## §. 28.

De problemate trium corporum in eadem recta motorum. Substitutio Euleriana. Theoremata de viribus homogeneis.

Paucis adhuc agam de tribus corporibus se mutuo attrahentibus in eademque recta motis, quippe quod problema varia de Multiplicatore proposita exemplo illustrandi occasionem commodam praebebit. Ope principii conservationis virium vivarum quaestio in aequationis differentialis secundi ordinis integrationem redit. At Eulerus olim absque Integrali ab illo principio suppeditato reductionem problematis ad aequationem differentialem secundi ordinis per substitutionem memorabilem effecit. (Cf. *Nov. Comm. Ac. Petrop. Vol. XI pg. 144 sqq., Nova*

*Acta Vol. III pg. 126—141.*) Quam rem hic ita repetam, ut simul per idoneam variabilium electionem formularum symmetriae consulam.

Sint $m$, $m'$, $m''$ tria eiusdem rectae puncta massis $m$, $m'$, $m''$ praedita sitque $m'$ inter $m$ et $m''$. Designante $O$ rectae punctum fixum, ponatur

$$Om = x,\quad Om' = x_1,\quad Om'' = x_2.$$

Si directionem motus, qua punctum a $m$ ad $m'$, a $m'$ ad $m''$ fertur, positivam, directionem oppositam, qua punctum a $m''$ ad $m'$, a $m'$ ad $m$ movetur, negativam dicimus, statuo $x$, $x_1$, $x_2$ quantitates positivas aut negativas esse, prout a puncto fixo $O$ ad puncta $m$, $m'$, $m''$ directio positiva aut negativa est. Ubi massae $m$, $m'$, $m''$ se mutuo secundum legem Neutonianam attrahunt, fit

$$(1)\quad \begin{cases} \dfrac{d^2x}{dt^2} = \quad * \quad + \dfrac{m'}{(x_1-x)^2} + \dfrac{m''}{(x_2-x)^2}, \\ \dfrac{d^2x_1}{dt^2} = -\dfrac{m}{(x_1-x)^2} \quad * \quad + \dfrac{m''}{(x_2-x_1)^2}, \\ \dfrac{d^2x_2}{dt^2} = -\dfrac{m}{(x_2-x)^2} - \dfrac{m'}{(x_2-x_1)^2} \quad * \quad . \end{cases}$$

Trium massarum se mutuo attrahentium centrum gravitatis statuamus in quiete manere, quod salva generalitate licet, ipsumque ponamus centrum gravitatis esse punctum fixum $O$. Hinc tres quantitates $x$, $x_1$, $x_2$ duabus aliis $u$ et $v$ exprimi possunt per substitutiones lineares

$$(2)\quad x = \alpha u + \beta v,\quad x_1 = \alpha' u + \beta' v,\quad x_2 = \alpha'' u + \beta'' v,$$

in quibus $\alpha$, $\beta$, etc. designant Constantes quascunque satisfacientes duabus aequationibus

$$(3)\quad m\alpha + m'\alpha' + m''\alpha'' = 0,\quad m\beta + m'\beta' + m''\beta'' = 0.$$

Quibus ex arbitrio addamus tertiam

$$(4)\quad m\alpha\beta + m'\alpha'\beta' + m''\alpha''\beta'' = 0;$$

porro ponamus

$$m\alpha\alpha + m'\alpha'\alpha' + m''\alpha''\alpha'' = \mu,$$
$$m\beta\beta + m'\beta'\beta' + m''\beta''\beta'' = \nu.$$

Substitutis (2) in aequationibus differentialibus (1) et additis tribus aequationibus respective per $m\alpha$, $m'\alpha'$, $m''\alpha''$ vel per $m\beta$, $m'\beta'$, $m''\beta''$ multiplicatis, obtinetur:

$$(5)\quad \begin{cases} \mu\dfrac{d^2u}{dt^2} = \dfrac{m'm''(\alpha'-\alpha'')}{(x_2-x_1)^2} + \dfrac{m''m(\alpha-\alpha'')}{(x_2-x)^2} + \dfrac{mm'(\alpha-\alpha')}{(x_1-x)^2}, \\ \nu\dfrac{d^2v}{dt^2} = \dfrac{m'm''(\beta'-\beta'')}{(x_2-x_1)^2} + \dfrac{m''m(\beta-\beta'')}{(x_2-x)^2} + \dfrac{mm'(\beta-\beta')}{(x_1-x)^2}. \end{cases}$$

Sit

$$(6)\quad \begin{cases} \alpha''-\alpha' = a, & \alpha''-\alpha = a', \quad \alpha'-\alpha = a'', \\ \beta''-\beta' = b, & \beta''-\beta = b', \quad \beta'-\beta = b'', \end{cases}$$

unde

$$(7)\quad \begin{cases} a+a'' = a', \quad b+b'' = b', \\ m'm''.ab+m''m.a'b'+mm'.a''b'' = 0^{*)}; \end{cases}$$

obtinentur inter $u$ et $v$ aequationes differentiales:

$$(8)\quad \begin{cases} \mu\dfrac{d^2u}{dt^2} = -\dfrac{m'm''a}{(au+bv)^2}-\dfrac{m''ma'}{(a'u+b'v)^2}-\dfrac{mm'a''}{(a''u+b''v)^2}, \\ \nu\dfrac{d^2v}{dt^2} = -\dfrac{m'm''b}{(au+bv)^2}-\dfrac{m''mb'}{(a'u+b'v)^2}-\dfrac{mm'b''}{(a''u+b''v)^2}. \end{cases}$$

Aequationibus (8) respective per $\frac{du}{dt}$ et $\frac{dv}{dt}$ multiplicatis et additis factaque integratione obtinetur aequatio, conservationem virium vivarum exprimens:

$$(9)\quad \tfrac{1}{2}\left\{\mu\left(\frac{du}{dt}\right)^2+\nu\left(\frac{dv}{dt}\right)^2\right\} = \frac{m'm''}{au+bv}+\frac{m''m}{a'u+b'v}+\frac{mm'}{a''u+b''v}-h,$$

designante $h$ Constantem arbitrariam.

Quantitates $\mu$ et $\nu$ ipsis $a$, $b$, etc. determinantur per formulas

$$(10)\quad \begin{cases} (m+m'+m'')\mu = m'm''a^2+m''ma'^2+mm'a''^2, \\ (m+m'+m'')\nu = m'm''b^2+m''mb'^2+mm'b''^{2\,**)}. \end{cases}$$

Ponamus

$$(11)\quad \mu = \nu = 1,$$

inter quatuor quantitates $a$, $b$, $a''$, $b''$ locum habebunt tres aequationes:

$$(12)\quad \begin{cases} m+m'+m'' = m''(m+m')a^2+2m''maa''+m(m'+m'')a''^2, \\ m+m'+m'' = m''(m+m')b^2+2m''mbb''+m(m'+m'')b''^2, \\ 0 = m''(m+m')ab+m''m(ab''+a''b)+m(m'+m'')a''b''. \end{cases}$$

Quae demonstrant, quantitates $a$ et $a''$, $b$ et $b''$ haberi posse pro Coordinatis punctorum in terminis positorum quarumcunque binarum semidiametrorum coniugatarum sectionis conicae, cuius aequatio est

$$m+m'+m'' = m''(m+m')x^2+2m''mxy+m(m'+m'')y^2.$$

---

*) Haec aequatio sequitur e formula identica

$$(m+m'+m'')(m\alpha\beta+m'\alpha'\beta'+m''\alpha''\beta'')-(m\alpha+m'\alpha'+m''\alpha'')(m\beta+m'\beta'+m''\beta'') = m'm''ab+m''ma'b'+mm'a''b''.$$

**) Hae aequationes sequuntur e formulis identicis

$$(m+m'+m'')(m\alpha^2+m'\alpha'^2+m''\alpha''^2)-(m\alpha+m'\alpha'+m''\alpha'')^2 = m'm''.a^2+m''m.a'^2+mm'.a''^2,$$
$$(m+m'+m'')(m\beta^2+m'\beta'^2+m''\beta''^2)-(m\beta+m'\beta'+m''\beta'')^2 = m'm''.b^2+m''m.b'^2+mm'.b''^2.$$

Si pro diametris coniugatis axes principales sumere placet, quantitates $a$, $b$, etc. determinandae erunt per aequationes:

$$(13)\quad a = A\cos\varepsilon,\quad a'' = A\sin\varepsilon,\quad b = B\sin\varepsilon,\quad b'' = -B\cos\varepsilon,$$

ubi, posito br. c.

$$m''(m+m')+m(m''+m') = n,$$

et nova quantitate $M$ introducta, angulus $\varepsilon$ et quantitates $A$ et $B$ dantur per formulas:

$$(14)\quad \begin{cases} M\cos 2\varepsilon = m'(m''-m), & M\sin 2\varepsilon = 2mm'', \\ A = \sqrt{\dfrac{m+m'+m''}{\frac{1}{2}(n+M)}}, & B = \sqrt{\dfrac{m+m'+m''}{\frac{1}{2}(n-M)}}. \end{cases}$$

Determinatis $a$, $b$, etc., invenitur

$$(15)\quad \begin{cases} \alpha = \alpha'-a'',\quad \alpha'' = \alpha'+a,\quad \beta = \beta'-b'',\quad \beta'' = \beta'+b, \\ \alpha' = \dfrac{ma''-m''a}{m+m'+m''},\quad \beta' = \dfrac{mb''-m''b}{m+m'+m''}. \end{cases}$$

De substitutione hic a me adhibita pluribus egi in Commentatione „*sur l'élimination des noeuds dans le problème des trois corps.*“ [Cf. o. h. Vol. p. 297.]

His de Coëfficientibus substitutionis linearis (2) obiter adnotatis, iam novas variabiles $r$, $\varphi$, $s$, $\eta$ introduco ope substitutionis

$$(16)\quad \begin{cases} u = r\cos\varphi, \qquad v = r\sin\varphi, \\ s = \sqrt{r}\,.\,\dfrac{dr}{dt} = \dfrac{u\dfrac{du}{dt}+v\dfrac{dv}{dt}}{\sqrt[4]{u^2+v^2}}, \\ \eta = \sqrt{r^3}\,.\,\dfrac{d\varphi}{dt} = \dfrac{u\dfrac{dv}{dt}-v\dfrac{du}{dt}}{\sqrt[4]{u^2+v^2}}. \end{cases}$$

Ex aequationibus differentialibus (8), posito $\mu = \nu = 1$, sequitur

$$(17)\quad \begin{cases} \sqrt{r^3}\,.\,\dfrac{ds}{dt} = \frac{1}{2}s^2+\eta^2-\Phi, \\ \sqrt{r^3}\,.\,\dfrac{d\eta}{dt} = -\frac{1}{2}\eta s+\Phi', \end{cases}$$

siquidem ponitur $\Phi' = \dfrac{d\Phi}{d\varphi}$ atque

$$(18)\quad \Phi = \frac{m'm''}{a\cos\varphi+b\sin\varphi}+\frac{m''m}{a'\cos\varphi+b'\sin\varphi}+\frac{mm'}{a''\cos\varphi+b''\sin\varphi}.$$

E formulis (16) et (17) patet, *determinationem motus propositi pendere ab integratione duarum aequationum differentialium primi ordinis inter tres variabiles* $\varphi$, $s$, $\eta$:

$$(19)\quad d\varphi : ds : d\eta = \eta : \tfrac{1}{2}s^2+\eta^2-\Phi : -\tfrac{1}{2}s\eta+\Phi'.$$

Quas aequationes differentiales, quia a Constante generali $h$ vacuae sunt, simpliciores censere licet iis, quae, non adhibitis substitutionibus (16) aut earum similibus, adiumento aequationis (9) per unius variabilis eliminationem obtinentur. Integratis (19), suppeditabit formula (9) valorem ipsius $r$. Nimirum cum sit

$$\left(\frac{du}{dt}\right)^2+\left(\frac{dv}{dt}\right)^2 = \left(\frac{dr}{dt}\right)^2+r^2\left(\frac{d\varphi}{dt}\right)^2 = \frac{1}{r}\{s^2+\eta^2\},$$

fit e (9)

$$(20)\quad r = \frac{1}{h}\{\Phi-\tfrac{1}{2}(s^2+\eta^2)\}.$$

Denique tempus $t$ invenitur formula

$$(21)\quad dt = \frac{\sqrt{r}}{s}\,dr = \frac{\sqrt{r^3}}{\eta}\,d\varphi.$$

Iam aequationum differentialium (19) investigabo Multiplicatorem $N$.

Si adhibemus formulam differentialem, qua generaliter Multiplicatorem definivi, fit

$$-\frac{\eta\, d\log N}{d\varphi} = \frac{\partial\eta}{\partial\varphi}+\frac{\partial(\tfrac{1}{2}s^2+\eta^2-\Phi)}{\partial s}+\frac{\partial(-\tfrac{1}{2}s\eta+\Phi')}{\partial\eta} = \tfrac{1}{2}s,$$

ideoque e (16)

$$(22)\quad d\log N = -\tfrac{1}{2}\frac{s}{\eta}\,d\varphi = -\tfrac{1}{2}\frac{dr}{r};\quad N = \frac{1}{\sqrt{r}}.$$

Unde substituendo (20) et factorem constantem $\sqrt{h}$ reiiciendo, *fit aequationum differentialium* (19) *Multiplicator*

$$N = \frac{1}{\sqrt{\Phi-\tfrac{1}{2}(s^2+\eta^2)}}.$$

Qui Multiplicatoris valor valet, quaecunque anguli $\varphi$ sit functio $\Phi$, qua aequationes differentiales (19) afficiuntur.

Multiplicatorem etiam per praecepta generalia Cap. II. tradita hoc modo indagare licet. Scilicet aequationum differentialium (8) Multiplicator est *unitas*. Unde aequationum differentialium

$$(23)\quad\begin{cases}\dfrac{dr}{dt}=\dfrac{s}{\sqrt{r}}, \quad \dfrac{d\varphi}{dt}=\dfrac{\eta}{\sqrt{r^3}},\\ \dfrac{ds}{dt}=\dfrac{1}{\sqrt{r^3}}\{\tfrac{1}{2}s^2+\eta^2-\Phi\},\\ \dfrac{d\eta}{dt}=\dfrac{1}{\sqrt{r^3}}\{-\tfrac{1}{2}\eta s+\Phi'\}\end{cases}$$

Multiplicator aequatur unitati divisae per quantitatum $r$, $\varphi$, $s$, $\eta$ Determinans, variabilium $u$, $v$, $\frac{du}{dt}$, $\frac{dv}{dt}$ respectu formatum. Quod Determinans, cum quantitatum $r$ et $\varphi$ valores ab ipsis $\frac{du}{dt}$ et $\frac{dv}{dt}$ vacui sint, aequatur producto Determinantis quantitatum $r$ et $\varphi$ ipsarum $u$ et $v$ respectu et Determinantis quantitatum $s$ et $\eta$ ipsarum $\frac{du}{dt}$ et $\frac{dv}{dt}$ respectu formati. Quorum Determinantium alterum fit $\frac{1}{r}$, alterum $r$, unde aequationum (23) Multiplicator et ipse $= 1$ invenitur. Deinde si Integralis (20) ope eliminatur variabilis $r$ simulque de aequationibus differentialibus (23) prima reiicitur, Multiplicator aequationum differentialium, ea eliminatione ad minorem numerum paucioresque variabiles reductarum, secundum §. 10 aequatur differentiali partiali $\frac{\partial r}{\partial h}$, designante $h$ Constantem arbitrariam, qua Integrale (20) afficitur. Quod differentiale partiale e (20) fit $-\frac{r}{h}$. Denique aequationum differentialium (19) Multiplicator invenitur dividendo per $\sqrt{r^3}$, quippe per quod multiplicandum erat, ut quantitates ad dextram aequationum (19) prodirent; unde, factore constante $-\frac{1}{h}$ reiecto, prodit aequationum (19) Multiplicator $\frac{1}{\sqrt{r}}$, uti supra.

Cognito ipsius $N$ valore, si aequationum differentialium (19) integratione prima exprimitur variabilis $\eta$ per $\varphi$, $s$ et Constantem arbitrariam $\alpha$, principio ultimi Multiplicatoris obtinetur alterum Integrale

$$\int\frac{\partial\eta}{\partial\alpha}\cdot\frac{\eta\,ds+\{\Phi-\frac{1}{2}s^2-\eta^2\}d\varphi}{\sqrt{\Phi-\frac{1}{2}(s^2+\eta^2)}}=\beta,$$

ubi sub integrationis signo post valorem ipsius $\eta$ substitutum differentiale completum habetur atque $\beta$ Constantem arbitrariam designat. Eulerus integrationem primam, etsi succederet, in hac quaestione parvi adiumenti fore putavit, cum de ulteriore integratione desperandum esset. At novo principio generali ultimi

Multiplicatoris ipsam ulteriorem integrationem absolvere licuit, dum de prima intégratione nihil constat.

Evanescente $h$, habetur aequatio integralis particularis

$$(24)\quad \Phi = \tfrac{1}{2}(s^2+\eta^2),$$

unde una tantum integranda manet aequatio differentialis primi ordinis inter duas variabiles $s$ et $\varphi$:

$$(25)\quad \frac{ds}{d\varphi} - \tfrac{1}{2}\sqrt{2\Phi - s^2} = 0.$$

Cuius aequationis differentialis Multiplicator $M$ definitur formula

$$\frac{d\log M}{d\varphi} = -\tfrac{1}{2}\frac{\partial\sqrt{2\Phi-s^2}}{\partial s} = \tfrac{1}{2}\frac{s}{\sqrt{2\Phi-s^2}} = \frac{s}{2\eta} = \tfrac{1}{2}\frac{d\log r}{d\varphi},$$

unde $\beta M = \sqrt{r}$. Invento aequationis differentialis (25) Integrali eiusque ope expressa $\varphi$ per $s$ et $\alpha$, fit $M^{-1} = \frac{\partial s}{\partial \alpha}$, ideoque

$$(26)\quad r = \frac{\beta^2}{\left(\frac{\partial s}{\partial \alpha}\right)^2},$$

designantibus $\alpha$ et $\beta$ Constantes arbitrarias.

Formulae prorsus analogae habentur, si mutuae attractiones non distantiarum quadratis inversis, sed aliis quibuscunque potestatibus proportionales sunt. Observo tamen, casu, quo trium corporum, quae in eadem recta moventur, mutuae attractiones *cubis* distantiarum inverse proportionales sint, motum totum tantum ab *unica Quadratura* pendere.

Si vires sollicitantes in motu systematis liberi functiones Coordinatarum homogeneae quaecunque sunt, generaliter per substitutiones antecedentibus similes systematis aequationum differentialium ordinem *unitate* diminuere licet, quantitate, cui Coordinatae proportionales statuuntur, eliminata. Quam, docet theoria nostra, aequationum differentialium iis substitutionibus reductarum Multiplicatore determinari, ideoque, si illae complete integratae sint, Determinante functionali, quo earum Multiplicator detur, variabilis quoque eliminatae valorem absque Quadratura suppeditari. Si principium conservationis virium vivarum valet, eo ipso variabilis eliminata determinari potest, unde vice versa aequationum differentialium reductarum Multiplicatorem eruere earumque ultimam integrationem reducere licet ad Quadraturas. Excipiendus est casus particularis, quo Constans arbitraria, quae valori semisummae virium vivarum accedit, nihilo aequiparatur. Eo casu aequationum differentialium reductarum habetur Integrale particulare, unde ordinem systematis earum denuo unitate diminuere licet; quantitas eliminata autem rursus determinabitur Multiplicatore systematis aequationum differentialium bis reductarum. Hinc sequens nanciscimur theorema:

„Sint vires, quibus systema liberum $n$ punctorum materialium sollicitatur, functiones Coordinatarum homogeneae, valeatque principium conservationis virium vivarum; casu particulari, quo Constans arbitraria valori virium vivarum adiicienda nihilo aequatur, systematis aequationum differentialium ordo *duabus* unitatibus diminui sive problema revocari potest ad integrationem $6n-3$ aequationum differentialium primi ordinis inter $6n-2$ variabiles; quibus complete integratis, obtinetur valor $(6n-1)^{\text{tae}}$ variabilis *per differentiationes* secundum Constantes arbitrarias institutas, qui valor in novam Constantem arbitrariam ducitur; $6n^{\text{ta}}$ variabilis principio conservationis virium vivarum determinatur, postremo tempus, ut semper, obtinetur Quadratura."

Quae hac Analysi demonstrantur.

Sit $x$ una $3n$ Coordinatarum, sit $m$ massa puncti, ad quod ea pertinet, ponatur $\frac{dx}{dt} = x'$, habeanturque $3n$ aequationes differentiales $m\frac{dx'}{dt} = X$, designante $X$ functionem $3n$ Coordinatarum homogeneam $i^{\text{ti}}$ ordinis. Ad quantitates analogas denotandas indices subscriptos adhibebo. Summationibus semper ad omnes $3n$ Coordinatas extensis, pono

$$\Sigma mx^2 = r^2, \quad x = rq, \quad x' = p\sqrt{r^{i+1}}, \quad r' = \varrho\sqrt{r^{i+1}}, \quad X = r^i Q,$$

unde quantitates $Q$ erunt solarum quantitatum $q$ functiones et ipsae homogeneae $i^{\text{ti}}$ ordinis. His statutis obtinetur

$$(27)\quad \begin{cases} q' = \dfrac{dq}{dt} = \dfrac{x'}{r} - \dfrac{xr'}{r^2} = \sqrt{r^{i-1}}.(p-q\varrho), \\ p' = \dfrac{dp}{dt} = \dfrac{X}{m\sqrt{r^{i+1}}} - \dfrac{i+1}{2}.\dfrac{x'r'}{\sqrt{r^{i+3}}} = \sqrt{r^{i-1}}.\left(\dfrac{Q}{m} - \tfrac{1}{2}(i+1)p\varrho\right), \\ \Sigma mqp = \varrho. \end{cases}$$

Hinc inter variabilem $r$ et $6n$ variabiles $q$ et $p$ obtinentur $6n$ aequationes differentiales primi ordinis:

$$(28)\quad \begin{cases} dr : dq : dq_1 : \ldots : dp : dp_1 : \ldots \\ = r\varrho : p - q\varrho : p - q_1\varrho : \ldots : \dfrac{Q}{m} - \dfrac{i+1}{2}p\varrho : \dfrac{Q_1}{m_1} - \dfrac{i+1}{2}p_1\varrho : \ldots, \end{cases}$$

in quibus suppono ipsius $\varrho$ substitutum esse valorem $\Sigma mqp$. Si de parte dextra $r\varrho$, de laeva $dr$ reiicitur, abeunt formulae (28) in $6n-1$ aequationes differentiales inter $6n$ variabiles $q$ et $p$.

Sequitur e (28):

$$dr : \tfrac{1}{2} d\Sigma mqq = r : 1-\Sigma mqq,$$

unde, designante $c$ Constantem arbitrariam, fit

$$(29) \quad r^2(1-\Sigma mqq) = c.$$

Valente principio virium vivarum, designet $K$ functionem ipsarum $q$ homogeneam $(i+1)^{ti}$ ordinis $= \frac{1}{i+1} \Sigma q'Q = \int \Sigma Q dq$, atque $h$ alteram Constantem arbitrariam, obtinetur

$$(30) \quad r^{i+1}(K-\tfrac{1}{2}\Sigma mpp) = h.$$

Vocemus $M$ Multiplicatorem aequationum differentialium (28), erit

$$d\log M + \frac{U dr}{r\varrho} = 0,$$

siquidem $U$ designat summam quantitatum $r\varrho$, $p-q\varrho$, etc., $\frac{Q}{m} - \frac{i+1}{2} p\varrho$ etc., respective secundum variabiles $r$, $q$, etc., $p$ etc. differentiatarum. Quae summa, cum sit $\frac{\partial \varrho}{\partial q} = mp$, $\frac{\partial \varrho}{\partial p} = mq$, evadit

$$U = \varkappa\varrho, \quad \text{ubi} \quad \varkappa = 1-\tfrac{1}{2}(i+3)(3n+1),$$

unde sequitur

$$(31) \quad d\log M = -\varkappa d\log r, \quad M = r^{-\varkappa}.$$

In quaestione proposita non adhibendum est Integrale completum (29), sed particulare, pro quo fit $c = 0$; substitutiones enim adhibitae suppeditant aequationem

$$\Sigma mqq = 1,$$

cuius ope $3n$ variabiles $q$ ad alias $3n-1$ variabiles $w$ reducere licet. Vocemus $H$ Determinans functionale $3n-1$ quantitatum $w$ et quantitatis $1-\Sigma mqq$, $3n$ variabilium $q$ respectu formatum, sintque aequationes differentiales reductae

$$(32) \quad \begin{cases} dr : dw : dw_1 : \ldots : dp : dp_1 : \ldots \\ = r\varrho : W : W_1 : \ldots : P : P_1 : \ldots, \end{cases}$$

secundum regulas generales fit aequationum (32) Multiplicator

$$N = \frac{M}{Hr^2} = \frac{1}{Hr^{\varkappa+2}}.$$

Qui satisfacere debet aequationi

$$(33)\quad d\log N + \frac{d\log r}{\varrho}\left\{\varrho + \frac{\partial W}{\partial w} + \frac{\partial W_1}{\partial w_1} + \cdots + \frac{\partial P}{\partial p} + \frac{\partial P_1}{\partial p_1} + \cdots\right\} = 0.$$

Si vocamus $L$ Multiplicatorem $6n-2$ aequationum differentialium primi ordinis inter $3n-1$ variabiles $w$ et $3n$ variabiles $p$ locum habentium,

$$(34)\quad dw : dw_1 : \ldots : dp : dp_1 : \ldots = W : W_1 : \ldots : P : P_1 : \ldots,$$

determinatur $L$ formula

$$0 = d\log L + \frac{dw}{W}\left\{\frac{\partial W}{\partial w} + \frac{\partial W_1}{\partial w_1} + \cdots + \frac{\partial P}{\partial p} + \frac{\partial P_1}{\partial p_1} + \cdots\right\};$$

unde, cum e (32) sit $\frac{dw}{W} = \frac{d\log r}{\varrho}$, e (33) sequitur

$$d\log L = d\log Nr,$$

ideoque aequationum (34) fit Multiplicator

$$(35)\quad L = rN = \frac{1}{H.r^{\varkappa+1}} = \frac{1}{H.\varrho^{2-\frac{1}{2}(i+3)(3n+1)}}.$$

Aequationibus (34) complete integratis, quantitas $L$ per theoremata initio huius Commentationis proposita obtinetur formatione Determinantis functionalis, ideoque variabilis $r$ ope aequationis (35) absque Quadratura per variabiles $w$ et $p$ determinabitur. Si conservatio virium vivarum valet, dabitur $r$ aequatione (30), unde eo casu dato variabilis $r$ valore vice versa aequationum differentialium (34) suppeditatur Multiplicator

$$(36)\quad L = \frac{1}{H.(K-\frac{1}{2}\Sigma mpp)^{\frac{3n-1}{i+1}+\frac{3n+1}{2}}}.$$

Seorsim examinemus casum particularem $h = 0$, quo fieri non potest, ut ipsius $r$ per quantitates $w$ et $p$ determinatio ex aequatione (30) petatur. Eo casu ope aequationum

$$\Sigma mqq = 1, \quad \tfrac{1}{2}\Sigma mpp = K$$

poterunt $6n$ quantitates $q$ et $p$ ad $6n-2$ alias quantitates $v$ reduci. Sint aequationes differentiales reductae

$$(37)\quad dr : dv_1 : dv_2 : \ldots : dv_{6n-2} = r\varrho : V_1 : V_2 : \ldots : V_{6n-2},$$

sitque $G$ Determinans functionale $6n-2$ quantitatum $v$ duarumque $\Sigma mqq$ et $K-\frac{1}{2}\Sigma mqq$, $6n$ variabilium $q$ et $p$ respectu formatum: secundum regulas generales Cap. II. traditas erit aequationum differentialium reductarum (37) Multiplicator

$$\mu = \frac{M}{G.r^{i+3}} = \frac{1}{G.r^{x+i+3}},$$

denominatore $r^{i+3}$ inde proveniente, quod in aequationibus (29) et (30) functiones Constantibus arbitrariis $c$ et $h$ aequatae per $r^2$ et $r^{i+1}$ multiplicantur. Eadem ratione, qua supra Multiplicatorem $L$ e $N$ deduxi, sequitur, $6n-3$ aequationum differentialium primi ordinis, inter $6n-2$ variabiles $v$ locum habentium,

$$(38)\quad dv_1 : dv_2 : \ldots : dv_{6n-2} = V_1 : V_2 : \ldots : V_{6n-2}$$

Multiplicatorem fieri

$$(39)\quad \nu = \mu r = \frac{1}{G.r^{x+i+2}} = \frac{1}{G}.r^{\frac{1}{2}(i+3)(3n-1)}.$$

Aequationibus (38) complete integratis, Multiplicator $\nu$ Determinante functionali datur, ideoque ope formulae (39) variabilis $r$ valor per quantitates $v$ sine Quadratura determinatur. Qui insuper in Constantem arbitrariam ducendus est, quippe proportionalis est potestati Multiplicatoris, quem factore constante arbitrario afficere licet.

## §. 29.

Principium ultimi Multiplicatoris applicatur ad systema liberum punctorum materialium in medio resistente motum. De cometa in aethere resistente circa solem moto.

Determinatio Multiplicatoris etiam in quibusdam problematis mechanicis succedit, in quibus viribus sollicitantibus aliae accedunt e medii resistentia natae, veluti in motu puncti in medio resistente circa centrum fixum, versus quod secundum legem Neutonianam attrahitur.

Sint rursus puncti massa $m_i$ praediti Coordinatae orthogonales $x_i$, $y_i$, $z_i$, sit $x'_i = \frac{dx_i}{dt}$, $y'_i = \frac{dy_i}{dt}$, $z'_i = \frac{dz_i}{dt}$, atque puncti velocitas

$$v_i = \sqrt{x'_i x'_i + y'_i y'_i + z'_i z'_i}.$$

Si puncta moventur in medio, quod cuiusque motui in directione tangentis orbitae eius resistit, viribus massam $m_i$ secundum Coordinatarum directiones sollicitantibus $X_i$, $Y_i$, $Z_i$, quae solarum Coordinatarum et, si placet, temporis $t$ functiones esse supponuntur, accedunt vires resistentia medii provenientes

$$-m_i f_i V_i \cdot \frac{x'_i}{v_i}, \quad -m_i f_i V_i \cdot \frac{y'_i}{v_i}, \quad -m_i f_i V_i \cdot \frac{z'_i}{v_i},$$

ubi $V_i$ est solius $v_i$ functio resistentiae legem exprimens atque $f_i$, si forma corporis $m_i$ non respicitur, est solarum $x_i$, $y_i$, $z_i$ functio aequalis densitati medii in puncto $m_i$, divisae per massam $m_i$ et multiplicatae per Constantem superficiei corporis $m_i$ proportionalem. Est igitur motus systematis liberi punctorum materialium determinandus per systema aequationum differentialium secundi ordinis huiusmodi:

$$(1)\quad \begin{cases} \dfrac{d^2x_i}{dt^2} = \dfrac{1}{m_i}X_i - f_i V_i \cdot \dfrac{x_i'}{v_i}, \\[2ex] \dfrac{d^2y_i}{dt^2} = \dfrac{1}{m_i}Y_i - f_i V_i \cdot \dfrac{y_i'}{v_i}, \\[2ex] \dfrac{d^2z_i}{dt^2} = \dfrac{1}{m_i}Z_i - f_i V_i \cdot \dfrac{z_i'}{v_i}. \end{cases}$$

Quarum aequationum differentialium Multiplicator $M$, cum functiones $X_i$, $Y_i$, $Z_i$, $f_i$ ab ipsis $x_i'$, $y_i'$, $z_i'$ vacuae supponantur, definitur per formulam differentialem

$$\frac{d\log M}{dt} = \Sigma f_i \left\{ \frac{\partial(V_i v_i^{-1}.x_i')}{\partial x_i'} + \frac{\partial(V_i v_i^{-1}.y_i')}{\partial y_i'} + \frac{\partial(V_i v_i^{-1}.z_i')}{\partial z_i'} \right\},$$

sive

$$(2)\quad \frac{d\log M}{dt} = \Sigma f_i \left\{ 2V_i v_i^{-1} + \frac{dV_i}{dv_i} \right\}.$$

Si motus in plano fit, aequationis (2) loco habetur

$$\frac{d\log M}{dt} = \Sigma f_i \left\{ V_i v_i^{-1} + \frac{dV_i}{dv_i} \right\}.$$

Si motus in eadem recta fit, habetur

$$\frac{d\log M}{dt} = \Sigma f_i \frac{dV_i}{dv_i},$$

unde fit $M = 1$, si $V_i$ est constans.

Sit $V_i = v_i$ sitque medium uniforme ideoque quantitates $f_i$ constantes; sequitur e (2):

$$(3)\quad M = e^{3\Sigma f_i \cdot t}\ ^{*)}.$$

Haec docet formula, *si motus fiat in medio uniformi, cuius resistentia velocitati directe proportionalis sit, atque vires sollicitantes* $X_i$, $Y_i$, $Z_i$ *a solis Coordinatis pendeant, post omnia inter quantitates* $x_i$, $y_i$, $z_i$, $x_i'$, $y_i'$, $z_i'$ *inventa Integralia ultimo loco* $t$ *per Coordinatam aliquam sine nova Quadratura exprimi posse.*

---

*) Pro motu in plano fit eo casu $M = e^{2\Sigma f_i \cdot t}$, pro motu in eadem recta $M = e^{\Sigma f_i \cdot t}$.

Sint enim pro numero $n$ punctorum materialium $6n-1$ Integralia inventa

$$F_1 = \alpha_1, \quad F_2 = \alpha_2, \quad \ldots, \quad F_{6n-1} = \alpha_{6n-1},$$

ubi $\alpha_1$, $\alpha_2$, etc. sunt Constantes arbitrariae; sit $x$ una quaecunque Coordinatarum atque $\Delta$ Determinans functionum $F_1$, $F_2$, etc., quantitatum respectu omnium $x_i$, $y_i$, $z_i$, $x_i'$, $y_i'$, $z_i'$ praeter $x$ formatum: sequitur e (3) secundum Multiplicatoris definitionem initio huius Commentationis traditam:

$$(4) \quad 3t\Sigma f_i + \tau = \log \frac{\Delta}{x'},$$

designante $\tau$ novam Constantem arbitrariam. Si virium sollicitantium expressiones $X_i$, $Y_i$, $Z_i$ praeter mobilium Coordinatas ipsam quoque variabilem $t$ continent, hanc non amplius separare licet; at docet formula (3), *constante Multiplicatore M ultimam integrationem absolvi Quadraturis.*

Ponamus, systema punctorum materialium sive liberum sive certis conditionibus subiectum, si in medio non resistente moveretur, *conservatione arearum gaudere*, valebunt pro motu in medio resistente tres aequationes:

$$(5) \quad \begin{cases} d\Sigma m_i(y_i z_i' - z_i y_i') = -\Sigma m_i f_i \dfrac{V_i}{v_i}(y_i z_i' - z_i y_i')dt, \\ d\Sigma m_i(z_i x_i' - x_i z_i') = -\Sigma m_i f_i \dfrac{V_i}{v_i}(z_i x_i' - x_i z_i')dt, \\ d\Sigma m_i(x_i y_i' - y_i x_i') = -\Sigma m_i f_i \dfrac{V_i}{v_i}(x_i y_i' - y_i x_i')dt. \end{cases}$$

Hinc si rursus $V_i = v_i$ et quantitates $f_i$ omnes eidem Constanti $f$ aequantur, sequitur

$$(6) \quad \begin{cases} \Sigma m_i(y_i z_i' - z_i y_i') = ae^{-ft}, \\ \Sigma m_i(z_i x_i' - x_i z_i') = be^{-ft}, \\ \Sigma m_i(x_i y_i' - y_i x_i') = ce^{-ft}, \end{cases}$$

designantibus $a$, $b$, $c$ Constantes arbitrarias. Patet e formulis (6), *si elementa omnia sphaerica eiusdemque densitatis et magnitudinis supponantur, atque systema eorum in motu in vacuo conservatione arearum gauderet, eandem locum habere, si motus fiat in medio uniformi, cuius resistentia velocitati proportionalis est, eandemque fore plani invariabilis positionem; summam arearum autem inde a tempore $t = 0$ descriptarum et per massas multiplicatarum non sicuti in vacuo proportionalem fore tempori $t$, sed quantitati*

$$1 - \frac{1}{e^{ft}},$$

*designante f Constantem positivam, ideoque, tempore in infinitum crescente, ad limitem crescere finitum.* Ubi systema liberum est ideoque e (6) et (8) constat ipsius $M$ valor per quantitates $x_i$, $y_i$, $z_i$, $x_i'$, $y_i'$, $z_i'$ expressus, docet principium ultimi Multiplicatoris, praeter tria cognita Integralia prima (6) adhuc *ultimum Integrale, inter quantitates $x_i$, $y_i$, $z_i$, $x_i'$, $y_i'$, $z_i'$ locum habens, Quadraturis absolvi posse.*

Iam unius puncti liberi consideremus motum planum in medio resistente. Qui motus definitur duabus aequationibus differentialibus secundi ordinis

$$(7) \quad \begin{cases} \dfrac{d^2x}{dt^2} = X - f \cdot \dfrac{x'V}{v}, \\ \dfrac{d^2y}{dt^2} = Y - f \cdot \dfrac{y'V}{v}, \end{cases}$$

ubi $X$, $Y$, $f$ Coordinatarum orthogonalium $x$ et $y$, atque $V$ velocitatis $v = \sqrt{x'x' + y'y'}$ functiones supponuntur. Aequationum (7) Multiplicator $M$ definitur formula differentiali

$$(8) \quad \frac{d\log M}{dt} = f\left\{\frac{\partial(x'v^{-1}V)}{\partial x'} + \frac{\partial(y'v^{-1}V)}{\partial y'}\right\} = f\left\{v^{-1}V + \frac{dV}{dv}\right\}.$$

Ponamus, vim sollicitantem constanter dirigi versus centrum fixum, quod sit initium Coordinatarum, sive esse $X : Y = x : y$, sequitur e (7):

$$(9) \quad \frac{d\log(xy' - yx')}{dt} = -f \cdot \frac{V}{v}.$$

Unde, si $V = v^n$, e (8) et (9) eruitur, quaecunque sit functio $f$,

$$(10) \quad M = \frac{1}{(xy' - yx')^{n+1}}.$$

Si vis attractiva est functio radii vectoris $r$ sive distantiae a centro attractionis, quam functionem designemus per

$$F'(r) = \frac{dF(r)}{dr} = -\frac{Xdx + Ydy}{dr},$$

Multiplicatorem pro lege resistantiae adhuc generaliore assignare licet. Scilicet eo casu e (7) sequitur formula

$$(11) \quad d\{\tfrac{1}{2}vv + F(r)\} = -f \cdot v\,V \cdot dt.$$

Qua iuncta aequationi (9) patet, si $a$ et $b$ Constantes sint, assignari posse Integrale expressionis

$$f V\left(av + \frac{b}{v}\right)dt = -ad\{\tfrac{1}{2}vv + F(r)\} - bd\log(xy' - yx').$$

Expressione ad laevam aequiparata huic

$$f\left(\frac{V}{v}+\frac{dV}{dv}\right)dt = d\log M,$$

eruitur

$$(12)\quad V = v^{b-1}e^{\frac{1}{2}avv}.$$

Qua resistentiae lege supposita, fit

$$(13)\quad M = \frac{e^{-a[\frac{1}{2}vv+F(r)]}}{(xy'-yx')^{b}}.$$

Pro motibus incitatissimis, sicuti sunt cometarum, resistentiae lex formula (12) expressa non a rerum natura adhorrere videtur, praesertim si Constanti $a$ valor perparvus tribuitur.

Introducendo Coordinatas polares sit

$$x = r\cos\varphi,\quad y = r\sin\varphi,\quad r' = \frac{dr}{dt},\quad \varphi' = \frac{d\varphi}{dt},$$

unde

$$vv = r'r'+rr\varphi'\varphi',$$
$$xy'-yx' = rr\varphi' = r\sqrt{vv-r'r'}.$$

Ponamus

$$\tfrac{1}{2}vv+F(r) = \tfrac{1}{2}(x'x'+y'y')+F(r) = \alpha,$$
$$xy'-yx' = rr\varphi' = \beta,$$

fit

$$\alpha = \tfrac{1}{2}r'r'+\tfrac{1}{2}\frac{\beta\beta}{rr}+F(r),$$

unde

$$(14)\quad r' = \sqrt{2\alpha-\frac{\beta\beta}{rr}-2F(r)}.$$

Hinc, cum sit $r'dt = dr$, sequitur e (9) et (11):

$$(15)\quad \begin{cases} \dfrac{d\alpha}{dr} = -\dfrac{fvV}{\sqrt{2\alpha-\dfrac{\beta\beta}{rr}-2F(r)}}, \\[2ex] \dfrac{d\beta}{dr} = -\dfrac{\beta f v^{-1}V}{\sqrt{2\alpha-\dfrac{\beta\beta}{rr}-2F(r)}}. \end{cases}$$

Si motus propositus est motus cometae circa solem, atque densitas aetheris solem circumdantis functioni distantiae a sole aequatur, fit $f$ solius $r$ functio. Porro cum sit $V$ solius $v$ functio, ope aequationis

$$v = \sqrt{2\alpha-2F(r)}$$

quantitates $vV$ et $v^{-1}V$ per $\alpha$ et $r$ exprimere licet. Unde idonea variabilium electione effectum est, *ut motus cometae circa solem in aethere resistente tantum pendeat ab integratione duarum aequationum differentialium primi ordinis inter tres variabiles $\alpha$, $\beta$, $r$; qua transacta si determinantur $\alpha$ et $\beta$ per $r$, obtinentur $\varphi$ et $t$ per Quadraturas:*

$$(16)\quad \begin{cases} \varphi = \displaystyle\int \frac{\beta dr}{rr\sqrt{2\alpha - \frac{\beta\beta}{rr} - 2F(r)}}, \\ t = \displaystyle\int \frac{dr}{\sqrt{2\alpha - \frac{\beta\beta}{rr} - 2F(r)}}. \end{cases}$$

Antecedentia valent, quaecunque sit resistentiae lex sive quaecunque sit $V$ ipsius $v$ functio. *Ubi autem aetheris, in quo cometa circa solem movetur, resistentia potestati velocitatis cuicunque proportionalis est sive etiam legem generaliorem sequitur expressam formula $V = v^{b-1}e^{\frac{1}{2}avv}$, in qua $a$ et $b$ Constantes quascunque designant, sive aether uniformis sive cum distantia a sole secundum quamcunque legem variabilis sit, quaecunque sit vis attractiva solis, unico cognito Integrali reliquae tres integrationes per Quadraturas absolvuntur.* Nimirum determinata $V$ per formulam (12), constat per formulam (13) aequationum differentialium propositarum (7) Multiplicator $M$; eo autem cognito, etiam dabitur Multiplicator $M_1$ aequationum differentialium, quae e (7) obtinentur loco ipsarum $x$, $y$, $x'$, $y'$ quantitates $r$, $\varphi$, $\alpha$, $\beta$ introducendo,

$$\frac{dr}{dt} = \frac{1}{\sqrt{2\alpha - \frac{\beta\beta}{rr} - 2F(r)}},$$

$$\frac{d\varphi}{dt} = \frac{\beta}{rr}, \quad \frac{d\alpha}{dt} = -fvV, \quad \frac{d\beta}{dt} = -\beta f v^{-1} V.$$

Etenim aequatur $\frac{M_1}{M}$ Determinanti quantitatum $x$, $y$, $x'$, $y'$, variabilium $r$, $\varphi$, $\alpha$, $\beta$ respectu formato, unde, si reputamus, ipsarum $x$ et $y$ expressiones quantitates $\alpha$ et $\beta$ non continere, fit

$$M_1 = \left(\frac{\partial x}{\partial r}\cdot\frac{\partial y}{\partial \varphi} - \frac{\partial x}{\partial \varphi}\cdot\frac{\partial y}{\partial r}\right)\left(\frac{\partial x'}{\partial \alpha}\cdot\frac{\partial y'}{\partial \beta} - \frac{\partial x'}{\partial \beta}\cdot\frac{\partial y'}{\partial \alpha}\right)\cdot M$$

$$= \frac{rM}{\frac{\partial \alpha}{\partial x'}\cdot\frac{\partial \beta}{\partial y'} - \frac{\partial \alpha}{\partial y'}\cdot\frac{\partial \beta}{\partial x'}} = \frac{rM}{xx'+yy'} = \frac{M}{r'}.$$

Si uti in (15) variabilem $r$ loco ipsius $t$ pro independente adhibemus, Multiplicator antecedens in $r'$ ducendus est, unde in ipsum $M$ redimus, qui ponendo $V = v^{b-1} e^{\frac{1}{2} avv}$ secundum (13) invenitur

$$(17) \quad M = \beta^{-b} e^{-a\alpha}.$$

Qui valor cum non afficiatur variabilibus $\varphi$ et $t$ iisque non magis afficiantur differentialium $\frac{d\alpha}{dr}$ et $\frac{d\beta}{dr}$ valores (15), erit $M = \beta^{-b} e^{-a\alpha}$ etiam Multiplicator duarum aequationum differentialium primi ordinis (15), inter tres variabiles $r$, $\alpha$, $\beta$ locum habentium.

Quod ut directe pateat, pono

$$(18) \quad r\gamma = \frac{\beta}{v} = \frac{\beta}{\sqrt{2\alpha - 2F(r)}},$$

unde

$$r' = \sqrt{2\alpha - 2F(r) - \frac{\beta\beta}{rr}} = v\sqrt{1-\gamma\gamma},$$

$$r\frac{\partial\gamma}{\partial\alpha} = \frac{-\beta}{v^3}, \quad r\frac{\partial\gamma}{\partial\beta} = \frac{1}{v}.$$

Ubi insuper brevitatis causa vocamus $R$ solius $r$ functionem

$$(19) \quad r^{-(b-1)} f . e^{-aF(r)} = R,$$

fit

$$(20) \quad rvf.MV = rv^b \beta^{-b} . f e^{\frac{1}{2}avv - a\alpha} = R.\gamma^{-b}.$$

Quibus substitutis si elementum independens $dr$ Multiplicatori $M$ proportionale statuimus, aequationes differentiales (9) evadunt:

$$(21) \quad dr : d\alpha : d\beta = \beta^{-b} e^{-a\alpha} : -R\frac{\gamma^{-b}}{\sqrt{1-\gamma\gamma}} \cdot \frac{\partial\gamma}{\partial\beta} : R\frac{\gamma^{-b}}{\sqrt{1-\gamma\gamma}} \cdot \frac{\partial\gamma}{\partial\alpha}.$$

Quam patet ita comparatam esse formulam, ut, dextris partibus vocatis $A$, $B$, $C$, fiat

$$(22) \quad \frac{\partial A}{\partial r} + \frac{\partial B}{\partial\alpha} + \frac{\partial C}{\partial\beta} = \frac{\partial B}{\partial\alpha} + \frac{\partial C}{\partial\beta} = 0,$$

sicuti fieri debet.

Sint $u$ et $w$ duae quaecunque variabilium $r$, $\alpha$, $\beta$ functiones, atque obtineatur e (15) sive e (21)

$$dr : du : dw = \beta^{-b} e^{-a\alpha} : D : E.$$

Sit porro inventum aequationum differentialium (15) sive (21) Integrale, Constante arbitraria $c$ affectum, cuius ope exprimantur $r$, $\alpha$, $\beta$ per $c$, $u$, $w$, ponaturque

$$\frac{\partial r}{\partial c}\left\{\frac{\partial \alpha}{\partial u}\cdot\frac{\partial \beta}{\partial w}-\frac{\partial \alpha}{\partial w}\cdot\frac{\partial \beta}{\partial u}\right\}+\frac{\partial r}{\partial u}\left\{\frac{\partial \alpha}{\partial w}\cdot\frac{\partial \beta}{\partial c}-\frac{\partial \alpha}{\partial c}\cdot\frac{\partial \beta}{\partial w}\right\}+\frac{\partial r}{\partial w}\left\{\frac{\partial \alpha}{\partial c}\cdot\frac{\partial \beta}{\partial u}-\frac{\partial \alpha}{\partial u}\cdot\frac{\partial \beta}{\partial c}\right\}=\Delta;$$

sequitur e principio ultimi Multiplicatoris altera aequatio integralis

$$\int \Delta \{E du - D dw\} = \text{Const.},$$

ubi, et ipsis $D$ et $E$ per $u$, $w$, $c$ expressis, sub integrationis signo differentiale completum subest.

## §. 30.

### De Multiplicatore aequationum differentialium isoperimetricarum.

Sit $U$ data functio variabilis independentis $t$, dependentium $x$, $y$, $z$, etc. et quotientium earum differentialium $x'$, $x''$, etc., $y'$, $y''$, etc., $z'$, $z''$, etc. etc. Si proponitur problema, functiones $x$, $y$, $z$, etc. ita determinandi, ut Integrale

$$\int U dt$$

*maximum minimumve* evadat seu generalius, ut eius Integralis variatio evanescat, constat, problematis solutionem pendere ab integratione systematis aequationum differentialium:

$$0=\frac{\partial U}{\partial x}-\frac{d\frac{\partial U}{\partial x'}}{dt}+\frac{d^2\frac{\partial U}{\partial x''}}{dt^2}-\text{etc.},$$

$$0=\frac{\partial U}{\partial y}-\frac{d\frac{\partial U}{\partial y'}}{dt}+\frac{d^2\frac{\partial U}{\partial y''}}{dt^2}-\text{etc.},$$

$$0=\frac{\partial U}{\partial z}-\frac{d\frac{\partial U}{\partial z'}}{dt}+\frac{d^2\frac{\partial U}{\partial z''}}{dt^2}-\text{etc. etc.}$$

Quas in sequentibus vocabo *aequationes differentiales isoperimetricas*, cum problema, quod ab earum integratione pendet, nomine licet improprio isoperimetrici appellari soleat. Quaeram aequationum differentialium isoperimetricarum Multiplicatorem.

Inchoabo a casu, quo ipsa $U$ praeter variabilem independentem $t$ unicam continet functionem incognitam $x$ una cum eius differentialibus $x'$, $x''$, ..., $x^{(n)}$. Eo casu unica integranda est aequatio differentialis $2n^{\text{ti}}$ ordinis

$$(1)\quad 0=V=\frac{\partial U}{\partial x}-\frac{d\frac{\partial U}{\partial x'}}{dt}+\frac{d^2\frac{\partial U}{\partial x''}}{dt^2}-\cdots\pm\frac{d^n\frac{\partial U}{\partial x^{(n)}}}{dt^n}.$$

Ex aequatione (1) si eruitur quantitatis $x^{(2n)}$ valor

$$x^{(2n)}=A,$$

huius aequationis Multiplicator $M$ secundum (5) §. 14 definitur formula differentiali

$$\frac{d\log M}{dt} = -\frac{\partial A}{\partial x^{(2n-1)}} = \frac{\frac{\partial V}{\partial x^{(2n-1)}}}{\frac{\partial V}{\partial x^{(2n)}}}.$$

E $n+1$ expressionis $V$ terminis bini ultimi soli continent quantitatem $x^{(2n-1)}$, solus ultimus quantitatem $x^{(2n)}$, unde fit

$$(2)\quad \begin{cases} (-1)^n \dfrac{\partial V}{\partial x^{(2n-1)}} = \dfrac{\partial \dfrac{d^n \frac{\partial U}{\partial x^{(n)}}}{dt^n}}{\partial x^{(2n-1)}} - \dfrac{\partial \dfrac{d^{n-1} \frac{\partial U}{\partial x^{(n-1)}}}{dt^{n-1}}}{\partial x^{(2n-1)}}, \\[2ex] (-1)^n \dfrac{\partial V}{\partial x^{(2n)}} = \dfrac{\partial \dfrac{d^n \frac{\partial U}{\partial x^{(n)}}}{dt^n}}{\partial x^{(2n)}}. \end{cases}$$

Quantitatum ad dextram valores suppeditat formula generalis, quam in variis occasionibus utilem hic apponam.

Sit $W$ functio quaecunque variabilis independentis $t$, dependentis $x$ atque ipsius $x$ quotientium differentialium $x'$, $x''$, etc.; fit

$$\delta \frac{d^m W}{dt^m} = \frac{d^m(\delta W)}{dt^m} = \frac{d^m\left\{\frac{\partial W}{\partial t}\delta t + \frac{\partial W}{\partial x}\delta x + \frac{\partial W}{\partial x'}\delta x' + \frac{\partial W}{\partial x''}\delta x'' + \text{ etc.}\right\}}{dt^m}.$$

Factis differentiationibus et ubique substituta formula

$$\frac{d^i(\delta x^{(h)})}{dt^i} = \delta \frac{d^i x^{(h)}}{dt^i} = \delta x^{(h+i)},$$

eruitur quantitas in $\delta x^{(\varkappa)}$ ducta:

$$(3)\quad \frac{\partial \frac{d^m W}{dt^m}}{\partial x^{(\varkappa)}} = \frac{d^m \frac{\partial W}{\partial x^{(\varkappa)}}}{dt^m} + m\cdot\frac{d^{m-1}\frac{\partial W}{\partial x^{(\varkappa-1)}}}{dt^{m-1}} + \frac{m(m-1)}{1.2}\cdot\frac{d^{m-2}\frac{\partial W}{\partial x^{(\varkappa-2)}}}{dt^{m-2}} + \text{etc.},$$

quae formula, si $m \geqq \varkappa$, usque ad terminum

$$\frac{m(m-1)(m-2)\dots(m-\varkappa+1)}{1.2\dots\varkappa}\cdot\frac{d^{m-\varkappa}\frac{\partial W}{\partial x}}{dt^{m-\varkappa}},$$

si $m \leqq \varkappa$, usque ad terminum

$$\frac{\partial W}{\partial x^{(\varkappa-m)}}$$

continuanda est. Posteriore casu formula (3) etiam hoc modo exhiberi potest:

$$(4)\quad \frac{\partial \frac{d^m W}{dt^m}}{\partial x^{(\varkappa)}} = \frac{\partial W}{\partial x^{(\varkappa-m)}} + m \cdot \frac{d \frac{\partial W}{\partial x^{(\varkappa-m+1)}}}{dt} + \frac{m(m-1)}{1.2} \cdot \frac{d^2 \frac{\partial W}{\partial x^{(\varkappa-m+2)}}}{dt^2} + \text{etc.}$$

Formulae antecedentes (3) et (4) immutatae manent, si functio $W$ praeter variabilem dependentem $x$ eiusque quotientes differentiales alias dependentes $y$, $z$, etc. earumque quotientes differentiales continet. Si functionem $W$ plures variabiles independentes dependentesque earumque differentialia partialia afficiunt, eamque secundum diversas variabiles independentes diversis vicibus iteratis complete differentiamus, huius quoque differentialis completi differentialia partialia simili ratione inveniuntur.

Ponamus, ipsius $x$ differentiale $n^{\text{tum}}$ altissimum esse, quod in expressione $W$ obveniat, sequitur e (4), si $\varkappa = m+n$,

$$(5)\quad \frac{\partial \frac{d^m W}{dt^m}}{\partial x^{(m+n)}} = \frac{\partial W}{\partial x^{(n)}},$$

si $\varkappa = m+n-1$,

$$(6)\quad \frac{\partial \frac{d^m W}{dt^m}}{\partial x^{(m+n-1)}} = \frac{\partial W}{\partial x^{(n-1)}} + m \frac{d \frac{\partial W}{\partial x^{(n)}}}{dt}.$$

Unde ponendo $m = n$, $m = n-1$ prodit

$$\frac{\partial \frac{d^n \frac{\partial U}{\partial x^{(n)}}}{dt^n}}{\partial x^{(2n)}} = \frac{\partial^2 U}{\partial x^{(n)} \partial x^{(n)}}, \qquad \frac{\partial \frac{d^{n-1} \frac{\partial U}{\partial x^{(n-1)}}}{dt^{n-1}}}{\partial x^{(2n-1)}} = \frac{\partial^2 U}{\partial x^{(n)} \partial x^{(n-1)}},$$

$$\frac{\partial \frac{d^n \frac{\partial U}{\partial x^{(n)}}}{dt^n}}{\partial x^{(2n-1)}} = \frac{\partial^2 U}{\partial x^{(n)} \partial x^{(n-1)}} + n \frac{d \frac{\partial^2 U}{\partial x^{(n)} \partial x^{(n)}}}{dt}.$$

Quibus valoribus in formulis (2) substitutis, eruitur

$$(-1)^n \frac{\partial V}{\partial x^{(2n)}} = \frac{\partial^2 U}{\partial x^{(n)} \partial x^{(n)}},$$

$$(-1)^n \frac{\partial V}{\partial x^{(2n-1)}} = n \frac{d \frac{\partial^2 U}{\partial x^{(n)} \partial x^{(n)}}}{dt},$$

unde iam

$$\frac{d\log M}{dt} = n\frac{d\log \frac{\partial^2 U}{\partial x^{(n)}\partial x^{(n)}}}{dt}; \quad M = \left\{\frac{\partial^2 U}{\partial x^{(n)}\partial x^{(n)}}\right\}^n.$$

Multiplicatoris $M$ valore invento, principio ultimi Multiplicatoris ultima integratio Quadraturis absolvi potest. Sit ex. gr.

$$U = \sqrt{E+2Fx'+Gx'x'},$$

ubi $E$, $F$, $G$ ipsarum $t$ et $x$ datae functiones sunt, unde eruitur

$$\frac{\partial^2 U}{\partial x'\partial x'} = \frac{EG-FF}{\{E+2Fx'+Gx'x'\}^{\frac{3}{2}}}.$$

Hinc, proposita aequatione differentiali

$$\frac{d\frac{\partial U}{\partial x'}}{dt} - \frac{\partial U}{\partial x} = 0,$$

si per primam integrationem $x'$ per $t$, $x$ et Constantem arbitrariam $\alpha$ expressa datur, altera integratio dabitur formula

$$\int \frac{\frac{\partial x'}{\partial \alpha}(EG-FF)(x'dt-dx)}{\{E+2Fx'+Gx'x'\}^{\frac{3}{2}}} = \text{Const.},$$

ubi sub integrationis signo differentiale completum subest.

Iam statuamus, functionem $U$ praeter variabilem independentem $t$ pluribus affici dependentibus earumque quotientibus differentialibus, omnium autem variabilium differentialia altissima ad eundem $n^{\text{tum}}$ ordinem ascendere. Sint variabiles dependentes tres $x$, $y$, $z$; tres integrandae sunt aequationes differentiales

$$(7) \quad X = 0, \quad Y = 0, \quad Z = 0,$$

posito

$$(8) \quad \begin{cases} (-1)^n X = \dfrac{\partial U}{\partial x} - \dfrac{d\frac{\partial U}{\partial x'}}{dt} + \dfrac{d^2\frac{\partial U}{\partial x''}}{dt^2} - \cdots + (-1)^n \dfrac{d^n\frac{\partial U}{\partial x^{(n)}}}{dt^n}, \\[2ex] (-1)^n Y = \dfrac{\partial U}{\partial y} - \dfrac{d\frac{\partial U}{\partial y'}}{dt} + \dfrac{d^2\frac{\partial U}{\partial y''}}{dt^2} - \cdots + (-1)^n \dfrac{d^n\frac{\partial U}{\partial y^{(n)}}}{dt^n}, \\[2ex] (-1)^n Z = \dfrac{\partial U}{\partial z} - \dfrac{d\frac{\partial U}{\partial z'}}{dt} + \dfrac{d^2\frac{\partial U}{\partial z''}}{dt^2} - \cdots + (-1)^n \dfrac{d^n\frac{\partial U}{\partial z^{(n)}}}{dt^{(n)}}. \end{cases}$$

Ex aequationibus (7) altissimorum, quibus afficiuntur, differentialium $x^{(2n)}$, $y^{(2n)}$, $z^{(2n)}$

petantur valores, per differentialia inferiora ipsasque variabiles $x$, $y$, $z$, $t$ expressi; quibus respective secundum quantitates $x^{(2n-1)}$, $y^{(2n-1)}$, $z^{(2n-1)}$ differentiatis, fiat

$$(9)\qquad \frac{\partial x^{(2n)}}{\partial x^{(2n-1)}} = u, \quad \frac{\partial y^{(2n)}}{\partial y^{(2n-1)}} = v_1, \quad \frac{\partial z^{(2n)}}{\partial z^{(2n-1)}} = w_2,$$

unde aequationum differentialium (7) Multiplicator $M$ secundum (5) §. 14 erit

$$(10)\qquad \frac{d\log M}{dt} = -\{u+v_1+w_2\}.$$

Quantitates $u$, $v_1$, $w_2$ determinandae sunt ternis aequationum linearium systematis, quae solis terminis ad dextram positis inter se differunt:

$$(11)\qquad \left\{\begin{aligned}
&\frac{\partial X}{\partial x^{(2n)}}u+\frac{\partial X}{\partial y^{(2n)}}v+\frac{\partial X}{\partial z^{(2n)}}w = -\frac{\partial X}{\partial x^{(2n-1)}},\\
&\frac{\partial Y}{\partial x^{(2n)}}u+\frac{\partial Y}{\partial y^{(2n)}}v+\frac{\partial Y}{\partial z^{(2n)}}w = -\frac{\partial Y}{\partial x^{(2n-1)}},\\
&\frac{\partial Z}{\partial x^{(2n)}}u+\frac{\partial Z}{\partial y^{(2n)}}v+\frac{\partial Z}{\partial z^{(2n)}}w = -\frac{\partial Z}{\partial x^{(2n-1)}},\\[1ex]
&\frac{\partial X}{\partial x^{(2n)}}u_1+\frac{\partial X}{\partial y^{(2n)}}v_1+\frac{\partial X}{\partial z^{(2n)}}w_1 = -\frac{\partial X}{\partial y^{(2n-1)}},\\
&\frac{\partial Y}{\partial x^{(2n)}}u_1+\frac{\partial Y}{\partial y^{(2n)}}v_1+\frac{\partial Y}{\partial z^{(2n)}}w_1 = -\frac{\partial Y}{\partial y^{(2n-1)}},\\
&\frac{\partial Z}{\partial x^{(2n)}}u_1+\frac{\partial Z}{\partial y^{(2n)}}v_1+\frac{\partial Z}{\partial z^{(2n)}}w_1 = -\frac{\partial Z}{\partial y^{(2n-1)}},\\[1ex]
&\frac{\partial X}{\partial x^{(2n)}}u_2+\frac{\partial X}{\partial y^{(2n)}}v_2+\frac{\partial X}{\partial z^{(2n)}}w_2 = -\frac{\partial X}{\partial z^{(2n-1)}},\\
&\frac{\partial Y}{\partial x^{(2n)}}u_2+\frac{\partial Y}{\partial y^{(2n)}}v_2+\frac{\partial Y}{\partial z^{(2n)}}w_2 = -\frac{\partial Y}{\partial z^{(2n-1)}},\\
&\frac{\partial Z}{\partial x^{(2n)}}u_2+\frac{\partial Z}{\partial y^{(2n)}}v_2+\frac{\partial Z}{\partial z^{(2n)}}w_2 = -\frac{\partial Z}{\partial z^{(2n-1)}}.
\end{aligned}\right.$$

Ponamus

$$(12)\qquad \left\{\begin{aligned}
&\frac{\partial^2 U}{\partial x^{(n)}\partial x^{(n)}} = A, \quad \frac{\partial^2 U}{\partial y^{(n)}\partial y^{(n)}} = B, \quad \frac{\partial^2 U}{\partial z^{(n)}\partial z^{(n)}} = C,\\
&\frac{\partial^2 U}{\partial y^{(n)}\partial z^{(n)}} = D, \quad \frac{\partial^2 U}{\partial z^{(n)}\partial x^{(n)}} = E, \quad \frac{\partial^2 U}{\partial x^{(n)}\partial y^{(n)}} = F,\\
&\qquad \frac{\partial^2 U}{\partial y^{(n-1)}\partial z^{(n)}}-\frac{\partial^2 U}{\partial z^{(n-1)}\partial y^{(n)}} = a,\\
&\qquad \frac{\partial^2 U}{\partial z^{(n-1)}\partial x^{(n)}}-\frac{\partial^2 U}{\partial x^{(n-1)}\partial z^{(n)}} = b,\\
&\qquad \frac{\partial^2 U}{\partial x^{(n-1)}\partial y^{(n)}}-\frac{\partial^2 U}{\partial y^{(n-1)}\partial x^{(n)}} = c.
\end{aligned}\right.$$

In formulis (5) et (6) ipsi $W$ substituendo sex functiones $\frac{\partial U}{\partial x^{(n)}}$, $\frac{\partial U}{\partial y^{(n)}}$, $\frac{\partial U}{\partial z^{(n)}}$, $\frac{\partial U}{\partial x^{(n-1)}}$, $\frac{\partial U}{\partial y^{(n-1)}}$, $\frac{\partial U}{\partial z^{(n-1)}}$, pro ipsa $x$ autem functiones $x$, $y$, $z$ sumendo, sequitur:

$$(13)\quad \begin{cases} \frac{\partial X}{\partial x^{(2n)}} = A, \quad \frac{\partial Y}{\partial x^{(2n)}} = F, \quad \frac{\partial Z}{\partial x^{(2n)}} = E, \\ \frac{\partial X}{\partial y^{(2n)}} = F, \quad \frac{\partial Y}{\partial y^{(2n)}} = B, \quad \frac{\partial Z}{\partial y^{(2n)}} = D, \\ \frac{\partial X}{\partial z^{(2n)}} = E, \quad \frac{\partial Y}{\partial z^{(2n)}} = D, \quad \frac{\partial Z}{\partial z^{(2n)}} = C, \\ \frac{\partial X}{\partial x^{(2n-1)}} = n\frac{dA}{dt}, \quad \frac{\partial Y}{\partial x^{(2n-1)}} = n\frac{dF}{dt}+c, \quad \frac{\partial Z}{\partial x^{(2n-1)}} = n\frac{dE}{dt}-b, \\ \frac{\partial X}{\partial y^{(2n-1)}} = n\frac{dF}{dt}-c, \quad \frac{\partial Y}{\partial y^{(2n-1)}} = n\frac{dB}{dt}, \quad \frac{\partial Z}{\partial y^{(2n-1)}} = n\frac{dD}{dt}+a, \\ \frac{\partial X}{\partial z^{(2n-1)}} = n\frac{dE}{dt}+b, \quad \frac{\partial Y}{\partial z^{(2n-1)}} = n\frac{dD}{dt}-a, \quad \frac{\partial Z}{\partial z^{(2n-1)}} = n\frac{dC}{dt}. \end{cases}$$

Hos valores substituendo, tria systemata aequationum linearium (11) evadunt:

$$(14)\quad \begin{cases} Au+Fv+Ew = -n\frac{dA}{dt}, \\ Fu+Bv+Dw = -n\frac{dF}{dt}-c, \\ Eu+Dv+Cw = -n\frac{dE}{dt}+b, \\ Au_1+Fv_1+Ew_1 = -n\frac{dF}{dt}+c, \\ Fu_1+Bv_1+Dw_1 = -n\frac{dB}{dt}, \\ Eu_1+Dv_1+Cw_1 = -n\frac{dD}{dt}-a, \\ Au_2+Fv_2+Ew_2 = -n\frac{dE}{dt}-b, \\ Fu_2+Bv_2+Dw_2 = -n\frac{dD}{dt}+a, \\ Eu_2+Dv_2+Cw_2 = -n\frac{dC}{dt}. \end{cases}$$

Quorum systematum Determinans commune si vocatur

$$(15)\quad R = ABC-AD^2-BE^2-CF^2+2DEF,$$

eorum resolutione algebraica obtinetur:

$$(16)\quad \begin{cases} -Ru = n\left\{ \frac{\partial R}{\partial A}\cdot\frac{dA}{dt} + \frac{1}{2}\frac{\partial R}{\partial F}\cdot\frac{dF}{dt} + \frac{1}{2}\frac{\partial R}{\partial E}\cdot\frac{dE}{dt}\right\} + \frac{1}{2}\frac{\partial R}{\partial F}c - \frac{1}{2}\frac{\partial R}{\partial E}b, \\ -Rv_1 = n\left\{ \frac{1}{2}\frac{\partial R}{\partial F}\cdot\frac{dF}{dt} + \frac{\partial R}{\partial B}\cdot\frac{dB}{dt} + \frac{1}{2}\frac{\partial R}{\partial D}\cdot\frac{dD}{dt}\right\} + \frac{1}{2}\frac{\partial R}{\partial D}a - \frac{1}{2}\frac{\partial R}{\partial F}c, \\ -Rw_2 = n\left\{ \frac{1}{2}\frac{\partial R}{\partial E}\cdot\frac{dE}{dt} + \frac{1}{2}\frac{\partial R}{\partial D}\cdot\frac{dD}{dt} + \frac{\partial R}{\partial C}\cdot\frac{dC}{dt}\right\} + \frac{1}{2}\frac{\partial R}{\partial E}b - \frac{1}{2}\frac{\partial R}{\partial D}a. \end{cases}$$

Quibus formulis additis, termini per $a$, $b$, $c$ multiplicati se mutuo destruunt, unde prodit

$$\frac{d\log M}{dt} = -\{u+v_1+w_2\} = n\frac{dR}{Rdt},$$

ideoque

$$M = R^n = \{ABC - AD^2 - BE^2 - CF^2 + 2DEF\}^n.$$

Quo valore invento, si per omnia praeter unum Integralia inventa problema in aequationem differentialem primi ordinis inter duas variabiles redit, huius quoque Multiplicator constabit.

Adiumento theorematum generalium in fine §. 16 propositorum antecedentia extendere licet ad casum, quo functio $U$ praeter variabilem independentem numerum quemlibet dependentium continet, singularum differentialibus altissimis omnibus ad eundem ordinem ascendentibus. At si diversarum variabilium dependentium differentialia altissima in functione $U$ non omnia ad eundem ordinem ascendunt, Multiplicatoris aequationum differentialium isoperimetricarum determinatio difficilior est. Scilicet nascitur difficultas eo, quod casu, quem innui, aequationes differentiales isoperimetricae formam normalem exuant, qua altissima diversarum variabilium differentialia per differentialia inferiora ipsasque variabiles determinantur. Reductio ad formam normalem cum molestissima ac saepe inextricabilibus difficultatibus obnoxia sit, demonstrabo sequentibus, quomodo generaliter eruere liceat formulam differentialem, qua Multiplicator definiatur, etiamsi ipsa reductio effecta non supponatur. Quae formula in problemate isoperimetrico generali proposito ipsum Multiplicatoris valorem suppeditabit.

## §. 31.

De reductione aequationum differentialium ad formam normalem et formula symbolica, qua reductarum Multiplicator definiatur. Aequationum differentialium isoperimetricarum ad formam normalem reductarum Multiplicator.

Datae sint inter variabilem independentem $t$ atque $n$ dependentes $x_1$, $x_2, \ldots, x_n$ totidem aequationes differentiales

$$(1)\quad F_1 = 0, \quad F_2 = 0, \quad \ldots, \quad F_n = 0,$$

non ea forma normali praeditae, quae permittat, ut differentialium singularum variabilium altissimorum valores per differentialia inferiora ipsasque variabiles exprimantur. Cuiusmodi habentur aequationes, si in earum una pluribusve altissima differentialia sive omnino desunt sive ex iis reliquarum adiumento aequationum eliminari possunt. Eo casu iteratis aequationum (1) differentiationibus formandum est systema *aequationum auxiliarium*, quarum ope totidem differentialia eliminando forma normalis eruatur. Varios modos, quibus ea operatio institui potest, in alia Commentatione tradam, quippe quae quaestio multis egregiis theorematis nititur, quae uberiorem expositionem poscunt. Hic observare sufficiat, si ad aequationes auxiliares formandas aequatio $F_i = 0$ sit $\lambda_i$ vicibus iteratis differentianda, ponaturque

$$\frac{d^{\lambda_i} F_i}{dt^{\lambda_i}} = \varphi_i,$$

numeros $\lambda_i$ ita comparatos esse debere, ut ex aequationibus

$$(2) \quad \varphi_1 = 0, \quad \varphi_2 = 0, \quad \ldots, \quad \varphi_n = 0$$

altissimorum differentialium in iis obvenientium

$$x_1^{(p_1)}, \quad x_2^{(p_2)}, \quad \ldots, \quad x_n^{(p_n)}$$

peti possint valores per differentialia inferiora ipsasque variabiles expressi. Unde aequationes (2) per se consideratae constituere debent aequationum differentialium systema forma normali gaudens, multo tamen altioris ordinis quam qui systemati aequationum differentialium propositarum proprius est. Aequationes enim propositas atque auxiliares praeter ipsas (2) omnes habere licet pro aequationum (2) Integralibus earum reductioni inservientibus. Quae Integralia, licet particularia, talia sunt, ut aequationum differentialium eorum ope reductarum Multiplicator e Multiplicatore aequationum (2) erui possit. Etenim si tantum aequationes (2) proponerentur, loco aequationum

$$\frac{d^{\lambda_i-1} F_i}{dt^{\lambda_i-1}} = 0, \quad \frac{d^{\lambda_i-2} F_i}{dt^{\lambda_i-2}} = 0, \quad \ldots, \quad F_i = 0$$

ad reductionem adhiberi possent aequationum (2) Integralia completa

$$\frac{d^{\lambda_i-1} F_i}{dt^{\lambda_i-1}} = c_1^{(i)}, \quad \frac{d^{\lambda_i-2} F_i}{dt^{\lambda_i-2}} = c_1^{(i)} t + c_2^{(i)}, \quad \text{etc.},$$

designantibus $c_1^{(i)}$, $c_2^{(i)}$, etc. Constantes arbitrarias. Multiplicator autem aequationum reductarum secundum §. 12 obtinetur dividendo aequationum (2) Multiplicatorem per Determinans $\lambda_1 + \lambda_2 + \cdots + \lambda_n$ functionum

$$\frac{d^{\lambda_i-1}F_i}{dt^{\lambda_i-1}},\quad \frac{d^{\lambda_i-2}F_i}{dt^{\lambda_i-2}},\quad \ldots,\quad F_i,$$

formatum respectu differentialium eliminandorum, idque sive Constantibus arbitrariis $c_1^{(i)}$, $c_2^{(i)}$, etc. valores generales servantur, sive iis valores tribuuntur particulares, uti in quaestione proposita, in qua omnes statuuntur evanescere.

Aequationum (2) Multiplicator definitur formula symbolica §. 16 tradita

$$(3)\quad d\log M = \delta\log\Sigma\pm A_1'A_2''\ldots A_n^{(n)},$$

posito

$$(4)\quad A_x^{(i)} = \frac{\partial\varphi_i}{\partial x_x^{(p_x)}},\quad \delta A_x^{(i)} = \frac{\partial\varphi_i}{\partial x_x^{(p_x-1)}}dt.$$

Has quantitates secundum formulas (5) et (6) §. 30 sic exhibere licet:

$$(5)\quad A_x^{(i)} = \frac{\partial F_i}{\partial x_x^{(p_x-\lambda_i)}},\quad \delta A_x^{(i)} = \frac{\partial F_i}{\partial x_x^{(p_x-\lambda_i-1)}}dt+\lambda_i dA_x^{(i)}.$$

Unde ad condendam formulam (3) sufficiunt datae aequationes (1) numerorumque $\lambda_1$, $\lambda_2$, ..., $\lambda_n$ cognitio. Observo, si ponatur

$$\varDelta A_x^{(i)} = \frac{\partial F_i}{\partial x_x^{(p_x-\lambda_i-1)}}dt+(\lambda_i-a)dA_x^{(i)},$$

designante $a$ numerum quemcunque, formulam (3) abire in hanc:

$$d\log\frac{M}{\{\Sigma\pm A_1'A_2''\ldots A_n^{(n)}\}^a} = \varDelta\log\Sigma\pm A_1'A_2''\ldots A_n^{(n)},$$

unde obtineri potest variationis formandae simplificatio.

In problemate isoperimetrico, quod aequatione $\delta\int U dt = 0$ continetur, expressio $U$ praeter variabilem independentem $t$ contineat $n$ dependentes $x_1$, $x_2$, ..., $x_n$ atq uedifferentialia ipsius $x_1$ usque ad $m_1^{\text{tum}}$, ipsius $x_2$ usque ad $m_2^{\text{tum}}$, etc.: erunt aequationes differentiales integrandae:

$$(6)\quad \begin{cases} 0 = F_1 = \dfrac{d^{m_1}\dfrac{\partial U}{\partial x_1^{(m_1)}}}{dt^{m_1}} - \dfrac{d^{m_1-1}\dfrac{\partial U}{\partial x_1^{(m_1-1)}}}{dt^{m_1-1}} + \cdots, \\ 0 = F_2 = \dfrac{d^{m_2}\dfrac{\partial U}{\partial x_2^{(m_2)}}}{dt^{m_2}} - \dfrac{d^{m_2-1}\dfrac{\partial U}{\partial x_2^{(m_2-1)}}}{dt^{m_2-1}} + \cdots, \\ \cdot\;\cdot\;\cdot\;\cdot\;\cdot\;\cdot\;\cdot\;\cdot\;\cdot\;\cdot\;\cdot\;\cdot\;\cdot\;\cdot \\ 0 = F_n = \dfrac{d^{m_n}\dfrac{\partial U}{\partial x_n^{(m_n)}}}{dt^{m_n}} - \dfrac{d^{m_n-1}\dfrac{\partial U}{\partial x_n^{(m_n-1)}}}{dt^{m_n-1}} + \cdots. \end{cases}$$

Si $m_1$ omnium numerorum $m_1, m_2, \ldots, m_n$ maximus est, aequationum auxiliarium systema facile constat obtineri differentiando aequationes $F_2 = 0$, $F_3 = 0$, etc. respective $m_1 - m_2$, $m_1 - m_3$, etc. vicibus, unde fit

$$\lambda_1 = 0, \quad \lambda_2 = m_1 - m_2, \quad \lambda_3 = m_1 - m_3, \quad \ldots, \quad \lambda_n = m_1 - m_n,$$
$$p_1 = 2m_1, \quad p_2 = m_1 + m_2, \quad p_3 = m_1 + m_3, \quad \ldots, \quad p_n = m_1 + m_n.$$

Hinc eruitur:

$$(7) \begin{cases} 0 = \varphi_1 = \dfrac{d^{m_1} \dfrac{\partial U}{\partial x_1^{(m_1)}}}{dt^{m_1}} - \dfrac{d^{m_1-1} \dfrac{\partial U}{\partial x_1^{(m_1-1)}}}{dt^{m_1-1}} + \cdots, \\ 0 = \varphi_2 = \dfrac{d^{m_1} \dfrac{\partial U}{\partial x_2^{(m_2)}}}{dt^{m_1}} - \dfrac{d^{m_1-1} \dfrac{\partial U}{\partial x_2^{(m_2-1)}}}{dt^{m_1-1}} + \cdots, \\ \cdot \quad \cdot \quad \cdot \quad \cdot \quad \cdot \quad \cdot \quad \cdot \quad \cdot \quad \cdot \quad \cdot \\ 0 = \varphi_n = \dfrac{d^{m_1} \dfrac{\partial U}{\partial x_n^{(m_n)}}}{dt^{m_1}} - \dfrac{d^{m_1-1} \dfrac{\partial U}{\partial x_n^{(m_n-1)}}}{dt^{m_1-1}} + \cdots. \end{cases}$$

Unde per formulas §. 30 sequitur

$$(8) \begin{cases} A_\varkappa^{(i)} = \dfrac{\partial \varphi_i}{\partial x_\varkappa^{(m_1+m_\varkappa)}} = \dfrac{\partial^2 U}{\partial x_i^{(m_i)} \partial x_\varkappa^{(m_\varkappa)}}, \\ \delta A_\varkappa^{(i)} = \dfrac{\partial \varphi_i}{\partial x_\varkappa^{(m_1+m_\varkappa-1)}} dt = m_1 \dfrac{dA_\varkappa^{(i)}}{dt} + B_{i,\varkappa} dt, \end{cases}$$

siquidem ponitur

$$B_{i,\varkappa} = \frac{\partial^2 U}{\partial x_i^{(m_i)} \partial x_\varkappa^{(m_\varkappa-1)}} - \frac{\partial^2 U}{\partial x_i^{(m_i-1)} \partial x_\varkappa^{(m_\varkappa)}}.$$

Cum sit

$$A_\varkappa^{(i)} = A_i^{(\varkappa)} \quad \text{ideoque} \quad \frac{\partial \Sigma \pm A_1' A_2'' \ldots A_n^{(n)}}{\partial A_\varkappa^{(i)}} = \frac{\partial \Sigma \pm A_1' A_2'' \ldots A_n^{(n)}}{\partial A_i^{(\varkappa)}},$$
$$B_{i,k} = -B_{k,i}, \quad B_{i,i} = 0$$

in formanda variatione (3) binorum terminorum aggregata

$$\left\{ \frac{\partial \Sigma \pm A_1' A_2'' \ldots A_n^{(n)}}{\partial A_\varkappa^{(i)}} B_{i,\varkappa} + \frac{\partial \Sigma \pm A_1' A_2'' \ldots A_n^{(n)}}{\partial A_i^{(\varkappa)}} B_{\varkappa,i} \right\} dt$$

evanescunt, unde ipsius $d \log M$ valor (3) eruitur

$$\delta \log \Sigma \pm A_1' A_2'' \ldots A_n^{(n)} = m_1 d \log \Sigma \pm A_1' A_2'' \ldots A_n^{(n)},$$

ideoque

$$(9)\quad M = \{\Sigma \pm A'_1 A''_2 \dots A^{(n)}_n\}^{m_1}.$$

Qua in formula ipsis $A^{(i)}_x$ valores (8) substituendo patet, *si $m_1$ maximus omnium $m_1$, $m_2$, etc., aequari $M$ potestati $m_1^{tae}$ Determinantis functionum*

$$\frac{\partial U}{\partial x_1^{(m_1)}},\quad \frac{\partial U}{\partial x_2^{(m_2)}},\quad \dots,\quad \frac{\partial U}{\partial x_n^{(m_n)}},$$

*ipsarum $x_1^{(m_1)}$, $x_2^{(m_2)}$, etc. respectu formati.*

Reductio ad formam normalem reductarumque aequationum differentialium Multiplicator sic obtinetur.

Quoniam aequationibus (2) valores quantitatum

$$x_1^{(p_1)},\quad x_2^{(p_2)},\quad \dots,\quad x_n^{(p_n)}$$

determinantur, his quantitatibus expressiones $\varphi_1$, $\varphi_2$, ..., $\varphi_n$ aliae aliis afficiantur necesse est, ita ut eliminatio successiva locum habere possit. Sint

$$\varkappa_1,\quad \varkappa_2,\quad \dots,\quad \varkappa_n$$

ipsi numeri 1, 2, ..., $n$ inter se permutati, positoque

$$p_{\varkappa_i} = q_i,$$

statuamus, quantitates $x_{\varkappa_1}^{(q_1)}$ ipsam $\varphi_1$, $x_{\varkappa_2}^{(q_2)}$ ipsam $\varphi_2$, ..., $x_{\varkappa_n}^{(q_n)}$ ipsam $\varphi_n$ afficere, quo nihil impeditur, quin functio $\varphi_i$ praeter $x_{\varkappa_i}^{(q_i)}$ quantitatum $x_{\varkappa_1}^{(q_1)}$, $x_{\varkappa_2}^{(q_2)}$, etc. alias vel etiam omnes contineat. Supponamus

$$\lambda_1 \leqq \lambda_2 \leqq \lambda_3 \dots \leqq \lambda_{n-1} \leqq \lambda_n,$$

atque fieri

$$\lambda_1 = \lambda_2 = \dots = \lambda_a = \alpha;\quad \lambda_{a+1} = \lambda_{a+2} = \dots = \lambda_b = \beta;\quad \text{etc.},$$
$$\lambda_{q+1} = \lambda_{q+2} = \dots = \lambda_r = \varrho;\quad \lambda_{r+1} = \lambda_{r+2} = \dots = \lambda_n = \sigma.$$

Porro, designante $\mu$ numerum ipso $\lambda_i$ non maiorem, statuamus

$$\frac{d^{\lambda_i-\mu} F_i}{dt^{\lambda_i-\mu}} = \varphi_i^{(-\mu)},\quad F_i = \varphi_i^{(-\lambda_i)}.$$

Iam ex aequationibus propositis et auxiliaribus eligamus haec $a+1$ systemata $n$ aequationum:

$$(10)\quad\begin{cases} \varphi_1=0, & \varphi_2=0, & \ldots, & \varphi_n=0, \\ \varphi_1^{(-1)}=0, & \varphi_2^{(-1)}=0, & \ldots, & \varphi_n^{(-1)}=0, \\ \varphi_1^{(-2)}=0, & \varphi_2^{(-2)}=0, & \ldots, & \varphi_n^{(-2)}=0, \\ \cdot\;\cdot\;\cdot & \cdot\;\cdot\;\cdot & & \cdot\;\cdot\;\cdot \\ F_1=0, & F_2=0, & \ldots, & F_a=0,\quad \varphi_{a+1}^{(-a)}=0,\quad \varphi_{a+2}^{(-a)}=0,\quad \ldots,\quad \varphi_n^{(-a)}=0. \end{cases}$$

Systemate primo, secundo, etc., ultimo respective determinantur quantitates

$$\begin{array}{llll} x_{x_1}^{(q_1)}, & x_{x_2}^{(q_2)}, & \ldots, & x_{x_n}^{(q_n)}, \\ x_{x_1}^{(q_1-1)}, & x_{x_2}^{(q_2-1)}, & \ldots, & x_{x_n}^{(q_n-1)}, \\ \cdot\;\cdot\;\cdot & \cdot\;\cdot\;\cdot & & \cdot\;\cdot\;\cdot \\ x_{x_1}^{(q_1-a)}, & x_{x_2}^{(q_2-a)}, & \ldots, & x_{x_n}^{(q_n-a)}. \end{array}$$

Unde aequationibus (10) differentialia omnia exprimuntur per alia his postremis inferiora. Eadem ratione aequationibus

$$\begin{array}{l} \varphi_{a+1}^{(-a-1)}=0,\quad \varphi_{a+2}^{(-a-1)}=0,\quad \ldots,\quad \varphi_n^{(-a-1)}=0, \\ \varphi_{a+1}^{(-a-2)}=0,\quad \varphi_{a+2}^{(-a-2)}=0,\quad \ldots,\quad \varphi_n^{(-a-2)}=0, \\ \cdot\;\cdot\;\cdot\;\cdot\;\cdot\;\cdot\;\cdot\;\cdot\;\cdot\;\cdot\;\cdot\;\cdot \\ F_{a+1}=0,\quad F_{a+2}=0,\quad \ldots,\quad F_b=0,\quad \varphi_{b+1}^{(-\beta)}=0,\quad \ldots,\quad \varphi_n^{(-\beta)}=0 \end{array}$$

differentialia omnia revocantur ad alia ipsis

$$x_{x_1}^{(q_1-a)},\quad x_{x_2}^{(q_2-a)},\quad \ldots,\quad x_{x_a}^{(q_a-a)},\quad x_{x_{a+1}}^{(q_{a+1}-\beta)},\quad \ldots,\quad x_{x_n}^{(q_n-\beta)}$$

inferiora et ita porro. Postremo advocatis aequationibus

$$\begin{array}{l} \varphi_{r+1}^{(-\varrho-1)}=0,\quad \varphi_{r+2}^{(-\varrho-1)}=0,\quad \ldots,\quad \varphi_n^{(-\varrho-1)}=0, \\ \varphi_{r+1}^{(-\varrho-2)}=0,\quad \varphi_{r+2}^{(-\varrho-2)}=0,\quad \ldots,\quad \varphi_n^{(-\varrho-2)}=0, \\ \cdot\;\cdot\;\cdot\;\cdot\;\cdot\;\cdot\;\cdot\;\cdot\;\cdot\;\cdot\;\cdot\;\cdot \\ F_{r+1}=0,\quad F_{r+2}=0,\quad \ldots,\quad F_n=0, \end{array}$$

fit, ut differentialia omnia ad alia revocentur inferiora ipsis

$$(11)\quad x_{x_1}^{(q_1-\lambda_1)},\quad x_{x_2}^{(q_2-\lambda_2)},\quad \ldots,\quad x_{x_n}^{(q_n-\lambda_n)}.$$

Formulae, quibus ista differentialia (11) per inferiora exprimuntur, ipsum constituunt aequationum differentialium systema forma normali gaudens, ad quod propositae (1) revocari possunt. Cuius Multiplicator secundum theoremata Cap. II. proposita eruitur $\frac{M}{D}$, designante $D$ omnium functionum

$$\begin{array}{llll} \varphi_1^{(-1)}, & \varphi_1^{(-2)}, & \ldots, & \varphi_1^{(-\lambda_1)}, \\ \varphi_2^{(-1)}, & \varphi_2^{(-2)}, & \ldots, & \varphi_2^{(-\lambda_2)}, \\ \cdot\;\cdot\;\cdot & \cdot\;\cdot\;\cdot & & \cdot\;\cdot\;\cdot \\ \varphi_n^{(-1)}, & \varphi_n^{(-2)}, & \ldots, & \varphi_n^{(-\lambda_n)} \end{array}$$

Determinans sumtum respectu quantitatum

$$\begin{array}{llll} x_{x_1}^{(q_1-1)}, & x_{x_1}^{(q_1-2)}, & \ldots, & x_{x_1}^{(q_1-\lambda_1)}, \\ x_{x_2}^{(q_2-1)}, & x_{x_2}^{(q_2-2)}, & \ldots, & x_{x_2}^{(q_2-\lambda_2)}, \\ \cdot & \cdot & \cdot & \cdot \\ x_{x_n}^{(q_n-1)}, & x_{x_n}^{(q_n-2)}, & \ldots, & x_{x_n}^{(q_n-\lambda_n)}. \end{array}$$

Functiones enim illas nihilo aequiparando obtinemus aequationes reducendis (2) adhibitas; quantitates illae autem sunt ipsae harum aequationum ope eliminandae. Quae eliminationes vidimus successive institui posse, ita ut aequationes, quas in eadem linea horizontali posui, per se constituant systema totidem quantitatibus eliminandis sufficiens. Unde fit, ut Determinans $D$ productum evadat $\sigma$ sive $\lambda_n$ Determinantium functionalium simpliciorum:

$$\begin{aligned} D = \prod_1^{\alpha} \Sigma \pm \frac{\partial \varphi_1^{(-h)}}{\partial x_{x_1}^{(q_1-h)}} \cdot \frac{\partial \varphi_2^{(-h)}}{\partial x_{x_2}^{(q_2-h)}} \cdots \frac{\partial \varphi_n^{(-h)}}{\partial x_{x_n}^{(q_n-h)}} \\ \times \prod_{\alpha+1}^{\beta} \Sigma \pm \frac{\partial \varphi_{\alpha+1}^{(-h)}}{\partial x_{x_{\alpha+1}}^{(q_{\alpha+1}-h)}} \cdot \frac{\partial \varphi_{\alpha+2}^{(-h)}}{\partial x_{x_{\alpha+2}}^{(q_{\alpha+2}-h)}} \cdots \frac{\partial \varphi_n^{(-h)}}{\partial x_{x_n}^{(q_n-h)}} \\ \cdot \quad \cdot \quad \cdot \quad \cdot \quad \cdot \quad \cdot \quad \cdot \quad \cdot \\ \times \prod_{\varrho+1}^{\sigma} \Sigma \pm \frac{\partial \varphi_{r+1}^{(-h)}}{\partial x_{x_{r+1}}^{(q_{r+1}-h)}} \cdot \frac{\partial \varphi_{r+2}^{(-h)}}{\partial x_{x_{r+2}}^{(q_{r+2}-h)}} \cdots \frac{\partial \varphi_n^{(-h)}}{\partial x_{x_n}^{(q_n-h)}}, \end{aligned}$$

siquidem in hac formula, designante $h$ indicem in functione aliqua $f$ obvenientem, ipso $\prod_{\mu}^{\nu} f(h)$ designatur productum $f(\mu)f(\mu+1)f(\mu+2)\ldots f(\nu)$. Iam in formula antecedente singula Determinantia functionalia, quae idem signum $\Pi$ amplectatur, observo inter se aequalia evadere eademque fore ac si ubique index $-h$ omitteretur. Unde si ponimus

$$A_i^{(i)} = \frac{\partial \varphi_i^{(-h)}}{\partial x_{x_i}^{(q_i-h)}} = \frac{\partial \varphi_i}{\partial x_{x_i}^{(q_i)}} = \frac{\partial F_i}{\partial x_{x_i}^{(q_i-\lambda_i)}},$$

obtinetur:

$$(12) \quad \begin{cases} D = \{\Sigma \pm A_1' A_2'' \ldots A_n^{(n)}\}^{\alpha} \\ \quad \times \{\Sigma \pm A_{\alpha+1}^{(\alpha+1)} A_{\alpha+2}^{(\alpha+2)} \ldots A_n^{(n)}\}^{\beta-\alpha} \\ \quad \times \{\Sigma \pm A_{b+1}^{(b+1)} A_{b+2}^{(b+2)} \ldots A_n^{(n)}\}^{\gamma-\beta} \\ \quad \cdot \quad \cdot \quad \cdot \quad \cdot \quad \cdot \quad \cdot \\ \quad \times \{\Sigma \pm A_{r+1}^{(r+1)} A_{r+2}^{(r+2)} \ldots A_n^{(n)}\}^{\sigma-\varrho}. \end{cases}$$

Posito

$$(13)\quad \Sigma \pm A_{i+1}^{(i+1)} A_{i+2}^{(i+2)} \dots A_n^{(n)} = R_i,$$

valor antecedens fit $R_0^{\alpha} R_a^{\beta-\alpha} R_b^{\gamma-\beta} \dots R_r^{n-\varrho}$, qui etiam sic exhiberi potest:

$$(14)\quad D = R_0^{\lambda_1} R_1^{\lambda_2-\lambda_1} R_2^{\lambda_3-\lambda_2} \dots R_{n-1}^{\lambda_n-\lambda_{n-1}},$$

qua de formula, si bini numeri se proxime insequentes $\lambda_i$ et $\lambda_{i+1}$ inter se aequales existunt, potestatem $R_i^{\lambda_{i+1}-\lambda_i}$ unitati aequalem reiicere licet.

Reductiones, quibus aequationes differentiales propositae ad formas normales antecedentibus assignatas revocantur, eae sunt, quae omnium simplicissimo modo efficiuntur. Pro quibus supponere licet $\alpha = 0$ sive simul de omnibus numeris $\lambda_1, \lambda_2, \dots, \lambda_n$ eorum minimum detrahere licet; nam aequationum auxiliarium (10) nonnisi ultima series ad reductionem adhibebatur. Formae normales illis reductionibus simplicissimis erutae tot existunt inter se diversae, quot modis numeri $1, 2, \dots, n$ in talem ordinem $\varkappa_1, \varkappa_2, \dots, \varkappa_n$ disponi possunt, ut quantitates

$$\begin{array}{llll} x_{\varkappa_1}^{(q_1)}, & x_{\varkappa_2}^{(q_2)}, & \dots, & x_{\varkappa_a}^{(q_a)} \quad \text{aequationibus} \quad \varphi_1 = 0, \quad \varphi_2 = 0, \quad \dots, \quad \varphi_a = 0, \\ x_{\varkappa_{a+1}}^{(q_{a+1})}, & x_{\varkappa_{a+2}}^{(q_{a+2})}, & \dots, & x_{\varkappa_b}^{(q_b)} \quad \text{aequationibus} \quad \varphi_{a+1} = 0, \quad \varphi_{a+2} = 0, \quad \dots, \quad \varphi_b = 0, \\ \dots & \dots & \dots & \dots \\ x_{\varkappa_{r+1}}^{(q_{r+1})}, & x_{\varkappa_{r+2}}^{(q_{r+2})}, & \dots, & x_{\varkappa_n}^{(q_n)} \quad \text{aequationibus} \quad \varphi_{r+1} = 0, \quad \varphi_{r+2} = 0, \quad \dots, \quad \varphi_n = 0 \end{array}$$

determinentur, siquidem in aequationibus illis quantitates illae solae pro incognitis, reliquae pro datis habentur. Reductiones ad has formas pauciores poscunt aequationes auxiliares eliminationesque ac si proponeretur reductio ad ullam aliam formam normalem, ex. gr. reductio vulgaris ad unicam aequationem differentialem inter duas variabiles, quae vel omnium maxime prolixa est. Neque pro aliis formis normalibus Determinans, per quod $M$ dividendum est, concinnitate expressionis (12) gaudet.

Antecedentia ad problema isoperimetricum propositum applicemus. Aequationum differentialium (7) unaquaeque simul omnibus altissimis differentialibus

$$x_1^{(2m_1)}, \quad x_2^{(m_1+m_2)}, \quad \dots, \quad x_n^{(m_1+m_n)}$$

afficiatur; unde ipsi $\varkappa_1, \varkappa_2, \dots, \varkappa_n$ designare possunt numeros $1, 2, \dots, n$ *quocunque modo* permutatos. Fit

$$\lambda_i = m_1 - m_i, \quad q_i = p_{\varkappa_i} = m_1 + m_{\varkappa_i}, \quad q_i - \lambda_i = m_i + m_{\varkappa_i},$$

unde $n$ quantitates (11) abeunt in quantitates $x_{\varkappa_i}^{(m_i+m_{\varkappa_i})}$; porro fit

$$A_f^{(i)} = \frac{\partial F_i}{\partial x_{x_f}^{(m_{x_f}+m_i)}} = \frac{\partial^2 U}{\partial x_{x_f}^{(m_{x_f})}\partial x_i^{(m_i)}}.$$

Hinc, collectis formulis (9) et (14), fluit sequens theorema.

Theorema.

*„Proponatur integrale $\int U dt$ Maximum Minimumve reddere, expressione $U$ praeter variabilem independentem $t$ continente $n$ dependentes $x_1, x_2, \ldots, x_n$ una cum earum differentialibus, respective usque ad $m_1^{\text{tum}}$, $m_2^{\text{tum}}$, etc., $m_n^{\text{tum}}$ ordinem ascendentibus; designantibus $\varkappa_1, \varkappa_2, \ldots, \varkappa_n$ numeros 1, 2, ..., $n$ quocunque ordine dispositos, integrandae erunt $n$ aequationes differentiales*

$$x_{x_1}^{(m_1+m_{x_1})} = L_1,\quad x_{x_2}^{(m_2+m_{x_2})} = L_2,\quad \ldots,\quad x_{x_n}^{(m_n+m_{x_n})} = L_n,$$

*in quibus $L_1, L_2, \ldots, L_n$ ipsis differentialibus altissimis ad laevam positis non afficiuntur; si $m_1 \geqq m_2 \geqq m_3 \ldots \geqq m_{n-1} \geqq m_n$, ponaturque*

$$A_{x_f}^{(i)} = \frac{\partial^2 U}{\partial x_{x_f}^{(m_{x_f})}\partial x_i^{(m_i)}},\quad R_f = \Sigma \pm A_{i+1}^{(i+1)} A_{i+2}^{(i+2)} \ldots A_n^{(n)},$$

*illarum $n$ aequationum differentialium habetur Multiplicator*

$$\frac{R_0^{m_1}}{R_1^{m_1-m_2} R_2^{m_2-m_3} \ldots R_{n-1}^{m_{n-1}-m_n}}\text{,“}$$

Integralibus omnibus praeter unum inventis eorumque ope totidem quantitatibus variabilibus eliminatis, si aequationes $x_{x_1}^{(m_1+m_{x_1})} = L_1$ etc. ad aequationem differentialem primi ordinis inter duas variabiles reducuntur, huius quoque Multiplicator, cuius ope ea solis Quadraturis integrabilis fiat, constabit multiplicando valorem praecedentem per quantitatum eliminatarum Determinans, Constantium respectu arbitrariarum, quibus Integralia afficiuntur, formatum.

Berol. d. 26 Julii 1845.

# SUL PRINCIPIO DELL'ULTIMO MOLTIPLICATORE E SUO USO COME NUOVO PRINCIPIO GENERALE DI MECCANICA

DEL

PROFESSORE C. G. J. JACOBI.

Giornale arcadico, Tomo XCIX, p. 129—146.

# SUL PRINCIPIO DELL'ULTIMO MOLTIPLICATORE E SUO USO COME NUOVO PRINCIPIO GENERALE DI MECCANICA.

## I.

Comincio dal dimostrare un lemma di calcolo integrale, importante per le sue applicazioni all' integrazione de' sistemi di equazioni differenziali volgari, principalmente di quelle dalla cui integrazione dipende la determinazione del moto di un sistema di punti materiali.

### Lemma.

*Siano $X$, $X_1$, $X_2$, ..., $X_n$ funzioni qualunque delle variabili $x$, $x_1$, ..., $x_n$, ed $M$ ed $u$ due altre funzioni delle medesime variabili che verifichino l'equazioni differenziali parziali seguenti:*

$$\frac{\partial(MX)}{\partial x}+\frac{\partial(MX_1)}{\partial x_1}+\cdots+\frac{\partial(MX_n)}{\partial x_n}=0,$$

$$X\frac{\partial u}{\partial x}+X_1\frac{\partial u}{\partial x_1}+\cdots+X_n\frac{\partial u}{\partial x_n}=0.$$

*Pongasi*

$$u=a,$$

*ove $a$ è una costante arbitraria; e da questa equazione dedotto il valore di $x_n$, si sostituisca nelle funzioni $X$, $X_1$, ..., $X_{n-1}$ e nella quantità*

$$M_1=\frac{M}{\frac{\partial u}{\partial x_n}}.$$

*La funzione $M_1$ delle variabili $x$, $x_1$, ..., $x_{n-1}$ verificherà un'equazione simile a quella per cui è stata definita la funzione $M$, cioè l'equazione*

$$\frac{\partial(M_1X)}{\partial x}+\frac{\partial(M_1X_1)}{\partial x_1}+\cdots+\frac{\partial(M_1X_{n-1})}{\partial x_{n-1}}=0.$$

**Dimostrazione.** L'equazione da dimostrarsi

$$\frac{\partial(M_1X)}{\partial x}+\frac{\partial(M_1X_1)}{\partial x_1}+\cdots+\frac{\partial(M_1X_{n-1})}{\partial x_{n-1}}=0$$

può mettersi sotto la forma

$$X\frac{\partial \log M_1}{\partial x}+X_1\frac{\partial \log M_1}{\partial x}+\cdots+X_{n-1}\frac{\partial \log M_1}{\partial x_{n-1}}$$
$$+\frac{\partial X}{\partial x}+\frac{\partial X_1}{\partial x_1}+\cdots+\frac{\partial X_{n-1}}{\partial x_{n-1}}=0.$$

Le quantità $X$, $X_1$, ..., $X_{n-1}$ ed $M_1$ qui sono riguardate come funzioni delle variabili indipendenti $x$, $x_1$, ..., $x_{n-1}$, ma nella loro forma primitiva contengono ancora la variabile $x_n$ data, come funzione delle altre, dall' equazione $u=\alpha$. Ove abbiasi riguardo a quella forma, l'equazione precedente devesi scrivere in questa guisa

$$(1)\quad \left\{\begin{aligned} & X\frac{\partial \log M_1}{\partial x}+X_1\frac{\partial \log M_1}{\partial x_1}+\cdots+X_{n-1}\frac{\partial \log M_1}{\partial x_{n-1}}\\ &+\frac{\partial \log M_1}{\partial x_n}\left(X\frac{\partial x_n}{\partial x}+X_1\frac{\partial x_n}{\partial x_1}+\cdots+X_{n-1}\frac{\partial x_n}{\partial x_{n-1}}\right)\\ &+\frac{\partial X}{\partial x}+\frac{\partial X_1}{\partial x_1}+\cdots+\frac{\partial X_{n-1}}{\partial x_{n-1}}\\ &+\frac{\partial X}{\partial x_n}\frac{\partial x_n}{\partial x}+\frac{\partial X_1}{\partial x_n}\frac{\partial x_n}{\partial x_1}+\cdots+\frac{\partial X_{n-1}}{\partial x_n}\frac{\partial x_n}{\partial x_{n-1}}=0.\end{aligned}\right.$$

I valori de' differenziali parziali

$$\frac{\partial x_n}{\partial x},\quad \frac{\partial x_n}{\partial x_1},\quad \ldots$$

sono cavati dall'equazione $u=\alpha$ mediante la formula

$$\frac{\partial x_n}{\partial x_i}=-\frac{\dfrac{\partial u}{\partial x_i}}{\dfrac{\partial u}{\partial x_n}}.$$

Si avrà perciò

$$X\frac{\partial x_n}{\partial x}+X_1\frac{\partial x_n}{\partial x_1}+\cdots+X_{n-1}\frac{\partial x_n}{\partial x_{n-1}}$$
$$=-\frac{1}{\dfrac{\partial u}{\partial x_n}}\left(X\frac{\partial u}{\partial x}+X_1\frac{\partial u}{\partial x_1}+\cdots+X_{n-1}\frac{\partial u}{\partial x_{n-1}}\right),$$

ovvero, essendo

$$X\frac{\partial u}{\partial x}+X_1\frac{\partial u}{\partial x_1}+\cdots+X_n\frac{\partial u}{\partial x_n}=0,$$

si avrà

$$(2)\quad X\frac{\partial x_n}{\partial x}+X_1\frac{\partial x_n}{\partial x_1}+\cdots+X_{n-1}\frac{\partial x_n}{\partial x_{n-1}}=X_n.$$

Inoltre si ha

$$(3)\quad \left\{\begin{aligned}&\frac{\partial X}{\partial x_n}\frac{\partial x_n}{\partial x}+\frac{\partial X_1}{\partial x_n}\frac{\partial x_n}{\partial x_1}+\cdots+\frac{\partial X_{n-1}}{\partial x_n}\frac{\partial x_n}{\partial x_{n-1}}\\&=-\frac{1}{\dfrac{\partial u}{\partial x_n}}\left(\frac{\partial X}{\partial x_n}\frac{\partial u}{\partial x}+\frac{\partial X_1}{\partial x_n}\frac{\partial u}{\partial x_1}+\cdots+\frac{\partial X_{n-1}}{\partial x_n}\frac{\partial u}{\partial x_{n-1}}\right).\end{aligned}\right.$$

Ora l'equazione

$$-\left(X\frac{\partial u}{\partial x}+X_1\frac{\partial u}{\partial x_1}+\cdots+X_{n-1}\frac{\partial u}{\partial x_{n-1}}\right)=X_n\frac{\partial u}{\partial x_n},$$

differenziata rispetto $x_n$, e divisa per $\frac{\partial u}{\partial x_n}$, fornisce

$$\begin{aligned}&-\frac{1}{\dfrac{\partial u}{\partial x_n}}\left(\frac{\partial X}{\partial x_n}\frac{\partial u}{\partial x}+\frac{\partial X_1}{\partial x_n}\frac{\partial u}{\partial x_1}+\cdots+\frac{\partial X_{n-1}}{\partial x_n}\frac{\partial u}{\partial x_{n-1}}\right)\\&=\frac{\partial X_n}{\partial x_n}+X\frac{\partial\log\dfrac{\partial u}{\partial x_n}}{\partial x}+X_1\frac{\partial\log\dfrac{\partial u}{\partial x_n}}{\partial x_1}+\cdots\\&\quad+X_{n-1}\frac{\partial\log\dfrac{\partial u}{\partial x_n}}{\partial x_{n-1}}+X_n\frac{\partial\log\dfrac{\partial u}{\partial x_n}}{\partial x_n};\end{aligned}$$

d'onde, secondo la formula (3), risulta

$$(4)\quad \left\{\begin{aligned}&\frac{\partial X}{\partial x_n}\frac{\partial x_n}{\partial x}+\frac{\partial X_1}{\partial x_n}\frac{\partial x_n}{\partial x_1}+\cdots+\frac{\partial X_{n-1}}{\partial x_n}\frac{\partial x_n}{\partial x_{n-1}}\\&=\frac{\partial X_n}{\partial x_n}+X\frac{\partial\log\dfrac{\partial u}{\partial x_n}}{\partial x}+X_1\frac{\partial\log\dfrac{\partial u}{\partial x_n}}{\partial x_1}+\cdots+X_n\frac{\partial\log\dfrac{\partial u}{\partial x_n}}{\partial x_n}.\end{aligned}\right.$$

Sostituite le formule (2) e (4) nella formula (1), otterremo

$$\begin{aligned}0&=X\frac{\partial\log M_1}{\partial x}+X_1\frac{\partial\log M_1}{\partial x_1}+\cdots+X_n\frac{\partial\log M_1}{\partial x_n}\\&\quad+X\frac{\partial\log\dfrac{\partial u}{\partial x_n}}{\partial x}+X_1\frac{\partial\log\dfrac{\partial u}{\partial x_n}}{\partial x_1}+\cdots+X_n\frac{\partial\log\dfrac{\partial u}{\partial x_n}}{\partial x_n}\\&\quad+\frac{\partial X}{\partial x}+\frac{\partial X_1}{\partial x_1}+\cdots+\frac{\partial X_{n-1}}{\partial x_{n-1}}+\frac{\partial X_n}{\partial x_n},\end{aligned}$$

ovvero, essendo

$$M_1 \frac{\partial u}{\partial x_n} = M,$$

otterremo la formula

$$0 = X \frac{\partial \log M}{\partial x} + X_1 \frac{\partial \log M}{\partial x_1} + \cdots + X_n \frac{\partial \log M}{\partial x_n} + \frac{\partial X}{\partial x} + \frac{\partial X_1}{\partial x_1} + \cdots + \frac{\partial X_n}{\partial x_n},$$

la quale, moltiplicata per $M$, cangiasi nella formula

$$0 = \frac{\partial (MX)}{\partial x} + \frac{\partial (MX_1)}{\partial x_1} + \cdots + \frac{\partial (MX_n)}{\partial x_n}.$$

Così l'equazione da dimostrarsi, è ricondotta alla medesima equazione per la quale si è definita la quantità $M$; lo che dimostra la verità del lemma proposto. Essendo

$$X \frac{\partial u}{\partial x} + X_1 \frac{\partial u}{\partial x_1} + \cdots + X_n \frac{\partial u}{\partial x_n} = 0,$$

l'equazione $u = \alpha$ può anche definirsi come un integrale del sistema dell'equazioni differenziali volgari

$$dx : dx_1 : \ldots : dx_n = X : X_1 : \ldots : X_n,$$

definizione, che io adotterò in appresso.

## II.

Nello stesso modo che si è dedotta da $M$ la funzione $M_1$, potrà dedursi da $M_1$ una nuova funzione $M_2$, da $M_2$ una nuova funzione $M_3$, ec.; ed il lemma precedente per tutte queste funzioni fornirà equazioni differenziali parziali alle quali esse devono soddisfare, il numero delle variabili indipendenti diminuendo continuamente di un'unità.

Posto che l'equazione $u = \alpha$ sia un integrale del sistema dell'equazioni differenziali volgari

$$dx : dx_1 : \ldots : dx_n = X : X_1 : \ldots : X_n,$$

e che sia

$$\frac{\partial (MX)}{\partial x} + \frac{\partial (MX_1)}{\partial x_1} + \cdots + \frac{\partial (MX_n)}{\partial x_n} = 0,$$

ed inoltre

$$M_1 = \frac{M}{\dfrac{\partial u}{\partial x_n}},$$

la funzione $M_1$ ha soddisfatto all'equazione

$$\frac{\partial(M_1 X)}{\partial x}+\frac{\partial(M_1 X_1)}{\partial x_1}+\cdots+\frac{\partial(M_1 X_{n-1})}{\partial x_{n-1}}=0,$$

ove, mediante l'equazione $u=\alpha$, la variabile $x_n$ è stata eliminata dalle quantità

$$X,\ X_1,\ \ldots,\ X_{n-1}.$$

Sia $u_1=\alpha_1$ un integrale dell'equazioni differenziali

$$dx : dx_1 : \ldots : dx_{n-1} = X : X_1 : \ldots : X_{n-1};$$

ove $\alpha_1$ è una nuova costante arbitraria: posto

$$M_2=\frac{M_1}{\dfrac{\partial u_1}{\partial x_{n-1}}},$$

si avrà, per il medesimo teorema,

$$\frac{\partial(M_2 X)}{\partial x}+\frac{\partial(M_2 X_1)}{\partial x_1}+\cdots+\frac{\partial(M_2 X_{n-2})}{\partial x_{n-2}}=0,$$

ove $X$, $X_1$, ..., $X_{n-2}$, $M_2$ sono funzioni di $x$, $x_1$, ..., $x_{n-2}$, eliminatane $x_{n-1}$ per mezzo del secondo integrale $u_1=\alpha_1$. Essendo $\alpha_2$ una terza costante arbitraria, sia $u_2=\alpha_2$ un integrale dell'equazioni differenziali

$$dx : dx_1 : \ldots : dx_{n-2} = X : X_1 : \ldots : X_{n-2},$$

e pongasi

$$M_3=\frac{M_2}{\dfrac{\partial u_2}{\partial x_{n-2}}}=\frac{M_1}{\dfrac{\partial u_2}{\partial x_{n-2}}\cdot\dfrac{\partial u_1}{\partial x_{n-1}}}=\frac{M}{\dfrac{\partial u_2}{\partial x_{n-2}}\cdot\dfrac{\partial u_1}{\partial x_{n-1}}\cdot\dfrac{\partial u}{\partial x_n}}:$$

eliminata $x_{n-2}$, mediante l'equazione $u_2=\alpha_2$, dalle funzioni $X$, $X_1$, ..., $X_{n-2}$ e $M_3$, si avrà

$$\frac{\partial(M_3 X)}{\partial x}+\frac{\partial(M_3 X_1)}{\partial x_1}+\cdots+\frac{\partial(M_3 X_{n-3})}{\partial x_{n-3}}=0.$$

Continuando in questa guisa, siansi trovati successivamente gl' integrali

$$(5)\quad u=\alpha,\quad u_1=\alpha_1,\quad \ldots,\quad u_{n-2}=\alpha_{n-2},$$

ove $\alpha$, $\alpha_1$, ..., $\alpha_{n-2}$ sono le costanti arbitrarie, ed ove $u_i=\alpha_i$ è l'equazione fra le variabili $x$, $x_1$, $x_2$, ..., $x_{n-i}$, che ha servito all'eliminazione di $x_{n-i}$. Posto inoltre

$$(6)\quad M_{n-1}=\frac{M}{\dfrac{\partial u}{\partial x_n}\cdot\dfrac{\partial u_1}{\partial x_{n-1}}\cdots\dfrac{\partial u_{n-2}}{\partial x_2}},$$

ed eliminate, mediante gl' integrali trovati, tutte le variabili $x_2$, $x_3$, ..., $x_n$ dalle funzioni $X$, $X_1$ e $M_{n-1}$, si avrà per l'applicazione ripetuta del lemma dimostrato

$$(7)\qquad \frac{\partial(M_{n-1}X)}{\partial x}+\frac{\partial(M_{n-1}X_1)}{\partial x_1}=0.$$

Ora, eliminate le variabili $x_2$, $x_3$, ..., $x_n$ per mezzo degl' integrali (5) che sono tutti gl'integrali del problema, eccetto un solo, resta da integrare l'equazione differenziale di prim'ordine fra le due variabili $x$ et $x_1$:

$$(8)\qquad X_1 dx - X dx_1 = 0,$$

e la formula (7) dimostra che la quantità $M_{n-1}$ è il *moltiplicatore* di quest' equazione differenziale. Tal moltiplicatore, rendendo il primo membro di (8) un differenziale completo, riduce la integrazione dell' equazione alle sole quadrature. Da qui si ricava il seguente teorema, al quale, per la sua importanza e fecondità, ho stimato proprio di dare una denominazione particolare.

„*Proposte l'equazioni differenziali*

$$dx : dx_1 : \ldots : dx_n = X : X_1 : \ldots : X_n,$$

*sia M una quantità qualunque che soddisfaccia all'equazione*

$$\frac{\partial(MX)}{\partial x}+\frac{\partial(MX_1)}{\partial x_1}+\cdots+\frac{\partial(MX_n)}{\partial x_n}=0,$$

*e del sistema dell'equazioni differenziali siansi trovati successivamente tutti gl' integrali, eccetto un solo,*

$$u=\alpha,\quad u_1=\alpha_1,\quad \ldots,\quad u_{n-2}=\alpha_{n-2},$$

*ove* $\alpha$, $\alpha_1$, ... *sono le costanti arbitrarie; s'impieghi ciascun integrale all'eliminazione di una variabile, talchè* $u_i=\alpha_i$ *sia l'equazione fra le variabili* $x$, $x_1$, ..., $x_{n-i}$, *che ha servito all'eliminazione di* $x_{n-i}$: *il moltiplicatore dell'ultima equazione differenziale*

$$X_1 dx - X dx_1 = 0$$

*sarà*

$$\mu=\frac{M}{\frac{\partial u}{\partial x_n}\cdot\frac{\partial u_1}{\partial x_{n-1}}\cdots\frac{\partial u_{n-2}}{\partial x_2}},$$

*ove, mediante gl' integrali trovati, le quantità* $X$, $X_1$, $\mu$ *sono da esprimersi per le variabili* $x$ *e* $x_1$."

Dimostra il principio dell'ultimo moltiplicatore che, *conosciuta la quantità M, l'ultima integrazione può sempre eseguirsi colle sole quadrature.*

Quando si ha

$$(9) \quad \frac{\partial X}{\partial x}+\frac{\partial X_1}{\partial x_1}+\cdots+\frac{\partial X_n}{\partial x_n}=0,$$

potrà farsi $M=1$; d'onde segue che: „proposto un sistema di equazioni differenziali volgari

$$dx:dx_1:\ldots:dx_n = X:X_1:\ldots:X_n,$$

ove

$$\frac{\partial X}{\partial x}+\frac{\partial X_1}{\partial x_1}+\cdots+\frac{\partial X_n}{\partial x_n}=0,$$

e trovati tutti gl'integrali completi, eccetto un solo, l'ultima equazione differenziale potrà sempre integrarsi colle sole quadrature". Svilupperò più estesamente nel giornale del sig. Crelle il detto principio. Qui basterà di farne l'applicazione ai problemi meccanici.

## III.

### PRINCIPIO DELL'ULTIMO MOLTIPLICATORE NEI PROBLEMI MECCANICI.

Consideriamo le formule dinamiche rispetto al moto di $k$ punti materiali. Le $3k$ coordinate rettangolari di questi $k$ punti siano

$$x,\ x_1,\ x_2,\ \ldots,\ x_{3k-1},$$

e sia inoltre

$$(10) \quad \frac{dx}{dt}=x_{3k},\quad \frac{dx_1}{dt}=x_{3k+1},\quad \ldots,\quad \frac{dx_{3k-1}}{dt}=x_n,$$

ove $n=6k-1$. Supponiamo che le forze sollecitanti i punti materiali secondo le direzioni parallele agli assi delle coordinate, siano funzioni delle sole coordinate $x, x_1, \ldots, x_{3k-1}$, senza dipendere nè dal tempo, nè dalle velocità; e che il sistema de'punti sia interamente libero. Il moto dei punti sarà dato dall'integrazione di un sistema di equazioni differenziali volgari della forma

$$(11) \quad \frac{dx_{3k}}{dt}=X_{3k},\quad \frac{dx_{3k+1}}{dt}=X_{3k+1},\quad \ldots,\quad \frac{dx_n}{dt}=X_n,$$

ove $X_{3k}, X_{3k+1}, \ldots, X_n$ sono funzioni delle quantità $x, x_1, \ldots, x_{3k-1}$. Posto, per maggior conformità colle formule degli articoli antecedenti,

$$x_{3k}=X,\quad x_{3k+1}=X_1,\quad \ldots,\quad x_n=X_{3k-1},$$

le formule (10) e (11) riunite somministrano il sistema di equazioni differenziali del primo ordine

$$(12) \quad dx:dx_1:\ldots:dx_n = X:X_1:\ldots:X_n.$$

Queste integrate e, mediante gl' integrali trovati, espressa $X=x_{3k}$ per $x$, si avrà finalmente il tempo

$$(13)\quad t=\int\frac{dx}{X}+\text{Const.}$$

Dunque, come si sa, nei problemi meccanici l'ultima integrazione, che dà l'espressione del tempo per una coordinata, può ottenersi mediante una sola quadratura. Ma io dico che le *due* ultime integrazioni possono sempre ottenersi per via di sole quadrature, perchè, oltre l'equazione (13) che contiene soltanto una quadratura, mediante il principio dell'ultimo moltiplicatore anche l'ultima integrazione del sistema (12) può ridursi alle quadrature. Infatti, essendo le quantità $X_{3k}, X_{3k+1}, \ldots, X_n$ funzioni delle sole $x, x_1, \ldots, x_{3k-1}$, e le $X, X_1, \ldots, X_{3k-1}$ essendo eguali alle variabili $x_{3k}, x_{3k+1}, \ldots, x_n$, vedesi che in niuna funzione $X_i$ si contiene la variabile $x_i$, e che in conseguenza per ciascun valore di $i$ si ha

$$\frac{\partial X_i}{\partial x_i}=0,$$

d'onde

$$\frac{\partial X}{\partial x}+\frac{\partial X_1}{\partial x_1}+\cdots+\frac{\partial X_n}{\partial x_n}=0.$$

Abbiamo dunque il caso di $M=1$. Pertanto trovati tutti gl' integrali delle equazioni (12), eccetto un solo, il moltiplicatore dell'ultima equazione differenziale sarà fornito dal principio proposto nell'articolo precedente, sostituitovi $M=1$.

Lo stesso principio dà le due ultime integrazioni, anche nel caso dei sistemi non liberi di punti materiali. Ciò si farà manifesto, ponendo le formule dinamiche sotto una forma convenevole, come appresso.

Sia $3k-m$ il numero dell'equazioni di condizione del sistema de' $k$ punti materiali; esprimo tutte le loro $3k$ coordinate $x, x_1, \ldots, x_{3k-1}$ per $m$ quantità indipendenti

$$q_1,\ q_2,\ \ldots,\ q_m;$$

quindi, posto

$$\frac{\partial q_i}{dt}=q_i',$$

esprimo la metà $T$ della forza viva del sistema de' punti materiali colle quantità

$$q_1,\ q_2,\ \ldots,\ q_m,\ q_1',\ q_2',\ \ldots,\ q_m'.$$

Siano poste l'equazioni

$$\frac{\partial T}{\partial q'_1}=p_1, \quad \frac{\partial T}{\partial q'_2}=p_2, \quad \ldots, \quad \frac{\partial T}{\partial q'_m}=p_m,$$

le quali sono lineari rispetto a $q'_1, q'_2, \ldots, q'_m$; e per la loro risoluzione si ottengano i valori di $q'_1, q'_2, \ldots, q'_m$, espressi per $p_1, p_2, \ldots, p_m$. Sostituiti questi valori in $T$, riesce $T$ funzione delle $2m$ quantità

$$q_1, \; q_2, \; \ldots, \; q_m, \quad p_1, \; p_2, \ldots, \; p_m,$$

le quali sono quelle fra cui conviene stabilire l'equazioni differenziali dinamiche. Per ottener queste, poniamo che $x_i$ sia una coordinata di un punto la cui massa è $m_i$, e che questo punto sia sollecitato secondo la direzione parallela alla coordinata $x_i$ dalla forza $X_{3k+i}$. Sostituendo i valori delle coordinate $x, x_1, \ldots, x_{3k-1}$, espressi per $q_1, q_2, \ldots, q_m$, si ottenga

$$m X_{3k} dx + m_1 X_{3k+1} dx_1 + \cdots + m_{3k-1} X_n dx_{3k-1} = Q_1 dq_1 + Q_2 dq_2 + \cdots + Q_m dq_m.$$

Le quantità $X_{3k}, X_{3k+1}, \ldots$ essendo funzioni delle sole $x, x_1, \ldots$, le quantità $Q_1$, $Q_2, \ldots$, saranno funzioni delle sole $q_1, q_2, \ldots, q_m$. Trovate queste funzioni, l'equazioni differenziali fra le variabili $q_1, q_2, q_3, \ldots, q_m, p_1, p_2, \ldots, p_m$ saranno le seguenti:

$$(14)\quad \begin{cases} \dfrac{dq_1}{dt}=\dfrac{\partial T}{\partial p_1}, & \dfrac{dp_1}{dt}=-\dfrac{\partial T}{\partial q_1}+Q_1, \\ \dfrac{dq_2}{dt}=\dfrac{\partial T}{\partial p_2}, & \dfrac{dp_2}{dt}=-\dfrac{\partial T}{\partial q_2}+Q_2, \\ \cdots & \cdots \\ \dfrac{dq_m}{dt}=\dfrac{\partial T}{\partial p_m}, & \dfrac{dp_m}{dt}=-\dfrac{\partial T}{\partial q_m}+Q_m. \end{cases}$$

La dimostrazione di queste formule generali può ricavarsi dalla dimostrazione data dal sig. Hamilton nel caso che

$$m X_{3k} dx + m_1 X_{3k+1} dx_1 + \cdots + m_{3k-1} X_n dx_{3k-1}$$

è un differenziale completo (vedi due memorie dello stesso autore inserite nelle *Philosophical Transactions* an. 1834 e 1835). Separando l'elemento $dt$ e mettendo l'equazioni differenziali sotto la forma di una proporzione

$$(15)\quad \begin{cases} dq_1 : dq_2 : \ldots : dq_m : dp_1 : dp_2 : \ldots : dp_m \\ = \dfrac{\partial T}{\partial p_1} : \dfrac{\partial T}{\partial p_2} : \ldots : \dfrac{\partial T}{\partial p_m} : -\dfrac{\partial T}{\partial q_1}+Q_1 : -\dfrac{\partial T}{\partial q_2}+Q_2 : \ldots : -\dfrac{\partial T}{\partial q_m}+Q_m, \end{cases}$$

si hanno primieramente da integrare l'equazioni (15), e poi il tempo $t$ sarà trovato come funzione di una delle quantità $q_1$, $q_2$, ... mediante una sola quadratura. Ricerchiamo adesso la quantità $M$ corrispondente al sistema delle equazioni (15). Quando erano proposte l'equazioni differenziali

$$dx : dx_1 : \ldots : dx_n = X : X_1 : \ldots : X_n,$$

ciascuna delle quantità $X$, $X_1$, ec. fu differenziata rispetto alla variabile al cui differenziale è proporzionale. Svanendo la somma di tutti gli $n$ differenziali parziali così ottenuti, l'ultima integrazione fu ridotta alle quadrature. Così, proposte l'equazioni differenziali (15), si hanno da differenziare le quantità

$$\frac{\partial T}{\partial p_1}, \quad \frac{\partial T}{\partial p_2}, \quad \ldots, \quad \frac{\partial T}{\partial p_m}$$

rispetto alle variabili

$$q_1, \quad q_2, \quad \ldots, \quad q_m,$$

e le quantità

$$-\frac{\partial T}{\partial q_1}+Q_1, \quad -\frac{\partial T}{\partial q_2}+Q_2, \quad \ldots, \quad -\frac{\partial T}{\partial q_m}+Q_m$$

rispetto alle variabili

$$p_1, \quad p_2, \quad \ldots, \quad p_m.$$

Or la somma di tutti questi $2m$ differenziali parziali svanisce, perchè combinandoli due a due si ha per ogni valore dell'indice $i$:

$$\frac{\partial \dfrac{\partial T}{\partial p_i}}{\partial q_i}+\frac{\partial\left(-\dfrac{\partial T}{\partial q_i}+Q_i\right)}{\partial p_i}=\frac{\partial Q_i}{\partial p_i}=0.$$

Dunque, proposte l'equazioni differenziali (15) corrispondenti a un sistema non libero di punti materiali, potrà farsi $M=1$, e perciò la loro ultima integrazione potrà ridursi alle quadrature.

Quando l'espressioni delle forze contengono esplicitamente il tempo $t$, non si potrà più ottenere il tempo con una sola quadratura, come nei casi precedenti. Ma, mediante il nuovo principio, anche in questo caso l'integrazione dell'ultima equazione differenziale del primo ordine, fra $t$ ed una coordinata, dipenderà soltanto da quadrature.

Lo stesso principio si applica anche al moto di una cometa in un mezzo resistente, e ad alcuni altri casi particolari ove alle forze sollecitanti sono aggiunte forze di resistenza.

Roma, 16 marzo 1844.

# ZWEI BEISPIELE ZUR NEUEN METHODE DER DYNAMIK

VON

C. G. J. JACOBI.

Monatsberichte der Berliner Akademie vom Jahre 1846 p. 351—356.

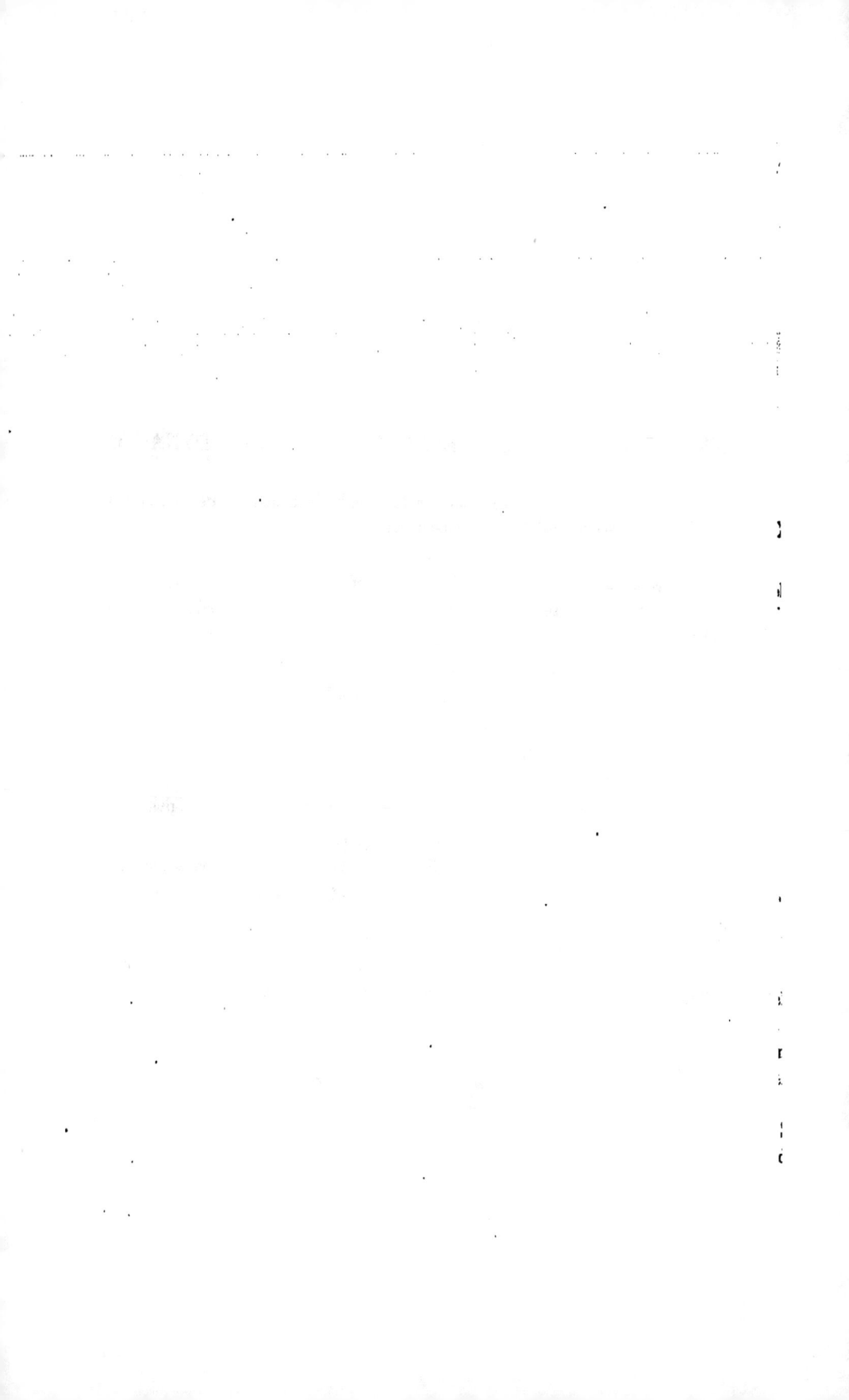

# ZWEI BEISPIELE ZUR NEUEN METHODE DER DYNAMIK.

Es gelte in einem Probleme der Mechanik die Erhaltung der lebendigen Kraft; die dieselbe ausdrückende Gleichung sei

$$T = U + h,$$

wo $T$ die halbe lebendige Kraft, $U$ die Kräftefunction, $h$ die willkürliche Constante bedeutet. Es seien $q_1$, $q_2$, etc. die von einander unabhängigen Bestimmungsstücke der Positionen der materiellen Punkte, welche entweder frei oder vorgeschriebenen Bedingungen unterworfen sind. Man setze $\frac{dq}{dt} = q'$, drücke $T$ durch die Grössen $q_1$, $q_2$, etc., $q_1'$, $q_2'$, etc. aus und bilde die Gleichungen

$$\frac{\partial T}{\partial q_1'} = \frac{\partial V}{\partial q_1}, \quad \frac{\partial T}{\partial q_2'} = \frac{\partial V}{\partial q_2}, \quad \text{etc.}$$

Drückt man mittelst dieser Gleichungen $T$ als Function von $q_1$, $q_2$, etc., $\frac{\partial V}{\partial q_1}$, $\frac{\partial V}{\partial q_2}$, etc. aus, so wird $T = U + h$ eine partielle Differentialgleichung erster Ordnung zwischen den Variabeln $V$, $q_1$, $q_2$, etc. Kennt man von derselben eine Lösung $V$, welche willkürliche Constanten enthält und so beschaffen ist, (was das Kriterium einer *vollständigen* Lösung ist), dass sie keiner andern partiellen Differentialgleichung erster Ordnung genügt, welche von der gesuchten Function $V$ selbst und den willkürlichen Constanten frei ist, so kann man das mechanische Problem vollständig integriren, und kennt auch zugleich, wenn die Bewegung gestört wird, ohne einige weitere Rechnung, die Differentialgleichungen für die gestörten Elemente.

Sind nämlich $\alpha_1$, $\alpha_2$, etc. die in $V$ enthaltenen willkürlichen Constanten, so werden

$$\frac{\partial V}{\partial \alpha_1} = \beta_1, \quad \frac{\partial V}{\partial \alpha_2} = \beta_2, \quad \text{etc.}, \quad \frac{\partial V}{\partial h} = t + \tau,$$

wo $\beta_1$, $\beta_2$, etc., $\tau$ neue willkürliche Constanten sind, die vollständigen Integralgleichungen. Hat man für das gestörte Problem

$$T = U+\Omega+h,$$

wo $\Omega$ die Störungsfunction ist, so werden die Differentialgleichungen für die gestörten Elemente:

$$\frac{d\alpha_1}{dt} = \frac{\partial\Omega}{\partial\beta_1}, \quad \frac{d\alpha_2}{dt} = \frac{\partial\Omega}{\partial\beta_2}, \quad \text{etc.}$$

$$\frac{d\beta_1}{dt} = -\frac{\partial\Omega}{\partial\alpha_1}, \quad \frac{d\beta_2}{dt} = -\frac{\partial\Omega}{\partial\alpha_2}, \quad \text{etc.}$$

Erstes Beispiel: *Die elliptische Bewegung eines Planeten um die Sonne.*

Wählt man als Bestimmungsstücke der Position des Planeten seine Polarcoordinaten $r$, $\varphi$, $\psi$, und setzt die anziehende Kraft $=1$, so wird

$$T = \tfrac{1}{2}\{r'r'+r^2\varphi'\varphi'+r^2\sin^2\varphi.\psi'\psi'\}, \quad U = \frac{1}{r},$$

$$\frac{\partial T}{\partial r'} = r', \quad \frac{\partial T}{\partial \varphi'} = r^2\varphi', \quad \frac{\partial T}{\partial \psi'} = r^2\sin^2\varphi.\psi'.$$

Setzt man

$$r' = \frac{\partial V}{\partial r}, \quad r^2\varphi' = \frac{\partial V}{\partial \varphi}, \quad r^2\sin^2\varphi.\psi' = \frac{\partial V}{\partial \psi},$$

so wird

$$T = \tfrac{1}{2}\left[\left(\frac{\partial V}{\partial r}\right)^2+\frac{1}{r^2}\left(\frac{\partial V}{\partial \varphi}\right)^2+\frac{1}{r^2\sin^2\varphi}\left(\frac{\partial V}{\partial \psi}\right)^2\right].$$

Die partielle Differentialgleichung wird daher

$$\left(\frac{\partial V}{\partial r}\right)^2+\frac{1}{r^2}\left(\frac{\partial V}{\partial \varphi}\right)^2+\frac{1}{r^2\sin^2\varphi}\left(\frac{\partial V}{\partial \psi}\right)^2 = \frac{2}{r}+2h.$$

Schreibt man diese Gleichung folgendermaassen:

$$\begin{aligned}&\left(\frac{\partial V}{\partial r}\right)^2-\frac{2}{r}-2h+\frac{\alpha}{r^2}\\ &+\frac{1}{r^2}\left[\left(\frac{\partial V}{\partial \varphi}\right)^2-\alpha+\frac{\beta}{\sin^2\varphi}\right]\\ &+\frac{1}{r^2\sin^2\varphi}\left[\left(\frac{\partial V}{\partial \psi}\right)^2-\beta\right] = 0,\end{aligned}$$

so erhält man eine vollständige Lösung, wenn man die in den einzelnen Horizontalreihen befindlichen Ausdrücke besonders $=0$ setzt, und die drei für $V$ hieraus erhaltenen Ausdrücke summirt. Es ergiebt sich hieraus

$$V = \int\sqrt{\frac{2}{r}+2h-\frac{\alpha}{r^2}}\,dr+\int\sqrt{\alpha-\frac{\beta}{\sin^2\varphi}}\,d\varphi+\sqrt{\beta}.\psi.$$

Substituirt man diesen Werth von $V$, so werden die vollständigen Integralgleichungen der elliptischen Bewegung

$$\frac{\partial V}{\partial \alpha} = \alpha', \quad \frac{\partial V}{\partial \beta} = \beta', \quad \frac{\partial V}{\partial h} = t+\tau,$$

wo $\alpha$, $\beta$, $\alpha'$, $\beta'$, $h$, $\tau$ die sechs willkürlichen Constanten sind. Die letzte Gleichung giebt z. B.

$$t+\tau = \int \frac{dr}{\sqrt{\frac{2}{r}+2h-\frac{\alpha}{r^2}}}.$$

Man findet leicht die geometrische Bedeutung der Elemente $\alpha$, $\beta$, $\alpha'$, $\beta'$ und durch das oben angegebene allgemeine Theorem die auf sie bezüglichen Störungsformeln.

Zweites Beispiel: *Die geodätische Linie auf einem Ellipsoid.*

Es sei die Gleichung des Ellipsoids

$$\frac{x^2}{a^2}+\frac{y^2}{b^2}+\frac{z^2}{c^2} = 1$$

und $a > b > c$. Man erhält alle Punkte desselben, wenn man zu dieser Gleichung die beiden folgenden

$$\frac{x^2}{a^2-\lambda}+\frac{y^2}{b^2-\lambda}+\frac{z^2}{c^2-\lambda} = 1,$$
$$\frac{x^2}{a^2-\mu}+\frac{y^2}{b^2-\mu}+\frac{z^2}{c^2-\mu} = 1$$

hinzufügt, aus den drei Gleichungen $x$, $y$, $z$ durch $\lambda$ und $\mu$ bestimmt, und der Variablen $\lambda$ die Werthe von $c^2$ bis $b^2$, der Variablen $\mu$ die Werthe von $b^2$ bis $a^2$ giebt. Das halbe Quadrat der Geschwindigkeit eines Punktes des Ellipsoids wird dann

$$T = \frac{\mu-\lambda}{8}\left[\frac{\lambda}{\varDelta}\lambda'\lambda'+\frac{\mu}{M}\mu'\mu'\right],$$

wo wieder $\lambda' = \frac{d\lambda}{dt}$, $\mu' = \frac{d\mu}{dt}$, und

$$\varDelta = (a^2-\lambda)(b^2-\lambda)(\lambda-c^2),$$
$$M = (a^2-\mu)(\mu-b^2)(\mu-c^2),$$

ist. Man erhält hieraus zufolge der allgemeinen Regel

$$\frac{\partial V}{\partial \lambda} = \frac{\partial T}{\partial \lambda'} = \frac{\mu-\lambda}{4}\cdot\frac{\lambda\lambda'}{\varDelta},$$
$$\frac{\partial V}{\partial \mu} = \frac{\partial T}{\partial \mu'} = \frac{\mu-\lambda}{4}\cdot\frac{\mu\mu'}{M}$$

und daher durch Elimination von $\lambda'$ und $\mu'$

$$T = \frac{2}{\mu-\lambda}\left[\frac{A}{\lambda}\left(\frac{\partial V}{\partial \lambda}\right)^2 + \frac{M}{\mu}\left(\frac{\partial V}{\partial \mu}\right)^2\right].$$

Die Bewegung eines Punktes auf einer Fläche, wenn dieselbe nur durch einen momentanen Impuls erfolgt, geschieht auf der sogenannten geodätischen Linie. Man hat für diesen Fall

$$U = 0;$$

die partielle Differentialgleichung $T = U+h$ wird daher

$$\frac{A}{\lambda}\left(\frac{\partial V}{\partial \lambda}\right)^2 + \frac{M}{\mu}\left(\frac{\partial V}{\partial \mu}\right)^2 = \tfrac{1}{2}h\mu - \tfrac{1}{2}h\lambda.$$

Man genügt ihr, ähnlich wie im ersten Beispiel, wenn man besonders

$$\frac{A}{\lambda}\left(\frac{\partial V}{\partial \lambda}\right)^2 = \alpha - \tfrac{1}{2}h\lambda,$$

$$\frac{M}{\mu}\left(\frac{\partial V}{\partial \mu}\right)^2 = \tfrac{1}{2}h\mu - \alpha$$

setzt, woraus

$$V = \int\sqrt{\frac{\lambda(\alpha-\frac{1}{2}h\lambda)}{A}}\,d\lambda + \int\sqrt{\frac{\mu(\frac{1}{2}h\mu-\alpha)}{M}}\,d\mu$$

folgt. Die Relation zwischen $\lambda$ und $\mu$, welche die geodätische Linie bestimmt, wird $\frac{\partial V}{\partial \alpha} = \beta$, oder

$$2\beta = \int\sqrt{\frac{\lambda}{(\alpha-\frac{1}{2}h\lambda)A}}\,d\lambda - \int\sqrt{\frac{\mu}{(\frac{1}{2}h\mu-\alpha)M}}\,d\mu,$$

wo $h$, $\alpha$ und $\beta$ die willkürlichen Constanten sind.

# NACHLASS.

# PROBLEMA TRIUM CORPORUM MUTUIS ATTRACTIONIBUS CUBIS DISTANTIARUM INVERSE PROPORTIONALIBUS RECTA LINEA SE MOVENTIUM

AUCTORE

C. G. J. JACOBI.

# PROBLEMA TRIUM CORPORUM MUTUIS ATTRACTIONIBUS CUBIS DISTANTIARUM INVERSE PROPORTIONALIBUS RECTA LINEA SE MOVENTIUM.

(Ex. Ill. C. G. J. Jacobi manuscriptis posthumis in medium protulit A. Wangerin.)

In Commentationis „theoria novi Multiplicatoris" inscriptae §. 28 [Cf. h. Vol. p. 478] de tribus corporibus se mutuo attrahentibus in eademque recta motis egi atque annotavi, casu, quo mutuae corporum attractiones *cubis* distantiarum inverse proportionales sint, motum totum tantum ab *unica Quadratura* pendere. Qua de re paucis disseram, eadem notatione usus atque in illa Commentatione.

Rursus posito

$$(1)\quad u = r\cos\varphi,\quad v = r\sin\varphi,$$

loco substitutionum (16) Commentationis supra commemoratae hae adhibendae sunt:

$$(2)\quad \begin{cases} s = r\dfrac{dr}{dt} = u\dfrac{du}{dt}+v\dfrac{dv}{dt}, \\ \eta = r^2\dfrac{d\varphi}{dt} = u\dfrac{dv}{dt}-v\dfrac{du}{dt}, \end{cases}$$

unde fit

$$(3)\quad \begin{cases} r^2\dfrac{ds}{dt} = s^2+\eta^2-2\Phi, \\ r^2\dfrac{d\eta}{dt} = \Phi', \end{cases}$$

siquidem rursus ponitur $\Phi' = \dfrac{d\Phi}{d\varphi}$, ipsi $\Phi$ autem tribuitur valor:

$$(4)\quad \Phi = \tfrac{1}{2}\left\{\frac{m'm''}{(a\cos\varphi+b\sin\varphi)^2}+\frac{m''m}{(a'\cos\varphi+b'\sin\varphi)^2}+\frac{mm'}{(a''\cos\varphi+b''\sin\varphi)^2}\right\}.$$

Aequationes (19) Commentationis citatae in has mutantur:

$$(5)\quad d\varphi : ds : d\eta = \eta : s^2+\eta^2-2\Phi : \Phi',$$

unde eruitur

$$\Phi' d\varphi - \eta\, d\eta = 0,$$

ideoque, designante $\alpha$ Constantem arbitrariam,

$$(6)\quad 2\Phi-\eta^2=\alpha.$$

Principium conservationis virium vivarum suppeditat aequationem

$$(7)\quad \frac{1}{r^2}\{\Phi-\tfrac{1}{2}(s^2+\eta^2)\}=h,$$

unde

$$(8)\quad s=r\frac{dr}{dt}=\sqrt{\alpha-2hr^2}.$$

Hinc fit

$$(9)\quad \begin{cases} dt=\dfrac{rdr}{s}=\dfrac{rdr}{\sqrt{\alpha-2hr^2}}, \\ \dfrac{dt}{r^2}=\dfrac{d\varphi}{\eta}=\dfrac{d\varphi}{\sqrt{2\Phi-\alpha}}=\dfrac{dr}{r\sqrt{\alpha-2hr^2}}. \end{cases}$$

Quadraturarum hic instituendarum rationi immorabor, ut generalia quaedam Mechanicae et Calculi Integralis praecepta in clariorem lucem ponantur et commodo exemplo illustrentur.

In quaestionum mechanicarum solutionibus nihil ambigui manere potest. Semel conditione initiali ex arbitrio data, neque novis viribus acceleratricibus vel impulsibus accedentibus, per totum temporis infiniti decursum mobilium positiones lege unica determinantur, cum, tempore semper progrediente et continuo fluente, variabiles, quibus mobilium positiones et velocitatum eorum intensitates et directiones definiuntur, ita a tempore pendeant, ut earum mutationes nunquam continuitatis principium laedant neque per saltus fiant, hoc est ut nunquam duobus temporis momentis infinite vicinis respondeant illarum variabilium valores quantitate finita inter se differentes. Unde exempli gratia in quaestionibus mechanicis nunquam fieri debet, ut variabiles illae a positivo ad negativum vel a negativo ad positivum per *infinitum* transeant. Nisi lex illa suprema bene tenetur, fieri potest, ut pro eodem statu initiali ex iisdem aequationibus differentialibus determinationes petantur a vero motu quam maxime abhorrentes et prorsus absurdae. At antecedentia tantum ad ipsas valent variabiles, quas supra innui, quibus scilicet *sine ulla ambiguitate* definiuntur mobilium positiones et velocitates, neque lex proposita ad illarum variabilium functiones extendi potest.

Maxime autem rejicienda est regula, quae passim dari solet, radicalibus inter integrationem eadem signa conservanda esse. Scilicet radicalis signo pro conditione initiali definito, non amplius in potestate nostra positum est, regulam aliquam de illius signo condendi, sed omnia continuitatis legi permittenda sunt. Neque si duarum variabilium $u$ et $v$ loco, quae ad illas variabiles continuitatis legi obnoxias pertinent, alias $r$ et $\varphi$ adhibes ponendo $u = r\cos\varphi$, $v = r\sin\varphi$, statuere licet, ipsam $r$ semper positivo valore gaudere.

Principiis mechanicis, quibus vires sollicitantes per aequationes differentiales exprimuntur, illa adjicienda esse videntur, quae modum spectant, ipsum motum ex aequationibus differentialibus deducendi. Illa principia, si veterem distinctionem renovare licet, *dynamica*, haec *phoronomica* appellare conveniret.*)

In exemplo antecedenti ex arbitrio dati sint variabilium $r$, $\varphi$, $\frac{dr}{dt}$, $\frac{d\varphi}{dt}$ valores initiales $r_0$, $\varphi_0$, $r'_0$, $\varphi'_0$ tempori $t = 0$ correspondentes; erunt ipsarum $s$ et $\eta$ valores initiales

$$s_0 = r_0 r'_0, \quad \eta_0 = r_0^2 \varphi'_0.$$

Quantitatem $r_0$ semper positivam statuere licet. Porro fit

$$\alpha = 2\Phi_0 - \eta_0^2, \quad h = \frac{\alpha}{2r_0^2} - \tfrac{1}{2}r'^2_0,$$

siquidem $\Phi_0$ functionis $\Phi$ valorem designat, qui pro valore initiali $\varphi = \varphi_0$ obtinetur. Posito

$$\frac{d\varphi}{\sqrt{2\Phi - \alpha}} = d\Pi,$$

quantitas $\Pi$, quam evanescente $t$ et ipsam evanescere pono, simul cum $t$ continuo crescere debet, cum habeatur

$$d\Pi = \frac{dt}{r^2}.$$

Pro conditionibus initialibus et pro variis temporis $t$ intervallis variae formulae de aequationibus differentialibus

$$dt = \frac{r\,dr}{\sqrt{\alpha - 2hr^2}}, \quad d\Pi = \frac{dr}{r\sqrt{\alpha - 2hr^2}}$$

deducendae sunt, quibus $r$ et $\Pi$ per $t$ exprimantur. Qua in re statuere placet, radicalibus valores positivos vel negativos convenire, potestates fractas vero semper quantitates positivas designare.

---

*) Eulerus olim adversarii Koenig ignorantiam misere increpavit, quod illam inter Dynamicam et Phoronomiam differentiam non bene teneret. Quam distinctionem hodie meliore iure adhibere possumus, cum methodi integrationis problematis mechanicis propriae partem Mechanicae peculiarem constituere videantur.

1°. *Sit $\alpha$ negativum, unde etiam $h$ negativum.*

a) *Sit $r_0'$ negativum.* Erit initio motus $dr$ negativum, unde etiam $\sqrt{\alpha-2hr^2}$ signo negativo sumendum est, quia elementum $dt$ semper positivum est atque valor $r_0$ positivus supponatur. Decrescit $r$ a $r_0$ usque ad valorem positivum $r_1=\left(\frac{\alpha}{2h}\right)^{\frac{1}{2}}$, cui respondent ipsarum $t$ et $\Pi$ valores

$$t_1=-\frac{1}{2h}(\alpha-2hr_0^2)^{\frac{1}{2}}=\left(\frac{r_1^2-r_0^2}{2h}\right)^{\frac{1}{2}},$$

$$\Pi_1=\frac{1}{(-\alpha)^{\frac{1}{2}}}\operatorname{Arccos}\left(\frac{r_1}{r_0}\right),$$

siquidem arcus inter 0 et $\frac{\pi}{2}$ sumitur. Si motum ulterius persequeris, invenis per totum motum, tempori $t_1$ anteriorem et posteriorem, valere formulas:

$$r=\{r_1^2-2h(t_1-t)^2\}^{\frac{1}{2}},\quad s=-2h(t-t_1),$$

$$\Pi=\Pi_1-\frac{1}{(-\alpha)^{\frac{1}{2}}}\operatorname{Arccos}\left(\frac{r_1}{r}\right)=\Pi_1-\frac{1}{(-\alpha)^{\frac{1}{2}}}\operatorname{Arctg}\frac{(-2h)^{\frac{1}{2}}(t_1-t)}{r_1},$$

ubi arcus circulares, crescente $t$ a 0 usque ad $\infty$, a valore positivo inter 0 et $\frac{\pi}{2}$ posito usque ad $-\frac{\pi}{2}$ decrescunt. Ipsa $r$ tempore $t=t_1$ valorem minimum $r_1$ adipiscitur, eodemque temporis intervallo ante et post hanc epocham eundem valorem induit.

b) *Si $r_0'$ positivum est,* in antecedentibus nihil mutandum est, nisi quod loco $t$ ponendum est $t+2t_1$, loco $\Pi$ autem $\Pi+2\Pi_1$.

2°. *Sit $\alpha$ positivum, $h$ negativum.*

a) *Sit $r_0'$ negativum.* Quantitas $r$ continuo decrescit inde a $r_0$ usque ad $-\infty$; quantitas $\frac{dr}{dt}$ decrescit primum inde a $r_0'$ usque ad $-\infty$, quem valorem evanescente $r$ assequitur; neque vero $\frac{dr}{dt}$ propter principia phoronomica supra exposita ad $+\infty$ transire potest, dum $r$ a positivo valore per 0 ad negativum transit, sed redire debet per valores negativos continuo crescens usque ad valorem $-(-2h)^{\frac{1}{2}}$. Hinc autem sequitur, quantitatem

$$r\frac{dr}{dt}=s=\sqrt{\alpha-2hr^2}$$

inde a $r_0r_0'=-(\alpha-2hr_0^2)^{\frac{1}{2}}$ usque ad $-(\alpha)^{\frac{1}{2}}$ continuo crescere, evanescente $r$ subito ac per saltum transire a $-(\alpha)^{\frac{1}{2}}$ ad $+(\alpha)^{\frac{1}{2}}$ ac deinde crescendo pergere usque ad $+\infty$. Unde exemplum habemus, quo radicale non evanescens signum mutat, idque per ipsam continuitatis legem, qualis in Mechanicis adhibenda est, fieri debet. Quod autem quantitas $\frac{dr}{dt}$ continuitatis legem subire debet, dum quantitas $\frac{dr^2}{dt}$ eidem legi non subjecta est, id inde fit, quod $r$ ad systema variabilium pertinet, quibus sine aliqua ambiguitate positiones mobilium definiri possunt, quantitas $r^2$ autem ejus loco adhibita ambiguitatem admittit. Nam illae ipsae tantum variabiles earumque differentialia prima per temporis elementum $dt$ divisa continuitatis lege obstringuntur. Dum $r$ a $r_0$ usque ad nihilum decrescit, crescit $\Pi$ a 0 usque ad $\infty$. Si adhibetur tempus $t_1$, quo $r$ evanescit, datum aequatione

$$-2ht_1 = (\alpha-2hr_0^2)^{\frac{1}{2}}-\alpha^{\frac{1}{2}},$$

valent ante tempus $t_1$ formulae

$$-2h(t_1-t) = (\alpha-2hr^2)^{\frac{1}{2}}-\alpha^{\frac{1}{2}},$$

$$\Pi = \frac{1}{\alpha^{\frac{1}{2}}}\log\left(\frac{rt_1}{r_0(t_1-t)}\right) = \frac{1}{\alpha^{\frac{1}{2}}}\log\left[\frac{r_0}{r}\cdot\frac{(\alpha-2hr^2)^{\frac{1}{2}}+\alpha^{\frac{1}{2}}}{(\alpha-2hr_0^2)^{\frac{1}{2}}+\alpha^{\frac{1}{2}}}\right].$$

Inde a $t = t_1$ usque ad $t = \infty$ valet formula

$$-2h(t-t_1) = (\alpha-2hr^2)^{\frac{1}{2}}-\alpha^{\frac{1}{2}},$$

ita ut tempore $T$ sive ante sive post epocham $t_1$ fiat

$$r = \pm T^{\frac{1}{2}}(-2hT+2\alpha^{\frac{1}{2}})^{\frac{1}{2}},$$

signo superiore ante epocham, inferiore post epocham valente. Habemus hic exemplum quantitatis $\sqrt{\alpha+x^2}-\sqrt{\alpha}$, in qua bina radicalia eodem signo sumuntur, quam patet continuitatis legem servare, si pro $x = 0$ bina radicalia non evanescentia simul signum mutant.

Tempore $t = t_1$ transit $\Pi$ a $+\infty$ ad $-\infty$, atque pro $t > t_1$ fit

$$\Pi = \frac{1}{\alpha^{\frac{1}{2}}}\log\left(\frac{r_0(t_1-t)}{rt_1}\right).$$

b) *Si $r_0'$ positivum est,* $r$ positivis tantum valoribus gaudet atque continuo crescit. Designante $t_1$ eandem quantitatem atque casu (2°, a) nunc fit:

$$-2h(t+t_1) = (\alpha-2hr^2)^{\frac{1}{2}}-\alpha^{\frac{1}{2}},$$

$$r = (t+t_1)^{\frac{1}{2}}\{2\alpha^{\frac{1}{2}}-2h(t+t_1)\}^{\frac{1}{2}},$$

$$\Pi = \frac{1}{\alpha^{\frac{1}{2}}}\log\left(\frac{r_0(t+t_1)}{rt_1}\right) = \frac{1}{\alpha^{\frac{1}{2}}}\log\left[\frac{r}{r_0}\cdot\frac{(\alpha-2hr_0^2)^{\frac{1}{2}}+\alpha^{\frac{1}{2}}}{(\alpha-2hr^2)^{\frac{1}{2}}+\alpha^{\frac{1}{2}}}\right].$$

3°. *Sit $\alpha$ positivum, $h$ positivum.*

a) *Sit $r_0'$ negativum.* Formulae eaedem atque antecedentibus (2°, a) manent, dum $r$ a $r_0$ usque ad $-\left(\frac{\alpha}{2h}\right)^{\frac{1}{2}}$ decrescit, $t$ a 0 usque ad

$$t_1+\frac{\alpha^{\frac{1}{2}}}{2h}=\frac{1}{2h}\{2\alpha^{\frac{1}{2}}-(\alpha-2hr_0^2)^{\frac{1}{2}}\}$$

crescit, $\frac{dr}{dt}$ a $r_0'$ ad $-\infty$ decrescit ac deinde a $-\infty$ usque ad 0 crescit. Tum vero ipsarum $r$ et $\frac{dr}{dt}$ incipit motus periodicus.

Sit
$$r_1=\left(\frac{\alpha}{2h}\right)^{\frac{1}{2}}\quad \tau=\frac{\alpha^{\frac{1}{2}}}{2h};$$

motus periodicus, si initio ejus denuo $t=0$ statuitur, hoc modo fit:

dum $r$ a $r_1$ ad 0 decrescit, fit $t=\frac{1}{2h}(\alpha-2hr^2)^{\frac{1}{2}}$,

dum $r$ a 0 ad $-r_1$ decrescit, fit $t=2\tau-\frac{1}{2h}(\alpha-2hr^2)^{\frac{1}{2}}$,

dum $r$ a $-r_1$ ad 0 crescit, fit $t=2\tau+\frac{1}{2h}(\alpha-2hr^2)^{\frac{1}{2}}$,

dum $r$ a 0 ad $r_1$ crescit, fit $t=4\tau-\frac{1}{2h}(\alpha-2hr^2)^{\frac{1}{2}}$,

dum $r$ a $r_1$ ad 0 decrescit, fit $t=4\tau+\frac{1}{2h}(\alpha-2hr^2)^{\frac{1}{2}}$,

etc. etc.

Hic videmus continuitatem servari, certo tempore simul radicalis signum atque Constantis arbitrariae tempori addendae valorem mutando. Designante $T$ quantitatem positivam ipso $\tau$ minorem atque $n$ numerum integrum sive positivum sive negativum, ponatur

$$t=2n\tau\pm T,$$

erit

$$r=\pm(2h)^{\frac{1}{2}}(\tau^2-T^2)^{\frac{1}{2}},$$

signo superiore aut inferiore valente prout $n$ par aut impar.

Ipsum

$$\frac{dr}{dt}=\frac{1}{r}\sqrt{\alpha-2hr^2}$$

in intervallis temporis 0, $\tau$, $2\tau$, $3\tau$, $4\tau$, $5\tau$, etc. a 0 ad $-\infty$, a $-\infty$ ad 0, a 0 ad $+\infty$, a $+\infty$ ad 0, a 0 ad $-\infty$, etc. continua mutatione fertur. Contra ipsum $r\frac{dr}{dt}$ in iisdem intervallis a 0 ad $-(\alpha^{\frac{1}{2}})$, ab $\alpha^{\frac{1}{2}}$ ad 0, a 0 ad $-(\alpha^{\frac{1}{2}})$, ab

$\alpha^{\frac{1}{2}}$ ad 0, a 0 ad $-(\alpha^{\frac{1}{2}})$, etc. movetur, generaliterque pro $t = 2n\tau \pm T$ datur valore

$$r\frac{dr}{dt} = s = \sqrt{\alpha - 2hr^2} = -2h(t - 2n\tau),$$

quae functio tempore $\pm\tau$, $\pm 3\tau$, $\pm 5\tau$, etc. a $-2h\tau$ ad $+2h\tau$ per saltum transit.

$\Pi$ denique infinitum fit, ubi $r = 0$; atque pro aliquo momento $t = 2n\tau \pm T$, ubi $T$ quantitas positiva atque minor quam $\tau$ est, fit

$$d\Pi = \frac{\pm dT}{2h(\tau^2 - T^2)}.$$

b) *Sit* $r_0'$ *positivum.* Crescente $r$ a $r_0$ ad $r_1 = \left(\frac{\alpha}{2h}\right)^{\frac{1}{2}}$, crescit $t$ a 0 ad $t_0 = \frac{1}{2h}(\alpha - 2hr_0^2)^{\frac{1}{2}}$, ita ut sit

$$t_0 - t = \frac{1}{2h}(\alpha - 2hr^2)^{\frac{1}{2}}.$$

Ab hoc temporis momento idem motus periodicus incipit, quem modo perspeximus.

Restat, ut ei casus considerentur, quibus aut $r_0' = 0$ (id quod tantum primo et tertio casu fieri potest), aut $\alpha = 0$, $h$ negativum, aut $h = 0$, $\alpha$ positivum est. Quibus casibus perscrutandis supersedere possumus, cum omnes antecedentibus contineantur, levibus adhibitis mutationibus. Exempli causa si tertio casu $r_0' = 0$, ea motus pars, quae motum periodicum antecedebat, omittenda est.

Quadraturam instituendarum ratione perspecta, motum trium corporum non amplius persequar.

---

# ANMERKUNGEN.

## ZU DEN ABHANDLUNGEN Nr. 1—9.

In der Abhandlung „*Dilucidationes de aequationum differentialium vulgarium systematis etc.*" hat Jacobi (p. 152 dieses Bandes) für die Anwendung der Symbole

$$d, \ \partial$$

eine Regel aufgestellt, welche seitdem von ihm und vielen anderen Mathematikern stets befolgt worden ist. Ich habe geglaubt, beim Neudrucke aller früher erschienenen Abhandlungen, namentlich der im Vorstehenden genannten, ebenfalls nach dieser Regel mich richten zu müssen, wodurch an einer geringen Anzahl von Stellen (z. B. im Anfang von p. 22 dieses Bandes) unwesentliche Aenderungen des ursprünglichen Textes nothwendig geworden sind.

## SUR LE MOUVEMENT D'UN POINT ET SUR UN CAS PARTICULIER DU PROBLÈME DES TROIS CORPS.

S. 37. Die Mittheilung, auf die hier (Z. 8) hingewiesen wird, bezog sich auf die Bestimmung der Gleichgewichtsfigur eines homogenen, um eine feste Axe rotirenden flüssigen Körpers (vgl. die Abhandlung Nr. 3 des 2. Bandes); sie ist am 20. October 1834 erfolgt, aber nicht gedruckt worden.

S. 38. Der zweite Theil des Briefes stimmt im Wesentlichen überein mit einer in den Monatsberichten der Berliner Akademie a. d. J. 1836 (S. 59) abgedruckten Note. In der letzteren steht statt des hier gebrauchten Ausdrucks „point sans masse" correcter „wenn man die Masse des gestörten Planeten vernachlässigt"; ferner ist die Schlussformel in den veränderlichen Elementen ausgedrückt und lautet:

$$\frac{M}{2a}+\frac{\sqrt{M(M+m')}}{a_1^{\frac{3}{2}}}\cdot\sqrt{p}\cos i+m'\left(\frac{1}{\varrho}-\frac{x\cos n't+y\sin n't}{a_1^2}\right)=\text{Const.},$$

wo $M$, $m'$, $a_1$, $n'$, $t$ dieselbe Bedeutung haben, wie in der Mittheilung an die Pariser Akademie, und mit $a$ die halbe grosse Axe, mit $p$ der Parameter der Bahn des gestörten Planeten, endlich mit $\varrho$ der Abstand der beiden Planeten von einander bezeichnet ist. Schliesslich wird noch bemerkt, dass man sich von der Richtigkeit dieser Gleichung leicht durch Differentiation überzeugen könne.

## ZUR THEORIE DER VARIATIONSRECHNUNG ETC.

Eine französische Übersetzung dieser Abhandlung findet man im 3. Bande des Liouville'schen Journals (p. 44—59), ferner kurze Angaben über die Resultate der Arbeit im 3. Bande der Comptes rendus und in den Monatsberichten der Berliner Akademie a. d. J. 1836 (S. 115—119), welche wieder abdrucken zu lassen überflüssig erschien.

S. 52, Z. 11. Hier ist der erste Theil der vorhergehenden Abhandlung gemeint.

S. 54, Z. 13. Diese Bemerkung bezieht sich auf den zweiten, wie oben bemerkt worden, auch der Berliner Akademie mitgetheilten Abschnitt der vorhergehenden Abhandlung.

## NOTE SUR L'INTÉGRATION DES ÉQUATIONS DIFFÉRENTIELLES DE LA DYNAMIQUE.

S. 131, Z. 8 und S. 133, Z. 9 sind die in den Abhandlungen Nr. 5 und Nr. 4 enthaltenen Mittheilungen an die Berliner und die Pariser Akademie gemeint.

## SUR UN NOUVEAU PRINCIPE DE LA MÉCANIQUE ANALYTIQUE.

Diese Arbeit enthält im Wesentlichen nur eine Zusammenstellung der auf dynamische Probleme bezüglichen Resultate der Abhandlung „*Theoria novi multiplicatoris etc.*“ (Nr. 16 d. B.)

## SUR L'ÉLIMINATION DES NOEUDS DANS LE PROBLÈME DES TROIS CORPS.

S. 305 (Mitte). Die Gleichungen (11) ergeben sich einfacher als auf die im Texte angegebene Weise, wenn man in der Formel

$$a = \frac{\alpha_2 \xi_1 + \beta_1 \xi_2}{\alpha_1 + \beta_1}$$

die Grössen $\alpha_2, \alpha_1, \beta_1$ durch die Grössen $\gamma, \delta$ ausdrückt (Gl. 20, p. 302) und beachtet, dass $m\xi + m_1\xi_1 + m_2\xi_2 = 0$ ist.

S. 307, Gl. 3. Hier ist $-c_2$ statt $c_2$, wie im ursprünglichen Texte steht, gesetzt worden.

## THEORIA NOVI MULTIPLICATORIS ETC.

Der S. 444 als „*Novum principium generale mechanicum*“ aufgestellte Satz ist auch im Bulletin de l'académie impériale de St. Pétersbourg (t. III, 1845) mitgetheilt worden.

Es ist beim Neudrucke dieser Abhandlung anfänglich übersehen worden, dass die im Original über den §§. stehenden Inhaltsangaben Abschnitte der Arbeit bezeichnen und daher nicht, wie es geschehen, als Inhaltsangaben der einzelnen Paragraphen unter die Nummern derselben hätten gesetzt werden sollen. Da indessen nur zwei Abschnitte (§§. 20, 21 und §§. 32, 33) mehr als einen Paragraphen enthalten, so liess sich das begangene Versehen dadurch gut machen, dass der erste dieser Abschnitte als §. 20, der zweite als §. 31 und die dazwischen liegenden als §§. 21—30 bezeichnet worden sind, wobei der Text ganz unverändert geblieben ist.

## SUL PRINCIPIO DELL' ULTIMO MOLTIPLICATORE ETC.

Diese Abhandlung ist ein Auszug aus der vorstehenden: „*Theoria novi multiplicatoris etc.*“

---

Der vorliegende vierte Band von Jacobi's Werken enthält sämmtliche auf die Theorie der gewöhnlichen und der partiellen Differentialgleichungen, sowie auf Dynamik sich beziehenden Abhandlungen, welche von Jacobi selbst veröffentlicht worden sind. Aus dem bisher ungedruckten Nachlasse ist nur die letzte Abhandlung (Nr. 19), in der ein auf S. 484 dieses Bandes ohne Beweis ausgesprochener Satz begründet wird, aufgenommen worden.

Von den Abhandlungen dieses Bandes sind Nr. 1, 2, 6 von Herrn Frobenius, Nr. 9 von mir, und alle übrigen von Herrn Wangerin vor dem Drucke revidirt worden. W.

---

## NACHTRÄGLICHE BEMERKUNG ZU EINER STELLE IM DRITTEN BANDE.

Der in §. 14 der Abhandlung „*De determinantibus functionalibus*“ (S. 422 des 3. Bandes) aufgestellte Satz ist von Jacobi in §. 3 der Abhandlung „*Theoria novi multiplicatoris etc.*“ (S. 337, 338 dieses Bandes) berichtigt worden.

---

## Druckfehler des vierten Bandes.

S. 306 (Formel 2) lies $M\beta = (m_1 + m_3)\delta_2 - m_2$ statt $M\beta = (m_1 + m_2)\delta_2 - m_1$.

S. 311, Z. 6 v. u. lies (12) statt (11).

S. 321, Z. 13 lies In quo insuper statt In Commentationibus deinde subsequentibus.

S. 328 Z. 3 u. 4 lies terminis—ductis statt termino—ducto.

---

www.ingramcontent.com/pod-product-compliance
Lightning Source LLC
Chambersburg PA
CBHW060912220326
41599CB00020B/2937
* 9 7 8 2 0 1 3 5 2 9 5 9 4 *